Química Geral

JEROME L. ROSENBERG estudou físico-química na Universidade de Columbia. Obteve diploma de mestrado em 1944 e de doutorado em 1948. Suas atividades de pesquisa em diversas instituições resultaram em diversos artigos científicos sobre fotossíntese, fotoquímica geral e estrutura eletrônica molecular. Professor de Química aposentado, Decano da Faculdade de Artes e Ciências e Vice-Reitor da Universidade de Pittsburgh, hoje tem o cargo de Oficial da Integridade e Professor Emérito de Ciências Biológicas na mesma instituição. O Dr. Rosenberg participa da preparação do livro Química Geral, da Coleção Schaum, desde sua terceira edição, de 1949.

LAWRENCE M. EPSTEIN iniciou sua carreira como engenheiro químico. Obteve diploma de mestrado em 1952 e de doutorado em 1955 em físico-química pela Escola Politécnica. Pesquisou sobre química da radiação e a espectroscopia do efeito Mössbauer nos Laboratórios de Pesquisa Westinghouse. Atuou como Professor Associado e supervisor do programa de Química Geral na Universidade de Pittsbutgh até sua aposentadoria, em 1986.

PETER J. KRIEGER formou-se em Pedagogia pela Universidade da Flórida em 1964. Obteve diploma de mestrado em 1969 pela Universidade Florida Atlantic e de doutorado em 1976, na mesma instituição. Iniciou sua carreira como professor em 1964, lecionando disciplinas como química, biologia e matemática para todas as séries do ensino médio e da universidade. Até recentemente ocupou o cargo de chefe do departamento de Química e Física, Palm Beach Community College, Lake Worth. Hoje trabalha como Presidente da Chemistry Cluster, uma organização composta por integrantes de corpos docentes. O Dr. Krieger contribuiu com numerosos projetos de publicações relativas ao ensino da Química dirigida a estudantes do ensino profissionalizante e àqueles que se dedicam às profissões na área da saúde.

```
R813q    Rosenberg, Jerome L.
             Química geral / Jerome L. Rosenberg, Lawrence M.
         Epstein, Peter J. Krieger ; tradução: Félix Nonnenmacher ;
         revisão técnica: Emilse Maria Agostini Martini. – 9. ed. –
         Porto Alegre : Bookman, 2013.
             xii, 377 p. : il. ; 28 cm.

             ISBN 978-85-65837-02-6

             1. Química. I. Epstein, Lawrence M. II. Krieger, Peter J.
         III. Título.
                                                        CDU 54
```

Catalogação na publicação: Natascha Helena Franz Hoppen, CRB10/2150

Jerome L. Rosenberg, Lawrence M. Epstein e Peter J. Krieger

Química Geral

Nona edição

Tradução
Félix Nonnenmacher

Consultoria, supervisão e revisão técnica desta edição
Emilse Maria Agostini Martini
Doutor em Engenharia Metalúrgica e de Materiais pela UFRGS
Professora do Departamento de Química Inorgânica do Instituto de Química da UFRGS

2013

Obra originalmente publicada sob o título
Schaum's Outline for College Chemistry, 9th Edition.
ISBN 0071635300 / 9780071635301

Original English language copyright © 2007, The McGraw-Hill Companies, Inc., New York, NY, 10020.
All rights reserved.

Portuguese language translation copyright © 2013, Bookman Companhia Editora Ltda., a Grupo A Educação S.A. company.
All rights reserved.

Gerente editorial – CESA: *Arysinha Jacques Affonso*

Colaboraram nesta edição:

Editora: *Verônica de Abreu Amaral*

Capa: *VS Digital* (arte sobre capa original)

Leitura final: *Gabriela Barboza*

Projeto gráfico e editoração: *Techbooks*

Reservados todos os direitos de publicação, em língua portuguesa, à
BOOKMAN EDITORA LTDA., uma empresa do GRUPO A EDUCAÇÃO S.A.
Av. Jerônimo de Ornelas, 670 – Santana
90040-340 – Porto Alegre – RS
Fone: (51) 3027-7000   Fax: (51) 3027-7070

É proibida a duplicação ou reprodução deste volume, no todo ou em parte, sob quaisquer formas ou por quaisquer meios (eletrônico, mecânico, gravação, fotocópia, distribuição na Web e outros), sem permissão expressa da Editora.

Unidade São Paulo
Av. Embaixador Macedo Soares, 10.735 – Pavilhão 5 – Cond. Espace Center
Vila Anastácio – 05095-035 – São Paulo – SP
Fone: (11) 3665-1100   Fax: (11) 3667-1333

SAC 0800 703-3444 – www.grupoa.com.br

IMPRESSO NO BRASIL
PRINTED IN BRAZIL

Prefácio

Esta obra tem como objetivo auxiliar o estudante de química com um resumo dos princípios químicos dos tópicos apresentados e a solução de problemas de natureza quantitativa correspondentes a esses princípios. Embora esta obra não tenha a intenção de substituir um livro-texto, os problemas apresentados, com soluções completas e detalhadas, abordam a maior parte dos conteúdos ensinados nas disciplinas básicas da química nas universidades. Para o estudo detalhado de nomenclaturas, química descritiva dos elementos e exposições e ilustrações mais abrangentes de princípios químicos, o estudante tem a seu dispor diversas obras consagradas de química geral. Os problemas resolvidos e complementares estão organizados em ordem crescente de complexidade, em cada tópico.

Ao longo do tempo, muitas características importantes foram introduzidas às diversas edições deste livro. A sexta edição contemplou o estudo da teoria cinética dos gases, uma abordagem mais formal à termoquímica, um tratamento moderno das propriedades atômicas e das ligações químicas, além de um capítulo sobre a cinética química.

A sétima edição contou com uma revisão dos capítulos iniciais segundo as metodologias mais utilizadas em livros-texto atuais relativas ao desenvolvimento de capacidades de cálculo. Algumas alterações foram feitas na utilização de unidades e a adoção do SI foi ampliada. Buscou-se diversificar os problemas de estequiometria, sobretudo nos capítulos sobre gases e soluções, eliminando alguns dos problemas excessivamente complexos relativos aos equilíbrios gasosos e líquidos. No estudo das ligações químicas, a ênfase nos orbitais moleculares foi posta em segundo plano, em favor de um aprofundamento da teoria VSEPR. Foram incluídos capítulos novos, sobre química orgânica e bioquímica, de acordo com as tendências observadas nos livros atuais.

Na oitava edição, efetuamos adaptações cuidadosas na linguagem e no estilo, à moda dos livros-texto mais utilizados, passando a adotar o termo "massa molar" mais ostensivamente e deixando de lado o termo "peso molecular", entre outros exemplos. Ao menos 15% dos problemas em cada capítulo eram novos, ao passo que alguns problemas antigos foram excluídos para melhor refletir as situações práticas vivenciadas no laboratório, na indústria e no meio ambiente. A utilização de unidades SI foi ampliada, embora o litro e a atmosfera continuassem a ser usados, de acordo com a conveniência.

Ao prepararmos esta nona edição, decidimos que ela teria de atender às necessidades do estudante de hoje. Para isso, adotamos uma abordagem simplificada nas revisões de conteúdo e eliminamos jargões técnicos. Os problemas resolvidos foram atualizados para incluir situações representativas do mundo real. Além disso, adicionamos 100 problemas práticos relativos a áreas como química forense e ciência dos materiais para reforçar o aprendizado do aluno.

Jerome L. Rosenberg
Lawrence M. Epstein
Peter J. Krieger

Sumário

CAPÍTULO 1	**Quantidades e Unidades**	**1**
	Introdução	1
	Os sistemas de medida	1
	O Sistema Internacional de Unidades (SI)	1
	A temperatura	2
	Outras escalas de temperatura	3
	O uso e o mau uso das unidades	4
	O método da análise dimensional	4
	A estimativa de respostas numéricas	5
CAPÍTULO 2	**Massa Atômica e Molecular; Massa Molar**	**16**
	Os átomos	16
	Os núcleos	16
	Massas atômicas relativas	16
	O mol	17
	Símbolos, fórmulas, massas molares	18
CAPÍTULO 3	**O Cálculo de Fórmulas e de Composições**	**26**
	O cálculo de fórmulas com base na composição	26
	A composição com base na fórmula	26
	Os fatores não estequiométricos	27
	Massas moleculares dos nuclídeos e as fórmulas químicas	28
CAPÍTULO 4	**Cálculos com Base em Equações Químicas**	**43**
	Introdução	43
	As relações moleculares com base em equações	43
	As relações de massa com base em equações	44
	O reagente limitante	44
	Os tipos de reações químicas	45

CAPÍTULO 5	**As Medidas de Gases**	**63**
	Os volumes dos gases	63
	Pressão	63
	A pressão atmosférica padrão	63
	A mensuração da pressão	64
	As condições normais de temperatura e pressão	64
	As leis dos gases	64
	A lei de Boyle – temperatura constante	65
	A lei de Charles – pressão constante	65
	A lei de Gay-Lussac – volume constante	65
	A lei dos gases combinada	65
	A densidade de um gás ideal	65
	A lei de Dalton para pressões parciais	66
	A coleta de gases em um líquido	66
	Os desvios de um gás em relação ao comportamento ideal	66
CAPÍTULO 6	**A Lei dos Gases Ideais e a Teoria Cinética**	**78**
	A hipótese de avogadro	78
	O volume molar	79
	A lei dos gases ideais	79
	As relações de volume com base em equações	80
	A estequiometria gasosa envolvendo massa	80
	As premissas elementares da teoria cinética dos gases	80
	O que a teoria cinética permite prever	81
CAPÍTULO 7	**A Termoquímica**	**95**
	O calor	95
	A capacidade calorífica	95
	A calorimetria	95
	A energia e a entalpia	96
	A variação de entalpia em diferentes processos	96
	As regras da termoquímica	98
	Uma nota sobre as reações termoquímicas	99
CAPÍTULO 8	**A Estrutura Atômica e a Lei Periódica**	**110**
	A absorção e a emissão da luz	110
	A interação entre a luz e a matéria	111
	As partículas e as ondas	112
	O princípio de Pauli e a lei periódica	114
	O princípio de construção	115
	As configurações do elétron	115
	Os raios atômicos	116
	As energias de ionização	117
	A afinidade eletrônica	117
	As propriedades magnéticas	118

CAPÍTULO 9	**A Ligação Química e a Estrutura Molecular**	**127**
	Introdução	127
	Compostos iônicos	127
	A covalência	128
	A representação da ligação covalente	129
	A representação de orbitais moleculares	133
	As ligações π e as ligações π multicentro	134
	As formas das moléculas	136
	Os compostos de coordenação	137
	A isomeria	140
	As ligações em metais	142

CAPÍTULO 10	**Os Sólidos e os Líquidos**	**164**
	Introdução	164
	Os cristais	164
	As forças atuantes em um cristal	166
	Os raios iônicos	167
	As forças atuantes nos líquidos	167

CAPÍTULO 11	**A Oxidação-Redução**	**178**
	As reações de oxidação-redução	178
	O número de oxidação	178
	Os agentes oxidantes e redutores	180
	A notação iônica para reações	180
	O balanceamento de equações de oxidação-redução	181

CAPÍTULO 12	**A Concentração de Soluções**	**193**
	A composição de soluções	193
	A concentração expressa em unidades físicas	193
	As concentrações expressas em unidades químicas	193
	A comparação entre as escalas de concentração	195
	Resumo das unidades de concentração	196
	Problemas relativos à diluição	196

CAPÍTULO 13	**As Reações Envolvendo Soluções Padrão**	**208**
	As vantagens das soluções volumétricas padrão	208
	A estequiometria das soluções	208

CAPÍTULO 14	**As Propriedades das Soluções**	**218**
	Introdução	218
	A diminuição da pressão de vapor	218
	O abaixamento do ponto de congelamento, ΔT_c	*219*
	A elevação do ponto de ebulição, ΔT_e	*219*
	A pressão osmótica	220
	Os desvios em relação às leis de soluções diluídas	220

As soluções dos gases em líquidos	221
A lei de distribuição	221

CAPÍTULO 15 — A Química Orgânica e a Bioquímica — 231

Introdução	231
A nomenclatura de compostos orgânicos	231
A isomeria	232
Os grupos funcionais	233
As propriedades e reações dos compostos orgânicos	234
A bioquímica	237

CAPÍTULO 16 — A Termodinâmica e o Equilíbrio Químico — 248

A primeira lei	248
A segunda lei	248
A terceira lei	250
Os estados padrão e as tabelas de referência	250
O equilíbrio químico	252
A constante de equilíbrio	252
O princípio de Le Chatelier	254

CAPÍTULO 17 — Ácidos e Bases — 271

Ácidos e bases	271
A ionização da água	273
A hidrólise	274
As soluções tampão e os indicadores	275
Os ácidos polipróticos fracos	277
A titulação	277

CAPÍTULO 18 — Precipitados e Íons Complexos — 304

Os complexos de coordenação	304
O produto de solubilidade	305
As aplicações do produto de solubilidade na precipitação	305

CAPÍTULO 19 — A Eletroquímica — 319

As unidades elétricas	319
As leis de Faraday da eletrólise	319
As células voltaicas	320
Os potenciais padrão da semicélula	321
As combinações de pares	323
A energia livre, os potenciais não padrão e a direção das reações de oxidação-redução	323

CAPÍTULO 20 — As Velocidades das Reações — 338

A constante de velocidade e a ordem da reação	338
A energia de ativação	340
O mecanismo das reações	340

CAPÍTULO 21	**Os Processos Nucleares**	**353**
	As partículas fundamentais	353
	As energias de ligação	353
	As equações nucleares	354
	A radioquímica	355
APÊNDICE A	**Expoentes**	**365**
APÊNDICE B	**Algarismos Significativos**	**367**
ÍNDICE		**371**

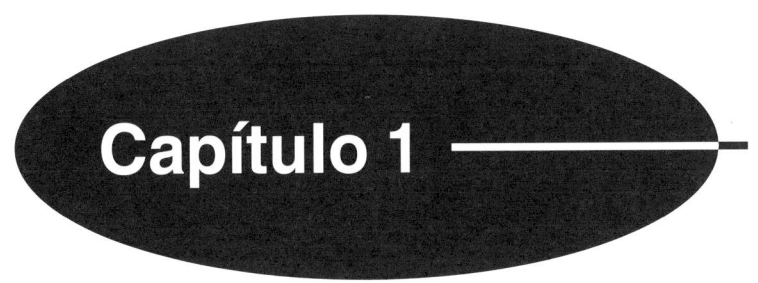

Quantidades e Unidades

INTRODUÇÃO

Uma das responsabilidades de todo cientista consiste em revelar descobertas. Nesse sentido, "revelar" significa que precisamos gerar materiais escritos ou falados que sejam compreendidos, muitas vezes com a apresentação de valores medidos em laboratório. A mensuração desses valores precisa ser efetuada e relatada de acordo com um procedimento padronizado; do contrário, a comunicação não será eficiente.

A química e a física mensuram tipos de *quantidades*, como comprimento, velocidade, volume, massa e energia. Cada medida é expressa por um número e uma unidade. O *número* nos diz quantas unidades estão contidas na quantidade medida. A *unidade* mostra a natureza específica da dimensão – a medição em metros é diferente da medição em litros. *O leitor pode consultar os Apêndices A e B para se familiarizar com expoentes e a notação em potências de dez* (*Exemplos*: 1×10^4, 3×10^{-9} ou 10^6) *e as regras para algarismos significativos*.

OS SISTEMAS DE MEDIDA

Cálculos envolvendo grandezas ficam mais simples com a adoção de unidades especiais de referência para cada tipo de medida. Na mecânica, as dimensões de referência são o *comprimento*, a *massa* e o *tempo*. Há também medidas expressas compostas, com base nestas dimensões de referência. Por exemplo, as unidades associadas à velocidade contêm referências ao comprimento e ao tempo – milhas/h ou m/s. Algumas unidades são simples múltiplos da unidade de referência – a área é expressa como o quadrado do comprimento (m^2) e o volume como o cubo (m^3). Outras dimensões de referência, como aquelas utilizadas para expressar fenômenos elétricos e térmicos, serão apresentadas mais tarde.

Diferentes sistemas de medida são adotados em todo o mundo, o que torna necessária a conversão de medidas entre sistemas (converter polegadas em centímetros ou libras em quilogramas).

O SISTEMA INTERNACIONAL DE UNIDADES (SI)

O Sistema Internacional de Unidades[*], SI, é adotado por diversos organismos internacionais, como a União Internacional de Química Pura e Aplicada, com a meta de padronizar medidas. As unidades de referência do SI para comprimento, massa e tempo são o *metro*, *o quilograma* e o *segundo*, cujos símbolos são m, kg e s, respectivamente.

Múltiplos e submúltiplos são utilizados para representar valores maiores ou menores que a unidade básica (grama, litro, metro, etc.). Esses fatores de multiplicação são compostos pelo número 10 elevado a uma potência definida, como mostra a Tabela 1-1. Esse sistema abole a necessidade de diferentes unidades básicas, como a polegada, o pé, a jarda, ou a onça, o quartilho, o quarto, o galão, etc. A abreviação do múltiplo precede o símbolo da unidade base, sem espaço ou pontuação, como o "m" em mL, de mililitro (10^{-3} L), por exemplo. Uma vez que, por razões históricas, a unidade de referência para massa, o quilograma, já tem um prefixo, os múltiplos e submúltiplos

---

[*] N. de T.: Instituído em 1960 pela Conferência Geral de Pesos e Medidas, tem como nome original *Système International d'Unités*, no idioma francês.

Tabela 1-1 Múltiplos e submúltiplos para diversas unidades

Prefixo	Abreviatura	Submúltiplo	Prefixo	Abreviatura	Múltiplo
deci	d	10^{-1}	deca	da	10
centi	c	10^{-2}	hecto	h	10^2
mili	m	10^{-3}	quilo	k	10^3
micro	μ	10^{-6}	mega	M	10^6
nano	n	10^{-9}	giga	G	10^9
pico	p	10^{-12}	tera	T	10^{12}
femto	f	10^{-15}	peta	P	10^{15}
ato	a	10^{-18}	exa	E	10^{18}

desta unidade são obtidos acrescentando-se a abreviação à unidade *grama*, não *quilograma*. Por exemplo, 10^{-9} kg é expresso em microgramas, (10^{-6} g), e abreviado μg.

As unidades simples podem ser combinadas para formar unidades compostas e passíveis de tratamento matemático.

Exemplo 1 No SI, a unidade para volume é o metro cúbico (m³), uma vez que

$$\text{Volume} = \text{comprimento} \times \text{comprimento} \times \text{comprimento} = \text{m} \times \text{m} \times \text{m} = \text{m}^3$$

Exemplo 2 A unidade para velocidade é uma unidade para comprimento dividida por uma unidade para tempo:

$$\text{Velocidade} = \frac{\text{distância}}{\text{tempo}} = \frac{\text{m}}{\text{s}}$$

Exemplo 3 A unidade para densidade é a unidade para massa dividida por uma unidade para volume:

$$\text{Densidade} = \frac{\text{massa}}{\text{volume}} = \frac{\text{kg}}{\text{m}^3}$$

Os símbolos para unidades compostas podem ser expressos nos formatos:

1. Múltiplos de unidades. Exemplo: *quilograma segundo*.
   - (*a*) Ponto entre unidades   kg · s
   - (*b*) Espaçamento sem ponto   kg s (*notação não utilizada neste livro*)
2. Divisão de unidades. Exemplo: *metro por segundo*.
   - (*a*) Sinal de divisão $\dfrac{m}{s}$ (ou m/s)
   - (*b*) Expoente negativo   m · s^{-1} (ou m s^{-1})

Na notação matemática, o termo *por* é equivalente a *dividido por* (veja o item 2(*a*) acima). Outro aspecto importante é que símbolos não são tratados como abreviaturas, isto é, não são seguidos de ponto, exceto no final de uma frase.

Contudo, há diversas unidades não incluídas no SI que também são amplamente utilizadas. A Tabela 1-2 mostra uma lista de símbolos de grande utilização, tanto do SI quanto não SI. Esses símbolos são adotados neste livro, embora ocorram outros, que serão apresentados nos capítulos subsequentes, conforme a necessidade, para auxiliar na solução de problemas e para fins de clareza.

A TEMPERATURA

A *temperatura* é definida como a propriedade que define o fluxo de calor em um corpo. Isso significa que dois corpos com temperatura idêntica postos em contato um com o outro não trocam calor. Por outro lado, se dois corpos com temperaturas distintas entrarem em contato, o calor flui do corpo de maior para o de menor temperatura. No SI, a unidade de temperatura é o *kelvin* (K), definido como 1/236,16 vezes a temperatura no *ponto triplo*. A temperatura do *ponto triplo* é aquela em que a água no estado líquido está em equilíbrio com a água no estado só-

Tabela 1-2 Algumas unidades SI e não SI

Grandeza física	Nome da unidade	Símbolo da unidade	Definição
Comprimento	Angstrom	Å	10^{-10} m
	polegada	in	$2,54 \times 10^{-10}$ m
	metro (SI)	m	
Área	metro quadrado (SI)	m^2	
Volume	metro cúbico (SI)	m^3	
	litro	L	dm^3, 10^{-3} m^3
	centímetro cúbico	cm^3, mL	
Massa	unidade de massa atômica	u	$1,66054 \times 10^{-27}$ kg
	libra	lb	0,45359237 kg
Densidade	quilograma por metro cúbico (SI)	kg/m^3	
	grama por mililitro	g/mL,	
	ou grama por centímetro cúbico	*ou* g/cm^3	
Força	Newton (SI)	N	kg · m/s^2
Pressão	pascal (SI)	Pa	N/m^2
	bar	bar	10^5 Pa
	atmosfera	atm	101.325 Pa
	torr (milímetros de mercúrio)	torr(mm Hg)	atm/760 *ou* 133,32 Pa

lido (gelo), em um sistema cuja pressão é a pressão de vapor da própria água. A maioria das pessoas conhece a *temperatura normal de congelamento* da água (273,15 K), um pouco abaixo do ponto triplo da água (menor em 0,01 K). O *ponto de congelamento da água* é a temperatura em que água e gelo coexistem em equilíbrio com ar na pressão atmosférica padrão (1 atm).

A unidade SI para temperatura é definida de maneira que 0 K é o zero absoluto de temperatura. A escala SI ou Kelvin é muitas vezes chamada *escala de temperatura absoluta*. Embora o zero absoluto não pareça uma realidade palpável, foram alcançados valores da ordem de 10^{-4} K.

OUTRAS ESCALAS DE TEMPERATURA

Na escala *Celsius*, no passado chamada de *escala centígrada* e hoje muito utilizada, um grau de temperatura equivale a um grau na escala Kelvin. Nela, o ponto de ebulição normal da água é 100°C, o ponto de congelamento normal é 0°C e o zero absoluto é −273,15°C.

Na escala *Fahrenheit*, um grau corresponde a exatamente 5/9 K. O ponto de ebulição normal da água é 212°F, o ponto de congelamento normal é 32°F e o zero absoluto é −459,67°F.

A Figura 1-1 mostra as equivalências entre as três escalas. A conversão entre escalas é feita com as equações abaixo. A equação à direita é um rearranjo da equação à esquerda. Sugerimos que o leitor estude uma equação,

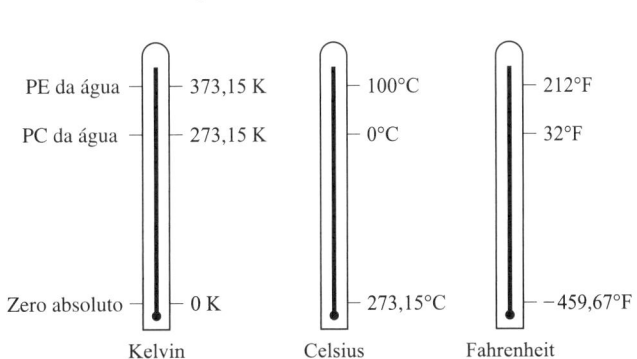

Figura 1-1

substitua valores e resolva-a para a incógnita, em vez de passar tempo memorizando duas equações que em essência envolvem cálculos idênticos.

$$K = °C + 273,15 \quad \text{ou} \quad °C = K - 273,15$$

$$°F = \frac{9}{5}°C + 32 \quad \text{ou} \quad °C = \frac{5}{9}(°F - 32)$$

O USO E O MAU USO DAS UNIDADES

É muito comum vermos valores associados a medidas sem as respectivas unidades (por exemplo, cm, kg, g/mL, pés/s). Contudo, ao omitirmos unidades, teremos dificuldade para solucionar problemas. Manter as unidades em um problema e prestar a devida atenção a elas à medida que os cálculos evoluem ajuda a verificar se a resposta está apresentada do modo correto. Quando quantidades físicas são submetidas a operações matemáticas, as unidades são transportadas acompanhando os números e passam pelas mesmas operações que eles. Lembre-se de que quantidades não podem ser adicionadas ou subtraídas de modo direto, a menos que sejam da mesma ordem de dimensão e tenham as mesmas unidades. Além disso, as unidades se cancelam reciprocamente em operações de multiplicação e/ou divisão. As unidades da resposta precisam equivaler à natureza das dimensões (por exemplo, comprimento não pode ser expresso em gramas).

Exemplo 4 Não podemos adicionar 5 horas (tempo) a 20 milhas/h (velocidade), uma vez que *tempo* e *velocidade* têm natureza física diferente. Se precisarmos adicionar 2 lb (massa) e 4 kg (massa), precisamos antes converter libras em quilogramas ou vice-versa. No entanto, diversos tipos de quantidades podem ser combinados na multiplicação ou na divisão, em que *as unidades e também os números* obedecem às leis algébricas da multiplicação, potenciação, divisão e cancelamento. Lembre-se destes conceitos:

1. $6\,L + 2\,L = 8\,L$
2. $(5\,cm)(2\,cm^2) = 10\,cm^3$
3. $(3\,pés^3)(200\,lb/pés^3) = 600\,lb$
4. $(2\,s)(3\,m/s^2) = 6\,m/s$
5. $\dfrac{15\,g}{3\,g/cm^3} = 5\,cm^3$

O MÉTODO DA ANÁLISE DIMENSIONAL

Parte da solução de problemas de química consiste em acompanhar o que acontece com as unidades. Nos livros didáticos, esta técnica é chamada de *método do fator rotulado*, de *método do fator unitário* ou de *método da análise dimensional*. Em síntese, a solução do problema começa com as unidades dadas no problema e termina com a obtenção das unidades desejadas com base na multiplicação por um fator chamado *fator unitário*, ou apenas *fator*. O numerador e o denominador do fator precisam representar a mesma quantidade (mL/mL, pés/pés, *não* mL/L ou pés/pol).

Exemplo 5 Converta 5,00 polegadas em centímetros.

O fator unitário apropriado é 2,54 cm/1 pol. A solução do problema começa com a multiplicação do valor problema de 5 pol pelo fator, com o cancelamento das unidades iguais.

$$5,00\,\text{pol} \times \frac{2,54\,\text{cm}}{1\,\text{pol}} = 12,7\,\text{cm}$$

Observe que as unidades polegada (pol) se cancelam, permanecendo apenas as unidades de centímetro (cm).

Exemplo 6 Qual é a massa em gramas de sete pregos de um lote que pesa 0,765 kg a grosa?

$$7\,\text{pregos} \times \frac{1\,\text{grosa de pregos}}{144\,\text{pregos}} \times \frac{0,765\,\text{kg}}{1\,\text{grosa de pregos}} \times \frac{1000\,\text{g}}{1\,\text{kg}} = 37,2\,\text{g}$$

Como no Exemplo 5, acompanhar o cancelamento das unidades ajuda a visualizar a resolução do problema.

A resolução contém um fator unitário de dimensões mistas (0,765 kg/1 grosa de pregos). O fator unitário não é composto de medidas totalmente equivalentes, porque o peso de uma grosa de pregos varia em função do tipo de prego. Os próximos capítulos apresentam muitos exemplos semelhantes de cálculo com unidades.

A ESTIMATIVA DE RESPOSTAS NUMÉRICAS

Quando solucionamos problemas, pressupomos que a calculadora esteja funcionando do modo adequado, que os números tenham todos sido inseridos na calculadora e que os digitamos corretamente. Porém, consideremos agora que uma ou mais dessas suposições não seja válida. A resposta errada é aceitável? Uma das habilidades mais importantes de um cientista consiste em determinar, por exame visual, se uma resposta está certa ou não. Além disso, tem importância especial a ordem correta de magnitude, representada pela localização da vírgula decimal (ou da potência de 10). Há vezes em que a resposta apresenta os algarismos certos, mas a vírgula decimal está no lugar errado. Um pouco de dedicação para aprender a estimar respostas e alguns segundos gastos nessa finalidade durante a solução de problemas podem aumentar em muito a precisão de um cálculo e, com isso, suas notas escolares.

Exemplo 7 Considere a multiplicação 122 g × 0,0518 = 6,32 g. Com um exame visual, observamos que 0,0518 é um número um pouco maior do que 1/20 (0,05); o valor 1/20 de 122 é um pouco maior do que 6. Essa relação mostra que a resposta deveria ser um pouco maior que 6 g, como de fato é. Suponhamos que a resposta seja dada como 63,2 g. Ela não é lógica, pois é muito maior que o valor estimado em cerca de 6 g.

Estimativas de uma resposta servem como ideia de um valor aproximado, muitas vezes chamada de *palpite calculado**. Na verdade, esses palpites calculados não precisam ser exatos; basta que sejam precisos o bastante para dar uma ideia de onde a vírgula decimal está.

Exemplo 8 Calcule a potência necessária para elevar 639 kg de massa a 20,74 m de altura em 2,120 minutos. A solução correta é:

$$\frac{639\,\text{kg} \times 20{,}74\,\text{m} \times 9{,}81\,\text{m} \cdot \text{s}^{-2}}{2{,}120\,\text{min} \times 60\,\text{s/min}} = 1022\,\text{J/s} = 1022\,\text{watts}$$

Embora talvez não esteja familiarizado com os conceitos e unidades envolvidos neste cálculo, você pode julgar se a resposta é lógica ou não. É possível chegar a um palpite calculado sem esforço, escrevendo todos os termos como potências de dez e com algarismos significativos. Feito isso, combine mentalmente as potências de dez e os multiplicadores em separado, para estimar o resultado:

Numerador: $\quad 6 \times 10^2 \times 2 \times 10^1 \times 1 \times 10^1 = 12 \times 10^4$

Denominador $\quad 2 \times 6 \times 10^1 = 12 \times 10^1$

Num/Den $\quad 10^3$ ou 1.000 (estimado), em comparação a 1.022 (calculado)

Problemas Resolvidos

Unidades baseadas em massa ou comprimento

1.1 Os exemplos abaixo ilustram as conversões possíveis entre diversas unidades de comprimento, volume ou massa:

1 pol = 2,54 cm = 0,0254 m = 25,4 mm = 2,54 × 10^7 nm
1 pé = 12 pol = 12 pol × 2,54 cm/pol = 30,48 cm = 0,3048 m = 304,8 mm
1 litro = 1 dm^3 = 10^{-3} m^3
1 milha = 5280 pés = 1,609 × 10^5 cm = 1,609 × 10^3 m = 1,609 km = 1,609 × 10^6 mm
1 libra = 0,4536 kg = 453,6 g = 4,536 × 10^5 mg
1 tonelada métrica = 1.000 kg = 10^6 g (*ou* 1 × 10^6 g)

---

* N. de T.: Em inglês, *guesstimate*, combinação do termo *guess*, palpite, e *estimate*, estimativa.

1.2 Converta 3,50 jardas em (a) milímetros, (b) metros. De acordo com a Tabela 1-2, o fator de conversão utilizado entre o sistema inglês e o sistema métrico (SI) é 1 pol/2,54 cm (2,54 × 10⁻² m).

(a) $$3,50 \, \text{jd} \times \frac{36 \, \text{pol}}{1 \, \text{jd}} \times \frac{2,54 \, \text{cm}}{1 \, \text{pol}} \times \frac{10 \, \text{mm}}{1 \, \text{cm}} = 3,20 \times 10^3 \, \text{mm}$$

Observe que foi preciso utilizar três fatores de conversão. As unidades jd, pol e cm se cancelam, restando a unidade necessária, mm.

(b) $$3,20 \times 10^3 \, \text{mm} \times \frac{1 \, \text{m}}{10^3 \, \text{mm}} = 3,20 \, \text{m}$$

1.3 Converta (a) 14,0 cm e (b) 7,00 m em polegadas.

(a) $$14,0 \, \text{cm} = (14 \, \text{cm}) \left(\frac{1 \, \text{pol}}{2,54 \, \text{cm}} \right) = 5,51 \, \text{pol} \quad \text{ou} \quad 14,0 \, \text{cm} = \frac{14,0 \, \text{cm}}{2,54 \, \text{cm/pol}} = 5,51 \, \text{pol}$$

O fator de conversão utilizado na primeira parte, (a), é expresso em uma única linha (1 pol/2,54 cm) na parte (b), abaixo. Muitas pessoas consideram essa maneira de expressar a conversão de unidades mais conveniente de redigir e digitar.

(b) $$7,00 \, \text{m} = (7,00 \, \text{m})(100 \, \text{cm}/1 \, \text{m})(1 \, \text{pol}/2,54 \, \text{cm}) = 276 \, \text{pol}$$

Observação: A última solução acima contém pares de parênteses que na verdade não são imprescindíveis. Neste livro, os autores tomaram a liberdade de utilizar parênteses para ênfase, além do isolamento de números e valores, quando indicado.

1.4 Quantas polegadas quadradas existem em um metro quadrado?

Um metro quadrado tem duas dimensões – comprimento e largura ($A = C \times L$). Se calcularmos o comprimento de um metro em polegadas, tudo o que resta fazer é e elevar essa medida ao quadrado.

$$1 \, \text{m} = (1 \, \text{m})(100 \, \text{cm}/1 \, \text{m})(1 \, \text{pol}/2,54 \, \text{cm}) = 39,37 \, \text{pol}$$

$$1 \, \text{m}^2 = 1\text{m} \times 1\text{m} = 39,37 \, \text{pol} \times 39,37 \, \text{pol} = (39,37 \, \text{pol})^2 = 1550 \, \text{pol}^2$$

Observe que o fator de conversão é uma razão; ele pode ser elevado ao quadrado sem alterar a razão, o que nos leva a outra configuração de solução. Preste atenção especial ao modo como as unidades se cancelam.

$$1 \, \text{m}^2 = (1 \, \text{m})^2 \left(\frac{100 \, \text{cm}}{1 \, \text{m}} \right)^2 \left(\frac{1 \, \text{pol}}{2,54 \, \text{cm}} \right)^2 = \frac{(100)^2}{(2,54)^2} \, \text{pol}^2 = 1550 \, \text{pol}^2$$

1.5 (a) Quantos centímetros cúbicos existem em um metro cúbico? (b) Quantos litros existem em um metro cúbico? (c) Quantos centímetros cúbicos existem em um litro?

(a) $$1 \, \text{m}^3 = (1 \, \text{m})^3 \left(\frac{100 \, \text{cm}}{1 \, \text{m}} \right)^3 = (100 \, \text{cm})^3 = 1.000.000 \, \text{cm}^3 = 10^6 \, \text{cm}^3$$

(b) $$1 \, \text{m}^3 = (1 \, \text{m})^3 \left(\frac{10 \, \text{dm}}{1 \, \text{m}} \right)^3 \left(\frac{1 \, \text{L}}{1 \, \text{dm}^3} \right) = 10^3 \, \text{L}$$

(c) $$1 \, \text{L} = 1 \, \text{dm}^3 = (1 \, \text{dm})^3 \left(\frac{10 \, \text{cm}}{1 \, \text{dm}} \right)^3 = 10^3 \, \text{cm}^3$$

As respostas também podem ser escritas como $1 \times 10^6 \, \text{cm}^3$, $1 \times 10^3 \, \text{L}$ e $1 \times 10^3 \, \text{cm}^3$, respectivamente.

1.6 Calcule a capacidade em litros de um recipiente com 0,6 m de comprimento (C), 10 cm de largura (L) e 50 mm de profundidade (P).

Tendo em mãos as dimensões dadas e sabendo que $V = C \times L \times P$ (a profundidade é mais tradicionalmente chamada altura), temos apenas de converter as diversas expressões em dm (1 dm³ = 1 L).

$$\text{Volume} = \text{Comprimento} \times \text{Largura} \times \text{Profundidade}$$

$$\text{Volume} = (0,6\,\text{m})\left(\frac{10\,\text{dm}}{1\,\text{m}}\right) \times (10\,\text{cm})\left(\frac{1\,\text{dm}}{10\,\text{cm}}\right) \times (50\,\text{mm})\left(\frac{1\,\text{dm}}{100\,\text{mm}}\right)$$

$$\text{Volume} = (6\,\text{dm}) \times (1\,\text{dm}) \times (0,5\,\text{dm}) = 3\,\text{dm}^3 = 3\,\text{L}$$

1.7 Calcule a massa de 66 lb de enxofre em (*a*) quilogramas e (*b*) gramas. (*c*) Calcule a massa de 3,4 kg de cobre em libras.

(*a*) 66 lb = (66 lb)(0,4536 kg/lb) = 30 kg   ou   66 lb = (66 lb)(1 kg/2,2 lb) = 30 kg

(*b*) 66 lb = (66 lb)(453,6 g/lb) = 30.000 g   ou $3,0 \times 10^4$ g

(*c*) 3,4 kg = (3,4 kg)(2,2 lb/kg) = 7,5 lb

Unidades compostas

1.8 Os ácidos graxos se espalham espontaneamente na superfície da água, formando um filme monomolecular. Uma solução de benzeno contendo 0,10 mm³ de ácido esteárico é despejada em uma bandeja com água. O ácido é insolúvel em água, mas se espalha na superfície, formando um filme contínuo de 400 cm² de área após todo benzeno ter evaporado. Qual é a espessura média do filme em (*a*) milímetros e (*b*) angstroms?

Uma vez que $1\,\text{mm}^3 = (10^{-3}\,\text{m})^3 = 10^{-9}\,\text{m}^3$ e $1\,\text{cm}^2 = (10^{-2}\,\text{m})^2 = 10^{-4}\,\text{m}^2$

(*a*) $\quad\text{Espessura do filme} = \dfrac{\text{volume}}{\text{área}} = \dfrac{(0,10\,\text{mm}^3)(10^{-9}\,\text{m}^3/\text{mm}^3)}{(400\,\text{cm}^2)(10^{-4}\,\text{m}^2/\text{cm}^2)} = 2,5 \times 10^{-9}\,\text{m} = 2,5\,\text{nm}$

(*b*) $\quad\text{Espessura do filme} = 2,5 \times 10^{-9}\,\text{m} \times 10^{10}\,\text{Å/m} = 25\,\text{Å}$

1.9 Uma atmosfera de pressão é igual a 101,3 kPa. Expresse essa pressão em libras-força (lbf) por polegada quadrada. (Uma libra-força – lbf – equivale a 4,448 N.)

$$1\,\text{atm} = 101,3\,\text{kPa} = \left(\frac{101,3 \times 10^3\,\text{N}}{1\,\text{m}^2}\right)\left(\frac{1\,\text{lbf}}{4,48\,\text{N}}\right)\left(\frac{2,54 \times 10^{-2}\,\text{m}}{1\,\text{pol}}\right)^2 = 14,69\,\text{lbf/pol}^2$$

Observe que o fator de conversão entre metros (m) e polegadas (pol) é elevado ao quadrado, gerando o fator de conversão entre m² e pol².

1.10 Um velocista olímpico percorre 100 m em cerca de 10,0 segundos. Expresse essa velocidade em (*a*) quilômetros por hora e (*b*) milhas por hora.

(*a*) $\quad\dfrac{100\,\text{m}}{10,0\,\text{s}} \times \dfrac{1\,\text{km}}{1000\,\text{m}} \times \dfrac{60\,\text{s}}{1\,\text{min}} \times \dfrac{60\,\text{min}}{1\,\text{h}} = 36,0\,\text{km/h}$

(*b*) $\quad 36,0\,\text{km/h} \times 1\,\text{mi}/1,609\,\text{km} = 22,4\,\text{mi/h}$

Observe que para solucionar a parte (*b*) do problema você precisa da parte (*a*).

1.11 Em 1978, os 7,9 milhões de habitantes da cidade de Nova York consumiam 656 litros de água *per capita* ao dia. Quantas toneladas métricas (10³ kg) de fluoreto de sódio (45% de flúor em massa) seriam necessárias por ano para dosar essa água com 1 parte (em massa) de flúor por milhão de partes de água, como indicação para o fortalecimento dos dentes? A densidade da água é 1,000 g/cm³ ou 1,000 kg/L.

Para começar, é preciso calcular a massa de água, em toneladas, consumida ao ano.

$$\left(7,9 \times 10^6\,\text{pessoas}\right)\left(\frac{656\,\text{L água}}{\text{pessoas} \cdot \text{dia}}\right)\left(\frac{365\,\text{dias}}{\text{ano}}\right)\left(\frac{1\,\text{kg água}}{1\,\text{L água}}\right)\left(\frac{1\,\text{tonelada}}{1000\,\text{kg}}\right) = 1,89 \times 10^9\,\dfrac{\text{toneladas de água}}{\text{ano}}$$

Observe que todas as unidades se cancelam, exceto as toneladas de água ao ano, necessárias para a próxima etapa do cálculo.

Agora, calcule a massa total de fluoreto de sódio, em toneladas, utilizada ao ano.

$$1,89 \times 10^9 \left(\frac{\text{toneladas de água}}{\text{ano}}\right) \left(\frac{1 \text{ tonelada de fluoreto}}{10^6 \text{ toneladas de água}}\right) \left(\frac{1 \text{ tonelada de fluoreto de sódio}}{0,45 \text{ tonelada de flúor}}\right) = 4,2 \times 10^3 \frac{\text{toneladas de fluoreto de sódio}}{\text{ano}}$$

1.12 Em uma medição da poluição do ar, a vazão de ar através de um filtro era 26,2 litros por minuto durante 48 h. A acumulação de partículas sólidas nesse período causou um aumento de 0,0241 g na massa do filtro. Expresse a concentração de contaminantes sólidos no ar em microgramas por metro cúbico.

$$\frac{(0,0241 \text{ g})(10^6 \,\mu\text{g}/1\text{ g})}{(48,0 \text{ h})(60 \text{ min/h})(1 \text{ min}/26,2 \text{ L})(1 \text{ L}/1 \text{ dm}^3)(10 \text{ dm}/1 \text{ m})^3} = 319 \frac{\mu\text{g}}{\text{m}^3}$$

1.13 Calcule a densidade, em g/cm³, de um corpo que pesa 420 g (isto é, tem massa de 420 g) e ocupa um volume de 52 cm³.

$$\text{Densidade} = \frac{\text{massa}}{\text{volume}} = \frac{420 \text{ g}}{52 \text{ cm}^3} = 8,1 \text{ g/cm}^3$$

1.14 Expresse a densidade do corpo descrito no problema anterior na unidade padrão do SI, kg/m³.

$$\left(\frac{8,1 \text{ g}}{1 \text{ cm}^3}\right) \left(\frac{1 \text{ kg}}{1000 \text{ g}}\right) \left(\frac{100 \text{ cm}}{1 \text{ m}}\right)^3 = 8,1 \times 10^3 \text{ kg/m}^3$$

1.15 Qual o volume ocupado por 300 g de mercúrio? A densidade do mercúrio é 13,6 g/cm³.

$$\text{Volume} = \frac{\text{massa}}{\text{densidade}} = \frac{300 \text{ g}}{13,6 \text{ g/cm}^3} = 22,1 \text{ cm}^3$$

1.16 A densidade do ferro fundido é 7.200 kg/m³. Calcule a densidade em libras por pé cúbico.

$$\text{Densidade} = \left(7200 \frac{\text{kg}}{\text{m}^3}\right) \left(\frac{1 \text{ lb}}{0,4536 \text{ kg}}\right) \left(\frac{0,3048 \text{ m}}{1 \text{ pé}}\right)^3 = 449 \text{ lb/pés}^3$$

Foram utilizadas as duas conversões do Problema 1.1.

1.17 Um disco fundido em uma liga metálica com 0,250 pol de espessura e 1,380 pol de diâmetro pesa 50,0 g. Qual é a densidade da liga em g/cm³?

$$\text{Volume} = \left(\frac{\pi d^2}{4}\right) h = \left(\frac{\pi (1,380 \text{ pol})^2 (0,250 \text{ pol})}{4}\right) \left(\frac{2,54 \text{ cm}}{1 \text{ pol}}\right)^3 = 6,13 \text{ cm}^3$$

$$\text{Densidade da liga} = \frac{\text{massa}}{\text{volume}} = \frac{50,0 \text{ g}}{6,13 \text{ cm}^3} = 8,15 \text{ g/cm}^3$$

1.18 A densidade do zinco é 455 lb/pés³. Calcule a massa de zinco que ocupa um volume de 9,00 cm³.

Começamos calculando a densidade em g/cm³.

$$\left(455 \frac{\text{lb}}{\text{pés}^3}\right) \left(\frac{1 \text{ pé}}{30,48 \text{ cm}}\right)^3 \left(\frac{453,6 \text{ g}}{1 \text{ lb}}\right) = 7,29 \frac{\text{g}}{\text{cm}^3}$$

Feito isso, determinamos a massa total de zinco.

$$(9,00 \text{ cm}^3)(7,29 \text{ g/cm}^3) = 65,6 \text{ g}$$

1.19 O ácido de bateria tem densidade de 1,285 g/cm³ e 38% em peso de H$_2$SO$_4$.

Quantos gramas de H$_2$SO$_4$ puro estão contidos em um litro de ácido?

Se 1 cm³ de ácido tem massa igual a 1,285 g, então, 1 L de ácido (1.000 cm³) tem massa igual a 1.285 g. Uma vez que 38,0% em peso (massa) do ácido são H_2SO_4 puro, a quantidade de H_2SO_4 em 1 L de ácido é

$$0{,}380 \times 1.285 \text{ g} = 488 \text{ g}$$

A solução acima pode ser expressa formalmente como:

$$\text{Massa de } H_2SO_4 = (1.285 \text{ g } H_2SO_4)\left(\frac{38 \text{ g } H_2SO_4}{100 \text{ g } H_2SO_4}\right) = 488 \text{ g } H_2SO_4$$

As informações fornecidas no enunciado permitiram obter um fator de conversão utilizando a relação de H_2SO_4 puro para o teor de H_2SO_4 em solução de bateria.

$$\frac{38 \text{ g } H_2SO_4}{100 \text{ g } H_2SO_4 \text{ solução}}$$

É muito importante observar que esse fator de conversão é válido apenas para as condições enunciadas. Ele indica tão somente que, em cada 100 g desta solução em particular, 38 g são de H_2SO_4, um dado importante tanto para a solução lógica quanto para a solução formal dadas acima. O uso de fatores de conversão específicos e válidos para situações individuais em questão será abordado nos capítulos subsequentes, embora fatores de conversão universais sejam também utilizados conforme a necessidade do problema.

1.20 (a) Calcule a massa de HNO_3 puro por cm³ de uma solução do ácido concentrada com 69,8% em peso de HNO_3 e densidade 1,42 g/cm³. (b) Calcule a massa de HNO_3 puro em 60,0 cm³ de ácido concentrado. (c) Que volume de ácido concentrado contém 63,0 g de HNO_3 puro?

(a) Sabemos que 1 cm³ de ácido tem massa 1,42 g. Se 69,8% da massa total do ácido é HNO_3 puro, então o número de gramas de HNO_3 em 1 cm³ é

$$0{,}698 \times 1{,}42 \text{ g} = 0{,}991 \text{ g}$$

(b) A massa de HNO_3 em 60,0 cm³ de ácido = (60,0 cm³)(0,991 g/cm³) = 59,5 g HNO_3

(c) A massa igual a 63,0 g de HNO_3 está contida em

$$\frac{63{,}0 \text{ g}}{0{,}991 \text{ g/cm}^3} = 63{,}6 \text{ cm}^3 \text{ ácido}$$

Temperatura

1.21 O álcool etílico (a) entra em ebulição a 78,5°C e (b) congela a −117°C na pressão de 1 atm. Converta essas temperaturas em graus Fahrenheit.

Utilize a expressão de conversão:

$$°F = \frac{9}{5}°C + 32$$

(a) $$\left(\frac{9}{5} \times 78{,}5°C\right) + 32 = 173°F$$

(b) $$\left(\frac{9}{5} \times -117°C\right) + 32 = -179°F$$

1.22 O mercúrio (a) entra em ebulição a 675°F e (b) solidifica a −38,0°F na pressão de 1 atm. Expresse essas temperaturas em graus Celsius.

Utilize a expressão de conversão:

$$°C = \frac{5}{9}(°F - 32)$$

(a) $$\frac{5}{9}(675 - 32) = 357°C$$

(b) $$\frac{5}{9}(-38{,}0 - 32) = -38{,}9°C$$

1.23 Converta (*a*) 40°C e (*b*) −5°C na escala Kelvin.

Utilize a expressão de conversão:

$$°C + 273 = K$$

(*a*) $\qquad 40°C + 273 = 313 \text{ K}$

(*b*) $\qquad -5°C + 273 = 268 \text{ K}$

1.24 Converta (*a*) 220 K e (*b*) 498 K em graus Celsius.

Utilize a expressão de conversão:

$$K - 273 = °C$$

(*a*) $\qquad 220 \text{ K} - 273 = -53°C$

(*b*) $\qquad 498 \text{ K} - 273 = 225°C$

1.25 Durante uma experiência, a temperatura em laboratório subiu 0,8°C. Calcule essa elevação em graus Fahrenheit.

A conversão de *intervalos* de temperatura difere da conversão de *valores* de temperatura. Com relação a intervalos, a Figura 1-1 mostra que

$$100°C = 180°F \quad \text{ou} \quad 5°C = 9°F$$

e, portanto,

$$\left(\frac{9°F}{5°C}\right)(0,8°C) = 1,4°F$$

Problemas Complementares

Unidades baseadas em massa ou comprimento

1.26 (*a*) Converta 3,69 m em quilômetros, centímetros e milímetros. (*b*) Converta 36,24 mm em centímetros e em metros.

Resp. (*a*) 0,00369 km, 369 cm, 3.690 mm; (*b*) 3,624 cm, 0,03624 m

1.27 Calcule o número de (*a*) milímetros em 10 pol, (*b*) pés em 5 m e (*c*) centímetros em 4 pés 3 pol.

Resp. (*a*) 254 mm; (*b*) 16,4 pés; (*c*) 130 cm

1.28 Um disparo de arma de fogo de longa distância alcança 300 jardas e está dentro do padrão de treinamento de um oficial de um batalhão de operações especiais. Qual é a distância desse alvo em (*a*) pés, (*b*) metros e (*c*) quilômetros?

Resp. (*a*) 900 pés; (*b*) 274 m; (*c*) 0,27 km

1.29 Sabe-se que um determinado projétil pertence a um revólver calibre 38 especial. O projétil mede 0,378 pol de diâmetro. Que valor você deve anotar utilizando o sistema métrico, em cm?

Resp. 1,04 cm.

1.30 Calcule em cm (*a*) 14,0 pol e (*b*) 7,00 jd.

Resp. (*a*) 35,6 cm; (*b*) 640 cm

1.31 Um rolo de fita de isolamento de cena de crime tem 250 jardas de comprimento. A polícia precisa isolar um campo retangular coberto por pastagem medindo 42 m × 31 m. Quantas jardas de fita restarão após a operação?

Resp. 90 jd

1.32 O projeto de uma ponte suspensa com ¼ de milha de extensão prevê o uso de 16 milhas de cabo 150 (150 fios por perna de cabo). Que comprimento mínimo de fios o fabricante utilizará para produzir esse item (ignore a diferença para mais pela torção dos fios na produção do cabo) em km?

Resp. 3862 km

1.33 Em média, um homem consegue correr a uma velocidade máxima de 22 milhas/h. Calcule essa velocidade em (*a*) quilômetros por hora e (*b*) metros por segundo.

Resp. (*a*) 35,4 km/h;   (*b*) 9,83 m/s

1.34 Converta o volume molar de um gás a 1 atm de pressão e 0°C, 22,4 litros, em centímetros cúbicos, metros cúbicos e pés cúbicos.

Resp. 22.400 cm^3; 0,0224 m^3; 0,791 pés^3

1.35 Calcule o peso (massa) de 32 g de oxigênio em miligramas, quilogramas e libras.

Resp. 32.000 mg; 0,032 kg; 0,0705 libras

1.36 Quantos gramas existem em 5,00 libras de sulfato de cobre? Quantas libras existem em 4,00 kg de mercúrio? Quantos miligramas estão em 1 lb 2 oz de açúcar?

Resp. 2.270 g; 8,82 libras; 510.000 mg

1.37 Um carro popular pesa 2.176 lb. Converta esse valor em (*a*) quilogramas; (*b*) toneladas; (*c*) toneladas americanas (1 tonelada americana = 2.000 lb).

Resp. (*a*) 987 kg;   (*b*) 0,987 t;   (*c*) 1,088 toneladas americanas

1.38 O aço utilizado na fabricação do cabo (16 milhas de comprimento, 12 cm de diâmetro, assumindo que seja sólido, $V_{cilindro} = \pi r^2 h$) utilizado no Problema 1.32 tem densidade igual a 8,65 g/cm^3. O cabo é fabricado a partir de um bloco de metal sólido. Qual é o peso do bloco em (*a*) kg, (*b*) lb e (*c*) toneladas?

Resp. (*a*) $1,01 \times 10^7$ kg;   (*b*) $2,2 \times 10^7$ lb;   (*c*) 1.110 t ($1,01 \times 10^4$ t)

1.39 A cor da luz é função de seu comprimento de onda. Os raios visíveis de maior comprimento de onda, correspondentes à cor vermelha, possuem $7,8 \times 10^{-7}$ m. Calcule esse comprimento em micrômetros, nanômetros e angstroms.

Resp. 0,78 μm;   780 mm;   7.800 Å

1.40 Em média, uma pessoa não deveria ingerir mais de 60 g de gordura em sua dieta diária. Uma embalagem de biscoitos com gotas de chocolate tem em seu rótulo a informação "três biscoitos equivalem a uma porção" e "teor de gordura: 6 g por porção". Quantos biscoitos você pode ingerir sem exceder 50% do aporte diário recomendado de gorduras?

Resp. 15 biscoitos

1.41 Em um cristal de platina, a distância entre os centros dos átomos é 2,8 Å, em relação ao empacotamento seguinte. Quantos átomos estão alinhados em um centímetro, nessa direção?

Resp. $3,5 \times 10^7$ átomos

1.42 Em algumas espécies de borboletas, a coloração azul cintilante de suas asas se deve à presença de nervuras, distantes 0,15 μm umas das outras, conforme mensuração efetuada por microscopia eletrônica. Calcule essa distância em centímetros. Qual é a relação dessa distância com o comprimento de onda azul, de cerca de 4.500 Å?

Resp. $1,5 \times 10^{-5}$ cm, equivalente a 1/3 do comprimento de onda da luz azul.

1.43 A dose diária indicada de riboflavina (vitamina B$_2$) é cerca de 2,00 mg. Quantas libras de queijo são necessárias para suprir essa dose, considerando que o queijo é a única fonte de riboflavina disponível e que contém 5,5 μg da vitamina por grama?

Resp. 0,80 lb/dia

1.44 Uma amostra de sangue de uma pessoa saudável é diluída 200 vezes (considerando o volume original) e examinada em um microscópio. A camada de sangue diluído tem 0,10 mm de espessura e a contagem de glóbulos vermelhos é 30, em um campo quadrado de 100 micrômetros de lado. (*a*) Quantos glóbulos vermelhos existem em um milímetro cúbico desse sangue? (*b*) Os glóbulos vermelhos vivem em média 1 mês e o volume de sangue de uma pessoa normal é cerca de 5 L. Quantos glóbulos vermelhos são produzidos a cada segundo na medula óssea dessa pessoa?

Resp. (*a*) 6×10^6 células/mm^3;   (*b*) 1×10^7 células/s

1.45 Um catalisador poroso usado em reações químicas tem área superficial interna igual a 800 m² por cm³ de material. Os poros desse material representam 50% do volume. Os outros 50% são material sólido. Considerando que os poros sejam tubos cilíndricos de diâmetro uniforme d e comprimento l, e que a área superficial interna medida seja a área total das superfícies curvas dos tubos, qual é o diâmetro de cada poro? (*Sugestão*: calcule o número de tubos por cm³ de material, n, em termos de l e d, utilizando a fórmula do volume de um cilindro, $V = 0{,}25\ \pi d^2 l$. Feito isso, aplique a fórmula de área superficial, $S = \pi d l$, nas superfícies cilíndricas e n tubos.)

Resp. 25 Å

1.46 Suponha que um pneu de borracha perca uma camada de sua superfície com espessura equivalente a uma molécula a cada volta no asfalto (entenda-se por "molécula" uma unidade monomérica do material). Suponha que essas moléculas tenham em média 7,50 Å de espessura e que o esse pneu tenha 35,6 cm de raio e 19,0 cm de largura. Durante uma viagem de 483 km entre Pittsburgh e Filadélfia, (*a*) qual é a redução do raio do pneu (em mm) e (*b*) que volume de borracha (em cm³) é perdido?

Resp. (*a*) 0,162 mm; (*b*) 68,8 cm³

Unidades compostas

1.47 Consulte o Problema 1.46. Se o pneu tem densidade igual a 963 kg/m³, calcule a massa em gramas perdida por cada pneu durante o trajeto descrito.

Resp. 66,3 g

1.48 A densidade da água é 1,000 g/cm³ a 4°C. Calcule a densidade da água em libras por pé cúbico, na mesma temperatura.

Resp. 62,4 lb/pé³

1.49 Estima-se que um cubo com 60 pés de aresta conteria todo ouro extraído de seu minério e refinado. Considerando que a densidade do ouro seja 19,3 g/cm³, calcule a massa desse cubo em (*a*) quilogramas, (*b*) libras e (*c*) toneladas, com base nessa estimativa.

Resp. (*a*) $1{,}18 \times 10^8$ kg; (*b*) $5{,}36 \times 10^7$ lb; (*c*) 26.800 toneladas curtas ($1{,}18 \times 10^5$ t)

1.50 Uma diferença de no máximo 0,0013 g/cm³ na densidade média (7,700 g/mL) é normal para cartuchos vazios (a parte que envolve o projétil propriamente dito) de projéteis de 9 mm, fabricados pela empresa ABC Inc. Dois cartuchos de uma pistola 9 mm foram encontrados e levados a um laboratório, identificados como sendo do fabricante ABC e pesados. Seus volumes foram medidos com base no deslocamento de água (cartucho nº 1: 3,077 g e 0,399 mL; cartucho nº 2: 3,092 g e 4,02 mL). É possível que esses cartuchos pertençam a um mesmo lote?

Resp. Eles podem pertencer a um mesmo lote. As densidades dos cartuchos nº 1 e nº 2 estavam 0,012 e 0,008 g/mL acima da média, nessa ordem. Este é apenas um entre os diversos testes efetuados para identificar projéteis.

1.51 No transporte marítimo, a sílica gel utilizada para proteger cargas contra infiltrações de umidade tem área superficial de $6{,}0 \times 10^2$ m² por quilograma. Qual é a área superficial em pés quadrados por grama?

Resp. $6{,}5 \times 10^3$ pés²/g

1.52 Existe razão para acreditar que a duração do dia, determinada com base na rotação da Terra, esteja aumentando de maneira uniforme em cerca de 0,0001 s a cada século. Expresse essa variação em partes por bilhão (ppb).

Resp. 3×10^{-4} s, por 10^9 s (*ou* 3×10^{-4} ppb)

1.53 O teor médio de bromo no Oceano Atlântico é 65 partes por milhão (ppm) em massa. Se fosse possível extrair 100% desse bromo, quantos metros cúbicos de água do mar precisariam ser processados para obter 0,61 kg do elemento? Suponha que a densidade da água do mar seja $1{,}0 \times 10^3$ kg/m³.

Resp. 9,4 m³

1.54 Uma importante grandeza de quantidade física é o valor de 8,314 joules, ou 0,08206 atmosfera·litro. Qual é o fator de conversão de joules para atmosfera·litro?

Resp. 101,3 J/atm·L

1.55 Se 80,0 cm³ de álcool etílico pesam 63,3 g, qual é sua densidade?

Resp. 0,791 g/cm³

1.56 Qual é o volume em litros de 40 kg de tetracloreto de carbono, CCl_4, com densidade 1,60 g/cm³?

Resp. 25 L

1.57 Um tipo de espuma plástica tem densidade igual a 17,7 kg/m³. Calcule a massa em libras de uma chapa isolante com 4,0 pés de largura, 8,0 pés de comprimento e 4,0 pol de espessura.

Resp. 11,8 lb

1.58 O ar pesa cerca de 8 lb por 100 pés cúbicos. Calcule sua densidade em (*a*) gramas por pé cúbico, (*b*) gramas por litro e (*c*) quilogramas por metro cúbico.

Resp. (*a*) 36 g/pé³;   (*b*) 1,3 g/L;   (*c*) 1,4 kg/m³

1.59 Estima-se que o teor calórico de alimentos seja 9,0 cal/g em gorduras e 5,0 cal/g em carboidratos e proteínas. Um bolinho comum contém 14% em massa de gorduras, 64% de carboidratos e 7% em proteína (o restante é água, que não apresenta calorias). Esse bolinho atende ao critério de teor máximo de 30% em gorduras, recomendado pelas autoridades norte-americanas?

Resp. Sim, 26% das calorias do bolinho são em gorduras.

1.60 Um bloco de madeira medindo 10 pol × 6,0 pol × 2,0 pol pesa 3 lb 10 oz. Qual é a densidade do bloco, em unidades SI?

Resp. 840 kg/m³

1.61 Uma liga foi usinada na forma de um disco plano com 31,5 mm de diâmetro e 4,5 mm de espessura. Um orifício de 7,5 mm de diâmetro foi perfurado no centro do disco. O disco pesava inicialmente 20,2 g. Qual é a densidade da liga, em unidades SI?

Resp. 6.100 kg/m³

1.62 Um recipiente de vidro vazio pesa 20,2376 g. Quando água a 4°C é adicionada até uma marca no recipiente, o peso sobe para 20,3102 g. Então, o mesmo recipiente é esvaziado e abastecido, até a mesma marca, com uma solução a 4°C. Com isso, o peso do recipiente passa a ser 20,3300 g. Qual é a densidade da solução?

Resp. 1,273 g/cm³

1.63 Uma amostra de chumbinhos pesando 321 g foi colocada em um cilindro graduado contendo álcool isopropílico suficiente para cobrir o chumbo por completo. Com isso, o nível do álcool subiu 28,3 mL. Qual é a densidade do chumbo, em unidades SI? (A densidade do álcool isopropílico é 0,785 g/cm³.)

Resp. $1,13 \times 10^4$ kg/m³

1.64 Uma amostra de ácido sulfúrico concentrado tem 95,7% de H_2SO_4 em massa e densidade 1,84 g/cm³. (*a*) Quantos gramas de H_2SO_4 puro estão contidos em um litro do ácido? (*b*) Quantos centímetros cúbicos de ácido contêm 100 g de H_2SO_4 puro?

Resp. (*a*) 1.760 g;   (*b*) 56,8 cm³

1.65 Um método bastante rápido para determinar densidades consiste em aplicar o princípio de Arquimedes, que afirma que o empuxo em um corpo submerso é igual ao peso do líquido deslocado. Uma barra de magnésio metálico fixada a uma balança por um fio fino pesa 31,13 g no ar e 19,35 g quando totalmente submersa em hexano ($D_{hexano} = 0,659$ g/cm³). Veja a Figura 1-2. Calcule a densidade dessa amostra de magnésio em unidades SI.

Resp. 1.741 kg/m³

1.66 Um processo de eletrodeposição permite produzir uma camada com 30 milionésimos de polegada. Quantos metros quadrados podem ser recobertos com um quilograma de estanho, densidade 7.300 kg/m³?

Resp. 180 m²

1.67 Uma folha de ouro (densidade 19,3 g/cm³) pesando 1,93 g pode ser moldada na forma de um filme transparente com área igual a 14,5 cm². (*a*) Qual é o volume de 1,93 mg de ouro? (*b*) Qual é a espessura do filme transparente, em angstroms?

Resp. (*a*) 1×10^{-4} cm⁻³;   (*b*) 690 Å

Quantidades e unidades

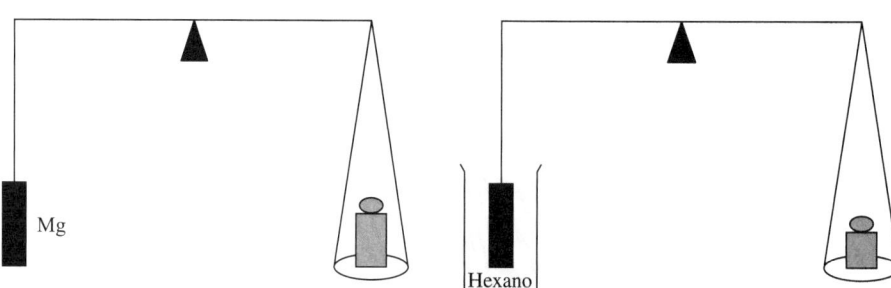

Figura 1-2

1.68 Calcule o comprimento (em km e milhas) da folha de ouro mencionada no Problema 1.67 obtida se a largura da folha é 6 pol. *Obs.:* a distância da Terra à Lua é $2,4 \times 10^5$ e ao Sol é $9,3 \times 10^7$ milhas (valores médios).

Resp. $1,7 \times 10^{11}$ km; 1×10^6 milhas

1.69 Um tubo capilar pesando 3,247 g foi calibrado fazendo fluir mercúrio em seu interior. O mercúrio ocupou um comprimento de 23,75 mm, observado via microscópio. O peso do tubo com mercúrio foi 3,489 g. A densidade do mercúrio é 13,60 g/cm^3. Supondo que a superfície interna do capilar seja um cilindro uniforme, calcule seu diâmetro interno.

Resp. 0,98 mm

1.70 A sequoia conhecida como General Sherman, no Parque Nacional das Sequoias, EUA, é considerada o maior ser vivo do planeta. Se a densidade total do tronco da árvore é 850 kg/m, calcule a massa do tronco, supondo que ele possa ser representado como dois troncos de cone reto com diâmetros inferior e superior de 11,2 e 5,6 m, e 5,6 e 3,3 m, respectivamente, com alturas iguais a 2,4 e 80,6 m, nessa ordem. Um tronco de cone é a porção de um cone cortada por dois planos perpendiculares a seu eixo, com volume definido como

$$\frac{1}{3}\pi h(r_1^2 + r_2^2 + r_1 r_2)$$

onde h é a altura e r_1 e r_2 são os raios das superfícies circulares do tronco de cone.

Resp. $1,20 \times 10^6$ kg = 1.200 t

Temperatura

1.71 (a) Converta 88°F em °C; 16°F em °C; 130°F em °C. (b) Converta 35°C em °F; 2°C em °F; −29°C em °F.

Resp. (a) 31°C, −9°C, 54°C (b) 95°F, 36°F, −20°F

1.72 Converta as seguintes temperaturas: −149,7°C em °F; −396,0°F em °C; 1555°C em °F.

Resp. −237,5°F; −237,8°C; 2831°F

1.73 A temperatura do gelo seco (temperatura de sublimação na pressão normal) é −109°F. Esse valor é maior ou menor que a temperatura de ebulição do etano (um componente do gás liquefeito de petróleo), que é −88°C?

Resp. Maior

1.74 A temperatura de uma pessoa doente é 103°F, quase idêntica à temperatura de um gato saudável. Converta essa temperatura em (a) °C e (b) K.

Resp. (a) 39,4°C; (b) 312,6 K

1.75 O ouro é minerado e refinado há milhares de anos, muito antes de fornalhas elétricas e outros equipamentos capazes de gerar altas temperaturas terem sido inventados. O ponto de fusão do ouro é 1064°C. Calcule essa temperatura nas escalas Fahrenheit e Kelvin.

Resp. 1.303 K e 1.947°F

1.76 Os metais se contraem e dilatam com variações de temperatura. Uma barra metálica é usada na construção do convés de uma plataforma petrolífera no Mar do Norte. Ela precisa resistir a uma temperatura de −45°C. Calcule essa temperatura em (a) °F e (b) na escala Kelvin.

Resp. (a) −49°F; (b) 228 K

1.77 Em 1714, Gabriel Fahrenheit sugeriu que o zero de temperatura em sua escala fosse a menor temperatura possível de obter com uma mistura de sais e gelo, na época, e que o valor 100° equivalesse à maior temperatura corporal de um animal normal. Expresse esses "extremos" em Celsius.

Resp. −17,8°C; 37,8°C

1.78 A fase líquida do sódio metálico é bastante ampla, com ponto de fusão em 98°C e ponto de ebulição em 892°C. Expresse essa faixa de temperatura nas escalas Celsius, Kelvin e Fahrenheit.

Resp. 794°C; 794 K; 1429°F

1.79 Converta 298 K, 892 K e 163 K em graus Celsius.

Resp. 25°C; 619°C; −110°C

1.80 Expresse 11 K e 298 K em graus Fahrenheit.

Resp. −440°F; 77°F

1.81 Converta 23°F nas escalas Celsius e Kelvin.

Resp. −5°C; 268 K

1.82 A suspeita de que tenha sido usado um catalisador de queima de combustível é plausível sempre que ocorrem incêndios em veículos quentes o bastante para derreterem o vidro do para-brisa. O ponto de fusão desse vidro (essencialmente SiO_2) é 1698°C. Converta a temperatura nas escalas (a) Kelvin e (b) Fahrenheit.

Resp. (a) 1971 K; (b) 3088°F.

1.83 Em que temperatura as escalas Celsius e Fahrenheit têm o mesmo valor numérico?

Resp. −40°

1.84 Um arco elétrico estabilizado com água atingiu a temperatura de 25.600°F. Na escala absoluta, qual é a razão dessa temperatura para a temperatura da chama de acetileno (3.500°C)?

Resp. 3,84

1.85 Desenvolva uma escala de temperatura em que o ponto de congelamento e o ponto de ebulição da água sejam 100° e 400°, respectivamente, e o intervalo entre graus seja um múltiplo constante do intervalo da escala Celsius. Qual é o zero absoluto nessa escala? Qual é o ponto de fusão do enxofre (PF = 444,6°C)?

Resp. −719°; 1433,8°

1.86 A temperatura normal do corpo humano é 98,6°F, mas a temperatura interna (do fígado) de um cadáver encontrado em um apartamento é 91,5°F. A queda de temperatura esperada nas condições do apartamento é 1°C para cada uma hora e 15 minutos após o óbito. (a) Expresse a temperatura do corpo em °C. (b) Há quanto tempo essa pessoa morreu? (Somente uma estimativa pode ser feita a partir desses dados de taxa de resfriamento.)

Resp. (a) 37°C e 33°C; (b) 6 h, aproximadamente

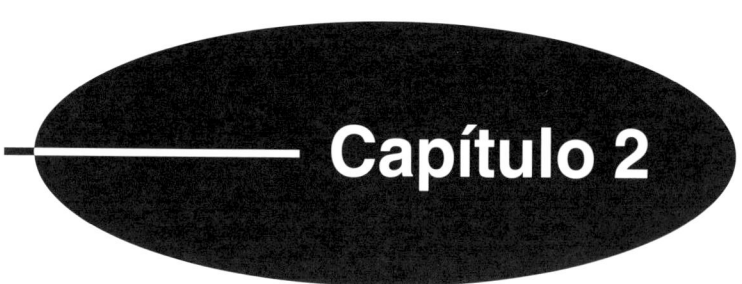

Massa Atômica e Molecular; Massa Molar

OS ÁTOMOS

John Dalton propôs sua teoria atômica em 1805. Dalton pensava que todos os átomos de um dado elemento químico fossem idênticos. Nas décadas que se sucederam, os químicos se lançaram à tarefa de encontrar as massas relativas dos átomos de diferentes elementos com base em uma análise química quantitativa detalhada. Mais de cem anos após a apresentação da hipótese de Dalton, experiências com substâncias radioativas revelaram que nem todos os átomos de um mesmo elemento eram idênticos. A tabela periódica dos elementos reconhece as diferentes massas de átomos com base na massa atômica média de cada elemento. Um elemento existe em diversas formas *isotópicas*, em que o número de nêutrons difere para cada isótopo. Contudo, todos os átomos de um mesmo elemento têm o mesmo número de prótons, conforme discutiremos a seguir.

OS NÚCLEOS

Todo átomo tem um núcleo, com carga positiva, que representa mais de 99% de sua massa total. São muitas as diferentes partículas encontradas no núcleo de um átomo, mas é possível descrevê-lo como sendo constituído por duas partículas apenas. Essas partículas são o *próton* e o *nêutron*, conhecidos pelo termo genérico *núcleons*. Os dois núcleons têm massas aproximadamente iguais (1 unidade de massa atômica, u, embora *uma* ou *UMA* sejam utilizados como notações informais), mas somente o próton tem carga elétrica e positiva. A magnitude da carga do próton é considerada a *unidade fundamental de carga* nos fenômenos atômicos e nucleares, pois até hoje não foi descoberta carga menor para qualquer partícula livre. A carga do próton recebe o valor +1 e é referência para todas as outras cargas. Uma vez que o nêutron não tem carga, a carga do núcleo de um átomo é resultado apenas da carga de seus prótons.

Os átomos de todos os isótopos de um dado elemento químico têm o mesmo número de prótons, chamado de *número atômico*, Z, característico desse elemento. Os núcleos de diferentes isótopos variam em termos do número de nêutrons que contribuem com o número total de núcleons que os constituem. Uma das maneiras de representar isótopos específicos consiste em informar o número total de núcleons, chamado de *número de massa*, A. Os átomos de diferentes formas isotópicas de um elemento, os *nuclídeos*, são distinguidos pelo número de massa colocado sobrescrito à esquerda do símbolo do elemento. Logo, o isótopo do nitrogênio com 8 nêutrons tem número de massa igual a 15, representado por ^{15}N (ou N-15). Raciocinando no sentido oposto, é possível calcular o número de nêutrons em um isótopo, subtraindo o número atômico do número de massa, $A - Z = 15 - 7 = 8$ nêutrons. Além disso, a carga no núcleo de um átomo de nitrogênio é +7 e é devida ao número de prótons (número atômico).

MASSAS ATÔMICAS RELATIVAS

A massa de um átomo é muito pequena. Mesmo o átomo mais pesado descoberto até hoje tem massa menor que 5×10^{-25} kg. Como 1 kg equivale a 2,2 lb, a massa desse átomo é menor que $1,1 \times 10^{-24}$ lb. Isso mostra a importância de definir uma unidade especial, em que as massas de átomos sejam expressas sem a necessidade de adotar expoentes. Essa unidade é chamada de *unidade de massa atômica*, representada pelo símbolo u na literatura. É definida exatamente como sendo 1/12 da massa de um átomo de ^{12}C. O valor exato da massa de um átomo de ^{12}C é 12 u. A massa do átomo de ^{23}Na é 22,9898 u. A Tabela 2-1 mostra as massas de alguns nuclídeos citados ainda neste capítulo, entre outros.

Tabela 2-1 Algumas massas de nuclídeos

^1H	1,00783	^{12}C	12,00000	^{17}O	16,99913	^{35}Cl	34,96885
^2H	2,01410	^{13}C	13,00335	^{18}O	17,99916	^{37}Cl	36,96590
^3H	3,01605	^{14}C	14,00324	^{18}F	18,00094	^{36}Ar	35,96755
^4He	4,00260	^{16}C	16,01470	^{18}Ne	18,00571	^{38}Ar	37,96273
^6He	6,01889	^{14}N	14,00307	^{28}Si	27,97693	^{40}Ar	39,96238
^6Li	6,01512	^{15}N	15,00011	^{29}Si	28,97649	^{87}Rb	86,90919
^7Li	7,01600	^{16}N	16,00610	^{30}Si	29,97377		
^7Be	7,01693	^{16}O	15,99491	^{32}S	31,97207		

A maior parte das reações químicas não discrimina diferentes isótopos de forma significativa. Por exemplo, as porcentagens dos átomos de ferro, que são ^{54}Fe, ^{56}Fe, ^{57}Fe e ^{58}Fe, são 5,8, 91,8 e 0,3, respectivamente, em todos os minérios de ferro, meteoritos e compostos de ferro sintéticos. No tocante ao estudo da química, é interessante conhecer a *massa média* de um átomo de ferro nesta mistura de isótopos naturais. Essas massas médias são também tabuladas em termos da unidade u e são representadas por $A_r(E)$, onde E é o símbolo do elemento em questão. O termo *massa atômica* será utilizado neste livro como massa atômica média, e *massa nuclídica* será empregado para representar um isótopo em particular de um elemento. Os valores de A_r, listados no final deste livro, são a base de quase todos os cálculos químicos envolvendo massa. No passado os valores de A_r eram calculados com base em análise química de exatidão, mas hoje quase todos os valores são médias ponderadas das massas nuclídicas medidas por espectroscopia de massa, um método bastante preciso.

O MOL

Qualquer experimento químico envolve a reação de números muito grandes de átomos ou moléculas. O termo *mol* é usado para indicar um conjunto formado por um grande número de entidades químicas fundamentais, comparável à quantidade que pode estar envolvida em um experimento real. Na verdade, o mol é reconhecido no SI como a unidade de uma das quantidades independentes do ponto de vista dimensional, a *quantidade de substância*. A abreviatura da unidade é *mol*. Um mol de átomos de qualquer elemento é definido como a quantidade de uma substância contendo o número de átomos igual ao número de átomos de carbono contidos em exatos 12 g de ^{12}C puro. Este número é chamado de *número de Avogadro*, ou *constante de Avogadro*, N_A. O valor desta quantidade pode ser expresso em termos do valor de u, listado na Tabela 2-1:

$$\text{Massa de 1 mol de átomos de } ^{12}C = N_A \times (\text{massa de um átomo de } ^{12}C)$$

$$12 \text{ g/mol} = N_A \times 12 \text{ u}$$

$$N_A = \frac{12 \text{ g/mol}}{12 \text{ u}} = \frac{1 \text{ g/mol}}{1 \text{ u}} = \frac{1 \text{ g/mol}}{(1,66054 \times 10^{-27} \text{ kg})(10^3 \text{ g/kg})}$$
$$= 6,0221 \times 10^{23}/\text{mol}$$

Todas as unidades na expressão de N_A se cancelam, exceto mol, que permanece no denominador e pode ser expresso como mol^{-1} ($6,0221 \times 10^{23} \text{ mol}^{-1}$). A resposta deve ser interpretada como $6,0221 \times 10^{23}$ coisas/mol. Claro que, em química, a referência é via de regra a átomos ou moléculas.

Examinemos um mol de átomos de um elemento químico com massa atômica A_r. A massa média de um átomo deste elemento é A_r u e a massa de um mol de um elemento é igual a $N_A \times A_r$ u, ou simplesmente A_r g/mol. Em outras palavras, a massa em gramas de um mol de átomos de um elemento é igual à massa atômica, e A_r pode ser considerada como tendo as unidades g/mol. Portanto, um "mol de ouro" equivale a 197,0 g de ouro.

SÍMBOLOS, FÓRMULAS, MASSAS MOLARES

Todo elemento tem seu próprio símbolo exclusivo. Em uma fórmula química, o símbolo representa um átomo ou um elemento. As substâncias moleculares são compostas por dois ou mais átomos unidos por forças intensas. A fórmula de uma substância em particular consiste nos símbolos dos átomos encontrados nessa molécula. Por exemplo, a fórmula do dióxido de carbono é CO_2. Observe o uso do caractere subscrito para indicar que cada molécula tem dois átomos de oxigênio, além do átomo de carbono. Subentende-se que a ausência de um número indica que a molécula apresenta apenas um átomo do elemento, isto é, não há um número "1" para indicar que esta molécula em particular tem um átomo de carbono. A massa molecular do CO_2 corresponde à soma das massas atômicas do átomo de carbono e dos dois átomos de oxigênio na molécula, e é expressa em u. Conforme apresentado anteriormente, a massa molar do CO_2 é a massa em gramas equivalente à massa molecular em u. Um "mol de dióxido de carbono" é 12,0 u + 2(16,0 u) = 44 u. Esse resultado pode ser expresso como 44 g, indicando um número de Avogadro, N_A, de moléculas de CO_2. Lembre que N_A é $6,0221 \times 10^{23}$ coisas, ou, nesse caso, moléculas.

Na natureza, muitas substâncias são iônicas. Isso significa que os átomos ocorrem como partículas dotadas de carga elétrica, os *íons*, arranjados em uma estrutura espacial provavelmente muito grande e que não tem tamanho definido. Nesses casos, a *fórmula* indica o número relativo de cada elemento presente. O sal de cozinha é composto por íons cloreto e sódio (os íons cloro são chamados de íons *cloreto*) em estreita associação. Embora o tamanho de um cristal do sal de cozinha não seja constante, a razão dos íons sódio para os íons cloreto é 1:1 e, portanto, a fórmula do sal de cozinha é NaCl.

P_2O_{10} é a fórmula de um composto em que dois átomos de fósforo estão presentes para cada 10 átomos de oxigênio. Essa fórmula é chamada de *fórmula molecular*. Quando os números em subscrito forem os menores números inteiros possíveis, então a fórmula é chamada de *fórmula empírica* – PO_5 é a fórmula empírica do P_2O_{10}. Além disso, P_2O_{10} pode se referir às quantidades específicas de componentes de um composto. Um mol de P_2O_{10} contém 2 mols de átomos de fósforo e 10 mols de átomos de oxigênio. Podemos calcular a massa de um mol de P_2O_{10} somando as massas dos componentes – $(2 \times 31,0) + (10 \times 16,0) = 222$ g/mol de P_2O_{10}.

O termo "peso atômico" é bastante usado no lugar de "massa atômica", e "peso molecular" é muito empregado em vez de "massa molar". (Muitos autores usaram "peso molecular" como se fosse "massa molar", mesmo para substâncias iônicas.) Uma vez que "peso" é uma força, não uma massa, o emprego de termos com essa palavra não é indicado. Contudo, o aluno iniciante precisa estar se familiarizar com esses detalhes de terminologia, pois termos como esses ocorrem na literatura e ainda são usados. O termo "massa molar" representa uma mudança positiva nesta terminologia técnica específica, pois tem aplicabilidade universal, em referência ao número de Avogadro de moléculas, íons, fórmulas unitárias ou átomos individuais (por exemplo, a massa molar do ouro é 197,0 g/mol; a massa molar do íon hidróxido, OH^-, é 17,0 g/mol).

Problemas Resolvidos

Massa atômica

2.1 A espectroscopia de massa revela que, na natureza, as abundâncias relativas das diversas formas isotópicas do átomo de silício são 92,23% ^{28}Si, 4,67% ^{29}Si e 3,10% ^{30}Si. Com base nessa informação e nas massas dos nuclídeos, calcule a massa atômica do silício.

A massa atômica é a média de três nuclídeos que contribuem para a massa atômica do silício, de acordo com suas abundâncias relativas. As massas dos nuclídeos estão mostradas na Tabela 2-1.

$$A_r = (0,9223 \times 27,977\,u) + (0,0467 \times 28,976\,u) + (0,0301 \times 29,974\,u)$$
$$A_r = 25,803\,u + 1,353\,u + 0,929\,u = 28,085\,u$$

2.2 O carbono que ocorre na natureza tem dois isótopos, ^{12}C e ^{13}C. Quais são as abundâncias percentuais dos dois isótopos em uma amostra de carbono com massa atômica 12,01112?

Se $\quad\quad\quad y = \%$ abundância de ^{13}C; então, $100 - y$ é % de ^{12}C.

$$A_r = 12,01112 = \frac{(12,00000)(100-y) + (13,00335)y}{100}$$
$$A_r = 12,00000 + \frac{(13,00335 - 12,00000)y}{100} = 12,00000 + 0,0100335y$$

Então,

$$y = \frac{12,01112 - 12,00000}{0,0100335} = \frac{0,01112}{0,0100335} = 1,108\% \text{ de } ^{13}C$$

e

$$100 - y = 98,892\% \text{ de } ^{12}C$$

2.3 Antes de 1961, uma escala de massa atômica física era empregada com base na atribuição do valor 16,00000 a ^{16}O. Qual era a massa atômica física de ^{12}C nessa escala?

Podemos usar a razão dos dois pontos de referência para calcular o antigo valor de ^{12}C.

$$\frac{\text{Referência nova}}{\text{Referência anterior}} = \frac{A_r \text{ de } ^{12}C}{A_r \text{ de } ^{16}O} = \frac{12,00000}{15,99491}$$

$$(16,0000) \left(\frac{12,00000}{15,99491} \right) = 12,00382$$

2.4 Uma amostra de $CdCl_2$ pesando 1,5276 g passou por um processo eletrolítico para isolar todo o cádmio. O peso do cádmio metálico obtido foi 0,9367 g. Se a massa atômica do cloro é 35,453, qual deve ser a massa atômica do cádmio, nessa experiência?

Em todo este livro, especificaremos a quantidade de uma substância em termos da unidade mais empregada pelos químicos, o mol. Utilizaremos o símbolo n (símbolo ou fórmula) para representar o número de mols da substância. Uma vez que na maior parte do trabalho em um laboratório as massas são determinadas por pesagem, a palavra "peso" (como ocorre na segunda frase do problema) é usada com frequência, mesmo não sendo o termo mais apropriado. Exceto nos casos em que possa haver ambiguidade, utilizaremos o termo mais comum, sem distinção entre "massa" e "peso".

É possível tratar esse problema calculando inicialmente o número de mols de átomos de Cl na amostra pesada.

$$\text{Peso de } CdCl_2 = 1,5276 \text{ g}$$
$$\text{Peso de Cd em } CdCl_2 = 0,9367 \text{ g}$$
$$\text{Peso de Cl em } CdCl_2 = 0,5909 \text{ g}$$

$$n(Cl) = 0,5909 \text{ g} \times \frac{1 \text{ mol}}{35,453 \text{ g}} = 0,016667 \text{ mol}$$

Com base na fórmula $CdCl_2$, vemos que o número de mols de Cd corresponde a exatamente a metade do número de mols de Cl.

$$n(Cd) = \tfrac{1}{2} n(Cl) = \tfrac{1}{2} (0,016667) = 0,008333 \text{ mol}$$

A massa atômica é a massa por mol.

$$A_r(Cd) = \frac{0,9367 \text{ g}}{0,008333 \text{ mol}} = 112,41 \text{ g/mol}$$

2.5 Na determinação da massa atômica do vanádio por via química, 2,8964 g de $VOCl_3$ puro passam por uma série de reações em que todo o cloro contido nesse composto é reagido com prata, formando AgCl. O peso de AgCl obtido foi 7,1801 g. Se supormos que as massas atômicas de Ag e Cl são 107,868 e 35,453, qual é o valor experimental da massa atômica do vanádio?

Este problema é semelhante ao Problema 2.4, exceto pelo fato de $n(Cl)$ ser obtido com base em $n(AgCl)$. Os três átomos de Cl em $VOCl_3$ são convertidos em três fórmulas unitárias de AgCl, com massa molar 143,321 (a soma de 107,868 e 35,453).

$$n(AgCl) = 7,1801 \text{ g} \times \frac{1 \text{ mol}}{143,321 \text{ g}} = 0,050098 \text{ mol}$$

A partir da fórmula AgCl, tem-se:

$$n\text{C(l)} = n(\text{AgCl}) = 0,050098 \text{ mol Cl}$$

E, a partir da fórmula VOCl$_3$,

$$n(\text{V}) = \tfrac{1}{3} n(\text{Cl}) = \tfrac{1}{3}(0,050098) = 0,016699 \text{ mol V}$$

Para calcular a massa de vanádio na amostra pesada de VOCl$_3$, precisamos subtrair as massas do cloro e do oxigênio. Se designarmos a massa de qualquer substância ou componente químico X por $m(\text{X})$, então:

$$m(\text{X}) = n(\text{X}) \times M(\text{X})$$

onde $M(\text{X})$ é a massa molar de X. Observe que, se X for um átomo único, então $M(\text{X})$ equivale a $A_r(\text{X})$. Neste problema, X é Cl.

$$m(\text{Cl}) = n(\text{Cl}) \times \text{Ar (Cl)} = (0,050098 \text{ mol})(35,453 \text{ g/mol}) = 1,7761 \text{ g Cl}$$

A Fórmula VOCl$_3$ mostra que o número de mols de V e de O são iguais.

$$m(\text{O}) = n(\text{O}) \times \text{Ar (O)} = (0,016699 \text{ mol})(15,999 \text{ g/mol}) = 0,2672 \text{ g O}$$

e, por subtração,

$$m(\text{V}) = m(\text{VOCl}_3) - m(\text{O}) - m(\text{Cl})$$
$$m(\text{V}) = (2,8934 - 0,2672 - 1,7761)\text{g} = 0,8501 \text{ g V}$$

e então

$$A_r(\text{V}) = \frac{m(\text{V})}{n(\text{V})} = \frac{0,8501 \text{ g}}{0,016699 \text{ mol}} = 50,91 \text{ g/mol}$$

Observe que o resultado difere ligeiramente do valor aceito (50,9415 g/mol). Essa diferença pode ser atribuída a erro experimental nessa determinação.

Massa molar

2.6 Calcule a massa de (*a*) hexacloroiridiato de potássio (IV), K$_2$IrCl$_6$ e (*b*) a massa de trifluorosilano, SiHF$_3$.

O hexacloroiridiato de potássio (IV) não existe na forma de moléculas discretas representadas por fórmula empírica, enquanto o trifluorosilano existe. O termo "massa molar", nos dois casos, faz referência à massa de N_A fórmulas unitárias, que em gramas é numericamente igual à soma de todos os A_r, presentes na fórmula (ou a cada elemento, com a multiplicação de seu A_r pelo número de átomos desse elemento na fórmula).

(*a*)
2 K = 2(39,098) = 78,20
1 Ir = 1(192,22) = 192,22
6 Cl = 6(35,453) = 212,72
Massa molar = 483,14

(*b*)
1 Si = 1(28.086) = 28,086
1 H = 1(1.008) = 1,008
3 F = 3(18.9984) = 56,995
Massa molar = 86,089

Observe que as massas não apresentam o mesmo número de algarismos significativos ou casas decimais que u. De modo geral, são válidas as regras para casas decimais listadas no Apêndice B. O valor de A_r(Ir) tem apenas duas casas decimais. Observe também que, para expressar a massa atômica do Cl multiplicada por 6, com 0,01 u, foi necessário utilizar a massa atômica em 0,001 u. Pela mesma razão, um algarismo adicional foi adotado na massa atômica do flúor, para dar o máximo de significância ao último dígito na coluna do somatório.

2.7 Quantos (*a*) gramas de H$_2$S, (*b*) mols de H e S, (*c*) gramas de H e S, (*d*) moléculas de H$_2$S e (*e*) átomos de H e S estão contidos em 0,400 mol de H$_2$S?

As massas atômicas necessárias para o cálculo são 1,008 do H e 32,066 do S. A massa molecular do H$_2$S é 2(1,008) + 32,066 = 34,08.

Observe que não é preciso expressar a massa molecular com 0,001 u, embora as massas atômicas tenham essa precisão em casas decimais. Uma vez que o fator limitante neste problema é $n(H_2S)$, conhecido até uma parte em 400, o valor 34,08 (expresso como uma parte em 3.000) para massa molecular é adequado o bastante. Trata-se de uma estratégia para agilizar o cálculo; se você tivesse utilizado os valores completos de massas atômicas, sua resposta teria sido a mesma.

(a) $\quad$ Número de gramas do composto = (número de mols) × (massa de 1 mol)

$$\text{Número de gramas de } H_2S = (0,400 \text{ mol})(34,08 \text{ g/mol}) = 13,63 \text{ g } H_2S$$

(b) Um mol de H_2S contém 2 mols de H e um mol de S. Logo, 0,400 mol de H_2S contém

$$(0400 \text{ mol } H_2S)\left(\frac{2 \text{ mol H}}{1 \text{ mol } H_2S}\right) = 0,800 \text{ mol H}$$

e 0,400 mol de S (metade do número de mols de H).

(c) Número de gramas do elemento = (número de mols) × (massa de 1 mol)

$$\text{Número de gramas de } H = (0,800 \text{ mol})(1,008 \text{ g/mol}) = 0,806 \text{ g H}$$

$$\text{Número de gramas de } S = (0,400 \text{ mol})(32,066 \text{ g/mol}) = 12,83 \text{ g S}$$

(d) Número de moléculas = (número de mols) × (número de moléculas em 1 mol)

$$= (0,400 \text{ mol})(6,02 \times 10^{23} \text{ moléculas/mol}) = 2,41 \times 10^{23} \text{ moléculas}$$

(e) Número de átomos do elemento = (número de mols) × (número de átomos por mol)

$$\text{Número de átomos de } H = (0,800 \text{ mol})(6,02 \times 10^{23} \text{ átomos/mol}) = 4,82 \times 10^{23} \text{ átomos H}$$

$$\text{Número de átomos de } S = (0,400 \text{ mol})(6,02 \times 10^{23} \text{ átomos/mol}) = 2,41 \times 10^{23} \text{ átomos S}$$

2.8 Quantos mols de átomos estão contidos em (a) 10,02 g de cálcio, (b) 92,92 g de fósforo? (c) Quantos mols de fósforo molecular estão contidos em 92,91 g de fósforo, para uma molécula com fórmula P_4? (d) Quantos átomos estão contidos em 92,91 g de fósforo? (e) Quantas moléculas estão contidas em 92,91 g de fósforo?

As massas atômicas do Ca e do P são 40,08 e 30,974; quando temos pesos equivalentes a esses valores, temos um mol de cada elemento.

(a) $\quad n(Ca) = \dfrac{\text{massa de Ca}}{\text{massa atômica de Ca}} = \dfrac{10,02 \text{ g}}{40,08 \text{ g/mol}} = 0,250 \text{ mol de átomos de Ca}$

(b) $\quad n(P) = \dfrac{\text{massa de P}}{\text{massa atômica de P}} = \dfrac{92,91 \text{ g}}{30,974 \text{ g/mol}} = 3,000 \text{ mol de átomos de P}$

(c) A massa molar de P_4 é $(4)(30,974) = 123,90$. Logo,

$$n(P_4) = \dfrac{\text{massa de } P_4}{\text{massa molar de } P_4} = \dfrac{92,91 \text{ g}}{123,90 \text{ g/mol}} = 0,7500 \text{ mol de moléculas de } P_4$$

(d) $\quad$ Número de átomos de $P = (3,000 \text{ mol})(6,022 \times 10^{23} \text{ átomos/mol}) = 1,807 \times 10^{24} \text{ átomos P}$

(e) $\quad$ Número de moléculas de $P_4 = (0,7500 \text{ mol})(6,022 \times 10^{23} \text{ moléculas/mol})$

$$= 4,517 \times 10^{23} \text{ moléculas } P_4$$

2.9 Quantos mols são representados por $\quad$ (a) 6,35 g de CO_2, $\quad$ (b) 9,11 g de SiO_2, $\quad$ (c) 15,02 g de $Ca(NO_3)_2$?

Consulte a tabela periódica para as massas atômicas necessárias. As massas moleculares são calculadas usando as massas atômicas.

$$\text{Massa molar de } CO_2 = 1(12,01) + 2(16,00) = 44,01 \text{ g/mol}$$

$$\text{Massa molar de } SiO_2 = 1(28,09) + 2(16,00) = 60,09 \text{ g/mol}$$

Massa molar de Ca(NO$_3$)$_2$ = 1(40,08) + 2[1(14,01) + 3(16,00)] = 164,10 g/mol

(a) A quantidade de CO$_2$ = 6,35 g × (1 mol/44,01 g) = 0,1443 mol CO$_2$.

(b) A quantidade de SiO$_2$ = 9,11 g × (1 mol/60,09 g) = 0,1516 mol SiO$_2$.

(c) A quantidade de Ca(NO$_3$)$_2$ = 15,02 g × (1 mol/164,10 g) = 0,0915 mol Ca(NO$_3$)$_2$.

O resultado (a) é uma medida do número de moléculas de CO$_2$ (em condições normais, o CO$_2$ é um gás cujas moléculas estão separadas e têm identidades físicas individuais). Por outro lado, o SiO$_2$ apresenta uma estrutura sólida cristalina complexa (quartzo), em que cada átomo de silício é cercado por um ou mais átomos de oxigênio e em que cada um destes é cercado por um silício. Por conta disso, não existe um agregado de um silício e dois oxigênios fisicamente distinto dos outros agregados na estrutura. Por essa razão o cálculo em (b) representa uma contagem do número de fórmulas unitárias de SiO$_2$. O Ca(NO$_3$)$_2$ discutido em (c) é um cristal iônico sem tamanho específico, e a amostra dada contém 0,0915 mols de íons cálcio e o duas vezes esse número em mols do íon nitrato.

Proporções múltiplas

2.10 Três compostos gasosos de nitrogênio e oxigênio comuns e de composições diferentes desses elementos são conhecidos: (A) o gás do riso, que contém 65,65% de nitrogênio, (B) um gás incolor, com 46,68% de nitrogênio e (C) um gás marrom tóxico que contém 30,45% de nitrogênio. Mostre como esses dados ilustram a *lei das proporções múltiplas*.

De acordo com a lei das proporções múltiplas, as quantidades relativas de um elemento cominado com uma quantidade definida de um segundo elemento em uma série de composto são razões de números inteiros e mínimos.

Uma vez que uma porcentagem representa o número de partes de algo em relação a cem partes, se tomarmos como base 100 g de cada composto, tabulamos abaixo a massa de N, de O (obtida pela diferença por 100) e a massa de N por grama de O.

	Composto A	Composto B	Composto C
g de N	63,65	46,68	30,45
g de O	36,35	53,32	69,55
(g de N)/(g de O)	1,7510	0,8755	0,4378

As quantidades relativas não são afetadas se as três quantidades forem definidas como razão e então divididas pela menor quantidade relativa.

$$1{,}7510 : 0{,}8755 : 0{,}4378 = \frac{1{,}7510}{0{,}4378} : \frac{0{,}8755}{0{,}4378} : \frac{0{,}4378}{0{,}4378} = 4{,}000 : 2{,}000 : 1{,}000$$

As quantidades relativas são de fato razões de números inteiros mínimos 4,000 : 2,000 : 1,00 dentro de uma margem de precisão destas análises.

A lei das proporções múltiplas representou um grande avanço em termos de dar credibilidade à teoria atômica de Dalton. Foi descoberta antes de as massas atômicas relativas terem sido mais bem estudadas (observe que os valores de A_r não foram envolvidos no cálculo acima). Contudo, da lógica depreende-se que todos os átomos de um mesmo elemento têm massa idêntica (e constante), e que os compostos contêm elementos nas proporções relativas de número inteiros simples.

Problemas Complementares

2.11 O argônio que ocorre na natureza tem três isótopos, ^{36}Ar, ^{38}Ar e ^{40}Ar, cujos átomos têm abundâncias relativas 0,34, 0,07 e 99,59%, respectivamente. Calcule a massa atômica do argônio com base nesses dados e na Tabela 2-1.

Resp. 39,948

2.12 O boro que ocorre na natureza é composto por 80,22% do isótopo ^{11}B (massa nuclídica = 11,009) e 19,78% de outro isótopo. Para uma massa atômica igual a 10,810, qual é a massa nuclídica do outro isótopo?

Resp. 10,01

2.13 ^{35}Cl e o ^{37}Cl são os únicos isótopos do cloro que ocorrem na natureza. Que distribuição percentual explica a massa atômica 35,4527?

Resp. 24,3% de ^{37}Cl

2.14 O gálio é um elemento importante, usado na confecção de termômetros de alta temperatura. Ele possui dois isótopos naturais, ^{69}Ga, que contribui com 60,1% e ^{71}Ga, com 30,9% de abundância. Qual é a massa atômica média do Ga?

Resp. 69,723

2.15 Qual é a proporção de ^{15}N para ^{14}N no nitrogênio natural, se a massa atômica é 14,00674? Ignore a pequena parcela de ^{16}N.

Resp. 0,00369

2.16 No passado, existia uma escala de massa atômica com base no valor arbitrado 16,0000 para o oxigênio natural. Usando essa escala, calcule a massa atômica da prata, considerando que as informações conhecidas hoje estivessem disponíveis então. As massas atômicas do oxigênio e da prata dadas na tabela periódica são 15,9994 e 107,8682.

Resp. 107,872

2.17 A massa nuclídica do ^{90}Sr foi calculada em 89,936 com base na antiga escala física (^{16}O = 16,0000). Calcule a massa do ^{90}Sr na escala de massa em que o ^{16}O tem massa atômica igual a 15,9949.

Resp. 89,907

2.18 No cálculo de massa atômica, descobriu-se que o teor de estanho era 1,7170 g em 3,7692 g de SnCl$_4$. Se a massa atômica do cloro for 35,453, qual será o valor da massa atômica do estanho isolada durante esse experimento?

Resp. 118,65

2.19 Uma amostra de ZrBr$_4$ pesando 12,5843 g foi dissolvida e, após diversas etapas químicas, todo o bromo combinado foi precipitado como AgBr. O conteúdo de prata do AgBr tem 13,2160 g. Supondo que as massas atômicas da prata e do bromo sejam 107,868 e 79,904, qual é a massa atômica do Zr calculada com base nesse experimento?

Resp. 91,23

2.20 A massa atômica do enxofre foi determinada por decomposição de 6,2984 g de Na$_2$CO$_3$ com ácido sulfúrico. O peso de Na$_2$SO$_4$ formado foi 8,4380 g. Nessa reação, todo o sódio no material de análise (Na$_2$CO$_3$) aparece no produto (Na$_2$SO$_4$). Calcule a massa atômica do enxofre com base nesse experimento.

Resp. 32,017

2.21 Apesar de existir apenas um isótopo natural do iodo, o ^{127}I, a massa atômica do elemento é 126,9045. Explique.

Resp. As massas atômicas indicadas na tabela periódica dos elementos são médias, porém calculadas tomando como referência a massa do ^{12}C. O número de massa do isótopo natural do iodo é 127, que representa um total do *número* de prótons e nêutrons, e não massas atômicas propriamente ditas.

Massa molar

2.22 Calcule a massa molecular (ou massa por fórmula unitária) em 0,01 u de (*a*) LiOH, (*b*) H$_2$SO$_4$, (*c*) O$_2$, (*d*) S$_8$, (*e*) Ca$_3$(PO$_4$)$_2$, (*f*) Fe$_4$[Fe(CN)$_6$]$_3$.

Resp. (*a*) 23,95; (*b*) 98,08; (*c*) 32,00; (*d*) 256,53; (*e*) 310,18; (*f*) 859,28

2.23 Quantos gramas de cada um dos elementos constituintes estão contidos em um mol de (*a*) CH$_4$, (*b*) Fe$_2$O$_3$, (*c*) Ca$_3$P$_2$?

Resp. (*a*) 12,01 g C, 4,032 g H $6,02 \times 10^{23}$ átomos C, $2,41 \times 10^{24}$ átomos H
       (*b*) 111,69 g Fe, 48,00 g O $1,204 \times 10^{24}$ átomos Fe, $1,81 \times 10^{24}$ átomos O
       (*c*) 120,23 g Ca, 61,95 g P $1,81 \times 10^{24}$ átomos Ca, $1,204 \times 10^{24}$ átomos P

2.24 Um projétil de uso comercial que pode ser disparado usando um revólver calibre 38 pesa 156 grãos (2000 grãos = 1 lb). Supondo que o projétil seja feito apenas de chumbo, (*a*) quantos mols de chumbo são necessários para fabricar um projétil? (*b*) Quantos átomos estão presentes em um projétil?

Resp. (*a*) 0,17 mol Pb;   (*b*) $1,03 \times 10^{23}$ átomos

2.25 Uma cápsula de CO$_2$ é utilizada para acionar uma ferramenta rotativa de polimento; ela contém 8 g de CO$_2$. (*a*) Quantos mols de CO$_2$ estão contidos na cápsula?   (*b*) Quantas moléculas de CO$_2$ existem na cápsula?

Resp. (*a*) 0,18 mol CO$_2$;   (*b*) $1,1 \times 10^{23}$ moléculas de CO$_2$

2.26 Calcule o número de gramas em um mol de cada uma das substâncias listadas, muito comuns: (*a*) calcita, $CaCO_3$; (*b*) quartzo, SiO_2; (*c*) açúcar da cana, $C_{12}H_{22}O_{11}$; (*d*) gipsita, $CaSO_4 \cdot 2H_2O$; (*e*) chumbo branco, $Pb(OH)_2 \cdot 2PbCO_3$.

Resp. (*a*) 100,09 g;   (*b*) 60,09 g;   (*c*) 342,3 g;   (*d*) 172,2 g;   (*e*) 775,7 g

2.27 Qual é a massa média em quilogramas de (*a*) um átomo de hélio, (*b*) um átomo de flúor e (*c*) um átomo de netúnio?

Resp. (*a*) $6,65 \times 10^{-27}$ kg;   (*b*) $3,15 \times 10^{-26}$ kg;   (*c*) $3,94 \times 10^{-25}$ kg

2.28 Qual é a massa de uma molécula de (*a*) CH_3OH; (*b*) $C_{60}H_{122}$; (*c*) $C_{1200}H_{2000}O_{1000}$?

Resp. (*a*) $5,32 \times 10^{-26}$ kg;   (*b*) $1,40 \times 10^{-24}$ kg;   (*c*) $5,38 \times 10^{-23}$ kg

2.29 Quantos mols de átomos estão contidos em (*a*) 32,7 g Zn; (*b*) 7,09 g Cl; (*c*) 95,4 g Cu; (*d*) 4,31 g Fe; (e) 0,378 g S?

Resp. (*a*) 0,500 mol;   (*b*) 0,200 mol;   (*c*) 1,50 mol;   (*d*) 0,0772 mol;   (*e*) 0,0118 mol

2.30 Um frasco com um rótulo dizendo *cianeto de potássio* e outro frasco identificado como *cianeto de sódio* foram encontrados escondidos atrás de um aquecedor de água. Ambos continham 125 g das substâncias. (*a*) Qual deles contém o maior número de moléculas? (*b*) Quantos mols estão presentes no frasco (*a*)? (*c*) Qual é a diferença em número de moléculas entre os dois frascos?

Resp. (*a*) NaCN;   (*b*) 2,55 mols NaCN;   (*c*) $3,8 \times 10^{23}$ moléculas de NaCN

2.31 Quantos mols estão contidos em (*a*) 24,5 g de H_2SO_4 e (*b*) 4,00 g de O_2?

Resp. (*a*) 0,250 mol;   (*b*) 0,125 mol

2.32 Uma amostra de metal é composta por 4,25 mols de molibdênio e 1,63 mols de titânio. Expresse a razão dos dois metais em termos de (*a*) átomo e (*b*) massas.

Resp. (*a*) 425 átomos de Mo para 163 átomos de Ti;   (*b*) 407,7 g de Mo para 78,04 g de Ti

2.33 (*a*) Quantos mols de Cd e de N estão contidos em 132,4 g de $Cd(NO_3)_2 \cdot 4H_2O$? (*b*) Quantas moléculas de água de hidratação estão contidas nessa mesma quantidade?

Resp. (*a*) 0,429 mol de Cd e 0,858 mol de N;   (*b*) $1,033 \times 10^{24}$ moléculas de H_2O

2.34 Quantos mols de Fe e S estão contidos em (*a*) 1 mol de FeS_2 (pirita);   (*b*) 1 kg de FeS_2? (*c*) Quantos quilogramas de S estão contidos em exatamente 1 kg de FeS_2?

Resp. (*a*) 1 mol de Fe, 2 mols de S;   (*b*) 8,33 mols de Fe, 16,7 mols de S;   (*c*) 0,535 kg de S

2.35 Um sistema de abastecimento de água continha 0,10 ppb (partes por bilhão) de clorofórmio ($CHCl_3$). Quantas moléculas de $CHCl_3$ estão contidas em uma gota de 0,05 mL dessa água?

Resp. $2,5 \times 10^{10}$

2.36 A densidade do irídio é muito alta, 22,65 g/cm³. Quantos (*a*) gramas, (*b*) mols e (*c*) átomos de Ir estão contidos em um cubo de 2 cm de lado do elemento?

Resp. (*a*) 181,2 g Ir;   (*b*) 0,94 mol de Ir;   (*c*) $5,7 \times 10^{23}$ átomos de Ir

2.37 A dose máxima de cianeto no sangue sem que cause óbito é 2500 nanogramas por mililitro. Supondo que uma pessoa normal tenha em média 5,6 L de sangue, (*a*) qual é a massa em gramas de cianeto de potássio (KCN) equivalente à dose fatal? (*b*) A densidade do KCN é 1,5 g/cm³; qual é o volume dessa quantidade em cm³? (*c*) Quantos mols de KCN existem nessa dose? (*d*) Quantas moléculas?

Resp. (*a*) 0,014 g KCN;   (*b*) 0,021 cm³ (alguns cristais do composto);   (*c*) $2,6 \times 10^{-4}$ mol KCN;   (*d*) $1,6 \times 10^{20}$ moléculas de KCN

2.38 Uma liga chamada Permalloy 45 contém 54,7% Fe, 45% Ni e 0,3% Mn em massa. (*a*) Calcule os teores de cada metal em mols em uma amostra de 0,685 g da liga. (*b*) Se a composição percentual de Permalloy tivesse sido expressa em mols, em vez de massa, o número 45, que faz parte do nome da liga, (relativo à porcentagem de níquel) estaria correto? Explique.

Resp. (*a*) $6,7 \times 10^{-3}$ mol de Fe; $5,3 \times 10^{-3}$ mol de Ni; $3,7 \times 10^{-5}$ mol de Mn; (*b*) Não, pois como os valores de massa e mol diferem para cada componente, assim também serão diferentes as porcentagens de mols em comparação com a massa.

2.39 Uma amostra de 0,01 g de pólvora bruta foi coletada no local de detonação de uma bomba caseira. A análise da pólvora revelou a presença de 20% de enxofre em massa. A quantidade de pólvora usada foi estimada em 0,350 kg (menos que 2/3 libra). Calcule (*a*) a massa (em g) de enxofre obtido para produzir a bomba, (*b*) os mols de S e (*c*) o número de átomos de S.

Resp. (*a*) 70 g de S; (*b*) 2,1 mols de S; (*c*) $1,3 \times 10^{24}$ átomos de S

Proporções múltiplas

2.40 Verifique a validade da lei de proporções múltiplas para X, um elemento que forma óxidos nas porcentagens 77,4%, 63,2%, 69,6% e 72,0%. Se XO é o composto com 77,4% de X, que elemento é X e quais os outros compostos que ele forma?

Resp. As quantidades relativas de X que se combinam com a quantidade fixa de O são 2, 1, $\frac{4}{3}$ e $\frac{3}{2}$. As quantidades relativas de O que se combinam com a quantidade fixa de X são 1, 2, $\frac{3}{2}$ e $\frac{4}{3}$. Uma vez que $A_r(X) = 54,8$, X é o Mn. Os outros compostos têm fórmula MnO_2, Mn_2O_3 e Mn_3O_4.

2.41 A ferrugem comum é uma mistura de diversos compostos de ferro. Uma amostra de ferrugem foi fracionada nesses componentes e analisada. Foram obtidos dois conjuntos de dados para os compostos de ferro, oxigênio e hidrogênio: (1) é composto por 52,12% de ferro, 45,04% de oxigênio e 2,84% de hidrogênio; (2) é composto por 62,20% de ferro, 35,73% de oxigênio e 2,25% de hidrogênio. Identifique os compostos. De que maneira esses dados se relacionam à *lei das proporções múltiplas*?

Resp. (1) É $Fe(OH)_3$ e (2) é $Fe(OH)_2$. As porcentagens revelam que há dois compostos. A explicação para essa condição está no fato de que o Fe pode ter dois números de oxidação, +3 e +2, o que permite a existência de dois compostos com uma relação baixa entre os componentes.

Capítulo 3

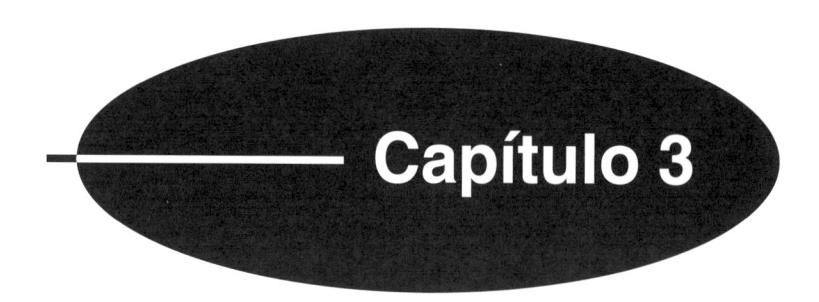

O Cálculo de Fórmulas e de Composições

O CÁLCULO DE FÓRMULAS COM BASE NA COMPOSIÇÃO

A *fórmula empírica* é a fórmula de um composto expressa na menor relação possível entre seus elementos que pode ser calculada (consulte o Capítulo 2). Muitas vezes uma substância precisa ser analisada para obter informações que levem a sua identificação. Diversos processos são usados na determinação da composição de uma amostra, e o peso é uma das maneiras mais eficientes de expressar esses dados. Pesos podem ser convertidos em mols e a expressão de uma fórmula é a etapa mais lógica a seguir. A fórmula empírica nem sempre é idêntica à fórmula molecular, mas contém informações importantes.

Considere um composto que tem 17,09% de magnésio, 37,93% de alumínio e 44,98% de oxigênio. (A menos que dito em contrário, porcentagens representam porcentagens *em peso*, isto é, o número de gramas do elemento por 100 g do composto.) A Tabela 3-1 apresenta um esquema para tratar os dados apresentados.

Os números na coluna (4) representam os números de mols de átomos de cada elemento do composto encontrado na amostra de 100 g. Esses três números representam a relação entre os componentes desse composto – 0,703:1,406:2,812. O composto poderia ser representado por $Mg_{0,703}Al_{1,406}O_{2,812}$. Contudo, os números usados precisam ser números inteiros. Se dividirmos os três valores de número de mols pelo menor valor, o resultado obtido (5) preservará as proporções, pois os três valores são divididos por um mesmo número, e a operação não resulta em uma relação expressa em números inteiros. Essa razão final pode ser usada para representar a fórmula empírica corretamente, $MgAl_2O_4$.

A COMPOSIÇÃO COM BASE NA FÓRMULA

A existência de uma fórmula para um composto implica a existência de relações fixas entre os pesos de quaisquer dois elementos em um composto específico ou entre o peso de qualquer elemento e o peso do composto como um todo. Essas relações são mais bem entendidas se escrevermos a fórmula no sentido vertical, como mostra a Tabela 3-2 para o Al_2O_3.

A soma dos valores na coluna (4) dos elementos é igual à massa molar do composto. Os valores na coluna (5) representam o conteúdo *fracionado* dos diversos elementos do composto. Esses números na verdade são adimensionais (g cancela g) e são os mesmos para qualquer unidade de massa usada em cálculos semelhantes. Isso significa que podemos expressar as quantidades de elementos presentes em 1 tonelada do composto na forma de toneladas desses elementos, ou 1 libra do composto em termos de libras de elementos.

A *porcentagem* de alumínio no Al_2O_3 é o número de partes por peso de Al em 100 partes por peso de Al_2O_3. Isso significa que essa porcentagem é expressa por um número 100 vezes maior que a fração. Logo, as porcentagens de alumínio e oxigênio são 52,9% e 47,1%. A soma das porcentagens constituintes de qualquer composto precisa ser igual a 100%.

CAPÍTULO 3 • O CÁLCULO DE FÓRMULAS E DE COMPOSIÇÕES

Tabela 3-1

(1) Elemento E	(2) Massa de E por quantidade fixa do composto (neste caso, 100 g), $m(E)$	(3) Massa atômica de E, $A_r(E)$	(4) Quantidade de E em mols de átomos, $n(E) = \dfrac{m(E)}{A_r(E)}$	(5) $\dfrac{n(E)}{\text{Menor } n(E)}$
Mg	17,09 g	24,31 g/mol	0,703 mol	1,00
Al	37,93 g	26,98 g/mol	1,406 mol	2,00
O	44,98 g	16,00 g/mol	2,812 mol	4,00

Tabela 3-2

(1)	(2) $n(E)$ por mol do composto	(3) $A_r(E)$ (massa atômica do elemento)	(4) $m(E)$ por mol do composto $= n(E) \times A_r(E)$	(5) $m(E)$ por g do composto
Al_2	2 mol	27,0 g/mol	54,0 g	$\dfrac{54,0 \text{ g Al}}{102,0 \text{ g } Al_2O_3} = 0{,}529 \text{ g Al/g } Al_2O_3$
			48,0 g	$\dfrac{48,0 \text{ g O}}{102,0 \text{ g } Al_2O_3} = 0{,}471 \text{ g O/g } Al_2O_3$
O_3	3 mol	16,0 g/mol		
Al_2O_3	1 mol		Massa molar = 102,0 g	**Verificação:** **1,000**

Há vezes em que é mais indicado expressar a composição de uma substância com relação a um elemento em particular que ela contém. Por exemplo, o teor de alumínio do vidro pode ser expresso em termos de Al_2O_3, mesmo não havendo óxido de alumínio na formulação do vidro. Portanto, uma amostra de vidro com 1,3% de Al_2O_3 contém alumínio em quantidade suficiente para que, se todo o alumínio, em uma amostra de 100 g de vidro, fosse convertido em Al_2O_3, a massa de Al_2O_3 seja 1,3 g. Em muitos casos, as notações de óxidos são resultado de erros na avaliação de estruturas químicas de substâncias complexas cometidos no passado. Independentemente da origem, o procedimento mais fácil consiste em converter dados apresentados nessa forma em uma composição direta dos elementos, ou vice-versa, utilizando um *fator quantitativo* como o mostrado na coluna (5) da Tabela 3-2. A razão do alumínio para o óxido de alumínio pode ser expressa como

$$\frac{54 \text{ g Al}}{102{,}0 \text{ g } Al_2O_3} \quad \text{ou} \quad \frac{102{,}0 \text{ g } Al_2O_3}{54{,}0 \text{ g Al}}$$

e é chamada de fator quantitativo. Esses fatores podem ser usados como fatores especiais de conversão em problemas numéricos, como no Problema 1.19 do Capítulo 1.

OS FATORES NÃO ESTEQUIOMÉTRICOS

A *estequiometria* corresponde à série de cálculos com base em fórmulas e equações químicas, discutida no Capítulo 4. O uso de fatores de conversão é comum mesmo quando as proporções relativas não são definidas por uma fórmula química. Consideremos uma liga de prata usada na fabricação de joias. (Ligas são misturas de metais em diferentes proporções.) Uma liga em especial contém 86% de prata. Os fatores com base nessa composição, como

$$\frac{0{,}86 \text{ g Ag}}{1 \text{ g de liga}} \quad \text{ou} \quad \frac{100 \text{ g de liga}}{86 \text{ g Ag}}$$

são chamados de *fatores não estequiométricos* e podem ser usados como fatores de conversão em problemas envolvendo ligas com essa composição específica.

MASSAS MOLECULARES DOS NUCLÍDEOS E AS FÓRMULAS QUÍMICAS

A *massa molecular* de um composto é calculada com base na soma das massas atômicas dos elementos que o constituem. Essas massas são as massas atômicas médias, as massas ponderadas das diversas formas isotópicas dos elementos presentes. A *massa molecular de um nuclídeo* pode ser definida para uma molécula com base na soma das massas atômicas dos nuclídeos específicos que a constituem, a exemplo da massa molecular comum, calculada utilizando massas atômicas.

O *espectrômetro de massa* é um equipamento capaz de separar partículas de diferentes composições isotópicas e estabelecer suas massas individuais relativas. O aparelho também separa os átomos de um composto, gerando fragmentos que podem ser detectados com base em suas massas. A distinção entre os diversos fragmentos e o nível de precisão na obtenção dessas massas gera informação a partir da qual a fórmula molecular exata pode ser deduzida, sem recorrer a uma análise de composição química quantitativa.

Exemplo 1 Consideremos três gases, CO, C_2H_4 e N_2. Uma vez que ^{12}C, ^{16}O, ^{14}N e ^1H são os isótopos predominantes, o espectrômetro de massa revelará a presença de uma partícula com massa aproximada 28, em todos os casos. Se as mensurações forem feitas com nível alto de precisão, os três gases podem ser facilmente distinguidos com base em suas massas nuclídicas, calculadas abaixo.

$$^{12}C^{16}O \; 12,0000 \qquad\qquad ^{12}C_2{}^1H_4 \; 2(12,0000) = 24,0000 \qquad\qquad ^{14}N_2 \; 2(14,00307) = \underline{28,0061}$$
$$\underline{15,9949} \qquad\qquad\qquad\qquad 4(1,00783) = \underline{\;4,0313} \qquad\qquad\qquad\qquad\qquad 28,0061 \text{ u}$$
$$27,9949 \text{ u} \qquad\qquad\qquad\qquad\qquad 28,0313 \text{ u}$$

Exemplo 2 Encontre a fórmula de um composto orgânico cuja espécie nuclídica principal tem massa molecular igual a 44,025. Sabe-se que C, H, O e N são os únicos elementos presentes no composto.

O número de átomos de carbono na molécula, $n(C)$, precisa ser ao menos 1, do contrário o composto não seria orgânico. Ao mesmo tempo, $n(C)$ não pode ser maior que 3, pois 4 átomos de carbono fariam com que o número de massa total da molécula deixasse de ser 44 para ser 48. Restrições semelhantes são válidas para o número de oxigênios e o de nitrogênios por molécula. As combinações possíveis de carbono, oxigênio e nitrogênio consistentes com a massa limite são listadas na coluna (1) da Tabela 3-3.

A coluna (2) mostra os números de massa dos diferentes esqueletos de átomos. A coluna (3) lista o número de átomos de hidrogênio necessários para fazer com que o número de massa da molécula seja 44. A coluna (4) lista o número máximo de átomos de hidrogênio consistente com os papéis da estrutura molecular discutidas nos Capítulos 9 e 15. Um desses papéis é que n(H, máximo) seja igual a duas vezes o número de átomos de carbono mais o número de átomos de nitrogênio mais 2. A coluna (5) lista as fórmulas possíveis consistentes com o número de massa total e com as hipóteses e regras. Observe que são rejeitados todos os esqueletos para os quais o número mostrado na coluna (3) (a compensação em termos de massa a ser feita pelo hidrogênio) excede o número na coluna (4) (a quantidade de hidrogênio permitida para o esqueleto, de acordo com as regras dos números de oxidação). A coluna (6) mostra as massas moleculares dos nuclídeos para as fórmulas possíveis, calculadas com base nas massas de nuclídeos na Tabela 2-1. Quando as massas moleculares calculadas são comparadas com o valor experimental, 44,025, percebe-se que C_2OH_4 é a única fórmula possível que se encaixa nos dados dentro da precisão desejada. Logo, esta é a fórmula da substância.

Tabela 3-3

(1) (C, O, N) Esqueleto	(2) Número de massa do esqueleto	(3) 44 menos o número de massa do esqueleto	(4) n(H, máx.)	(5) Fórmula molecular	(6) Massa molecular do nuclídeo
C	12	32	4		
C_2	24	20	6		
C_3	36	8	8	C_3H_8	44,063
CO	28	16	4		
CO_2	44	0	4	CO_2	43,990
C_2O	40	4	6	C_2OH_4	44,026
CN	26	18	5		
CN_2	40	4	6	CN_2H_4	44,037
C_2N	38	6	7	C_2NH_6	44,050
CON	42	2	5	$CONH_2$	44,014

Problemas Resolvidos

Determinação de fórmulas

3.1 Calcule a fórmula empírica de um hidrocarboneto que apresenta a seguinte composição, obtida por análise: C = 85,63% e H = 14,37%.

A solução em forma de tabela, com base em 100 g do composto, é:

E	$m(E)$	$A_r(E)$	$n(E) = \dfrac{m(E)}{A_r(E)}$	$\dfrac{n(E)}{7,129 \text{ mol}}$
C	85,63 g	12,011 g/mol	7,129 mol	1,000
H	14,37 g	1,008 g/mol	14,26 mol	2,000

onde E = elemento, $m(E)$ = massa do elemento por 100 g do composto, $A_r(E)$ = massa atômica do elemento, $n(E)$ = quantidade de elemento por 100 g do composto, expressa em mols de átomos.

O procedimento para dividir $n(E)$ por $n(C)$ equivale a encontrar o número de átomos de cada elemento para cada átomo de carbono. A razão entre os átomos de H e os átomos de C é 2:1. Isso significa que a fórmula empírica é CH_2 e que a fórmula molecular será um múltiplo desta, se tivéssemos em mãos a informação necessária para determinar a fórmula molecular, o que não se verifica.

A fórmula empírica CH_2 não é uma substância estável. É necessário determinar a massa molar para então determinar a fórmula molecular. Se esse hidrocarboneto fosse um gás ou um líquido de alta volatilidade, sua massa molar poderia ser determinada a partir da densidade do gás, conforme demonstrado no Capítulo 5. Na hipótese de que esse cálculo gere uma massa molar perto de 55 g/mol, qual a fórmula molecular?

Uma vez que a massa da fórmula empírica, CH_2, é 14 u, podemos dividir a massa molar dada para determinarmos o número de unidades da fórmula empírica necessárias para atingir uma massa molar igual a 55. Na expressão abaixo, FE representa a fórmula empírica.

$$\dfrac{55 \, \dfrac{g}{mol}}{14 \, \dfrac{g}{FE}} = 3{,}93 \text{ FE/mol}$$

O cálculo nos diz que há aproximadamente 4 unidades de fórmula empírica por fórmula molecular, que por sua vez deve ser C_4H_8. Para fins de comprovação, o buteno é o composto cuja fórmula é C_4H_8.

3.2 A análise de um composto indica uma composição igual a 26,57% de K, 35,36% de Cr e 38,07% de O. Encontre a fórmula empírica do composto.

Podemos dispor as informações e a solução na forma da tabela abaixo:

(1) E	(2) $m(E)$	(3) $A_r(E)$	(4) $n(E) = \dfrac{m(E)}{A_r(E)}$	(5) $\dfrac{n(E)}{0,6800 \text{ mol}}$	(6) $\dfrac{n(E)}{0,6800 \text{ mol}} \times 2$
K	26,57 g	39,10 g/mol	0,6800 mol	1,000	2
Cr	35,36 g	52,00 g/mol	0,6800 mol	1,000	2
O	38,07 g	16,00 g/mol	2,379 mol	3,499	7

Contrastando com o exemplo anterior, os números na coluna (5) não são algarismos inteiros. A razão entre os números de átomos dos dois elementos precisa ser igual à razão de números inteiros mínimos, para atender a um dos postulados da teoria atômica de Dalton. Ignorando erros experimentais e quaisquer incertezas geradas nos cálculos, percebemos que o valor relativo ao oxigênio na coluna (5), 3,499, pode ser arredondado para 3,500. Esse arredondamento pode gerar um número inteiro, se for multiplicado por 2 (para abater a decimal 0,5). Certamente, precisamos multiplicar por 2 também os outros elementos na razão, para preservar a relação. Ao fazermos isso, obtemos a razão 2:2:7, mostrada na coluna (6), dando uma fórmula $K_2Cr_2O_7$.

3.3 Uma amostra pesando 15,00 g de um sal hidratado, $Na_2SO_4 \cdot x\, H_2O$ contém 7,05 g de água. Determine a fórmula empírica do sal.

Hidratos são compostos que contêm moléculas de água em ligações fracas com os outros componentes. De modo geral, H_2O pode ser removida intacta aquecendo o material, mas é reabsorvida por ele quando é molhada ou exposta à umidade do ar. Os grupos Na_2SO_4 e H_2O podem ser considerados unidades componentes da substância, e suas massas correspondentes a fórmulas unitárias são usadas em lugar de massas atômicas. Esse problema difere dos anteriores no sentido de as composições expressas como porcentagens não serem dadas. Assim, teremos de trabalhar com uma massa do sal hidratado, com base na massa do sal *anidro* (sem as moléculas de água). A solução usando esses dados pode ser apresentada como tabela.

(1)	(2)	(3)	(4)	(5)
X	$m(X)$	$M(X)$	$n(X) = \dfrac{m(X)}{M(X)}$	$\dfrac{n(X)}{0{,}0559 \text{ mol}}$
Na_2SO_4	7,95 g	142,1 g/mol	0,0559 mol	1,00
H_2O	7,05 g	18,02 g/mol	0,391 mol	6,99

Como nos problemas anteriores, calculamos a coluna (5) dividindo os dois números pelo menor (0,0559), o que conserva a razão de mol 0,0559:0,391 e leva a uma razão de números inteiros necessária para expressar a fórmula química. A coluna (5) contém 6,99, um número próximo o bastante a número inteiro para que a diferença possa ser vista como erro experimental. A razão molar de Na_2SO_4 para a H_2O é 7, o que nos dá uma fórmula empírica $Na_2SO_4 \cdot 7H_2O$.

3.4 Uma amostra de 2,500 g de urânio foi aquecida exposta ao ar. O óxido resultante pesou 2,949 g. Calcule a fórmula empírica do óxido.

O óxido contém 2,500 g de urânio e, por subtração (2,949 g de óxido de urânio – 2,500 g de urânio), 0,449 g de oxigênio. A divisão dos pesos de urânio e oxigênio por suas respectivas massas atômicas revela que há 0,01050 mol de U e 0,02806 mol de O. Dividindo esses valores pelo menor, (0,01050), obtemos a razão de 1 mol de U: 2,672 mol de O. Especificamente neste caso, um arredondamento deste valor seria um erro, conforme explicado abaixo. Uma vez que 2,672 está próximo de 2 2/3, a multiplicação desses valores por 3 nos daria um número inteiro ou, espera-se, próximo a 1. O resultado é uma relação de números próximos a inteiros, 3,00 mol de U para 8,02 mols de O. Frente à possibilidade de erro humano na análise e de erro no cálculo, a fórmula do composto pode ser considerada como U_3O_8.

É preciso enfatizar a importância de efetuar os cálculos com o maior número possível de algarismos significativos, como exige a precisão analítica. As informações dadas no problema apresentam quatro algarismos significativos. Se os números presentes na razão 1:2,67 fossem arredondados nesse ponto, o resultado seria uma razão igual a 1:3 e a fórmula UO_3. Embora próxima (se considerarmos a semelhança com a fórmula U_3O_9), ela não está correta. Além disso, se os números na razão 1:2,67 tivessem sido multiplicados por 2 para dar 2:5,34 e estes tivessem sido arredondados para chegar à razão 2:5 (U_2O_5), a fórmula obtida também estaria errada.

3.5 Uma amostra de um composto orgânico pesando 1,367g foi queimada em um jato de oxigênio seco, gerando 3,002 g de CO_2 e 1,640 g de H_2O. Se o composto original continha apenas carbono, hidrogênio e oxigênio, qual é sua fórmula empírica?

Uma vez que a relação em uma fórmula química é uma relação de mols de elementos expressa como razão do menor número inteiro possível, a primeira etapa consiste em determinar o número de gramas de cada um dos elementos. Essa etapa precisa isolar o elemento em questão do composto produzido pela combustão, o que pode ser efetuado multiplicando pela fração do composto relativa ao elemento.

$$n(C) = \left(\frac{1 \text{ mol de C}}{1 \text{ mol de CO}_2} \right)(3{,}002 \text{ g CO}_2) = \left(\frac{12{,}01 \text{ g C}}{44{,}01 \text{ g CO}_2} \right)(3{,}002 \text{ g CO}_2) = 0{,}819 \text{ g C}$$

$$n(H) = \left(\frac{2 \text{ mols de H}}{1 \text{ mol de H}_2O} \right)(1{,}640 \text{ g H}_2O) = \left(\frac{2(1{,}008 \text{ g H})}{18{,}02 \text{ g H}_2O} \right)(1{,}640 \text{ g H}_2O) = 0{,}184 \text{ g H}$$

A quantidade de oxigênio no composto orgânico é obtida por subtração simples do carbono e do hidrogênio presentes na massa da amostra (1,367 – 0,819 – 0,184 = 0,364 g de O).

Uma vez que são necessários os números de mols para expressar a fórmula química, precisamos efetuar um conjunto de conversões de gramas para mols.

$$\frac{0,819 \text{ g C}}{12,01 \text{ g C/mol de C}} = 0,0682 \text{ mol de C}$$

$$\frac{1,835 \text{ g H}}{1,008 \text{ g H/mol de H}} = 0,1820 \text{ mol de H}$$

$$\frac{0,364 \text{ g O}}{16,00 \text{ g O/mol de O}} = 0,0228 \text{ mol de O}$$

A divisão de cada um dos resultados pelo menor valor (0,0228) nos conduz à razão 3:8:1, que dá a fórmula química C_3H_8O.

Problemas sobre composição

3.6 Uma fita de cobre pesando 3,178 g passa por forte aquecimento em um jato de oxigênio, até ser totalmente convertida em 3,978 g de um óxido negro do metal. Qual é a composição percentual de cobre e de oxigênio desse composto?

$$\text{Peso total do óxido negro} = 3,978 \text{ g}$$
$$\text{Peso total do cobre no óxido} = 3,178 \text{ g}$$
$$\text{Peso do oxigênio no óxido} = 0,800 \text{ g}$$

$$\text{Fração do cobre} = \frac{\text{peso do cobre no óxido}}{\text{peso total do óxido}} = \frac{3,178 \text{ g}}{3,978 \text{ g}} = 0,799 = 79,9\% \text{ Cu}$$

$$\text{Fração do oxigênio} = \frac{\text{peso do oxigênio no óxido}}{\text{peso total do óxido}} = \frac{0,800 \text{ g}}{3,978 \text{ g}} = 0,201 = 20,1\% \text{ O}$$

Observe que a soma das duas porcentagens é igual a 100%, o que verifica a legitimidade do cálculo.

3.7 (*a*) Calcule as porcentagens do ferro em $FeCO_3$, Fe_2O_3 e Fe_3O_4. (*b*) Quantos quilos de ferro são obtidos de 2,000 kg de Fe_2O_3?

(*a*) A massa molar do $FeCO_3$ é 115,86, a do Fe_2O_3 é 159,69 e a do Fe_3O_4 é 231,54. A solução consiste em calcular a fração de ferro em cada composto, convertendo cada fração em uma composição percentual.

$$\text{Fração de Fe no } FeCO_3 = \frac{m(1 \text{ mol de Fe})}{m(1 \text{ mol de } FeCO_3)} = \frac{55,847 \text{ g}}{115,86 \text{ g}} = 0,4820 \quad \text{ou} \quad 48,20\%$$

$$\text{Fração de Fe no } Fe_2O_3 = \frac{m(2 \text{ mol de Fe})}{m(1 \text{ mol de } Fe_2O_3)} = \frac{2(55,847) \text{ g}}{159,69 \text{ g}} = 0,6994 \quad \text{ou} \quad 69,94\%$$

$$\text{Fração de Fe no } Fe_3O_4 = \frac{m(3 \text{ mol de Fe})}{m(1 \text{ mol de } Fe_3O_4)} = \frac{3(55,847) \text{ g}}{231,54 \text{ g}} = 0,7236 \quad \text{ou} \quad 72,36\%$$

(*b*) A partir de (*a*), observamos que o peso do Fe em 2,00 kg de Fe_2O_3 é $0,06994 \times 2,000$ kg $= 1,399$ kg de Fe.

3.8 Com base na fórmula K_2CO_3, calcule a composição percentual de cada elemento constituinte do carbonato de potássio.

$$2 \text{ mols de K} = 2(39,0983) = 78,197 \text{ g K}$$
$$1 \text{ mol de C} = 1(12,011) = 12,011 \text{ g C}$$
$$3 \text{ mols de O} = 3(15,9994) = 47,998 \text{ g O}$$
$$\text{Massa molar de } K_2CO_3 = 138,206 \text{ g}$$

Um mol de K$_2$CO$_3$ contém

$$\text{Fração de K em K}_2\text{CO}_3 = \frac{78{,}197}{138{,}206} = 0{,}5658 \quad \text{ou} \quad 56{,}58\%\ \text{K}$$

$$\text{Fração de C em K}_2\text{CO}_3 = \frac{12{,}011}{138{,}206} = 0{,}0869 \quad \text{ou} \quad 8{,}69\%\ \text{C}$$

$$\text{Fração de O em K}_2\text{CO}_3 = \frac{47{,}998}{138{,}206} = 0{,}3473 \quad \text{ou} \quad 34{,}73\%\ \text{O}$$

A soma das porcentagens é 100%, o que verifica a exatidão de nossos cálculos.

3.9 O CaO pode ser obtido a partir do carbonato de cálcio com a liberação de CO$_2$ por aquecimento. (*a*) Calcule a porcentagem de CaO no CaCO$_3$. (*b*) Quantas libras de CaO podem ser obtidas de 1 tonelada americana de carbonato de cálcio com 97,0% de CaCO$_3$? (1 tonelada americana = 2000 lb.)

(*a*) Um mol de CaCO$_3$ contém 1 mol de CaO. Podemos escrever o fator quantitativo (fator de conversão) e aplicá-lo para calcular a fração e, então, a composição percentual de CaO no CaCO$_3$.

$$\text{Fração de CaO no CaCO}_3 = \frac{\text{massa molar do CaO}}{\text{massa molar do CaCO}_3} = \frac{56{,}1}{100{,}1} = 0{,}560 \quad \text{ou} \quad 56\%\ \text{CaO}$$

(*b*) Primeiro, é preciso calcular o peso de CaCO$_3$ em 1 tonelada americana de carbonato de cálcio e então o peso de CaO.

$$\text{Peso de CaCO}_3 \text{ em 1 t de carbonato de cálcio} = 0{,}970 \times 2000\ \text{lb} = 1940\ \text{lb CaCO}_3$$

$$\text{Peso de CaO} = (\text{fração de CaO no CaCO}_3)\,(\text{peso de CaCO}_3)$$
$$= (0{,}560)(1.940) = 1090\ \text{lb de CaO em 1 tonelada americana de carbonato de cálcio}$$

3.10 Qual é a quantidade de ácido sulfúrico em solução 58,0% em massa necessária para obter 150 g de H$_2$SO$_4$?

Seja w = massa (peso) da solução de ácido sulfúrico. Além disso, observe que há 58,0 g de ácido puro por 100 g de solução (solução 58,0% de H$_2$SO$_4$).

$$\left(\frac{58{,}0\ \text{g H}_2\text{SO}_4}{100\ \text{g de solução}}\right) w = 150\ \text{g H}_2\text{SO}_4$$

$$w = 259\ \text{g de solução}$$

Uma segunda solução evita os cálculos, utilizando o conceito de fator de conversão, definindo-o de maneira a ser possível cancelar as unidades corretamente.

$$\left(150\ \text{g H}_2\text{SO}_4\right)\left(\frac{100\ \text{g de solução}}{58{,}0\ \text{g H}_2\text{SO}_4}\right) = 259\ \text{g de solução}$$

3.11 Quanto cálcio está presente em uma quantidade de Ca(NO$_3$)$_2$ que contém 20,0 g de nitrogênio?

Não é necessário calcular o peso do nitrato de cálcio contendo 20,0 g de N. A relação entre o cálcio e o nitrogênio pode ser encontrada diretamente a partir da fórmula. Existem dois átomos de nitrogênio para cada átomo de cálcio. Essa relação pode também ser expressa em termos de mols: 2 mols de N: 1 mol de Ca.

$$\text{Peso de Ca} = \left(20{,}0\ \text{g N}\right)\left(\frac{1\ \text{mol de Ca}}{2\ \text{mols de N}}\right) = \left(20{,}0\ \text{g N}\right)\left(\frac{40{,}08\ \text{g Ca}}{2(14{,}01\ \text{g N})}\right) = 28{,}6\ \text{g Ca}$$

3.12 (*a*) Quanto ácido sulfúrico (H$_2$SO$_4$) pode ser produzido com 5,00 kg de enxofre? (*b*) Quantos quilogramas do sal de Glauber, Na$_2$SO$_4\cdot$10H$_2$O podem ser obtidos com 1000 kg de H$_2$SO$_4$?

(*a*) A fórmula do ácido sulfúrico indica que 1 mol de S (32,07 g de S) gera 1 mol de H$_2$SO$_4$ (98,08 g de H$_2$SO$_4$), supondo uma eficiência de reação igual a 100%. Logo, uma vez que a *razão* de dois elementos envolvidos na fórmula pode ser expressa como razão de unidades de massa (g/mol), podemos usar um fator de conversão envolvendo as informações relativas ao ácido sulfúrico e ao enxofre.

$$\text{Peso de H}_2\text{SO}_4 = (500 \text{ kg S})\left(\frac{98,08 \text{ kg H}_2\text{SO}_4}{32,07 \text{ kg S}}\right) = 1529 \text{ kg de H}_2\text{SO}_4$$

(b) 1 mol de H_2SO_4 (98,08 g/mol) produz 1 mol de $Na_2SO_4 \cdot 10H_2O$ (322,2 g/mol), uma vez que cada substância contém um grupo sulfato (SO_4) por fórmula unitária. Assim,

$$\text{Peso de Na}_2\text{SO}_4 \cdot 10\text{H}_2\text{O} = (1.000 \text{ kg H}_2\text{SO}_4)\left(\frac{322,2 \text{ kg Na}_2\text{SO}_4 \cdot 10\text{H}_2\text{O}}{98,08 \text{ kg H}_2\text{SO}_4}\right)$$

$$= 3.285 \text{ kg Na}_2\text{SO}_4 \cdot 10\text{H}_2\text{O}$$

3.13 Quantas toneladas de $Ca_3(PO_4)_2$ precisam ser tratadas com carbono e areia em uma fornalha elétrica para produzir 1 t de fósforo? Considere completa a conversão do fósforo.

A fórmula do fosfato de cálcio informa que 2 mols de P (2 × 30,974 g P = 61,95 g P) estão contidos em 1 mol de $Ca_3(PO_4)_2$ (310,2 g/mol). Se convertermos gramas em toneladas na razão de peso, obtemos

$$\text{Peso de Ca}_3(\text{PO}_4)_2 = (1 \text{ t de P})\left(\frac{310,2 \text{ t Ca}_3(\text{PO}_4)_2}{61,95 \text{ t P}}\right) = 5,01 \text{ t Ca}_3(\text{PO}_4)_2$$

3.14 Uma moeda de prata pesando 5,82 g é dissolvida em ácido nítrico. A adição de cloreto de sódio à solução precipita toda a prata como AgCl. O precipitado de AgCl pesa 7,20 g. Calcule a porcentagem de prata na moeda.

$$\text{Fração de Ag no AgCl} = \frac{\text{massa molar Ag}}{\text{massa molar AgCl}} = \frac{107,9}{143,3} = 0,753$$

$$\text{Massa de Ag em 7,20 g AgCl} = (0,753)(7,20 \text{ g}) = 5,42 \text{ g Ag}$$

e, como a moeda pesando 5,82 g contém 5,42 g de Ag,

$$\text{Porcentagem de Ag na moeda} = \frac{5,42 \text{ g}}{5,82 \text{ g}} \times 100 = 0,931 \times 100 = 93,1\%$$

3.15 Uma amostra de minério de sulfeto apresentando impurezas contém 42,34% de Zn. Calcule a porcentagem de ZnS puro na amostra.

A fórmula do ZnS mostra que 1 mol de ZnS contém 1 mol de Zn, o que permite calcular o fator de conversão

$$\frac{1 \text{ massa molar de ZnS}}{1 \text{ massa molar de Zn}} = \frac{97,46 \text{ g ZnS}}{65,39 \text{ g Zn}}$$

Considere 100,0 g de amostra. Essa quantidade contém 42,34 g Zn. Aplicando o fator de conversão,

$$(42,34 \text{ g Zn})\left(\frac{97,46 \text{ g ZnS}}{65,39 \text{ g Zn}}\right) = 63,11 \text{ g ZnS em 100 g de amostra, ou 63,11\% ZnS puro}$$

3.16 Os fertilizantes são compostos ou misturas normalmente utilizados como fonte de potássio, nitrogênio e fósforo para o solo. Se um fertilizante é composto de KNO_3 (nitrato de potássio) quase puro, quais são as porcentagens desses três importantes elementos químicos que devem ser informadas na embalagem?

Examinemos um mol de KNO_3, que contém

$$1 \text{ mol de K} = 39,10 \text{ g}$$

$$1 \text{ mol de N} = 14,01 \text{ g}$$

$$3 \text{ mols de O} = 3(16,00) = \underline{48,00 \text{ g}}$$

$$\text{Massa molar do KNO}_3 = 101,11 \text{ g}$$

$$\text{Porcentagem de K} = (39,10 \text{ g K} / 101,11 \text{ g de composto}) \times 100 = 38,67\%$$

$$\text{Porcentagem de N} = (14,01 \text{ g N} / 101,11 \text{ g de composto}) \times 100 = 13,86\%$$

$$\text{Porcentagem de P} = 0\%$$

3.17 (*a*) O carvão betuminoso da Pensilvânia foi analisado pesando exatos 2,500 g de amostra em um cadinho de sílica fundida. Após secagem por 1 h a 110°C, o resíduo isento de umidade pesou 2,415 g. O cadinho é então coberto por uma tampa com um orifício e aquecido de forma intensa, até a total eliminação da matéria volátil. O fundo, composto pelo resíduo de coque, pesa 1,528 g. Feito isso, o cadinho é aquecido outra vez, mas sem a tampa, até todas as partículas de carvão desaparecerem. As cinzas remanescentes agora pesam 0,245 g. Qual é a análise aproximada deste carvão, isto é, os teores percentuais de umidade, matéria combustível volátil (MVC), carbono fixo (CF) e cinzas?

$$\text{Umidade} = 2,500 \text{ g} - 2,415 \text{ g} = 0,085 \text{ g}$$
$$\text{MVC} = 2,415 \text{ g} - 1,528 \text{ g} = 0,887 \text{ g}$$
$$\text{CF} = 1,528 \text{ g} - 0,245 \text{ g} = 1,283 \text{ g}$$
$$\text{Cinza} = \underline{0,245 \text{ g}}$$
$$\text{Total} = 2,500 \text{ g de carvão}$$

$$\text{Fração de umidade} = \frac{0,085 \text{ g}}{2,50 \text{ g}} = 0,034 \quad \text{e} \quad 0,034 \times 100 = 3,4\%$$

As outras porcentagens são calculadas da mesma maneira. Os valores são 35,5% de MVC, 51,3% de CF e 9,8% de cinzas.

(*b*) A composição em base seca de uma amostra de carvão mostra que o teor de MVC é 21,06%, de CF é 71,80% e de cinza é 7,14%. Se a umidade presente no carvão corresponde a 2,49%, quais serão os resultados da análise em base úmida?

Se considerarmos uma amostra de 100 g desse carvão, então a composição percentual, sem a água contida no material ($100 - 2,49 = 97,5$ g de amostra seca) pode ser usada e a solução é

MVC	$(0,2106)(97,5) = 20,5$ g em 100 g de carvão base úmida	20,5%
CF	$(0,7180)(97,5) = 70,0$ g em 100 g de carvão base úmida	70,0%
Cinzas	$(0,0715)(97,5) = 7,0$ g em 100 g de carvão base úmida	7,0%

Quando somamos essas porcentagens e incluímos os 2,5% relativos à umidade, a soma é 100%.

3.18 Certo fertilizante, "A", apresenta 38,7% de K, 13,9% de N, mas 0% de P. Outro fertilizante, "B", contém 12,2% de N, 26,9% de P e 0% de K. (*a*) Quais são as porcentagens de K, N e P em uma mistura de pesos iguais desses dois fertilizantes? (*b*) O fabricante desses compostos pretende comercializar uma mistura de A e B em que K e P estejam presentes em proporções idênticas. Quais serão as proporções de A e B nessa nova mistura?

(*a*) Se arbitrarmos a quantidade de cada fertilizante em 100 g, o total obtido é 200 g da mistura, e usamos este peso para o cálculo das porcentagens desejadas.

	K	N	P
Contribuição de A	38,7 g	13,9 g	0 g
Contribuição de B	0 g	12,2 g	26,9 g
Mistura	38,7 g	26,1 g	26,9 g
Porcentagens (mistura/2)	19,4%	13,1 %	13,5 %

(*b*) Podemos considerar 100 g da mistura fazendo *c* ser a massa de A; então, $100 - c$ = massa de B. Se definirmos %K = %P na mistura,

$$0,387 \, c = 0,269(100 - c)$$

Resolvendo essa expressão, temos que $c = 41,0$ g de A e $(100 - c) = 59,0$ g de B.

3.19 Quando o *processo Bayer* é usado para extrair alumínio de minérios de silício, parte desse alumínio sempre se perde devido à formação de um "lodo" inaproveitável e cuja fórmula geral é $3Na_2O \cdot 3Al_2O_3 \cdot 5SiO_2 \cdot 5H_2O$.

Uma vez que os íons de alumínio e sódio estão sempre em excesso na solução da qual esse precipitado se forma, a precipitação do silício na lama é completa. Certo minério contém 13% (em peso) de caulim ($Al_2O_3 \cdot 2SiO_2 \cdot 2H_2O$) e 87% de gibbsita ($Al_2O_3 \cdot 3H_2O$). Qual é a porcentagem de alumínio total nesse minério passível de extração pelo processo Bayer?

Em 100 g do minério, 13 g correspondem a caulim e 87 g são de gibbsita. Podemos calcular as quantidades de alumínio conforme:

$$\text{Peso de Al em 13 g de caulim} = 13 \text{ g de caulim} \times \frac{2 \text{ mols de Al}}{1 \text{ mol de caulim}} = 13 \times \frac{54,0}{258} = 2,7 \text{ g Al}$$

$$\text{Peso de Al em 87 g de gibbsita} = 87 \text{ g de gibbsita} \times \frac{2 \text{ mols de Al}}{1 \text{ mol gibbsita}} = 87 \times \frac{54,0}{156} = 30,1 \text{ g Al}$$

$$\text{Peso total de Al em 100 g de minério} = 2,7 \text{g} + 30,1 \text{g} = 32,8 \text{g de Al}$$

No caulim, o número de átomos de Al é idêntico ao de Si, e 13 g do minério contêm 2,7 g de Al. O lodo toma 6 átomos de Al para cada 5 átomos de Si, isto é, 6 átomos de Al são perdidos para cada 5 átomos de Si no lodo. Isso significa que a precipitação de todo o Si nas 13 g de lodo envolve a perda de $\left(\frac{6}{5}\right)(2,7 \text{ g}) = 3,2 \text{ g de Al}$.

$$\text{Fração do Al recuperável} = \frac{\text{recuperável Al}}{\text{total Al}} = \frac{(32,8 - 3,2) \text{ g}}{32,8 \text{ g}} = 0,90 \quad \text{ou} \quad 90\%$$

3.20 Uma argila foi parcialmente desidratada. A análise revelou que o produto apresentou 50% de sílica e 7% de água. A argila original tinha 12% de água. Qual era a porcentagem de sílica na amostra antes da secagem?

Precisamos supor que é apenas a água que se perde no processo de secagem. As duas argilas, original e parcialmente desidratada, têm as seguintes composições:

	% Água	% Sílica	% Outros
Original	12	p	$88 - p$
Seca	7	50	43

A razão do teor de sílica para o teor dos outros componentes secos precisa ser igual, nas duas argilas, portanto,

$$\frac{p}{88 - p} = \frac{50}{43}$$

Resolvendo a expressão para p, obtemos o valor $p = 47$. Isso significa que havia 47% de sílica na argila original.

3.21 O bronze é uma liga de cobre e estanho. Uma amostra de bronze pesando 0,6554 g é posta em reação com ácido nítrico, permitindo remover o estanho. Após o tratamento adequado da solução, a titulação com tiossulfato revelou que a liga continha 8,351 milimols de cobre. Calcule as porcentagens de cobre e estanho no bronze.

$$\% \text{ Cu} = 100\% \times \frac{8,351 \times 10^{-3} \text{ mol de Cu} \times \left(\frac{63,55 \text{ g Cu}}{\text{mol Cu}}\right)}{0,6554 \text{ g de amostra}} = 80,97\% \text{ Cu}$$

$$\% \text{ Sn} = 100,00\% - 80,97\% = 19,03\% \text{ Sn}$$

3.22 Uma pepita de ouro e quartzo pesa 100 g e tem densidade igual a 6,4 g/cm³. A densidade do ouro é 19,3 g/cm³ e a do quartzo é 2,65 g/cm³. Calcule o peso de ouro presente na pepita.

Seja m a massa de ouro presente na pepita. Então, o peso de quartzo é dado pela expressão 100 g – m.

$$\text{Volume da pepita} = (\text{volume de ouro}) + (\text{volume de quartzo})$$

$$\frac{100 \text{ g}}{6,4 \text{ g/cm}^3} = \frac{m}{19,3 \text{ g/cm}^3} + \frac{100 \text{ g} - m}{2,65 \text{ g/cm}^3}$$

Resolvendo a expressão para m, temos que a pepita contém 68 g de ouro.

Massas molares

3.23 Análises confirmaram que uma proteína da classe citocromo isolada de uma cultura bacteriana tem 0,376% de ferro. O que pode ser deduzido da massa molar dessa proteína?

O teor percentual de ferro é bastante baixo, cerca de 0,376%, em 100 g da amostra. Além disso, as informações no enunciado do problema dão a entender que cada molécula precisa conter no mínimo um átomo de ferro. Se essa molécula tem de fato um átomo de ferro (55,8 u), então a massa molar, M, é dada por

$$0{,}00376\, M = 55{,}8 \text{ u}$$

$$M = 14.800 \text{ u ou } 14.800 \text{ g/mol da proteína citocromo}$$

Isso significa que, se a molécula da proteína continha n átomos de Fe, a massa molar seria $14.800n$ u ($14.800\, n$ g/mol) da proteína.

Este método de cálculo é útil para determinar a massa molar *mínima* de uma substância macromolecular (composta por moléculas grandes), quando uma análise é possível apenas para um dos componentes menos importantes. Muitas vezes a massa molar aproximada pode ser calculada com base em uma metodologia física, como o método da pressão osmótica ou da taxa de sedimentação.

3.24 O hidrolisado de uma pepsina isolada de uma cultura de células bovinas foi submetido a uma análise de aminoácidos. O aminoácido presente em menor quantidade foi a lisina, $C_6H_{14}N_2O_2$, representando 0,43 g em 100 g de proteína. Qual é a massa molar mínima da proteína?

As proteínas não contêm aminoácidos livres, mas apresentam formas quimicamente ligadas de aminoácidos, que podem ser reconvertidas à forma livre por meio de uma degradação hidrolítica. A massa molar da lisina é 146. Seja M a massa molar mínima da proteína. Como no Problema 3.23, a molécula da proteína precisa ser suficientemente pesada para conter um resíduo de lisina.

$$\text{Número de mols de lisina} = \text{número de mols de proteína}$$

$$0{,}43 \text{ g} \times \frac{1 \text{ mol}}{146 \text{ g}} = 100 \text{ g} \times \frac{1 \text{ mol}}{M \text{ g}}$$

Resolvendo a expressão acima para M, vemos que a pepsina tem massa molecular igual a 34.000 u.

3.25 Poliésteres insaturados produzidos a partir do ácido maleico ($C_4H_4O_4$) e etilenoglicol têm ampla utilização na fabricação de estruturas de resina armada com estireno e fibra de vidro. Uma alíquota de 5 g de um lote de poliéster foi dissolvida e tratada com 0,00420 mols de hidróxido de sódio (NaOH), quantidade suficiente para neutralizar todos os grupos terminais de ácidos presentes. Uma vez que há dois grupos terminais em cada molécula, qual é a massa molar média do poliéster?

$$2 \times \text{mols de poliéster} = \text{número de mols de NaOH}$$

$$\text{Mols de poliéster} = 0{,}00420/2 = 0{,}00210 \text{ mols de poliéster}$$

$$M = \text{massa molar} = 5{,}00 \text{ g}/0{,}00210 \text{ mol} = 2.380 \text{ g/mol}$$

Fórmulas a partir de massas moleculares precisas de nuclídeos

3.26 Um preparado de composto orgânico contém no mínimo um e não mais que dois átomos de enxofre por molécula. Esse composto não apresenta nitrogênio, mas o oxigênio pode estar presente. A massa molecular da espécie predominante de nuclídeo determinada por espectroscopia de massa foi 110,020. (*a*) Quais são as fórmulas moleculares possíveis e consistentes com o número de massa 110 e com os fatos sobre a composição elementar do composto? (*b*) Qual é a fórmula molecular do composto?

(*a*) O esqueleto, menos o hidrogênio presente na molécula, seria composto pelos elementos C, O e S. O número de esqueletos possíveis pode ser reduzido levando-se em conta as seguintes considerações: (i) o número máximo de átomos de carbono é 6, uma vez que o número de massa relativo ao carbono mais 1 enxofre daria 116, alto demais para a situação apresentada no enunciado. (ii) O número máximo de átomos de hidrogênio é $2n(C) + 2 = 14$, de acordo com as regras da composição orgânica molecular. (iii) O esqueleto (C, O, S) precisa contribuir com entre 96 e 110 u para o número de massa. Frente ao exposto, uma lista reduzida é suficiente (Tabela 3-4).

Tabela 3-4

(1) Esqueleto (C, O, S)	(2) Número de massa do esqueleto	(3) 110 – (2)	(4) n(H máx.)	(5) Fórmula molecular	(6) Massa molecular do nuclídeo
CO_4S	108	2	4	CO_4SH_2	109,967
CO_2S_2	108	2	4	$CO_2S_2H_2$	109,949
C_2O_3S	104	6	6	$C_2O_3SH_6$	110,004
C_2OS_2	104	6	6	$C_2OS_2H_6$	109,986
C_3O_2S	100	10	8		
C_3OS_2	100	10	8		
C_4OS	96	14	10		
C_5OS	108	2	12	C_5OSH_2	109,983
C_6S	104	6	14	C_6SH_6	110,019

(b) Das seis fórmulas consistentes com o número de massa conhecido, apenas C_6SH_6 está de acordo com a massa molecular precisa.

Problemas Complementares

Cálculos de fórmulas

3.27 Que fórmulas empíricas dos cloretos de vanádio contêm 58,0%, 67,8% e 73,6% de cloro?

Resp. VCl_2, VCl_3, VCl_4

3.28 Um composto contém 21,6% de sódio, 33,3% de cloro e 45,1% de oxigênio. Calcule a fórmula empírica do composto (massas atômicas: Na = 23,0; Cl = 35,5; O = 16).

Resp. $NaClO_3$

3.29 Quando 1,010 g de vapor de zinco são queimados na presença de ar, 1,257 g do óxido do metal são produzidos. Qual é a fórmula empírica do óxido?

Resp. ZnO

3.30 Um composto tem a seguinte composição percentual: H = 2,24%, C = 26,69%, O = 71,07%, e uma massa molar igual a 90. Encontre sua fórmula molecular.

Resp. $H_2C_2O_4$

3.31 Encontre a fórmula mais simples de um composto com a seguinte composição: Cr = 26,52%, S = 24,52% e O = 48,96%.

Resp. $Cr_2S_3O_{12}$ ou $Cr_2(SO_4)_3$

3.32 Uma amostra de cloreto de titânio pesando 3,245 g foi reduzida a titânio metálico em meio de sódio. Após lavagem do subproduto cloreto de sódio, o metal obtido foi seco. A massa de metal seco obtido foi 0,819 g. Qual é a fórmula empírica do composto de titânio original?

Resp. $TiCl_4$

3.33 O magnésio pode ser utilizado na produção de ligas leves de alumínio. (a) Calcule a porcentagem de magnésio disponível em $MgSO_4 \cdot 7H_2O$, conhecido com sal de Epsom e (b) em $Mg_3(PO_4)_2$.

Resp. (a) 7,1% de Mg; (b) 27,7% de Mg

3.34 Calcule a fórmula do composto que existe na forma de hidrato, contendo 44,6% de itérbio e 27,5% de cloro.

Resp. $YbCl_3 \cdot 6H_2O$

3.35 Um composto orgânico contém 47,37% de carbono e 10,59% de hidrogênio. Acredita-se que o restante seja oxigênio. Qual é a fórmula empírica do composto?

Resp. $C_3H_8O_2$

3.36 Encontre as fórmulas empíricas dos minérios com as seguintes composições: (*a*) $ZnSO_4 = 56,14\%$ e $H_2O = 43,86\%$; (*b*) $MgO = 27,16\%$, $SiO_2 = 60,70\%$ e $H_2O = 12,14\%$; (*c*) $Na = 12,10\%$, $Al = 14,19\%$, $Si = 22,14\%$, $O = 42,09\%$ e $H_2O = 9,48\%$.

Resp. (*a*) $ZnSO_4 \cdot 7H_2O$;   (*b*) $2MgO \cdot 3SiO_2 \cdot 2H_2O$;   (*c*) $Na_2Al_2Si_3O_{10} \cdot 2H_2O$

3.37 A análise de um *borano* (composto de boro e hidrogênio) revelou que ele tem 88,45% de boro. Qual é a fórmula empírica do composto?

Resp. B_5H_7

3.38 Qual é a fórmula empírica de um catalisador usado na polimerização do butadieno, se sua composição é 23,3% de Co, 25,3% de Mo e 51,4% de Cl.

Resp. $Co_3Mo_2Cl_{11}$

3.39 Uma amostra de um composto contendo apenas C, H e O pesando 1,500 g sofreu combustão total. Os únicos produtos dessa combustão foram 1,738 g de CO_2 e 0,711 g de H_2O. Qual é a fórmula empírica do composto?

Resp. $C_2H_4O_3$

3.40 A análise de elementos revelou que um composto apresenta C, H, N e O como únicos constituintes. Uma amostra desse composto pesando 1,279 g sofreu combustão total, gerando 1,60 g de CO_2 e 0,77 g de H_2O. Outra amostra desse mesmo composto, pesando 1,625 g, continha 0,216 g de nitrogênio. Qual é sua fórmula empírica?

Resp. $C_3H_7O_3N$

3.41 O gesso de Paris é comercializado na forma de um pó branco que, misturado à água, é usado na produção de diversos moldes, como pegadas e rastros de pneus, entre outros. O gesso de Paris é um sulfato de cálcio hidratado, $CaSO_4$, que contém 6,20% de H_2O. Qual é a fórmula do composto?

Resp. $2CaSO_4 \cdot H_2O$ ou $CaSO_4 \cdot \frac{1}{2}H_2O$

3.42 Um hidrocarboneto contendo 92,3% de C e 7,74% de H tem massa molar de aproximadamente 79. Qual é sua fórmula molecular?

Resp. C_6H_6

3.43 Uma liga com baixo ponto de fusão é produzida usando 10,6 lb de bismuto, 6,4 lb de chumbo e 3,0 lb de estanho. (*a*) Qual é composição percentual da liga? (*b*) Qual é a proporção de cada metal necessária para fabricar 70,0 g da liga? (*c*) Qual é a quantidade da liga que pode ser produzida usando 4,2 lb de estanho?

Resp. (*a*) 53% Bi, 32% Pb, 15% Sn;   (*b*) 37,1g Bi, 22.4 g Pb, 10,5 g Sn;   (*c*) 28 lb

3.44 Uma pequena quantidade de poeira dourada foi coletada em uma perfuração fatal. A amostra de 0,0022 g coletada foi analisada, obtendo-se 0,0019 g de cobre e o restante de zinco. Um abridor de envelopes composto de 87% de cobre e 13% de zinco foi encontrado no local do crime. É possível que essa poeira seja oriunda do abridor de envelopes?

Resp. A porcentagem de cobre na poeira, 86%, é semelhante à porcentagem do metal no objeto e pode ser considerada dentro da margem de erro. Porém, não é possível dar certeza absoluta.

3.45 Calcule a porcentagem de cobre nos seguintes minérios: (*a*) cuprita, Cu_2O; pirita de cobre, $CuFeS_2$; malaquita, $CuCO_3 \cdot Cu(OH)_2$. (*b*) Quantos gramas de cuprita geram 500 kg de cobre?

Resp. (*a*) 88,82%, 34,63% e 57,48%;   (*b*) 563 kg.

3.46 O titânio é um metal com muitas aplicações, por ser leve e resistente. Algumas ligas de titânio são produzidas com 50% do peso em aço, sem prejuízo à resistência. O titânio é isolado da rutila, TiO_2, e outros minérios. Se o minério rutila tem 11,48% de óxido de titânio (IV) em peso, qual é a quantidade de minério a ser processada para obter-se 900 kg (um pouco menos que uma tonelada) de titânio metálico (entenda-se titânio puro)?

Resp. 13.000 kg de minério (13 t).

3.47 Qual é o teor de nitrogênio expresso na forma de graduação de fertilizante (composição percentual de nitrogênio) no NH_4NO_3? Em $(NH_4)_2SO_4$? Em NH_3?

Resp. 35,05% de N, 21,2% de N e 82,3% de N.

3.48 Calcule a composição percentual de (*a*) cromato de prata, Ag_2CrO_4; (*b*) pirofosfato de cálcio, $Ca_2P_2O_7$.

Resp. 65,03% de Ag, 15,67% de Cr e 19,29% de O; (*b*) 31,54% de Ca, 24,38% de P e 44,08% de O.

3.49 Calcule a porcentagem de arsênio em um polímero de fórmula estrutural C_2H_8AsB.

Resp. 63,3% de As.

3.50 Um caso de envenenamento, causado pela adulteração do suco da fruta, ocorrido na região produtora de laranja na Flórida ficou famoso em 1988. A análise de uma amostra de 5,000 g do composto que se acreditava ser uma toxina revelou a presença de 4,049 g de tálio, 0,318 g de enxofre e 0,639 g de oxigênio. Qual é a fórmula química e o nome do composto?

Resp. Tl_2SO_4, sulfato de tálio (I), utilizado como veneno para ratos e proibido em 1975.

3.51 A dose letal de tálio pode ser muito baixa, de apenas 14 mg de Tl/kg de massa corporal. Além disso, sabe-se que o metal acumula no organismo. (*a*) Qual é a massa (g) do composto de tálio citado no Problema 3.50 correspondente à dose letal para um homem com 100 kg de peso? (*b*) Se uma dose total de 50 mg/dia do composto fosse adicionada às três refeições diárias desse homem, em quantos dias a dose letal se acumularia em seu organismo, supondo que o metal não seja excretado?

Resp. (*a*) 1,73 g Tl_2SO_4; (*b*) 35 dias.

3.52 Determine o composto que contém mais arsênio: Na_3AsO_4, As_2O_3 ou As_2S_3.

Resp. Porcentagens aproximadas de As: 36% em Na_3AsO_4, 75% em As_2O_3 e 70% em As_2S_3.

3.53 As especificações de um material transistor dizem que ele precisa ter um átomo de boro por 10^{10} átomos de silício. Qual seria o teor de boro em 1 kg desse material?

Resp. 4×10^{-11} kg de B.

3.54 A forma mais pura de carbono é obtida com a decomposição de açúcar puro, $C_{12}H_{22}O_{11}$ (com a remoção da água contida no carboidrato). Qual é a maior massa (em g) de carbono que pode ser obtida de 500 g de açúcar?

Resp. 211 g de C.

3.55 A fórmula empírica do vinil, um polímero plástico derivado do cloreto de vinila, PVC, usado na produção de tubulações empregadas em sistemas de irrigação, é CH_2CHCl. (*a*) Qual é a porcentagem de Cl nesse plástico? (*b*) Para fins de comparação, qual é a porcentagem de Cl no sal de cozinha, NaCl?

Resp. (*a*) 56,7%; (*b*) O sal de cozinha tem 60,7% de Cl.

3.56 Um composto contém 40,002% de carbono, 8,063% de hidrogênio e 53,285% de oxigênio. A espectroscopia de massa revela que essa substância tem massa molecular 121 u. (*a*) Qual é sua fórmula empírica? (*b*) Qual é sua provável fórmula molecular?

Resp. (*a*) CH_2O; (*b*) $C_4H_8O_4$, um carboidrato, como a glucose, $C_6H_{12}O_6$.

3.57 Que peso de CuO é necessário para produzir 200 kg de cobre?

Resp. 250 kg de CuO.

3.58 O sal de cozinha comum, NaCl, pode ser eletrolisado quando em estado fundido, produzindo sódio e cloro. A eletrólise de uma solução aquosa produz hidróxido de sódio (NaOH), hidrogênio e cloro. Esses dois produtos podem combinar-se, formando cloreto de hidrogênio (HCl). Quantas libras de sódio metálico e cloro líquido podem ser obtidas de 1 tonelada americana (0,907 t ou 2.000 lb) de sal? Quantas libras de NaOH e quantas libras de cloreto de hidrogênio podem ser obtidas dessa massa?

Resp. 787 lb de Na, 1213 lb de Cl_2 líquido, 1370 lb de NaOH e 1248 lb de HCl.

3.59 Calcule a quantidade de zinco em uma tonelada de minério contendo 60,0% de zincita, ZnO.

Resp. 482 kg de Zn.

3.60 Qual é a quantidade de fósforo contida em 5,00 g do composto $CaCO_3 \cdot 3Ca_3(PO_4)_2$? Qual é a quantidade de P_2O_5?

Resp. 0,902 g de P; 2,07 g de P_2O_5.

3.61 Uma amostra de 10,00 g de minério bruto contém 2,80 g de HgS. Qual é a porcentagem de mercúrio no minério?

Resp. 24,1% de Hg.

3.62 Um procedimento para analisar o teor de ácido oxálico em solução envolve a formação do complexo insolúvel $Mo_4O_3(C_2O_4)_3 \cdot 12H_2O$. (*a*) Quantos gramas desse complexo se formam por grama de ácido oxálico, $H_2C_2O_4$, se um mol do complexo resulta da reação com 3 mols de ácido oxálico? (*b*) Quantos gramas de molibdênio estão contidos no complexo formado pela reação de 1 g de ácido oxálico?

Resp. (*a*) 3,38 g de complexo; (*b*) 1,42 g de Mo.

3.63 Um pesticida usado na agricultura apresenta 18% de arsênio. Expresse essa porcentagem em As_2O_5.

Resp. 28% de A_2O_5.

3.64 Durante uma autópsia, uma pequena quantidade de pó branco foi encontrada no interior da boca da vítima. A análise indicou que a massa molecular da substância estava na faixa de 210 u e que sua composição tinha 33,18% de sódio, 74,92% de arsênico, o restante sendo oxigênio. Qual é a fórmula e o nome do composto?

Resp. Na_3AsO_4, arsenato de sódio.

3.65 Expresse o conteúdo de potássio de um fertilizante em porcentagem, sabendo que tem 6,8% de K_2O em sua formulação.

Resp. 5,6% de potássio.

3.66 Uma análise típica do vidro refratário Pyrex® mostrou a presença de 12,9% de B_2O_3, 2,2% de Al_2O_3, 3,8% de Na_2O, 0,4% de K_2O, o restante sendo SiO_2. Qual é a razão entre átomos de silício átomos de boro nesse vidro?

Resp. 3,6

3.67 Um pedaço de solda pesando 3,00 g foi dissolvido em solução de ácido nítrico e então tratado com solução de ácido sulfúrico. O processo precipitou $PbSO_4$ que, após secagem pesou 2,93 g. A solução foi então neutralizada para precipitar ácido estânico, decomposto por aquecimento e gerando 1,27 g de SnO_2. Qual é a composição da solda em expressa em porcentagem de chumbo e estanho?

Resp. 66,7% de Pb e 33,3% de Sn.

3.68 O cobre é disponibilizado para a venda em duas formas, $CuSO_4$ e $Cu(NO_3)_2$. Supondo que os dois produtos sejam comercializados a $28,00 o kg, (*a*) qual é a forma comercial mais vantajosa? (*b*) Suponha que você tivesse de adquirir 10.000 kg (22 toneladas curtas) de cobre, mas comprou o produto errado. Quanto dinheiro foi desperdiçado?

Resp. (*a*) $Cu(NO_3)_2$; (*b*) $88.340 de desperdício (esse valor será descontado de seu salário?)

3.69 Calcule o peso de enxofre necessário para produzir 1 t de ácido sulfúrico, H_2SO_4.

Resp. 327 kg/s

3.70 Uma amostra de cuprita (Cu_2O) impura contém 66,6% de cobre. Qual é a percentagem de Cu_2O puro na amostra?

Resp. 75,0% Cu_2O

3.71 Uma amostra de creme facial pesando 8,41 g perdeu 5,83 g de umidade com aquecimento a 110°C. O resíduo da extração com água e posterior secagem perdeu 1,27 g de glicerol solúvel em água (glicerina). O remanescente era composto por óleo. Calcule a composição desse creme.

Resp. 69,3% de umidade, 15,1% de glicerol e 15,6% de óleo.

3.72 Uma cola superadesiva foi analisada. A análise revelou que uma amostra de 28,5 g, diluída em acetona, apresentou um resíduo de 4,6 g de pó de alumínio. O filtrado, após evaporação da acetona e do solvente, gerou 3,2 g de nitrocelulose plástica, que continha 0,8 g de agente plastificante solúvel em benzeno. Calcule a composição dessa cola.

Resp. 16,2% de Al, 72,6% de solvente, 2,8% de plastificante e 8,4% de nitrocelulose.

3.73 Uma amostra de carvão contém 2,4% de água. Após secagem, o resíduo livre de umidade contém 71,0% de carbono. Calcule a porcentagem de carbono em base úmida.

Resp. 69,3%

3.74 Um alimento consumido no café da manhã contém 0,637% de sal (NaCl). Expresse essa quantidade em miligramas de sódio por porção de 60,0 gramas do alimento.

Resp. 150 mg de sódio

3.75 Um frasco com capacidade para 1 L contém uma mistura de dois líquidos, A e B, com *gravidade específica* igual a 1,4. A gravidade específica é definida como a densidade de uma substância tomando a água como referência. A gravidade específica do líquido A é 0,8 e a do líquido B é 1,8. Que volume de cada líquido foi colocado no frasco para gerar a mistura? Suponha que os volumes se adicionem e que não haja mudança de volume com a mistura.

Resp. 400 mL de A e 600 mL de B.

3.76 Quando um minério de zinco, ZnS, é queimado, todo o enxofre é liberado na atmosfera na forma de SO_2. Se o teor máximo de SO_2 é de 0,060 mg por metro cúbico de ar, então, (*a*) quantos metros cúbicos de ar são necessários para o descarte seguro do efluente gerado pela queima de 1 t de sulfeto de zinco, e (*b*) que área seria recoberta por esse volume de ar, se a altura da camada chegasse a 1,00 km?

Resp. (*a*) $1,10 \times 10^{10}$ m³;   (*b*) $1,10 \times 10^7$ m² (cerca de 4,2 milhas quadradas!)

3.77 Um minério de taconita é composto por 35,0% de Fe_3O_4. O restante é formado por impurezas de silício. Quantas toneladas desse minério precisam ser processadas para obter 1 t de ferro metálico se (*a*) a taxa de beneficiamento for 100% e (*b*) 75%?

Resp. (*a*) 3,94 t;   (*b*) 5,25 t.

3.78 Uma formulação típica de uma emulsão catiônica de asfalto requer 0,5% de emulsificante amina de sebo e 70% de asfalto. O restante é composto por água e ingredientes hidrossolúveis. Quanto asfalto pode ser emulsificado por libra de emulsificante?

Resp. 140 lb

3.79 O hexafluoreto de urânio, UF_6, é usado no processo de difusão gasosa na separação de isótopos de urânio, pois nem todos os isótopos de urânio podem sofrer uma reação em cadeia, condição necessária em reatores e armas nucleares. Quantos quilogramas de urânio elementar podem ser convertidos em UF_6 por quilograma do flúor combinado?

Resp. 2,09 kg

Massas molares

3.80 Um dos métodos mais antigos de determinação da massa molar de proteínas era baseado em análises químicas. Um centrifugado de proteína gerado a partir dos eritrócitos do sangue tem 0,335% de ferro. Qual é a massa molar da hemoglobina (*a*) se sua molécula tem 1 átomo de ferro e (*b*) se tem 4 átomos de ferro?

Resp. (*a*) 16.700 u;   (*b*) 66.700 u

3.81 Uma substância polimérica, o tetrafluoroetileno, pode ser representada pela fórmula $(C_2F_4)_n$, em que *n* é um número alto. O material foi preparado por polimerização de C_2F_4 na presença de um catalisador contendo enxofre que atuou como núcleo de formação do polímero. O produto final obtido contina 0,012% de S. Qual é o valor de *n* se cada molécula do polímero contém (*a*) 1 átomo de enxofre e (*b*) 2 átomos de enxofre? Nas duas condições, suponha que a contribuição do catalisador para a massa do polímero seja insignificante.

Resp. (*a*) 2700;   (*b*) 5300

3.82 Uma enzima peroxidase isolada de eritrócitos do sangue humano contém 0,29% de selênio. Qual é a massa molar mínima da enzima?

Resp. 27.000 u

3.83 A nitroglicerina é um explosivo e é também utilizada para produzir outros explosivos, como a dinamite. A nitro, como também é chamada, tem 18,5% de nitrogênio. Qual é a massa molar da nitroglicerina?

Resp. 227,1 u

3.84 Uma amostra de poliestireno preparada aquecendo estireno na presença de peróxido de tribromobenzoila e ausência de ar tem fórmula $Br_3C_6H_3(C_8H_8)_n$. O número n varia com as condições da preparação. Uma amostra de poliestireno preparada de acordo com essas condições tem 10,46% de bromo. Qual é o valor de n?

Resp. 19

Fórmulas a partir de massas moleculares precisas de nuclídeos

Em todos os problemas a seguir, a massa molecular do nuclídeo corresponde à massa da espécie contendo o nuclídeo mais prevalente de cada um de seus elementos.

3.85 Um alcaloide foi extraído da semente de uma planta e então purificado. A molécula desse alcaloide tem 1 átomo de nitrogênio, 4 átomos de oxigênio no máximo e outros elementos, além do carbono e do hidrogênio. A espectrometria de massa revelou que a massa molecular do nuclídeo é 297,138. (*a*) Quantas fórmulas moleculares são consistentes com o número de massa 297 e com outros fatos conhecidos, exceto o peso molecular exato? (*b*) Qual é a provável fórmula molecular deste alcaloide?

Resp. (*a*) 17; (*b*) $C_{18}O_3NH_{19}$

3.86 Um éster orgânico (um sal orgânico) foi decomposto em um espectrômetro de massa. Um produto iônico dessa decomposição tinha massa molecular de nuclídeo igual a 117,090. Qual é a fórmula molecular desse produto, sabendo com antecedência que os únicos constituintes possíveis são C, O e H, e que não mais de quatro oxigênios estão presentes na molécula?

Resp. $C_6O_2H_{13}$

3.87 Um intermediário da síntese de um alcaloide de ocorrência natural foi analisado por espectroscopia de massa. Sua massa molecular é 205,147. Sabe-se que o composto tem no máximo um átomo de nitrogênio e não mais de dois átomos de oxigênio por molécula. (*a*) Qual é a fórmula molecular mais provável desse composto? (*b*) Qual é o nível necessário de precisão da mensuração para podermos excluir as duas fórmulas mais próximas à fórmula mais provável?

Resp. (*a*) $C_{13}ONH_{19}$ (massa molecular de nuclídeo igual a 205,147). (*b*) A massa molecular mais parecida é 205,159, para o $C_{14}OH_{21}$. O intervalo de incerteza no valor experimental não pode exceder metade da diferença entre 205,147 e 205,159, isto é, deve estar abaixo de 0,006, o equivalente a 1 parte em 35.000.

Capítulo 4

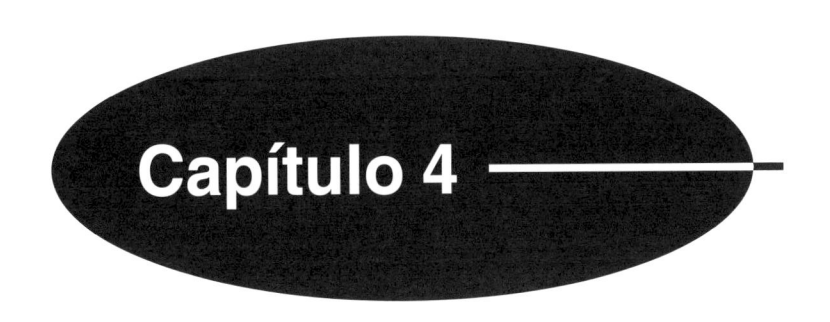

Cálculos com Base em Equações Químicas

INTRODUÇÃO

Uma das principais habilidades de um químico é a de escrever e balancear equações. Na química, a equação balanceada é tão importante que o estudo da disciplina não seria possível sem essa aptidão. A capacidade de balancear uma equação é muito mais fácil de desenvolver, em comparação com as aptidões necessárias para equilibrar o orçamento familiar. Porém, o esforço é o mesmo. Não se pode criar dinheiro, nem ignorá-lo, nos cálculos de despesas do lar. Na química, isso se verifica na lei da conservação da matéria: *não é possível criar nem destruir matéria utilizando métodos químicos comuns*. Do mesmo modo como um banqueiro precisa acompanhar a movimentação financeira sem perda ou ganho de dinheiro, o químico precisa explicar toda matéria presente em um sistema originalmente, os reagentes, e o destino dessa matéria, os produtos, sem ganho ou perda de matéria. As ações do químico produzem uma *equação balanceada*, coeficientes especificando o número de moléculas (ou fórmula unitária) de todas as espécies envolvidas. O *coeficiente* é o número que precede a fórmula de um participante em uma reação química e nos informa sobre a quantidade de substância presente. A equação balanceada é uma expressão da massa total de reagentes igual à massa total dos produtos.

AS RELAÇÕES MOLECULARES COM BASE EM EQUAÇÕES

O *número relativo de moléculas que reagem e que são produzidas* é indicado pelo coeficiente que precede as fórmulas destas moléculas. Por exemplo, a combustão da amônia em oxigênio é descrita pela equação química balanceada

$$4NH_3 + 3O_2 \rightarrow 2N_2 + 6H_2O$$
$$\text{(4 moléculas)} \quad \text{(3 moléculas)} \quad \text{(2 moléculas)} \quad \text{(6 moléculas)}$$

que pode ser lida como uma frase: *quatro moléculas de amônia reagem com três moléculas de oxigênio para gerar/produzir/formar duas moléculas de nitrogênio e seis moléculas de água*. Se considerarmos uma equação como uma receita de cozinha, perceberemos que os coeficientes indicam a quantidade necessária de cada ingrediente (reagentes) e a quantidade de cada produto obtido. Além disso, a seta (sinal de reação) significa que a reação pode ser completada (apontando apenas para a direita) se as quantidades de reagentes obedecem à proporção 4:3 entre as moléculas participantes. A propósito, a razão de moléculas dada poderia ter sido apresentada como razão de mols, não?

Algumas reações entre substâncias químicas ocorrem quase imediatamente após a mistura; outras terminam somente após um intervalo de tempo mínimo ter transcorrido. Há também reações parciais, não terminadas mesmo após muito tempo. A única maneira de estabelecer a natureza de uma reação é executá-la na prática, em laboratório. Porém, mesmo sem conduzir a reação é possível interpretar a equação balanceada afirmando que, se misturarmos um número elevado de moléculas de amônia a um número elevado de moléculas de oxigênio, obteremos números também elevados de moléculas de nitrogênio e de água. É provável que em um dado instante existam moléculas não consumidas de NH_3 ou O_2, mas toda reação ocorre de acordo com a razão molecular (ou molar) descrita por ela.

Na reação *balanceada* que vimos, os átomos das sete moléculas no lado esquerdo são reagrupados, formando oito moléculas no lado direito. Não existe uma regra algébrica para definir esses números de moléculas, mas o *número de átomos em cada lado da equação obedece a um balanço para cada elemento*, já que a reação obedece à lei da conservação da matéria, conforme mencionado. O número de átomos de qualquer elemento presente em uma dada substância é calculado multiplicando o algarismo subscrito deste elemento na fórmula pelo coeficiente estequiométrico da fórmula. A soma de átomos específicos na equação nos diz que há quatro átomos de nitrogênio tanto no lado esquerdo quanto no lado direito ($4\,NH_3 \rightarrow 2\,N_2$), 12 hidrogênios em ambos os lados ($4\,NH_3 \rightarrow 6\,H_2O$) e, da mesma maneira, seis átomos de oxigênio ($3\,O_2 \rightarrow 6\,H_2O$).

AS RELAÇÕES DE MASSA COM BASE EM EQUAÇÕES

Devido ao fato de um mol de qualquer substância ser um número específico de moléculas (1 mol de coisas = $6{,}02 \times 10^{23}$ coisas, conforme visto no Capítulo 2), *os números relativos de mols que reagem são idênticos aos números relativos de moléculas*. Em função da relação de moléculas para mols, a equação acima pode ser interpretada em termos de massas calculadas diretamente da Tabela Periódica (H = 1, O = 16, N = 24, expressos em g/mol).

$$4NH_3 \underset{\text{4 mols} = 68\,g}{} + 3O_2 \underset{\text{3 mols} = 96\,g}{} \rightarrow 2N_2 \underset{\text{2 mols} = 56\,g}{} + 6H_2O \underset{\text{6 mols} = 108\,g}{}$$

A equação mostra que 4 mols de NH_3 (4 mols × 17 g/mol) reagem com 3 mols de O_2 (3 mol × 32 g/mol), formando 2 mols de N_2 (2 mols × 14 g/mol) e 6 mols de H_2O (6 mols × 18 g/mol). De modo geral, a equação revela que as massas estão na proporção 68:96:56:208 (ou 17:24:14:27, se os fatores em comum forem retirados). A razão de massa é sempre igual, independente da unidade de massa empregada (g, kg, lb, t, etc.).

A equação com que estamos trabalhando é um exemplo do que ocorre em todos os casos: a lei da conservação de massa requer exige que a soma das massas de todos os reagentes (68 + 96 = 164 unidades) seja igual à soma das massas de todos os produtos da reação (56 + 108 = 164 unidades).

A importância das relações no tratamento de equações químicas pode ser resumida conforme abaixo:

1. As relações de massa são rígidas quanto à lei de conservação de massa (matéria).
2. As relações de massa não exigem conhecimento acerca de condições variáveis, como a possibilidade de a H_2O estar no estado líquido ou gasoso.
3. As relações de massa não exigem conhecimento sobre as fórmulas moleculares reais. No exemplo acima, as massas ou o número de átomos não se alterariam se o oxigênio estivesse na forma de ozônio (2 O_3, em vez de 3 O_2). Nos dois casos a equação estaria balanceada, com 6 átomos de oxigênio em cada lado. Do mesmo modo, se as moléculas de água estivessem na forma de polímero, as relações de massa seriam as mesmas, independente de a reação conter 6 H_2O, 3 H_4O_2 ou 2 H_6O_3. Esse princípio é muito importante nos casos em que as verdadeiras fórmulas moleculares não são conhecidas. As relações de massa são válidas para as diversas equações envolvendo moléculas que dissociam (S_8, P_4, H_6F_6, N_2O_4, I_2 e muitas outras) ou aquelas que se associam para formar polímeros complexos, como os derivados do formaldeído, amido, celulose, náilon, borrachas sintéticas, silicones e outros compostos de importância industrial, não importando se estamos usando fórmulas empíricas ou moleculares.

O REAGENTE LIMITANTE

De posse da massa de um dos reagentes, na maioria das vezes podemos supor que as quantidades dos outros reagentes sejam suficientes para que a reação ocorra ou que estejam em excesso. Mas o que acontece se temos informação sobre as quantidades de mais de um reagente? Neste caso, temos a responsabilidade de determinar se há uma escassez de um ou mais reagentes, pois a reação se interrompe quando um deles for totalmente consumido. O reagente presente em menor quantidade é chamado *reagente limitante*, e os cálculos das quantidades esperadas de produtos de uma reação são feitos tomando como base sua concentração. Todos os outros reagentes, que não se enquadram no critério de limitante, são os *reagentes em excesso*. Consulte os Problemas 4.7 e 4.8 para conhecer exemplos de reagentes limitantes.

OS TIPOS DE REAÇÕES QUÍMICAS

Somente a prática promove a habilidade no balanceamento de equações químicas rapidamente, sobretudo se você aprender a reconhecer os diversos tipos de reações químicas. Uma vez que você tenha reconhecido os tipos de reações, poderá prever os produtos se estiver de posse dos reagentes. Alguns exemplos dos tipos mais comuns de reações são dados a seguir.

1. *Reações de combustão*. O oxigênio em excesso (normalmente disponível no ar) se combina com compostos orgânicos à base de carbono, hidrogênio, oxigênio e talvez outros elementos. Devido à presença de carbono e muitas vezes de hidrogênio, os produtos mais comuns desse tipo de reação são a água e o dióxido de carbono, como vemos na queima do nonano (C_9H_{20}).

$$C_9H_{20} + 14O_2 \rightarrow 9CO_2 + 10H_2O$$

2. *Reações de substituição (deslocamento)*. O elemento mais reativo desloca o elemento menos reativo em um composto.

$$2Na + ZnI_2 \rightarrow 2NaI + Zn$$
$$CaI_2 + F_2 \rightarrow CaF_2 + I_2$$

3. *Reações de duplo deslocamento (metátese)*. Esta reação é comum em solução quando os reagentes produzem solução iônica com troca de íons se uma combinação produz um composto que precipita um sal insolúvel.

$$AgNO_3 + NaCl \rightarrow NaNO_3 + AgCl \text{ (Sal insolúvel)}$$
$$Ba(NO_3)_2 + K_2SO_4 \rightarrow 2KNO_3 + BaSO_4 \text{ (Sal insolúvel)}$$

4. *Reações metal-ácido*. Um ácido, como o HCl, HF ou H_2CO_3, e um metal mais quimicamente reativo que o hidrogênio do ácido reagem formando um sal e o gás hidrogênio.

$$2HCl + 2Na \rightarrow 2NaCl + H_2$$
$$2HNO_3 + Mg \rightarrow Mg(NO_3)_2 + H_2$$

5. *Reações ácido-base (neutralização)*. Um ácido, que contribui com íons H^+ (H_3O^+) e uma base, que contribui com íons OH^-, sofrem metátese, formando água (HOH ou H_2O) e um sal. Não seria este um caso de deslocamento duplo?

$$HCl + NaOH \rightarrow NaCl + HOH$$
$$2HNO_3 + Mg(OH)_2 \rightarrow Mg(NO_3)_2 + 2HOH$$

Em relação ao modo de representarmos a molécula de água pela fórmula HOH: o balanceamento da água nestas reações pode ser um problema, pois o hidrogênio encontrado na água é oriundo de diferentes fontes, como íons hidrogênio e hidróxido. Assim, balancear o íon hidrogênio (íon hidroxônio) em relação ao hidrogênio na água e o hidróxido na esquerda em relação ao hidróxido na direita simplifica o processo. Tente balancear a reação do ácido nítrico e hidróxido de magnésio usando H_2O na direta e esta dificuldade fica clara.

6. *Reações de combinação*. Elementos e/ou compostos se combinam, formando um único produto.

$$2SO_2 + O_2 \rightarrow 2SO_3$$
$$P_4 + 6Cl_2 \rightarrow 4PCl_3 \text{ ou } P_4 + 10Cl_2 \rightarrow 4PCl_5$$

A reação envolvendo o P_4 e Cl_2 depende da razão entre reagentes, da temperatura e da pressão.

7. *Reações de decomposição.* Um único reagente é transformado em dois ou mais produtos por aquecimento ou eletricidade.

$$2H_2O \xrightarrow{\text{eletricidade}} 2H_2 + O_2$$

$$2HgO \xrightarrow{\text{calor}} 2Hg + O_2 \quad \text{ou} \quad 4HgO \xrightarrow{\text{calor}} 2Hg_2O + O_2$$

A reação envolvendo HgO depende da tempera e da pressão do oxigênio.

Problemas Resolvidos

4.1. Efetue o balanceamento das equações químicas:

(a) $Li + ZnCl_2 \rightarrow Zn + LiCl$

(b) $FeS_2 + O_2 \rightarrow Fe_2O_3 + SO_2$

(c) $C_7H_6O_2 + O_2 \rightarrow CO_2 + H_2O$

(a) O balanceamento de reações não tem regras fixas. Contudo, muitas vezes usa-se o método de tentativa e erro (experimente usar um coeficiente estequiométrico, substituindo-o se estiver errado). O termo *tentativa e erro* não significa que não há uma ordem ou um padrão. Se você escolher um plano de ação e obedecê-lo de modo consistente, então o balanceamento de uma reação se torna um processo direto, senão fácil. O ponto de partida mais lógico consiste em examinar o lado esquerdo da equação e escolher um elemento de referência para o subsequente balanceamento do lado direito.

$$Li + ZnCl_2 \rightarrow Zn + LiCl$$

Comecemos com o elemento mais distante no lado esquerdo, o lítio. Uma vez que há um átomo no lado esquerdo e também um no lado direito, o lítio pode ser considerado já balanceado. Porém, o cloro não está, pois há dois átomos no lado esquerdo e apenas um no lado direito da equação. Duplicar o cloro no lado direito permite balancear o elemento.

$$Li + ZnCl_2 \rightarrow Zn + \mathbf{2}LiCl$$

No momento temos um erro fácil de reconhecer, quando repassamos o procedimento de balanceamento. Existe apenas um lítio no lado esquerdo, mas dois no lado direito. Duplicar o lítio no lado esquerdo permite balancear o elemento.

$$\mathbf{2}Li + ZnCl_2 \rightarrow Zn + 2LiCl$$

Dando prosseguimento à verificação usando a direção "da esquerda para a direita", conforme acima, vemos que o zinco e o cloro estão balanceados. Portanto, a equação está balanceada. Para ter certeza, podemos efetuar a verificação mais uma vez.

Uma das interpretações equivocadas mais comuns está no fato de que estamos "pondo um 2 na frente do LiCl" na primeira etapa e "pondo um 2 na frente do Li" na segunda. É um engano, pois na verdade estamos efetuando uma multiplicação pelo coeficiente nos dois casos, não apenas colocando-o lá. Esse artifício pode parecer meticuloso demais, mas é importante, pois o processo de balanceamento corre o risco de ficar confuso, quando executado com reações de maior complexidade. Não basta movimentar números: é importante que você entenda o processo.

(b) Esta equação é um pouco mais complexa, porque o oxigênio aparece em um ponto no lado esquerdo e em dois pontos no lado direito. Mesmo assim, podemos utilizar procedimento idêntico ao discutido acima, começando com o elemento mais à esquerda.

Há um ferro no lado esquerdo, mas há dois no lado direito. Vamos então multiplicar por 2 o elemento na esquerda.

$$\mathbf{2}FeS_2 + O_2 \rightarrow Fe_2O_3 + SO_2$$

O próximo elemento é o enxofre, com 4 átomos no lado esquerdo e apenas 1 no lado direito. Se multiplicarmos o SO_2 por 4, teremos balanceado o enxofre. Observe que os 4 enxofres no lado esquerdo são contados, porque há duas moléculas de FeS_2, fornecendo $2 \times 2 = 4$ átomos de enxofre no lado esquerdo da equação.

$$2FeS_2 + O_2 \rightarrow Fe_2O_3 + 4SO_2$$

O último elemento a ser balanceado é o oxigênio. O oxigênio no lado esquerdo pode ser multiplicado por um coeficiente; no entanto, a quantidade de oxigênio no lado direito foi definida balanceando o ferro e o enxofre. Existem 11 ($4 \times 2 + 3 = 11$) átomos do elemento no lado direito. Multiplicar o oxigênio no lado esquerdo por $5\frac{1}{2}$ conclui o balanceamento do elemento.

$$2FeS_2 + 5\frac{1}{2}O_2 \rightarrow Fe_2O_3 + 4SO_2$$

Uma verificação final dos elementos nos informa que a equação agora está balanceada. Existe um problema em potencial nesta equação. Na maioria das vezes, as equações podem ser balanceadas sem precisar usar frações. É possível eliminar a fração $\left(\frac{1}{2}\right)$ multiplicando os participantes da reação por 2.

$$4FeS_2 + 11O_2 \rightarrow 2Fe_2O_3 + 8SO_2$$

A equação continua balanceada, pois a razão dos participantes da reação foi preservada, já que todos foram multiplicados pelo mesmo número, 2.

(c) O carbono é o elemento mais à esquerda na equação.

$$C_7H_6O_2 + O_2 \rightarrow CO_2 + H_2O$$

Vamos multiplicar o carbono do dióxido de carbono por 7. Uma vez que não podemos alterar a razão dentro do composto, a multiplicação vale para toda a molécula.

$$C_7H_6O_2 + O_2 \rightarrow 7CO_2 + H_2O$$

O máximo elemento é o H. Multiplicando a água por 3, teremos os 6 átomos de H necessários para balancear a equação até esse ponto.

$$C_7H_6O_2 + O_2 \rightarrow 7CO_2 + 3H_2O$$

Existem dois átomos de oxigênio no lado esquerdo, no $C_7H_6O_2$, mas a quantidade de oxigênio em O_2 no lado esquerdo da seta não é fixa, já que podemos multiplicar esta molécula de acordo com a necessidade. No lado direito da equação, temos 17 átomos do elemento ($7 \times 2 + 3 = 17$). Se subtrairmos os 2 oxigênios em $C_7H_6O_2$ no lado esquerdo, precisamos de outros 15 átomos do elemento em relação ao lado direito. Multiplicar O_2 por $7\frac{1}{2}$ resolve essa necessidade.

$$C_7H_6O_2 + 7\frac{1}{2}O_2 \rightarrow 7CO_2 + 3H_2O$$

Além disso, se duplicarmos os coeficientes na equação ela estará balanceada usando números inteiros, como de praxe.

$$2C_7H_6O_2 + 15O_2 \rightarrow 14CO_2 + 6H_2O$$

4.2 Complete e balanceie as equações abaixo que ocorrem em *solução aquosa* (a água é o solvente). [*Observação*: o fosfato de bário, $Ba_3(PO_4)_2$, é pouco solúvel, e o estanho é mais reativo que a prata.]

(a) $Ba(NO_3)_2 + Na_3PO_4 \rightarrow$ (b) $Sn + AgNO_3 \rightarrow$ (c) $HC_2H_3O_2 + Ba(OH)_2 \rightarrow$

(a) Escrever os produtos da reação requer o reconhecimento de uma reação de metátese (deslocamento duplo). A razão de esta reação ocorrer da esquerda para a direita é que o fosfato de bário é insolúvel, ao passo que os sais de sódio são solúveis em água. A precipitação do fosfato de bário remove praticamente todo o composto do meio de reação.

$$Ba(NO_3)_2 + Na_3PO_4 \rightarrow Ba_3(PO_4)_2 + NaNO_3$$

Uma vez que tenhamos estabelecido os produtos e comecemos a verificar os átomos no lado esquerdo da equação, percebemos que o bário não está balanceado. Triplicar o número de átomos de nitrato de bário no lado esquerdo soluciona esta questão.

$$\mathbf{3}Ba(NO_3)_2 + Na_3PO_4 \rightarrow Ba_3(PO_4)_2 + NaNO_3$$

Observe que o nitrogênio presente no nitrato, NO_3^-, não aparece duas vezes em qualquer dos dois lados da equação. Isso significa que o íon nitrato não se parte; logo, podemos balancear o nitrogênio balanceando o nitrato. Esse balanceamento requer a multiplicação por 6 do nitrato no nitrato de sódio à direita.

$$3Ba(NO_3)_2 + Na_3PO_4 \rightarrow Ba_3(PO_4)_2 + \mathbf{6}NaNO_3$$

A próxima unidade a ser balanceada é o sódio. Existem 3 sódios no lado esquerdo e 6 no lado direito da equação. Se duplicarmos o sódio no lado direito (2 × 1 Na_3PO_4), teremos balanceado o elemento.

$$Ba(NO_3)_2 + \mathbf{2}Na_3PO_4 \rightarrow Ba_3(PO_4)_2 + 6NaNO_3$$

Por fim, examinemos o íon fosfato, PO_4^{3-}, observando que ele já está balanceado.

Devemos sempre repassar a equação, para verificar o balanceamento e, ao fazermos isso para a reação acima, percebemos que está balanceada.

(*b*) Sabendo que o estanho é mais reativo que a prata, pode-se esperar que o estanho a desloque no nitrato de prata, em uma reação de substituição simples.

$$Sn + AgNO_3 \rightarrow Sn(NO_3)_2 + Ag$$

Trabalhando da esquerda para a direita, vemos que o estanho está balanceado. Com isso, percebemos que a prata também está. No entanto, o mesmo não se verifica para o íon nitrato. Vamos então duplicar o nitrato de prata no lado esquerdo.

$$Sn + \mathbf{2}AgNO_3 \rightarrow Sn(NO_3)_2 + Ag$$

Verificamos nosso trabalho e descobrimos que, embora o estanho esteja balanceado, a prata agora já não está. Como resultado da duplicação vemos que há 2 átomos de prata no lado esquerdo e 1 no lado direito. Se duplicarmos a prata no lado direito, então teremos balanceado o elemento.

$$Sn + 2AgNO_3 \rightarrow Sn(NO_3)_2 + \mathbf{2}Ag$$

Se verificarmos a equação outra vez, perceberemos que o estanho está balanceado, com 1 átomo em cada lado, bem como a prata, com 2 átomos em cada lado, e o nitrato, também com 2 íons em cada lado. Logo, toda a equação está balanceada.

Foi preciso verificar esta equação três vezes para balanceá-la. Uma maneira de averiguar se há algo errado no balanceamento consiste em usar o método de tentativa e erro, alterando os números quando você repassa um procedimento de balanceamento/verificação pela terceira vez. Se isso ocorrer, certifique-se de que todos os participantes da reação estejam representados corretamente, já que existem maneiras incorretas de escrever fórmulas e que podem impossibilitar o balanceamento da equação. Porém, por infelicidade, algumas reações podem de fato ser balanceadas com base em fórmulas escritas do modo errado.

(*c*) Ao reconhecer que $HC_2H_3O_3 + Ba(OH)_2$ é uma reação ácido-base, é possível prever seus produtos se lembrarmos que esse tipo de reação gera água e os íons de um sal. As reações ácido-base ocorrem porque a água não ioniza, o que desloca a reação para a direita.

$$HC_2H_3O_2 + Ba(OH)_2 \rightarrow Ba(C_2H_3O_2)_2 + HOH$$

Em primeiro lugar, é importante observar que a água foi escrita como HOH, não H_2O, porque o hidrogênio vem do ácido acético e do hidróxido de bário, como parte do íon hidróxido, OH^-. Outro fator a observar é que o ácido acético pode ser reescrito como CH_3COOH; porém, decidimos escrever o ácido de maneira semelhante a outros ácidos (ácidos inorgânicos, como HCl, HNO_3, H_2SO_4, etc), com um hidrogênio que confere à substância este caráter. O último ponto a observar é que o hidrogênio no lado esquerdo, no $HC_2H_3O_2$ será balanceado com o hidrogênio no *H*OH, no lado direito da reação. Pela mesma razão, o OH no $Ba(OH)_2$ é a única fonte de hidrogênio e oxigênio balanceado com o OH no H*OH*.

Começando com o hidrogênio do ácido, percebemos que ele está balanceado com o hidrogênio da água. Porém, o íon acetato, $C_2H_3O_2^-$, no lado esquerdo, não está balanceado com o acetato no lado direito. Se duplicarmos o acetato no lado esquerdo, conseguimos balancear o íon.

$$2HC_2H_3O_2 + Ba(OH)_2 \rightarrow Ba(C_2H_3O_2)_2 + HOH$$

Prosseguindo, o bário está balanceado, mas o OH não. Ao duplicar a água o hidróxido é balanceado.

$$2HC_2H_3O_2 + Ba(OH)_2 \rightarrow Ba(C_2H_3O_2)_2 + 2HOH$$

Uma verificação do balanceamento permite observar que a equação está totalmente balanceada.

4.3 A produção comercial da soda cáustica, NaOH, com frequência, é feita com base na reação do carbonato de sódio, Na_2CO_3, com a cal hidratada, $Ca(OH)_2$. Quantos gramas de NaOH podem ser obtidos tratando-se 2 kg de Na_2CO_3 com $Ca(OH)_2$?

Representar uma equação graficamente é uma boa ideia, sempre que for possível fazê-lo. Em essência, uma equação é um conjunto de instruções que nos informam como executar um processo. Além disso, a equação nos diz o quanto de cada reagente deve ser usado e o quanto podemos esperar de cada produto. Estes fatores são dados pelos coeficientes e podem ser considerados em mols de substâncias. Dispondo dos números de mols dos compostos, então é fácil converter esses valores em gramas dos compostos, usando as massas atômicas dos átomos envolvidos consultando a Tabela Periódica dos Elementos. A equação desta reação é

$$\underset{\substack{1\text{ mol } Na_2CO_3 \\ 1\text{ mol} = 106,0\text{ g}}}{Na_2CO_3} + Ca(OH)_2 \rightarrow \underset{\substack{\text{produz 2 mols NaOH} \\ 2\text{ mols} = 2(40,0) = 80,0\text{ g}}}{2NaOH} + CaCO_3$$

Estamos interessados apenas no Na_2CO_3 e no NaOH, e não precisamos nos preocupar com o $Ca(OH)_2$ e o $CaCO_3$, devido à maneira como o problema foi enunciado. Contudo, não poderíamos ter chegado à razão de mol de 1:2, nem à razão de massa 106,0/80,0 sem balancear a equação. Dependendo de como abordamos um problema, uma ou ambas as relações são essenciais para obtermos a resposta correta.

Método molar: Conforme visto no Capítulo 2, o símbolo $n(X)$ deve ser usado em referência ao número de mols de substância cuja fórmula é X, e $m(X)$ representa a massa da substância X. Consideremos 1.000 g de Na_2CO_3.

$$n(Na_2CO_3) = \frac{1000\text{ g}}{106,0\text{ g/mol}} = 9,434 \text{ mol de } Na_2CO_3$$

Com base nos coeficientes na equação balanceada, $n(NaOH) = 2m(Na_2CO_3) = 2(9,434) = 18,87$ mol NaOH.

$$m(NaOH) = (18,87 \text{ mols de NaOH})(40,0 \text{ g NaOH/mol de NaOH}) = 755 \text{ g NaOH}$$

Método das proporções: Este método utiliza as informações estabelecidas diretamente pela equação balanceada. A melhor parte deste método é que a informação é apresentada de maneira lógica, o que soluciona a maior parte do problema para você. O truque consiste em escrever as informações dadas pela equação balanceada acima da equação e as informações dadas pelo problema abaixo dela. Escreva as informações acima e abaixo de cada participante identificado no enunciado do problema, ignorando aqueles que não sejam necessários para solucioná-lo. Insira um símbolo representando a grandeza desconhecida de acordo com a necessidade, sobre a equação. (*M* nos lembra de que a resposta deve ser dada em peso, isto é, gramas.)

Informações dadas na equação: 1 mol   2 mols

$$Na_2CO_3 + Ca(OH)_2 \rightarrow 2NaOH + CaCO_3$$

Informações dadas no problema: 1 kg   *M*

Precisamos agora considerar que as unidades são diferentes e que, independentemente do que temos de fazer, elas devem ser idênticas – se forem dados mol e kg, precisamos obter mols ou quilogramas. A unidade solicitada é o grama; portanto, convertemos quilogramas, de acordo com o problema (1 kg = 1000 g).

Informações dadas na equação: 1 mol × 106,0 g/mol = 106,0 g   2 mols × 40,0 g/mol = 80,0 g

$$Na_2CO_3 + Ca(OH)_2 \rightarrow 2NaOH + CaCO_3$$

Informações dadas no problema: 1000 g M

Agora, podemos representar a razão e a proporção (2 frações igualam-se uma à outra), e resolvemos a expressão para M.

$$\frac{106,0 \text{ g Na}_2\text{CO}_3}{1000 \text{ g Na}_2\text{CO}_3} = \frac{80,0 \text{ g NaOH}}{M}$$

Rearranjando a expressão, podemos resolvê-la para M e a massa de NaOH produzida.

$$M = \frac{1000 \text{ g Na}_2\text{CO}_3 \times 80,0 \text{ g NaOH}}{106,0 \text{ g Na}_2\text{CO}_3} = 755 \text{ g NaOH}$$

Se tivéssemos notado que g de Na_2CO_3 seria cancelado acima, poderíamos ter cancelado a massa do composto antes, poupando um pouco de escrita na representação da reação. De qualquer maneira, é importante observar que a solução nos diz que as unidades na resposta devem ser gramas de NaOH, como pedido pelo problema.

4.4 A equação da preparação do fósforo em um forno elétrico é

$$2Ca_3(PO_4)_2 + 6SiO_2 + 10C \rightarrow 6CaSiO_3 + 10CO + P_4$$

Calcule:

(*a*) O número de mols de fósforo formados por mol de $Ca_3(PO_4)_2$ usado.

(*b*) O número de gramas de fósforo formados por mol de $Ca_3(PO_4)_2$ usado.

(*c*) O número de gramas de fósforo formados por grama de $Ca_3(PO_4)_2$ usado.

(*d*) O número de libras de fósforo formadas por libras de $Ca_3(PO_4)_2$ usado.

(*e*) O número de toneladas de fósforo formadas por mol de $Ca_3(PO_4)_2$ usado.

(*f*) O número de mols de SiO_2 e de C necessários por mol de $Ca_3(PO_4)_2$ usado.

(*a*) Da equação, temos que 1 mol de P_4 é obtido por 2 mols de $Ca_3(PO_4)_2$ usados, ou ½ mol de P_4 é obtido por mol de $Ca_3(PO_4)_2$.

(*b*) A massa molar do P_4 é 124. Então, $\frac{1}{2}$ mol de $P_4 = \frac{1}{2} \times 124 = 62$ g de P_4.

(*c*) Um mol de $Ca_3(PO_4)_2$ (319 g/mol) gera $\frac{1}{2}$ mol de P_4 (62 g). Um grama de $Ca_3(PO_4)_2$ dá 62/310 = 0,20 g de P_4.

(*d*) 0,20 lb; as quantidades relativas são as mesmas dadas em (*c*), independentemente das unidades.

(*e*) 0,20 t, conforme explicado acima.

(*f*) A partir dos coeficientes na equação balanceada, 1 mol de $Ca_3(PO_4)_2$ requer 3 mols de SiO_2 e 5 mols de C.

4.5 No passado, a produção comercial do ácido clorídrico envolvia o aquecimento de NaCl com H_2SO_4. Quanto ácido sulfúrico contendo 90,0% de H_2SO_4 em peso é necessário para a produção de 1000 kg de ácido clorídrico concentrado com 42,0% em peso de HCl?

(1) A quantidade de HCl puro em 1.000 kg de ácido 42,0% é 0,420 × 1.000 kg = 420 kg.

(2) Precisamos da equação balanceada e das massas moleculares para calcular a resposta.

$$2NaCl + H_2SO_4 \rightarrow Na_2SO_4 + 2HCl$$

A relação obtida a partir da equação balanceada é 1 mol de H_2SO_4 ($1 \times 98,1 = 98,1$ g) necessário para produzir 2 mols de HCl ($2 \times 36,46 = 72,92$ g). Assim,

$$
\begin{array}{lll}
72{,}92 \text{ g de HCl} & \text{requerem} & 98{,}1 \text{ g de H2SO}_4 \\
1 \text{ g de HCl} & \text{requer} & \dfrac{98{,}1}{72{,}92} \text{ g de } H_2SO_4 \\
1 \text{ kg de HCl} & \text{requer} & \dfrac{98{,}1}{72{,}92} \text{ kg de } H_2SO_4 \\
420 \text{ kg de HCl} & \text{requerem} & (420)\left(\dfrac{98{,}1}{72{,}92} \text{ kg}\right) = 565 \text{ kg de } H_2SO_4
\end{array}
$$

(3) Por fim, determinamos a quantidade de ácido sulfúrico em solução 90,0% de H_2SO_4 que contém 565 kg de H_2SO_4 puro. Sabemos que 0,900 kg de H_2SO_4 puro produz 1 kg de solução 90,0% do ácido. Logo,

$$565 \text{ kg de } H_2SO_4 \times \frac{1 \text{ kg solução}}{0{,}900 \text{ kg } H_2SO_4} = 628 \text{ kg solução}$$

O método da análise dimensional: Este método tem a vantagem de permitir escrever a solução do problema em uma única etapa. Além disso, ele permite executar o cálculo diretamente em uma calculadora. À medida que você avança da esquerda para a direita, elimine as unidades que se cancelam entre si e atente para que as unidades restantes sejam as mesmas necessárias na resposta final.

$$
\begin{aligned}
\text{Quantidade de } 90{,}0\% H_2SO_4 &= (1000 \text{ kg } 42{,}0\% \text{ HCl}) \left(\frac{42{,}0 \text{ kg HCl}}{100 \text{ kg } 42{,}0\% \text{ HCl}}\right)\left(\frac{1000 \text{ g}}{1 \text{ kg}}\right)\left(\frac{1 \text{ mol HCl}}{36{,}46 \text{ g HCl}}\right) \\
&\quad \times \left(\frac{1 \text{ mol } H_2SO_4}{2 \text{ mols HCl}}\right)\left(\frac{98{,}1 \text{ g } H_2SO_4}{1 \text{ mol } H_2SO_4}\right)\left(\frac{100 \text{ g } 90{,}0\% \text{ } H_2SO_4}{90{,}0 \text{ g } H_2SO_4}\right)\left(\frac{1 \text{ kg}}{1000 \text{ g}}\right) \\
&= 628 \text{ kg } 90{,}0\% \text{ } H_2SO_4
\end{aligned}
$$

4.6 Antes de a poluição ambiental virar uma preocupação da população em geral, a melhora do poder combustível da gasolina com o uso de compostos de chumbo era prática comum. Uma gasolina de aviação com octanagem igual a 100 empregava 1,00 cm³ de chumbo tetraetila, $(C_2H_5)_4Pb$, com densidade igual a 1,66 g/cm³ por litro de produto. Quantos gramas de cloreto de etila, C_2H_5Cl, são necessários para produzir chumbo tetraetila o bastante para 1,00 L de gasolina? O composto é produzido de acordo com a reação

$$4C_2H_5Cl + 4NaPb \rightarrow (C_2H_5)_4Pb + 4NaCl + 3Pb$$

A massa de 1,00 cm³ de $(C_2H_5)_4Pb$ é $(1{,}00 \text{ cm}^3)(1{,}66 \text{ g/cm}^3) = 1{,}66$ g requeridos por litro de gasolina. Em termos de mols, o chumbo tetraetila necessário por litro é:

$$\text{Mols } (C_2H_5)_4 Pb \text{ necessários} = \frac{1{,}66 \text{ g}}{323 \text{ g/mol}} = 0{,}00514 \text{ mol } (C_2H_5)_4Pb$$

A equação química revela que 1 mol de $(C_2H_5)_4Pb$ precisa de 4 mols de C_2H_5Cl. Com base nessa informação, descobrimos que é necessário $4(0{,}00514) = 0{,}0206$ mol de C_2H_5Cl. Assim,

$$m(C_2H_5Cl) = 0{,}0206 \text{ mol} \times 64{,}5 \text{ g/mol} = 1{,}33 \text{ g } C_2H_5Cl$$

Método da análise dimensional: Vamos utilizar a abreviatura não padronizada TEPb para representar o chumbo tetraetila, para fins de conveniência.

$$
\begin{aligned}
\text{Quantidade de } C_2H_5Cl &= (1{,}00 \text{ L gasolina})\left(\frac{1{,}00 \text{ cm}^3 \text{ TEPb}}{1{,}00 \text{ L gasolina}}\right)\left(\frac{1{,}66 \text{ g}}{1{,}00 \text{ cm}^3}\right)\left(\frac{1 \text{ mol TEPb}}{323 \text{ g TEPb}}\right) \\
&\quad \times \left(\frac{4 \text{ mol } C_2H_5Cl}{1 \text{ mol TEPb}}\right)\left(\frac{64{,}5 \text{ g } C_2H_5Cl}{1 \text{ mol } C_2H_5Cl}\right) = 1{,}33 \text{ g } C_2H_5Cl \text{ necessários}
\end{aligned}
$$

4.7 Uma solução contendo 2,00 g de $Hg(NO_3)_2$ foi adicionada a uma solução contendo 2,00 g de Na_2S. Calcule a massa do HgS insolúvel formado de acordo com a reação, $Hg(NO_3)_2 + Na_2S \rightarrow HgS + 2NaNO_3$.

Este problema informa as quantidades dos dois reagentes. É uma indicação de que podemos estar diante de um problema envolvendo um reagente limitante. Em outras palavras, um dos reagentes pode ser consumido por completo antes de outro reagente ser exaurido, o que interromperia o curso da reação. Além disso, uma vez que a massa dos dois reagentes é 2,00 g, a presença de um reagente limitante é quase uma certeza.

Podemos utilizar o *método das proporções* para representar o problema e *testar* para descobrir qual reagente, se houver algum, é o reagente limitante. Vamos usar *t* para representar a quantidade testada do reagente. Conforme mencionado antes, um padrão consistente para abordar esse problema é um ótimo caminho para evitar confusões. Testamos o segundo reagente para saber se atende ao padrão. Em lugar de utilizar os 2,00 g de Na_2S dados no problema, façamos *t* representar a quantidade de Na_2S necessária para reagir com exatos 2,00 g de $Hg(NO_3)_2$ e ver se a quantidade basta. Além disso, façamos o cálculo em gramas, conforme o enunciado do problema. Para tal, precisamos expressar as informações dadas na equação em gramas.

Informações dadas na equação 1 mol × 324,6 g/mol   1 mol × 78,00 g/mol

$$Hg(NO_3)_2 \quad + \quad Na_2S \quad \rightarrow \quad HgS + 2NaNO_3$$

Informações dadas no problema   2,00 g   *t*

Assim que obtemos os valores, calculamos a razão e a proporção, resolvendo para *t*. Dessa vez, decidimos cancelar as unidades iguais, removendo-as da equação para a razão e proporção (atalho).

$$\frac{324,6}{2,00} = \frac{78,00 \, gNa_2S}{t} \qquad t = \frac{2,00 \times 78,00 \, gNa_2S}{324,6} = 0,48 \, g \, Na_2S$$

A interpretação do resultado é bastante simples, pois acabamos de descobrir que precisamos de 0,48 g de Na_2S (o valor de *t*) para consumir por completo os 2,00 g de $Hg(NO_3)_2$ dados no problema. A quantidade de Na_2S disponível é muito maior do que a quantidade necessária, cerca de um grama e meio em excesso, em comparação com o que seria necessário para exaurir o outro reagente. Assim, o reagente limitante é o nitrato de mercúrio (II), $Hg(NO_3)_2$. É preciso voltar à relação do nitrato de mercúrio (II) para produto desejado, o sulfeto de mercúrio (II). Uma vez que a equação tenha sido balanceada, podemos ignorar o $NaNO_3$, pois o problema não pede qualquer informação sobre este composto. Se *A* for usado como símbolo para a quantidade de HgS produzida,

Informações dadas na equação 1 mol × 324,6 g/mol   1 mol × 232,6 g/mol

$$Hg(NO_3)_2 \quad + Na_2S \rightarrow HgS + 2NaNO_3$$

Informações dadas no problema   2,00 g   *A*

Utilizamos as informações associadas à equação balanceada para representar a razão e a proporção. Mais uma vez, precisamos prestar atenção para ver nos certificarmos de que a unidade necessária seja a unidade da solução.

$$\frac{324,6}{2,00} = \frac{232,6 \, g \, HgS}{A} \quad torna\text{-}se \quad A = \frac{2,00 \times 232,6 \, g \, HgS}{324,6} = 1,43 \, g \, HgS$$

Em síntese, os 4,00 g de reagentes originalmente presentes no meio foram convertidos em 1,43 g de HgS, o produto, e existe um excesso de 1,52 g de Na_2S (2,00 g – 0,48 g do teste).

4.8 Quantos gramas $Ca_3(PO_4)_2$ podem ser obtidos misturando uma solução contendo 5,00 g de cloreto de cálcio a uma solução contendo 8,00 g de fosfato de potássio? A reação é

$$3CaCl_2 + 2K_3PO_4 \rightarrow Ca_3(PO_4)_2 + 5KCl$$

Utilizando o mesmo procedimento mostrado no Problema 4.7, a primeira ação consiste em efetuar o teste, para verificar se há um reagente limitante. Escrevemos a equação equilibrada usando as informações dadas e testamos para ver se há K_3PO_4 o bastante para exaurir o $CaCl_2$.

Informações dadas na equação 3 mol × 111,1 g/mol   2 mol × 212,3 g/mol

$$3CaCl_2 \quad + \quad 2K_3PO_4 \quad \rightarrow Ca_3(PO_4)_2 + 6KCl$$

Informações dadas no problema   5,00 g   *t*

Cancelando as unidades iguais trazidos da equação para expressão de razão e proporção nos dá

$$\frac{333,3}{5,00} = \frac{424,6 \text{ g K}_3\text{PO}_4}{t} \quad \text{torna-se} \quad t = \frac{5,00 \times 424,6 \text{ K}_3\text{PO}_4}{333,3} = 6,37 \text{ g K}_3\text{PO}_4$$

Uma vez que 6,37 g de K_3PO_4 são necessários para consumir todo o cloreto de cálcio e considerando que temos 8,00 g de K_3PO_4, o reagente limitante é o $CaCl_2$. Com isso, podemos representar a equação balanceada com as informações da equação e do enunciado do problema. Uma vez que sabemos que o reagente limitante é o $CaCl_2$, que temos de calcular a quantidade de $Ca_3(PO_4)_2$, e que a razão de $CaCl_2$ para $Ca_3(PO_4)_2$ é 3:1, podemos representar a razão e proporção e resolver para a resposta do problema.

Informações dadas na equação   3 mol × 111,3 g/mol   1 mol × 310,2 g/mol

$$3CaCl_2 + \quad 2K_3PO_4 \rightarrow Ca_3(PO_4)_2 \quad + 5KCl$$

Informações dadas no problema   5,00 g   Z

$$\frac{333,3}{5,00} = \frac{310,2 \text{ g Ca}_3(\text{PO}_4)_2}{Z}$$

$$Z = \frac{5,00 \times 310,2 \text{ g Ca}_3(\text{PO}_4)_2}{333,3} = 4,65 \text{ g Ca}_3(\text{PO}_4)_2$$

Observação: (1) se não houvesse reagente limitante, não faria diferença utilizar um ou outro reagente nos cálculos; (2) não importa qual dos reagentes você escolhe para o teste (*t*), desde que você seja capaz de interpretar os resultados de modo correto.

4.9 Em um processo de impermeabilização, um tecido é tratado com vapor de $(CH_3)_2SiCl_2$. O vapor do composto reage com os grupos hidroxila na superfície do tecido ou com vestígios de água, formando um filme impermeável de $[(CH_3)_2SiO]_n$ de acordo com a reação.

$$n(CH_3)_2SiCl_2 + 2n OH^- \rightarrow 2n Cl^- + n H_2O + [(CH_3)_2SiO]n$$

onde *n* é um número inteiro alto. O filme impermeável se deposita no tecido, em camadas sobrepostas. Cada camada tem 6 Å de espessura, medida idêntica ao tamanho da molécula $(CH_3)_2SiO_2$. Quanto $(CH_3)_2SiCl_2$ é necessário para impermeabilizar um lado de um pedaço de tecido medindo 1 m por 2 m, com um filme composto por 300 camadas? A densidade do filme é 1,0 g/m³.

Massa do filme = (volume do filme) (densidade do filme)

= (área do filme) (espessura do filme) (densidade do filme)

= (100 cm × 200 cm)(300 × 6Å × 10^{-8} cm/Å)(1,0 g/cm³) = 0,36 g

$$\text{Quantidade de } (CH_3)_2SiCl_2 = \{0,36 \text{ g}[(CH_3)_2SiO]_n\} \left\{ \frac{1 \text{ mol}[(CH_3)_2SiO]_n}{74n \text{ g}[(CH_3)_2SiO]_n} \right\}$$

$$= \left\{ \frac{n \text{ mol}(CH_3)_2SiCl_2}{1 \text{ mol}[(CH_3)_2SiO)]_n} \right\} \left[\frac{129 \text{ g}(CH_3)_2SiCl_2}{1 \text{ mol}(CH_3)_2SiCl_2} \right]$$

$$= 0,63 \text{ g } (CH_3)_2SiCl_2$$

Observação: o número inteiro desconhecido é cancelado no cálculo pela análise dimensional, ao lado de todas outras unidades, menos o grama.

4.10 Qual o percentual de SO_3 livre em um óleum (uma solução de SO_3 em H_2SO_4) em um frasco com rótulo dizendo "109% de H_2SO_4"? Essa designação faz referência ao peso total de H_2SO_4 puro, 109 g, que estaria presente após ser adicionado volume de água a 100 g do óleum em quantidade alta o suficiente para convertê-lo em H_2SO_4 puro.

Nove g de H_2O se combinam com todo o SO_3 livre em 100 g de óleum, gerando um total de 109 g de H_2SO_4. A equação $H_2O + SO_3 \rightarrow H_2SO_4$ indica que 1 mol de H_2O (18 g) reage com 1 mol de SO_3 (80 g). Assim,

$$(9 \text{ g H}_2\text{O}) \left(\frac{80 \text{ g SO}_3}{18 \text{ g H}_2\text{O}} \right) = 40 \text{ g SO}_3$$

Portanto, 100 g desse óleum contém 40 g de SO_3, isto é, o percentual de SO_3 livre no óleum é 40%.

4.11 O $KClO_4$ é produzido de acordo com um número de reações em série. Quanto Cl_2 é necessário para preparar 100 g de $KClO_4$ usando a sequência de reações:

$$Cl_2 + 2KOH \rightarrow KCl + KClO + H_2O$$
$$3KClO \rightarrow 2KCl + KClO_3$$
$$4KClO_3 \rightarrow 3KClO_4 + KCl$$

O método molar e o método de análise dimensional são os caminhos mais simples para resolver este problema. Em nenhum dos casos é preciso calcular as massas dos produtos intermediários.

Método molar

$$n(KClO) = n(Cl_2)$$
$$n(KClO_3) = \left(\frac{1}{3}\right) n(KClO) = \left(\frac{1}{3}\right) n(Cl_2)$$
$$n(KClO_4) = \left(\frac{3}{4}\right) n(KClO_3) = \left(\frac{3}{4}\right)\left(\frac{1}{3}\right) n(Cl_2) = \left(\frac{3}{12}\right) n(Cl_2) = \left(\frac{1}{4}\right) n(Cl_2)$$
$$n(KClO_4) = \frac{100 \text{ g } KClO_4}{138{,}6 \text{ g} KClO_4/\text{mol } KClO_4} = 0{,}7215 \text{ mol } KClO_4$$
$$n(Cl_2) = 4(0{,}7215) = 2{,}886 \text{ mol } Cl_2$$
$$m(Cl_2) = (2{,}886 \text{ mol } Cl_2)(70{,}9 \text{ g } Cl_2/\text{mol } Cl_2) = 205 \text{ g } Cl_2$$

Método da análise dimensional

$$\text{Quantidade de } Cl_2 = (100 \text{ g } KClO_4) \left(\frac{1 \text{ mol } KClO_4}{138{,}6 \text{ g } KClO_4}\right) \left(\frac{4 \text{ mol } KClO_3}{3 \text{ mol } KClO_4}\right) \left(\frac{3 \text{ mol } KClO}{1 \text{ mol } KClO_3}\right)$$
$$\times \left(\frac{1 \text{ mol } Cl_2}{1 \text{ mol } KClO}\right) \left[\frac{70{,}9 \text{ g } Cl_2}{1 \text{ mol } Cl_2}\right] = 205 \text{ g } Cl_2$$

4.12 Suspeita-se de que uma amostra de Na_2CO_3 pesando 1,2048 g seja impura. Ela é dissolvida e deixada reagir com $CaCl_2$. O $CaCO_3$ resultante, após precipitação, filtração e secagem pesou 1,0262 g. Supondo que as impurezas não contribuem com o peso do precipitado, calcule a porcentagem de pureza do Na_2CO_3.

Uma das maneiras de trabalhar com este problema consiste em calcular a quantidade de carbonato de sódio consumido na reação e compará-la com o peso inicial da amostra. Uma vez que o problema nos informa que houve uma reação, uma equação é escrita como ponto de partida para a solução. Podemos também escrever as informações dadas no enunciado e pela equação propriamente dita, para descobrirmos quanto Na_2CO_3 existia na amostra (*S* é o peso de Na_2CO_3). Esta preparação para o problema também permite obter os pesos de que precisamos para calcular a composição percentual de Na_2CO_3.

Informações dadas na equação   1 mol × 105,99 g/mol   1 mol × 100,09 g/mol

$$Na_2CO_3 + CaCl_2 \rightarrow CaCO_3 + 2NaCl$$

Informações dadas no problema   Y   1,0262 g

$$\frac{105{,}99 \text{ g } Na_2CO_3}{Y} = \frac{100{,}09}{1{,}0262} \quad \text{torna-se} \quad Y = \frac{1{,}0262 \times 105{,}99 \text{ g } Na_2CO_3}{100{,}09} = 1{,}0867 \text{ g } Na_2CO_3 \text{ reagido}$$

Como o peso da amostra era 1,2048 g e a quantidade de Na_2CO_3 presente é 1,0867 g, o cálculo é feito de acordo com a expressão

$$\frac{1{,}0867 \text{ g } Na_2CO_3 \text{ na amostra}}{1{,}2048 \text{ g amostra}} \times 100 = 90{,}20\% \ Na_2CO_3$$

4.13 Uma mistura de NaCl e KCl pesou 5,4892 g. A amostra foi dissolvida em água e foi adicionado nitrato de prata à solução, formando AgCl, um precipitado branco. O peso do AgCl seco foi 12,7052 g. Qual é a porcentagem de NaCl na mistura?

Os íons prata reagem com os íons cloreto, fornecidos pelos dois sais.

$$NaCl + AgNO_3 \rightarrow AgCl + NaNO_3 \quad \text{e} \quad KCl + AgNO_3 \rightarrow AgCl + KNO_3$$

De acordo com a *lei da conservação da matéria*, precisamos prestar contas de todos os átomos de cloro. Existem duas fontes de cloro. Portanto, a quantidade total de cloro formada é a *soma* do que é formado nas duas equações. Uma vez que o cloro nas duas reações está na forma de AgCl e há um mol de cloro para cada mol de AgCl,

$$n(AgCl) = \frac{12{,}7052 \text{ g AgCl}}{143{,}321 \text{ g AgCl/mol}} = 0{,}088649 \text{ mol} = n(NaCl) + n(KCl)$$

Se y = massa de NaCl e z = massa de KCl, então,

$$\frac{y}{58{,}443 \text{ g/mol}} + \frac{z}{74{,}551 \text{ g/mol}} = 0{,}088649 \text{ mol} \tag{1}$$

Uma segunda equação das massas desconhecidas é obtida usando os dados:

$$y + z = 5{,}4892 \text{ g} \tag{2}$$

Se eliminarmos o z entre (1) e (2), e resolvermos para y, obtemos $y = m(NaCl) = 4{,}0624$ g. Logo,

$$\% \text{ NaCl} = \frac{4{,}0624 \text{ g}}{5{,}4892 \text{ g}} \times 100 = 74{,}01\% \text{ NaCl}$$

Problemas Complementares

O balanceamento de equações

Efetue o balanceamento das equações:

4.14 $C_2H_4(OH)_2 + O_2 \rightarrow CO_2 + H_2O$

Resp. $2C_2H_4(OH)_2 + 5O_2 \rightarrow 4CO_2 + 6H_2O$

4.15 $Li + H_2O \rightarrow LiOH + H_2$

Resp. $2Li + 2H_2O \rightarrow 2LiOH + H_2$

4.16 $Sn + SnCl_4 \rightarrow SnCl_2$

Resp. $Sn + SnCl_4 \rightarrow 2SnCl_2$

4.17 $Ba(OH)_2 + AlCl_3 \rightarrow Al(OH)_3 + BaCl_2$

Resp. $3Ba(OH)_2 + 2AlCl_3 \rightarrow 2Al(OH)_3 + 3BaCl_2$

4.18 $KHC_8H_4O_4 + KOH \rightarrow K_2C_8H_4O_4 + H_2O$

Resp. $KHC_8H_4O_4 + KOH \rightarrow K_2C_8H_4O_4 + H_2O$

4.19 $C_2H_2Cl_4 + Ca(OH)_2 \rightarrow C_2HCl_3 + CaCl_2 + H_2O$

Resp. $2C_2H_2Cl_4 + Ca(OH)_2 \rightarrow 2C_2HCl_3 + CaCl_2 + 2H_2O$

4.20 $(NH_4)_2Cr_2O_7 \rightarrow N_2 + Cr_2O_3 + H_2O$

Resp. $(NH_4)_2Cr_2O_7 \rightarrow N_2 + Cr_2O_3 + 4H_2O$

4.21 $Zn_3Sb_2 + H_2O \rightarrow Zn(OH)_2 + SbH_3$

Resp. $Zn_3Sb_2 + 6H_2O \rightarrow 3Zn(OH)_2 + 2SbH_3$

4.22 $HClO_4 + P_4O_{10} \rightarrow H_3PO_4 + Cl_2O_7$

Resp. $12HClO_4 + P_4O_{10} \rightarrow 4H_3PO_4 + 6Cl_2O_7$

4.23 $C_6H_5Cl + SiCl_4 + Na \rightarrow (C_6H_5)_4Si + NaCl$

Resp. $C_6H_5Cl + SiCl_4 + 5Na \rightarrow (C_6H_5)_4Si + 5NaCl$

4.24 $Sb_2S_3 + HCl \rightarrow H_3SbCl_6 + H_2S$

Resp. $Sb_2S_3 + 12HCl \rightarrow 2H_3SbCl_6 + 3H_2S$

4.25 $IBr + NH_3 \rightarrow NI_3 + NH_4Br$

Resp. $3IBr + 4NH_3 \rightarrow NI_3 + 3NH_4Br$

4.26 $SF_4 + H_2O \rightarrow SO_2 + HF$

Resp. $SF_4 + 2H_2O \rightarrow SO_2 + 4HF$

4.27 $Na_2CO_3 + C + N_2 \rightarrow NaCN + CO$

Resp. $Na_2CO_3 + 4C + N_2 \rightarrow 2NaCN + 3CO$

4.28 $K_4Fe(CN)_6 + H_2SO_4 + H_2O \rightarrow K_2SO_4 + FeSO_4 + (NH_4)_2SO_4 + CO$

Resp. $K_4Fe(CN)_6 + 6H_2SO_4 + 4H_2O \rightarrow 2K_2SO_4 + FeSO_4 + 3(NH_4)_2SO_4 + 6CO$

4.29 $Fe(CO)_5 + NaOH \rightarrow Na_2Fe(CO)_4 + Na_2CO_3 + H_2O$

Resp. $Fe(CO)_5 + 4NaOH \rightarrow Na_2Fe(CO)_4 + Na_2CO_3 + 2H_2O$

4.30 $H_3PO_4 + (NH_4)_2MoO_4 + HNO_3 \rightarrow (NH_4)_3PO_4 \cdot 12MoO_3 + NH_4NO_3 + H_2O$

Resp. $H_3PO_4 + 12(NH_4)_2MoO_4 + 21HNO_3 \rightarrow (NH_4)_3PO_4 \cdot 12MoO_3 + 21NH_4NO_3 + 12H_2O$

4.31 Identifique o tipo de reação química, escreva os produtos e balanceie as equações.

(a) $HCl + Mg(OH)_2 \rightarrow$

(b) $PbCl_2 + K_2SO_4 \rightarrow$

(c) $CH_3CH_2OH + O_2$ (excesso) $\rightarrow$

(d) $NaOH + H_2C_6H_6O_6 \rightarrow$

(e) $Fe + AgNO_3 \rightarrow$

Respostas parciais:

(a) Ácido-base (neutralização), os produtos são H_2O e $MgCl_2$.

(b) Duplo deslocamento (metátese), os produtos são KCl e $PbSO_4$.

(c) Combustão, os produtos são CO_2 e H_2O.

(d) Ácido-base (neutralização), os produtos são $Na_2C_6H_6O_6$ e H_2O.

(e) Substituição (deslocamento), os produtos são $Fe(NO_3)_2$ e Ag.

As relações de massa

4.32 Considere a combustão do álcool amílico:

$$2C_5H_{11}OH + 15O_2 \rightarrow 10CO_2 + 12H_2O$$

(a) Quantos mols de O_2 são necessários para a combustão completa de 1 mol de álcool amílico? (b) Quantos mols de H_2O são formados para cada mol de O_2 consumido? (c) Quantos gramas de CO_2 são produzidos para cada mol de álcool amílico queimado? (d) Quantos gramas de CO_2 são produzidos para cada grama de álcool amílico queimado? (e) Quantas toneladas de CO_2 são produzidas por tonelada de álcool amílico queimado?

Resp. (a) 7,5 mol O_2;   (b) 0,80 mol H_2O;   (c) 220 g CO_2;   (d) 2,49 g CO_2;   (e) 2,49 t CO_2

4.33 Um gerador de hidrogênio portátil opera de acordo com a reação $CaH_2 + 2H_2O \rightarrow Ca(OH)_2 + H_2$. Quantos gramas de H_2 podem ser obtidos com um botijão de 50 g de CaH_2?

Resp. 4,8 g H_2

4.34 O iodo pode ser obtido de acordo com a reação $2NaIO_3 + 5NaHSO_3 \rightarrow 3NaHSO_4 + 2Na_2SO_4 + H_2O + I_2$. (*a*) Qual é a massa de $NaIO_3$ a ser usada para obter 1 kg de iodo? (*b*) Qual é a massa de $NaHSO_3$ usada para produzir 1 kg de iodo?

Resp. (*a*) 1,56 kg $NaIO_3$;   (*b*) 2,05 kg $NaHSO_3$

4.35 Foi constatada a presença do nonano, um componente da gasolina, em um incêndio considerado criminoso. (*a*) Escreva a equação balanceada para a queima do nonano, C_9H_{20}, na presença do ar. (*b*) Quantos gramas de oxigênio, O_2, são necessários para queimar 500 g de nonano? (*c*) Se 32 g de O_2 ocupam 22,4 L a 0°C e 1 atm, qual é o volume de oxigênio necessário nessas condições para queimar o nonano?

Resp. (*a*) $C_9H_{20} + 14O_2 \rightarrow 9CO_2 + 10H_2O$;   (*b*) 1750 g O_2;   (*c*) 1220 L O_2.

4.36 O XeF_2, composto contendo o gás nobre xenônio (Grupo VIIIA da Tabela Periódica) pode ser destruído com segurança com tratamento por NaOH.

$$4NaOH + 2XeF_2 \rightarrow 2Xe + O_2 + 4NaF + 2H_2O$$

Calcule a massa de oxigênio resultante da reação de 85,0 g de XeO_2 com solução de NaOH em excesso.

Resp. 8,03 g O_2

4.37 O monóxido de carbono é um gás venenoso liberado na combustão do nonano, quando não há oxigênio o bastante para produzir CO_2. (*a*) Escreva a equação balanceada da combustão do nonano que produz CO. (*b*) Que massa de CO é liberada pela combustão de 500 g de nonano?

Resp. (*a*) $2C_9H_{20} + 19O_2 \rightarrow 18CO + 20H_2O$;   (*b*) 938 g CO

4.38 Quanto óxido de ferro (III) pode ser obtido a partir de 6,76 g de $FeCl_3 \cdot 6H_2O$ de acordo com a reação

$$FeCl_3 \cdot 6H_2O + 3NH_3 \rightarrow Fe(OH)_3 + 3NH_4Cl$$

$$2Fe(OH)_3 \rightarrow Fe_2O_3 + 3H_2O$$

Resp. 2,00 g Fe_2O_3

4.39 A blenda de zinco, ZnS, reage intensamente quando aquecida na presença de ar ($2ZnS + 3O_2 \rightarrow 2ZnO + 2SO_2$). (*a*) Quantas libras de ZnO são formadas quando 1 lb de blenda de zinco reage conforme a reação acima? (*b*) Quantas toneladas americanas de ZnO são formadas a partir de 1 tonelada americana de ZnS? (*c*) Quantos quilogramas de ZnO são formados a partir de 1 kg ZnS?

Resp. (*a*) 0,835 lb;   (*b*) 0,835 tonelada americana;   (*c*) 0,835 kg

4.40 O gás cianeto de hidrogênio era usado na administração da pena de morte. Ele é produzido imergindo pastilhas de cianeto de potássio em HCl. (*a*) Escreva a reação balanceada de produção de HCN por este método. (*b*) Que massa de KCN produz 4 mols de gás HCN?

Resp. (*a*) $KCN(aq) + HCl(aq) \rightarrow HCN(g) + KCl(aq)$;   (*b*) 260 g KCN

4.41 Que massa de HCN pode ser obtida quando um tablete de KCN pesando 50 g é colocado em 1 L de solução contendo 6 mols de HCl? (*Sugestão*: consulte o Problema 4.40.)

Resp. 21 g de HCN, HCl em grande excesso.

4.42 Durante o processo de refino, a prata é separada do sulfeto de prata (argentita), e é possível utilizar o zinco nesse processo. Supondo que a prata possa ser extraída diretamente da argentita, quantas toneladas de zinco seriam necessárias para tratar 100.000 t do minério?

Resp. 26.500 t Zn

4.43 A hidrazina, N_2H_4, pode ser usada como combustível de foguete. Para um lançamento de um veículo espacial, a quantidade de combustível necessária é 250.000 kg. Supondo que os produtos da reação com oxigênio líquido (LOX) sejam N_2O_3 e H_2O, que massa de N_2O_3 é liberada durante a viagem?

Resp. 593.000 kg N_2O_3

4.44 Em um motor de foguete movido a butano, C_4H_{10}, quantos quilogramas de oxigênio líquido devem ser disponibilizados para cada quilograma de butano para garantir a combustão completa? A reação de combustão é:

$$2C_4H_{10} + 13O_2 \rightarrow 8CO_2 + 10H_2O$$

Resp. 2,58 kg oxigênio líquido

4.45 A cloropicrina, CCl_3NO_2, usada como inseticida, é produzida a custos reduzidos de acordo com a reação

$$CH_3NO_2 + 3Cl_2 \rightarrow CCl_3NO_2 + 3HCl$$

Quanto nitrometano, CH_3NO_2, é necessário para formar 500 g de cloropicrina?

Resp. 186 g nitrometano

4.46 Antigamente, as lâmpadas de carbeto eram usadas na iluminação de minas. Porém, elas apresentam risco de explosão, se não passarem por manutenção cuidadosa. O carbeto de cálcio reage com água, gerando acetileno. (*a*) Escreva a equação balanceada para a reação. (*b*) Quantos gramas de C_2H_2 podem ser produzidos a partir de 75,0 g CaC_2?

Resp. (*a*) $CaC_2 + 2HCl \rightarrow C_2H_2 + CaCl_2$; (*b*) 30,5 g C_2H_2

4.47 (*a*) O $CaCO_3$ é comercializado na forma de pastilha antiácido, para neutralizar o ácido no estômago, HCl; sabendo que um dos produtos é o CO_2, escreva a equação balanceada do processo. (*b*) Quanto HCl pode ser neutralizado por uma pastilha antiácido de 500 mg disponível com diversos nomes comerciais?

Resp. (*a*) $CaCO_3 + 2HCl \rightarrow CaCl_2 + CO_2 + H_2O$; (*b*) 374 mg HCl neutralizados

4.48 (*a*) $CaO + CO_2 \rightarrow CaCO_3$ é uma reação que gera $CaCO_3$ muito puro. Que massa de $CaCO_3$ é produzida com 1 t de CaO? (*b*) Que massa de CO_2 seria consumida?

Resp. (*a*) 1,8 t $CaCO_3$; (*b*) 0,78 t CO_2

4.49 Qual a massa do solvente industrial benzeno que pode ser produzida pela união de 3 moléculas de acetileno se 100 mols de acetileno reagem de acordo com a reação $3C_2H_2 \rightarrow C_6H_6$?

Resp. 2600 g

4.50 Como parte do processo de refino de cobre, o sulfeto de cobre (I) é oxidado na reação $Cu_2S + O_2 \rightarrow 2Cu + SO_2$. O SO_2 é um poluente ambiental e não ode entrar na atmosfera. Quantas toneladas de SO_2 são liberadas pela reação de 6 t de Cu_2S?

Resp. 2,4 t SO_2

4.51 Uma das fontes de ferro é a magnetita, Fe_3O_4 (uma mistura de FeO e Fe_2O_3), que reage com coque (carbono), gerando ferro no estado líquido e monóxido de carbono. Supondo que o coque seja composto por carbono puro, qual é a quantidade necessária para produzir 10.000 t de ferro?

Resp. 2075 t de coque.

4.52 Uma vez que o CO foi produzido no problema anterior e pode ser usado para reagir com o Fe_3O_4, qual a quantidade adicional de magnetita a ser posta em reação para liberar Fe(*l*) e CO_2?

Resp. 1000 t adicionais

4.53 O álcool etílico (C_2H_5OH) é produzido pela fermentação da glicose ($C_6H_{12}O_6$). Quantas toneladas de álcool podem ser obtidas a partir de 2,00 t de glicose de acordo com a reação

$$C_6H_{12}O_6 \rightarrow 2C_2H_5OH + 2CO_2$$

Resp. 1,02 t de C_2H_5OH

4.54 Quantos quilogramas de ácido sulfúrico podem ser preparados a partir de 1 kg de cuprita, Cu_2S, se cada átomo de S no composto é convertido em uma molécula de H_2SO_4?

Resp. 0,616 kg H_2SO_4

4.55 (a) Quanto nitrato de bismuto, Bi(NO$_3$)$_3 \cdot$ 5H$_2$O pode ser formado usando uma solução de 10,4 g de bismuto em ácido nítrico?

A reação é

$$Bi + 4HNO_3 + 3H_2O \rightarrow Bi(NO_3)_3 \cdot 5H_2O + NO$$

(b) Quanto ácido nítrico 30% (contendo 30,0% HNO$_3$ em peso) é necessário para reagir com 10,4 g de Bi?

Resp. (a) 24,1 g; (b) 41,8 g

4.56 Uma das reações empregadas na indústria do petróleo para a melhoria da octanagem de combustíveis é

$$C_7H_{14} \rightarrow C_7H_8 + 3H_2$$

Os dois hidrocarbonetos nesta equação são líquidos; o hidrogênio formado é um gás. Qual é a redução percentual no peso do líquido verificada na finalização da reação acima?

Resp. 6,2%

4.57 No *processo Mond* de purificação do níquel, o tetracarbonil níquel, Ni(CO)$_4$, é produzido de acordo com a reação abaixo. Quanto CO é consumido por quilograma de níquel empregado?

$$Ni + 4CO \rightarrow Ni(CO)_4$$

Resp. 1,91 kg CO

4.58 Quando o cobre é aquecido em meio contendo excesso de enxofre, forma-se o Cu$_2$S. Quantos gramas de Cu$_2$S são obtidos se 100 g de Cu são aquecidos com 50 g de S?

Resp. 125 g Cu$_2$S

4.59 O processo "termita" é de interesse histórico como método de derreter ferro:

$$2Al + Fe_2O_3 \rightarrow 2Fe + Al_2O_3$$

Calcule a quantidade máxima de alumínio que pode ser misturada a 500 g de óxido de ferro (III) para gerar uma reação termita capaz de gerar ferro puro.

Resp. 169 g Al

4.60 Uma mistura de 1 t de CS$_2$ e 2 t de Cl$_2$ é bombeada em um tubo de reação aquecido. A seguinte reação ocorre:

$$CS_2 + 3Cl_2 \rightarrow CCl_4 + S_2Cl_2$$

(a) Quanto CCl$_4$, o tetracloreto de carbono, pode ser obtido para completar a reação do material limitante iniciador?

(b) Que material iniciador está em excesso e quanto dele permanece sem reagir?

Resp. (a) 1,45 t CCl$_4$; (b) 0,28 t CS$_2$

4.61 Um grama (peso seco) de algas azuis absorveu $4,7 \times 10^{-3}$ mols de CO$_2$ por hora, pela via fotossintética. Se os átomos de carbono fixados fossem armazenados na forma de amido (C$_6$H$_{10}$O$_5$)$_n$ ao final do processo, quanto tempo seria necessário para as algas duplicarem o próprio peso? (Despreze o aumento na taxa de fotossíntese devido à quantidade crescente de matéria orgânica.)

Resp. 7,9 h

4.62 O bissulfeto de carbono, CS$_2$, pode ser obtido a partir do dióxido de enxofre, SO$_2$, um subproduto de muitos processos industriais. Quanto CS$_2$ é produzido com 450 kg de SO$_2$ em excesso de coque, se a eficiência de conversão do SO$_2$ é 82%? A reação global é

$$5C + 2SO_2 \rightarrow CS_2 + 4CO$$

Resp. 219 kg

4.63 Algumas autoridades e também filmes famosos sugerem que o metano, CH_4, seja utilizado como combustível de motores. (*a*) Quanta água seria produzida pela combustão completa de 3.500 g de CH_4 de acordo com a reação $CH_4 + 2O_2 \rightarrow CO_2 + 2H_2O$? (*b*) Na verdade, existe uma perda de potência quando o metano é usado como combustível em motores à combustão interna. Apresente uma explicação.

Resp. (*a*) 3.900 g de H_2O. (*b*) O metano tem apenas um carbono para 4 hidrogênios, ao passo que a gasolina é uma mistura de compostos de carbono e hidrogênio muito mais rica em carbono (entre 4 e 12 carbonos e muitos átomos de hidrogênio) por molécula. O carbono e o hidrogênio são oxidados e emitem o calor necessário para o funcionamento dos motores à combustão interna. A gasolina simplesmente fornece mais calor por mol.

4.64 O etanol, C_2H_5OH, é o componente de bebidas alcoólicas capaz de gerar perturbações quando consumido em excesso. O etanol é metabolizado em CO_2 e H_2O com o tempo (cerca de 20 g/h) em reação com o O_2. (*a*) Escreva a equação balanceada para o metabolismo do etanol. (*b*) Quanto oxigênio é necessário para metabolizar uma hora de consumo de álcool? (*c*) A equação é a mesma para a queima do álcool como combustível misturado à gasolina. Quanto oxigênio é necessário para queimar 1 L de álcool (densidade: 0,789 g/mL)?

Resp. (*a*) $C_2H_5OH + 3O_2 \rightarrow 2CO_2 + 3H_2O$; (*b*) 41,7 g; (*c*) 1647 g O_2

4.65 Os minérios de silicato podem ser solubilizados por fusão com carbonato de sódio. Uma equação simplificada para o que ocorre é

$$2Na_2CO_3 + SiO_2 \rightarrow Na_4SiO_4 + 2CO_2$$

Calcule o peso mínimo de Na_2CO_3 necessário para dissolver uma amostra de 0,500 g de um minério contendo 19,1% de sílica (SiO_2).

Resp. 0,337 g (*Observação*: via de regra, é usado um grande excesso – perto de 3 g)

4.66 A fórmula química do agente quelante Verseno é $C_2H_4N_2(C_2H_2O_2Na)_4$. Se cada mol do composto pode ligar 1 mol de Ca^{2+}, qual é a capacidade de quelação do Verseno expressa em mg de $CaCO_3$ ligado por grama do quelante? Neste caso, o Ca^{2+} é expresso em termos da quantidade de $CaCO_3$ que o cátion consegue formar.

Resp. 264 mg de $CaCO_3$ por g

4.67 Quando o carbeto de cálcio, CaC_2, é produzido em fornalha elétrica de acordo com a reação abaixo, o produto bruto é composto por 85% de CaC_2 e 15% de CaO não reagido, na maioria das vezes. Quanto CaO precisa ser adicionado à fornalha para cada 50 t (*a*) de CaC_2 produzidas e (*b*) de produto bruto?

$$CaO + 3C \rightarrow CaC_2 + CO$$

Resp. (*a*) 53 t CaO; (*b*) 45 t CaO

4.68 A indústria de plásticos utiliza grandes quantidades de anidrido ftálico, $C_8H_4O_3$, obtido pela oxidação controlada do naftaleno:

$$2C_{10}H_8 + 9O_2 \rightarrow 2C_8H_4O_3 + 4CO_2 + 4H_2O$$

Uma vez que parte do naftaleno é oxidada, formando outros produtos, apenas 70% do rendimento máximo previsto pela equação acima é de fato observado. Quanto anidrido ftálico seria produzido na prática pela oxidação de 100 lb de $C_{10}H_8$?

Resp. 81 lb

4.69 A fórmula empírica de uma resina trocadora de íons é $C_8H_7SO_3Na$. A resina pode ser usada no abrandamento da água, de acordo com a reação abaixo. Qual é a quantidade máxima de Ca^{2+} retirada da água, expressa em mols de Ca^{2+} por grama de resina?

$$Ca^{2+} + 2C_8H_7SO_3Na \rightarrow (C_8H_7SO_3)_2Ca + 2Na^+$$

Resp. 0,0024 mol Ca^{2+} / g resina

4.70 A produção do inseticida Clordan ocorre em duas etapas:

$$C_5Cl_6 \text{ (hexaclorociclopentadieno)} + C_5H_6 \text{ (ciclopentadieno)} \rightarrow C_{10}H_6Cl_6$$
$$C_{10}H_6Cl_6 + Cl_2 \rightarrow C_{10}H_6Cl_8 \text{ (clordan)}$$

(a) Calcule quanto Clordan pode ser obtido a partir de 500 g de C_5Cl_6. (b) Qual é a porcentagem de cloro no Clordan?

Resp. (a) 751 g; (b) 69,2%

4.71 O "hidrossulfito" de sódio comercial é composto por $Na_2S_2O_4$ com 90% de pureza. Que quantidade de produto comercial pode ser obtida usando 100 t de zinco e quantidades suficientes dos outros reagentes? As reações são

$$Zn + 2SO_2 \rightarrow ZnS_2O_4$$
$$ZnS_2O_4 + Na_2CO_3 \rightarrow ZnCO_3 + Na_2S_2O_4$$

Resp. 296 t

4.72 Os polímeros de fluorocarbono podem ser obtidos pela fluoretação do polietileno, de acordo com a reação

$$(CH_2)_n + 4nCoF_3 \rightarrow (CF_2)_n + 2nHF + 4nCoF_2$$

onde *n* é um número inteiro alto. O CoF_3 é regenerado na reação

$$2CoF_2 + F_2 \rightarrow 2CoF_3$$

(a) Se o HF formado na primeira reação não pode ser reaproveitado, quantos quilogramas de flúor são consumidos por quilo de fluorocarbono produzido, $(CF_2)_n$? (b) Se o HF pode ser recuperado e eletrolisado em hidrogênio e flúor, e se esse flúor é usado na regeneração do CoF_3, qual é o consumo líquido de flúor por quilograma de fluorocarbono?

Resp. (a) 1,52 kg; (b) 0,76 kg

4.73 Um processo concebido para remover enxofre orgânico do carvão antes da combustão deste envolve as reações

$$Y\!-\!S\!-\!Y + 2NaOH \rightarrow X\!-\!O\!-\!Y + Na_2S + H_2O$$
$$CaCO_3 \rightarrow CaO + CO_2$$
$$Na_2S + CO_2 + H_2O \rightarrow Na_2CO_3 + H_2S$$
$$CaO + H_2O \rightarrow Ca(OH)_2$$
$$Na_2CO_3 + Ca(OH)_2 \rightarrow CaCO_3 + 2NaOH$$

No processamento de 100 t de carvão com 1,0% de enxofre, quanto calcário precisa ser decomposto para gerar a quantidade de $Ca(OH)_2$ necessária para regenerar o NaOH usado na etapa original de lixiviamento?

Resp. 3,12 t

4.74 A prata pode ser removida de uma solução de seus sais por meio de uma reação com zinco metálico:

$$Zn + 2Ag^+ \rightarrow Zn^{2+} + 2Ag$$

Um pedaço de zinco pesando 50 g foi lançado em um reator com 100 L de capacidade contendo 3,5 g Ag^+ /L. (a) Que reagente foi consumido por completo? (b) Qual é a quantidade da outra substância que permaneceu no meio de reação?

Resp. (a) zinco; (b) 1,9 g Ag^+ /L

4.75 A reação abaixo evolui até a substância limitante ter sido completamente consumida:

$$2Al + 3MnO \rightarrow Al_2O_3 + 3Mn$$

Uma mistura contendo 100 g Al e 200 g MnO foi aquecida, iniciando a reação. Que reagente permaneceu em excesso no meio de reação e em que quantidade?

Resp. Al, 49 g

4.76 Uma mistura de $NaHCO_3$ e Na_2CO_3 pesando 1,0235 g foi dissolvida e posta em reação com excesso de $Ba(OH)_2$, formando 2,1028 g $BaCO_3$, de acordo com as reações

$$Na_2CO_3 + Ba(OH)_2 \rightarrow BaCO_3 + 2NaOH$$
$$NaHCO_3 + Ba(OH)2 \rightarrow BaCO_3 + NaOH + H2O$$

Qual é a porcentagem de $NaHCO_3$ na mistura original?

Resp. 39,51% $NaHCO_3$

4.77 Uma mistura de NaCl e NaBr pesando 3,5084 g foi dissolvida e tratada com $AgNO_3$ o suficiente para precipitar o cloro e o bromo como AgCl e AgBr. O precipitado foi lavado e tratado com KCN para aumentar a solubilidade da prata, após o que a solução foi eletrolisada. As reações envolvidas neste processo são:

$$NaCl + AgNO_3 \rightarrow AgCl + NaNO_3$$
$$NaBr + AgNO_3 \rightarrow AgBr + NaNO_3$$
$$AgCl + 2KCN \rightarrow KAg(CN)_2 + KCl$$
$$AgBr + 2KCN \rightarrow KAg(CN)_2 + KBr$$
$$4KAg(CN)_2 + 4KOH \rightarrow 4Ag + 8KCN + O_2 + 2H_2O$$

Concluída a etapa final, a massa de prata pura obtida foi 5,5028 g. Qual é a composição da mistura original?

Resp. 65,23% NaCl; 34,77% NaBr

Capítulo 5

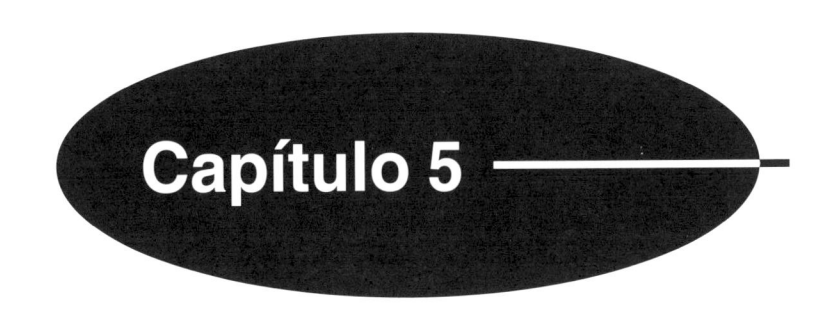

As Medidas de Gases

OS VOLUMES DOS GASES

Os volumes de sólidos e líquidos tendem a permanecer constantes frente a alterações no ambiente em que se encontram. Em contrapartida, os volumes dos gases variam com mudanças em temperatura e pressão. Este capítulo trata dos fatores que exercem influência no volume dos gases.

PRESSÃO

De acordo com a definição geral, pressão é a força exercida sobre uma unidade de área ou superfície. Em termos matemáticos,

$$\text{Pressão} = \frac{\text{força atuando na perpendicular sobre uma área}}{\text{área sobre a qual a força está distribuída}}$$

Em termos mais específicos,

$$\text{Pressão (em pascals)} = \frac{\text{força (em newtons)}}{\text{área (em metros quadrados)}}$$

e, de acordo com a expressão acima, *pascal* é definido como

$$1\text{Pa} = 1\text{N/m}^2 = (1 \text{ kg} \cdot \text{m/s}^2)/\text{m}^2 = 1 \text{ kg/m} \cdot \text{s}^2$$

A pressão exercida por uma coluna de líquido é

$$\text{Pressão} = \text{altura da coluna} \times \text{densidade do fluido} \times \text{aceleração da gravidade}$$

Em termos mais específicos,

$$\text{Pressão} = \text{altura (em m)} \times \text{densidade (em kg/m}^3) \times 9{,}81 \text{ m/s}^2$$

A PRESSÃO ATMOSFÉRICA PADRÃO

Por apresentar peso, o ar naturalmente exerce pressão. A composição do ar varia, causando alterações em seu peso (mudanças na pressão atmosférica). A *pressão padrão*, também chamada de *atmosfera padrão*, é definida como 1 atm de pressão. O valor 1 atm equivale a 101.325 Pa. De acordo com outra definição, atmosfera padrão é a pressão exercida por uma coluna de mercúrio com 760 mm de altura, a 0°C e ao nível no mar. A unidade mm Hg também é conhecida como *torr* (1 mm Hg = 1 torr) e 1 atm de pressão é, portanto, 760 torr. A unidade *bar* e utilizada com frequência na mensuração de pressão (1 bar = 10^5 Pa = 1 atm).

$$1 \text{ atm} = 760 \text{ mm Hg} = 760 \text{ torr} = 101 \cdot 325 \text{ Pa e } 1 \text{ bar} = 10^5 \text{ Pa (valor exato)}$$

Observe que há um pequeno erro de conversão quando igualamos 1 atm a 1 bar (1325 em 100.000 ou 1,3%).

A MENSURAÇÃO DA PRESSÃO

A pressão de um gás é medida instalando um manômetro no recipiente que o contém. Um manômetro é um tubo (em forma de U, nos exemplos apresentados) contendo um líquido, normalmente o mercúrio. A altura do líquido é lida em mm Hg (isto é, torr).

O manômetro de ramo fechado, Figura 5-1 (*a*), é totalmente preenchido, para que a diferença em níveis de mercúrio represente o valor absoluto da pressão do gás. Por sua vez, um manômetro de ramo aberto mostra a diferença entre a pressão do gás no recipiente e a pressão barométrica – na Figura 5-1 (*b*), a pressão do gás é menor que a pressão atmosférica, mas, na Figura 5-1 (*c*), a pressão do gás é maior.

Existem manômetros mecânicos e eletrônicos. Um tipo bastante conhecido é o manômetro visto em borracharias, que informa uma leitura relativa, acima da pressão atmosférica (um pneu furado contém ar na pressão ambiente). Os manômetros que leem pressão absoluta (partindo do valor zero, não do valor da pressão no ambiente), são identificados como tais na face do medidor.

(a) Manômetro de ramo fechado *(b)* Manômetro de ramo aberto *(c)* Manômetro de ramo aberto

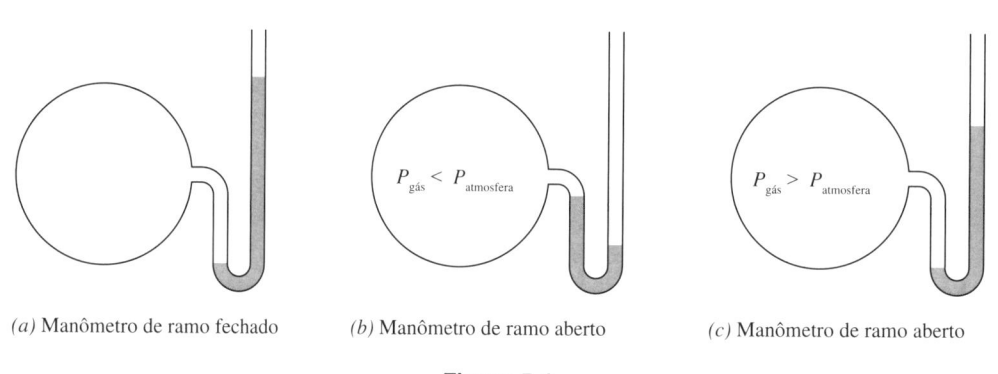

Figura 5-1

AS CONDIÇÕES NORMAIS DE TEMPERATURA E PRESSÃO

A temperatura de 273,15 K (0°C) e 1 atm de pressão são chamadas de *condições normais de temperatura e pressão* (CNTP). Excetuando-se os casos em que um nível extremo de precisão é necessário, o valor 273,15 K é normalmente arredondado para 273 K. Além disso, muitos problemas são redigidos usando torr em lugar de atm (1 atm = 760 torr), uma vez que muitos manômetros informam a pressão em mm Hg ou torr (1 mm Hg = 1 torr).

AS LEIS DOS GASES

Existem leis que descrevem o comportamento de uma massa constante de gás: a lei de Boyle, a lei de Charles e a lei de Gay-Lussac. Essas leis abordam em detalhe os efeitos do volume, temperatura e pressão, e os inter-relacionamentos destes fatores. Em cada uma destas três leis uma variável diferente (*V*, *P* ou *T*) é sempre constante em relação às outras duas. Os gases que se comportam exatamente de acordo com o previsto são chamados de *gases ideais* (ou *gases perfeitos*). A maioria dos gases não responde a essas leis com total precisão, pois elas não tratam das forças atuantes entre as moléculas destas substâncias. Contudo, as leis dos gases são um bom ponto de partida para prever o comportamento de uma quantidade determinada de gás, começando com as condições iniciais e observando as condições finais, com qualquer alteração em uma das variáveis acima.

A LEI DE BOYLE – TEMPERATURA CONSTANTE

A lei de Boyle descreve os efeitos do volume e da pressão – a temperatura é mantida constante. Essa lei estipula que o volume de um gás é inversamente proporcional à pressão, a uma temperatura constante.

$$(PV)_{\text{inicial}} = (PV)_{\text{final}} \quad \text{ou} \quad P_1V_1 = P_2V_2$$

A LEI DE CHARLES – PRESSÃO CONSTANTE

A lei de Charles descreve os efeitos do volume e da temperatura – a pressão é mantida constante. Essa lei afirma que o volume de um gás varia diretamente com a temperatura expressa na escala Kelvin (*temperatura absoluta*).

$$\left(\frac{V}{T}\right)_{\text{inicial}} = \left(\frac{V}{T}\right)_{\text{final}} \quad \text{ou} \quad \frac{V_1}{T_1} = \frac{V_2}{T_2}$$

Observação: as relações matemáticas envolvendo temperaturas muitas vezes requerem que os valores destas sejam expressos na escala Kelvin. Isso ocorre porque os fenômenos influenciados pela temperatura normalmente não obedecem às relações nas escalas Celsius e Fahrenheit. Isso vale para o comportamento de um gás com relação à temperatura.

A LEI DE GAY-LUSSAC – VOLUME CONSTANTE

A lei de Gay-Lussac descreve os efeitos da pressão e temperatura – o volume é constante. Essa lei afirma que a pressão do gás varia diretamente com a temperatura absoluta.

$$\left(\frac{P}{T}\right)_{\text{inicial}} = \left(\frac{P}{T}\right)_{\text{final}} \quad \text{ou} \quad \frac{P_1}{T_1} = \frac{P_2}{T_2}$$

A LEI DOS GASES COMBINADA

As leis dos gases podem ser aplicadas para derivar uma única lei que abranja todas as três variáveis em conjunto – volume, pressão e temperatura. A lei combinada, assim como cada uma das três leis, considera uma das grandezas invariável (sem alteração na massa),

$$\frac{P_1V_1}{T_1} = \frac{P_2V_2}{T_2}$$

A DENSIDADE DE UM GÁS IDEAL

A densidade (D) de um gás é inversamente proporcional ao volume, como mostra a equação (*a*). Podemos efetuar uma substituição na equação (*a*) usando um rearranjo da lei dos gases combinada (*b*), obtendo a equação (*c*), que descreve a alteração na densidade com a temperatura e a pressão.

(*a*) $\quad D_1V_1 = D_2V_2 \quad$ ou $\quad D_2 = D_1\dfrac{V_1}{V_2}$

(*b*) $\quad \dfrac{P_1V_1}{T_1} = \dfrac{P_2V_2}{T_2} \quad$ ou $\quad \dfrac{V_1}{V_2} = \dfrac{P_2T_1}{P_1T_2} = \left(\dfrac{P_2}{P_1}\right)\left(\dfrac{T_1}{T_2}\right)$

(*c*) $\quad D_2 = D_1\dfrac{V_1}{V_2} = D_1\left(\dfrac{P_2}{P_1}\right)\left(\dfrac{T_1}{T_2}\right)$

A LEI DE DALTON PARA PRESSÕES PARCIAIS

A lei de Dalton afirma que a pressão total de uma mistura de gases é igual à soma das pressões dos gases que a compõem – com volume e temperatura constantes ($P_{total} = P_1 + P_2 + P_3 + \cdots$). A pressão de um gás na mistura é chamada *pressão parcial* deste gás. Assim como as outras leis, esta é valida apenas para os gases ideais; contudo, ela pode ser aplicada a exercícios neste livro para prever resultados.

A COLETA DE GASES EM UM LÍQUIDO

Um gás pode ser coletado por borbulhamento em um líquido. Uma vez que os líquidos tendem a evaporar, o vapor do líquido se mistura ao gás sendo coletado, contribuindo com a pressão total do sistema (lei de Dalton). A coleta do gás muitas vezes é executada em água, cuja pressão de vapor, embora relativamente baixa, precisa ser subtraída da pressão total para se obter a pressão do gás coletado. Esta subtração gera como resultado a pressão do gás "seco".

$$P_{gás} = P_{total} - P_{água}$$

Se o gás é coletado em outro líquido volátil, a pressão de vapor deste também deve ser subtraída da pressão total. As pressões parciais dos líquidos voláteis são constantes e dependem da temperatura, e estão disponíveis em obras de referência.

OS DESVIOS DE UM GÁS EM RELAÇÃO AO COMPORTAMENTO IDEAL

As leis apresentadas acima são válidas apenas para os gases ideais. O fato de que um gás pode ser liquefeito se for comprimido e esfriado o bastante é indício de que ele não é ideal a pressões elevadas e temperaturas baixas. Os cálculos mais precisos obtidos com a aplicação das leis dos gases são observados para condições de pressões baixas e temperaturas altas, muito diferentes daquelas em que se verifica uma mudança do estado gasoso para o líquido.

Problemas Resolvidos

5.1 Calcule a diferença de pressão a 25°C entre a parte superior e a inferior de um recipiente com exatos 76 cm de altura contendo (*a*) água e (*b*) mercúrio. A densidade da água a 25°C é 0,997 g/cm³ e a do mercúrio é 13,53 g/cm³.

Utilizando os valores expressos em unidades SI para altura e densidade,

(*a*) $\quad$ Pressão = altura × densidade × g = (0,76 m)(997 kg/m³)(9,81 m/s²)
$= 7,43 \times 10^3$ Pa ou 7,43 kPa

(*b*) $\quad$ Pressão = (0,76 m)(13,530 kg/m³)(9,81 m/s²)
$= 100,9 \times 10^3$ Pa ou 100,9 kPa

5.2 Que altura tem uma coluna de ar para gerar uma leitura igual a 76 cm de mercúrio em um barômetro, se a atmosfera tivesse densidade uniforme igual a 1,2 kg/m³? A densidade do mercúrio é $13,53 \times 10^{10}$ kg/m³.

Pressão de Hg = pressão do ar

Altura da coluna de Hg × densidade do Hg × g = altura da coluna de ar × densidade do ar × g

$(0,76 \text{ m})(13,530 \text{ kg/m}^3) = h(1,2 \text{ kg/m}^3)$

$$h = \frac{0,76 \text{ m} \times 13.530 \text{ kg/m}^3}{1,2 \text{ kg/m}^3} = 8,6 \text{ km}$$

Na verdade, a densidade do ar diminui com a altura e, por essa razão, a atmosfera precisaria se estender para além de 8,6 km. A maioria das aeronaves voa a uma altura de 8,6 km (28.000 pés), mas há aviões especiais que voam a mais de 60.000 pés.

As leis dos gases

5.3 Uma massa de oxigênio ocupa 5,00 L a uma pressão de 740 torr. Que volume é ocupado pela mesma massa de gás sob pressão normal, mantida a temperatura constante?

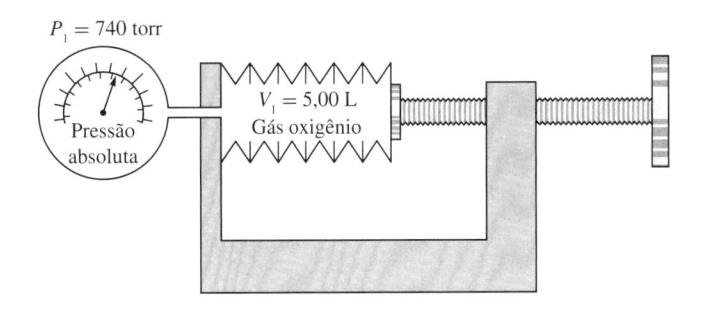

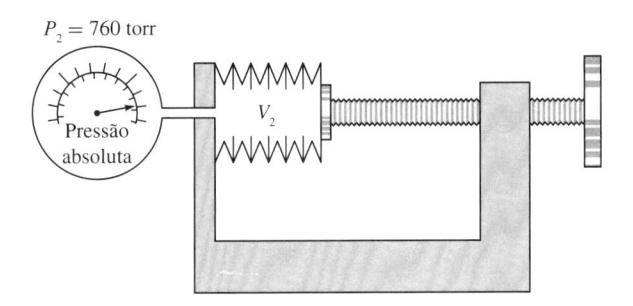

Figura 5-2

A Figura 5-2 mostra uma das maneiras possíveis de conduzir este experimento. Precisamos lembrar que a pressão normal é 760 torr. A aplicação da lei de Boyle dá

$$P_1 V_1 = P_2 V_2 \quad \text{ou} \quad V_2 = \frac{P_1}{P_2} V_1 = \frac{740 \, \text{torr}}{760 \, \text{torr}} (5,00 \text{L}) = 4,87 \text{L}$$

Um ponto interessante sobre este problema é que é possível utilizar qualquer unidade de volume (quartil, galão, etc.), uma vez que as unidades são isoladas dos dois lados da igualdade. O mesmo vale para as unidades de pressão, que se cancelam na fração.

5.4 Uma massa de neônio ocupa 200 cm³ a 100°C. Calcule o volume ocupado a 0°C, mantida constante a pressão.

A Figura 5-3 mostra a mudança. A aplicação da lei de Charles é válida para estes dados e a configuração do problema.

$$\frac{V_1}{T_1} = \frac{V_2}{T_2} \quad \text{ou} \quad V_2 = \frac{T_2}{T_1} V_1 = \frac{(0 + 273) \, \text{K}}{(100 + 273) \, \text{K}} (200 \, \text{cm}^3) = 146 \, \text{cm}^3$$

As temperaturas absolutas, a escala Kelvin, precisam ser utilizadas em cálculos baseados nas leis dos gases.

5.5 Um tanque de aço contém dióxido de carbono a 27°C e 12,0 atm. Calcule a pressão do gás quando o tanque e seu conteúdo são aquecidos a 100°C. O volume do tanque permanece constante.

As medidas de gases

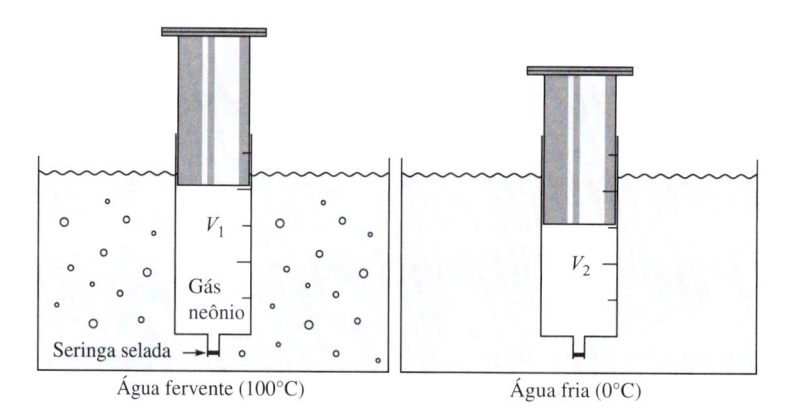

Figura 5-3

Veja a Figura 5-4. A lei de Gay-Lussac nos dá

$$\frac{P_1}{T_1} = \frac{P_2}{T_2} \quad \text{ou} \quad P_2 = \frac{T_2}{T_1}P_1 = \frac{(100+273)\,\text{K}}{(27+273)\,\text{K}}(12{,}0\,\text{atm}) = 14{,}9\,\text{atm}$$

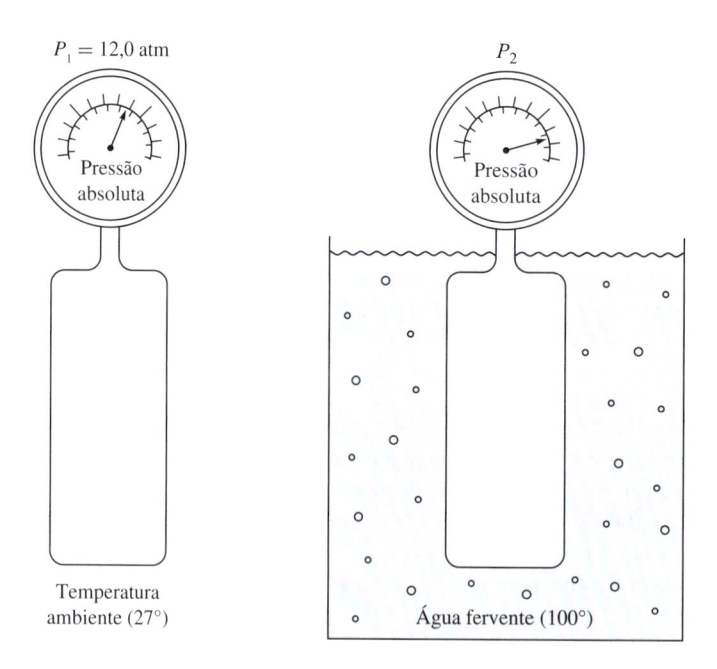

Figura 5-4

5.6 Os motores a diesel funcionam sem a necessidade de uma vela de ignição, pois a mistura combustível/ar é aquecida durante a compressão até o ponto de explosão. Suponha que um motor de seis cilindros, de 6,0 L, receba a entrada da mistura combustível/ar a 1 atm e 25°C, mas tenha uma capacidade de compressão de 13,5 atm na temperatura de 220°C necessária para a ignição de determinada mistura. Como projetista do motor, calcule o volume por cilindro da mistura combustível/ar necessário.

Uma vez que temos os três fatores envolvidos no ciclo ação/reação do gás, podemos aplicar a lei dos gases combinada. O motor de seis cilindros, com 6,0 L de volume total, tem cilindros de 1,0 L, que chamaremos de V_1. As outras variáveis são dadas. Lembrando que os problemas envolvendo as leis dos gases precisam ser escritos com temperaturas na escala Kelvin, você pode aplicar a lei dos gases combinada para em encontrar a resposta.

$$\frac{P_1 V_1}{T_1} = \frac{P_2 V_2}{T_2} \quad \text{ou} \quad V_2 = V_1 \left(\frac{P_1}{P_2}\right)\left(\frac{T_2}{T_1}\right) = (1{,}0\,\text{L})\left(\frac{493\,\text{K}}{298\,\text{K}}\right)\left(\frac{1\,\text{atm}}{13{,}5\,\text{atm}}\right) = 0{,}123\,\text{L}$$

5.7 Se uma massa de amônia ocupa um volume de 20,0 L a 5°C e 760 torr, qual é o volume ocupado pela mesma massa a 30°C e 800 torr?

A Figura 5-5 é uma representação visual do problema. Ele pode ser resolvido como o Problema 5.6.

$$V_2 = V_1 \left(\frac{P_1}{P_2}\right)\left(\frac{T_2}{T_1}\right) = (20{,}0\,\text{L})\left(\frac{303\,\text{K}}{278\,\text{K}}\right)\left(\frac{760\,\text{torr}}{800\,\text{torr}}\right) = 20{,}7\,\text{L}$$

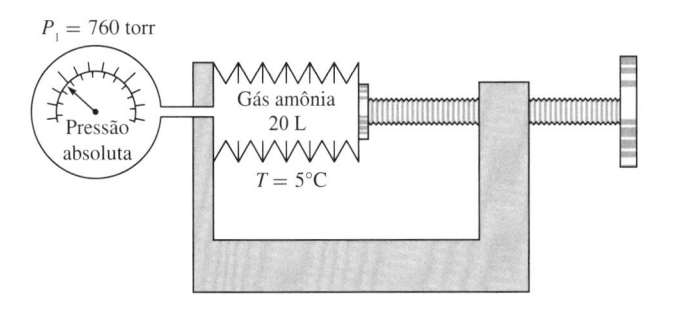

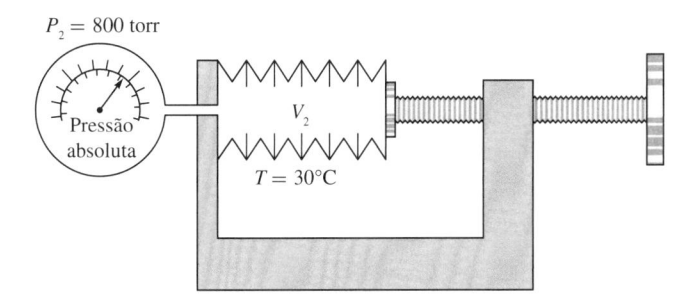

Figura 5-5

5.8 Um litro de gás, inicialmente a 1,00 atm e −20°C, foi aquecido a 40°C. Quantas atmosferas de pressão precisam ser aplicadas no sistema para reduzir o volume a meio litro?

A solução deste problema é obtida a partir da aplicação da lei dos gases combinada.

$$\frac{P_1 V_1}{T_1} = \frac{P_2 V_2}{T_2} \quad \text{ou} \quad P_2 = P_1\left(\frac{V_1}{V_2}\right)\left(\frac{T_2}{T_1}\right) = (1\,\text{atm})\left(\frac{1\,\text{L}}{0{,}5\,\text{L}}\right)\left(\frac{313\,\text{K}}{253\,\text{K}}\right) = 2{,}47\,\text{atm}$$

5.9 Um pouco antes de sair em viagem, você encheu os pneus do carro a uma pressão de 30 libras (psi; lb/pé^2). Naquele dia, a temperatura era 27°F. Após a viagem, você verificou a pressão dos pneus e descobriu que então estava em 34,2 psi. Estime a temperatura em °F do ar nos pneus. Considere que o manômetro lê a pressão relativa, que o volume dos pneus permanece constante e que a pressão do ambiente era 1,00 atm naquele dia.

O Problema 1.9 apresenta os cálculos mostrando que 1 atm equivale a 14,7 psi. Efetuando a conversão, descobrimos que a pressão inicial era (30,0 + 14,7) psi e que a pressão dos pneus ao final da viagem era (34,2 + 14,7) psi. Uma vez que o zero absoluto é −460°F (Figura 1-1), a temperatura absoluta do dia do início da viagem é (27 + 460) intevalos de graus Fahrenheit. A aplicação da lei de Gay-Lussac, que determina as alterações de pressão e temperatura com volume constante, dá

$$T_2 = T_1 \times P_2/P_1 = (27 + 460)(34{,}2 + 14{,}7)/(30{,}0 + 14{,}7) = 533 \text{ intervalos de graus Fahrenheit}$$

Temperatura final = Intervalos de graus Fahrenheit − zero absoluto = 533 − 460 = 73°F

Observe que foram usadas temperaturas absolutas neste problema, conforme exigem as leis dos gases. A diferença entre este problema e os outros é que a escala é expressa em graus Fahrenheit, e não em Kelvin.

5.10 Um recipiente contém 6,00 g de CO_2 a 150°C e 100 kPa de pressão. Quantos gramas de CO_2 ele contém a 30°C e mesma pressão?

A lei de Charles é válida para este problema. Contudo, precisamos supor que o CO_2 tem comportamento consistente com a alteração no número de moléculas (variação de massa). Podemos então representar o volume do recipiente por V_1 e o volume ocupado pelas 6,00 g de CO_2 por V_2.

$$\text{Aplicando a lei: } \frac{V_1}{T_1} = \frac{V_2}{T_2} \quad \text{ou} \quad V_1 T_2 = V_2 T_1 \quad \text{ou} \quad \frac{V_2}{V_1} = \frac{T_2}{T_1}$$

$$V_2/V_1 = (30 + 273)/(150 + 273) = 0{,}716$$

Uma vez que 6,00 g de CO_2 ocupam 0,716 V_1, para preencher o recipiente (V_1), precisaremos de

$$6{,}00 \text{ g}/0{,}716 = 8{,}38 \text{ g } CO_2$$

A densidade dos gases

5.11 A densidade do hélio é 0,1786 kg/m^3 em CNTP. Se uma dada massa de hélio em CNTP é expandida 1,500 vezes em relação a seu volume inicial alterando a temperatura e a pressão, qual é a densidade final do gás?

A densidade de um gás é inversamente proporcional ao volume.

$$\text{Densidade final} = (0{,}1786 \text{ kg/m}^3)\left(\frac{1}{1{,}500}\right) = 0{,}1191 \text{ kg/m}^3$$

Observe que o problema poderia ter sido proposto em litros, porque $1 kg/m^3 = 1$ g/L.

5.12 A densidade do oxigênio é 1,43 g/L nas CNTP. Qual a densidade do gás a 17°C e 700 torr?

A lei dos gases combinada mostra que a densidade de um gás ideal é inversamente proporcional à temperatura absoluta e diretamente proporcional à pressão.

$$D_2 = D_1 \left(\frac{T_1}{T_2}\right)\left(\frac{P_2}{P_1}\right) = (1{,}43 \text{ g/L})\left(\frac{273 \text{ K}}{290 \text{ K}}\right)\left(\frac{700 \text{ torr}}{760 \text{ torr}}\right) = 1{,}24 \text{ g/L}$$

A pressão parcial

5.13 Uma mistura de gases a 760 torr é composta por 65,0% de nitrogênio, 15,0% de oxigênio e 20,0% de dióxido de carbono em volume. Qual é a pressão parcial de cada gás, em torr?

A lei de Dalton das pressões parciais diz que a pressão total é o resultado da soma das pressões de cada um dos componentes de uma mistura gasosa. Portanto, se a pressão total da mistura é 760 torr, então a pressão do nitrogênio é 65,0% desse valor. Esta abordagem permite calcular a pressão parcial de cada um dos componentes da mistura.

$$\text{Para o nitrogênio: } 760 \text{ torr} \times 0{,}650 = 494 \text{ torr devido ao } N_2$$
$$\text{Para o oxigênio: } 760 \text{ torr} \times 0{,}150 = 114 \text{ torr devido ao } O_2$$
$$\text{Para o dióxido de carbono: } 760 \text{ torr} \times 0{,}200 = 152 \text{ torr devido ao } CO_2$$

Observe que a soma das pressões (494 + 114 + 152) é 760, o que verifica a precisão do cálculo feito.

5.14 Em uma mistura a 20°C, os componentes e suas pressões parciais são: hidrogênio, 200 torr; dióxido de carbono, 150 torr; metano, 320 torr; etileno, 105 torr. Qual é (*a*) a pressão total da mistura e (*b*) a percentagem em volume de hidrogênio?

(a) Pressão total = soma das pressões parciais de cada gás = 200 + 150 + 320 + 105 = 755 torr

(b) A aplicação da lei de Boyle permite demonstrar que a fração da pressão total (todos os gases na mistura ocupam o mesmo volume, que é constante) é idêntica à fração do volume total (quando cada gás está na mesma pressão).

$$\text{Fração volumétrica do } H_2 = \frac{\text{Pressão parcial do } H_2}{\text{Pressão total da mistura}} = \frac{200 \text{ torr}}{775 \text{ torr}} = 0,258 \text{ (do total) ou } 25,8\%$$

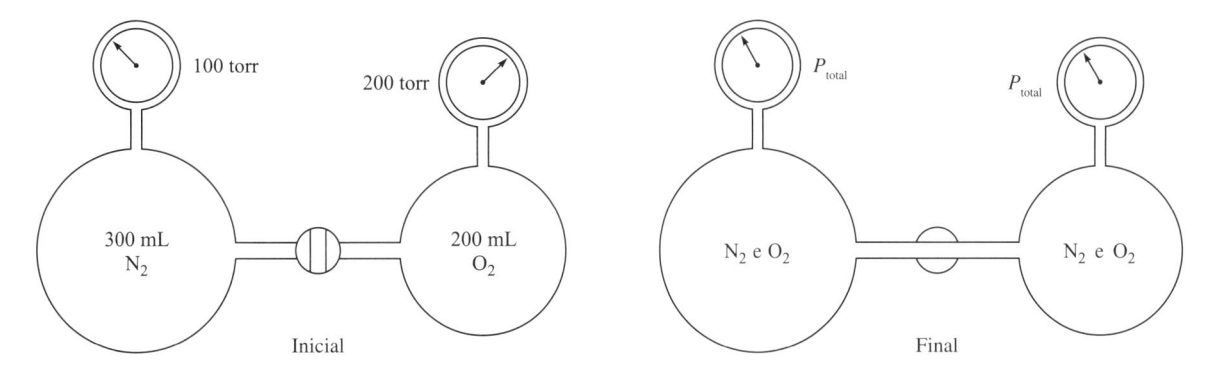

Figura 5-6

5.15 Um recipiente de 200 mL continha oxigênio a 200 torr; outro recipiente, de 300 mL, continha nitrogênio a 100 torr (Figura 5-6). Os dois recipientes foram conectados para que os gases se misturassem, formando um volume único. Supondo que a temperatura permaneça constante, (a) qual é a pressão parcial de cada gás na mistura final e (b) qual é a pressão total?

Uma vez que o volume final é a soma dos volumes de cada frasco, temos 500 mL. Aplicando a lei de Dalton das pressões parciais,

(a) Para o oxigênio: $P_{\text{final}} = P_{\text{inicial}} \left(\frac{V_{\text{inicial}}}{V_{\text{final}}} \right) = (200 \text{ torr}) \left(\frac{200}{500} \right) = 80 \text{ torr}$

Para o nitrogênio: $P_{\text{final}} = P_{\text{inicial}} \left(\frac{V_{\text{inicial}}}{V_{\text{final}}} \right) = (100 \text{ torr}) \left(\frac{300}{500} \right) = 60 \text{ torr}$

(b) Pressão total = soma das pressões parciais = 80 torr + 60 torr = 140 torr

A coleta de gases em um líquido

5.16 Um volume exato de 100 cm³ de oxigênio é coletado em água a 23°C e 800 torr. Calcule o *volume padrão* do oxigênio seco (em CNTP). A pressão de vapor da água a 23°C é 21,1 torr.

O gás coletado neste experimento não é oxigênio puro, pois contém uma parcela de vapor d'água que precisa ser subtraída e assim calcularmos o volume do oxigênio apenas.

Pressão do oxigênio seco = pressão total − pressão de vapor d'água
= 800 torr − 21 torr = 779 torr

Assim, para o oxigênio seco, $V_1 = 100$ cm³, $T_1 = 23 + 273 = 296$ K e $P = 779$ torr. Para resolver o problema convertendo nas CNTP, usamos um segundo conjunto de variáveis (V_2, T_2 e P_2) e aplicamos a lei dos gases combinada, encontrando V_2.

$$V_2 = V_1 \left(\frac{T_2}{T_1} \right) \left(\frac{P_1}{P_2} \right) = (100 \text{ cm}^3) \left(\frac{273 \text{ K}}{296 \text{ K}} \right) \left(\frac{779 \text{ torr}}{760 \text{ torr}} \right) = 94,5 \text{ cm}^3$$

5.17 Na mensuração do metabolismo basal com duração arbitrada em exatos 6 minutos, um paciente exalou 52,5 L de ar, coletados em água a 20°C. A pressão de vapor da água nessa temperatura é 17,5 torr. A pressão barométrica foi 750 torr. O ar expirado foi analisado, sendo composto por 16,75% em volume de oxigênio, ao passo que o ar inspirado tinha 20,32% do gás, em volume (ambas as porcentagens dadas em base seca). Desconsiderando a solubilidade dos gases na água e qualquer possível diferença entre os volumes totais de gás inspirado e expirado, calcule a taxa de consumo de oxigênio pelo paciente em cm^3 nas CNTP por minuto.

$$\text{Volume de ar seco nas CNTP} = (52,5\,\text{L}) \left(\frac{273\,\text{K}}{293\,\text{K}}\right) \left(\frac{750\,\text{torr} - 17,5\,\text{torr}}{760\,\text{torr}}\right) = 47,1\,\text{L}$$

$$\text{Taxa de consumo de oxigênio} = \frac{\text{volume de oxigênio consumido (CNTP)}}{\text{tempo em que este volume foi consumido}}$$

$$= \frac{(0,2032 - 0,1675)(47,1\,\text{L})}{6\,\text{min}} = 0,280\,\text{L/min} = 280\,\text{cm}^3/\text{min}$$

5.18 Certa quantidade de gás é coletada em um tubo graduado contendo mercúrio. O volume do gás a 20°C é 50,0 cm^3, e o nível de mercúrio no tubo está 200 mm acima do nível do mercúrio contido em uma campânula conectada ao tubo (ver Figura 5-7). O barômetro indica a pressão de 750 torr. Calcule o volume nas CNTP. A pressão de vapor do mercúrio não é significativa nesta temperatura.

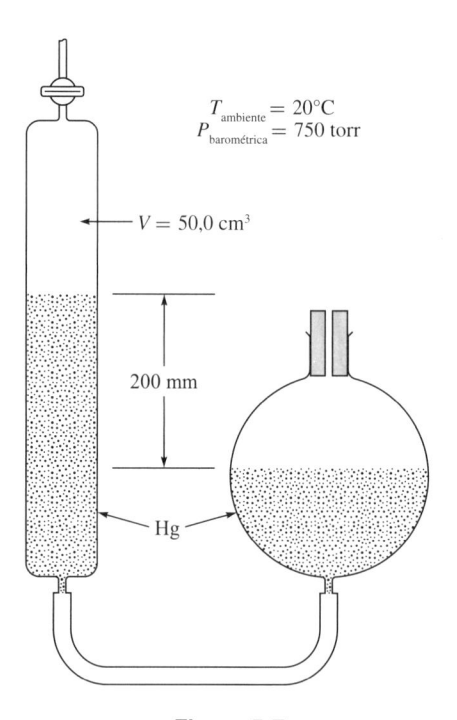

Figura 5-7

Após o gás ter sido coletado em um líquido, o tubo recipiente é posicionado de maneira a nivelar a superfície do líquido em seu interior com a superfície do líquido no vaso comunicante. Se isso não for feito de modo adequado, será necessário calcular o efeito da diferença entre os níveis do líquido.

Uma vez que o nível do mercúrio no tubo coletor está 200 mm acima do nível na campânula, a pressão do gás é 200 mm Hg, ou 200 torr abaixo da pressão atmosférica de 750 torr.

Então:

$$\text{Volume nas CNTP} = (50,0\,\text{cm}^3) \left(\frac{273\,\text{K}}{293\,\text{K}}\right) \left(\frac{750 - 200\,\text{torr}}{760\,\text{torr}}\right) = 33,7\,\text{cm}^3$$

Problemas Complementares

5.19 Uma advertência no manômetro de um tanque de ar portátil avisa que a pressão de 125 psi não pode ser excedida. Qual é a pressão **total** em (a) atm, (b) torr, (c) mm Hg e (d) milibares?

Resp. (a) 9,5 atm;   (b) 722,6 torr;   (c) 7.222,6 mm Hg;   (d) 9.500 milibares

5.20 Expresse as leis de Boyle e Charles para gases a partir da equação da lei dos gases combinada.

Resp. Lei de Boyle (temperatura constante): $\dfrac{P_1 V_1}{\cancel{T_1}} = \dfrac{P_2 V_2}{\cancel{T_2}}$ fica $P_1 V_1 = P_2 V_2$

Lei de Charles (pressão constante): $\dfrac{\cancel{P_1} V_1}{T_1} = \dfrac{\cancel{P_2} V_2}{T_2}$ fica $\dfrac{V_1}{T_1} = \dfrac{V_2}{T_2}$

5.21 A pressão de vapor da água a 25°C é 22,8 torr. Expresse este valor em (a) atm e (b) kPa.

Resp. (a) 0,0313 atm;   (b) 3,17 kPa

5.22 A cânfora sofre uma modificação em sua estrutura cristalina a 148°C e $3{,}09 \times 10^9$ N/m². Expresse esta pressão de transição em atmosferas.

Resp. $3{,}05 \times 10^4$ atm

5.23 Quando um problema envolvendo as leis dos gases é resolvido usando a lei dos gases combinada, as unidades de pressão e volume não precisam ser as mesmas indicadas pelos autores das leis ou usadas na lei dos gases ideais. Essas unidades também não precisam ser as do sistema métrico. Contudo, a temperatura deve ser expressa na escala Kelvin. Por quê?

Resp. Os fatores de conversão usados para alterar as unidades para litro (V) e atm (P) se cancelam, uma vez que são usados da mesma maneira nos dois lados da equação (multiplicação/divisão no mesmo ponto nos dois lados, sem adição ou subtração). Porém, as conversões de °F ou °C em K incluem operações de adição/subtração, que não se cancelam.

5.24 Um balão meteorológico de hidrogênio tem volume igual a 48,0 pés³ ao nível do solo, onde a pressão é 753 torr. Qual é o volume do balão no cimo de uma montanha, onde a temperatura é igual à do nível do solo, mas a pressão é 652 torr? (Negligencie a elasticidade do tecido de fabricação do balão.)

Resp. 55,4 pés³

5.25 Durante um incêndio, os gases em um cômodo sofrem expansão, podendo causar a quebra de vidraças com o passar das horas. Suponha que um incêndio inicie em uma peça com 10 pés de largura, 12 pés de comprimento e 7 pés de altura, na pressão de 1 atm e temperatura de 25°C (condições ambiente ou de laboratórios). A temperatura do cômodo sobe a 400°C (cerca de 750°F). Qual é a pressão exercida pelo ar aquecido (mantido constante o volume)?

Resp. 2,26 atm

5.26 Dez litros de hidrogênio a 1 atm de pressão são contidos em um cilindro equipado com um pistão móvel. O pistão é deslocado até a mesma massa do gás ocupar 2 L, sem alteração na temperatura. Calcule a pressão final no interior do cilindro.

Resp. 5 atm

5.27 O gás cloro é liberado no ânodo de uma célula eletrolítica de uso comercial a uma taxa de 3,65 L/min a uma temperatura de 647°C. No percurso até a bomba de entrada, é esfriado a 63°C. Calcule a taxa de entrada na bomba, supondo que a pressão permaneça constante.

Resp. 1,33 L/min

5.28 Certa massa de hidrogênio é confinada em uma câmara de platina de volume constante. Quando a câmara é imersa em um banho de gelo, a pressão do gás está em 1.000 torr. (a) Qual é a temperatura em graus Celsius quando a pressão do manômetro indica um valor absoluto igual a 100 torr? (a) Que pressão será mostrada quando a câmara tem sua temperatura elevada a 100°C?

Resp. (a) −246°C;   (b) 1366 torr

5.29 Uma vez que o gás hélio é um recurso valioso, o conteúdo do gás presente em um pequeno balão de passeio foi bombeado para um local específico para armazenagem durante uma manutenção preventiva. Em condições normais, o balão contém 18.700 pés^3 do gás a 31°C e 1,00 atm (14,7 lb/pol^2 ou 14,7 psi). Quantos cilindros de aço com capacidade para 2,50 pés^3 são necessários para armazenar esse gás a uma temperatura constante de 11°C, considerando que estes vasilhames sejam seguros a uma pressão de utilização máxima de 2000 psi?

Resp. 52 cilindros (resposta calculada: 51,4 cilindros)

5.30 Um gás a 50°C e 785 torr ocupa um volume de 350 mL. Que volume ocupará este gás nas CNTP?

Resp. 306 mL

5.31 Uma reação que produz hidrogênio adequado para uso em um veículo movido com o gás é dada abaixo. Que volume de hidrogênio pode ser preparado a partir de 1,00 kg de CaH$_2$ (as condições finais são 25°C e 1 atm)?

$$CaH_2(s) + 2H_2O(l) \rightarrow Ca(OH)_2(aq) + 2H_2(g)$$

Resp. 1160 L

5.32 O gás liberado em uma reação foi coletado em um recipiente como aquele definido na Figura 5-7. Quando seu volume foi verificado a 752 torr e 26°C, era 47,3 cm^3. O nível de Hg na campânula era 279 mm inferior ao nível no tubo de coleta. No dia seguinte, com a temperatura em 17°C e a pressão em 729 torr, o volume foi medido outra vez, mas primeiramente a campânula foi ajustada de maneira a igualar os níveis de Hg. Qual é o valor esperado para o volume?

Resp. 29,8 cm^3

5.33 Exatos 500 cm^3 de nitrogênio são coletados em água a 25°C e 755 torr. O gás está saturado com vapor d'água. Calcule o volume no nitrogênio em condição seca nas CNTP. A pressão de vapor da água a 25°C é 23,8 torr.

Resp. 441 cm^3

5.34 Um gás seco ocupava 127 cm^3 nas CNTP. Se a mesma massa de gás fosse coletada em água a 23°C, que volume ocuparia? A pressão de vapor da água a 23°C é 21 torr.

Resp. 145 cm^3

5.35 Uma massa de gás ocupa 0,825 L a −30°C e 556 Pa. Qual é a pressão quando o volume é alterado para 1 L e a temperatura passa a 20°C?

Resp. 553 Pa

5.36 Um recipiente de 57,3 L tem uma válvula de segurança ajustada para abrir a 875 kPa. Uma reação química gera 472 L de um produto gasoso nas CNTP. Seria uma boa ideia armazenar este produto naquele recipiente, se a temperatura ambiente pode atingir 105°F?

Resp. Não, pois a pressão final pode atingir 959 kPa.

5.37 Na tentativa de identificar um líquido incolor, ele foi aquecido a 100°C a 754 torr, em um erlenmeyer de 250 mL parcialmente selado, para que o ar em seu interior fosse substituído apenas pelo vapor do líquido, que entra em ebulição a cerca de 65°C. O volume total do erlenmeyer é 271 mL, medido preenchendo-o com água. A massa do frasco aumentou 0,284 g. Qual é a massa molecular do líquido desconhecido?

Resp. 32 g/mol; o ponto de ebulição e a massa molecular são pistas para a identificação do líquido, que pode ser o álcool metílico, CH$_3$OH.

5.38 A densidade de um gás nas CNTP representa uma medida fácil da massa molar (veja o Problema 6.1). Contudo, se a substância for um líquido, é necessário medir a densidade do gás a uma temperatura elevada e pressão reduzida. Calcule a densidade de um gás nas CNTP, em g/L (que equivale a kg/m^3), com densidade igual a 3,45 g/L a 90°C e 638 torr.

Resp. 5,59 g/L

5.39 Sabe-se que a potência de decolagem de um avião é menor em dias quentes em comparação a dias frios. Compare a densidade do ar a 30°C com a densidade do ar nas CNTP.

Resp. A densidade do ar seria 0,9 vezes a densidade nas CNTP, o que diminui a potência de decolagem.

5.40 Um recipiente contém 2,55 g de neônio nas CNTP. Que massa do gás esse vasilhame consegue armazenar a 100°C e 10,9 atm?

Resp. 18,7 g

5.41 A especificação de projeto de uma tubulação de vidro para um placar em neônio diz que o material deve suportar 2,5 atm. O projeto do placar requer o uso de 10,5 g do gás em um volume total de 6,77 L. Acredita-se que a temperatura de operação atinja no máximo 78°C. Esse vidro conseguirá suportar o esforço ou será necessário usar outro material?

Resp. Este tubo de vidro tem resistência alta o bastante para suportar a pressão de trabalho (2,2 atm, valor esperado), mas não com margem de segurança significativa. Todo projeto por regra deve considerar as probabilidades de uma grandeza exceder o valor médio. Portanto, neste caso, sugere-se o emprego de tubulação mais resistente.

5.42 A leitura de um termômetro indica 10°C e de um barômetro 700 mm Hg no cimo de uma montanha. No pé da mesma elevação, a temperatura é 30°C e a pressão 760 mm Hg. Compare a densidade do ar no cimo e no pé da montanha.

Resp. 0,986 no cimo e 1,000 no pé

5.43 Um volume de 95 cm^3 de óxido nitroso a 27°C é coletado em mercúrio no interior de um tubo graduado. O nível de mercúrio no tubo está 60 mm acima do nível de mercúrio na campânula externa, quando ao barômetro indica 750 torr de pressão. (*a*) Calcule o volume do gás nas CNTP. (*b*) Qual é o volume do gás a 40°C e pressão barométrica de 745 torr, com nível de mercúrio no tubo na marca dos 25 mm abaixo do nível visto na campânula?

Resp. (*a*) 78 cm^3; (*b*) 89 cm^3

5.44 A certa altitude, na atmosfera superior, estima-se que a temperatura seja −100°C e a densidade apenas 10^{-9} do valor da densidade da atmosfera nas CNTP. Supondo que a composição da atmosfera seja uniforme, qual é a pressão em torr nesta altitude?

Resp. 4,82 × 10^{-7} torr

5.45 A 0°C, a densidade do nitrogênio a 1 atm é 1,25 kg/m^3. Uma massa do gás que ocupava 1.500 cm^3 nas CNTP foi comprimida a 575 atm, a 0°C, com volume final de 3,92 cm^3, o que viola a lei de Boyle. Qual é a densidade final deste gás não ideal?

Resp. 478 kg/m^3

5.46 Um cilindro de um motor de oito cilindros tem como maior volume 625 mL. A mistura ar-combustível nesse cilindro (pressão inicial 1 atm) é comprimida a um volume de 85 mL, e então ignificada. (*a*) Se os gases estão presentes no maior volume a 1 atm, qual é a pressão na compressão, antes da ignição? (*b*) Expresse a razão de compressão (razão de volume).

Resp. (*a*) 7,67 atm; (*b*) 7,35:1

5.47 Consideremos o Problema 5.46 em termos um pouco mais realistas. A mistura ar-combustível é injetada no motor a 18°C e, após compressão, está a 121°C, um pouco antes de ignificar. Se a pressão original antes da compressão é 1 atm, (*a*) qual era pressão imediatamente antes da ignição? (*b*) O motor projetado para operar nos parâmetros do Problema 5.46 seria adequado para operar nas condições dadas neste problema?

Resp. (*a*) 9,96 atm; (*b*) Considerando que a pressão neste problema é quase 30% maior, é indicado aumentar a resistência do cilindro.

5.48 A respiração de uma suspensão de células de levedura foi medida com base na observação da diminuição da pressão do gás sobre ela. O aparelho mostrado na Figura 5-8 foi disposto de maneira a permitir que o gás fosse confinado em um volume constante igual a 16,0 cm^3 e que a alteração na pressão fosse resultado unicamente do consumo de oxigênio pelas células. A pressão foi medida com um manômetro preenchido com um líquido com densidade 1,034 g/cm^3. O volume de líquido usado foi ajustado para que o nível no lado fechado se mantivesse constante. Todo o aparelho foi mantido a 37°C. Durante um período de observação de 30 minutos, o fluido no lado aberto do manômetro caiu 37 mm. Desprezando a solubilidade do oxigênio na suspensão da levedura, calcule a taxa de consumo de oxigênio pelas células, em milímetros cúbicos de O$_2$ (CNTP) por hora.

Resp. 105 mm^3/h

5.49 Uma mistura de N_2, NO e NO_2 foi analisada por absorção seletiva de óxidos de nitrogênio. O volume inicial da mistura era 2,74 cm³. Após tratamento com água, que absorveu o NO_2, o volume caiu para 2,02 cm³. O gás residual foi borbulhado em uma solução de $FeSO_4$ em água, para absorver o NO, após o que o volume foi de 0,25 cm³. Todos os volumes foram medidos na mesma pressão. Desprezando a pressão de vapor da água, qual é a porcentagem em volume de cada gás na mistura original?

Resp. 9,1% de N_2; 64,6% de NO; 26,3% de NO_2

5.50 O HCN pode ser tóxico na concentração de 150 ppm. (*a*) Qual é a composição percentual de HCN no ar, nesta concentração? (*b*) Qual é a pressão parcial de HCN neste nível, se a pressão total for 1 atm?

Resp. (*a*) 0,015% HCN;   (*b*) 0,00015 atm

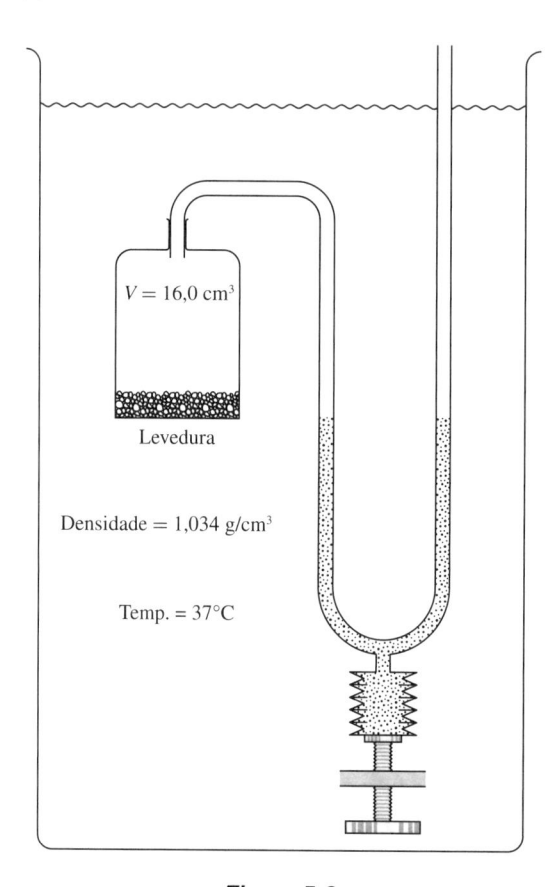

Figura 5-8

5.51 Uma bola para a prática de esportes tem volume interno igual a 60 cm³. Ela foi preenchida com ar a 1,35 atm. Um jogador desonesto deslocou o êmbolo de uma seringa até a marca de 25 cm³. O ar no interior da seringa estava a 1 atm, e o jogador o injetou na bola. Calcule a pressão no interior da bola adulterada, assumindo que seu volume permaneça constante.

Resp. 1,77 atm

5.52 Um frasco de 250 mL continha criptônio a 500 torr. Um frasco de 450 mL continha hélio a 950 torr. Os conteúdos dos dois frascos foram combinados por intermédio de uma torneira de passagem. Supondo que todas as operações foram efetuadas a temperatura constante, calcule a pressão final e a percentagem em volume de cada gás na mistura. Desconsidere o volume da torneira de passagem.

Resp. 789 torr; 22,6% de Kr e 77,4% de He.

5.53 Um tubo de vidro foi selado a vácuo na fábrica, a 750°C, com pressão residual de ar igual a $4,5 \times 10^{-7}$ torr. Um metal absorvedor de oxigênio foi então usado para remover todo o gás (cerca de 21% em teor, no ar). Qual é a pressão final no interior do tubo, a 22°C?

Resp. $1,03 \times 10^{-7}$ torr

5.54 A pressão de vapor da água a 80°C é 355 torr. Um recipiente de 100 mL continha água saturada de oxigênio a 80°C a uma pressão total de 760 torr. O conteúdo do recipiente foi bombeado em outro, com 50 mL de capacidade, na mesma temperatura. Supondo que não haja condensação, (*a*) quais são as pressões parciais de oxigênio e do vapor d'água? (*b*) Qual é a pressão total, ao final do estado de equilíbrio?

Resp. 810 torr, 355 torr;   (*b*) 1165 torr

5.55 Uma amostra de gás foi coletada em um aparelho semelhante ao mostrado na Figura 5-7, exceto pelo fato de a água ser o líquido confinado. A 17°C, o volume do gás era 67,3 cm^3, a pressão barométrica era 723 torr e o nível de água no bulbo estava 210 mm abaixo daquele no tubo de coleta. Mais tarde, no mesmo dia, a temperatura da sala em que o aparelho se encontrava subiu para 34°C e a pressão aumentou para 741 torr. Pouco a pouco, o operador do experimento ajustou o bulbo para igualar os níveis de água. Qual o novo volume mostrado? A pressão de vapor da água é 14,5 torr e 39,9 torr a 17°C e 34°C, respectivamente. A densidade do mercúrio é 13,6 vezes maior do que a da água.

Resp. 70,4 cm^3

Capítulo 6

A Lei dos Gases Ideais e a Teoria Cinética

A HIPÓTESE DE AVOGADRO

A hipótese de Avogadro afirma que *volumes iguais de gases nas mesmas condições de temperatura e pressão contêm números iguais de moléculas*. Se a hipótese for válida, 1 L de oxigênio contém o mesmo número de moléculas que 1 L de hidrogênio (ou qualquer outro gás). Da mesma forma, 1 pé^3 de hélio contém o mesmo número de moléculas que 1 pé^3 de nitrogênio (ou qualquer outro gás). Claro que esses gases precisam ser medidos nas mesmas condições de temperatura e pressão.

A hipótese de Avogadro é válida para o problema de massas relativas de moléculas de dois gases e, se uma dessas massas for conhecida, a outra pode ser determinada, como mostra o Exemplo 1.

Exemplo 1 Nas condições padrão, 1 L de oxigênio pesa 1,43 g e 1 L de um gás desconhecido, mas que sabemos conter carbono e oxigênio (C_xO_y), pesa 1,25 g. A aplicação da hipótese de Avogadro permite afirmar que 1 L de C_xO_y (CNTP) contém o mesmo número de moléculas que 1 L de O_2 (CNTP). Isso também nos diz que uma molécula de C_xO_y tem peso correspondente a 1,25/1,43 vezes o peso da molécula de oxigênio. De acordo com a Tabela Periódica, o O_2 pesa 32 g por mol, o que permite calcular a massa de C_xO_y:

$$\frac{1,25\,\text{g/L}}{1,43\,\text{g/L}} \times 32\,\text{g/mol} = 28\,\text{g/mol}$$

Pelo visto, este composto, C_xO_y, é o monóxido de carbono (C + O = 12 + 16 = 28 g/mol). Esta técnica permite determinar massas atômicas, sobretudo dos elementos mais leves. Experimentos com a densidade de um gás no estado bruto podem ser usados em conjunto com dados de composição química e massas atômicas conhecidas para calcular a massa molecular, o que permite obter a fórmula molecular de um gás.

Exemplo 2 Um hidreto de silício com fórmula empírica SiH_3 (aproximadamente 31g/fórmula empírica) tem densidade perto de 2,9 g/L no estado gasoso, nas CNTP. Por comparação com o oxigênio, cuja massa molecular e densidade são conhecidas, a massa molecular do hidreto é

$$\frac{2,9\,\text{g/L}}{1,43\,\text{g/L}} \times 32\,\text{g/mol} = 65\,\text{g/mol}$$

É uma massa molecular aproximada, com margem de erro de até 10%. De qualquer maneira, o valor é suficientemente preciso para nos informar que a fórmula molecular é quase duas vezes maior que a fórmula empírica, Si_2H_6, com massa molecular de 62 g e descartando quaisquer outros múltiplos da fórmula empírica.

O VOLUME MOLAR

Se um mol de um gás tem o mesmo número de moléculas, N_A, que 1 mol de qualquer outro gás (Capítulo 2), e se números iguais de moléculas ocupam volumes iguais nas CNTP (a hipótese de Avogadro), então 1 mol de um gás tem o mesmo volume nas CNTP que qualquer outro gás. Este *volume molar* padrão corresponde a 22,414 L.

Mas é importante deixar claro para o leitor que, naturalmente, a hipótese de Avogadro e as leis dos gases pressupõem que os gases sejam sempre ideais. Contudo, os gases no mundo real não são ideais. O volume molar nas CNTP muitas vezes é um pouco menor que os 22,414 L definidos acima. No restante deste capítulo, usaremos o valor arredondado 22,4 L/mol para todos os gases e, a menos que seja dito o contrário, todos os gases são ideais.

A LEI DOS GASES IDEAIS

Examinemos a lei dos gases combinada (Capítulo 5), com os parâmetros das CNTP, para 1 mol de gás. O zero subscrito indica as condições padrão.

$$\frac{P_0 V_0}{T_0} = \frac{(1\,\text{atm})(22,4\,\text{L/mol})}{273\,\text{K}} = 0{,}0821\,\frac{\text{atm}\,\text{L}}{\text{mol}\,\text{K}} \quad \text{ou} \quad 0{,}0821\,\text{atm}\cdot\text{L}\cdot\text{mol}^{-1}\cdot\text{K}^{-1}$$

Esse cálculo gera a *constante universal dos gases*, R. Se estamos trabalhando com mais que 1 mol de um gás ideal nas CNTP, então o volume do gás será n vezes maior. A relação pode ser expressa por $PV/T = nR$, ou, após rearranjada,

$$PV = nRT, \quad \text{onde} \quad P \text{ está em atm, } V \text{ é o volume em litros, } n \text{ é o número e mols e } T \text{ está em K}$$

Essa relação é a representação da *lei dos gases ideais*. Dominar o conhecimento sobre esta lei e o valor de R é essencial. Quando são usadas unidades SI para P e V (pascals e metros cúbicos), então

$$R = 8{,}3145\,\frac{\text{J}}{\text{mol}\,\text{K}} \quad \text{ou} \quad R = 8{,}3145\,\text{J}\cdot\text{mol}^{-1}\cdot\text{K}^{-1}$$

tem de ser usado.

A massa em gramas de um gás presente é dada por

$$w = n\mathsf{M} \quad \text{onde} \quad \mathsf{M} \text{ é a massa molar em g/mol}$$

ou por

$$w = dV \quad \text{onde} \quad d \text{ é a densidade do gás em g/L e } V \text{ é dado em litros.}$$

Substituindo as expressões acima na lei dos gases ideais, temos

$$PV = nRT, \quad \text{que se torna} \quad PV = \left(\frac{w}{\mathsf{M}}\right)RT$$

e, avançando na substituição,

$$P = \left(\frac{d}{\mathsf{M}}\right)RT$$

Para um gás ideal, V é proporcional a n quando P e T são constantes. Isso significa que o conceito pouco prático de percentagem em volume (ou fração) discutido no Problema 5.12 pode ser substituído por porcentagem molar, ou fração molar. É possível admitir que cada gás em uma mistura ocupa todo o volume dela, mas na sua própria pressão parcial.

AS RELAÇÕES DE VOLUME COM BASE EM EQUAÇÕES

Uma equação química representa a relação dos reagentes e produtos por meio de uma relação numérica expressa pelos coeficientes associados a cada um de seus participantes. Estes coeficientes podem ser interpretados como o número de moléculas ou mols das substâncias envolvidas. Porém, eles também representam os volumes dos participantes da reação que se encontram no estado gasoso, pressupondo constantes a temperatura e a pressão (T e P). Exemplo destas relações são:

$$4NH_3(gás) + 3O_2(gás) \rightarrow 2N_2(gás) + 6H_2O(gás)$$

4 moléculas	3 moléculas	2 moléculas	6 moléculas
4 mols	3 mols	2 mols	6 mols
4 volumes	3 volumes	2 volumes	6 volumes
4 × 22,4 L	3 × 22,4 L	2 × 22,4 L	6 × 22,4 L
4 galões	3 galões	2 galões	6 galões
4 pés^3	3 pés^3	2 pés^3	6 pés^3

A interpretação das relações da água com as outras substâncias é válida apenas se ela estiver também no estado gasoso (vapor), nas condições de temperatura e pressão especificadas. Nas CNTP, a água pode condensar, no estado líquido (ou mesmo sólido), o que reduziria muito seu volume, em comparação com aquele que ocupa no estado gasoso, e poderia portanto ser ignorada. Logo, nas CNTP, com a água no estado líquido ou sólido, os 7 volumes de reagentes produziriam apenas 2 volumes de produtos (desprezando o volume da água).

A ESTEQUIOMETRIA GASOSA ENVOLVENDO MASSA

Existem circunstâncias em que a massa desempenha papel importante (Exemplo 3), mas os cálculos envolvendo gases podem ser feitos em termos do volume dos gases envolvidos. A conversão de volumes de gás em massas é efetuada utilizando o número de mols. Os métodos empregados na solução destes problemas são semelhantes aos apresentados no Capítulo 4, exceto pelo fato de os números de mols serem convertidos em massa (g, lb, etc) precisarem ser determinados com base no volume, na temperatura e na pressão dos gases.

Exemplo 3 O dióxido de carbono é removido da água de recirculação de uma espaçonave por fluxo através de hidróxido de lítio.

$$2LiOH(s) + CO_2(g) \rightarrow Li_2CO_3(s) + H_2O(g)$$

Calcule o número de gramas de LiOH consumidos na reação acima quando 100 L de ar contendo 1,20% de CO_2 a 29°C e 766 torr são tratados usando esta tecnologia.

É importante observar que os cálculos dependem da redação adequada da equação balanceada. A equação define as relações entre participantes, de que precisamos para completar a solução do problema.

$$n_{CO_2} = \frac{(0,0120)(100\,L)\left(\dfrac{776\,torr}{760\,torr/atm}\right)}{\left(0,0821\dfrac{L\,atm}{mol\,K}\right)(302\,K)} = 0,0494\,mol\,CO_2$$

$$n_{LiOH} = 2(n_{CO_2}) = 2(0,0494\,mol) = 0,0988\,mol\,LiOH$$

$$\text{Massa de LiOH} = (0,0988\,mol\,LiOH)\left(23,9\,\frac{g\,LiOH}{mol\,LiOH}\right) = 2,36\,g\,LiOH$$

AS PREMISSAS ELEMENTARES DA TEORIA CINÉTICA DOS GASES

É possível derivar a lei dos gases ideais com base apenas em princípios teóricos, com algumas premissas acerca da natureza dos gases e do papel da temperatura. Esta derivação é encontrada em qualquer livro texto de físico-química.

As hipóteses básicas são:

1. Um gás consiste em um grande número de moléculas em estado de movimento constante e aleatório. Uma molécula é extremamente pequena e não pode sequer ser vista. A pressão se deve à força das colisões das moléculas contra uma superfície, como as paredes de um recipiente ou o diafragma em um dispositivo de medição de pressão.
2. As colisões entre moléculas ou entre uma molécula e uma superfície inerte são perfeitamente elásticas. Isso significa que colidem sem qualquer perda de energia cinética.
3. Não existem forças atuantes entre moléculas, exceto durante colisões. Portanto, no período entre colisões, uma molécula se desloca em linha reta a uma velocidade constante.
4. A energia cinética média por molécula de um gás, $(\frac{1}{2}mu^2)_{méd}$, é independente da natureza do gás e é diretamente proporcional à temperatura. Neste caso, a energia cinética é definida com base na fórmula física padrão, em temos de massa molecular, m, e velocidade molecular, u. Esta afirmativa pode ser vista como uma definição de temperatura mais precisa que a definição qualitativa dada no Capítulo 1. Uma lista de unidades comuns de energia é dada na Tabela 6-1.

Tabela 6-1 Algumas unidades comuns de energia

Unidade	Símbolo	Definição
Joule (SI)	J	$m^2 \cdot kg \cdot s^{-2} = N \cdot m$
Caloria	cal	4,184 J
Quilocaloria	kcal	10^3 cal
Unidade térmica inglesa	Btu	252 cal = 1054 J*

*Definição aproximada

O QUE A TEORIA CINÉTICA PERMITE PREVER

(*a*) Um argumento mecânico com base nas Hipóteses 1, 2 e 3 mostra que, para um gás composto por N moléculas,

$$PV = \frac{2}{3}N \left[\left(\frac{1}{2}mu^2 \right)_{méd} \right]$$

(*b*) Utilizando a Hipótese 4, a distribuição das velocidades das moléculas é prevista matematicamente, na chamada *distribuição de Maxwell-Boltzmann*. A Figura 6-1 representa a distribuição para o hidrogênio e mostra os gráficos da fração de moléculas com velocidades próximas a um dado valor, u, e como função de u em duas temperaturas diferentes. A *velocidade mais provável*, u_{mp}, é a velocidade apresentada pela maior fração de moléculas para as condições dadas, e é ligeiramente menor que a velocidade média. Uma outra velocidade, um pouco mais alta que $u_{méd}$, é a *velocidade quadrática média*, u_{qm}, definida como a velocidade para a qual a energia cinética de uma molécula seria igual à energia cinética média de toda a amostra, representada por

$$\frac{1}{2}m(u_{qm})^2 = \left(\frac{1}{2}mu^2 \right)_{méd}$$

Para a distribuição de Maxwell-Boltzmann, lembrando que a potência 1/2 equivale à raiz quadrada:

$$u_{mp} = \left(\frac{2RT}{M} \right)^{1/2} \qquad u_{méd} = \left(\frac{8RT}{\pi M} \right)^{1/2} \qquad u_{qm} = \left(\frac{3RT}{M} \right)^{1/2}$$

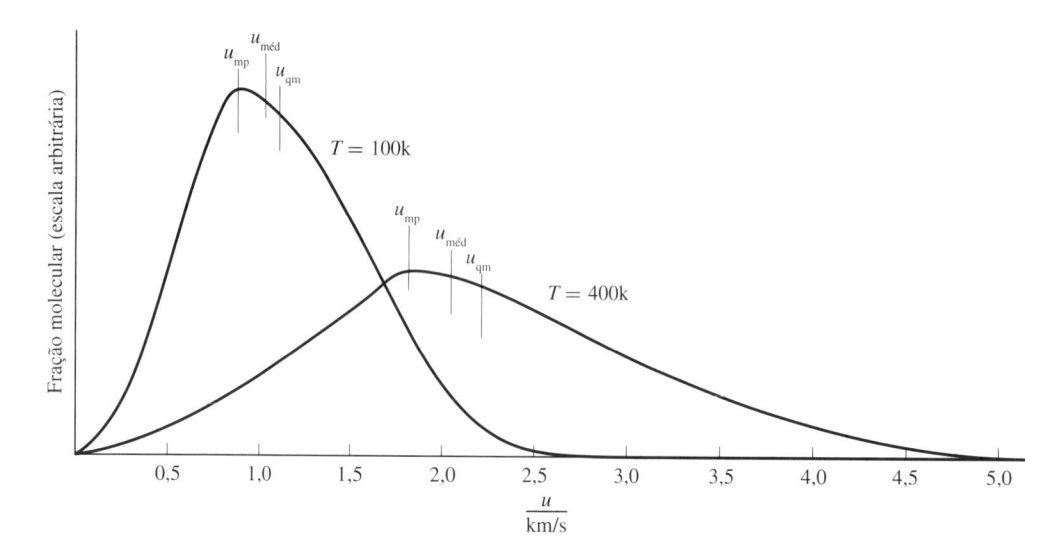

Figura 6-1

(c) Com base nos resultados de (a) e (b), e fazendo $N = nN_A$ e $N_A m = M$, podemos derivar a lei dos gases ideais.

$$PV = \frac{2N}{3}\left(\frac{mu_{qm}^2}{2}\right) = \frac{2nN_A}{3}\left(\frac{3mRT}{2M}\right) = nRT$$

A concordância desta expressão com a lei dos gases ideais empírica (determinada em laboratório) valida a importância da definição da temperatura na Hipótese 4 acima.

(d) A frequência de colisões moleculares com uma área específica da parede do recipiente é dada por

$$Z = \frac{N_A P}{(2\pi MRT)^{1/2}} \quad \text{ou} \quad Z = \frac{N_A P}{\sqrt{2\pi MRT}}$$

Imagine que há um pequeno orifício no recipiente. A taxa em que o gás efunde (flui para o exterior) para o vácuo é exatamente igual à taxa prevista de colisão das moléculas com uma seção da parede do recipiente correspondente ao tamanho do orifício. Isso significa que a equação acima pode ser usada para descrever as taxas de efusão de dois gases a uma mesma pressão e temperatura, usando a relação

$$\frac{Z_1}{Z_2} = \left(\frac{M_2}{M_1}\right)^{1/2} \quad \text{ou} \quad \frac{Z_1}{Z_2} = \sqrt{\frac{M_2}{M_1}}$$

onde M é a massa molar. Isso explica a *lei de Graham para a efusão*, definida experimentalmente e que diz que as taxas de efusão de gases em pressões e temperaturas iguais são inversamente proporcionais à raiz quadrada (potência 1/2) de suas densidades. Esta lei também pode ser formulada em termos das densidades dos gases, porque a densidade de um gás é proporcional a sua massa molar.

(e) A relação inversa daquela discutida em (d) também se aplica nos fenômenos da *difusão*, *condução térmica* e *fluxo laminar*, embora a teoria não seja tão exata em relação a estes, comparada à lei de Graham para a efusão. Uma das razões para a diferença em relação à teoria é que é preciso considerar a natureza das colisões intermoleculares, um processo envolvido no entendimento da não idealidade dos gases. O Problema 6.68 examina um processo importante, em que um gás se mistura a outro, igualando suas concentrações. Apesar de a relação ser mais precisa para a efusão, neste livro será adotada a premissa de que as taxas de difusão relativas de dois gases sejam inversamente proporcionais à raiz quadrada de suas massas molares.

Problemas Resolvidos

Os volumes e as massas molares de gases

6.1 Calcule a massa molar aproximada de um gás, se 560 cm^3 pesam 1,55 g nas CNTP.

CAPÍTULO 6 • A LEI DOS GASES IDEAIS E A TEORIA CINÉTICA

$$PV = nRT \quad \text{e} \quad n = \frac{g_{\text{amostra}}}{\mathsf{M}} \quad \text{resulta em} \quad PV = \frac{g_{\text{amostra}}}{\mathsf{M}}RT$$

$$\mathsf{M} = \frac{g_{\text{amostra}}RT}{PV} = \frac{(1,55 \text{ g})\left(0,0821\dfrac{\text{L atm}}{\text{mol K}}\right)(273 \text{ K})}{(1 \text{ atm})(0,560 \text{ L})} = 62,0 \text{ g/mol}$$

Método alternativo

Massa molar = peso de 1 L nas CNTP × número de litros nas CNTP por mol

$$\text{Massa molar} = \left(\frac{1,55 \text{ g}}{0,560 \text{ L}}\right)(22,4 \text{ L/mol}) = 62,0 \text{ g/mol}$$

O método alternativo é mais rápido, mas você precisa dos dados já convertidos nas CNTP. Do contrário, convertê-los aumenta o tempo de cálculo.

6.2 A 18°C e 765 torr, 1,29 L de um gás pesa 2,71 g. Calcule a massa molar aproximada desse gás.

Este problema é semelhante ao Problema 6.1 e é apresentado para demonstrar uma abordagem diferente para a solução. Primeiro, vamos converter os dados do gás em mols.

$$PV = nRT \quad \text{fica} \quad n = \frac{PV}{RT} \quad \text{e} \quad P = \frac{765}{760} \text{ atm}; \quad T = (18 + 173)\text{K} = 291 \text{ K}$$

$$n = \frac{\left(\dfrac{765}{760}\text{ atm}\right)(1,29 \text{ L})}{\left(0,0821\dfrac{\text{L atm}}{\text{mol K}}\right)(291 \text{ K})} = 0,0544 \text{ mol}$$

Utilizando essa informação ($n = 0,0544$ mol), e dado o tamanho da amostra (2,71 g), solucionamos o problema.

$$\mathsf{M} = \frac{2,71 \text{ g}}{0,0544 \text{ mol}} = 49,8 \text{ g/mol}$$

Observe que $\dfrac{(\text{L atm})}{(\text{mol K})}$ é empregada como unidade de *R*. Uma alternativa comum é $\text{L} \cdot \text{atm} \cdot \text{mol}^{-1} \cdot \text{K}^{-1}$.

6.3 Calcule o volume ocupado por 4,0 g de oxigênio nas CNTP (a massa molar do O_2 é 32).

O volume de 4,0 de O_2 nas CNTP = número de mols em 4,0 g de O_2 × volume padrão normal.

$$V = \left(\frac{4,0 \text{ g}}{32 \text{ g/mol}}\right)(22,4 \text{ L/mol}) = 2,8 \text{ L}$$

6.4 Qual é o volume ocupado por 15,0 g de argônio a 90°C e 735 torr?

$$V = \frac{g_{\text{amostra}}RT}{\mathsf{M}P} = \frac{(15,0 \text{ g})\left(0,0821\dfrac{\text{L atm}}{\text{mol K}}\right)(363 \text{ K})}{(39,9 \text{ g/mol})\left(\dfrac{735}{760}\text{ atm}\right)} = 11,6 \text{ L}$$

6.5 Calcule a densidade aproximada do metano, CH_4, a 20°C e 5,00 atm. A massa molar do metano é 16,0.

$$PV = \left(\frac{g_{\text{amostra}}}{\mathsf{M}}\right)RT \quad \text{é transformado em} \quad P = \left(\frac{g_{\text{amostra}}}{V\mathsf{M}}\right)RT = \left(\frac{D}{\mathsf{M}}\right)RT$$

que, após rearranjo dos termos, fica

$$D = \frac{\mathsf{M}P}{RT} = \frac{(16,0 \text{ g/mol})(5,00 \text{ atm})}{\left(0,0821\dfrac{\text{L atm}}{\text{mol K}}\right)(293 \text{ K})} = 3,33 \text{ g/L}$$

Método alternativo

$$\text{Densidade} = \frac{\text{massa de 1 mol}}{\text{volume de 1 mol}} = \frac{16{,}0\,\text{g}}{(22{,}4\,\text{L})\left(\dfrac{1{,}00\,\text{atm}}{5{,}00\,\text{atm}}\right)\left(\dfrac{293\,\text{K}}{273\,\text{K}}\right)} = 3{,}33\,\text{g/L}$$

6.6 A composição aproximada do ar seco é 21% de O_2, 78% de N_2 e 1% de Ar, em mols. (*a*) Qual é a massa molar média (isto é, a massa molar aparente) do ar seco? (*b*) Calcule a densidade do ar seco nas CNTP.

(*a*) Um mol de ar consiste em 0,21 mol de O_2, 0,78 mol de N_2 e 0,01 mol de Ar. Multiplicando pelas massas molares, calculamos a massa aparente de um mol de ar seco.

$$(0{,}21\,\text{mol}\,O_2)\left(32{,}0\,\frac{g\,O_2}{\text{mol}\,O_2}\right) + (0{,}78\,\text{mol}\,N_2)\left(28{,}0\,\frac{g\,N_2}{\text{mol}\,N_2}\right) + (0{,}01\,\text{mol}\,Ar)\left(39{,}95\,\frac{g\,Ar}{\text{mol}\,Ar}\right) = 29\,\text{g ar}$$

(*b*) A massa de 22,4 L de um gás nas CNTP (pressupondo ser o ar seco) é sua massa molar.

$$D = \frac{\text{massa molar}}{\text{volume molar}} = \frac{29\,\text{g}}{22{,}4\,\text{L}} = 1{,}29\,\text{g/L}$$

6.7 Um composto orgânico foi analisado e apresenta a seguinte composição: C = 55,8%, H = 7,03% e O = 37,2%. Uma amostra do composto pesando 1,500 g foi vaporizada, ocupando um volume de 530 cm³ a 100°C e 740 torr. Qual é a fórmula molecular do composto?

A massa molecular aproximada, calculada a partir dos dados da densidade do gás, é 89 g/mol. A fórmula empírica, calculada a partir dos dados de composição percentual, é C_2H_3O, e a massa por fórmula unitária empírica é 43,0. A massa molar exata precisa ser (2)(43) = 86,0 g/mol, uma vez que é o único múltiplo de 43,0 (múltiplo inteiro) razoavelmente próximo à fórmula molecular aproximada de 89 g/mol. A molécula precisa ser equivalente a 2 fórmulas empíricas: C_4H_6O.

Método alternativo

A composição percentual de cada componente e a massa molecular de 89 g/mol podem ser usadas para calcular o número de mols de átomos de cada elemento no composto.

$$n(C) = \frac{(0{,}558)(89\,\text{g})}{12{,}0\,\text{g/mol}} = 4{,}1 \qquad n(H) = \frac{(0{,}0703)(89\,\text{g})}{1{,}01\,\text{g/mol}} = 6{,}2 \qquad n(O) = \frac{(0{,}372)(89\,\text{g})}{16{,}0\,\text{g/mol}} = 2{,}1$$

Estes números são semelhantes aos números de átomos na molécula. Os erros pequenos são resultado da natureza *aproximada* da medição da massa molar. A fórmula molecular, $C_4H_6O_2$, é obtida sem a necessidade de avaliação intermediária da fórmula empírica.

6.8 É possível utilizar bombas de difusão de mercúrio para produzir alto vácuo em laboratório. Muitas vezes, dispositivos de recuperação a frio são instalados entre a bomba e o sistema em que deve se formar o vácuo. Esses dispositivos causam a condensação do vapor de mercúrio, o que impede a difusão de volta para o sistema. A pressão máxima de mercúrio possível neste sistema é a pressão de vapor do mercúrio na temperatura em que se encontra o dispositivo de recuperação a frio. Calcule o número de moléculas de vapor de mercúrio por unidade de volume em um dispositivo de recuperação a frio mantido a $-120°C$. A pressão de vapor do mercúrio nesta temperatura é 10^{-16} torr.

$$\text{Mols por litro} = \frac{n}{V} = \frac{P}{RT} = \frac{(10^{-16}/760)\,\text{atm}}{\left(0{,}0821\,\dfrac{\text{L atm}}{\text{mol K}}\right)(153\,\text{K})} = 1{,}0 \times 10^{-20}\,\text{mol/L}$$

Moléculas/L = $(1{,}0 \times 10^{-20}\,\text{mol/L})(6{,}0 \times 10^{23}\,\text{moléculas/mol}) = 6 \times 10^3$ moléculas/L ou 6 moléculas/mL

Reações envolvendo gases

Nos quatro problemas apresentados nesta seção, todos os gases são medidos na mesma temperatura e pressão.

6.9 (*a*) Qual é o volume de hidrogênio que se combina com 12 L de cloro para formar cloreto de hidrogênio? (*b*) Qual é o volume de cloreto de hidrogênio formado?

CAPÍTULO 6 • A LEI DOS GASES IDEAIS E A TEORIA CINÉTICA   85

Precisamos escrever a equação balanceada para este problema, que é

$$H_2(gás) + Cl_2(gás) \to 2HCl(gás)$$

(a) A equação mostra que 1 molécula (ou mol) de H_2 reage com 1 molécula (ou mol) de Cl_2, formando 2 moléculas (ou mols) de HCl. De acordo com a hipótese de Avogadro, números iguais de moléculas de *gases* em idênticas condições de temperatura e pressão ocupam volumes iguais. Portanto, a equação também indica que 1 volume de H_2 reage com 1 volume de Cl_2, formando 2 volumes de HCl.

(b) Uma vez que 12 L de Cl_2 são usados na reação e considerando a lógica em (a), 2×12 L = 24 L de HCl são formados.

6.10 (a) Que volume de hidrogênio reage com 6 pés^3 de nitrogênio para formar amônia? (b) Qual é o volume de amônia formado?

$$N_2(gás) + 3H_2(gás) \to 2NH_3(gás)$$

(a) Aplicando a hipótese de Avogadro, como em 6.9 (a), uma vez que 1 volume de nitrogênio (6 pés^3) requer 3 volumes de hidrogênio para finalizar a reação, 3 volumes × 6 pés^3/volume = 18 pes^3 de hidrogênio.

(b) Um volume de nitrogênio forma 2 volumes de amônia. Portanto, 6 pés^3 do gás nitrogênio formam $2 \times 6 = 12$ pés^3 de gás amônia.

6.11 Um volume de 64 L de NO é misturado a 40 L de O_2, ocorrendo a reação. Qual é o volume total de gás presente após o fim da reação?

$$2NO(gás) + O_2(gás) \to 2NO_2(gás)$$

A equação nos diz que o volume de oxigênio necessário é apenas metade do volume de NO ($2NO:O_2$), ½(64) = 32 L O_2 são necessários e $(40-32)$ O_2 = 8 L O_2 estarão em excesso. A equação também nos diz que o volume de NO_2 formado é idêntico ao volume de NO reagido ($2NO:2NO_2$). Os volumes finais são 0 L NO + 8 L O_2 + 64 L NO_2 = 72 L gás.

6.12 (a) Que volume de O_2 nas CNTP é necessário para a combustão completa de 1 mol de dissulfeto de carbono, CS_2? (b) Quais os volumes de CO_2 e SO_2 são produzidos (nas CNTP)?

$$CS_2(líquido) + 3O_2(gás) \to CO_2(gás) + 2SO_2(gás)$$

(a) Nas CNTP, 1 mol de gás ocupa 22,4 L. Uma vez que são necessários 3 mols de oxigênio para consumir 1 mol de dissulfeto de carbono,

para o oxigênio consumido: (3 mols de gás) (22,4 L/mol de gás) = 67,2 L O_2

(b) Do mesmo modo que em (a),

para o dióxido de carbono produzido: (1 mol de gás) (22,4 L/mol de gás) = 22,4 L CO_2
para o dióxido de enxofre produzido: (2 mols de gás) (22,4 L/mol de gás) = 44,8 L SO_2

6.13 Quantos litros de oxigênio, nas condições padrão, são obtidos com o aquecimento de 100 g de clorato de potássio?

$$\underset{2\text{ mols}}{2KClO_3(sólido)} \to 2KCl(sólido) + \underset{3\text{ mols}}{3O_2(gás)}$$

Método molar

Observe que a equação nos diz que 2 mols $KClO_3$ produzem 3 mols O_2. Em um capítulo anterior, o símbolo n representa o número de mols e M a massa molecular.

$$n(KClO_3) = \frac{g_{amostra}}{M} = \frac{100 \text{ g}}{122,6 \text{ g/mol}} = 0,816 \text{ mol } KClO_3$$

$$n(O_2) = \frac{3}{2}n(KClO_3) = \frac{3}{2}(0,816) = 1,224 \text{ mol } O_2$$

Método alternativo

As equações mostram que 2 mols KClO$_3$, 2(122,6) = 245,2 g, geram 3 volumes molares de O$_2$, 3(22,4) = 67,2 L. Então, nas CNTP,

$$245,2 \text{ g KClO}_3 \quad \text{geram} \quad 67,2 \text{ L O}_2$$

$$1 \text{ g KClO}_3 \quad \text{gera} \quad \frac{67,2}{245,2} \text{ L O}_2$$

e

$$100 \text{ g KClO}_3 \quad \text{geram} \quad 100\left(\frac{67,2}{245,2} \text{ L}\right) = 27,4 \text{ L O}_2$$

Observe que nenhum desses métodos requer cálculos envolvendo a *massa* de oxigênio formado.

6.14 Que volume de oxigênio pode ser obtido na decomposição de 100 g de KClO$_3$? As condições 18°C e 750 torr são constantes nesta experiência.

Este problema é idêntico ao Problema 6.13, exceto pelo fato de que o volume de oxigênio precisa ser recalculado usando condições não padrão.

$$\text{Volume a } 18°\text{C e } 750 \text{ torr} = (27,4 \text{ L})\left[\frac{(273 + 18) \text{ K}}{273 \text{ K}}\right]\left(\frac{760 \text{ torr}}{750 \text{ torr}}\right) = 29,6 \text{ L O}_2$$

Método alternativo

Quando não estamos usando as CNTP, podemos calcular o volume diretamente com base no número de mols.

$$V = \frac{nRT}{P} = \frac{(1,224 \text{ mol})\left(0,0821 \frac{\text{L atm}}{\text{mol K}}\right)(291 \text{ K})}{\frac{750}{760} \text{ atm}} = 29,6 \text{ L O}_2$$

6.15 Quantos gramas de zinco precisam reagir com ácido sulfúrico para obter 500 cm^3 (0,5 L) de hidrogênio a 20°C e 770 torr?

$$\text{Zn}(\textit{sólido}) + \text{H}_2\text{SO}_4(aq) \rightarrow \text{ZnSO}_4(aq) + \text{H}_2(\textit{gás})$$

Precisamos descobrir o número de mols de gás hidrogênio produzidos, usando a *lei dos gases ideais*.

$$n(\text{H}_2) = \frac{PV}{RT} = \frac{\left(\frac{770}{760} \text{ atm}\right)(0,500 \text{ L})}{\left(0,0821 \frac{\text{L atm}}{\text{mol K}}\right)(293 \text{ K})} = 0,0211 \text{ mol H}_2$$

Feito isso, podemos usar a análise dimensional para chegar às respostas do problema usando a razão molar (1Zn:1H$_2$) a partir da equação balanceada

$$0,0211 \text{ mol H}_2 \times \frac{1 \text{ mol Zn}}{1 \text{ mol H}_2} \times \frac{65 \text{ g Zn}}{1 \text{ mol Zn}} = 1,38 \text{ g Zn}$$

6.16 Uma amostra de gás natural contém 84% de CH$_4$, 10% de C$_2$H$_6$, 3% de C$_3$H$_8$ e 3% de N$_2$. Se uma série de reações catalíticas pode ser usada para converter todos os átomos de carbono do gás em butadieno, C$_4$H$_6$, com 100% de eficiência, quanto butadieno pode ser obtido a partir de 100 g deste gás natural?

Este problema começa com o volume molar. Se temos 100 mols da mistura, então teríamos 84 mols de CH$_4$, 10 mols de C$_2$H$_6$, 3 mols de C$_3$H$_8$ e 3 mols de N$_2$. Podemos calcular a quantidade de gás natural em 100 mols da mistura usando as massas molares.

$$100 \text{ mols da mistura} = 84 \text{ mol CH}_4\left(16 \frac{\text{g}}{\text{mol}}\right) + 10 \text{ mol C}_2\text{H}_6\left(30 \frac{\text{g}}{\text{mol}}\right) + 3 \text{ mol C}_3\text{H}_8\left(44 \frac{\text{g}}{\text{mol}}\right) + 3 \text{ mol N}_2\left(28 \frac{\text{g}}{\text{mol}}\right)$$

$$= 1860 \text{ g da mistura de gás natural}$$

O número de mols de carbono em 100 mols da mistura é 84(1) + 10(2) + 3(3) + 3(0) = 113 mols de C. Uma vez que 4 mols de C nos dão 1 mol de C_4H_6, 54 g, 113 mols de C geram

$$\left(\frac{113}{4}\text{ mol}\right)(54\text{ g/mol}) = 1530\text{ g }C_4H_6$$

Então,

$$1.860\text{ g de gás natural geram }1530\text{ g de }C_4H_6$$

e

$$100\text{ g de gás natural geram }\frac{100}{1860}(1530\text{ g}) = 82\text{ g de }C_4H_6.$$

6.17 Uma reação de combustão do SO_2 foi preparada com a abertura de uma torneira que conectava duas câmaras diferentes. Uma delas tem volume igual a 2,125 L e foi preenchida com SO_2 a 0,750 atm. A outra tem volume igual a 1,500 L e foi preenchida com O_2 a 0,500 atm. A temperatura de ambas é 80°C. (*a*) Quais eram a fração molar de SO_2 na mistura, a pressão total e as pressões parciais? (*b*) Se a mistura fosse bombeada sobre um catalisador que promove a formação de SO_3 e fosse então devolvida às duas câmaras originais conectadas, quais seriam as frações molares na mistura final e qual seria a pressão total final? Suponha que a temperatura final seja 80°C e que a conversão do SO_2 seja completa, na medida do O_2 disponível.

(*a*)
$$n(SO_2) = \frac{PV}{RT} = \frac{(0,750\text{ atm})(2,125\text{ L})}{\left(0,0821\dfrac{\text{L atm}}{\text{mol K}}\right)(353\text{ K})} = 0,0550\text{ mol }SO_2$$

$$n(O_2) = \frac{PV}{RT} = \frac{(0,500\text{ atm})(1,500\text{ L})}{\left(0,0821\dfrac{\text{L atm}}{\text{mol K}}\right)(353\text{ K})} = 0,0259\text{ mol }O_2$$

Cada fração molar é avaliada dividindo o número de mols do componente pelo número de mols na mistura. Se X é o símbolo para a fração molar,

$$X(SO_2) = \frac{n(SO_2)}{n(SO_2) + n(O_2)} = \frac{0,0550\text{ mol}}{(0,0550 + 0,259)} = \frac{0,0550}{0,0809} = 0,680$$

$$X(O_2) = \frac{0,0259}{0,0809} = 0,320$$

Observe que a fração molar não tem dimensão (não tem unidades) e que a soma das frações molares é 1.

A pressão total antes da reação pode ser avaliada usando o volume total (2,125 L + 1,500 L = 3,625 L) e o número total de mols, $n = 0,0809$ mol.

$$P_{\text{total}} = \frac{nRT}{V} = \frac{(0,0809\text{ mol})\left(0,0821\dfrac{\text{L atm}}{\text{mol K}}\right)(353\text{ K})}{3,625\text{ L}} = 0,647\text{ atm}$$

Conhecendo a pressão total, o cálculo da pressão parcial de cada substância ($P(X)$) na mistura é feito multiplicando as respectivas frações molares (X) pela pressão total. Essa afirmativa pode ser provada por

$$\frac{P(X)}{P_{\text{total}}} = \frac{n(X)RT/V}{nRT/V} = \frac{n(X)}{n} = x(X) \quad\text{e}\quad P(X) = x(X)P_{\text{total}}$$

então

$$P(SO_2) = X(SO_2) \times P_{\text{total}} = (0,680)(0,647\text{ atm}) = 0,440\text{ atm }SO_2$$
$$P(O_2) = X(O_2) \times P_{\text{total}} = (0,320)(0,647\text{ atm}) = 0,207\text{ atm }O_2$$

A soma das pressões parciais precisa ser igual à pressão total.

(b) A reação química da equação é necessária para resolver esta parte do problema.

$$2SO_2 + O_2 \rightarrow 2SO_3$$

Todas as substâncias são gases nas condições do experimento. O número de mols de oxigênio necessários equivale à metade do número de mols de dióxido de enxofre. Porém neste experimento temos 0,0259 mol de O_2, menos da metade do número de mols de SO_2 (0,0550 mol de SO_2). Isso significa que o oxigênio é um reagente limitante e que existe um excesso de dióxido de enxofre. O cálculo do O_2 é o primeiro a ser feito e então o cálculo relativo ao SO_2 consumido.

$$n(O_2) = 0{,}0259 \text{ mol } O_2$$

$$n(SO_2) \text{ consumido} = 2 \times n(O_2) = \left(2\frac{\text{mol } SO_2 \text{ consumido}}{\text{mol } O_2}\right)(0{,}0259 \text{ mol } O_2) = 0{,}0518 \text{ mol } SO_2 \text{ consumido (necessário)}$$

A quantidade do produto, SO_3, será igual à quantidade de SO_2 consumido, de acordo com a equação balanceada. Assim, a quantidade de SO_3 produzida será 0,0518 mol, supondo uma eficiência de 100%. Além disso, haveria 0,0032 mol de SO_2 em excesso (0,0550 original – 0,0518 consumido).

As quantidades de gás na terminação da reação (100% de eficiência) são 0,0032 mol de SO_2, 0 mol de O_2 e 0,0518 mol de SO_3. Com base nessas informações, calculamos as frações molares de cada um.

$$X(SO_2) = \frac{n(SO_2)}{n(SO_2) + n(SO_3)} = \frac{0{,}0032 \text{ mol}}{(0{,}0032 + 0{,}0518) \text{ mol}} = \frac{0{,}0032 \text{ mol}}{0{,}0550 \text{ mol}} = 0{,}058$$

$$X(SO_3) = \frac{n(SO_3)}{n(SO_2) + n(SO_3)} = \frac{0{,}0518 \text{ mol}}{(0{,}0032 + 0{,}0518) \text{ mol}} = \frac{0{,}0518 \text{ mol}}{0{,}0550 \text{ mol}} = 0{,}942$$

A pressão total final é calculada com base no número total de mols na terminação da reação.

$$P_{\text{total}} = \frac{n_{\text{total}}RT}{V} = \frac{(0{,}0550 \text{ mol})\left(0{,}0821 \frac{\text{L atm}}{\text{mol K}}\right)(353 \text{ K})}{3{,}625 \text{ L}} = 0{,}440 \text{ atm}$$

Por outro lado, se percebermos que a equação química nos informa que a quantidade de SO_3 produzida é idêntica à quantidade de SO_2 consumida, fica claro que a pressão final *total* é igual à pressão *parcial* inicial de SO_2. Isso ocorre porque os gases únicos presentes no final são o SO_2 (em excesso) e o SO_3. Além disso, a quantidade de SO_3 produzida é exatamente igual à quantidade de SO_2 consumida. A quantidade total de gás permanece constante, antes e depois da reação. A diferença na pressão final se deve ao consumo do oxigênio. Isso significa que a pressão total cai de acordo com a quantidade de oxigênio consumida – toda ela.

A teoria cinética

6.18 (a) Demonstre como o valor de R, $8{,}3145 \frac{\text{J}}{\text{mol K}}$, em $\frac{\text{L atm}}{\text{mol K}}$, pode ser encontrado a partir do valor expresso nas unidades SI. (b) Expresse R em calorias.

(a)
$$R = 8{,}3145 \frac{\text{J}}{\text{mol K}} = 8{,}3145 \frac{\text{N m}}{\text{mol K}}$$

$$R = \left(8{,}3145 \frac{\text{N m}}{\text{mol K}}\right)\left(\frac{1 \text{ atm}}{1{,}013 \times 10^5 \text{N} \cdot \text{m}^{-2}}\right)\left(\frac{10^3 \text{dm}^3}{1 \text{ m}^3}\right)\left(\frac{1 \text{ L}}{1 \text{ dm}^3}\right) = 0{,}0821 \frac{\text{L atm}}{\text{mol K}}$$

(b)
$$R = \left(8{,}3145 \frac{\text{J}}{\text{mol K}}\right)\left(\frac{1 \text{ cal}}{4{,}184 \text{ J}}\right) = 1{,}987 \frac{\text{cal}}{\text{mol K}}$$

6.19 Calcule a velocidade quadrática média do H_2 a 0°C.

$$u_{\text{qm}} = \left(\frac{3RT}{M}\right)^{1/2} = \left[\frac{3\left(8{,}3145 \frac{\text{J}}{\text{mol K}}\right)(273 \text{ K})}{\left(1{,}016 \frac{\text{g}}{\text{mol}}\right)\left(\frac{1 \text{ kg}}{1000 \text{ g}}\right)}\right]^{1/2} = 1837 \text{ (J/kg)}^{1/2}$$

$$u_{\text{qm}} = 1{,}84 \times 10^3 \left(\frac{\text{kg} \cdot \text{m}^2/\text{s}^2}{\text{kg}}\right)^{1/2} = 1{,}84 \times 10^3 \text{m/s} \quad \text{ou} \quad 1{,}84 \text{ km/s}$$

6.20 Calcule as velocidades relativas de efusão do H_2 e do CO_2 através de um orifício feito com um alfinete.

$$\frac{r(H_2)}{r(CO_2)} = \sqrt{\frac{M(CO_2)}{M(H_2)}} = \sqrt{\frac{44 \text{ g/mol}}{2,0 \text{ g/mol}}} = \sqrt{22} = 4,7$$

Problemas Complementares

6.21 Suponhamos que o octano (C_8H_{18}) entra em combustão de modo explosivo (o que, sabe-se, ocorre com a gasolina) e que esfregar álcool (C_3H_7OH) também tem este resultado. Entre essas substâncias, qual explode com maior violência, com base na expansão dos gases produzidos durante a combustão completa?

Resp. O octano produz mais gás que o álcool (34:14, em base molar), produzindo uma explosão mais violenta.

6.22 Se 200 cm³ de um gás nas CNTP pesam 0,268 g, qual é sua massa molar?

Resp. 30,0 g/mol

6.23 O projeto de um tanque para armazenagem de óxido nitroso, N_2O, usado em corridas de automóveis, especifica que o material escolhido resiste a uma tensão de 1.500 g armazenados em um volume de 7,5 litros. A temperatura não ultrapassa 125°C. Calcule a pressão a que o tanque estará exposto.

Resp. 218 atm

6.24 Qual é o volume de 16 g de óxido nitroso, N_2O, nas CNTP?

Resp. 8,1 L

6.25 Qual é o volume ocupado por 1,216 g de SO_2 gasoso a 18°C e 755 torr?

Resp. 456 cm³

6.26 Um químico precisa calcular a massa molar de um composto no estado líquido, mas estava preocupado com a possibilidade de a amostra se decompor se aquecida. Por essa razão ele utilizou uma seringa para injetar 0,436 g da amostra em um recipiente de 5,00 L de capacidade com argônio a 17°C, conectado a um manômetro de ramo aberto. O líquido vaporizou-se por completo, e o mercúrio no interior do manômetro subiu da marca de 16,7 mm para 52,4 mm. Qual é a massa molar do composto?

Resp. 44,2 g/mol

6.27 Calcule a massa de 2,65 L de gás dióxido de carbono a 34°C e 1,047 atm.

Resp. 4,84 g

6.28 Calcule a densidade do H_2S gasoso a 27°C e 2,00 atm.

Resp. 2,77 g/L

6.29 Qual é a massa de 1 mol de gás com densidade 1,286 kg/m³ a 40°C e 785 torr?

Resp. 32,0 g/mol

6.30 Um pedaço de magnésio de grandes dimensões, pesando 20 kg, caiu acidentalmente em um reator contendo 500 litros de solução de HCl concentrado. Qual é o volume de gás hidrogênio produzido (1 atm, 32°C)?

Resp. $2,1 \times 10^4$ L H_2

6.31 Suspeita-se que a inalação de fosgênio, $COCl_2$, tenha causado a morte de uma pessoa. Foi feita uma drenagem dos gases no interior dos pulmões da vítima. Após, os componentes da mistura gasosa foram separados e identificados. Uma pequena amostra de um componente misterioso foi colocada em um recipiente de 25 mL, cujo peso passou então de 18,6600 g para 18,7613 g. A temperatura manteve-se estável em 24°C e a pressão final foi de 1 atm. Calcule a massa molecular desse componente.

Resp. 99 u, valor próximo o bastante da massa do fosgênio, 98,9164 u, aumentando as chances de ser ele o composto misterioso.

6.32 Um balão caído e toda sua carga pesam 216 kg. Calcule quantos metros cúbicos de gás hidrogênio são necessários para o balão ser inflado o bastante para ser lançado do cimo de uma montanha a $-12°C$ e pressão de 628 torr. A densidade do ar na montanha é 1,11 g/L.

Resp. 210 m^3

6.33 Um dos métodos empregados para estimar a temperatura no centro do Sol se fundamenta na lei dos gases ideais. Qual é a temperatura calculada se o centro do Sol consiste em gases cuja massa molar média é 2,0 g, a densidade é $1,4 \times 10^3$ kg/m^3 e a pressão é $1,3 \times 10^9$ atm?

Resp. $2,3 \times 10^7$ K

6.34 Uma câmara experimental de 100 cm^3 foi selada a uma pressão de $1,2 \times 10^{-5}$ torr e 27°C. Qual o número de moléculas gasosas remanescentes na câmara?

Resp. $3,9 \times 10^{13}$ moléculas

6.35 O *smog* fotoquímico contém NO_2, o gás responsável pela "nuvem marrom" nos céus das grandes cidades. Esse gás é capaz de produzir um *dímero* (duas unidades idênticas e ligadas quimicamente) de acordo com a reação $2NO_2 \rightarrow N_2O_4$. Se a reação de 750 g de NO_2 se desloca por completo para a direita, qual é a pressão em uma câmara com 10 L de capacidade a 42°C?

Resp. 21 atm

6.36 Um dos aspectos importantes a considerar em relação ao emprego do hidrogênio como combustível automotivo diz respeito ao volume que ocupa. Compare o número de átomos de hidrogênio por metro cúbico disponíveis em (*a*) gás hidrogênio a uma pressão de 14,0 MPa a 300 K; (*b*) hidrogênio líquido a 20 K e densidade igual a 70,0 kg/m^3; (*c*) o composto sólido $DyCo_3H_5$, que tem densidade 8200 kg/m^3 a 300 K, em que todo o hidrogênio pode ser disponibilizado para a combustão.

Resp. (*a*) $0,68 \times 10^{28}$ átomos/m^3; (*b*) $4,2 \times 10^{28}$ átomos/m^3; (*c*) $7,2 \times 10^{28}$ átomos/m^3.

6.37 Um tanque de 18 L projetado para armazenar gás comprimido não resiste a pressões acima de 15 atm. (*a*) Qual é o número de mols de hélio que pode ser armazenado neste tanque na temperatura padrão (0°C)? (*b*) Qual é o número de mols de hélio que pode ser armazenado a 140°F (60°C, a temperatura de um carro em um dia quente de verão)?

Resp. 19 mols de He a 0°C;   (*b*) 12 mols de He a 60°C.

6.38 Uma garrafa plástica é projetada para armazenar 1 litro de bebida carbonatada, mas a pressão é um problema. O espaço livre acima do nível máximo do líquido é 100 mL, e a garrafa suporta 7,5 atm de pressão. Quanto CO_2 pode estar presente nesse espaço, na temperatura ambiente (25°C) em mols e em gramas?

Resp. 0,030 mol ou 1,3 g de CO_2.

6.39 Um tanque de aço vazio com 1,5 pé^3 e sua válvula pesam 125 lb. O tanque foi preenchido com oxigênio a 2.000 lb/pol^2 absolutos a 25°C. (*a*) Que porcentagem do peso total do tanque cheio corresponde ao O_2? Suponha que a lei dos gases ideais seja válida. (*Observação*: 1 atm = 14,7 lb/pol^2.)

Para as partes (*b*), (*c*) e (*d*), leve em consideração que o gás oxigênio puro não é necessariamente a fonte mais compacta de oxigênio puro para um sistema combustível, devido ao peso do cilindro necessário para o confinamento do gás. Outras fontes compactas são o peróxido de hidrogênio e o peróxido de lítio. As reações geradoras de oxigênio são

$$2H_2O_2 \rightarrow 2H_2O + O_2 \qquad 2Li_2O_2 \rightarrow 2Li_2O + O_2$$

(*b*) Considere uma solução de 65% em peso de H_2O_2 em H_2O e (*c*) uma solução de Li_2O_2 pura em termos de % do peso total de oxigênio "disponível". Desconsidere o peso dos recipientes. (*d*) Compare com (*a*).

Resp. (*a*) 12%;   (*b*) 31%;   (*c*) 35%;   (*d*) Tanto (*b*) quanto (*c*) são mais eficientes que (*a*) em base percentual mássica.

6.40 Uma amostra de 0,331 g de carbonato de amônio hidratado foi colocada em um tubo de pirólise de 30 cm^3, com vácuo a 45,0 atm. Ele foi selado a 250°C até a decomposição completa da amostra, de acordo com a reação

$$(NH_4)_2CO_3 \cdot H_2O \rightarrow 2NH_3 + CO_2 + 2H_2O$$

(*a*) Havia alguma água no estado líquido no interior do tubo? (*b*) Sabendo que a pressão de vapor a 250°C é 39,2 atm, o tubo explodiu?

Resp. (*a*) Não, *P*(água) = 8,30 atm;   (*b*) Não, *P*(total) = 20,7 atm

6.41 Um meteorito de ferro foi analisado para descobrir sua composição de isótopos de argônio. A quantidade de ^{36}Ar foi 0,200 mm^3 (CNTP) por quilograma de meteorito. Se cada átomo de ^{36}Ar tivesse sido formado por um único evento cósmico, quantos eventos desse tipo devem ter ocorrido por quilograma de meteorito?

Resp. $5,4 \times 10^{15}$

6.42 As densidades no estado gasoso de três compostos voláteis de certo elemento foram calculadas nas CNTP: 6,75, 9,56 e 10,08 kg/m^3. Os três compostos contêm 96,0%, 33,9% e 96,4% do elemento em questão, respectivamente. Qual é a massa atômica mais provável desse elemento?

Resp. 72,6, embora os dados não excluam o valor 72,6/*n*, onde *n* é um inteiro positivo.

6.43 Em voos espaciais, absorventes químicos são utilizados para remover o CO_2 exalado pelos astronautas. O Li_2O é muito eficiente em termos de capacidade absorvente por unidade de peso. Calcule a eficiência de absorção do Li_2O puro em litros de CO_2 (CNTP) por quilograma de Li_2CO_3 que reage de acordo com a reação:

$$Li_2O + CO_2 \rightarrow Li_2CO_3$$

Resp. 752 L/kg

6.44 Uma mistura de metano, CH_4, e etano, C_2H_6, exerce uma pressão de 2,33 atm quando confinada em um reator com pressão e temperatura constante. A essa mistura adicionou-se oxigênio em excesso. Feito isso, foi queimada por completo, formando CO_2 e H_2O. Após remoção de H_2O e do excesso de O_2, o CO_2 foi retornado ao reator, onde sua pressão agora era 3,02 atm, medida na mesma pressão e temperatura da mistura original. Calcule as frações molares desses gases na mistura original.

Resp. $X(CH_4) = 0,704$; $X(C_2H_6) = 0,296$

6.45 Exatos 500 cm^3 de um gás nas CNTP pesam 0,581 g. A composição do gás é C = 92,24% e H = 7,76%. Encontre a fórmula molecular do gás.

Resp. C_2H_2

6.46 Um hidrocarboneto tem 82,66% de carbono e 17,34% de hidrogênio. A densidade de seu vapor é 0,2308 g/L a 30°C e 75 torr. Calcule sua massa molar e sua fórmula molecular.

Resp. 58,2 g/mol, C_4H_{10}

6.47 Quantos gramas de O_2 estão contidos em 10,5 L de oxigênio medidos em água a 25°C e 740 torr? A pressão de vapor da água a 25°C é 24 torr.

Resp. 12,9 g

6.48 Um recipiente vazio em contato com o ar pesou 24,173 g. O recipiente foi preenchido com o vapor de um líquido inorgânico e selado a 100°C. Na temperatura ambiente, o mesmo recipiente pesou então 25,002 g. Após, ele foi aberto e preenchido com água à temperatura ambiente e então seu peso foi medido outra vez, agora em 176 g. A leitura barométrica foi 725 mm Hg. Todas as pesagens foram efetuadas à temperatura ambiente, de 25°C. Qual é a massa molar do vapor orgânico? Considere o peso do ar no frasco selado, com base na densidade de 1,18 g/L a 25°C e 1 atm.

Resp. 213 g/mol

6.49 Um estudante acha que o dito "balão de chumbo" pode de fato ser construído e começa o projeto do aparelho. Ele adota uma forma esférica de raio *r* e um invólucro com peso especificado em 5,00 g/cm^2. O balão é preenchido com gás hélio a 25°C a 711 torr. Nessas condições, a densidade do ar é 1,10 g/L. Para uma esfera de raio *r*, a área superficial (do invólucro) é $4\pi r^2$ e o volume é $4\pi r^3/3$. Calcule a dimensão do raio que permite ao balão deixar o solo e seu peso final.

Resp. $r = 158$ m;   peso $= 1,82 \times 10^7$ kg, incluindo gás e invólucro

6.50 Uma amostra de 50 cm^3 de uma mistura de hidrogênio e oxigênio foi colocada em uma bureta para gases a 18°C e confinada na pressão ambiente. Uma fagulha foi gerada na amostra gasosa, para que a formação de água se completasse. O gás puro resultante tinha volume de 10 cm^3 na pressão ambiente. Qual será a fração molar inicial do hidrogênio na mistura (*a*) se o gás residual após a ignição for o hidrogênio? (*b*) se o gás residual for o oxigênio?

Resp. (*a*) 0,73;   (*b*) 0,53

6.51 Quanto vapor d'água está contido em uma sala cúbica com 4,0 m de lado se a umidade relativa é 50% e a temperatura está em 27°C? A pressão de vapor da água a 27°C é 26,7 torr. A umidade relativa expressa a pressão parcial da água como porcentagem da pressão de vapor da água.

Resp. 0,82 kg

6.52 As roupas úmidas no interior de uma secadora contêm 0,983 kg de água. Supondo que o ar deixe a secadora saturado de vapor d'água a 48°C e 738 torr de pressão total, calcule o volume de ar seco a 24°C e 738 torr necessário para secar as roupas. A pressão de vapor da água a 48°C é 83,7 torr.

Resp. $1,070 \times 10^4$ L

6.53 O gás etano, C_2H_6, queima no ar de acordo com a equação $2C_2H_6 + 7O_2 \rightarrow 4CO_2 + 6H_2O$. Calcule o número de (*a*) mols de CO_2 e H_2O formados na queima de 1 mol de C_2H_6, (*b*) litros de O_2 necessários para queimar 1 L de C_2H_6, (*c*) litros de CO_2 formados na queima de 25 L de C_2H_6, (*d*) litros de CO_2 (CNTP) formados na queima de 1 mol de C_2H_6, (*e*) mols de CO_2 na queima de 25 L (CNTP) de C_2H_6, (*f*) gramas de CO_2 formados na queima de 25 L (CNTP) de C_2H_6.

Resp. (*a*) 2 mols de CO_2, 3 mols de H_2O; (*b*) 3,5 L; (*c*) 50 L; (*d*) 44,8 L; (*e*) 2,23 mol; (*f*) 98,2 g

6.54 O nitrogênio puro é preparado pela decomposição de uma solução aquosa de nitrito de amônio.

$$NH_4NO_2 \rightarrow N_2 + 2H_2O$$

Se 56,0 mL de N_2 foram coletados em água a 42°C e pressão total de 778 torr, qual será a massa de NH_4NO_2 que precisa ser decomposta? A pressão de vapor da água a 42°C é 61 torr.

Resp. 0,131 g

6.55 O CO_2 é coletado em água. Porém, o CO_2 é muito solúvel em água e reage com ela, que por isso precisa ser saturada com gás. Um volume de 372 mL de gás é coletado em água saturada com CO_2. As condições são 1,001 atm e 23,40°C. O CO_2 é obtido de acordo com a reação abaixo. Qual é a massa de $CaCO_3$ decomposta? (A pressão de vapor da água a 23,40°C é 21,58 mm Hg.)

$$CaCO_3(s) + 2HCl(aq) = CaCl_2(aq) + CO_2(g) + H_2O(l)$$

Resp. 1,50 g $CaCO_3$

6.56 O lítio reage com o hidrogênio para produzir o hidreto, LiH. Às vezes, o produto é contaminado com lítio metálico que não reagiu. A extensão dessa contaminação pode ser medida com base na quantidade de gás hidrogênio gerado na reação com uma quantidade conhecida de água.

$$LiH + H_2O \rightarrow LiOH + H_2$$

$$2Li + 2H_2O \rightarrow 2LiOH + H_2$$

Uma amostra pesando 0,205 g de LiH contaminado gerou 561 mL de gás medido em água a 22°C e pressão total de 731 torr. Calcule a percentagem em massa de lítio metálico na amostra. A pressão de vapor da água a 22°C é 20 torr.

Resp. 37%

6.57 Uma mistura de 5,00 g de água, 5,00 g de metanol (CH_3OH) e 5,00 g de etanol (C_2H_5OH) foi colocada em um recipiente grande, em que previamente havia vácuo. O recipiente foi aquecido até todo o volume de líquido ter evaporado por completo. Se a pressão total foi 2,57 atm, qual é a pressão parcial do etanol?

Resp. 0,514 atm

6.58 Cinquenta gramas de alumínio foram tratados com H_2SO_4 em excesso de 10%.

$$2Al + 3H_2SO_4 \rightarrow Al_2(SO_4)_3 + 3H_2$$

(*a*) Qual o volume de ácido sulfúrico concentrado (densidade 1,80 g/cm³) contendo 96,5% de H_2SO_4 em peso consumido? (*b*) Qual o volume de hidrogênio coletado em água a 20°C e 785 torr? A pressão de vapor da água a 20°C é 17,5 torr.

Resp. (*a*) 173 cm³; (*b*) 66,2 L

6.59 Uma amostra pesando 0,750 g de ácido benzoico sólido, $C_7H_6O_2$, foi colocada em um reator de 0,500 L pressurizado com O_2 a 10,0 atm e 25°C. O ácido benzoico foi queimado por completo, formando água e CO_2. Quais as frações molares finais de CO_2 e vapor de H_2O na mistura gasosa resultante, na temperatura inicial? A pressão de vapor da água a 25°C é 23,8 torr. Desconsidere o volume ocupado por substâncias não gasosas e a solubilidade do CO_2 em água. A pressão de vapor na fase gasosa não pode exceder a pressão de vapor da água e por isso a maior parte da água condensa, no estado líquido.

Resp. $X(CO_2) = 0{,}213$, $X(H_2O) = 0{,}0032$

6.60 Dois gases em recipientes adjacentes são postos em contato quando uma torneira de comunicação instalada entre os recipientes é aberta. Um recipiente tem capacidade para 0,250 L e continha NO a 800 torr e 220 K; o outro comportava 0,100 L e continha O_2 a 600 torr e 220 K. A reação de formação de N_2O_4 sólido exauriu o reagente limitante. (*a*) Desconsiderando a pressão de vapor do N_2O_4, calcule a pressão e a composição do gás remanescente a 22 K após a terminação da reação. (*b*) Qual é o peso de N_2O_4 formado?

Res. (*a*) 229 torr de NO;   (*b*) 0,402 g N_2O_4

6.61 A produção industrial de amônia utilizando como matéria-prima o gás natural pode ser representada pela série de reações simplificadas abaixo:

$$(1) \quad CH_4 + H_2O \rightarrow CO + 3H_2$$

$$(2) \quad 2CH_4 + O_2 \rightarrow 2CO + 4H_2$$

$$(3) \quad CO + H_2O \rightarrow CO_2 + H_2$$

$$(4) \quad N_2 + 3H_2 \rightarrow 2NH_3$$

Supondo que (i) apenas as reações acima ocorrem, mais a absorção química do CO_2, (ii) o gás natural consiste em apenas CH_4, (iii) o ar é composto por 0,80 N_2 e 0,20 O_2 (fração molar) e (iv) a razão de conversão de CH_4 pelos processos (*1*) e (*2*) é controlada por meio da passagem de oxigênio na reação (*2*) com quantidade de ar o bastante para a razão molar do N_2 para H_2 ser exatamente 1:3, considere a eficiência global de um processo em que 1.200 m³ (CNTP) de gás natural gera 1,00 t de NH_3. Quantos mols de NH_3 são formados por mol de gás natural se a conversão deste, exposto às condições citadas, é completa? (*b*) Que porcentagem do rendimento máximo calculado em (*a*) corresponde ao rendimento real?

Resp. (*a*) 2,29 mol NH_3/mol CH_4;   (*b*) 48%

Teoria cinética

6.62 Calcule a razão de (*a*) u_{qm} para u_{mp} e (*b*) $u_{méd}$ para u_{mp}

Resp. (*a*) 1,22;   (*b*) 1,13

6.63 A que temperatura as moléculas de N_2 têm velocidade média igual à dos átomos de He a 300 K?

Resp. 2100 K

6.64 A que temperatura a velocidade mais provável das moléculas do CO atinge o dobro do valor observado a 0°C?

Resp. 819°C

6.65 Dois gases foram introduzidos em um tubo de vidro com 3 m de comprimento. Na extremidade direita, foi introduzida NH_3; na extremidade esquerda, o gás era desconhecido. Os dois gases se encontraram, formando um vapor branco que se depositou no interior do tubo a uma distância de 2,1 m da extremidade direita. (*a*) Qual é a massa molar do gás desconhecido? (*b*) Elabore uma hipótese sobre a fórmula deste gás.

Resp. (*a*) 36 g/mol;   (*b*) A massa é muito semelhante à massa do HCl, 36,46.

6.66 Dois gases tóxicos são bombeados para o interior de um tubo preenchido com argônio. As velocidades relativas no interior do tubo são 0,80 para o primeiro e 1,0 para o segundo gás. Sabe-se que o primeiro gás é o brometo de hidrogênio, HBr, e suspeita-se que o segundo seja o diborano, B_2H_6, o cloreto de cianogênio, ClCN, ou o cianogênio $(CN)_2$. Qual destes compostos tem mais chance de ser o gás desconhecido?

Resp. O cianogênio, $(CN)_2$, o mais próximo ao cloreto de cianogênio, ClCN, com 0,87:1

6.67 Qual é a razão da energia cinética molecular média do UF_6 para a do He, ambos a 300 K?

Resp. 100

6.68 Qual é a energia cinética de um mol de CO_2 a 400 K (*a*) em kJ e (*b*) em kcal?

Resp. (*a*) 4,99 kJ; (*b*) 1,192 kcal (Cal)

6.69 Os isótopos de urânio são separados tirando proveito das diferentes taxas de difusão das duas formas isotópicas do UF_6. Uma das formas contém urânio de massa atômica 238 e a outra tem massa atômica 235. Quais são as taxas relativas de difusão dessas duas moléculas, considerando válida a lei de Graham?

Resp. UF_6 com ^{235}U é 1,004 vezes mais rápido.

6.70 Suspeita-se que uma amostra de gás seja composta por HCN, H_2S ou CO. A amostra foi misturada com N_2. Essa mistura foi então inserida na extremidade de um tubo contendo apenas argônio. Sabe-se que o nitrogênio chega à outra extremidade do tubo a uma velocidade 1,1 vezes maior que os componentes desconhecidos. Qual a fórmula mais provável do outro gás?

Resp. H_2S

6.71 A pressão de um recipiente contendo oxigênio puro caiu de 2000 torr para 1500 torr em 47 minutos, à medida que o gás efundia por um orifício pequeno, para o vácuo. Quando o mesmo recipiente foi preenchido com outro gás, a pressão caiu de 2000 torr para 1500 torr em 74 minutos. Qual é a massa molar do segundo gás?

Resp. 79 g/mol

6.72 Um cilindro grande contendo hélio a 2.000 lb/pé^2 tem um pequeno orifício, através do qual o gás escapa para o vácuo a uma velocidade de 3,4 milimols por hora. Quanto tempo é necessário para que 10 milimols de CO efundam por um orifício idêntico, se o CO estivesse confinado na mesma pressão?

Resp. 7,8 h

6.73 Calcule a velocidade média de uma molécula de nitrogênio no ar à temperatura ambiente (25°C). *Sugestão*: se você utilizar unidades SI para R e para a massa molar, u será expressa em m/s.

Resp. 475 m/s

6.74 Qual é a diferença entre a velocidade média de uma molécula de nitrogênio e a de uma molécula de oxigênio no ar? (O ar é composto por aproximadamente 20% de oxigênio e 80% de nitrogênio, em mols.)

Resp. As moléculas de N_2 se movem a uma velocidade 1,07 vezes maior que a velocidade das moléculas de O_2 (isto é, 7% mais rápido).

6.75 Você aprendeu que, em uma mistura gasosa, cada um dos componentes exerce uma pressão parcial proporcional à respectiva fração molar na mistura. Contudo, em uma caixa com ar, uma molécula de N_2, devido a sua alta velocidade, colide com a parede a uma frequência maior que a molécula de O_2. Isso sugere que o nitrogênio talvez contribui com mais de 80% da pressão. Explique a aparente discrepância nesta afirmação.

Resp. Embora a molécula de O_2 colida com a parede menos frequentemente (por um fator de 1/1,07), seu momento de força (*mu*) é 1,07 vezes maior que o momento de força da molécula de N_2 (ver Problema 6.74). A força de um impacto depende do momento de força.

Capítulo 7

A Termoquímica

O CALOR

Dentre todas as formas de energia, o calor pode ser considerado a mais básica. As outras, como a energia química, a luz, as ondas de rádio e a energia elétrica, tendem a se converter em calor por meio de processos naturais. Quando algum tipo de energia é convertido em calor ou quando o calor é convertido em algum tipo de energia, não há perda na quantidade total de energia. Além disso, a quantidade de energia térmica necessária para elevar a temperatura de uma substância é exatamente igual à energia perdida quando a substância esfria, até sua temperatura original. A quantidade de energia requerida por uma alteração de estado físico, como a fusão ou a evaporação, é igual à energia liberada no processo inverso (solidificação ou condensação).

Os conceitos citados acima abrem caminho para os conceitos de mensuração de energia, tipos de energia, conversões e efeitos das perdas e ganhos de energia. As unidades mais utilizadas são listadas na Tabela 6-1. O uso do joule (J), a unidade padrão do SI, permite a conversão entre as diversas unidades de energia. Por muito tempo os químicos utilizaram a caloria e a quilocaloria (kcal), mas o joule e a quilocaloria tornaram-se as unidades preferidas. Em contrapartida, os engenheiros adotam a Btu.

A CAPACIDADE CALORÍFICA

A *capacidade calorífica* de um corpo é a quantidade de calor necessária para elevar sua temperatura em 1 K (1°C). Considerando substâncias puras, é mais conveniente utilizar a *capacidade calorífica molar* (capacidade calorífica por mol) e, conforme discutido acima, a *capacidade calorífica específica*, mais comumente conhecida como *calor específico* (capacidade calorífica por unidade de massa). Para fins de exemplo, o calor específico médio da água é

$$1,00 \text{ cal/g} \cdot \text{K} = 4,184 \text{ J/g} \cdot \text{K} \quad \text{ou} \quad 1,00 \text{ kcal/kg} \cdot \text{K} = 4,184 \text{ kJ/kg} \cdot \text{K}$$
[*Observação*: os k ($\times$ 1000) se cancelam]

Utilizando esses dados para a água, a capacidade calorífica molar é 18,02 cal/mol·K (cerca de 75,40 J/mol·K). Observe que os desvios desta média são menores que 1% entre o ponto de congelamento e o ponto de ebulição. O que está sendo afirmado é que a capacidade calorífica pode depender (ligeiramente) da temperatura, mas tem valores bastante estáveis, o que torna possível considerá-la uma grandeza constante, como faremos neste livro.

A CALORIMETRIA

A quantidade de energia térmica que entra ou deixa uma substância que passa por mudança de temperatura pode ser medida. A relação para um corpo nessa circunstância é:

$$\text{Troca de calor} = (\text{capacidade calorífica}) \times (\text{variação de temperatura})$$

O aquecimento ou esfriamento de um corpo com capacidade calorífica conhecida pode ser útil na *calorimetria*, a medida das quantidades de calor. Em contrapartida, dadas todas as informações sobre uma substância, exceto a capacidade calorífica (duas das três variáveis), ela pode ser calculada por aplicação da relação recém-dada.

A ENERGIA E A ENTALPIA

Quando um sistema absorve calor, parte da energia absorvida pode ser usada para realizar trabalho. Nesse contexto, alguns exemplos de trabalho incluem a aceleração de um automóvel, a compressão de um gás, o recarregamento de uma bateria e a mudança de estado da água, do líquido para o gasoso. Parte da quantidade total de energia no interior de um sistema está associada à reorganização dos átomos observada nas reações químicas, à energia das interações entre átomos e moléculas e à energia associada à mera existência de uma temperatura (qualquer temperatura acima do zero absoluto). Essa parcela armazenada é chamada de *energia interna*, E. A quantidade de calor absorvido por qualquer sistema que sofre alguma alteração, como um aumento de temperatura, uma mudança de estado físico ou uma reação química, depende, até certo ponto, das condições em que esses processos ocorrem. Por exemplo, a quantidade de calor absorvida é exatamente igual ao aumento em E, se não há trabalho realizado no sistema. Este seria o caso de uma reação química comum, não vinculada a uma bateria e conduzida em um reator fechado, para impedir qualquer expansão na atmosfera externa. A alteração em E pode ser representada por ΔE. (O delta, Δ, é o símbolo matemático para diferença. ΔE é a diferença em E que acompanha um processo, definida como o valor final de E menos o valor inicial de E.)

A maioria das reações químicas executadas em laboratório é realizada em sistemas abertos. Isso significa que não há um acúmulo de pressão e que algum trabalho é realizado pelo sistema no ambiente que o cerca ou, ao contrário, pelo ambiente no sistema. Nesses casos, o princípio da conservação de energia exige que a quantidade de calor trocada sofra um ajuste, para permitir a realização de trabalho, pequeno mas significativo. Uma nova função, a *entalpia*, H, é definida pela relação $H = E + PV$, simplesmente como o fluxo de calor em um sistema aberto ou de pressão constante. A quantidade de calor absorvido (ou liberado) em um processo a pressão constante é igual o ΔH, isto é, o aumento ou a diminuição em H.

Em resumo, se q é a quantidade de calor **absorvida** pelo sistema a partir do ambiente,

$$q \text{ (em volume constante)} = \Delta E$$
$$q \text{ (em pressão constante)} = \Delta H$$

Essas equações são precisas, mas não podem ser utilizadas em cálculos envolvendo dispositivos geradores de trabalho como baterias e motores, entre outros. Qualquer dos termos nessas equações podem ter sinais positivos ($+$) ou negativos ($-$). O processo pode ser *exotérmico*, em que q é negativo, indicando a perda de calor pelo sistema, ou *endotérmico*, com q positivo, onde o calor é absorvido pelo sistema. Se o sistema em estudo não é exotérmico nem endotérmico, diz-se que está em equilíbrio com o valor quantitativo zero (0). A maior parte dos problemas de termodinâmica neste livro trata de H. Embora talvez não conheçamos o valor absoluto de ΔE ou ΔH, as equações acima oferecem a base experimental para medir as mudanças nestas funções.

A VARIAÇÃO DE ENTALPIA EM DIFERENTES PROCESSOS

A variação de temperatura em uma substância

Se uma substância com capacidade calorífica C é aquecida ou esfriada em um intervalo de temperatura ΔT,

$$q = C\Delta T$$

supondo (como feito neste livro) que C não depende da temperatura. Caracteres em subscrito são usados para indicar uma capacidade calorífica medida à pressão constante, C_p, e volume constante, C_v. Utilizando C_p,

$$\Delta H = C_p \Delta T$$

As quantidades C e H são *extensivas*, isto é, são proporcionais à quantidade de material envolvido no processo ou reação. Assim, c, c_p e c_v representam as capacidades caloríficas específicas e w é a massa da amostra. Portanto,

$$C = cw$$

Nos problemas apresentados neste livro, onde os subscritos são omitidos, subentende-se a validade de C_p (pressão constante). Além disso, observe que, dependendo do autor, muitas vezes são usados outros símbolos para calor específico, como c, C, C_s, SH ou s.

A mudança de fase de uma substância

O calor que precisa ser absorvido para fundir uma substância é muitas vezes chamado de *calor latente de fusão* ou, de forma mais curta, *calor de fusão*. Para fusão do gelo a 0°C, por exemplo, o processo pode ser reescrito como

$$H_2O(s) \rightarrow H_2O(l) \qquad \text{a } 0°C, 1 \text{ atm } q(\text{fusão}) = 80 \text{ cal/g}$$

Exatamente como (*gás*) ou (*g*) no Capítulo 6 fazia referência ao estado gasoso, (*s*) refere-se ao estado sólido e (*l*) ao estado líquido.

$$\Delta H = q(\text{fusão}) = (80 \text{ cal/g})(18{,}0 \text{ g/mol}) = 1{,}44 \text{ kcal/mol } H_2O \quad \text{ou} \quad 6{,}02 \text{ kJ/mol } H_2O$$

Por sua vez, o *calor latente de vaporização* (ou simplesmente *calor de vaporização*), ΔH(vaporização) é trocado a temperatura e pressão constantes. O calor latente de vaporização da água a 100°C e 1 atm é 540 cal/g, ou 9,72 kcal/mol (40,7 kJ/mol).

O ΔH para o processo de sublimação, chamado de *calor latente de sublimação* (*calor de sublimação*), representa o calor trocado na mudança do estado sólido para o estado gasoso, sem passar pelo estado líquido. Algumas das substâncias que sublimam a 1 atm de pressão são o iodo molecular, I_2, e o CO_2.

A reação química

Uma reação química é acompanhada por uma variação de entalpia. ΔH_f^o representa a *entalpia padrão de formação*, a variação de entalpia que ocorre quando um mol de uma substância é formado a partir de seus elementos constituintes, como ilustram as reações abaixo:

$$C(\text{grafite}) + O_2(g) \rightarrow CO_2(g) \qquad \Delta H_f^o = -393{,}51 \text{ kJ}$$

$$H_2(g) + I_2(s) \rightarrow 2HI(g) \qquad \Delta H = +52{,}72 \text{ kJ}$$

Na primeira reação, 393,51 kJ são *liberados* (reação exotérmica) quando um mol de CO_2 é formado a partir de grafite e oxigênio. Quando 2 mols de HI são formados por hidrogênio e iodo sólido, são *absorvidos* 52,52 kJ (reação endotérmica). Com relação à segunda reação, a entalpia padrão de formação é +26,36 kJ/mol de HI formado. Neste caso, a quantidade total de energia envolvida na reação é o dobro da entalpia padrão de formação, uma vez que são formados dois mols do produto. A razão pela qual ΔH é o símbolo usado, não ΔH_f^o, é que a reação não diz respeito à formação de um mol do produto. Portanto, ΔH_f^o, calculado com base em um mol, não é o símbolo apropriado para esta reação em particular. Além disso, observe que o ° é usado em ΔH_f^o e também outros fatores (S^o, ΔG_f^o ou ΔE^o) para indicar a condição padrão de pressão, 1 atm (1 bar), 25°C (na maioria das vezes) e, no caso de substâncias dissolvidas, a concentração 1 molal (consulte o Capítulo 12). Para facilitar a consulta, as entalpias padrão de formação de algumas substâncias são listadas na Tabela 7-1. Observe que não há elementos no estado fundamental na tabela.

Embora exista uma entalpia padrão de formação para compostos, a entalpia padrão de formação de elementos no estado fundamental a 25°C e 1 atm é considerada como sendo zero. Por exemplo, o estado fundamental do H_2, O_2, Cl_2 ou N_2 é gasoso. O Fe, Na, I_2 ou Cr são sólidos, ao passo que o Br_2, Hg ou Cs são líquidos. Para todas essas substâncias, a entalpia de formação é zero. Porém, é interessante observar que o estado fundamental do carbono é o grafite, não o diamante, cuja entalpia padrão de formação é +0,45 kcal/mol!

Tabela 7-1 Entalpias padrão de formação a 25°C

Substância	ΔH_f^o/kcal·mol^{-1}	ΔH_f^o/kJ·mol^{-1}	Substância	ΔH_f^o/kcal·mol^{-1}	ΔH_f^o/kJ·mol^{-1}
$Al_2O_3(s)$	−400,50	−1675,7	$HNO_3(l)$	−41,61	−174,10
$B_2O_3(s)$	−304,20	−1272,8	$H_2O(g)$	−57,80	−241,81
$Br_2(g)$	+26,73	+111,84	$H_2O(l)$	−68,32	−285,83
C (diamante)	+0,45	+1,88	$H_2O_2(l)$	−44,88	−187,8
$CF_4(g)$	−220,9	−924,7	$H_2S(g)$	−4,93	−20,6
$CH_3OH(g)$	−47,96	−200,7	H_2S (aq, não ionizado)	−9,5	−39,7
$C_9H_{20}(l)$	−65,85	−275,5	$I_2(g)$	+14,92	+62,4
$(CH_3)_2N_2H_2(l)$	+13,3	+55,6	$KCl(s)$	−104,42	−436,9
$C(NO_2)_4(l)$	+8,8	+36,8	$KClO_3(s)$	−95,06	−397,7
$CO(g)$	−26,42	−110,53	$KClO_4(s)$	−103,6	−433,5
$CO_2(g)$	−94,05	−393,51	$LiAlH_4(s)$	−24,21	−101,3
$CaC_2(s)$	−14,2	−59,4	$LiBH_4(s)$	−44,6	−186,6
$CaO(s)$	−151,6	−634,3	$Li_2O(s)$	−143,1	−598,7
$Ca(OH)_2(s)$	−235,80	−986,6	$N_2H_4(l)$	+12,10	+50,63
$CaCO_3(s)$	−288,5	−1206,9	$NO(g)$	+21,45	+89,75
$ClF_3(l)$	−45,3	−190	$NO_2(g)$	+8,60	+35,98
$Cl^-(aq)$	−39,95	−167,16	$N_2O_4(g)$	+2,19	+9,16
$Cu^{2+}(aq)$	+15,49	+64,8	$N_2O_4(l)$	−4,66	−19,50
$CuSO_4(s)$	−184,36	−771,36	$O_3(g)$	+34,1	+142,7
$Fe^{2+}(aq)$	−21,3	−89,1	$OH^-(aq)$	−54,97	−229,99
$Fe_2O_3(s)$	−197,0	−824,2	$PCl_3(l)$	−76,4	−319,7
$FeS(s)$	−23,9	−100,0	$PCl_3(g)$	−68,6	−287,0
$H^+(aq)$	0,0	0,0	$PCl_5(g)$	−89,6	−374,9
$HBr(g)$	−8,70	−36,38	$POCl_3(g)$	−133,48	−558,48
$HCl(g)$	−22,06	−92,31	$SO_2(g)$	−70,94	−296,81
$HF(g)$	−64,8	−271,1	$SO_3(g)$	−94,58	−395,72
$HI(g)$	+6,30	+26,36	$Zn^{2+}(aq)$	−36,78	−153,89

AS REGRAS DA TERMOQUÍMICA

A energia interna e a entalpia de um sistema dependem do *estado* do sistema, em condições de temperatura e pressão específicas. Por exemplo, lembre-se do Capítulo 6 que a contribuição da energia cinética para E de um gás ideal é determinada apenas pela temperatura. Além disso, quando ocorre uma mudança no sistema, ΔE e ΔH dependem somente dos estados inicial e final, não do percurso transposto pelo sistema entre eles. Essa independência do percurso traz à tona duas importantes regras da termodinâmica.

1. ΔE e ΔH para um processo têm a mesma magnitude dos valores para o processo inverso, mas sinais opostos.

Exemplo 1 ΔH para fusão do gelo é 1440 cal/mol, uma vez que foi descoberto empiricamente que 1440 cal são absorvidas na fusão de 1 mol a temperatura e pressão constantes de 273 K e 1 atm, respectivamente. ΔH para o congelamento da água é −1440 cal/mol, pois esta é a quantidade de calor que precisa ser perdida pela água para o meio ambiente, para que congele. (*Observação*: energia que entra = energia que sai.)

2. Se um processo pode ocorrer em etapas sucessivas, ΔH para o processo global é igual à soma das variações na entalpia dos processos individuais. Esta regra é à chamada *lei de Hess*, ou, em termos mais formais, *lei de Hess para a adição de entalpias constantes.*

Exemplo 2 Não é possível mensurar com precisão o calor liberado quando o C queima, formando CO, pois a reação (combustão) não pode ser interrompida na formação de CO, impedindo a esperada formação de CO_2. Contudo, podemos mensurar com precisão o calor liberado quando o C queima e produz CO_2 (em presença de excesso de O_2), que é 393,5 kJ/mol CO_2. Podemos também medir o calor liberado quando o CO queima e produz CO_2 (283,0 kJ por mol de CO_2). Com base nessas informações, podemos calcular a variação de entalpia na queima de C em CO, reconhecendo que quando adicionamos equações termoquímicas as entalpias também se somam. O mesmo tratamento é válido para a subtração de equações. Nesses casos, *o balanceamento de equações é absolutamente necessário.*

$$2C(\text{grafite}) + 2O_2(g) \rightarrow 2CO_2(g) \quad \Delta H = (2 \text{ mol})(-393,5 \text{ kJ/mol}) = -787,0 \text{ kJ}$$

$$\cancel{2CO(g) + O_2(g) \rightarrow 2CO_2(g) \quad \Delta H = (2\text{mol})(-283,0\text{kJ/mol}) = -566,0\text{kJ}}$$

invertida, torna-se $\quad 2CO_2(g) \rightarrow 2CO(g) + O_2(g) \quad \Delta H = \quad\quad = +566,0 \text{ kJ}$

Quando invertemos a segunda equação para que o CO fique na direita (excluindo a equação original), cancelamos também os $2CO_2$ e uma das moléculas de oxigênio (riscando-as). Além disso, quando invertemos a equação química, invertemos o sinal associado à ΔH da segunda equação (+566,0 kJ).

$$2C(\text{grafite}) + O_2(g) \rightarrow 2CO(g) \quad \Delta H = -787,0 + 566.0 = -221,0 \text{ kJ}$$

Uma vez que foram produzidos 2 mols de CO, a entalpia de formação do gás é calculada por

$$\Delta H_f^o = (-221,0 \text{ kJ})/(2 \text{ mol CO}) = -110,5 \text{ kJ/mol CO}$$

Exemplo 3 O calor de sublimação de uma substância (gás → sólido, e vice-versa) é a soma dos calores de fusão e vaporização daquela substância *na mesma temperatura.*

Exemplo 4 A lei de Hess nos diz que:

A variação da entalpia de qualquer reação é igual à soma das entalpias (calores) de formação de todos os produtos menos a soma das entalpias de formação de todos os reagentes, e cada ΔH_f^o é multiplicada pelo número de mols da substância na equação balanceada.

Examinamos a reação e executemos os cálculos com base nos calores (entalpias) de formação.

$$PCl_5(g) + H_2O(g) \rightarrow POCl_3(g) + 2HCl(g)$$

Precisamos escrever as reações de formação dos compostos a partir de seus elementos. Além disso, precisamos fazê-lo de acordo com as unidades dadas na Tabela 7-1, escritas em base molar.

$$(1) \quad P(\text{branco}) + \tfrac{3}{2}Cl_2(g) + \tfrac{1}{2}O_2(g) \rightarrow POCl_3(g) \quad\quad \Delta H^o = -558,5 \text{ kJ}$$

$$(2) \quad H_2(g) + Cl_2(g) \rightarrow 2HCl \quad\quad \Delta H^o = -184,6 \text{ kJ}$$

$$(3) \quad PCl_5(g) \rightarrow P(\text{branco}) + \tfrac{5}{2}Cl_2(g) \quad\quad \Delta H^o = +374,9 \text{ kJ}$$

$$(4) \quad H_2O(g) \rightarrow H_2(g) + \tfrac{1}{2}O_2(g) \quad\quad \Delta H^o = +241,8 \text{ kJ}$$

Soma $\quad\quad PCl_5(g) + H_2O(g) \rightarrow POCl_3(g) + 2HCl(g) \quad\quad \Delta H = -126,4 \text{ kJ}$

Observe que as reações (3) e (4) tiveram de ser invertidas, para produzir a reação de soma. O uso de coeficientes fracionários é apenas para fins de conveniência, pois com isso o cloro e o oxigênio são cancelados e obtemos uma reação final idêntica à reação dada no enunciado. O uso de frações no balanceamento de equações é bastante comum, sobretudo com reações termoquímicas e eletroquímicas (Capítulo 19).

UMA NOTA SOBRE AS REAÇÕES TERMOQUÍMICAS

Muitas vezes temos a impressão de que estudamos conceitos sem aplicação prática no mundo real. O Exemplo 4 dá uma informação que tem utilidade prática. Vamos supor que você tivesse de abrir um recipiente contendo PCl_5 em uma sala com alta umidade relativa. O vapor da água pode reagir com o PCl_5, em uma reação altamente exotérmica, discutida acima. Se esta reação evoluir a uma velocidade muito alta, as consequências podem ser perigosas, como um incêndio ou mesmo uma explosão. Na melhor das hipóteses, o ar da sala em que você está respirando receberia um volume de gás cloreto de hidrogênio. Esse gás causa forte irritação nos pulmões e, quando sua concentração ultrapassa certo valor (que, no caso desse gás, não é muito elevada), pode levar a lesões pulmonares ou mesmo à morte.

O cálculo do ΔH é importante também porque, ao lado de ΔG, a grandeza é útil para descobrir se uma reação é espontânea ou não, além de gerar informações sobre reações em equilíbrio. Outro aspecto a considerar é que, embora ΔH tenha sido calculada, neste capítulo, para condições padrão e via de regra a temperatura ambiente e a pressão de 1 atm, ela pode ser calculada em outras circunstâncias, como vemos na Físico-química e outras disciplinas mais avançadas no estudo da Química.

Problemas Resolvidos

Capacidade calorífica e calorimetria

7.1 (*a*) Quantos joules são necessários para aquecer 100 g de cobre ($c = 0{,}389$ J/g·K), de 10°C até 100°C? (*b*) A mesma massa de alumínio (100 g) ($c = 0{,}908$ J/g·K) a 100°C é exposta à mesma quantidade de calor calculada em (*a*). Qual metal fica mais quente, o cobre ou o alumínio?

(*a*)
$$\Delta H = C\Delta T = (0{,}389 \text{ J/g} \cdot \text{K})(100 \text{ g})[(100 - 10)\text{K}] = 3500 \text{ J}$$

(*b*) Uma vez que o calor específico do cobre é menor que o do alumínio, a quantidade de calor necessária para elevar a temperatura de uma massa de cobre em 1 K é menor que aquela necessária para aquecer uma massa idêntica de alumínio. O cobre fica mais aquecido.

7.2 Um quilograma de carvão de antracita libera 30.500 kJ quando queimado. Calcule a quantidade de carvão necessária para aquecer 4,0 kg de água de 20°C até o ponto de ebulição, a 1 atm, pressupondo que não há perda de calor no processo.

Para aquecer a água:
$$\Delta H = C\Delta T = (4{,}184 \text{ kg} \cdot \text{K})(4{,}0 \text{ kg})[(100 - 20)\text{K}] = 1339 \text{ kJ}$$

$$\text{Quantidade de calor necessária} = \frac{1339 \text{ kJ}}{30.500 \text{ kJ/kg}} = 0{,}044 \text{ kg} = 44 \text{ g}$$

7.3 Uma caldeira é fabricada em aço e pesa 900 kg. Ela contém 400 kg de água. Supondo que a eficiência na entrega do calor à caldeira e à água seja 70%, quanto calor é necessário para elevar a temperatura do sistema de 10°C para 100°C? O calor específico do aço é 0,11 kcal/kg·K.

Para aquecer a caldeira:
$$\Delta H = C_{\text{total}}\Delta T = [C_{\text{caldeira}} + C_{\text{água}}]\Delta T$$
$$= [(0{,}11)(900) \text{ kcal/K} + (1{,}00)(400) \text{ kcal/K}](90 \text{ K}) = 44.900 \text{ kcal}$$

$$\text{Calor necessário} = \frac{44.900 \text{ kcal}}{0{,}70} = 64.000 \text{ kcal}$$

> *Observação*: A partir deste problema e em todos os outros deste livro, utilizamos caracteres em subscrito em vez de parênteses para representar símbolos. Por exemplo, C(total) torna-se C_{total}.

7.4 Exatos três gramas de carbono foram queimados para produzir CO_2 em um calorímetro de cobre. A massa do calorímetro é 1500 g e a massa de água em seu interior é 2000 g. A temperatura inicial era 20,0°C e a temperatura final foi 31,3°C. Calcule o calor de combustão do carbono em joules por grama. O calor específico do cobre é 0,389 J/g·K.

$$q_{\text{Calorímetro}} = C_{\text{total}}\Delta T = [C_{\text{Cobre}} + C_{\text{Água}}]\Delta T$$
$$= [(0{,}389 \text{ J/g} \cdot \text{K})(1500 \text{ g}) + (4{,}184 \text{ J/g} \cdot \text{K})(2000 \text{ g})][(31{,}3 - 20{,}0) \text{ K}]$$
$$= 1{,}102 \times 10^5 \text{ J/g}$$

$$\text{Calor de combustão do carbono} = \frac{1{,}102 \times 10^5 \text{ J/g}}{3{,}00 \text{ g}} = 3{,}37 \times 10^4 \text{ J/g}$$

7.5 Uma amostra de ácido benzoico, $C_7H_6O_2$, pesando 1,250 g foi colocada em uma bomba de combustão. A bomba foi preenchida com excesso de oxigênio em alta pressão, selada e imersa em um recipiente com água que atuou como calorímetro. A capacidade calorífica de todo o aparelho (bomba, recipiente, termômetro e água) era 10.134 J/K. A oxidação do ácido benzoico foi iniciada lançando uma fagulha elétrica na amostra. Após a combustão total, o termômetro imerso na água registrou uma temperatura 3,256 K maior que a temperatura inicial. Qual é o valor de ΔE por mol de ácido benzoico queimado?

$$q_{\text{ácido}} = -q_{\text{calorímetro}} = -(10.134 \text{ J/K})(3,256 \text{ K}) = -33,00 \text{ kJ}$$

$$\Delta E_{\text{combustão}} = \frac{q_{\text{ácido}}}{\text{número de mols de ácido}} = \frac{-33,00 \text{ kJ}}{(1,250 \text{ g})/(122,1 \text{ g/mol})} = -3223 \text{ kJ/mol}$$

7.6 Uma amostra de uma liga foi aquecida a 100°C e posta em um recipiente aberto contendo 90 g de água a 25,32°C. A temperatura da água aumentou para 27,18°C. Supondo uma eficiência de 100%, qual é o calor específico da liga?

$$- \text{Perda de calor pela liga} = \text{ganho de calor pela água}$$

$$- \text{Calor específico}_{\text{liga}} \times \text{massa}_{\text{liga}} \times \Delta T_{\text{liga}} = \text{calor específico}_{\text{água}} \times \text{massa}_{\text{água}} \times \Delta T_{\text{água}}$$

$$- C_{\text{liga}} \times w_{\text{liga}} \times \Delta T_{\text{liga}} = C_{\text{água}} \times w_{\text{água}} \times \Delta T_{\text{água}}$$

$$-(C)(25,0 \text{ g})[(27,2 - 100)\text{K}] = (4,184 \text{ J/g} \cdot \text{K})(90 \text{ g})[(27,18 - 25,32)\text{K}]$$

e, resolvendo para C, temos $C = 0,385$ J/g · K

7.7 Calcule a temperatura final de uma mistura de 150 g de gelo a 0°C e 300 g de água a 50°C.

Passo 1: Considere o calor absorvido pelo gelo e pela água no estado líquido (de 0°C até T_{final}). Lembrando que 1°C tem a mesma dimensão que 1 K, podemos substituir 1 K por 1°C.

$$\Delta H_{\text{fusão}} = (80 \text{ cal/g})(150 \text{ g}) = 1,20 \times 10^4 \text{cal}$$
$$\Delta H_{\text{aquecimento da água}} = C\Delta T = (1,00 \text{ cal/g} \cdot °\text{C})(150 \text{ g})[(T_{\text{final}} - 0)°\text{C}]$$

Passo 2: Vamos considerar a variação de entalpia da água quente.

$$\Delta H_{\text{água quente}} = C\Delta T = (1,00 \text{ cal/g} \cdot °\text{C})(300 \text{ g})[(T_{\text{final}} - 50)°\text{C}]$$

onde, presume-se $T_{\text{final}} < 50°$C, o que é consistente com a perda de calor pela água.

Passo 3: A soma de ΔH precisa ser igual a zero, uma vez que pressupõe-se que não há calor liberado nem absorvido pelo sistema, conforme discutido nos passos 1 e 2 acima.

$$1,20 \times 10^4 + 150 T_{\text{final}} + 300(T_{\text{final}} - 50) = 0$$

de onde encontramos $T_{\text{final}} = 6,7°$C.

Observação: Se a quantidade de gelo fosse 200 g, em vez de 250 g, o procedimento acima teria gerado $T_{\text{final}} = -2°$C. Essa resposta é impossível, pois a temperatura final não pode ficar fora da faixa de variação de temperatura do sistema. Nesse caso, o resultado indica que a quantidade de água quente não foi suficiente para derreter o gelo. A temperatura final precisa ser 0°C, devido ao fato de a mistura ser composta por gelo e água. Os dados do problema permitem também calcular que restaram 12,5 g de gelo não derretido no sistema.

7.8 Quanto calor é liberado quando 20 g de vapor a 100°C condensam e são esfriados a 20°C?

O calor de vaporização da água a 100°C é

$$(40,7 \text{ kJ/mol})\left(\frac{1 \text{ mol}}{18,02 \text{ g}}\right) = 2,26 \text{ kJ/g}$$

$$\Delta H_{\text{condensação}} = -(\text{massa}) \times (\text{calor de vaporizacao}) = -(20 \text{ g})(2,26 \text{ kJ/g}) = -45,2 \text{ kJ}$$

$$\Delta H_{\text{esfriamento}} = C\Delta T = (4,184 \text{ J/g} \cdot °\text{C})(20 \text{ g})[(20 - 100) °\text{C}] = -6,7 \text{ kJ}$$

$$\Delta H_{\text{total}} = \Delta H_{\text{condensação}} + \Delta H_{\text{esfriamento}} = -45,2 \text{ kJ} - 6,7 \text{ kJ} = -51,9 \text{ kJ}$$

A quantidade de calor liberada é igual a 51,9 kJ.

7.9 Quanto calor é necessário para converter 40 g de gelo (C = 0,5 cal/g · K) a −10°C em vapor (c = 0,5 cal/g · K) a 120°C? (Consulte o Problema 7.7, Passo 1: a escala Kelvin pode ser substituída pelo valor de temperatura na escala Celsius.)

Aquecimento do gelo, de −10°C a 0°C	$\Delta H = C\Delta T = (0{,}5 \text{ cal/g} \cdot \text{K})(40 \text{ g})(10 \text{ K})$	= 0,2 kcal
Derretimento do gelo a 0°C	$\Delta H = w \times H_{\text{fusão}} = (40 \text{ g})(80 \text{ cal/g})$	= 3,2 kcal
Aquecimento da água, de 0°C a 100°C	$\Delta H = C\Delta T = (1{,}00 \text{ cal/g} \cdot \text{K})(40 \text{ g})(100 \text{ K})$	= 4,0 kcal
Vaporização gerando vapor, 100°C	$\Delta H = w \times H_{\text{vaporização}} = (40 \text{ g})(540 \text{ cal/g})$	= 21,6 kcal
Aquecimento do vapor, de 100°C a 120°C	$\Delta H = C\Delta T = (0{,}5 \text{ cal/g} \cdot \text{K})(40 \text{ g})(20 \text{ K})$	= 0,4 kcal

$\Delta H_{\text{total}} = (0{,}2 + 3{,}2 + 4{,}0 + 21{,}6 + 0{,}4) \text{ kcal} = 29{,}4 \text{ kcal}$

Equações termoquímicas

7.10 Qual é o calor de vaporização da água por grama a 25°C e 1 atm?

A equação termoquímica do processo é

$$H_2O(l) \rightarrow H_2O(g)$$

$\Delta H°$ pode ser avaliado subtraindo ΔH_f^o dos reagentes da ΔH_f^o dos produto (Tabela 7-1).

$$\Delta H^o = \Delta H_{f\text{ produtos}}^o - \Delta H_{f\text{ reagentes}}^o = -241{,}81 - (-285{,}83) = 44{,}02 \text{ kJ/mol}$$

A entalpia de vaporização por grama é

$$\frac{44{,}02 \text{ kJ/mol}}{18{,}02 \text{ g/mol}} = 2{,}44 \text{ kJ/g}$$

Observe que o calor de vaporização a 25°C é maior que o valor a 100°C, 2,26 kJ/g.

7.11 A equação termoquímica da combustão do gás etileno, C_2H_4, é

$$C_2H_4(g) + 3O_2(g) \rightarrow 2CO_2(g) + 2H_2O(l) \qquad \Delta H° = -1410 \text{ kJ}$$

Supondo que a eficiência da reação seja 70%, quantos quilogramas de água a 20°C podem ser convertidos em vapor a 100°C na queima de 1 m³ de gás C_2H_4 medido nas CNTP?

$$n(C_2H_4) = \frac{(1 \text{ m}^3)(1000 \text{ L/m}^3)}{22{,}4 \text{ L/mol}} = 44{,}6 \text{ mol}$$

$$\Delta H(1 \text{ m}^3) = n(C_2H_4) \times \Delta H(1 \text{ mol}) = (44{,}6 \text{ mol})(-1410 \text{ kJ/mol}) = -6{,}29 \times 10^4 \text{ kJ}$$

O calor útil com 70% de eficiência é $(0{,}70)(6{,}29 \times 10^4 \text{ J}) = 4{,}40 \times 10^4 \text{ kJ}$

O próximo passo consiste na contribuição da elevação da temperatura da água, de 20°C para 100°C, que ocorre em dois estágios.

$H_2O(l, 20°C) \rightarrow H_2O(l, 100°C)$	$\Delta H = (4{,}184 \text{ kJ/kg} \cdot \text{K})(80 \text{ K})$	= 335 kJ/g
$H_2O(l, 100°C) \rightarrow H_2O(g, 100°C)$	$\Delta H = (40{,}7 \text{ kJ/mol})/(0{,}01802 \text{ kg/mol})$	= 2259 kJ/g
	ΔH_{total}	= 2594 kJ/g

A massa de água convertida, w, é igual à quantidade de calor disponível dividida pelo calor necessário por quilograma de água que deve ser convertida.

$$w(H_2O) = \frac{4{,}40 \times 10^4 \text{ kJ}}{2594 \text{ kJ/kg}} = 17{,}0 \text{ kg}$$

7.12 Calcule o $\Delta H°$ da redução do óxido férrico pelo alumínio (reação térmita) a 25°C.

O primeiro passo para a solução deste problema é escrever a reação química associada ao processo. Podemos também utilizar a entalpia de formação (calor de formação) dos participantes da reação, listada na Tabela 7-1, multiplicada pelo coeficiente utilizado no balanceamento da reação. Lembre-se de que $\Delta H_f°$ é zero para um elemento no estado fundamental.

$$2Al\ +\ Fe_2O_3\ \rightarrow\ 2Fe\ +\ Al_2O_3$$
$$2(0)\ \ 1(-824,2)\ \ \ \ 2(0)\ \ 1(-1675,7)$$

É preciso lembrar quais são as unidades e o que ocorre com elas. Como exemplo, examine o valor para Fe_2O_3, 1 mol × $(-824,2\text{ kJ/mol}) = -824,2$ kJ.

A expressão formal para a $\Delta H_f°$ da reação é dada por

$$\Delta H° = (\text{soma das } n\Delta H_f° \text{ dos produtos}) - (\text{soma das } n\Delta H_f° \text{ dos reagentes})$$

$$\Delta H° = (-1675,7) - (-824,2) = -851,5 \text{ kJ por mol de } Fe_2O_3 \text{ reduzido.}$$

Observe que manter a ordem certa nos membros da fórmula geral de $\Delta H°$ acima é fácil se você se lembrar de que, durante a reação, produtos são obtidos (sinal positivo) e reagentes são perdidos (sinal negativo).

7.13 A $\Delta H_f°$ para o N(g) (que não é o estado fundamental do nitrogênio) foi calculada como sendo 472,7 kJ/mol. Para o O(g) o valor é 249 kJ/mol. Calcule $\Delta H°$ em (a) kJ e (b) kcal para uma reação hipotética na atmosfera superior,

$$N(g) + O(g) \rightarrow NO(g)$$

(a) Assim como no Problema 7.12, escrevemos os calores de formação (multiplicados por 1 mol, frente aos coeficientes da equação balanceada) da Tabela 7-1. Então, executamos os cálculos que gerarão o valor de $\Delta H°$ para a reação.

$$N(g)\ +\ O(g)\ \rightarrow NO(g)$$
$$+472,7\ \ +249,2\ \ \ \ +89,7$$

$$\Delta H° = +89,7 - (+472,7 + 249,2) = -632,2 \text{ kJ}$$

(b) O cálculo para a conversão de kJ em kcal para esta reação exotérmica ($-\Delta H°$) é

$$(-632 \text{ kJ})/(4,184 \text{ kJ/kcal}) = -151,1 \text{ kcal}$$

7.14 Calcule a entalpia de decomposição do $CaCO_3$ em CaO e CO_2.

O primeiro passo consiste em escrever a equação balanceada para a reação. No segundo, inserimos todos os valores dos calores de formação, prestando atenção para que todos os coeficientes sejam 1. Feito isso, podemos calcular $\Delta H°$.

$$CaCO_3(s)\ \rightarrow\ CaO(s)\ +\ CO_2(g)$$
$$\left(n\Delta H_f°\right)\text{ kcal:}\ \ \ -288,5\ \ \ \ \ \ -151,6\ \ \ \ \ -94,0$$

$$\Delta H° = (-151,6 - 94,0) - (-288,5) = +42,9 \text{ kcal}\ \ \ \ \text{ou}\ \ \ \ +179,5 \text{ kJ}$$

Observe que o valor positivo da entalpia dessa decomposição indica que a reação é endotérmica.

7.15 (a) Calcule a entalpia de neutralização de um ácido forte por uma base forte em água. (b) O calor liberado na neutralização do HCN, um ácido fraco, por NaOH, é 12,1 kJ/mol. Quantos quilojoules são absorvidos durante a ionização de 1 mol de HCN em água?

(a) A equação básica da neutralização de um ácido por uma base é

$$H^+(aq) + OH^-(aq) \rightarrow H_2O(l)$$
$$(n\Delta H_f°)/\text{kJ}\ \ \ \ \ 0\ \ \ \ \ \ \ \ \ -230,0\ \ \ \ \ \ -285,8$$

e

$$\Delta H° = -258,8 - (-230,0) = -55,8 \text{ kJ (reação exotérmica)}$$

(b) A neutralização do HCN(*aq*) pelo NaOH(*aq*) pode ser considerada o resultado de dois processos. Isso significa que os valores de $\Delta H°$ dos processos podem ser adicionados para a obtenção da reação total. Esses processos são a ionização do HCN(*aq*) e a neutralização do H$^+$(*aq*) com OH$^-$(*aq*). Observe que, como o NaOH é uma base forte quando dissolvido em água, pressupomos que a ionização seja completa, o que elimina a necessidade de escrever uma equação termoquímica exclusiva para a ionização. As reações são:

$$\text{HCN}(aq) \rightarrow \text{H}^+(aq) + \text{CN}^-(aq) \quad \Delta H° = x \quad \text{(Reação de ionização)}$$
$$\underline{\text{H}^+(aq) + \text{OH}^-(aq) \rightarrow \text{H}_2\text{O}(l) \quad\quad \Delta H° = -55{,}8 \text{ kJ}\quad\quad\quad\quad\quad\quad}$$

Soma das reações: $\quad \text{HCN}(aq) + \text{OH}^-(aq) \rightarrow \text{H}_2\text{O}(l) + \text{CN}^-(aq) \quad \Delta H° = -12{,}1 \text{ kJ} \quad$ (Reação exotérmica)

A soma das reações é exotérmica. No entanto, a reação de ionização é endotérmica, porque o valor de $\Delta H°$ para a reação de ionização é

$$x + (-55{,}8) = -12{,}1 \quad \text{e, rearranjando} \quad x = -12{,}1 + 55{,}8 = +43{,}7 \text{ kJ}$$

7.16 O calor liberado na combustão do gás acetileno, C_2H_2, a 25°C, é 1299 kJ/mol. Calcule a entalpia de formação do gás acetileno.

Uma vez que precisamos da informação válida para 1 mol de C_2H_2, é necessário balancear a reação usando apenas 1 mol de C_2H_2. Podemos também substituir as entalpias de formação na preparação para o cálculo final solicitado.

$$C_2H_2(g) + \tfrac{5}{2}O_2(g) \rightarrow 2CO_2(g) + H_2O(l)$$
$$(n\Delta H_f°)/\text{kJ} \quad 1(x) \quad\quad \tfrac{5}{2}(0) \quad\quad 2(-393{,}5) \quad 1(-285{,}8)$$

e

$$\Delta H° = -1299{,}1 \text{ kJ/mol} = [2(-393{,}5) + (-285{,}8)] - x$$

$$x = n\Delta H_f° \text{ para } C_2H_2(g) = +226{,}3 \text{ kJ}$$

7.17 Quanto calor é necessário para produzir 1kg de CaC_2 de acordo com a reação:

$$CaO(s) + 3C(s) \rightarrow CaC_2(s) + CO(g)$$

Como acima, as entalpias de formação são inseridas e o cálculo é efetuado.

$$CaO(s) + 3C(s) \rightarrow CaC_2(s) + CO(g)$$
$$(n\Delta H_f°)/\text{kJ} \quad 1(-634{,}3) \quad 3(0) \quad 1(-59{,}4) \quad 1(-110{,}5)$$

$$\Delta H° = (-59{,}4 - 110{,}5) - (-634{,}3) = +464{,}4 \text{ kJ/mol } CaC_2$$

Esse é o calor necessário para produzir 1 mol de CaC_2 (reação endotérmica). Um quilograma de CaC_2 requer

$$\left(\frac{1000 \text{ g } CaC_2}{64{,}10 \text{ g } CaC_2/\text{mol } CaC_2}\right)(464{,}4 \text{ kJ/mol } CaC_2) = 7245 \text{ kJ}$$

7.18 Quantos quilojoules de calor são liberados na produção de 1 mol de H_2S a partir de FeS e ácido clorídrico diluído?

$$\text{FeS}(s) + 2\text{H}^+(aq) \rightarrow \text{Fe}^{2+}(aq) + H_2S(g)$$
$$-100{,}0 \quad\quad 0 \quad\quad\quad -89{,}1 \quad\quad -20{,}6$$

Uma vez que o HCl e o $FeCl_2$ são eletrólitos fortes (são muito ionizados em água), o íon cloreto, que não participa da reação (o chamado *íon espectador*), pode ser omitido da equação balanceada.

$$\Delta H° = (-89{,}1 - 20{,}6) - (-100{,}0) = -9{,}7 \text{ kJ/mol } H_2S$$

Problemas Complementares

Capacidade calorífica e calorimetria

7.19 Quantas calorias são necessárias para aquecer cada uma das substâncias listadas, de 15°C para 65°C? (*a*) 1,0 g de água; (*b*) 5,0 g de vidro Pyrex®; (*c*) 20 g de platina (o calor específico do vidro é 0,20 cal/g·K, da platina é 0,032 cal/g·K).

Resp. (*a*) 50 cal;   (*b*) 50 cal;   (*c*) 32 cal

7.20 A habilidade de converter calorias em joules e vice-versa é muito importante. Expresse as respostas no Problema 7.19 em joules e kJ.

Resp. (*a* e *b*) 209,2 J e 0,2092 kJ;   (*b*) 133,9 J e 0,1339 kJ

7.21 A combustão de 5,00 g de coque elevou a temperatura de 1,00 kg de água de 10°C para 47°C. Calcule a capacidade calorífica do coque.

Resp. 7,4 kcal/g ou 31 kJ/g

7.22 Quantos quilogramas de água a 15°C podem ser aquecidos a 95°C pela queima de 200 L de metano, CH_4, medidos nas CNTP, com eficiência de combustão igual a 50%? O calor de combustão do metano é 891 kJ/mol

Resp. 12 kg de água

7.23 O calor de combustão do gás etano, C_2H_6, é 1561 kJ/mol. Assumindo que a eficiência térmica da reação é 60%, quantos litros de etano (nas CNTP) precisam ser queimados para fornecer calor o bastante para converter 50 kg de água a 10°C em vapor a 100°C?

Resp. 3150 L

7.24 Uma substância metálica encontrada na natureza precisa ser identificada. Nesse sentido, a capacidade calorífica pode ser uma pista para sua caracterização. Um bloco deste material pesando 150 g requereu 38,5 cal para que sua temperatura subisse de 22,8°C para 26,4°C. Calcule a capacidade calorífica do material e determine se ele corresponde à liga esperada, que tem capacidade calorífica igual a 0,0713 cal/g · K.

Resp. Sim, trata-se da mesma liga, com base na capacidade calorífica, pois o valor calculado é 0,0713 cal/g · K.

7.25 Após o refino de um minério, suspeita-se que o metal obtido seja o ouro. Um teste para verificar essa possibilidade consiste em determinar o calor específico do metal e comparar o resultado ao do ouro, admitindo uma *tolerância* de 2% para mais ou para menos. A quantidade de calor necessária para elevar 25,0 g do metal de 10°C para 23,6°C é 10,78 cal. O calor específico do ouro é 0,0314 cal/g°C.

Resp. O calor específico da amostra é 0,0317 cal/g°C, o que representa uma diferença de 1% em relação ao calor específico do ouro.

7.26 Uma amostra de uma liga pesando 45,0 g foi aquecida a 90°C e então colocada em um recipiente aberto contendo 82 g de água a 23,50°C. Com isso, a temperatura da água subiu para 26,25°C. Qual é o calor específico da liga?

Resp. 0,329 J/g · K, ou 0,079 cal/g · K

7.27 Um projétil disparado pesava 35,4 g após ser limpo. Ele foi aquecido a 91,50°C e então colocado em 50,0 mL de água a 24,73°C. A temperatura da água subiu para 26,50°C. Outro projétil, apreendido em posse de um suspeito, tinha calor específico igual a 0,03022 cal/g°C. Qual é o calor específico do projétil deflagrado? Ele pertence ao mesmo lote que o projétil apreendido?

Resp. O calor específico da amostra é 0,03946 cal/g°C. A diferença entre os calores específicos é 0,00924 cal/g°C. Uma das possíveis interpretações dessas informações é que o projétil deflagrado tem capacidade calorífica 31% acima da capacidade calorífica do projétil apreendido, o que isenta o suspeito de culpa.

7.28 Se o calor específico de uma substância é *h* cal/g · K, qual é o valor do calor específico em Btu/lb · °F?

Resp. *h* Btu/lb · °F

7.29 Qual é a quantidade de água a 20°C necessária para esfriar um pedaço de cobre de 34 g, com calor específico igual a 0,0924 cal/g · K, de 98°C para 25°C?

Resp. 46 g H_2O

7.30 Calcule a temperatura final de uma mistura de 1 kg de gelo a 0°C e 9 kg de água a 50°C. O calor de fusão do gelo é 80 cal/g (355 J/g).

Resp. 37°C

7.31 O funcionamento de um *sprinkler* automático de um sistema de combate a incêndio inclui um plugue de metal com baixo ponto de fusão, que atua para liberar o jato de água, quando necessário. Quanto calor é necessário para derreter um pedaço de 5 g de chumbo (PF = 327°C, calor específico = 0,03 cal/g·K) usado como plugue nesse tipo de sistema, que normalmente está na temperatura ambiente, 25°C? Expresse o valor em calorias e joules.

Resp. 45,3 cal ou 189,5 J.

7.32 Quanto calor é necessário para converter 10 g de gelo a 0°C em vapor a 100°C? O calor de vaporização da água a 100°C é 540 cal/g (2259 J/g).

Resp. 7,2 kcal ou 30 kJ.

7.33 Uma caldeira que fornece vapor para uma turbina usada em uma usina termoelétrica precisa converter água na temperatura ambiente em vapor superaquecido, passando por uma mudança de estado. Quanta energia (kcal e kJ) é necessária para converter 15.000 L de água a 25°C em vapor a 175°C (o vapor requer 0,5 cal/g·K)

Resp. 9800 kcal ou 41.000 kJ.

7.34 Um copo de café de Styrofoam® serve como calorímetro de baixo custo para medidas que não precisam ser muito precisas. Um grama de KCl(s) foi adicionado a 25,0 mL de água a 24,33°C contida neste tipo de copo. Com agitação suave, o sal dissolveu-se com rapidez e por completo. A temperatura mínima atingida foi 22,12°C. Estime o valor de $\Delta H°$ do calor de solução do KCl, em kJ/mol. Suponha que a solução tenha a mesma capacidade calorífica da água e que as capacidades caloríficas do copo e do termômetro possam ser desconsideradas.

Resp. $\Delta H°_{solução} = +17,2$ kJ/mol

7.35 Em um calorímetro de gelo, uma reação química ocorre em contato térmico com uma mistura de água e gelo a 0°C. Todo o calor liberado pela reação é utilizado para derreter gelo. A variação em volume da mistura água-gelo indica a quantidade derretida. Quando uma solução de 1,00 milimol de $AgNO_3$ é misturada a uma solução de 1,00 milimol de NaCl em um calorímetro deste tipo, sendo ambas pré-esfriadas a 0°C, observou-se que 0,20 g de gelo derreteu. Supondo que a reação tenha sido completa, qual é o ΔH para a reação $Ag^+ + Cl^- \rightarrow AgCl$?

Resp. -67 kJ ou -16 kcal.

7.36 Uma massa de 15,3 g de um líquido orgânico a 26,2°C foi vertida em uma câmara de reação de um calorímetro de gelo e esfriada a 0,0°C. A elevação no nível de água indicou que 3,09 g de gelo derreteram. Calcule o calor específico desse líquido.

Resp. 0,616 cal/g · K ou 2,58 J/g · K.

Reações termoquímicas

7.37 Qual é o calor de sublimação do iodo sólido a 25°C?

Resp. 14,92 kcal/mol I_2 ou   62,4 kJ/mol I_2.

7.38 Calcule a quantidade de energia envolvida na mudança de estado de 650 g de I_2 gasoso em I_2 sólido, a 25°C.

Resp. 32,67 kcal ou 136,7 kJ.

7.39 A dissolução de gás H_2S em água é um processo endotérmico ou exotérmico? Até que ponto?

Resp. Exotérmico, com a liberação de 4,6 kcal/mol (19,1 kJ/mol) (*Observação*: a resposta certa é $-4,6$ kcal/mol. Lembre-se de que um valor negativo indica que a reação [física ou química] é exotérmica.)

7.40 Quanto calor é liberado na dissolução de 1 mol de HCl(g) em uma quantidade grande de água? (*Sugestão*: o HCl é completamente ionizado em solução.)

Resp. 17,9 kcal ou 74,8 kJ

7.41 A entalpia padrão de formação do H(g) foi determinada como 218,0 kJ/mol. Calcule o $\Delta H°$ em quilojoules para as reações: (a) H(g) + Br(g) → HBr(g);   (b) H(g) + Br$_2$(l) → HBr(g) + Br(g)

Resp. (a) – 366,2 kJ;   (b) −142,6 kJ

7.42 Calcule o $\Delta H°$ de decomposição de 1 mol de KClO$_3$ sólido em KCl sólido e oxigênio gasoso.

Resp. −10,9 kcal ou −45,5 kJ

7.43 O calor liberado na neutralização de CsOH com ácidos fortes é 13,4 kcal/mol. O calor liberado na neutralização do CsOH com HF (ácido fraco) é 16,4 kcal/mol. Calcule o $\Delta H°$ da ionização do HF em água.

Resp. −3,0 kcal/mol

7.44 Calcule o calor liberado na operação de caldear 1 kg de cal virgem (CaO) de acordo com a reação

$$\text{CaO}(s) + \text{H}_2\text{O}(l) \rightarrow \text{Ca(OH)}_2(s)$$

Resp. 282 kcal ou 1180 kJ

7.45 O calor liberado na combustão completa de 1 mol de CH$_4$ gás em CO$_2$(g) e H$_2$O(g) é 890 kJ. Calcule a entalpia padrão de formação de 1 mol de CH$_4$ gás.

Resp. −75 kJ/mol

7.46 O calor liberado na combustão de 1 g de amido (C$_6$H$_{10}$O$_5$)n em CO$_2$(g) e H$_2$O(g) é 17,48 kJ. Calcule a entalpia padrão de formação de 1 g de amido.

Resp. −5,88 kJ

7.47 O calor liberado na dissolução de CuSO$_4$ é 73,1 kJ/mol. Qual é a ΔH_f^o do SO$_4^{2-}$(aq)?

Resp. −909,3 kJ/mol

7.48 A quantidade de calor liberada na dissolução de CuSO$_4 \cdot$ 5H$_2$O em grande quantidade de água é 5,4 kJ/mol (endotérmica). Consulte o Problema 7.47 e calcule o calor para a reação

$$\text{CuSO}_4(s) + 5\text{H}_2\text{O}(l) \rightarrow \text{CuSO}_4 \cdot 5\text{H}_2\text{O}(s)$$

Resp. 78,5 kJ (reação exotérmica; calor expresso como −78,5 kJ ou −18,8 kcal)

7.49 O calor liberado na combustão de 1 mol de C$_2$H$_6$(g) em CO$_2$(g) e H$_2$O(g) é 1559,8 kJ, e, para a combustão completa de 1 mol de C$_2$H$_4$(g), o valor é 1410,8 kJ. Calcule ΔH para a reação:

$$\text{C}_2\text{H}_4(g) + \text{H}_2(g) \rightarrow \text{C}_2\text{H}_6(g)$$

Resp. −136,8 kJ

7.50 A solução de CaCl$_2 \cdot$6H$_2$O em um grande volume de água é endotérmica, absorvendo 14,6 kJ/mol. Para a reação abaixo, $\Delta H = -97,0$ kJ. Qual é o calor da solubilização de CaCl$_2$ (anidro) em um grande volume de água?

$$\text{CaCl}_2(s) + 6\text{H}_2\text{O}(l) \rightarrow \text{CaCl}_2 \cdot 6\text{H}_2\text{O}(s)$$

Resp. 82,4 kJ/mol (exotérmica)

7.51 A hidrólise é uma reação orgânica importante, em que uma molécula grande utiliza uma molécula de água para se dividir em duas moléculas menores. Uma vez que o mesmo número e tipo de ligações químicas estão presentes nos reagentes e também nos produtos, é possível esperar que a variação na energia dessa reação seja pequena. Calcule o $\Delta H°$ para a hidrólise do dimetil éter em fase gasosa com base nos dados da Tabela 7-1 e os calores de formação: CH$_3$OCH$_3$ = −185,4 kJ/mol; CH$_3$OH = −201,2 kJ/mol. A reação é:

$$\text{CH}_3\text{OCH}_3(g) + \text{H}_2\text{O}(g) \rightarrow 2\text{CH}_3\text{OH}(g)$$

Resp. $\Delta H° = +24,8$ kJ

7.52 A produção comercial do gás d'água utiliza a reação C(s) + H$_2$O(g) → H$_2$(g) + CO(g). O calor necessário para esta reação endotérmica pode ser fornecido com a adição de uma quantidade limitada de oxigênio e a combustão de uma massa de carbono, formando CO$_2$. Quantos gramas de carbono precisam ser queimados para gerar a quantidade de CO$_2$ que gere o calor consumido na conversão de 100 g de carbono em gás d'água? Suponha que não haja perda de calor para o ambiente.

Resp. 33,4 g

7.53 A reação abaixo é reversível.

$$Na_2SO_4 \cdot 10H_2O \rightarrow Na_2SO_4 + 10H_2O \qquad \Delta H = +18{,}8 \text{ kcal}$$

A reação vai completamente para a direita em temperaturas acima de 32,4°C e se desloca totalmente para a esquerda quando a temperatura cai abaixo desse valor. Este sistema é utilizado em algumas residências abastecidas a energia solar para aquecimento no período noturno, com a energia absorvida da radiação solar durante o dia. Quantos pés cúbicos de gás combustível podem ser economizados por noite adotando a reação inversa da desidratação de uma massa fixa de 100 lb de Na$_2$SO$_4 \cdot$ 10H$_2$O? Suponha que a capacidade combustível do gás seja 2000 Btu/pés^3.

Resp. 5,3 pés^3

7.54 Uma grande quantidade de calor é produzida na queima da pólvora. Uma mistura de pólvora é produzida a partir do carvão (carbono), KClO$_4$ e enxofre. Com base nas reações abaixo, calcule a quantidade de energia liberada quando um mol de pólvora queima (suponha que 1 mol de cada substância contribua para produzir 1 mol de pólvora).

Sugestões: (*i*) efetue o balanceamento das equações – você pode usar coeficientes fracionários; (*ii*) O O$_2$ é obtido do ar.

$$\begin{array}{ll} \text{Carvão } C + O_2 \rightarrow CO & \text{Enxofre} \quad S + O_2 \rightarrow SO_2 \\ \text{e } CO + O_2 \rightarrow CO_2 & \text{e} \quad SO_2 + O_2 \rightarrow SO_3 \\ \text{Com aquecimento} & KClO_4 \rightarrow KCl + O_2 \end{array}$$

Resp. $-189{,}5$ kcal ou $-792{,}6$ kJ

7.55 Um dos critérios importantes na seleção de combustíveis usados na propulsão de foguetes é o valor combustível expresso em quilojoules, por grama ou por centímetro cúbico de reagente. Calcule o valor combustível para as reações abaixo, nas duas unidades:

(a) N$_2$H$_4$(l) + 2H$_2$O$_2$(l) → N$_2$(g) + 4H$_2$O(g)

(b) 2LiBH$_4$(s) + KClO$_4$(s) → Li$_2$O(s) + B$_2$O$_3$(s) + KCl(s) + 4H$_2$(g)

(c) 6LiAlH$_4$(s) + 2C(NO$_2$)$_4$(l) → 3Al$_2$O$_3$(s) + 3Li$_2$O(s) + 2CO$_2$(g) + 4N$_2$(g) + 12H$_2$(g)

(d) 4HNO$_3$(l) + 5N$_2$H$_4$(l) → 7N$_2$(g) + 12H$_2$O(g)

(e) 7N$_2$O$_4$(l) + C$_9$H$_{20}$(l) → 9CO$_2$(g) + 10H$_2$O(g) + 7N$_2$(g)

(f) 4ClF$_3$(l) + (CH$_3$)$_2$N$_2$H$_2$(l) → 2CF$_4$(g) + N$_2$(g) + 4HCl(g) + 4HF(g)

Utilize as densidades: N$_2$H$_4$(l), 1,01 g/cm^3; H$_2$O$_2$(l), 1,46 g/cm^3; LiBH$_4$(s), 0,66 g/cm^3; KClO$_4$(s), 2,52 g/cm^3; LiAlH$_4$(s), 0,92 g/cm^3; C(NO$_2$)$_4$(l), 1,65 g/cm^3; HNO$_3$(l), 1,50 g/cm^3; N$_2$O$_4$(l), 1,45 g/cm^3; C$_9$H$_{20}$(l), 0,72 g/cm^3; ClF$_3$(l), 1,77 g/cm^3; (CH$_3$)$_2$N$_2$H$_2$(l), 0,78 g/cm^3. Suponha que os reagentes estejam presentes em quantidades estequiométricas durante o cálculo do volume de cada mistura de reação.

Resp. (a) 6,4 kJ/g, 8,2 kJ/cm^3; (b) 8,3 kJ/g, 12,4 kJ/cm^3; (c) 11,4 kJ/g, 14,6 kJ/cm^3; (d) 6,0 kJ/g, 7,5 kJ/cm^3; (e) 7,2 kJ/g, 8.9 kJ/cm^3; (f) 6,0 kJ/g, 9,1 kJ/cm^3

7.56 Catalisadores de chama são usados comumente para elevar a temperatura do fogo. Entre estes, está o nonano, C$_9$H$_{20}$. Qual é o acréscimo de calor gerado pela combustão completa de 500 g de nonano (considerando que todos os produtos da reação sejam gases)?

Resp. 1358,6 kcal ou 5684,2 kJ

7.57 Um modelo antigo do Concorde, o avião supersônico, consumia 4700 galões de gasolina de aviação por hora, na velocidade de cruzeiro. A densidade do combustível era 6,65 libras por galão, e o ΔH de combustão era -10.500 kcal/kg. Calcule a potência gerada em megawatts (1 MW = 10^6 W = 10^6 J/s) durante a viagem.

Resp. 173 MW

7.58 Duas soluções, inicialmente a 25,08°C, foram misturadas em um frasco térmico. Uma das soluções consistia em 400 mL de um ácido monoprotônico fraco de concentração igual a 0,200 mol por litro de solução. A outra era composta por 100 mL de NaOH 0,800 mol por litro de solução. A temperatura subiu para 26,25°C. Qual é a quantidade de calor liberada na neutralização de um mol de ácido? Considere as densidades das duas soluções iguais a 1,00 g/cm³ e suas capacidades caloríficas específicas iguais a 4,2 J/g·K. Na verdade, esses valores estão errados na ordem de diversos pontos percentuais, mas eles praticamente se cancelam

Resp. 31 kJ/mol

7.59 Um tipo antigo de lâmpada usada por mineiros queima acetileno, C_2H_2, produzido de acordo com a necessidade, por gotejamento de água em carbeto de cálcio, CaC_2. O projetista desta lâmpada precisava se concentrar no aumento na temperatura do compartimento de armazenagem do carbeto de cálcio, já que a lâmpada usada era instalada no capacete do mineiro, e uma explosão em uma situação dessas não seria bem-vinda. Calcule o calor produzido por litro (kJ/L nas CNTP) de C_2H_2 gerado. (Consulte o Problema 7.16.)

$$CaC_2(s) + 2H_2O(l) \rightarrow Ca(OH)_2(s) + C_2H_2(g)$$

Resp. 5,77 kJ/L ($\triangle H° = -129,3$ kJ/mol).

7.60 Considerando a lâmpada citada no Problema 7.59: (*a*) qual é a diferença entre o calor de combustão do C_2H_2 e o calor gerado pela combustão do carbeto de cálcio? (*b*) Se adicionássemos a reação geradora à reação de combustão, a reação global seria

$$CaC_2(s) + H_2O(l) + \left(\frac{5}{2}\right)O_2(g) \rightarrow Ca(OH)_2(s) + 2CO_2(g)$$

Calcule o $\triangle H°$ para a reação acima e compare-a aos resultados dos cálculos individuais efetuados no Problema 7.59 e 7.60(*a*).

Resp. (*a*) Calor de combustão = 58,0 kJ/L ($\triangle H = -1299$ kJ/mol). Este valor é cerca de 10 vezes maior que o resultado obtido no Problema 7.59. (*b*) O resultado é exatamente a soma dos cálculos anteriores ($-129,3 - 1299,1$); $\triangle H° = -1428$ kJ/mol.

7.61 O carbonato de cálcio reage com o gás HCl em uma reação que neutraliza a liberação do gás corrosivo. Calcule e interprete o valor termodinâmico da neutralização de 200 kg de gás HCl pela reação: $2HCl(g) + CaCO_3(s) \rightarrow CaCl_2(s) + CO_2(g) + H_2O(g)$. (O calor de formação do $CaCl_2$ é $-190,0$ kcal/mol.)

Resp. $-25,3$ kcal (-106 kJ). O valor negativo revela que a reação é exotérmica.

Capítulo 8

A Estrutura Atômica e a Lei Periódica

A ABSORÇÃO E A EMISSÃO DA LUZ

A teoria atômica contemporânea sofreu um duro revés quando foi reconhecido que o átomo tem espectros de absorção e emissão de luz que ocorrem em *linhas* estreitas do espectro de comprimentos de onda específicos, contrastando com as *bandas* largas, típicas de moléculas e compostos poliatômicos. Uma vez que esses espectros em linha são característicos de cada elemento, a espectroscopia atômica pode ser utilizada na análise específica e precisa de elementos químicos, em diversos tipos de materiais, tanto simples quanto complexos. Esses estudos se baseiam no caráter ondulatório da luz, além de seu caráter de partícula.

O caráter ondulatório da luz

Um feixe de luz pode ser visto como uma forma de energia emitida a partir de uma fonte, na forma de uma onda senoidal (Figura 8-1). A distância entre os picos da onda é chamada de *comprimento de onda*, dada pela letra grega lambda, λ. A *frequência* da onda representa o número de picos que se desloca por um ponto fixo no espaço por segundo, representada pela letra grega nu, ν. A unidade mais comumente utilizada na representação da frequência é o *hertz* (1 Hz = 1 s^{-1}).

O produto do comprimento de onda pela frequência dá a velocidade da onda, c:

$$c = \lambda \nu$$

Mas especificamente, a velocidade da luz no vácuo é igual para todos os comprimentos de onda, $2,998 \times 10^8$ m/s. A fórmula acima nos diz que há uma relação inversa simples entre comprimento de onda e frequência, $\lambda = c/\nu$ ou $\nu = c/\lambda$. A velocidade da luz na atmosfera é um pouco menor que aquela no vácuo. Contudo, essa diferença é muito pequena, menos de 0,1% da velocidade no vácuo, o que torna o valor $2,998 \times 10^8$ m/s aceitável para a maioria das aplicações, frente ao erro percentual diminuto envolvido no cálculo. Outra grandeza muito utilizada, o *número de onda*, $\tilde{\nu}$, é definida como $1/\lambda$ (ou ν/c). A unidade mais comum de número de onda é o cm^{-1}.

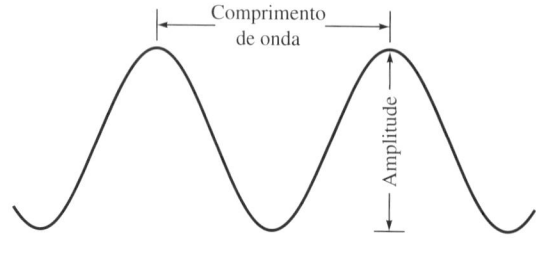

Figura 8-1

O caráter de partícula da luz

A energia da luz é emitida, absorvida ou convertida em outras formas de energia em unidades individuais chamadas de *quanta* (singular *quantum*). A unidade de energia luminosa é muitas vezes considerada como partícula de luz, chamada de *fóton*.

A energia de um fóton é proporcional à frequência:

$$E = h\nu = (6{,}626 \times 10^{-34}\,\text{J}\cdot\text{s})\nu$$

A *constante de Planck*, h, é a constante universal de proporcionalidade.

Na química, os estudos envolvendo ondas utilizam comprimentos de onda entre 0,1 nm (raios X) e alguns centímetros (micro-ondas). Observe que a luz visível está na faixa dos 400 a 700 nm.

A INTERAÇÃO ENTRE A LUZ E A MATÉRIA

Um dos principais passos para a compreensão da estrutura atômica foi dado por Bohr, com sua explicação sobre o espectro do hidrogênio. Os postulados de Bohr foram:

1. O elétron do átomo de hidrogênio orbita ao redor do núcleo, em um movimento circular estável.
2. Em cada órbita estável, a atração eletrostática entre o elétron, com carga negativa, e o núcleo, que tem carga positiva, gera uma força centrípeta (que impele o elétron para o núcleo) responsável pelo movimento circular do elétron. A energia do átomo é a soma da energia potencial da interação eletrostática entre o núcleo e o elétron, e a energia cinética inerente à orbita deste.
3. Somente certas órbitas estáveis são possíveis – aquelas para as quais o momento angular do elétron é um número inteiro, n, multiplicado pela constante $h/2\pi$. (h é a constante de Planck, apresentada acima.)
4. Um elétron pode passar de uma órbita estável para outra, absorvendo ou emitindo energia igual à diferença de energia entre as duas órbitas. A energia é absorvida quando o elétron deixa um nível mais alto (próximo ao núcleo) e liberada (não necessariamente no mesmo comprimento de onda) quando ele retorna a sua órbita original. Se esta energia é absorvida ou emitida na forma de luz, um único fóton de luz absorvida ou emitida explica a diferença de energia, com base na fórmula

$$h\nu = |\triangle E|$$

onde $\triangle E$ é a diferença de energia entre as órbitas inicial e final.

Com sua teoria, Bohr conseguiu apresentar uma racionalização satisfatória para as séries de linhas espectrais do hidrogênio. As energias orbitais previstas pela expressão mais simples da teoria são dadas pela fórmula

$$E(n) = -\frac{me^4 Z^2}{8E_0^2 h^2 n^2}$$

onde m e e são a massa e a carga do elétron, E_0 é a permissividade do espaço livre e Z é o número atômico do núcleo (para o hidrogênio, 1). Observe que a energia é negativa com respeito ao estado em que elétron e núcleo estão muito distantes, o chamado estado de energia zero. Em unidades SI,

$$m = 9{,}1095 \times 10^{-31}\,\text{kg} \qquad e = 1{,}602 \times 10^{-19}\,\text{C} \qquad E_0 = 8{,}854 \times 10^{-12}\,\text{C}^2/\text{N}\cdot\text{m}^2$$

Os números de onda previstos e permitidos observados no espectro são

$$\tilde{\nu} = \frac{|E(n_2) - E(n_1)|}{hc} = \frac{me^4 Z^2}{8E_0^2 h^3 c}\left|\frac{1}{n_1^2} - \frac{1}{n_2^2}\right| = RZ^2\left|\frac{1}{n_1^2} - \frac{1}{n_2^2}\right|$$

onde $n_1 < n_2$ na absorção, e $n_1 > n_2$ na emissão. A grandeza R, a *constante de Rydberg*, é definida puramente em termos de constantes universais e tem valor 109.737 cm^{-1}:

$$R = \frac{me^4}{8E_0^2 h^3 c} = 109.737 \text{ cm}^{-1}$$

Observação: O valor observado para ^{1}H é 0,06% menor, devido ao *efeito de massa reduzida*. Com base em um refinamento da teoria de Bohr simplificada, R aumenta com a massa nuclídica, sendo o valor máximo 109.737 cm^{-1}. Os raios previstos para as órbitas são

$$r(n) = \frac{n^2}{Z} a_0 \qquad \text{onde} \qquad a_0 = \frac{h^2 E_0}{\pi m e^2}$$

O valor previsto para a primeira órbita de Bohr do hidrogênio ($n = 1$) é $a_0 = 5,29 \times 10^{-11}$ m = 0,529 Å.

Contudo, é importante lembrar que, embora a teoria de Bohr tenha sido ampliada e aperfeiçoada, ela é válida apenas para o hidrogênio e espécies químicas semelhantes, como o He$^+$ e o Li$^+$. A teoria não explica os espectros de outros átomos, mesmo aqueles com apenas dois elétrons, nem a existência e a estabilidade de compostos químicos. O próximo passo na compreensão do átomo requer o conhecimento sobre a natureza ondulatória da matéria.

AS PARTÍCULAS E AS ONDAS

De acordo com De Broglie, a luz não é a única a apresentar o caráter dualístico de onda e partícula: a matéria e partículas têm também uma natureza ondulatória. O comprimento de onda das ondas associadas a partículas é dado pela equação

$$\lambda = \frac{h}{mv}$$

onde m e v são a massa e a velocidade da partícula, respectivamente. A constante de Planck, h, é tão pequena que os comprimentos de onda estão em uma faixa visível apenas para partículas atômicas ou subatômicas.

A confirmação experimental da relação derivada por De Broglie para um feixe de elétrons de energia uniforme foi permitida pelo desenvolvimento teórico trazido pela *mecânica quântica*, também chamada de *mecânica ondulatória*. O êxito de Bohr não se restringiu à previsão dos níveis de energia estáveis dos átomos de hidrogênio reproduzidos. O conceito pode também ser aplicado a átomos com número maior de elétrons e moléculas poliatômicas. Os postulados de Bohr foram substituídos pela *equação de Schrödinger*, que precisa ser resolvida com base no método das equações diferenciais parciais. A equação tem semelhanças matemáticas com as descrições das ondas físicas, e a introdução arbitrária de números inteiros na teoria de Bohr é justificada na mecânica quântica frente à necessidade de que soluções da equação geradas com base no modelo de onda precisam ser contínuas, finitas e terem valores únicos. As soluções da equação de onda obtidas com base em um modelo estacionário correspondem a um estado fixo de energia, como ocorre na teoria de Bohr e, em muitos casos, inclusive para o átomo de hidrogênio, com momento angular fixo. Um grande número de outras propriedades descritivas, como a posição do elétron, não são fixadas em definitivo; ao contrário, estas propriedades são representadas por probabilidades de distribuição ao longo de uma faixa de valores numéricos. No átomo de hidrogênio, o elétron não está confinado a uma órbita bidimensional, mas representado por uma onda que se estende para o espaço tridimensional. A amplitude de onda indica a probabilidade variável de encontrar o elétron em diferentes posições relativas ao núcleo.

Os orbitais

A solução da equação de Schrödinger para um elétron precisa atender a três condições em nível quântico, correspondentes às três dimensões no espaço. Cada condição quântica introduz um valor inteiro, chamado *número quântico*, na solução. Uma solução em separado, descrevendo uma distribuição da probabilidade de encontrar o elétron em diversas posições, existe para cada conjunto possível de três números quânticos. Esta solução é chamada *orbital*. Um orbital pode ser comparado a uma fotografia hipotética de um elétron, tirada com o diafragma aberto por tempo longo o bastante para que todas as regiões do espaço sejam representadas pela probabilidade ponderada de encontrar um elétron em determinada região. Estes três números quânticos são geralmente representados conforme:

1. *n*, ou *número quântico principal*: determina essencialmente a energia do orbital em sistemas de um elétron, mas é também o principal determinante da energia em sistemas de mais de um elétron.
2. *l*, ou *número quântico do momento angular*: define a forma do orbital e, ao lado de *n*, descreve a distância média do elétron relativa ao núcleo.
3. m_l, ou *número quântico magnético*: determina a orientação do orbital no espaço.

Além das três dimensões no espaço que descrevem as posições relativas do elétron e do núcleo, existe uma quarta dimensão, inerente ao próprio elétron, relacionada a sua rotação em torno de um eixo interno e caracterizada pelo momento magnético associado a esta rotação. A notação comumente adotada para o número quântico associado à rotação do elétron é m_s.

Cada um dos quatro números quânticos pode assumir apenas alguns valores predeterminados, que são:

(*a*) *n* pode ser qualquer inteiro positivo. Os elétrons com um dado valor de *n* estão em uma mesma camada (órbita). Estas camadas são designadas por letras maiúsculas, conforme:

n	1	2	3	4	5	6	7
Designação	K	L	M	N	O	P	Q

(*b*) O valor de *l* varia entre 0 e *n* − 1. Os valores de *l* são designados por letras, conforme:

l	0	1	2	3	4
Designação	s	p	d	f	g

Normalmente, um orbital é representado por seu número quântico principal (*n*) seguido da letra correspondente a seu valor de *l*. Por exemplo: 2*s*, 2*p*, 4*d* e 5*f*.

(*c*) m_l pode assumir qualquer valor inteiro entre −*l* e +*l*. Esta regra dá origem ao *número* de orbitais, 2*l* + 1, associado a uma dada combinação de *n* e *l*. Existem três orbitais *p* correspondentes a $m_l = 1$, 0 e −1. Contudo, na maioria das vezes é mais fácil utilizar um novo conjunto de três orbitais orientados ao longo dos eixos *x*, *y* e *z* para representar as formas e direções destes orbitais. Além disso, há cinco orbitais *d* e sete orbitais *f* com diferentes formas e orientações espaciais.

(*d*) Os valores de m_s podem ser $+\frac{1}{2}$ ou $-\frac{1}{2}$.

As probabilidades de encontrar um elétron a diferentes distâncias, *r*, do núcleo do átomo de hidrogênio são mostradas na Figura 8-2 para diversas combinações de *n* e *l*. As formas dos orbitais *s*, *p* e *d* estão ilustradas na Figura 8-3. Ao examinarmos a Figura 8-2, percebemos um detalhe, que surge como consequência matemática exata da teoria: quando $l = n - 1$, a distância mais provável entre o elétron e o núcleo é exatamente igual ao raio da órbita de Bohr, $n^2 a_0$. Em geral, a distância média entre o elétron e o núcleo aumenta com *n*. A mesma figura mostra outra característica interessante relativa a todos os valores de *l* permitidos, exceto o valor máximo, para um dado *n*: a existência de um valor mínimo igual a zero para a probabilidade, correspondente às *superfícies nodais* esféricas ao redor do núcleo, nas quais o elétron não é encontrado. A Figura 8-3 mostra que os orbitais *s* têm a forma de uma esfera, o núcleo estando no centro delas. Cada orbital *p* está concentrado nas porções + e − de um dos eixos cartesianos (*x*, *y* ou *z*), com um *plano nodal* de probabilidade zero perpendicular a esse eixo, no núcleo. Entre os cinco orbitais *d* possíveis para um dado valor de *n*, quatro têm a mesma forma – uma folha de trevo, bidimensional – estando a maior probabilidade de encontrar o elétron nos eixos *x* e *y*, no caso de $d_{x^2-y^2}$ e entre os eixos, nos casos dos orbitais d_{xy}, d_{xz} e d_{yz}. Cada um destes orbitais tem dois planos nodais paralelos, que passam pelo núcleo. O quinto orbital *d*, d_{z^2}, tem máximo nas direções +*z* e −*z*, e uma concentração secundária no plano (*x*, *y*). Esse orbital tem duas superfícies cônicas que passam pelo núcleo, uma projetando-se acima do plano (*x*, *y*) e outra abaixo. Isso separa os lóbulos +*z* e −*z* do anel toroidal de probabilidade, concentrado naquele plano.

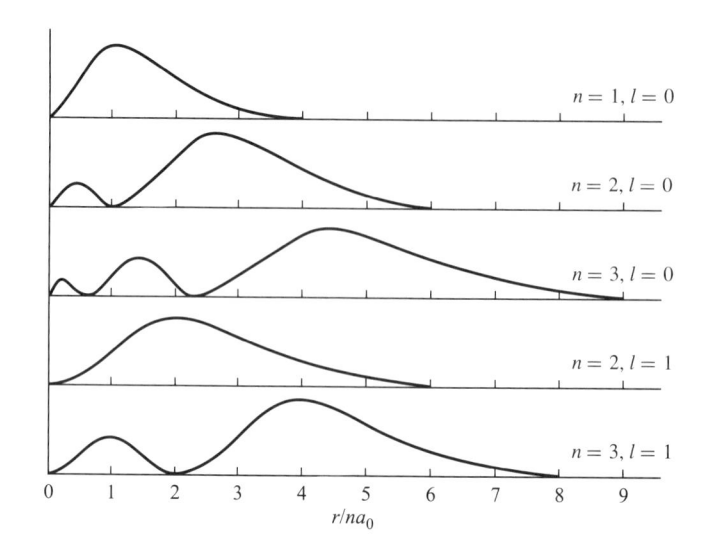

Figura 8-2

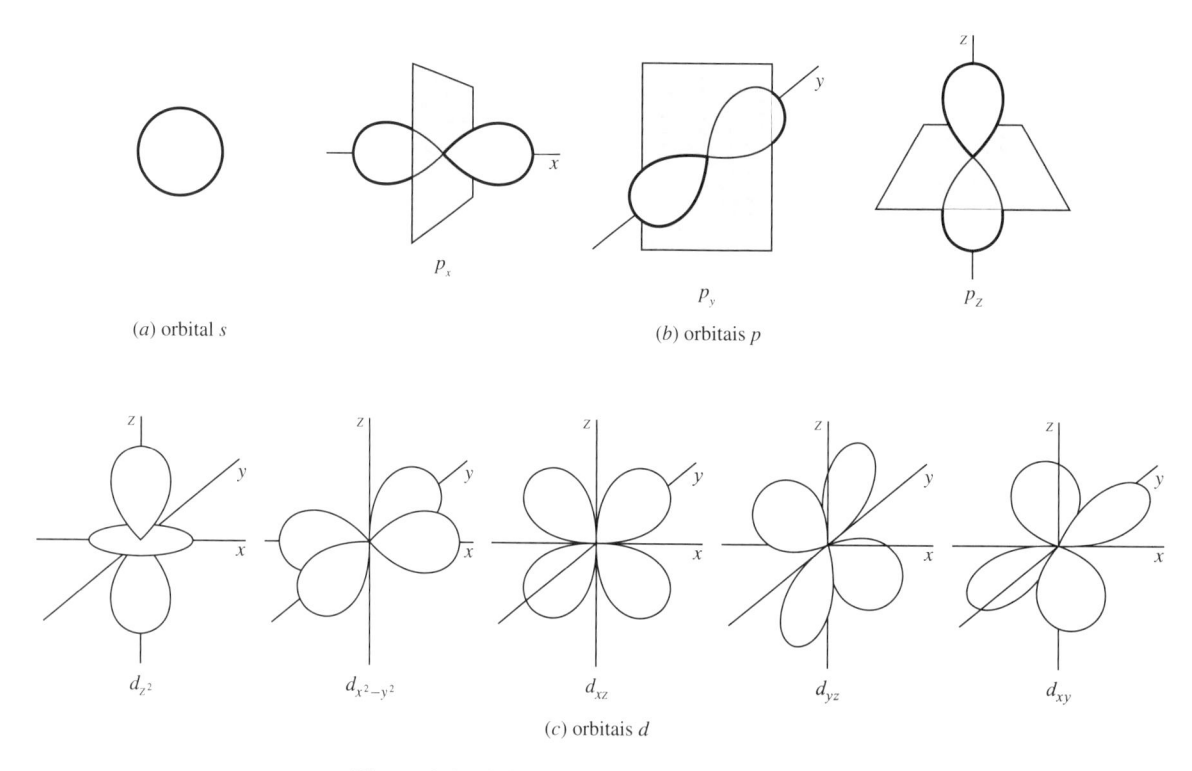

(a) orbital *s*

(b) orbitais *p*

(c) orbitais *d*

Figura 8-3 A dependência angular dos orbitais

O PRINCÍPIO DE PAULI E A LEI PERIÓDICA

O *princípio da exclusão de Pauli* afirma que dois elétrons em um átomo não podem apresentar um conjunto idêntico de números quânticos. Esse princípio impõe alguns limites para o número de elétrons para os diversos tipos de orbitais (*n*, *l*):

Orbital	Número máximo de elétrons $2(2l + 1)$
s	2
p	6
d	10
f	14

Uma vez que a equação de Schrödinger não pode ser resolvida com exatidão para átomos com mais de um elétron, é comum atribuir elétrons aos *orbitais hidrogenoides* para obter uma configuração aproximada dos elétrons. Esses orbitais são designados pelas mesmas letras que os orbitais do hidrogênio e têm características espaciais idênticas, descritas na seção anterior, "os orbitais".

O PRINCÍPIO DE CONSTRUÇÃO

O princípio do preenchimento de orbitais reconhece que os elétrons ocupam primeiramente os orbitais de menor energia. O princípio da construção (derivado do termo *aufbau*, do idioma alemão) descreve o modo como os elétrons se distribuem nos orbitais. Tanto n quanto l são considerados no processo; contudo, ocorre o fenômeno chamado de *blindagem*, que reduz a carga do núcleo com o aumento da distância do elétron. Em síntese, uma nuvem de elétrons mais próxima do núcleo blinda sua carga positiva, de maneira que os elétrons mais distantes sejam menos atraídos por ele, em comparação com a lei dos quadrados inversos, que diz que a intensidade de um fenômeno eletromagnético diminui com inverso do quadrado da distância entre cargas. Devido a estes fatores, entre outros que influenciam o processo, a ordem de preenchimento de orbitais pode ser $1s < 2s < 2p < 3s < 3p < 4s < 3d < 4p < 5s < 4d < 5p < 6s$, etc., difícil de memorizar. A Figura 8-4 mostra um esquema fácil de preparar e lembrar. Observe que as fileiras são os orbitais que devem ser preenchidos, e a ordem de preenchimento é indicada por um conjunto de setas diagonais. As previsões feitas pelo princípio da construção são válidas para as configurações no estado fundamental (de menor energia). Uma exceção a esta sequência é tratada no Problema 8.10.

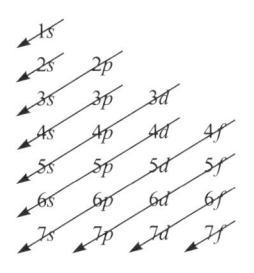

Figura 8-4

Observação: a menos que dito em contrário, todas as configurações de elétrons neste livro são dadas para o estado fundamental.

AS CONFIGURAÇÕES DO ELÉTRON

A posição de um elemento na Tabela Periódica dos elementos indica a configuração da camada de elétrons mais externa. Seja n o número do período em que o elemento se encontra na tabela, e o sobrescrito no estado s o número de elétrons no orbital s. As configurações eletrônicas para os grupo IA e IIA (1 e 2) são ns^1 e ns^2. Os outros grupos, IIIA a VIIIA (13 a 18), têm configurações ns^2np^1 a ns^2np^6. Essas duas séries de elementos constituem os elementos do grupo principal, muitas vezes chamados *elementos do bloco s* e do *bloco p*. A exceção a este parâmetro é o hélio ($1s^2$) que, embora pertença ao grupo VIIIA, não tem elétrons o bastante para se adequar à configuração deste grupo.

Os *metais de transição* nos períodos 4 e 5 têm como configurações externas $ns^2(n-1)d^1$ a $ns^2(n-1)d^{10}$, mas existem algumas anomalias e por essa razão o preenchimento da camada d não é uniforme (consulte o texto). Os metais de transição nos períodos 6 e 7 preenchem os orbitais $(n-2)f$ antes de os orbitais $(n-1)d$ estarem completos. Existem muitas anomalias no preenchimento da camada f. Os *lantanídeos*, o período 6, e os *actinídeos*, o período 7 da Tabela Periódica, são exibidos em separado, abaixo da tabela propriamente dita, e recebem tratamento específico.

Os elétrons mais externos, muitas vezes chamados de *elétrons de valência*, são os principais responsáveis pelas propriedades químicas dos elementos. Segue que os elementos em um grupo específico apresentam *números de oxidação* semelhantes (também chamados de *cargas* ou *valências*) e tendências parecidas em termos de características. Embora as configurações de elétrons não fossem conhecidas quando da formulação das primeiras tabelas periódicas, os elementos eram dispostos considerando as semelhanças de suas características.

Em relação aos orbitais preenchidos, é importante observar que os elétrons ocorrem em pares, conforme mostrado abaixo. No entanto, um dado orbital aceita um elétron por vez, até ter sido totalmente preenchido. Os elétrons em orbitais não preenchidos podem ser representados por setas apontando para cima ou para baixo, que indicam os spins (sentido de rotação) opostos dos elétrons em um par. A Figura 8-5 mostra a localização dos elétrons p em ordem, representados por sobrescritos, e o orbital preenchido com elétrons representado por setas comumente usadas; os orbitais d e f são mostrados de modo semelhante. As setas apontam para cima na ordem de preenchimento (1 → 3) e para baixo (4 → 6) para formar pares.

$$\text{Ordem de preenchimento } p_x^1 p_x^2 p_z^3 \text{ então } p_x^4 p_y^5 p_z^6 \text{ gerando } p_x^{1,4} p_x^{2,5} p_x^{3,6}$$
$$\text{para os orbitais preenchidos } p_x^{\uparrow\downarrow} p_y^{\uparrow\downarrow} p_z^{\uparrow\downarrow}$$

Figura 8-5

Os elétrons interiores, aqueles abaixo dos elétrons de valência, estão organizados como nos gases nobres (Grupo VIIIA), antes do elemento sendo considerado. No caso do titânio (Ti, $Z = 22$), a configuração dos elétrons pode ser expressa como $[Ar]3d^2 4s^2$. Observe que embora o princípio da construção postule o preenchimento de $4s$ antes de $3d$, é comum representar a configuração de elétrons em ordem numérica em relação a n, em vez da ordem de preenchimento real.

OS RAIOS ATÔMICOS

A nuvem de elétrons ao redor de um átomo torna um tanto impreciso o conceito de tamanho do átomo. Mesmo assim, o tamanho atômico ou raio atômico são grandezas úteis. Na prática, o raio atômico pode ser considerado como o resultado da divisão (que pode ser feita em laboratório) da distância entre os centros de dois átomos ligados quimicamente. Se a ligação é do tipo covalente (ver Capítulo 9), o raio é chamado de *raio covalente*. Se a ligação é iônica, o raio é chamado de *raio iônico*. No caso de não haver ligação química, o raio pode ser definido em termos da menor distância para não ocorrer ligação, o chamado *raio de van der Waals*. Esses conceitos de tamanho são ilustrados na Figura 8-6.

Em relação ao tamanho atômico, são observadas as seguintes generalizações:

1. Para um dado grupo de elementos na Tabela Periódica, o raio aumenta com o número atômico. Este fato está relacionado ao maior valor de n na camada mais externa do átomo.
2. Para um dado período de elementos da Tabela Periódica, os raios covalentes geralmente diminuem com o aumento do número atômico. Isso está relacionado a fatos como (i) o tamanho de um átomo depende da distância média de seus elétrons mais externos, (ii) a inexistência de uma mudança em n para os elétrons mais externos em um dado período, e (iii) o aumento na carga positiva do núcleo com o número atômico.

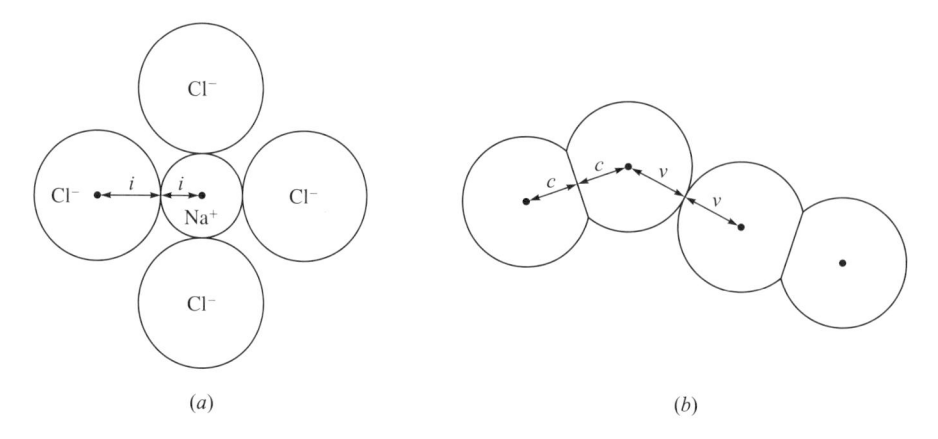

Figura 8-6 (a) Parte de um cristal de NaCl mostrando os raios iônicos. (b) Duas moléculas de Cl_2 em contato, no cloro líquido, mostrando os raios covalentes (c) e os raios de van der Waals (v).

3. O raio iônico de *cátions* (íons positivos) é um pouco menor em comparação com o de ânions, uma vez que todos os elétrons mais externos (maior *n*) estão via de regra ausentes. Os raios dos *ânions* (íons negativos) são um pouco maiores que os raios de van der Waals, para um mesmo átomo, já que o(s) elétron(s) extra(s) tem o mesmo *n*. Porém, os raios covalentes destes átomos são consideravelmente menores, pois estes estão ligados a seus átomos vizinhos, por compartilhamento de elétrons.
4. Para um dado grupo de elementos da Tabela Periódica, o raio iônico diminui com o aumento do número atômico. Para um dado período, os raios dos cátions diminuem com o aumento do número atômico, a exemplo do que ocorre com os raios de ânions. Observe que os raios do último cátion e o do primeiro ânion em um dado período não obedecem a esta regra. A razão para isso está no fato de que um íon se torna um cátion por meio da perda de elétrons, mas o ânion é o resultado do ganho de elétrons.

AS ENERGIAS DE IONIZAÇÃO

A fórmula de Bohr, que descreve os níveis de energia do átomo de hidrogênio, prevê que, quanto maior a energia entre dois níveis, maior a proximidade entre eles, tendendo a um limite igual a zero, quando $n \to \infty$. Neste limite, o átomo encontra-se ionizado. A energia mínima necessária para ionizar um átomo no estado gasoso pode ser determinada por métodos espectroscópicos, termoquímicos ou elétricos. No método elétrico, é feita a medida do potencial de aceleração capaz de conferir a um elétron na eletrosfera do átomo em questão a energia cinética suficiente para desalojá-lo (gerando o chamado *elétron projétil*). Isso significa que a energia de ionização pode ser medida diretamente, em termos elétricos. O elétron-volt, *eV*, é a energia dada a um elétron acelerado a uma diferença de potencial de 1 V (*Observação*: 1 V = 1 J/C). O valor de um elétron-volt é expresso como:

$$1 \text{ eV} = (\text{carga do } e^-) \times (\text{diferença de potencial}) = (1{,}6022 \times 10^{-19} \text{ C}) \times (1 \text{ J/C}) = 1{,}6022 \times 10^{-19} \text{ J}$$

As energias de ionização, EI, foram estabelecidas para todos os átomos. Essas energias são todas positivas, correspondendo a um processo endotérmico. Algumas tendências interessantes sobre a energia de ionização são observadas:

1. Para um dado grupo da tabela periódica, a energia de ionização diminui com o aumento no número atômico. Esta observação está relacionada ao aumento no raio atômico e à redução na atração exercida pelo núcleo sobre os elétrons mais externos. É preciso lembrar que esta tendência não é observada de maneira uniforme nos metais de transição.
2. Para um dado período da tabela periódica, a tendência observada é de aumento na energia de ionização com o número atômico. Porém, os átomos que iniciam uma nova subcamada ou a segunda metade de uma nova subcamada podem apresentar energia de ionização menor que a do átomo anterior.
3. A energia de ionização de cada estágio de ionização é sempre maior que a do estágio anterior. Por exemplo, a segunda energia de ionização do magnésio é consideravelmente maior que a primeira (cerca de duas vezes), pois o Mg^{2+} tem uma atração eletrostática duas vezes maior pelo elétron a ser removido que o Mg^{1+}. No entanto, a segunda energia de ionização do sódio é muito maior que a primeira, porque o segundo elétron removido sai da camada $n = 2$, não da camada $n = 3$ (mais distante do núcleo).

A AFINIDADE ELETRÔNICA

Alguns átomos são capazes de capturar um elétron extra, formando um ânion gasoso estável, sobretudo os elementos com subcamadas *p* quase preenchidas (grupos VIA e VIIA, em especial). Por exemplo,

$$Cl(g) + e^-(g) \to Cl^-(g) \quad \Delta H = -349 \text{ kJ/mol (exotérmica)}$$

Para a maioria dos elementos, o primeiro elétron recebido é *exotérmico* (libera energia). A afinidade eletrônica do cloro (AE) é -349 kJ por mol de elétrons recebidos. Quanto maior a primeira afinidade eletrônica de um elemento (a do cloro é alta), maior a probabilidade de ele formar um ânion. As afinidades eletrônicas dos elementos não apresentam uma tendência uniforme de aumento com o número atômico, em um período da tabela periódica.

AS PROPRIEDADES MAGNÉTICAS

As propriedades magnéticas da matéria dependem das propriedades dos átomos dos elementos que a compõem. Foi dito anteriormente que o spin do elétron tem um momento magnético associado. Os momentos magnéticos de dois elétrons ocupando um mesmo orbital (mesmo n, l e m_l) cancelam um ao outro, pois os dois valores de m_s têm mesma magnitude, mas spins opostos (momento magnético igual em módulo mas oposto em sentido). Isso significa que os átomos, íons ou compostos em que ao menos um orbital seja ocupado por apenas um elétron têm um momento magnético real. Essa substância é chamada de *paramagnética* e é atraída por um campo magnético. A magnitude do momento magnético (e portanto o número elétrons desemparelhados) pode ser determinada em laboratório medindo a força de atração exercida por um campo magnético externo sobre a substância. Substâncias sem estes elétrons desemparelhados não têm momentos magnéticos e por isso são repelidas por um campo magnético, e são chamadas de *diamagnéticas*. A repulsão de substâncias diamagnéticas é muito menor em magnitude que a atração de substâncias paramagnéticas.

As medidas magnéticas constituem uma importante ferramenta experimental para a determinação da atribuição de elétrons a diferentes orbitais em átomos, íons e compostos. Algumas regras foram elaboradas para a atribuição de elétrons em uma subcamada.

1. Os elétrons em uma subcamada para a qual $l > 0$ tendem a evitar parearem-se em um mesmo orbital. Esta é a chamada regra de Hund, e reflete a repulsão eletrostática relativamente maior entre dois elétrons em um mesmo orbital, em comparação com a ocupação de dois orbitais com diferentes valores de m_l.
2. Em orbitais ocupados por um único elétron, este tende a apresentar spin na mesma direção que outro elétron em outro orbital deste tipo, o que maximiza o momento magnético líquido.
3. O exame de uma configuração eletrônica permite prever se um átomo (ou íon) é paramagnético. Observe que esta previsão é válida apenas para um átomo livre. Qualquer conclusão definitiva fundamentada neste tipo de previsão na verdade não é válida para grupos de átomos (ou íons). Por exemplo, o átomo de alumínio tem um elétron desemparelhado, mas um pedaço de alumínio é diamagnético.

Problemas Resolvidos

As relações de energia

8.1 Calcule as frequências de radiação eletromagnética para os seguintes comprimentos de onda: (*a*) 0,10 nm; (*b*) 5000 Å; (*c*) 4,4 μm; (*d*) 89 m; (*e*) 562 nm.

A equação básica é

$$\nu = \frac{2{,}998 \times 10^8 \text{ m/s}}{\lambda}$$

(*a*) $$\nu = \frac{2{,}998 \times 10^8 \text{ m/s}}{0{,}10 \times 10^{-9} \text{ m}} = 3{,}0 \times 10^{18} \text{s}^{-1} = 3{,}0 \times 10^{18} \text{ Hz}$$

(*b*) $$\nu = \frac{2{,}998 \times 10^8 \text{ m/s}}{(5000 \text{ Å})(10^{-10} \text{ m/Å})} = 5{,}996 \times 10^{14} \text{ Hz} = 599{,}6 \text{ THz}$$

(*c*) $$\nu = \frac{2{,}998 \times 10^8 \text{ m/s}}{4{,}4 \times 10^{-6} \text{ m}} = 6{,}8 \times 10^{13} \text{ Hz} = 68 \text{ THz}$$

(*d*) $$\nu = \frac{2{,}998 \times 10^8 \text{ m/s}}{89 \text{ m}} = 3{,}4 \times 10^6 \text{ Hz} = 3{,}4 \text{ MHz}$$

(*e*) $$\nu = \frac{2{,}998 \times 10^8 \text{ m/s}}{562 \times 10^{-9} \text{ m}} = 5{,}33 \times 10^{14} \text{ Hz} = 533 \text{ THz}$$

8.2 (*a*) Qual é a variação em energia molar (J/mol) associada a uma transição atômica que gera uma radiação de 1 Hz? (*b*) Para um dado próton, qual é a relação numérica entre seu comprimento de onda em nanômetros e sua energia em elétrons-volt?

(a) Se cada N_A átomos emite um próton com 1 Hz,

$$\Delta E = N_A(h\nu) = (6,022 \times 10^{23}\,\text{mol}^{-1})(6,626 \times 10^{-34}\,\text{J}\cdot\text{s})(1\,\text{s}^{-1}) = 3,990 \times 10^{-10}\,\text{J}\cdot\text{mol}^{-1}$$

Uma vez que ΔE e ν são proporcionais, podemos tratar a razão

$$\frac{3,990 \times 10^{-10}\,\text{J}\cdot\text{mol}^{-1}}{1\,\text{Hz}}$$

como "fator de conversão" entre Hz e J·mol^{-1}, desde que lembremos o que essa "conversão" significa de fato. Então, para a radiação de 1 MHz (10^6 Hz),

$$\Delta E = (10^6\,\text{Hz})(3,990 \times 10^{-10}\,\text{J}\cdot\text{mol}^{-1}\cdot\text{Hz}^{-1}) = 3,990 \times 10^{-4}\,\text{J}\cdot\text{mol}^{-1}$$

(b) Primeiro, vamos calcular a frequência equivalente a 1 eV a partir da equação de Planck. Após, calculamos o comprimento de onda utilizando a frequência.

$$\nu = \frac{E}{h} = \frac{1,6022 \times 10^{-19}\,\text{J}}{6,626 \times 10^{-34}\,\text{J}\cdot\text{s}} = 2,4180 \times 10^{14}\,\text{s}^{-1}$$

$$\lambda = \frac{c}{\nu} = \frac{2,998 \times 10^8\,\text{m}\cdot\text{s}^{-1}}{2,4180 \times 10^{14}\,\text{s}^{-1}} = (1,2398 \times 10^{-6}\,\text{m})(10^9\,\text{nm/m}) = 1239,8\,\text{nm}$$

Em virtude da proporcionalidade inversa entre comprimento de onda e energia, a relação pode ser escrita como

$$\lambda E = hc = 1239,8\,\text{nm}\cdot\text{eV}$$

8.3 No efeito fotoelétrico, um quantum de luz absorvido causa a emissão de um elétron de uma substância que absorve luz. A energia cinética do elétron emitido é igual à energia do fóton absorvido menos a energia do fóton de maior comprimento de onda que causa esse efeito. Calcule a energia cinética de um fotoelétron (eV) produzida no césio por luz com comprimento de onda de 400 nm. O comprimento de onda crítico (máximo) para o efeito fotoelétrico é 660 nm.

Com base no resultado do Problema 8.2 (b),

$$\text{Energia cinética do elétron} = h\nu - h\nu_{\text{crit}} = \frac{hc}{\lambda} - \frac{hc}{\lambda_{\text{crit}}}$$

$$= \frac{1240\,\text{nm}\cdot\text{eV}}{400\,\text{nm}} - \frac{1240\,\text{nm}\cdot\text{eV}}{660\,\text{nm}} = 1,22\,\text{eV}$$

8.4 A exposição das moléculas do iodo gasoso à luz com comprimentos de onda inferiores a 499,5 nm causa a dissociação em átomos do elemento. Se uma molécula de I_2 absorve um quantum de energia, qual é a energia mínima, em kJ/mol, necessária para dissociar I_2 por essa via fotoquímica?

$$E_{\text{por mol}} = N_A(h\nu) = \frac{N_A hc}{\lambda} = \frac{(6,022 \times 10^{23}\,\text{mol}^{-1})(6,626 \times 10^{-34}\,\text{J}\cdot\text{s})(2,998 \times 10^8\,\text{m}\cdot\text{s}^{-1})}{499,5 \times 10^{-9}\,\text{m}}$$

$$= 239,5\,\text{kJ/mol}$$

8.5 Um feixe de elétrons acelerado por exposição a 4,64 eV em um tubo contendo vapor de mercúrio foi parcialmente absorvido pelo vapor. Como resultado, ocorreram alterações de ordem eletrônica no átomo de mercúrio, gerando emissão de luz. Se toda a energia de um único elétron incidente foi convertida em luz, qual o número de onda da luz emitida?

Com base no resultado do Problema 8.2 (b),

$$\tilde{\nu} = \frac{1}{\lambda} = \frac{\nu}{c} = \frac{h\nu}{hc} \quad \text{e} \quad \tilde{\nu} = \frac{4,64\,\text{eV}}{1240\,\text{nm}\cdot\text{eV}} = 0,00374\,\text{nm}^{-1} = 37.400\,\text{cm}^{-1}$$

8.6 Uma experiência com a difração de elétrons foi executada utilizando um feixe de elétrons acelerado por uma diferença de potencial de 10 keV. Qual é o comprimento de onda do feixe de elétrons em nm?

Podemos utilizar a equação de Broglie, considerando a massa do elétron igual a $0{,}911 \times 10^{-30}$ kg. A velocidade do elétron é calculada igualando a energia cinética, $\frac{1}{2}mv^2$, à perda de 10 keV em energia potencial elétrica.

$$\tfrac{1}{2}mv^2 = (10^4\,\text{eV})(1{,}602 \times 10^{-19}\,\text{J/eV})$$
$$= 1{,}602 \times 10^{-15}\,\text{J} = 1{,}602 \times 10^{-15}\,\text{kg} \cdot \text{m}^2 \cdot \text{s}^{-2}$$

e
$$v = \left(\frac{2 \times 1{,}602 \times 10^{-15}\,\text{kg} \cdot \text{m}^2 \cdot \text{s}^{-2}}{0{,}911 \times 10^{-30}\,\text{kg}}\right)^{1/2} = (35{,}17 \times 10^{14})^{1/2}\,\text{m/s} = 5{,}93 \times 10^7\,\text{m/s}$$

Com isso, a equação de Broglie nos dá

$$\lambda = \frac{h}{mv} = \frac{6{,}63 \times 10^{-34}\,\text{J} \cdot \text{s}}{(0{,}911 \times 10^{-30}\,\text{kg})(5{,}93 \times 10^7\,\text{m/s})}$$

$$\lambda = \frac{1{,}23 \times 10^{-11}\,\text{kg} \cdot \text{m}^2 \cdot \text{s}^{-1}}{\text{kg} \cdot \text{m} \cdot \text{s}^{-1}} = (1{,}23 \times 10^{-11}\,\text{m})(10^9\,\text{nm/m}) = 0{,}0123\,\text{nm}$$

Os resultados calculados acima não são 100% precisos em função da lei da relatividade, que se torna relevante para velocidades mais próximas à da luz. Por exemplo, para uma diferença de potencial de 300 kV, a velocidade calculada acima excederia c, um resultado inválido, pois nenhuma partícula pode exceder a velocidade da luz.

As propriedades atômicas e a lei periódica

8.7 A constante de Rydberg para o deutério (^{2}H ou ^{2}D) é $109.707\,\text{cm}^{-1}$. Calcule (*a*) o menor comprimento de onda no espectro de absorção do deutério, (*b*) a energia de ionização do deutério e (*c*) os raios das três primeiras camadas de Bohr (órbitas).

(*a*) A transição com menor comprimento de onda corresponde à de maior frequência e maior energia. Essa transição pode se dar do estado de menor energia (*o estado fundamental*), para o qual $n = 1$, para o de maior energia, para o qual $n = \infty$.

$$\tilde{v} = R\left(\frac{1}{1^2} - \frac{1}{\infty^2}\right) = R = 109.707\,\text{cm}^{-1}$$

$$\lambda = \frac{1}{109.707\,\text{cm}^{-1}} = (0{,}91152 \times 10^{-5}\,\text{cm})(10^7\,\text{nm/cm}) = 91{,}152\,\text{nm}$$

(*b*) A transição calculada em (*a*) é na verdade a ionização do átomo em seu estado fundamental. A partir dos resultados do Problema 8.2 (*b*),

$$\text{E.I.} = \frac{1239{,}8\,\text{nm} \cdot \text{eV}}{91{,}152\,\text{nm}} = 13{,}601\,\text{eV}$$

O valor é ligeiramente maior que o valor para ^{1}H.

(*c*) Com base na equação ($Z = 1$),

$$r = n^2 a_0 = n^2(5{,}29 \times 10^{-11}\,\text{m})$$

Os raios são 1, 4 e 9 vezes a_0, ou 0,529, 2,116 e 4,76 Å. A correção para a massa reduzida, envolvendo o ajuste de 3 partes em 10^4, não é significativa e a_0 para a primeira camada de Bohr de ^{1}H é uma boa substituição.

8.8 (*a*) Se não considerarmos os efeitos de massa reduzida, que transição no espectro do He$^+$ teria o mesmo comprimento de onda que a primeira transição de Lyman para o hidrogênio ($n = 2$ para $n = 1$)? (*b*) Qual é a segunda energia de ionização do He? (*c*) Qual é o raio da primeira órbita de Bohr para o He$^+$?

(*a*) O He$^+$ tem um elétron apenas e é classificado como espécie hidrogenoide, com $Z = 2$. As equações de Bohr podem ser aplicadas. Com base na equação

$$\tilde{v} = RZ^2\left(\frac{1}{n_1^2} - \frac{1}{n_2^2}\right)$$

a primeira transição de Lyman para o hidrogênio seria dada por

$$\tilde{v} = R\left(\frac{1}{1^2} - \frac{1}{2^2}\right)$$

A premissa relativa aos efeitos de massa reduzida equivale a considerar que R do He^+ é igual ao valor para ^1H. O termo Z^2 pode ser compensado aumentando n_1 e n_2 por um fator 2.

$$\tilde{v} = R(2^2)\left(\frac{1}{2^2} - \frac{1}{4^2}\right)$$

A transição em questão é portanto uma transição de $n = 4$ para $n = 2$.

(b) A segunda energia de ionização do He é idêntica à primeira energia de ionização do He^+. As equações de Bohr são válidas para o estado fundamental do He^+, para o qual $Z = 2$ e $n = 1$.

$$\tilde{v} = RZ^2\left(\frac{1}{n_1^2} - \frac{1}{n_2^2}\right) = R(2)^2\left(\frac{1}{1^2} - \frac{1}{\infty^2}\right) = 4R$$

O resultado é 4 vezes maior que o resultado obtido para o deutério no Problema 8.7. Uma vez que $\tilde{v}$ é proporcional à energia, a energia de ionização é também 4 vezes maior que a energia de ionização do deutério.

$$E.I.(He^+) = 4 \times E.I.(^2H) = 4 \times 13{,}6 \text{ eV} = 54{,}4 \text{ eV}$$

(c) $$r = \frac{n^2 a_0}{Z} = \frac{0{,}529 \text{Å}}{2} = 0{,}264 \text{ Å}$$

8.9 (a) Escreva as configurações eletrônicas para os estados fundamentais do N, Ar, Fe, Fe^{2+} e Pr^{+3}. (b) Quantos elétrons desemparelhados existem em cada uma dessas partículas isoladas?

(a) O número atômico do N é 7. A primeira camada (órbita) contém no máximo 2 elétrons, os 5 elétrons seguintes estão na segunda camada, 2 preenchem a subcamada s de menor energia (orbital) e os 3 elétrons restantes ocupam a subcamada p. A notação mais comum é

$$1s^2 2s^2 2p^3 \quad \text{ou} \quad [He]2s^2 2p^3$$

A segunda notação mostra apenas os elétrons além daqueles presentes no gás nobre (Grupo VIIIA ou 18) encontrado antes do elemento em questão, e identifica o gás entre colchetes.

O número atômico do Ar é 18, que resulta no preenchimento das camadas 1 a 3 (K, L e M).

$$1s^2 2s^2 2p^6 3s^2 3p^6$$

O número atômico de Fe é 26. A contar da configuração eletrônica do argônio, a ordem de preenchimento é $4s$, então $3d$, até 26 elétrons serem distribuídos (8 a mais que o argônio).

$$1s^2 2s^2 2p^6 3s^2 3p^6 3d^6 4s^2 \quad \text{ou} \quad [Ar]3d^6 4s^2$$

O íon ferro (II), Fe^{2+}, tem dois elétrons a menos que o átomo de ferro. Embora $4s$ tenha energia menor que $3d$ para os números atômicos 19 e 20 (K e Ca), esta ordem se inverte para cargas nucleares mais altas. Em geral, os elétrons mais facilmente perdidos de qualquer átomo são aqueles com o maior número quântico principal.

$$[Ar]3d^6$$

O Pr^{3+} tem 56 elétrons, 3 a menos que o átomo de Pr (número atômico: 59). A ordem de preenchimento desses elementos no período após o Xe é $6s^2$, um elétron em $5d$, toda a camada $4f$ e o restante na camada $5d$, seguida da subcamada $6d$. Ocorrem substituições frequentes no primeiro preenchimento de $5d$, com um $4f$ adicional ou elétron de $6s$ com um $5d$ adicional, mas estas irregularidades não têm qualquer consequência para o preenchimento de elétrons em Pr^{3+}. Os três elétrons removidos do átomo neutro para formar o íon seguem a regra geral de remover primeiro os elétrons da camada mais externa (com n maior) e então aqueles da segunda camada mais externa (o próximo n). Nesse caso, os elétrons em $6s$ são removidos em primeiro lugar e nenhum elétron $5d$ permaneceria, mesmo se houvesse um no átomo neutro.

$$1s^2 2s^2 2p^6 3s^2 3p^6 3d^{10} 4s^2 4p^6 4d^{10} 4f^2 5s^2 5p^6 \quad \text{ou} \quad [Xe]4f^2$$

(b) Camadas completas não têm elétrons desemparelhados; é preciso examinar apenas os elétrons contando de um gás nobre.

Para o N, $2p$ é a única subcamada incompleta. De acordo com a regra de Hund, os três elétrons nesta subcamada ocupam, cada um, as três subcamadas disponíveis. Com isso, há três elétrons desemparelhados.

O argônio não tem subcamadas incompletas e portanto não tem elétrons desemparelhados.

O Fe tem seis elétrons em $3d$, a única subcamada não preenchida. O máximo em termos de não emparelhamento ocorrem com a ocupação por dois elétrons das subcamadas d disponíveis e das quatro subcamadas restantes por um único elétron. Com isso, há quatro elétrons desemparelhados.

O Fe^{2+} também tem quatro elétrons desemparelhados, pela mesma razão que o Fe.

O Pr^{3+} tem dois elétrons desemparelhados em duas das sete subcamadas $4f$.

8.10 A configuração eletrônica do níquel é $[Ar]3d^8 4s^2$. Como explicar o fato de que a configuração do elemento seguinte, o cobre, é $[Ar]3d^{10}4s^1$?

No procedimento hipotético de compor o complemento eletrônico do Cu adicionando um elétron à configuração do elemento anterior, o Ni, teria apenas um nono elétron em $3d$. Para o número atômico 19, a subcamada $3d$ tem energia decididamente maior que $4s$. Por essa razão, o potássio tem um único elétron em $4s$ e nenhum elétron em $3d$. Após a camada $3d$ começar a ser preenchida com Sc, número atômico 21 ($4s$ agora está preenchida), a adição de cada elétron em $3d$ é acompanhada da diminuição da energia média nesta camada. Isso ocorre porque cada elemento subsequente tem uma carga nuclear maior, parcialmente protegida de um elétron em $3d$, pois já há um elétron adicional nesta camada. A energia na camada $3d$ diminui gradualmente, à medida que ela é preenchida, caindo abaixo do nível $4s$, na série de metais de transição.

Outro fator a considerar é que a configuração $3d^{10}4s^1$ tem distribuição esférica simétrica da densidade eletrônica, uma característica de arranjo estabilizante de todas subcamadas preenchidas ou semipreenchidas. Por outro lado, a configuração $3d^9 4s^2$ tem um "buraco" (um elétron faltando) na subcamada $3d$, acabando com a simetria e a estabilidade.

8.11 As energias de ionização do Li e do K são 5,4 e 4,3 eV. O que pode ser dito da EI do Na?

A primeira EI do Na deve ser um valor intermediário entre o valor para o Li e o valor para o K. É possível calculá-la com base em uma média simples dos dois valores. Essa média é 4,9 eV, valor muito próximo de 5,1 eV, medido em laboratório.

8.12 As primeiras energias de ionização do Li, Be e C são 5,4, 9,3 e 11,3 eV. O que pode ser dito das energias de ionização do B e do N?

Existe uma tendência geral de aumento na EI com o número atômico, em dado período da tabela periódica. Isso vale para as energias dadas acima, mas ocorre um aumento mais pronunciado entre o Li e o Be, em comparação com o Be e o C. O preenchimento da subcamada $2s$ confere ao Be maior estabilidade, em comparação com o observado para cada elemento da tabela periódica em sucessão. O elemento seguinte, o B, teria uma EI que seria um ponto de equilíbrio entre dois fatores opostos: um aumento para o Be devido ao Z maior (carga atômica maior), e uma diminuição para o B devida ao preenchimento de uma nova subcamada (entre o Be e o C). É possível especular que a EI para o B seja menor que para o Be – como observado. A EI medida do B é 8,3 eV.

O aumento na EI, de $Z = 5$ para $Z = 6$ é de 3,0 eV. Seria possível esperar que o aumento para o nitrogênio, N ($Z = 7$), fosse semelhante, cerca de 14,3 eV. Devido à estabilidade extra da subcamada p parcialmente preenchida, a EI medida é maior (14,5 eV).

8.13 No composto iônico KF, os íons K^+ e F^- têm raios praticamente iguais, cerca de 0,134 nm. O que pode ser dito sobre os raios covalentes relativos de K e F?

O raio covalente do K deve ser muito maior que 0,134 nm, ao passo que o raio do F deve ser muito menor, uma vez que os raios covalentes observados do K e do F são 0,20 e 0,06 nm.

8.14 O raio covalente do P é 0,11 nm. O que pode ser dito do raio covalente do Cl?

P e Cl são membros de um mesmo período na tabela periódica. O Cl deve ter raio menor, de acordo com a tendência normal ao longo de um período. O valor medido é 0,10 nm.

8.15 A primeira EI do Li é 5,4 eV e a afinidade eletrônica do Cl é 3,16 eV. Calcule ΔH (kJ/mol) para a reação conduzida a pressões baixas o bastante para que os íons não se combinem.

$$Li(g) + Cl(g) \rightarrow Li^+(g) + Cl^-(g)$$

A reação global pode ser expressa como duas reações parciais:

$$(1) \quad Li(g) \rightarrow Li^+(g) + e^-(g) \quad \Delta E = N_A (EI)$$
$$(2) \quad Cl(g) + e^-(g) \rightarrow Cl^-(g) \quad \Delta E = N_A(-EA)$$

onde e^- representa um elétron. Embora o ΔH para cada uma das reações parciais acima difira um pouco do ΔE (devido ao termo $p\Delta E$), o ΔH da reação global é a soma dos dois ΔEs (a variação global de volume é nula). Uma vez que os valores de EI e EA são dados em base atômica, o fator $6,02 \times 12^{23}$ é necessário para obter ΔH em base molar, como de praxe.

$$\Delta H \text{ (reação global)} = \Delta E_{(1)} + \Delta E_{(2)} = N_A(\text{IE} - \text{EA})$$
$$= (6,02 \times 10^{23})(1,8 \text{ eV})(1,60 \times 10^{-19} \text{ J/eV}) = 170 \text{ kJ}$$

Problemas Complementares

As relações de energia

8.16 Qual é o comprimento de onda em metros da radiação de (*a*) transmissão de TV de curto alcance a 55 MHz, (*b*) estação de rádio AM a 610 kHz e (*c*) um forno de micro-ondas operando a 14,6 GHz?

Resp. (*a*) 5,5 m;   (*b*) 492 m;   (*c*) 0,0205 m

8.17 O comprimento de onda crítico para a produção do efeito fotoelétrico no tungstênio é 260 nm. (*a*) Qual é a energia de um quantum neste comprimento de onda em joules e elétrons-volt? (*b*) Qual é o comprimento de onda necessário para produzir fotoelétrons do tungstênio com o dobro de energia cinética daqueles produzidos a 220 nm?

Resp. (*b*) $7,65 \times 10^{-19}$ J = 4,77 eV;   (*b*) 191 nm

8.18 A mensuração da eficiência quântica da fotossíntese em plantas revelou que 8 quanta de luz vermelha a 685 nm eram necessários para liberar 1 mol de O_2. A quantidade média de energia armazenada no processo fotoquímico é 469 kJ por mol de O_2 liberado. Qual é a eficiência da conversão de energia?

Resp. 33,5%

8.19 O O_2 é dissociado por via fotoquímica em um átomo de oxigênio normal e um átomo do elemento com 1,967 eV em excesso de energia. A dissociação do O_2 em dois átomos de oxigênio normais requer 498 kJ/mol de O_2. Qual é o maior comprimento de onda efetivo para a dissociação fotoquímica?

Resp. 174 nm

8.20 A acriflavina é um corante que, quando dissolvido em água, tem absorção máxima de luz no comprimento de onda 453 nm e fluorescência máxima de emissão em 508 nm. O número de quanta na fluorescência é em média 53% do número de quanta absorvido. Utilizando os comprimentos de onda máximos de absorção e emissão, qual a porcentagem de energia absorvida emitida como fluorescência?

Resp. 47%

8.21 A linha amarela acentuada no espectro da lâmpada de sódio tem comprimento de onda igual a 590 nm. Qual é o potencial de aceleração mínimo para excitar esta linha em um tubo de elétrons contendo vapor de Na?

Resp. 2,10 V

8.22 Demonstre, por substituição na fórmula dada no texto (na seção "A interação entre a luz e a matéria"), que a_0, o raio da primeira órbita de Bohr para o hidrogênio, é $5,29 \times 10^{-11}$ m.

8.23 Uma amostra de um composto desconhecido é exposta à luz de comprimento de onda 1080 Å. Sabe-se que ocorre a liberação de nitrogênio durante a irradiação, o que sugere a existência de ligações N≡N no material. Calcule a quantidade de energia (energia de ligação) necessária para quebrar um mol dessas ligações.

Resp. $1,1 \times 10^3$ kJ/mol

8.24 Qual é o potencial de aceleração necessário para produzir um feixe de elétrons com comprimento de onda efetivo igual a 0,0256 nm?

Resp. 2,30 kV

8.25 Qual é o comprimento de onda de um feixe de nêutrons ($1,67 \times 10^{-24}$ g) com velocidade igual a $2,50 \times 10^5$ cm/s?

Resp. $1,59 \times 10^{-10}$ m ou 1,59 Å

8.26 Em estudos sobre a ressonância de spin eletrônico (ESR), as diferenças de energia entre estados de spin são muito pequenas, da ordem de 1×10^{-4} eV, em comparação com cerca de 3 eV na espectroscopia visível. Que comprimento de onda de radiação é necessário para a ESR, e com que tipo de onda ilustrada no Problema 8.16 ela se parece?

Resp. 0,012 m, na região das micro-ondas

8.27 Qual é o potencial de aceleração que precisa ser conferido a um feixe de prótons para que atinja um comprimento de onda de 0,0050 nm?

Resp. 33 V

As propriedades atômicas e a lei periódica

8.28 Todos os átomos com valores de Z ímpares têm ao menos um elétron desemparelhado. Um átomo com Z par pode ter elétrons desemparelhados? Em caso afirmativo, dê exemplos presentes nos três primeiros períodos da tabela periódica.

Resp. Sim; C, O, Si e S

8.29 Quais átomos no primeiro período de transição (Z = 21 a 30) são diamagnéticos? Apresente suas configurações.

Resp. Somente o Zn; [Ar]$3d^{10}4s^2$

8.30 A configuração do Cr difere daquela obtida pelo processo da construção. Deduza a configuração real e explique a anomalia.

Resp. Cr; [Ar]$3d^54s^1$. O princípio da construção geraria $3d^44s^2$ e por essa razão um s se transforma em d para obter a estabilidade da subcamada semipreenchida. Observe que a configuração real tem simetria esférica completa.

8.31 As configurações dos íons negativos seguem a regra da construção. Escreva as configurações eletrônicas para H^-, N^{3-}, F^- e S^{2-}.

Resp. H^- é igual a $1s^2$ ou [He]; N^{3-} é igual a [Ne]; F^- é igual a [Ne]; S^{2-} é igual a [Ar].

8.32 A constante de Rydberg para Li^{2+} é 109.729 cm^{-1}. (*a*) Qual é o limite de comprimento de onda máximo no espectro de absorção do Li^{2+} (todos os íons estão no estado fundamental)? (*b*) Qual é o comprimento de onda mais curto no espectro de emissão em linha do Li^{2+} dentro da região visível (400 a 750 nm)? (*c*) Qual é o raio da subcamada do estado fundamental do Li^{2+}? (*d*) Qual é a energia de ionização do Li^{2+}?

Resp. (*a*) 13,5 nm; (*b*) 415,4 nm ($n = 8 \rightarrow n = 5$); (*c*) 0,176 Å; (*d*) 122,4 eV

8.33 O magnésio e o alumínio formam uma liga utilizada nos setores automotivo e aeroespacial, entre outros, que exigem um material leve mas resistente para a construção de peças. (*a*) Qual é a configuração eletrônica completa de cada metal? (*b*) O manganês, o níquel e o titânio também são utilizados nestes mesmos setores industriais. Apresente as configurações eletrônicas desses metais. (*c*) Apresente a configuração eletrônica completa do tálio, um metal muito tóxico que precisa ser manuseado com cuidado.

Resp. (*a*) Mg $1s^22s^22p^63s^2$, e Al $1s^22s^22p^63s^23p^1$
(*b*) Mn $1s^22s^22p^63s^23p^63d^54s^2$;
Ni $1s^22s^22p^63s^23p^63d^84s^2$
Ti $1s^22s^22p^63s^23p^63d^24s^2$
(*c*) Tl $1s^22s^22p^63s^23p^63d^{10}4s^24p^64d^{10}4f^{14}5s^25p^65d^{10}6s^26p^1$

8.34 A primeira energia de ionização do Li foi estabelecida em laboratório como 5,363 eV. Se o elétron na segunda camada ($n = 2$) se move em um campo central de uma carga nuclear líquida, $Z_{líq}$, gerada pelo núcleo e outros elétrons, qual é o grau de neutralização do núcleo, em unidades de carga, pelos outros elétrons? Suponha que a energia de ionização possa ser calculada com base na teoria de Bohr.

Resp. $Z_{líq} = 1,26$; uma vez que a carga nuclear é 3+, a neutralização efetiva pelos dois elétrons em 1s equivale a 1,74 unidades de carga.

8.35 Quais são as configurações eletrônicas do Ni^{2+}, Re^{3+} e Ho^{3+}? Quantos spins de elétrons desemparelhados ocorrem em cada um destes íons?

Resp. O Ni^{2+} é [Ar]$3d^8$, com dois spins desemparelhados; o Re^{3+} é o [Xe]$4f^{14}5d^4$, com quatro spins desemparelhados; o Ho^{3+} é o [Xe]$4f^{10}$, com quatro spins desemparelhados.

8.36 Que camada (letra e valor de n) seria a primeira a ter uma subcamada g? Observe que dois terços dos elementos têm elétrons nesta camada e em outras mais elevadas. Sendo assim, por que não existem elétrons em g?

Resp. O, $n = 5$. Devido a seu valor elevado de l, as subcamadas g em elementos conhecidos em seus estados fundamentais têm energia elevada demais para receber quaisquer elétrons, se considerado o princípio da construção.

8.37 Faça uma previsão do número atômico do gás nobre que vem após o Rn, supondo ser estável o suficiente para ser preparado ou observado. Considere que não há subcamadas g ocupadas nos elementos anteriores.

Resp. 118

8.38 Todos os lantanídeos formam compostos estáveis com um cátion de valência 3+. Entre as outras poucas formas iônicas conhecidas, o Ce forma a série mais estável de compostos iônicos com valência 4+, e o Eu forma os cátions mais estáveis com valência 2+. Explique estas formas iônicas incomuns em termos de suas configurações eletrônicas.

Resp. O Ce^{4+} tem uma configuração eletrônica estável de gás nobre, o Xe. O Eu^{2+}, com 61 elétrons, tem configuração [Xe]$4f^7$, com estabilidade adicional dada por uma subcamada $4f$ semipreenchida.

8.39 Para a reação gasosa K + F → K^+ + F^-, ΔH calculada é 91 kJ em condições de separação eletrostática que impediram que cátions e ânions se combinassem. A energia de ionização do K é 4,34 eV. Qual é a afinidade eletrônica do F?

Resp. 3,40 eV

8.40 Os raios iônicos de S^{2-} e Te^{2-} são 1,84 e 2,21 Å. Qual é o valor previsto para os raios do Se^{2-} e do P^{3-}?

Resp. Uma vez que o Se está entre o S e o Te, espera-se que um valor intermediário seja correto; o valor observado é 1,98 Å. Uma vez que o P está um pouco à esquerda do S, um valor um pouco maior é plausível (valor observado: 2,12 Å).

8.41 Os raios de van der Waals do S e do Cl são 1,85 e 1,80 Å, respectivamente. Qual é o valor previsto para o raio de van der Waals do Ar?

Resp. Deslocando-se para a direita no mesmo período, a tendência é de observarmos raios menores. O valor observado é 1,54 Å.

8.42 A primeira energia de ionização do C é 11,2 eV. É possível dizer que a primeira energia de ionização do Si seja maior ou menor que este valor?

Resp. Menor, porque o átomo do Si é maior. O valor observado é 8,1 eV.

8.43 As primeiras energias de ionização do Al, Si e S são 6,0, 8,1 e 10,3 eV, respectivamente. Qual seria o valor previsto para o P?

Resp. Um valor de cerca de 9,2 eV estaria entre os valores para o Si e S. Porém, devido à estabilidade da subcamada semipreenchida, é necessário um nível muito maior de energia para deslocar um elétron de P, talvez maior que para o S. O valor observado é 10,9 eV.

8.44 Várias experiências foram desenvolvidas para sintetizar elementos superpesados com base no bombardeamento de átomos da série dos actinídeos com íons pesados. Na década de 1970, enquanto aguardavam a confirmação e aceitabilidade dos resultados, alguns cientistas batizaram os elementos 104 e 105 de *eka*-háfnio e *eka*-tântalo. Por que esses nomes foram escolhidos?

Resp. Mendeleev utilizou o prefixo *eka-* (do sânscrito para *primeiro*) para batizar elementos cuja existência ele havia previsto, aplicando o prefixo ao nome de um elemento conhecido no mesmo grupo da tabela periódica. Assim, o *eka*-boro, o *eka*-alumínio e o *eka*-silício foram descobertos, confirmados e então chamados escândio, gálio e germânio. Os elementos 104 e 105 tinham estruturas eletrônicas análogas ao Hf e ao Ta.

8.45 Considere as tendências na tabela periódica de elementos. Suponha que conheçamos (por experiência prévia) o ponto de fusão do magnésio, 1246°C, e do rênio, 3186°C. Qual é o ponto de fusão estimado do tecnécio, um elemento sintético? Observe que estes elementos estão no grupo VIIB.

Resp. A regra geral diz que um elemento tem características físicas intermediárias, comparado aos elementos diretamente acima e abaixo na tabela (ou à esquerda ou à direita). Porém, sabe-se que calcular a média de uma propriedade e declarar que corresponde a uma característica de um elemento é um procedimento arriscado. Mesmo assim, se aplicarmos esta abordagem no caso em questão, o ponto de fusão do tecnécio seria cerca de 2216°C. O valor medido é 2157°C, um valor razoavelmente próximo ao estimado.

Capítulo 9

A Ligação Química e a Estrutura Molecular

INTRODUÇÃO

As fórmulas dos compostos químicos não são definidas por acidente. O NaCl é um composto, o $NaCl_2$ não. O CaF_2 é um composto, o CaF não. Cu_2O, CuO, N_2O, NO e NO_2 são todos compostos químicos. No caso de compostos iônicos, o número relativo de íons positivos e negativos em uma fórmula é governado por uma combinação eletronicamente neutra (carga líquida igual a zero). Em compostos covalentes, são formadas estruturas com ligações covalentes (compartilhamento de elétrons). Existe uma ampla gama de ligações covalentes, desde aquelas em que elétrons são compartilhados de forma totalmente uniforme até aquelas em que esse compartilhamento é muito desigual.

COMPOSTOS IÔNICOS

Ligação iônica é o termo utilizado para indicar que um composto é formado por partículas com cargas opostas chamadas de *íons*. Podemos determinar as cargas dos íons pensando em termos de configuração eletrônica (estrutura eletrônica) dos átomos e comparando-as com um gás nobre (Grupo VIIIA). Em termos gerais, os metais com números atômicos 2 ou 3 unidades acima do número atômico de certo gás nobre tendem a formar compostos iônicos com não metais com números atômicos 2 ou 3 unidades abaixo do número atômico de um gás nobre. O vocabulário relativo a compostos iônicos utiliza o termo *cátion* para designar o íon positivo e o termo *ânion* para o íon negativo.

Exemplo 1 Qual é a fórmula empírica do cloreto de potássio? O potássio perde um elétron para atingir a configuração eletrônica do argônio (8e^- na órbita externa) e, devido a esta perda, forma o cátion K^+. O cloro ganha um elétron e atinge a configuração eletrônica do argônio, formando o ânion cloreto, Cl^-. Uma vez que compostos precisam ser neutros, a razão de um íon potássio para um íon cloreto é a fórmula empírica KCl. Obs.: o KCl não tem fórmula molecular! É interessante observar que o KCl é muitas vezes utilizado como substituto do NaCl em pacientes com baixa tolerância ao sódio, como cardiopatas.

Contudo, esse tipo de simplificação não é válido para os metais de transição, os lantanídeos e actinídeos. Se considerarmos as cargas eletrônicas como uma realidade na química, é possível escrever as fórmulas empíricas de compostos iônicos de maneira que a carga líquida (global) seja zero. No caso do Fe^{2+} e O^{2-}, o composto exige no mínimo um átomo de cada um dos elementos para uma fórmula eletronicamente neutra, FeO; enquanto Fe^{+3} e O^{-2} formam Fe_2O_3.

Para nomear compostos binários (com dois elementos participantes), utiliza-se o nome do elemento de que o cátion é derivado. Por exemplo, Li^+ é o *íon lítio*. Os nomes dos ânions monoatômicos são formados por adaptação, com base no nome do elemento e o sufixos *–eto*. Por exemplo, o Cl^- é *íon cloreto*. Quando dois cátions ocorrem para um mesmo elemento, o procedimento requer que a carga seja escrita *por átomo*, em algarismos romanos entre parênteses, após o nome do metal (Fe^{2+} é o *íon ferro (II)*). Observe que o sistema antigo, que manda diferenciar dois estados de oxidação com os sufixos *–oso* e *–ico*, para os estados de oxidação menor e maior, respectivamente, ainda é utilizado. Nesse caso, o Fe^{2+} é o *íon ferroso* e o Fe^{3+} é o *íon férrico*.

Exemplo 2 Nomeie dois óxidos de chumbo, PbO e PbO_2. Uma vez que o íon oxigênio, ou óxido, tem valência −2, o chumbo precisa ter valência +2 no primeiro composto e +4 no segundo. Os nomes são óxido de chumbo (II) e óxido de chumbo (IV). A pronúncia é "óxido de chumbo dois" e "óxido de chumbo quatro". De acordo com o sistema antigo, eram usados termos como óxido plumboso e óxido plúmbico. Porém, essa nomenclatura indica apenas o cátion com carga maior ou menor, sem caracterizar a magnitude da carga.

A Tabela 9-1 lista alguns dos íons poliatômicos mais comuns. Esses íons, seus nomes e suas cargas devem ser memorizados.

Embora não seja possível estabelecer regras rígidas, as orientações dadas abaixo são úteis. Os compostos de metais e não metais com ânions poliatômicos tendem a ser iônicos. Em contrapartida, compostos de não metais com não metais tendem a ser covalentes. As propriedades físicas também são úteis na classificação de compostos. Dureza, fragilidade e pontos de fusão elevados indicam que um composto pode ser iônico. De modo geral, compostos líquidos na temperatura ambiente e gases são covalentes. Os livros-texto empregados no estudo de química apresentam regras mais completas (e complexas) para determinar o caráter de um composto e nomeá-lo.

Oxiânions complexos são nomeados de maneira relativamente sistemática, utilizando o sufixo *–ato* para designar os íons mais comuns e estáveis, e o sufixo *–ito* para os íons com números menores de átomos de oxigênio. O prefixo *per-* é adicionado a um termo com o sufixo *–ato* para indicar um número elevado de átomos de oxigênio, ao passo que o prefixo *hipo-* precede um nome com conteúdo de oxigênio menor que o íon *–ito*. Este sistema requer prática para ser dominado, mas funciona muito bem.

Tabela 9-1 Alguns íons poliatômicos comuns

Íon	Nome	Íon	Nome
NH_4^+	amônio	SO_4^{2-}	sulfato
OH^-	hidróxido	SO_3^{2-}	sulfito
CO_3^{2-}	carbonato	HSO_4^-	hidrogeno-sulfato
HCO_3^-	hidrogeno-carbonato*	ClO_4^-	perclorato
CN^-	cianeto	ClO_3^-	clorato
$C_2H_3O_2^-$**	acetato	ClO_2^-	clorito
O_2^{2-}	peróxido	ClO^-	hipoclorito
NO_3^-	nitrato	CrO_4^{2-}	cromato
NO_2^-	nitrito	$Cr_2O_7^{2-}$	dicromato
PO_4^{3-}	fosfato	MnO_4^-	permanganato

*Um sinônimo usado com frequência é *bicarbonato*. *Bi-* identifica a adição de um íon hidrogênio (H^+).
**Na química orgânica, é adotada uma representação diferente: CH_3COO^-.

A COVALÊNCIA

A força covalente entre átomos que compartilham dois ou mais elétrons envolvidos na formação de uma ligação química está relacionada à *deslocalização* desses elétrons. A deslocalização de elétrons diz respeito ao fato de eles não estarem na região do espaço prevista – no caso de dois elétrons compartilhados, um está na órbita de um átomo e outro está na órbita de outro. A deslocalização de dois elétrons afirma que ambos orbitam os *dois* núcleos, não apenas um. A nuvem eletrônica não envolve um núcleo, mas dois.

Quando uma ligação covalente se forma, a distância entre os dois núcleos envolvidos diminui, em comparação com uma situação em que não há ligação entre dois átomos. Por exemplo, a distância entre os dois hidrogênios em H_2 é 74 pm, ao passo que a distância representada pelos raios de van der Waals (não ligantes) é 240 pm.

Esta ligação de dois átomos próximos também tem efeito nos cálculos energéticos. A energia de um par de elétrons ligados é menor que a soma das energias dos átomos separados. A *energia de ligação* é a magnitude desta diminuição de energia. De outro ponto de vista, a energia de ligação é a quantidade de energia, $\triangle E$, necessária para quebrar uma ligação química, formando dois fragmentos distintos. A formação de uma ligação é exotérmica e a quebra da ligação é endotérmica. As energias da ligação covalente variam, de cerca de 150 a 550 kJ/mol para ligações com um par de elétrons formadas entre elementos nos primeiros três períodos da tabela, em temperaturas normais.

Um dos fatores associados à ligação covalente é que os spins dos elétrons participantes, desemparelhados em átomos separados, pareiam-se durante sua formação.

A REPRESENTAÇÃO DA LIGAÇÃO COVALENTE

Muitos dos exemplos apresentados neste livro são baseados na *regra do octeto*. A regra do octeto diz que um átomo estável possui oito elétrons de valência (a configuração eletrônica do gás inerte precedente, que normalmente tem oito elétrons de valência). Alguns dos elementos mais leves, como o hidrogênio e o lítio, têm a configuração eletrônica do hélio (dois elétrons na camada externa). Os elétrons não necessariamente têm de estar em pares e, além disso, elétrons compartilhados na ligação entram no cálculo da configuração eletrônica de cada um dos átomos participantes. É interessante lembrar que uma ligação covalente simples consiste em um par de elétrons compartilhados, ao passo que uma ligação dupla tem dois pares de elétrons e uma ligação tripla tem três pares compartilhados. As distâncias de ligação são via de regra menores e as energias de ligação são maiores para ligações múltiplas, em comparação com a ligação simples.

As fórmulas estruturais, como as mostradas na Figura 9-1, são típicas das distribuições de elétrons de valência em moléculas covalentes e íons. Essas estruturas não representam os ângulos reais de ligação nem os comprimentos em espécies tridimensionais como o cloreto de metila, a amônia e o íon amônio. Estas estruturas apenas demonstram o número de ligações entre os átomos participantes. Nestas *fórmulas de Lewis* (estruturas), uma *linha* entre dois átomos indica um *par* de elétrons compartilhados, enquanto um *ponto* representa um elétron. Elétrons não compartilhados normalmente ocorrem aos pares, *pares isolados*, em um átomo livre. *Duas linhas* representam uma ligação dupla, e *três linhas* indicam uma ligação tripla. O número total de elétrons mostrado em uma estrutura molecular deste tipo é igual à soma dos números de elétrons de valência nos átomos livres: 1 para o H, 4 para o C, 5 para o N, 6 para o O e 7 para o Cl. No caso de uma estrutura iônica é preciso adicionar um elétron para cada unidade de carga negativa no íon total, como no OH$^-$. Em contrapartida, é preciso subtrair um elétron do número total de elétrons para cada unidade de carga positiva no íon, como vemos no íon amônio. O número de pares de elétrons compartilhados por um átomo é chamado de *covalência*.

A covalência do hidrogênio é sempre igual a 1, pois ele não pode formar mais que uma ligação química. A covalência do oxigênio é quase sempre igual a 2, às vezes a 1. A covalência do C é 4 na vasta maioria dos compostos estáveis que ele forma – pode haver ligações simples, duplas ou triplas, mas o número total de ligações é sempre 4. Embora a regra do octeto não seja rígida, ela é válida para C, N, O e F na maioria de seus compostos. Normalmente, o octeto é excedido por elementos no terceiro período da tabela periódica e nos seguintes.

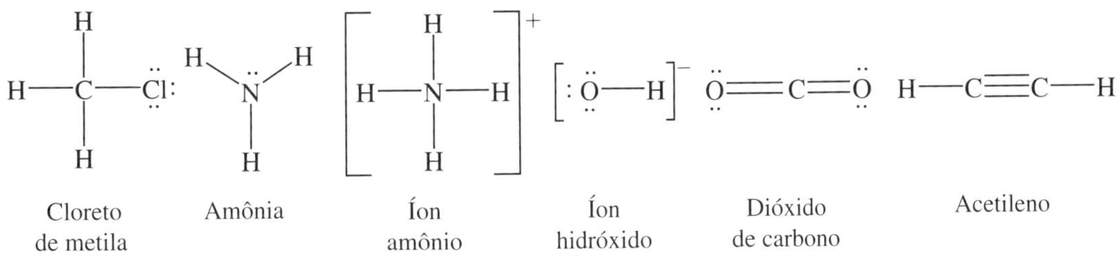

Cloreto de metila   Amônia   Íon amônio   Íon hidróxido   Dióxido de carbono   Acetileno

Figura 9-1

A ressonância

Às vezes mais de uma estrutura de Lewis é possível, sem razão para prevalecer uma sobre a outra – todas precisam ser usadas para representar o composto em questão do modo correto. A verdadeira estrutura é chamada de *híbrido de ressonância* das estruturas de Lewis desta substância.

Exemplo 3 Experiências em laboratório demonstraram que os dois oxigênios terminais no ozônio são equivalentes, isto é, estão equidistantes do oxigênio central. Se apenas um dos diagramas de ressonância na Figura 9-2 (*a*)

fosse escrito, pareceria que um dos oxigênios terminais estaria ligado mais fortemente ao oxigênio central (ligação dupla) que o outro (ligação simples), e que o átomo ligado com mais intensidade deveria estar mais próximo ao átomo central. O híbrido destas duas estruturas nos dá um peso igual para a ligação extra dos dois átomos de oxigênio terminais. Pela mesma razão, as três estruturas de ressonância do carbonato, Figura 9-2 (*b*), são imprescindíveis para explicar que os três átomos de oxigênio estão equidistantes do carbono central, conforme observado em laboratório.

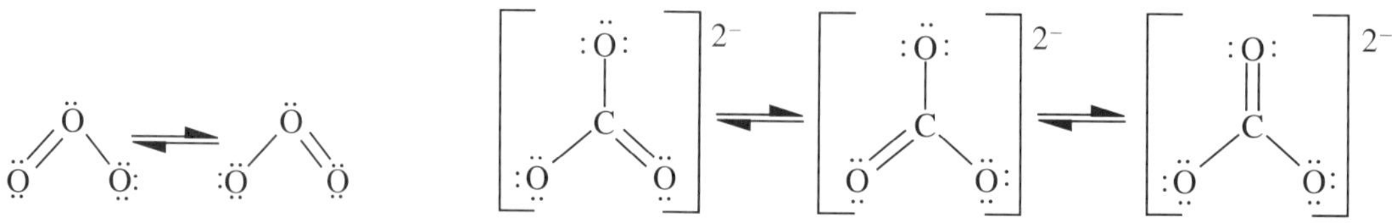

(*a*) Ozônio   (*b*) Íon carbonato

Figura 9-2

A energia de ligação total de uma substância para a qual as estruturas de ressonância são escritas seria maior que o esperado se houvesse apenas uma estrutura de Lewis normal. Esta *estabilização* adicional é chamada de *energia de ressonância*. Este conceito parte do mesmo princípio da energia de ligação covalente, a deslocalização de elétrons ao redor dos átomos que formam a ligação. Um exemplo de energia de ressonância é o ozônio. Nele, os elétrons que formam o segundo par da ligação dupla estão deslocalizados em torno dos três átomos de oxigênio. Desenhar duas ou mais estruturas de ressonância é um modo de apresentar uma imagem clara da deslocalização que pode não ficar evidente, ou mesmo ser possível de executar, com base em um único esboço.

A carga formal

Embora uma molécula seja eletronicamente neutra, existe uma técnica para identificar cargas locais associadas às diversas partes que a constituem. A soma algébrica destas cargas em uma molécula, conforme esperado, precisa ser igual a zero. No caso de um ânion, existe uma carga líquida, a soma algébrica das cargas locais no íon. De acordo com um método de distribuição de cargas em um átomo de uma molécula ou íon poliatômico, os elétrons compartilhados em uma ligação covalente são divididos igualmente entre os dois átomos que formam a ligação. (Lembre que as ligações covalentes são formadas por elétrons compartilhados, um de cada membro da ligação.) Elétrons de valência não compartilhados em um átomo estão designados apenas para este átomo. Com isso, cada átomo tem uma *carga formal*, *CF*, igual ao número de elétrons de valência deste átomo no estado livre neutro *menos* o **total** de elétrons de valência que possui (elétrons não compartilhados + ½ de cada par de elétrons da ligação covalente). Estas mudanças podem ser escritas no diagrama da estrutura.

$$CF = (\text{elétrons de valência}) - (\text{número total de elétrons de valência designados})$$

Exemplo 4 A Figura 9-3 mostra uma estrutura de ressonância do ozônio. A cada oxigênio é designado um número de elétrons de valência presentes (um elemento do Grupo VIA – 6 elétrons).

(1) O oxigênio central tem apenas cinco elétrons (dois no par não compartilhado + ½ dos três pares nas ligações); este átomo, com um elétron a menos que os seis presentes em um átomo de oxigênio livre, tem carga formal 1 ($CF = 6 - 5 = +1$).
(2) O oxigênio terminal conectado pela ligação simples tem carga formal 7 (6 em pares não compartilhados e 1 da ligação); portanto, $CF = 6 - 7 = -1$.
(3) O oxigênio com a ligação dupla na esquerda tem 6 elétrons (4 nos pares não compartilhados mais metade dos dois pares compartilhados), o que dá $CF = 6 - 6 = 0$.

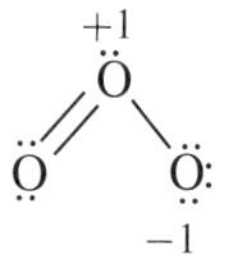

Figura 9-3

Uma regra básica e útil para prever uma estrutura de Lewis mais plausível em relação a outra diz que as estruturas minimizam o número de cargas formais. É extremamente importante evitar cargas formais de magnitude maior que e estruturas em que as cargas formais de mesmo sinal estejam localizadas em átomos adjacentes.

Os momentos dipolo e a eletronegatividade

Existem alguns procedimentos experimentais que geram informações sobre a distribuição *real* de cargas em uma molécula (diferente da designação arbitrária de cargas formais). Entre esses procedimentos está a medida do *momento dipolo*. Um momento dipolo é composto por um objeto neutro com carga positiva de magnitude q e uma carga oposta negativa e de igual magnitude (as duas cargas cancelam-se uma à outra, gerando um estado de neutralidade). A extensão em que um dipolo está alinhado a um campo elétrico depende do momento dipolo (mensurável), definido como o produto de q e da distância d entre a carga positiva e a negativa.

Na molécula covalente diatômica, o membro dipolo é considerado igual a zero, se os elétrons de ligação são compartilhados por igual pelos dois átomos. É o caso das moléculas do tipo X_2 (H_2, N_2, etc.), em que dois átomos idênticos estão ligados. No tipo mais geral, XY, dois átomos diferentes estão ligados (C – H, N = O, etc.) e um dipolo é geralmente observado. Isso é explicado se considerarmos que um dos átomos, Y, tem atração maior por elétrons compartilhados na ligação, em comparação com X. Diz-se então que Y tem *eletronegatividade* maior que X. A eletronegatividade está relacionada a outras propriedades atômicas. Em geral, átomos com energias de ionização elevadas e/ou afinidades eletrônicas altas tendem a apresentar eletronegatividade elevada. Os elementos mais eletronegativos na tabela periódica são F > O > N $\cong$ Cl. Os metais são menos eletronegativos que os não metais. É interessante observar que o carbono é ligeiramente mais eletronegativo que o hidrogênio, sobretudo em moléculas orgânicas.

Os orbitais híbridos

A designação de elétrons aos diversos orbitais atômicos (Capítulo 8) diz respeito à distribuição eletrônica no *estado fundamental* (o estado de menor energia) de um átomo *livre* isolado. Com base nas configurações de estado fundamental dos elementos no segundo período da tabela periódica, exceto o flúor (você lembra por quê?), é possível prever que a covalência máxima de um elemento seria igual ao número de elétrons desemparelhados. Isso fica subentendido já que um elétron desemparelhado de cada átomo da ligação participa da ligação covalente, conforme descrito acima.

$$\begin{array}{lll}
B & [He]2s^2 2p^1 & \text{ou} \quad [He]2s\uparrow\downarrow 2p_x^\uparrow \\
C & [He]2s^2 2p^2 & \text{ou} \quad [He]2s\uparrow\downarrow 2p_x^\uparrow 2p_y^\uparrow \\
N & [He]2s^2 2p^3 & \text{ou} \quad [He]2s\uparrow\downarrow 2p_x^\uparrow 2p_y^\uparrow 2p_z^\uparrow \\
O & [He]2s^2 2p^4 & \text{ou} \quad [He]2s\uparrow\downarrow 2p_x^{\uparrow\downarrow} 2p_y^\uparrow 2p_z^\uparrow
\end{array}$$

Considerando onde os elétrons desemparelhados estão localizados, as covalências máximas de B, C, N e O devem portanto ser 1, 2, 3 e 4, nessa ordem. É possível elaborar previsões desse tipo para a maior parte dos compostos e íons complexos do nitrogênio (NH_3, NO_3^-) e do oxigênio (H_2O, CH_3OH, HOOH), mas não para a trivalência observada com frequência (+3) do B (BI_3), ou a tetravalência do carbono (CH_4, CCl_4, CH_3OH).

Examinemos outra vez as configurações eletrônicas acima e busquemos uma explicação para a carga (número de oxidação, valência) +3 do boro, como no composto BI_3, mencionado no parágrafo anterior. As eletronegatividades desses dois elementos são muito semelhantes, o que indica que a ligação entre eles é, na verdade, covalente. Uma vez que é preciso existir três pares de elétrons compartilhados, mas a configuração eletrônica fornecida, $[He]2s^{\uparrow\downarrow}2p_x^\uparrow$, permite apenas uma ligação covalente, é necessário haver outra configuração eletrônica antes de as três ligações se formarem. Uma vez que as subcamadas $2s$ e $2p$ (orbitais) estão em uma mesma camada (órbita) e que seus níveis de energia são bastante próximos, a aplicação de energia alta o bastante aos elétrons em $2s$ faz com que um deles seja excitado para a *próxima* subcamada vazia, $2p_x$, o que resulta em três elétrons desemparelhados.

$$[He]2s^{\uparrow\downarrow}2p_x^\uparrow \quad \text{torna-se} \quad [He]2s^\uparrow 2p_x^\uparrow 2p_y^\uparrow$$

Os livros-texto revelam que as setas representam características opostas de elétrons, $\uparrow\downarrow$ indica um par de elétrons, enquanto $\uparrow$ representa um elétron desemparelhado. Observe que o elétron $2s$ excitado para a subcamada $2p$ inverteu suas características, conforme indica a seta que inicialmente aponta para baixo em $2s$ e então aponta para cima, na camada $2p_t$. Certa quantidade de energia é necessária para formar este *orbital híbrido* e, com menos intensidade, promover a *hibridização da ligação*, já que o elétron é excitado de um nível de energia menor para um maior. Além disso, é necessário também fornecer energia para reverter as características de um elétron.

A explicação recém-dada dá informações sobre o número de ligações covalentes formadas pelo boro e pelo carbono, mas não esclarece a equivalência dessas ligações. A diferença em termos de caráter espacial dos orbitais *s* e *p* (Figura 8-3) e de suas energias pode indicar diferenças nas ligações que formam, conforme mostram as medidas de energia, distância ou ângulos de ligação. Experiências demonstraram que todas as três ligações em BF_3 são equivalentes, que os ângulos entre quaisquer duas ligações são idênticos e que os três átomos de flúor encontram-se nos vértices de um triângulo equilátero, em cujo centro está o átomo de boro. Da mesma forma, no CH_4, todas as quatro ligações são equivalentes, os ângulos entre duas ligações quaisquer são idênticos e os quatro átomos de hidrogênio estão nos vértices de um tetraedro regular (Figura 9-4), contendo em seu centro o átomo de carbono.

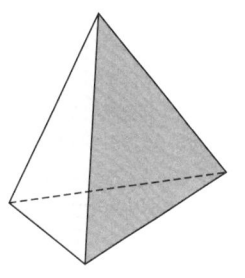

Figura 9-4

A equivalência das ligações em BF_3, CH_4 e compostos semelhantes foi explicada pela primeira vez por Linus Pauling. Para acomodar os átomos em redor, os orbitais *s* e *p* de qualquer átomo podem misturar-se uns aos outros, ou *hibridizarem-se*. As expressões matemáticas para os *orbitais híbridos* são combinações lineares de expressões matemáticas dos orbitais *s* e *p*. A descrição geométrica de cada orbital híbrido é uma espécie de superposição das representações dos orbitais *s* e *p*. Pauling demonstrou que um orbital *s* e três orbitais *p* são hibridizados no sentido de elevar ao máximo a concentração da distribuição da probabilidade de encontrar o elétron em dada direção (isto é, as chances de formar uma ligação nessa direção). Os quatro orbitais híbridos chamados de sp^3 de fato apontam para os vértices de um tetraedro regular. O ângulo de 109°289' é formado por quaisquer duas ligações (linhas) que conectam o centro de um tetraedro regular aos átomos nos vértices (Problema 9.18). Isso é observado no CH_4, CCl_4, SiF_4 e em muitos compostos com elementos do Grupo IVA.

Uma hibridização semelhante de um orbital *s* com dois orbitais *p* gera um conjunto de orbitais híbridos sp^2, com concentrações máximas ao longo de um conjunto de linhas em um plano, formando ângulos de 120° entre si. Esta configuração é observada no BF_3. Os ângulos são semelhantes a 120 no C_2H_4, um composto em que cada um dos átomos de carbono forma um conjunto de orbitais híbridos sp^2, como na Figura 9-5. O primeiro de dois entre importantes orbitais híbridos são do tipo *sp*, em que os dois orbitais apontam para direções formando um ângulo de 180° (Figura 9-6). As outras hibridizações resultam em orbitais do tipo d^2sp^3, em que seis orbitais apontam para os vértices de um octaedro regular (Figura 9-7), configuração observada no SF_6 e muitos outros compostos de coordenação.

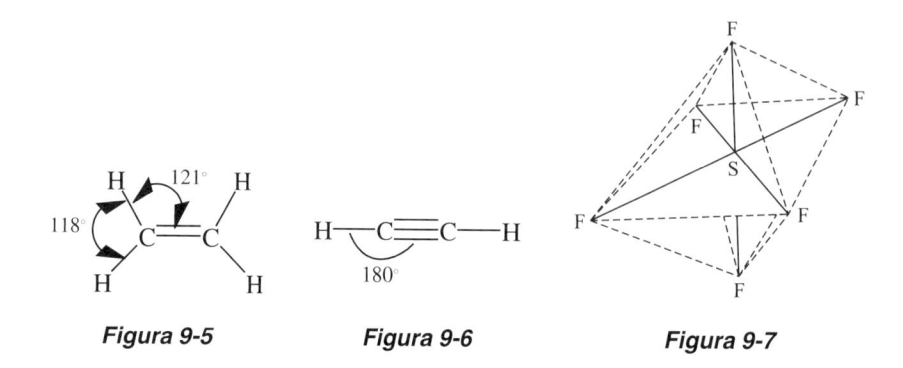

Figura 9-5   *Figura 9-6*   *Figura 9-7*

A REPRESENTAÇÃO DE ORBITAIS MOLECULARES

Os elétrons de valência nas estruturas de Lewis são descritos como elétrons não compartilhados localizados em átomos específicos ou elétrons compartilhados designados a ligações entre pares específicos de átomos. Uma representação alternativa mostra os elétrons designados a *orbitais moleculares* (OM), um conceito válido para a molécula como um todo. Da mesma maneira que um orbital atômico é a solução matemática da equação de Schrödinger, que descreve a distribuição de probabilidades dos diversos locais em que um elétron com determinado número quântico pode ocupar ao redor do núcleo atômico, assim também um orbital molecular descreve a distribuição das localizações dos elétrons em uma molécula disponíveis para um conjunto de números quânticos. Os orbitais moleculares podem ser estimados escrevendo as combinações matemáticas dos orbitais atômicos dos átomos formadores da molécula. Porém, em termos qualitativos, estes orbitais podem ser descritos como combinações geométricas dos orbitais atômicos dos átomos da molécula. As regras para o uso de orbitais moleculares são:

1. O número total de orbitais moleculares (OM) é igual à soma do número de orbitais atômicos (OA) dos átomos constituintes da molécula.
2. Cada orbital pode conter 0, 1 ou 2 elétrons, correspondentes à possibilidade de duas direções diferentes de spin eletrônico e à aplicação do princípio de Pauli.
3. Quando existem diversos OM de energia igual ou semelhante, os elétrons tendem a preencher os orbitais de maneira a maximizar o número de spins de elétrons desemparelhados. Quanto mais próximos os níveis de energia, maior será esta tendência (*regra de Hund*).
4. As direções no espaço que descrevem as orientações dos orbitais, embora arbitrárias no caso do átomo livre (Figura 8-3), estão relacionadas às posições dos átomos vizinhos com respeito a moléculas ou íons complexos.
5. Um orbital molecular tem muitas chances de ser composto por OAs de energias semelhantes.
6. Em moléculas diatômicas, ou mais geralmente em ligações localizadas com dois centros, os orbitais de dois átomos que podem ser combinados para formar um OM são aqueles que têm a mesma simetria ao redor do eixo entre os dois centros atômicos na ligação. Esta regra não se estende à construção de OMs que abrangem três ou mais átomos; regras mais complexas são necessárias nestes casos.
7. Um orbital com dois centros onde há alta probabilidade de se encontrar um elétron na região entre os núcleos é um orbital *ligante*. Existe uma ligação química estável quando o número de elétrons nos orbitais de ligação excede o número de orbitais antiligantes.

As propriedades relativas à direção de orbitais moleculares são governadas por números quânticos análogos ao número quântico l e m_l. Na notação de orbitais moleculares, para designar valores crescentes do número quântico do tipo l são empregadas as letras gregas σ, π, δ, etc., a exemplo das letras latinas s, p, d, etc. Apenas os orbitais σ e π serão considerados neste livro. Há dois tipos de orbitais σ, ligantes e não ligantes (Figura 9-8). Um orbital antiligante é representado por um asterisco sobrescrito ao lado da letra grega, como σ^*, π^*, etc. Um orbital ligante tem uma região de sobreposição eletrônica (de alta probabilidade) entre os átomos ligados com energia menor que cada um dos OAs que o constituem, individualmente. Um orbital antiligante tem um plano nodal (região de probabilidade zero) entre os átomos ligantes e é perpendicular ao eixo de ligação; sua energia é maior que a energia de cada um dos OAs constituintes.

σ_s^* antiligante σ_s ligante

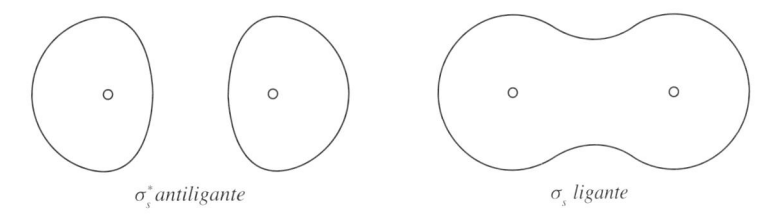

Figura 9-8

Se o eixo de ligação é designado por x, as ligações σ podem ser formadas pela combinação de quaisquer dois dos orbitais atômicos dados a seguir, cada um com uma região de alta probabilidade de se encontrar um elétron ao longo do eixo x e cilindricamente simétrico ao redor dele: s, p_x, $d_{x^2-y^2}$ ou orbitais híbridos ao longo do eixo x. Se o eixo de ligação é z, os orbitais σ podem ser formados por s, p_z, d_{z^2}, ou híbridos adequados. Se o eixo de ligação é y, os orbitais atômicos componentes para os orbitais σ são s, p_y, $d_{x^2-y^2}$, ou híbridos apropriados.

Um orbital π associado a uma ligação no eixo x é caracterizado pelo valor zero ao longo do eixo x. Por sua vez, os orbitais π_y, com máximo de probabilidades nas direções $+y$ e $-y$ (isto é, acima e abaixo do plano xz), podem ser formados a partir de orbitais p_y atômicos. Pela mesma razão, os orbitais π_z com máximo de probabilidades acima e abaixo do planto xy podem ser formados por OAs p_z. Os orbitais π podem também ser orbitais ligantes ou antiligantes (Figura 9-9). Um orbital d_{xy} pode se combinar com um orbital p_y, ou um orbital d_{xz} pode se combinar com um orbital p_z para formar orbitais π.

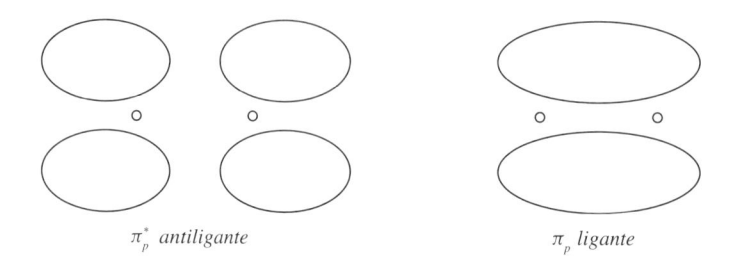

π_p^* antiligante $\qquad\qquad \pi_p$ ligante

Figura 9-9

Os OAs não ligantes são aqueles que não interagem com orbitais dos outros átomos, porque:

1. Os dois átomos estão muito distantes para haver a superposição adequada de orbitais (como em átomos não adjacentes, por exemplo).
2. A energia do orbital não ligante não é semelhante à energia de qualquer orbital no átomo adjacente (por exemplo, o orbital $3s$ do Cl tem energia muito menor que o orbital $1s$ do H no HCl).
3. O orbital não ligante está em uma camada interior e não se sobrepõe a um orbital correspondente no átomo vizinho (por exemplo, os elétrons K do F_2).
4. O orbital não ligante não tem simetria igual a de qualquer outro orbital disponível no átomo adjacente (por exemplo, o orbital $3p_y$ do Cl não tem simetria para se combinar com o $1s$ do H no HCl, onde x é a direção da ligação, e o orbital $2p_y$ do H tem energia elevada demais para participar do processo).

Um orbital não ligante tem a mesma energia observada no átomo livre. Os elétrons que ocupam orbitais não ligantes correspondem aos elétrons das estruturas de Lewis.

Um princípio da acumulação, semelhante aos dos átomos, existe também para moléculas. A ordem de preenchimento de OMs a partir das camadas de valência no caso de moléculas diatômicas *homonucleares*, onde x é o eixo de ligação, é

$$\sigma_s < \sigma_s^* < \pi_y = \pi_z < \sigma_{p_x} < \pi_y^* = \pi_z^* < \sigma_{p_z}^*$$

Essa ordem pode variar para moléculas diatômicas *heteronucleares* e moléculas homonucleares no ponto em que esse conjunto completo de orbitais está prestes a ser semipreenchido.

A *ordem de ligação* em uma molécula diatômica é definida como metade da diferença entre o número de elétrons em orbitais ligantes e o número de orbitais antiligantes. Este fator ½ preserva o conceito de par de elétrons e faz com que a ordem de ligação corresponda à multiplicidade na formulação da ligação covalente: uma para uma ligação simples, duas para uma ligação dupla e três para uma ligação tripla. Ordens de ligação fracionárias são possíveis, mas não são discutidas neste livro.

AS LIGAÇÕES π E AS LIGAÇÕES π MULTICENTRO

O etileno

O etileno, C_2H_4, tem uma estrutura básica estabelecida pela combinação de cinco orbitais σ ligantes com dois centros, quatro dos quais são compostos por um orbital $1s$ de cada hidrogênio e um orbital sp^2 do carbono. O restante do orbital σ é formado por um orbital sp^2 de cada um dos carbonos. As combinações destes dois orbitais σ de dois centros são OMs que se estendem para toda a estrutura da molécula. Esses OMs estendidos, representados pelas regiões com sombreado suave na Figura 9-10, podem ser considerados do tipo σ, devido ao fato de sua densidade eletrônica estar concentrada sobretudo ao longo dos eixos que conectam os pares de átomos adjacentes.

Se o plano de cada grupo H_2C—C é designado como plano xy, os OAs p_x e p_y são usados para formar os orbitais híbridos sp^2. Os orbitais p_z nos dois carbonos (as regiões mais escurecidas na Figura 9-10) passam a estar disponíveis para formar orbitais π_z, conforme indicado pelas linhas entre os orbitais sombreados na Figura 9-10 que representam a sobreposição de orbitais. Uma vez que os cinco orbitais ligantes do tipo σ tenham sido preenchidos, o par de elétrons remanescente (do total de 12 elétrons de valência nos dois carbonos e quatro hidrogênios) vai para o orbital π_z. Os dois carbonos são ligados em parte pelos elétrons na estrutura do tipo σ, constituindo o equivalente a uma ligação simples entre os dois carbonos (mais o equivalente a uma ligação simples que conecta cada um dos hidrogênios a seu carbono adjacente), e em parte pelo par de elétrons π que formam a segunda parte da ligação dupla mostrada na Figura 9-5. A ligação π, que é rígida, impede a rotação em torno do eixo C=C e restringe todos os átomos na molécula C_2H_4 a um mesmo plano.

O acetileno

No acetileno, C_2H_2, o esqueleto do tipo σ de três orbitais ligantes (as regiões com sombreado suave na Figura 9-11) é formado pelos orbitais $1s$ dos átomos de hidrogênio e pelos orbitais híbridos sp dos átomos de carbono. Os OAs p_x são usados para formar os orbitais híbridos alinhados na direção x de ligação e os orbitais p restantes estão livres para formarem os orbitais π_y e π_z, representados pelas linhas que unem as regiões com sombreado mais forte na Figura 9-11. Os 10 elétrons de valência (um de cada hidrogênio e quatro de cada carbono) preenchem os três orbitais do tipo σ e os orbitais π_y e π_z. Os carbonos são mantidos unidos pelo equivalente a uma ligação tripla (uma ligação σ e duas ligações π), como mostra a Figura 9-6.

O ozônio

No ozônio, O_3, os átomos são ligados em primeira instância por uma estrutura do tipo σ no plano xy da molécula, representado pelas regiões com sombreado suave na Figura 9-12. A densidade eletrônica está concentrada sobretudo nos eixos que conectam os pares de átomos de oxigênio mais próximos. Os orbitais p_z de todos os átomos de oxigênio têm simetria com relação ao plano da molécula e podem se combinar para formar orbitais π. O orbital p_z do átomo central se sobrepõe aos orbitais p_z dos dois átomos de oxigênio terminais. Por essa razão um orbital π ligante e um orbital π^* não ligante se prolongam para os três átomos da molécula. Além disso, um orbital π não ligante envolve os dois átomos terminais. Os elétrons no ozônio ocupam o orbital π não ligante, envolvendo os três núcleos, com probabilidades iguais nos dois lados da molécula. Esta representação é uma alternativa à ressonância. Ela foi concebida em conformidade à lei do octeto. O orbital π não ligante também é ocupado no ozônio. O orbital π ligante ocupado é representado pelas linhas que unem as regiões em sombreado mais escuro na Figura 9-12.

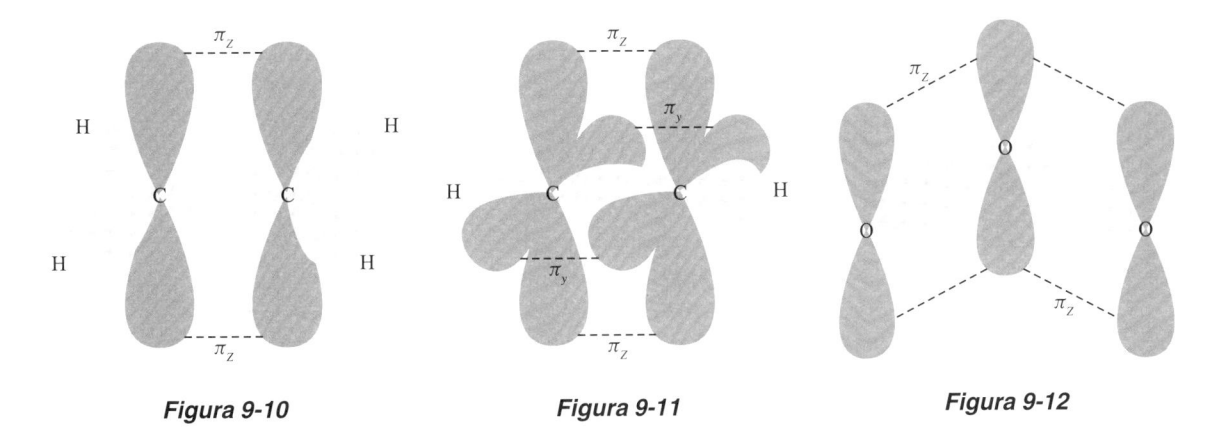

Figura 9-10   *Figura 9-11*   *Figura 9-12*

Uma observação

Os orbitais π multicentro estão envolvidos na representação de orbital molecular da maioria das estruturas para as quais a ressonância precisa ser utilizada na representação de ligação covalente. Em uma cadeia de átomos longa com configuração plana, como o caroteno, um pigmento vegetal de fórmula $C_{40}H_{56}$, ou em um anel plano como o naftaleno, $C_{10}H_8$, cada orbital π se estende por diversos átomos de carbono, todos os átomos no plano molecular básico, uma vez que a sobreposição do orbital p_z de qualquer carbono não terminal com aqueles de seus dois vizinhos permite a formação de cadeias longas de anéis que apresentam distribuições de probabilidade eletrônica consideravelmente sobrepostas.

AS FORMAS DAS MOLÉCULAS

Os comprimentos de ligação

Os comprimentos de ligação entre um dado par de átomos são aproximadamente constantes para diferentes compostos, para um mesmo tipo de ligação (simples, dupla ou tripla). Se supormos que o comprimento de uma ligação covalente simples é a soma dos *raios covalentes* dos dois átomos ligantes, poderemos chegar a estimativas rápidas mas confiáveis com base em informações facilmente obtidas, como mostra a Tabela 9-2.

Tabela 9-2 Raios covalentes em ligações simples

Carbono	77 pm	Oxigênio	66 pm
Silício	117 pm	Enxofre	104 pm
Nitrogênio	70 pm	Flúor	64 pm
Fósforo	110 pm	Cloro	99 pm
Antimônio	141 pm	Iodo	133 pm

Com base nos valores medidos com precisão para os comprimentos de ligação em H_3C-CH_3, $H_2C=CH_2$ e $HC{\equiv}CH$ (154, 133 e 120 pm, respectivamente), podemos concluir que as ligações simples são mais longas que as duplas, e estas são mais longas que as triplas. Uma regra básica diz que uma ligação dupla é 21 pm mais curta que uma ligação simples, e que uma ligação tripla é 34 pm mais curta que uma ligação dupla, se estas ligações ocorrem entre átomos de um mesmo elemento. No caso de orbitais de ressonância ou π multicentro, um comprimento de ligação tem valor intermediário entre os valores que teria em estruturas de ressonância individuais. Este conceito é válido também se o comprimento de ligação está entre o valor que teria na ausência de uma ligação π e aquele observado na presença de uma ligação π de dois centros. Alguns exemplos de aplicação desta regra são mostrados na Tabela 9-3.

Tabela 9-3

Substância	Ligação	Comprimento calculado	Comprimento observado
CH_3Cl	C—Cl	$r_C + r_{Cl} = 77 + 99 = 176$ pm	177 pm
$(CH_3)_2O$	C—O	$r_C + r_O = 77 + 66 = 143$ pm	143 pm
H_2CO	C=O	$r_C + r_O - 21 = 143 - 21 = 122$ pm	122 pm
HCN	C≡N	$r_C + r_N - 34 = 77 + 70 - 34 = 113$ pm	116 pm

Os ângulos de ligação VSEPR

Com base na estrutura de Lewis, é possível prever com precisão razoável os ângulos de ligação em uma molécula. O método *VSEPR* (*Valence Shell Electron Pair Repulsion*, ou Repulsão do Par de Elétrons da Camada de Valência) diz respeito a um átomo central e aos átomos ligados a ele mais o número de pares de elétrons não compartilhados. As ligações múltiplas têm a mesma importância que as ligações simples. Esse número VSEPR característico é o número de orbitais (cada um deles ocupado por um par de elétrons) que devem ser originados a partir do átomo central. Os ângulos entre eles são determinados pelo princípio de que os pares de elétrons repelem-se uns aos outros. O método VSEPR é uma técnica simples que não exige a identificação completa dos orbitais. A utilização da técnica do orbital híbrido permite chegar aos mesmos ângulos, mas de modo mais formal, com base em tratamentos matemáticos da ligação química. Os valores obtidos com VSEPR, correspondentes aos ângulos, e conjuntos de orbitais híbridos são mostrados na Tabela 9-4.

Tabela 9-4

Valor de VSEPR	Ângulos de ligação nominais	Conjunto de orbitais híbridos
2	180°	sp
3	120°	sp^2
4	109°28′	sp^3
5	90°, 120°, 180°	dsp^3
6	90°, 180°	d^2sp^3

As diferenças nos valores dos ângulos se devem à presença de pares não compartilhados, que se repelem uns aos outros com mais força que os pares compartilhados. Por exemplo, o número VSEPR para o CH_4 e para o $:NH_3$ é 4. O ângulo no CH_4 é um ângulo tetraédrico perfeito (109°28′), mas o ângulo de ligação em H—N—H na $:NH_3$ é diminuído para cerca de 107° pela ação do par não compartilhado. O VSEPR para a água também é 4. O oxigênio da água tem dois pares não compartilhados, que diminuem o ângulo HOH para 104,5°.

As ligações duplas também contribuem com a repulsão, causando uma ligeira diminuição de ângulos entre ligações adjacentes, como mostra a Figura 9-5. Desvios também são observados quando existem diversos átomos de tamanhos distintos ao redor do átomo central.

OS COMPOSTOS DE COORDENAÇÃO

Os elétrons de uma ligação com um par eletrônico não precisam ser cedidos pelos dois átomos participantes, conforme demonstra a formação do íon amônio pela adição de um íon H^+ à molécula da amônia. As estruturas de Lewis para estas duas entidades são mostradas na Figura 9-13. Lembre-se de que o H^+ não tem elétrons. Esse tipo de ligação é muitas vezes chamada de *covalente coordenada*, mas em essência não difere de qualquer outra ligação covalente. Esse nome diferenciado indica que só um dos membros da ligação contribui para o processo de ligação de elétrons. Neste caso específico, uma vez que a ligação esteja formada, ela se torna indistinguível das outras três ligações N—H na molécula. A estrutura agora é a de um tetraedro regular.

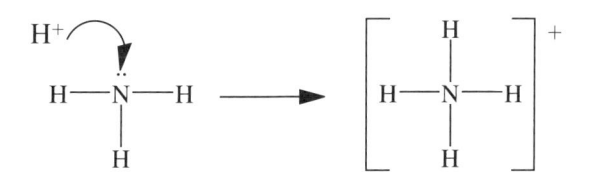

Figura 9-13

A ligação covalente coordenada é um tipo comum de ligação em compostos de coordenação, em que um átomo metálico central está ligado a um ou mais *ligantes* neutros ou iônicos. Um ligante típico, como a NH_3, Cl^- ou CO, tem um par de elétrons não compartilhados que forma uma ligação covalente com base na interação com os orbitais não preenchidos do metal central. A carga líquida deste tipo de íon complexo é a soma algébrica da carga do metal central e das cargas dos ligantes.

Diversas regras foram desenvolvidas em todo o mundo para definir a nomenclatura de compostos de coordenação:

1. Se o composto propriamente dito é iônico, o cátion compõe a primeira parte do nome.
2. Um íon complexo ou uma molécula não iônica tem o nome do átomo metálico central colocado em último lugar, acompanhado de seu estado de oxidação (carga por átomo) em algarismos romanos (ou 0) entre parênteses. (Uma discussão detalhada sobre o estado de oxidação é dada no Capítulo 11.)
3. Os ligantes que são ânions são nomeados com o acréscimo do sufixo –o, como em *cloro, oxalato, ciano*.
4. O número de ligantes de um dado tipo é indicado por um prefixo grego, como *mono-* (muita vezes omitido), *di-, tri-, tetra-, penta-, hexa-*.

5. Se o nome de um ligante contém um prefixo grego, o número de ligantes é indicado por prefixos como *bis-*, *tris-*, *tetrakis-*, para 2, 3 ou 4, respectivamente, e o nome do ligante é inserido entre parênteses.
6. Quando o íon complexo é um ânion, o sufixo *–ato* é acrescido ao nome latino do metal.
7. Alguns ligantes neutros recebem nomes específicos – *amin* para NH_3, *aqua* para H_2O, *carbonila* para CO.
8. Quando ocorrem diversos ligantes em um mesmo complexo, estes são nomeados em ordem alfabética (ignorando quaisquer prefixos numéricos).

Exemplo 5   Alguns nomes de compostos contendo íons complexos:

$[Co(NH_3)_6](NO_3)_3$	nitrato de hexaaminocobalto (III)
$Ni(CO)_4$	tetracarbonil níquel (0)
$K[Ag(CN)_2]$	dicianoargenato (I) de potássio
$[Cr(NH_3)_4Cl_2]Cl$	cloreto de tetraamindiclorocromo (III)
$[Co(NH_2C_2H_4NH_3)_3]Br*$	brometo de tris (etileno diamina) cobalto (III)

*Muitas vezes abreviada por $[Co(en)_3]Br_3$

A estrutura, as propriedades e as ligações

Em muitos compostos de coordenação os ligantes estão dispostos ao redor do átomo metálico central obedecendo a formas geométricas regulares como octaedros, tetraedros e quadrados. Nas fórmulas citadas acima, os colchetes representam o complexo composto pelo átomo metálico central e seus ligantes. Muitas vezes estes colchetes são omitidos, onde não há dificuldade de determinar a natureza do complexo. Muitos complexos apresentam coloração. Alguns são paramagnéticos, devido à presença de elétrons desemparelhados, ao passo que outros não apresentam esta característica, mesmo contendo o mesmo átomo metálico. O diagrama de níveis de energia dos orbitais moleculares de um complexo, mostrado na Figura 9-14, é essencial para explicar suas propriedades. O uso da derivação é importante na solução de problemas. Apenas os complexos octaédricos hexacoordenados são considerados nesta seção.

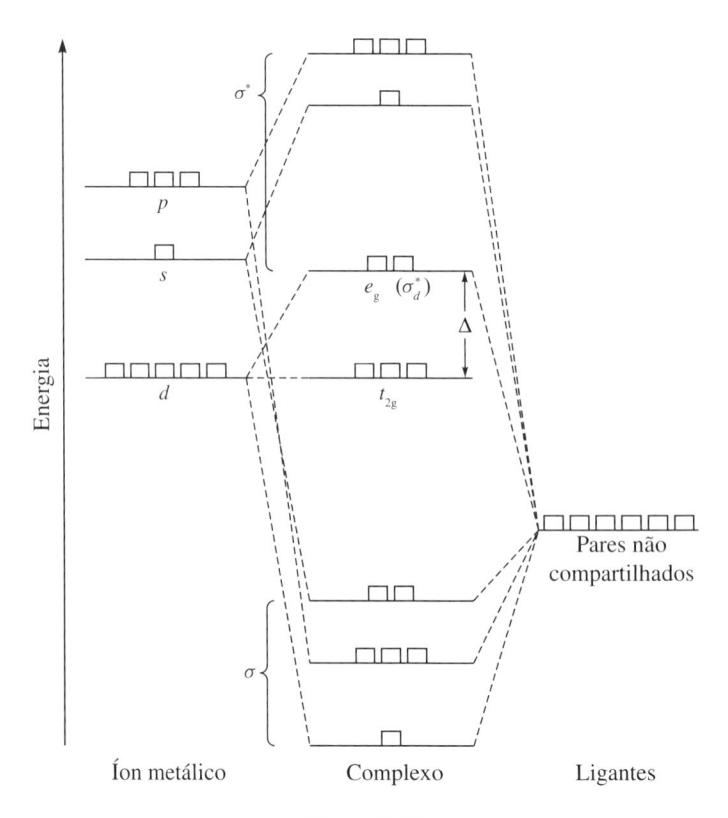

Figura 9-14

A hibridização de um átomo metálico que leva à ligação octaédrica é d^2sp^3. Se os eixos de ligação são x, y e z, os dois orbitais d usados na hibridização são aqueles orientados em um ou mais destes eixos, d_{z^2} e $d_{x^2-y^2}$ (Figura 8-3). Cada um dos seis orbitais híbridos resultantes se mistura com um orbital orientado ao longo de um eixo de ligação no ligante, como um orbital p ou um orbital híbrido tetraédrico, formando orbitais moleculares σ e σ^*. Cada orbital ligante σ é ocupado por um par de elétrons.

O conjunto completo de orbitais moleculares para o complexo pode ser construído com base nos seguintes orbitais atômicos: todos os orbitais d da camada anterior à camada externa do metal, os orbitais s e p da camada externa do metal, e um orbital de cada um dos seis ligantes orientados ao longo de um eixo de ligação (como um orbital p ou híbrido). O número total de orbitais atômicos participantes é 15; o número total de orbitais remanescentes após a formação do orbital molecular precisa ser também 15. Os elétrons a serem acomodados nestes orbitais incluem os seis pares antes não compartilhados cedidos pelos seis ligantes para a formação da ligação ao metal mais os elétrons de valência do metal (número que depende do estado de oxidação).

A Figura 9-14 mostra um diagrama de orbitais moleculares com os orbitais atômicos à esquerda e os orbitais do ligante à direita. Um diagrama mais complexo seria necessário se os ligantes também tivessem orbitais π participantes da ligação com o metal. O espaçamento de energia real depende do caso, mas a ordem relativa dos orbitais do metal $(n-1)d$, ns e np (em que n é o número quântico principal da camada mais externa) tem validade generalizada. Além disso, é comum os orbitais ligantes estarem em nível energético menor que os orbitais do metal. Observe que, dos nove orbitais metálicos, somente seis contribuem com a ligação principal no complexo. Estes seis orbitais são os mesmos que podem ser hibridizados para formar os híbridos octaédricos orientados nas direções $\pm x$, $\pm y$ e $\pm z$, isto é, os orbitais s, os três orbitais p, o orbital d_{z^2} e o orbital $d_{x^2-y^2}$. Os seis orbitais metálicos que contribuem com a ligação se misturam com os seis orbitais ligantes, formando seis orbitais ligantes σ e seis orbitais antiligantes σ^* deslocalizados em todo o complexo. Os orbitais moleculares ligantes têm energias menores que os orbitais ligantes, ao passo que os orbitais moleculares antiligantes têm energias maiores, como de praxe. Além disso, conforme visto na maioria das vezes, quanto menor a energia de um orbital ligante, maior a energia do orbital antiligante correspondente. Os três orbitais metálicos d restantes, sem um caráter σ com relação às direções da ligação, permanecem como orbitais não ligantes e com energia inalterada, a princípio. O diagrama acima permite chegar a diversas conclusões:

1. É possível afirmar que os 12 elétrons fornecidos pelos ligantes ocupam e preenchem os seis orbitais ligantes do tipo σ.
2. Os orbitais imediatamente mais abaixo em termos de energia, disponíveis para os elétrons de valência cedidos pelo metal, são os três orbitais não ligantes d_{xy}, d_{xz} e d_{yz}, que não estão orientados para os ligantes.
3. Entre os orbitais antiligantes do tipo σ^*, os de menor energia são aqueles cujos componentes metálicos são d_{z^2} e $d_{x^2-y^2}$, designados por σ_d^*. A diferença de energia entre este nível e o nível não ligante é denotada por $\triangle$. (O símbolo para esta diferença de energia não é padronizado; vários livros-texto utilizam X, $10Dq$, ou $\triangle_0$.) Os orbitais σ_d^* e os orbitais não ligantes são representados por e_g e t_{2g}, respectivamente.
4. Os três primeiros elétrons de valência do metal ocuparão os orbitais t_{2g}.
5. Os próximos dois elétrons de valência do metal poderiam ocupar os orbitais t_{2g} ou e_g, dependendo de $\triangle$ ser maior ou menor que o aumento de energia associado ao pareamento de dois elétrons em um mesmo orbital, violando a regra 1 em "Propriedades Magnéticas", no Capítulo 8. Se os orbitais t_{2g} são preenchidos em primeiro lugar, os complexos tendem a apresentar um spin menor e as configurações d^3 e d^6 são as mais estáveis, de acordo com as características de orbitais preenchidos ou semipreenchidos de mesma energia. Se os orbitais e_g são preenchidos antes de os orbitais t_{2g} serem ocupados por dois elétrons, os complexos terão spin maior e as configurações d^5 e d^{10} são as mais estáveis.
6. As transições eletrônicas fracas responsáveis pela cor dos complexos de coordenação estão correlacionadas à transição de energia $\triangle$ entre t_{2g} para e_g. A origem das transições fortes responsáveis pelas colorações intensas de alguns complexos de metais com estados de oxidação mais elevados, como os íons permanganato e cromato, têm uma explicação diferente, não abordada aqui.

Com relação às opções citadas na regra 5, o CN^-, CO e NO_2^- são ligantes de *campo forte*, que tendem a aumentar $\triangle$ e gerar complexos de spin baixo. Por sua vez, o OH^- e o Cl^- são ligantes de *campo fraco* e tendem a promover valores menores de $\triangle$ e complexos de spin alto. A lista que inclui maior número de ligantes em ordem de força de campo é chamada de *série espectroquímica*.

A ISOMERIA

Um número razoável de moléculas e íons tem uma mesma fórmula química (números e tipos de átomos), mas estruturas tridimensionais diferentes e/ou disposições distintas dos átomos que os formam. Essas substâncias são chamadas de *isômeros* e podem diferir em termos de propriedades físicas (ponto de fusão, ponto de ebulição, densidade, cor, etc.) e químicas. Existem três categorias de isômeros, descritas abaixo.

Isômeros estruturais

Uma das maneiras de descrever um composto químico ou íon consiste em listar o número de cada tipo de átomo ligado ao composto formando ligações covalentes. Os isômeros que diferem nesses aspectos são chamados de *isômeros estruturais*.

Exemplo 6   A Figura 9-15 mostra as duas estruturas possíveis para o butano, C_4H_{10}, que obedecem à regra do octeto para o carbono e o hidrogênio. No *n*-butano, dois dos carbonos estão ligados a um carbono cada e dois estão ligados a dois carbonos. No *iso*-butano, três dos carbonos estão ligados a um carbono e o quarto carbono está ligado a três carbonos. O *n*-butano tem ponto de fusão $-135°C$ e de ebulição $0°C$, enquanto o *iso*-butano tem ponto de fusão $-145°C$ e de ebulição $-10°C$.

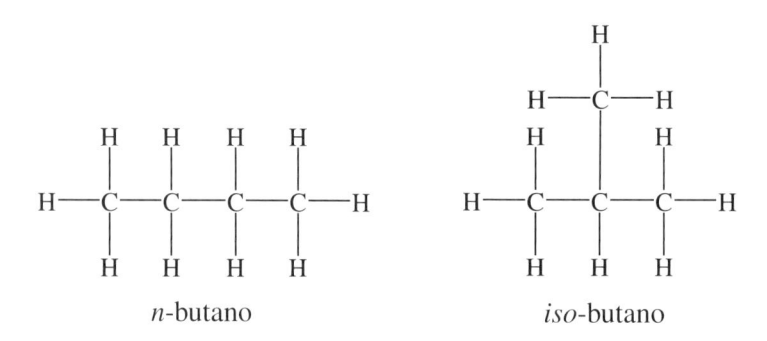

n-butano   *iso*-butano

Figura 9-15

No caso do *n*-butano, em qualquer molécula existe uma rotação contínua e praticamente irrestrita de átomos em torno de qualquer ligação C—C. Por essa razão todas as estruturas representadas em duas dimensões diferem apenas pela posição angular de um átomo ou grupo de átomos ligados por uma única ligação, sendo essencialmente iguais, como mostra a Figura 9-16. Estes diagramas são representações de uma mesma substância, o *n*-butano. Para cada uma podemos contar o número de átomos de carbono, de 1 a 4, à medida que percorremos o esqueleto da molécula, de um lado para o outro. Vemos que os tipos de átomos vizinhos de um dado átomo de carbono são os mesmos, nas três representações.

Figura 9-16

Alguns compostos de coordenação apresentam isômeros estruturais. Um exemplo é o conjunto de compostos em que um ligante em um isômero pode ocupar uma posição fora da esfera de coordenação, em outro isômero, como o $[Co(NH_3)_5Br]SO_4$ e o $[Co(NH_3)_5SO_4]Br$. Estes dois compostos são isômeros estruturais, diferenciados com base na cor que exibem e outras numerosas características.

A isomeria geométrica

Em alguns isômeros, a lista de átomos ligados a um dado átomo de referência é a mesma, mas os compostos diferem em ao menos dois átomos, ligados ao mesmo átomo ou a átomos adjacentes, mas não uns aos outros. Além disso, estes átomos estão a distâncias diferentes em isômeros diferentes. Esses isômeros são chamados de *isômeros geométricos*.

Isômeros geométricos são importantes em compostos com uma ligação dupla carbono-carbono. Por ser rígida, essa ligação impede a rotação da molécula, o que também mantém coplanares os átomos ligados aos carbonos duplamente ligados (isto é, em um mesmo plano). Por conta disso, diferentes posições estão disponíveis em toda a ligação dupla, acima ou abaixo dela, como mostra o Exemplo 7.

Exemplo 7 Na Figura 9-17, as moléculas (*a*) e (*b*) são *isômeros estruturais*, assim como as moléculas (*a*) e (*c*). Essas relações são visíveis porque os cloros estão localizados **em carbonos diferentes**; contudo, em (*b*) e (*c*) os átomos de cloro estão localizados nos mesmos carbonos.

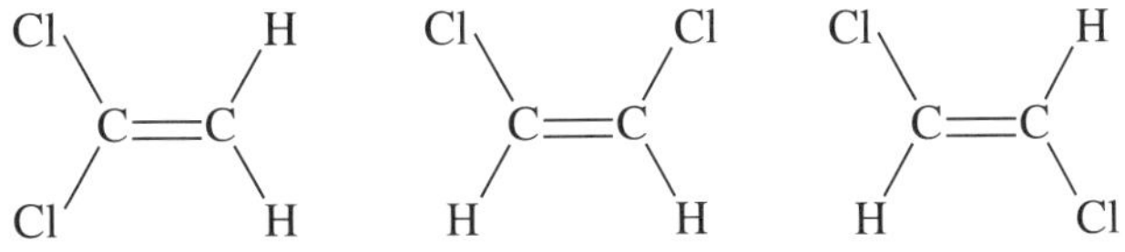

Figura 9-17

Outra isomeria é mostrada entre (*b*) e (*c*). Observe que os cloros estão **nos mesmos carbonos** nos dois compostos, mas diferem em suas localizações – em (*b*) os cloros estão no mesmo lado da ligação dupla e em (*c*) eles estão em lados opostos da ligação. Estas relações existem porque a rotação no eixo da ligação dupla não é permitida. Esses isômeros são chamados de *isômeros geométricos*.

Exemplo 8 A isomeria geométrica em compostos com simetria quadrada é ilustrada na Figura 9-18. Devido à rigidez da disposição planar quadrada nos átomos de Pt, N e Cl, duas formas distintas são observadas. Observe que os cloros em (*a*) estão em lados opostos, mas os cloros em (*b*) são adjacentes. Isso ocorre porque as quatro localizações em torno do átomo metálico central são diferentes, mas se a estrutura fosse tetraédrica, as localizações dos átomos não seriam distintas e não haveria isomeria.

Figura 9-18   *Figura 9-19*

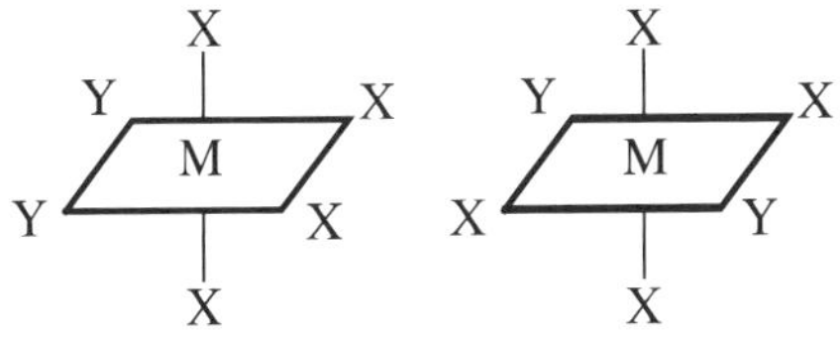

Átomos adjacentes idênticos estão na posição *cis*, como mostra a Figura 9-17 (*b*) e a Figura 9-18 (*b*). Quando em posições opostas, átomos idênticos estão na posição *trans*, como mostra a Figura 9-17 (*c*) e a Figura 9-18 (*a*).

Em complexos octaédricos, as estruturas do tipo MX_4Y_2 podem existir na forma de isômeros geométricos. Os dois átomos Y (ou grupos) podem ocupar sítios adjacentes, como mostra a Figura 9-19 (*a*), ou opostos, como na Figura 9-19 (*b*). Apenas dois isômeros existem neste caso, porque há apenas duas distâncias diferentes entre os cantos de um octaedro regular. As formas *cis* e *trans* de $Pt(NH_3)_2Cl_4$ são isômeros deste tipo. As possibilidades de isomeria geométrica ocorrem em outros tipos de fórmulas octaédricas, como MX_3Y_3, ou complexos com mais que dois tipos diferentes de ligantes.

A isomeria óptica

A *isomeria óptica* é a existência de moléculas que são imagens refletidas umas das outras e que não podem ser sobrepostas. Isso significa que existem pares de isômeros. Incluídos na importante categoria de isômeros ópticos estão os compostos com quatro grupos diferentes unidos a um dado átomo de carbono por ligações simples (Figura 9-20) e complexos octaédricos com três tipos de ligantes ou vários ligantes multivalentes (Figura 9-21).

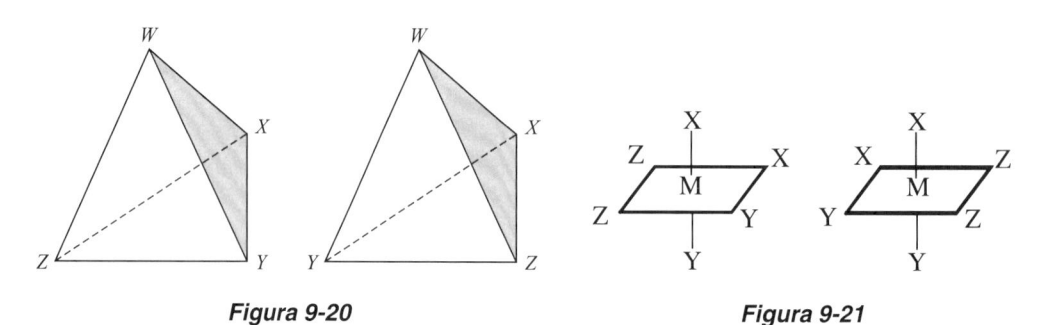

Figura 9-20   *Figura 9-21*

AS LIGAÇÕES EM METAIS

A teoria dos orbitais moleculares (OM) é usada para explicar as ligações em cristais metálicos, como o sódio ou o alumínio puros. Cada OM, em vez de tratar de alguns átomos em uma molécula típica, precisa cobrir todo o cristal (isso indica que ele pode envolver 10^{20} átomos, ou mais!). De acordo com a regra que diz que o número de OM precisa ser igual ao número de orbitais atômicos considerados em conjunto (OA), estes OM precisam estar próximos o bastante, em um diagrama de energia, para formar uma banda contínua de energia. Devido a este fator, esta teoria é chamada *teoria das bandas*.

Examinemos um pedaço de sódio metálico. Dos 11 elétrons, os 10 que formam o núcleo semelhante ao gás nobre neônio estão localizados em torno de cada átomo de Na, o que deixa um elétron por átomo para preencher os OM em todo o cristal. Se houvesse N átomos no cristal, N OM poderiam ser formados usando um orbital $3s$ de cada átomo. Embora o caráter ligante e não ligante destes OM seja muito variável, suas energias formam um continuum na banda $3s$.

Nos metais além do Grupo IA, a complexidade aumenta, pois os orbitais s e p são usados para formar a banda de OM, que por sua vez contém um número maior de orbitais em comparação com o número de pares de elétrons disponíveis. A existência da condutividade elétrica, uma propriedade associada a metais, depende de a banda de energia estar preenchida apenas parcialmente.

Um modelo alternativo simples e consistente com a teoria das bandas é o *mar de elétrons*, ilustrado na Figura 9-22, para o sódio. Os círculos representam os íons sódio que ocupam posições regulares na rede cristalina (a segunda e a quarta linha de átomos estão em um plano abaixo da primeira e da terceira). O décimo primeiro elétron de cada átomo está muito deslocalizado e por essa razão o espaço entre os íons sódio está preenchido por um "mar de elétrons" de densidade alta o bastante para manter a neutralidade eletrônica do cristal. Os íons gigantescos vibram em torno de posições nominais no mar de elétrons, que os mantém em suas posições, como cerejas em uma tigela de gelatina. Esse modelo explica com sucesso as propriedades incomuns dos metais, como a condutividade elétrica e a dureza mecânica. Em muitos metais, sobretudo os elementos de transição, a complexidade aumenta, pois alguns elétrons participam na ligação local, além dos elétrons deslocalizados.

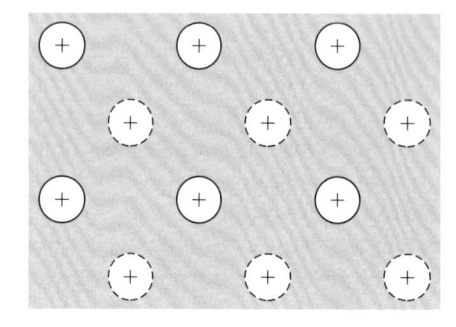

Figura 9-22

Problemas Resolvidos

Fórmulas

9.1 Escreva as fórmulas para os compostos iônicos: (a) óxido de bário; (b) cloreto de alumínio; (c) fosfato de magnésio.

(a) O íon bário tem carga +2 e a carga do íon óxido é −2. A carga zero, necessária para um composto, é obtida com um íon de cada. A fórmula é BaO.

(b) Uma vez que o alumínio tem carga +3, serão necessários três íons cloro com carga −1. A fórmula é $AlCl_3$.

(c) As cargas dos íons são +2 para o Mg e −3 para o fosfato. Temos de usar o mínimo múltiplo comum de 2 e 3, que é 6. Isso significa que o número de íons magnésio é 3 e o de fosfato é 2. A fórmula é $Mg_3(PO_4)_2$.

9.2 Nomeie os seguintes compostos: (a) Mg_3P_2; (b) $Hg_2(NO_3)_2$; (c) NH_4TcO_4.

(a) Uma vez que compostos binários são nomeados com base nos íons envolvidos, este composto é o *fosfeto de magnésio*. Lembre que um íon negativo composto por um único elemento é acompanhado do sufixo *–eto*, o nome de P^{3+}.

(b) Nomear o (Hg_2) requer o cálculo da carga de cada íon mercúrio. Uma vez que a carga total no $(NO_3)_2$ é −2 e que não há dois íons mercúrio, cada íon mercúrio precisa ser +1. O nome do composto é *nitrato de mercúrio (I)* (*nitrato mercuroso*).

(c) Uma vez que a carga do íon amônio é +1, a carga do outro íon precisa ser −1. Examinando a tabela periódica, percebemos que o Tc está no mesmo grupo que o Mn, que forma o íon permanganato, MnO_4^-, o que significa que o íon TcO_4^- deve ser tratado da mesma maneira. O nome do composto é *pertecnetado de amônio*.

9.3 Determine as cargas dos íons complexos escritos em negrito e itálico.

(a) $Na_2\mathbf{\mathit{MnO_4}}$ (b) $H_4[\mathbf{\mathit{Fe(CN)_6}}]$ (c) $NaCd_2\mathbf{\mathit{P_3O_{10}}}$ (d) $Na_2\mathbf{\mathit{B_4O_7}}$

(e) $Ca_3(\mathbf{\mathit{CoF_6}})_2$ (f) $Mg_3(\mathbf{\mathit{BO_3}})_2$ (g) $\mathbf{\mathit{UO_2}}Cl_2$ (h) $(\mathbf{\mathit{SbO}})_2SO_4$

(a) Uma vez que os dois íons sódio têm carga total +2, o MnO_4 precisa ser −2.

(b) O íon entre colchetes precisa balancear a carga dos quatro H^+; portanto, sua carga precisa ser −4.

(c) O íon precisa balancear a carga de um Na^+ e dois Cd^{2+} (carga total = +5). Por isso, sua carga tem de ser −5.

(d) Uma vez que há dois íons sódio (total +2), a carga do íon complexo precisa ser −2.

(e) Os três íons cálcio têm carga total +6. Cada um dos dois íons complexos precisa contribuir com carga −3.

(f) Os três íons Mg^{2+} (+6 no total) nos dizem que cada íon complexo tem carga −3.

(g) A carga do íon complexo precisa balancear a carga dos dois íons Cl^- e, portanto, é +2.

(h) Um íon sulfato tem carga −2. Logo, cada um dos dois íons complexos precisa ser +1.

9.4 A fórmula do pirofosfato de cálcio é $Ca_2P_2O_7$. Encontre as fórmulas do pirofosfato de sódio e do pirofosfato de ferro (III) (pirofosfato férrico).

Devido ao fato de o íon pirofosfato formar um composto com dois íons cálcio, totalizando uma carga +4, a carga oposta precisa ser −4. As fórmulas dos compostos citados precisam ser $Na_4P_2O_7$ e $Fe_4(P_2O_7)_3$.

9.5 Escreva as fórmulas estruturais com base na regra do octeto para (a) CH_4O; (b) C_2H_3F; (c) o íon azida, N_3^-.

(a) Em vez de usar os elétrons de valência, vamos considerar o número de ligações formadas na maioria das vezes. Cada hidrogênio pode formar apenas uma única ligação. Isso significa que não há hidrogênios entre dois outros átomos. O carbono pode formar quatro ligações e o oxigênio duas. A única estrutura possível é aquela representada na Figura 9-23.

(b) Sabendo que o carbono forma ligação simples, dupla ou tripla com outro carbono, a Figura 9-24 mostra a única estrutura possível.

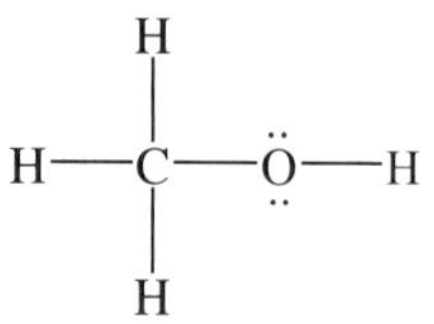

Figura 9-23 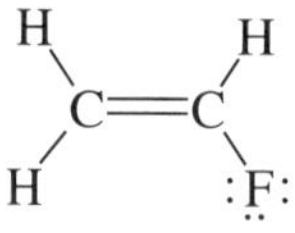 **Figura 9-24**

(c) O número total de elétrons de valência no íon azida é 16 (5 em cada um dos 3 átomos de N e um como resultado da carga iônica líquida −1). Com base nessa informação, podemos observar que uma estrutura linear sem ligações múltiplas não é possível (Figura 9-25), já que não há modo de utilizar todos os elétrons. Contudo, as ligações múltiplas entre os átomos são possíveis, permitindo que mais que uma configuração atenda a este conjunto de circunstâncias, como mostra a Figura 9-26.

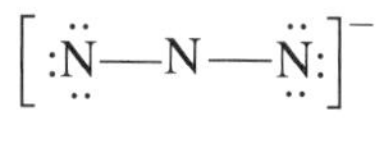

Estrutura incorreta   (a)   (b)   (c)
                                 Estrutura correta

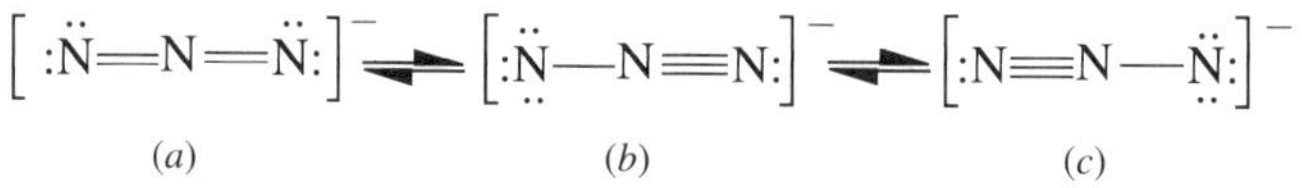

Figura 9-25   **Figura 9-26**

Duas estruturas de ressonância do íon azida com ligação tripla são mostradas na Figura 9-26 (b) e (c). Estas estruturas são explicadas com base no fato de os átomos terminais de nitrogênio serem os mesmos (considere estas duas representações como reflexos uma da outra, com um giro de 180°). É interessante observar que uma estrutura diferente pode ser proposta, com base em um anel composto por três átomos (Figura 9-17). O problema com esta estrutura é que os ângulos de 60° necessários para fechar o anel acrescentam um excesso de tensão nas ligações, impedindo a estabilidade da estrutura e, portanto, eliminando-a como possibilidade.

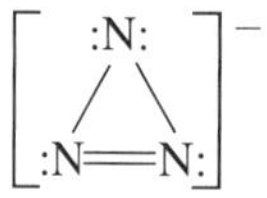

Estrutura incorreta

Fig. 9-27

9.6 Experiências demonstraram que o íon azida tem estrutura linear, com uma distância nitrogênio-nitrogênio igual a 116 pm. (a) Avalie a carga formal de cada nitrogênio em cada uma das três estruturas lineares que obedecem à regra do octeto mostradas na Figura 9-26. (b) Qual é a importância relativa das três estruturas de ressonância?

(a) Na estrutura (a) da Figura 9-26, o N central tem $\frac{1}{2}$ dos quatro pares compartilhados, o que representa quatro elétrons, um a menos que o número de elétrons de valência de um átomo de N livre. Este átomo tem carga formal igual a +1. Cada N terminal tem quatro elétrons não compartilhados mais $\frac{1}{2}$ dos dois pares compartilhados, totalizando seis elétrons. A carga formal é −1. A carga líquida do íon, −1, é a soma 2(−1)+1.

Nas estruturas (b) e (c) da Figura 9-26, o N central também tem quatro elétrons, com carga formal final igual a +1. O N terminal com a ligação tripla tem dois mais $\frac{1}{2}$ dos três pares de elétrons (um total de cinco), com carga formal igual a zero. O N terminal com ligação simples tem seis mais $\frac{1}{2}$ de um par (total =7), com carga formal −2. A carga líquida do íon, −1, é a soma de +1 e −2.

(b) A estrutura (a) é a mais importante, porque não tem carga formal de magnitude maior que 1. Para a estrutura (a), a distância da ligação N—N é calculada em (70 + 70) menos a redução de 21 pm correspondente à ligação dupla, ou 119 pm. O comprimento de ligação observado é 116 pm.

9.7 O íon sulfato tem estrutura tetraédrica, com quatro distâncias SO idênticas, de 149 pm. Encontre uma fórmula estrutural consistente com estes fatos.

Os cinco átomos envolvidos pertencem ao grupo VIA. Há 30 elétrons (6e⁻ para cada átomo). Além disso, existem dois elétrons adicionais para a carga iônica líquida de −2. É possível colocar os 32 elétrons de valência em uma estrutura de octeto com apenas ligações simples. Porém, há duas objeções a esta estrutura (Figura 9-28). A primeira é que a distância de ligação calculada, $r_S + r_O = 104 + 66 = 170$ pm, é muito maior. A segunda é que a carga formal calculada do enxofre, +2, é muito alta. Mesmo assim, essa estrutura é amplamente citada em livros-texto. A explicação para isso é que o comprimento de ligação curto é resultado da forte atração entre o enxofre +2 e os oxigênios −1 (cargas formais).

Uma estrutura como a mostrada na Figura 9-29 confere carga formal zero ao enxofre e −1 a cada um dos oxigênios com ligação simples. A diminuição do comprimento de ligação devida à ligação dupla ajuda a explicar a distância de ligação menor observada (149 em vez de 170 pm). Outras estruturas de ressonância (perfazendo seis, no total) com ligações duplas em posições alternadas são, como é de se esperar, possíveis. Estruturas como esta, com um nível de valência expandido além do octeto, normalmente envolvem orbitais d do átomo central. Essa é a razão pela qual os elementos do segundo período da tabela periódica (C, N, O e F) não formam compostos que exigem mais de oito elétrons de valência por átomo (a subcamada $2d$ simplesmente não existe).

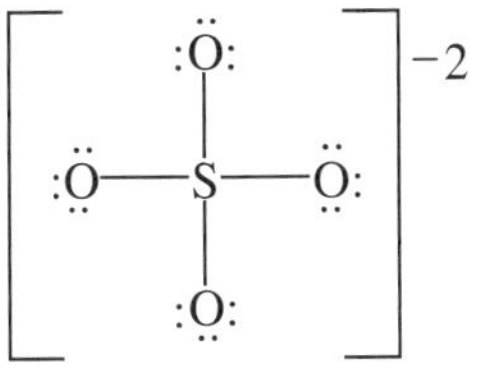

Figura 9-28 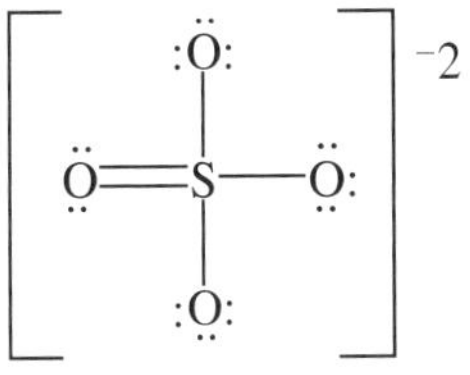   *Figura 9-29*

9.8 Desenhe todas as estruturas de ressonância com base na regra do octeto para o (*a*) benzeno, C_6H_6, e (*b*) naftaleno, $C_{10}H_8$. Sabe-se que o benzeno tem uma simetria hexagonal e que a estrutura carbônica do naftaleno é composta por dois hexágonos unidos em um mesmo plano.

(*a*) Uma única estrutura atende à exigência do pareamento de elétrons e à regra do octeto. Esta estrutura tem a forma de um anel hexagonal de átomos de carbono. Cada um desses carbonos está ligado a um hidrogênio. As outras ligações entre carbonos ocorrem em alternância, uma ligação simples e uma ligação dupla. A Figura 9-30 mostra as duas estruturas de ressonância possíveis nesse arranjo de átomos e ligações.

A Figura 9-31 mostra uma notação simplificada do anel do benzeno (Figura 9-30), em que cada ponto representa um carbono com o(s) hidrogênio(s) ligado(s) a ele. Observe que as ligações duplas em posições alternadas estão representadas. Esta estrutura informa que o composto é *aromático*. Compostos aromáticos são caracterizados por anéis de hidrocarbonetos com ligações simples alternadas com ligações duplas entre carbonos.

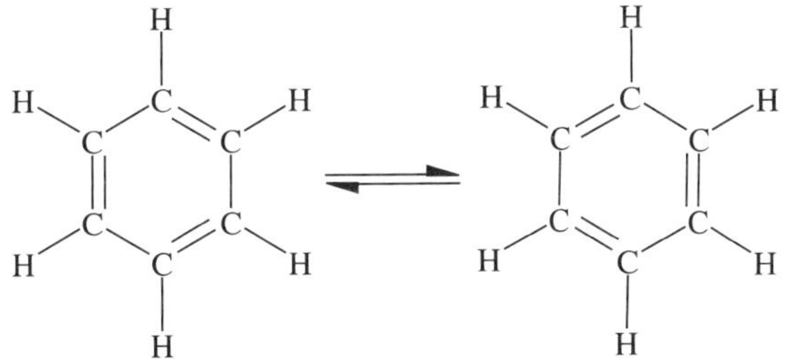

Figura 9-30 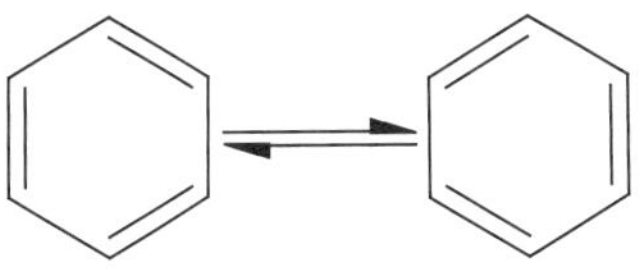   *Figura 9-31*

(*b*) Como mostra a Figura 9-32, os dois carbonos na união dos dois anéis atingem a valência quatro sem ligações com hidrogênios. A notação simplificada está dada na Figura 9-33. Como ocorre com outras notações desse tipo, as quatro ligações de um carbono não são representadas, pois as ligações C—H não aparecem.

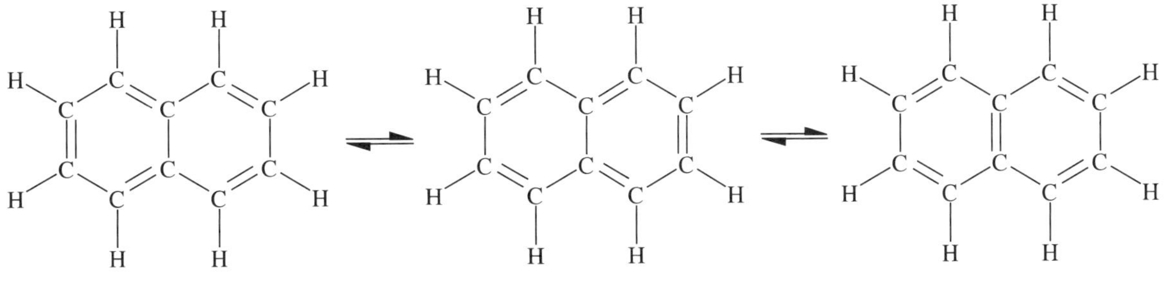

Figura 9-32

Figura 9-33

Existe outra forma comum de notação simplificada para mostrar a estrutura do benzeno, naftaleno e outros compostos aromáticos. Essa notação envolve a indicação de que os elétrons que formam a segunda ligação entre os carbonos não são fixos entre dois átomos de carbono específicos e sim livres para se mover pelo anel. A notação que representa estes elétrons *deslocados* tem um círculo no interior do anel, como mostra a Figura 9-34.

Benzeno   *Naftaleno*

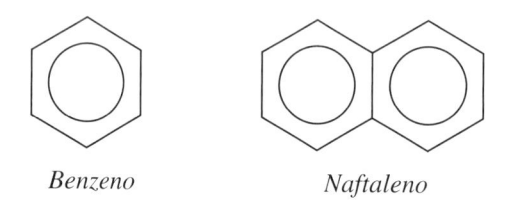

Figura 9-34

As propriedades da ligação

9.9 Com base nos dados na Tabela 7.41, expresse a energia de ligação H – H em kJ/mol.

A energia de ligação é a energia necessária para dissociar o H_2 em átomos separados.

$$H_2 \rightarrow 2H$$

$\triangle H$ para esta reação é o dobro do $\triangle H_f$ de 1 mol de H.

$$\triangle H = 2(218 \text{ kJ/mol}) = 436 \text{ kJ/mol}$$

9.10 A Tabela 7-1 fornece dados suficientes para calcular a energia de ligação Br – Br?

Não. A energia do Br é dada na tabela com relação ao estado padrão do elemento, Br_2, que se encontra no estado líquido, não gasoso. A energia de ligação é a necessária para dissociar moléculas de Br_2 (gasosas) em átomos de Br separados.

9.11 As entalpias de hidrogenação do etileno (C_2H_4) e benzeno (C_6H_6) foram mensuradas em um sistema onde todos os reagentes e produtos são gases. Calcule a energia de ressonância do benzeno.

$$C_2H_4 + H_2 \rightarrow C_2H_6 \quad \triangle H = -137 \text{ kJ}$$
$$C_6H_6 + 3H_2 \rightarrow C_6H_{12} \quad \triangle H = -206 \text{ kJ}$$

Se o C_6H_6 tivesse três ligações C – C isoladas, o $\triangle H$ de hidrogenação seria próximo de três vezes o $\triangle H$ da hidrogenação do C_2H_4, com uma ligação dupla (−411 kJ/mol). O fato de que a hidrogenação do benzeno é menos exotérmica quando calculada do que quando medida, 411 − 206 = 205 kJ/mol, significa que o benzeno foi estabilizado por ressonância em 205 kJ/mol.

9.12 Calcule o $\triangle H$ para a reação:

$$C_2H_6(g) + Cl_2(g) \rightarrow C_2H_5Cl(g) + HCl(g)$$

As energias para as ligações abaixo são (kJ/mol):

C—C	C—H	Cl—Cl	C—Cl	H—Cl
348	414	242	327	431

Uma vez que temos as informações das energias de ligação necessárias para resolver este problema, precisamos identificar todas as ligações envolvidas e a possibilidade de serem quebradas ou formadas durante a reação.

$$H_3C-CH_3 + Cl-Cl \longrightarrow H_3C-CH_2-Cl + H-Cl$$

Ligações quebradas
C—H   414
Cl—Cl 242

Ligações formadas
C—C   327
H—Cl 431

Observe que a quebra da ligação é endotérmica ($+ \Delta H$) e a formação da ligação é exotérmica ($- \Delta H$). O valor do ΔH da reação é calculado pela soma algébrica ($+ 414 + 242 - 327 - 431 = 102$ kJ):

com base nas energias de ligação = $- 102$ kJ/mol (calculado)
com base nos valores de $\Delta H_f^\circ = - 113$ kJ/mol (exato)

Existe uma diferença entre os dois cálculos. As energias de ligação são calculadas com base nas energias da ligação específica encontrada em muitos compostos diferentes (uma média). Os cálculos dos calores de formação são feitos para uma molécula em particular (toda a molécula). Na verdade, a energia necessária para quebrar uma ligação depende da localização desta ligação em uma molécula específica, pois a energia de ligação para ela é determinada pelo ambiente em que a ligação está localizada. Em outras palavras, a energia de ligação depende não apenas da ligação propriamente dita, como também dos fatores que influenciam as ligações e átomos adjacentes, de acordo com a molécula em que ela ocorre.

9.13 O momento dipolo (μ) do LiH é $1,964 \times 10^{-29}$ C · m e a distância interatômica entre o Li e o H nessa molécula é 159,6 pm. Qual é a porcentagem aproximada do caráter iônico do LiH?

Vamos calcular o momento dipolo de um par iônico hipotético e 100% ionizado de Li$^+$ H$^-$ com separação de 159,6 pm, isto é, supondo que cada núcleo tenha uma carga pontual.

$$\mu \text{ (hipotético)} = (1 \text{ carga elétrica}) \times (\text{separação})$$
$$= (1,602 \times 10^{-19} \text{ C})(1,596 \times 10^{-10} \text{ m}) = 2,557 \times 10^{-29} \text{ C} \cdot \text{m}$$

O *caráter iônico percentual* é igual a 100% vezes a fração determinada pelo momento dipolo real, dividido pelo momento dipolo hipotético.

$$\text{Caráter iônico percentual} = 100\% \times \frac{1,964 \times 10^{-29} \text{ C} \cdot \text{m}}{2,557 \times 10^{-29} \text{ C} \cdot \text{m}} = 76,8\% \text{ iônico}$$

9.14 Os momentos dipolo do SO_2 e CO_2 são $5,37 \times 10^{-30}$ C · m e zero, respectivamente. O que pode ser dito sobre as formas dessas duas moléculas?

O oxigênio é muito mais eletronegativo que o enxofre ou o carbono. Cada ligação enxofre-oxigênio e carbono oxigênio deve ser polar, com carga negativa líquida no oxigênio.

Uma vez que o CO_2 não tem momento dipolo, os dois momentos da ligação C—O precisam cancelar-se por completo. Isso ocorre apenas se as duas ligações estiverem em linha reta, como mostra a Figura 9-35 (*a*). (O momento líquido da molécula é a soma vetorial dos momentos de ligação.) A existência de um momento dipolo no SO_2 indica com certeza que a molécula não é linear, como mostra a Figura 9-35 (*b*).

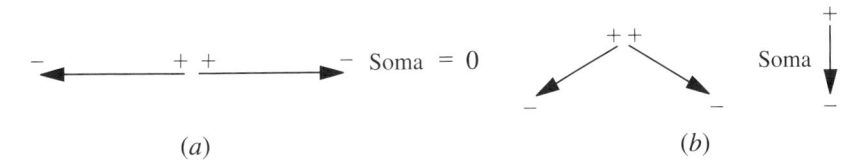

(*a*) (*b*)

Figura 9-35

9.15 Com base nas observações sobre moléculas e orbitais, explique o fato de o gás oxigênio ser paramagnético. Qual é a ordem de ligação no O_2?

O átomo de oxigênio tem a configuração $1s^2 2s^2 2p^4$ no estado fundamental. Sem considerar os elétrons da primeira órbita dos dois átomos em O_2, muito próximos a seus respectivos átomos para não fazer sobreposições com outros elétrons, os 12 elétrons restantes (seis de cada átomo) preenchem os orbitais moleculares disponíveis mais baixos, como mostra a Figura 9-36. O eixo de ligação é o eixo x. A configuração eletrônica do O_2 é $[He]\sigma_s^2 \sigma_s^{*2} \sigma_{px}^2 \pi_{y,z}^4 \pi_y^{*1} \pi_z^{*1}$.

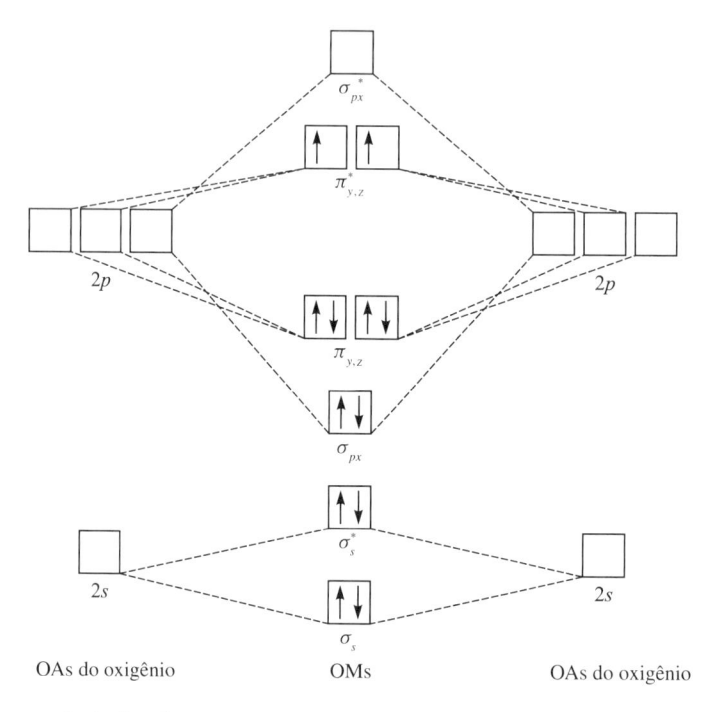

Figura 9-36 Os elétrons são indicados por setas, os orbitais por quadrados, os elétrons de primeira órbita são omitidos. *Observação*: O diagrama de nível de energia acima não é relevante para as moléculas B_2 e C_2, em que a ordem de σ_{px} e $\pi_{y,z}$ é invertida.

Os dois últimos elétrons entram nos orbitais π^* antiligantes de energia idêntica, um em π_y^* e outro em π_z^*, de maneira a minimizar o spin eletrônico de acordo com a regra de Hund. Esses dois elétrons desemparelhados nos informam que a molécula é paramagnética. (OL, orbitais ligantes; OAL, orbitais antiligantes).

$$\text{Ordem de ligação} = \frac{(\text{Número de elétrons em OL}) - (\text{Número de elétrons em OAL})}{2} = \frac{8-4}{2} = 2$$

9.16 Explique as observações de que o comprimento de ligação no N_2^+ é 2 pm maior que em N_2, enquanto o comprimento de onda no NO^+ é 9 pm menor que em NO.

As configurações eletrônicas das quatro moléculas de acordo com o princípio da construção são:

$$N_2 \quad [He]\sigma_s^2 \sigma_s^{*2} \sigma_{px}^2 \pi_{y,z}^4$$
$$N_2^+ \quad [He]\sigma_s^2 \sigma_s^{*2} \sigma_{px}^2 \pi_{y,z}^3$$
$$NO \quad [He]\sigma_s^2 \sigma_s^{*2} \sigma_{px}^2 \pi_{y,z}^4 \pi_{y,z}^{*1}$$
$$NO^+ \quad [He]\sigma_s^2 \sigma_s^{*2} \sigma_{px}^2 \pi_{y,z}^4$$

As ordens de ligação calculadas são 3 para o N_2 e $2\frac{1}{2}$ para o N_2^+. Portanto, o N_2 tem uma ligação mais forte e deveria ter o menor comprimento de ligação. As ordens de ligação calculadas são $2\frac{1}{2}$ para o NO e 3 para o NO^+. O cátion NO^+ tem a ligação mais forte e deveria ter o menor comprimento de ligação. Comparando com a ionização do N_2, que envolve a perda de um elétron no orbital *ligante*, a ionização do NO envolve a perda de um elétron em um orbital *antiligante*.

9.17 Duas substâncias com fórmulas moleculares idênticas, C_4H_8O, foram examinadas no estado gasoso por difração de elétrons. A distância carbono-oxigênio encontrada foi 143 pm no composto A e 124 pm no composto B. O que pode ser concluído acerca das estruturas desses dois compostos?

No composto A, a distância carbono-oxigênio é a soma dos raios covalentes do carbono e do oxigênio da ligação simples, indicando uma ligação simples (77 pm + 66 pm = 143 pm).

Figura 9-37

Por essa razão, o oxigênio não pode ser terminal. Uma estrutura desse tipo é o composto heterocíclico tetrahidrofurano [Figura 9-37 (a)].

No composto B, a distância carbono-oxigênio é semelhante ao valor calculado para uma ligação dupla, 122 pm. Logo, o oxigênio precisa ser terminal. Uma estrutura que se conforma a estes dados é a da 2-butanona [Figura 9-37 (b)].

As formas das moléculas

9.18 Verifique o valor $\Theta = 109°28'$ dos ângulos centrais em um tetraedro regular.

Uma maneira simples de construir um tetraedro regular consiste em selecionar os vértices alternados de um cubo, conectando-os três a três, como mostra a Figura 9-38 (a). A Figura 9-38 (b) mostra um triângulo, OAB, determinado pelo centro do cubo, O, que é também o centro do tetraedro, e dois de seus vértices, A e B. Se P é o ponto intermediário de AB, fica claro, a partir do triângulo direito OPA, que a relação matemática associada é:

$$\text{tg}\frac{\Theta}{2} = \frac{\overline{AP}}{\overline{OP}} = \frac{a\sqrt{2}/2}{a/2} = \sqrt{2} \qquad \frac{\Theta}{2} = 54°44' \qquad \Theta = 109°28'$$

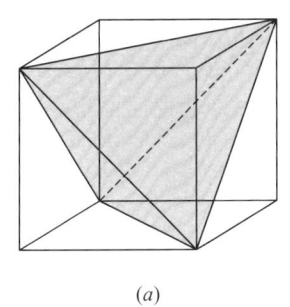

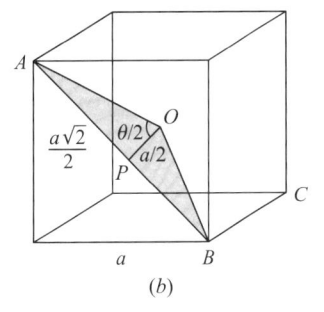

Figura 9-38

9.19 A ligação C—C tem distância igual a 154 pm. Qual é a distância entre os carbonos terminais no propano, C_3H_8? Suponha que as quatro ligações de cada carbono apontem para os vértices de um tetraedro regular.

Com relação à Figura 9-38 (a), é possível considerar que dois carbonos terminais estejam em A e B e o átomo central em O. Assim,

$$\overline{AB} = \overline{2AP} = 2\left(\overline{AO}\,\text{sen}\,\frac{\Theta}{2}\right) = 2(154\,\text{pm})(\text{sen}\,54°44') = 251\,\text{pm}$$

9.20 O enxofre e o cloro se combinam em diferentes proporções, formando compostos como S_2Cl_2, SCl_2 e SCl_4. Desenhe as estruturas da lei de Lewis para estas moléculas e, usando VSEPR, represente suas formas.

$$\ddot{\text{Cl}}—\ddot{\text{S}}—\ddot{\text{S}}—\ddot{\text{Cl}}\qquad \ddot{\text{Cl}}—\ddot{\text{S}}—\ddot{\text{Cl}}\qquad \begin{array}{c}:\ddot{\text{Cl}}:\\|\\:\ddot{\text{Cl}}—\text{S}—\ddot{\text{Cl}}:\\|\\:\ddot{\text{Cl}}:\end{array}$$

(a)   (b)   (c)

Figura 9-39

No S_2Cl_2, Figura 9-39 (a), cada S tem um número VSEPR igual a 4, e por isso cada ângulo de ligação ClSS é cerca de 109,5° (ou um pouco menor, provavelmente, devido à repulsão adicional dos pares não compartilhados em cada enxofre), e a molécula não pode ser linear (em linha reta). A rotação livre ocorre em torno da ligação S—S, de maneira que não há conformação rígida para esta molécula.

No SCl_2, Figura 9-39 (b), o átomo de S tem número VSEPR igual a 4, como acima. O ângulo Cl—S—Cl é um pouco menor que 109° e a molécula é angular (curva).

No SCl_4, Figura 9-39 (c), o número VSEPR do S é 5, mas uma das posições tem um par de elétrons não compartilhados. Essa precisa ser uma das posições trigonais na pirâmide trigonal, Figura 9-40 (a), em que ocorrem dois ângulos de 90° compartilhados/não compartilhados, em vez de uma posição axial (b), em que ocorrem três ângulos compartilhados/não compartilhados de 90°.

A configuração longa [Figura 9-40 (a)] foi chamada de "gangorra", em que o grupo axial ClSCl representa um feixe horizontal. *Observação*: o par não compartilhado curva o ClSCl ligeiramente.

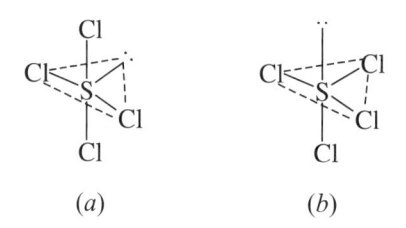

(a)   (b)

Figura 9-40

9.21 Quais são os ângulos de ligação em O—N—O no íon nitrato, NO_3^- e no íon nitrito NO_2^-?

Apenas uma estrutura de Lewis para cada íon precisa ser desenhada para deduzir o número VSEPR, que tem valor 3 nos dois casos para o átomo central de N. (Em NO_3^-, existem três vizinhos com ligações σ e nenhum par não compartilhado, enquanto em NO_2^- existem dois vizinhos e um par não compartilhado, como mostra a Figura 9-41). O ângulo de ligação nominal é 120°, idêntico ao ângulo encontrado no nitrato, pois a ressonância iguala todos os ângulos. O íon nitrito é diferente, pois o par não compartilhado repele os pares ligantes com maior intensidade em comparação com o quanto estes pares repelem-se uns aos outros. Isto força a aproximação destes pares ligantes. É possível prever um ângulo um pouco menor que 120°. Na verdade, este ângulo é 115°.

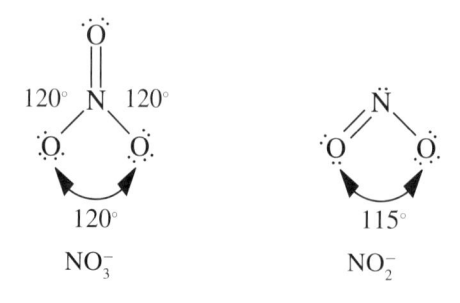

Figura 9-41

9.22 A molécula do $POCl_3$ tem a forma de um tetraedro irregular com o átomo P no centro. O ângulo de ligação Cl—P—Cl é 103,5°. Qual é a explicação em termos qualitativos para essa diferença em estrutura em comparação com um tetraedro regular?

O número VSEPR para o átomo de P é 4, de maneira que os ângulos de ligação nominais são 109°28′. Contudo, a estrutura de Lewis para o POCl$_3$ mostra que existe uma ligação dupla entre o P e o O. (O P pode desrespeitar a regra do octeto, por conta da disponibilidade de orbitais 3d). A densidade eletrônica mais elevada na ligação P=O aumentaria a repulsão entre a ligação P=O e a ligação P—Cl, em comparação com a repulsão entre as duas ligações P—Cl. O ângulo Cl—P—Cl é reduzido, ao passo que o ângulo Cl—P=O aumenta.

9.23 O PCl$_5$ tem a forma de uma bipirâmide trigonal (Figura 9-42) e o IF$_5$ tem a forma de uma pirâmide de base quadrada (Figura 9-43). Explique essa diferença.

Figura 9-42   *Figura 9-43*

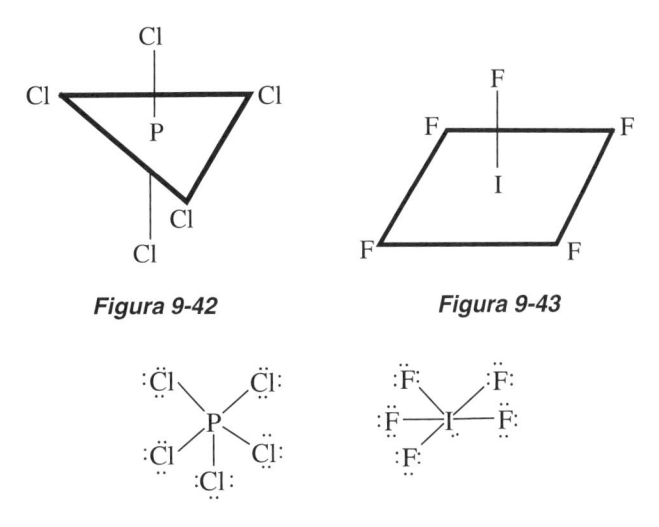

Figura 9-44

As estruturas de Lewis para os compostos de ligação dupla (Figura 9-44) revelam um número VSEPR igual a 5 no PCl$_5$, para o qual a estrutura em bipirâmide com ângulos de 90°, 120° e 180° é prevista (Tabela 9-4). Contudo, o par de elétrons não compartilhados do iodo eleva o número VSEPR para 6, fazendo com que os ângulos de ligação nominais sejam 90°. A estrutura em pirâmide de base quadrada do IF$_5$ pode ser considerada um octaedro (Figura 9-7), com um par de elétrons não compartilhados apontando para o vértice inferior, abaixo do plano horizontal. Devido à repulsão do par não compartilhado, o átomo de iodo pode estar um pouco abaixo do plano base da pirâmide.

9.24 Qual dos quatro tipos de ligação C—C no naftaleno (Figura 9-33) é considerado o mais curto?

Os quatro tipos de ligação carbono-carbono são representados por 1-2, 1-9, 2-3 e 9-10. (*Qualquer outra ligação C—C equivale a um destes tipos. Por exemplo, 6-7 equivale a 2-3, 7-8 equivale a 1-2, etc.*). A ligação com o caráter de ligação dupla mais forte precisa ser a mais curta. Entre as três estruturas de ressonância mostradas na Figura 9-33, a frequência das ligações duplas para os diversos tipos de ligações é: 2 em *1—2* [em (*a*) e (*c*)], 1 em *1—9* [em (*b*)], 1 em *2—3* [em (*b*)], e 1 em *9—10* [em (*c*)]. A ligação *1—2* é a que pode ter o caráter mais intenso de ligação dupla, sendo também a mais curta das ligações. Esta estimativa é verificada em laboratório. As quatro ligações acima têm comprimentos 136,5, 142,5, 140,4 e 139,3 pm, nesta ordem.

Observe que o método de contagem do número de estruturas de ressonância contendo uma ligação dupla entre um dado par de átomos de carbono é muito grosseiro e não distingue entre os três últimos tipos citados, cada um dos quais com uma ligação dupla em apenas uma estrutura de ressonância. Mesmo no escopo da teoria de ressonância limitada, seria necessário conhecer o peso relativo de cada uma das estruturas equivalentes (*a*) e (*b*), comparadas à estrutura (*c*).

9.25 Qual é a forma do íon tri-iodeto, I$_3^-$?

A estrutura de Lewis revela que o número VSEPR é 5 para o átomo central do iodo, os dois vizinhos ligados e três pares não compartilhados. Para determinar que vértices da bipirâmide trigonal são ocupados pelos átomos de iodo terminais, é preciso conhecer a configuração que maximiza os ângulos entre os pares não compartilhados. A configuração preferida, Figura 9-45 (*a*), precisa ser aquela em que os pares não compartilhados estão todos em 120°, porque qualquer outra alternativa [Figura 9-45 (*b*) e (*c*)] teria dois pares no ângulo de 90°. Assim, os dois átomos de iodo terminais precisam ocupar posições axiais (180° em relação um ao outro), o que torna a molécula linear.

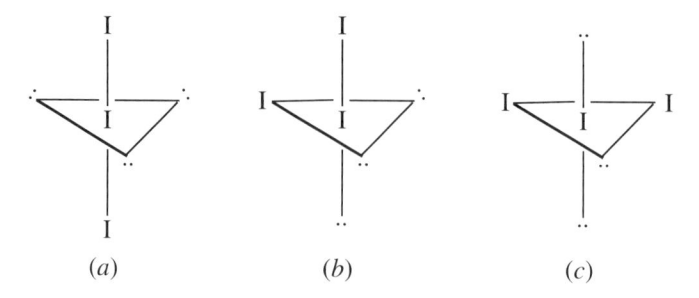

Figura 9-45

Compostos de coordenação

9.26 Os compostos solúveis do íon complexo $[Co(NH_3)_3]^{3+}$ têm absorção máxima da luz visível em 437 nm. (*a*) Qual o valor de Δ para este íon complexo, em cm^{-1}? (*b*) Qual é a cor deste íon em solução? (*c*) Quantos elétrons desemparelhados podem ocorrer neste íon se ele tem spin baixo, e quantos elétrons ele tem se for de spin alto?

(*a*)
$$\Delta = \left(\frac{1}{437\,nm}\right)\left(\frac{10^9\,nm}{10^2\,cm}\right) = 22.900\,cm^{-1}$$

(*b*) A cor deste íon depende dos comprimentos de absorção máxima e também da forma de toda a banda de absorção e da sensibilidade do olho para cores. Frente a estes fatores, prever a cor com base em dados não é plenamente confiável. Contudo, é possível efetuar uma previsão razoável. A absorção, com pico na região azul-violeta do espectro, deveria cobrir a maior parte da região azul e uma parte da região verde. A cor do íon em solução corresponde à cor complementar da luz absorvida: amarelo, neste caso.

(*c*) A configuração eletrônica do Co^{3+} é $[Ar]3d^6$. O spin se deve a elétrons d desemparelhados. Para spin baixo, os seis elétrons d estariam todos emparelhados nos três orbitais t_{2g} e o spin seria zero. Para spin alto, os dois orbitais moleculares e_g teriam de estar disponíveis também (1 par de elétrons) a fim de manter o número máximo de elétrons desemparelhados, isto é, quatro, neste caso. O valor Δ é alto o bastante para eliminar a chance de spin alto e por essa razão o íon é diamagnético.

9.27 Calcule as propriedades magnéticas de (*a*) $[Rh(NH_3)_6]^{3+}$ e (*b*) $[CoF_6]^{3-}$.

(*a*) Este problema pode ser resolvido por comparação com o Problema 9.26. Para complexos análogos de dois membros diferentes de um mesmo grupo da tabela periódica, Δ aumenta com o número atômico. Uma vez que Δ para o $[Co(NH_3)_3]^{3+}$ é alto o bastante para que o íon tenha spin baixo, o $[Rh(NH_3)_6]^{3+}$ certamente tem spin baixo e é diamagnético (Δ observado = $34.000\,cm^{-1}$ e, portanto, diamagnético).

(*b*) O F^- é um ligante de campo fraco que tende a formar complexos com valor baixo de Δ. Por essa razão, espera-se que o íon tenha spin alto, com quatro spins eletrônicos desemparelhados e paralelos [compare com o Problema 9.26 (*c*)]. O valor medido de Δ é $13.000\,cm^{-1}$, um valor baixo, o que indica que o íon é paramagnético.

Isomeria

9.28 Escreva todas as fórmulas isômeras estruturais do C_4H_9Cl.

A composição molecular do composto lembra a do butano, C_4H_9, exceto pelo fato de um dos hidrogênios ser substituído por um cloro. A Figura 9-15 é um bom ponto de partida, pois mostra os dois esqueletos de carbono do butano.

Observe que os dois carbonos terminais do *n*-butano [Figura 9-46 (*a*) e (*b*)] são idênticos e que os dois carbonos internos também. A substituição de um hidrogênio por um cloro no carbono esquerdo tem o mesmo efeito que a substituição de um hidrogênio por um cloro no carbono direito, pois se rodamos a molécula temos o composto representado em (*a*). O mesmo conceito é válido para os carbonos internos. Efetuando uma substituição como em (*b*) ou uma substituição no carbono esquerdo, interno, temos a mesma molécula, considerando que seja girada.

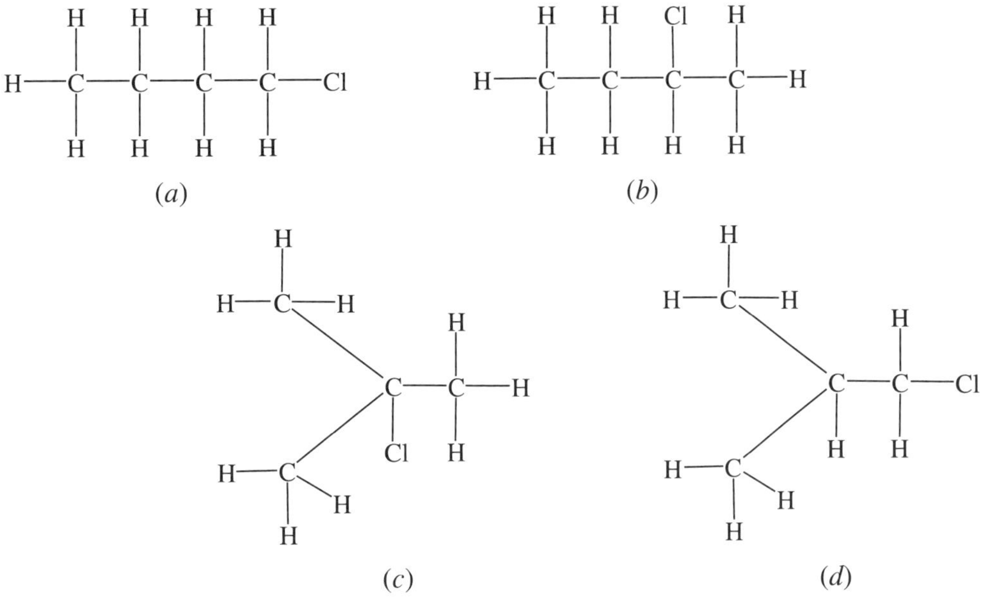

Figura 9-46

No *iso*-butano [Figura 9-46 (*c*) e (*d*)], um isômero (*c*) tem o Cl no carbono central e existe apenas um outro isômero, (*d*), porque os três carbonos terminais são idênticos. É importante observar que todas as ligações carbono-carbono são simples, o que significa que há rotação na molécula. Além disso, todos os hidrogênios ligados a um carbono em especial são idênticos. Por conta disso, a substituição de um H em um carbono com um Cl é idêntica a qualquer outra substituição.

9.29 Escreva as fórmulas para todos os isômeros estruturais e geométricos do C_4H_8.

Se os quatro carbonos estão em linha reta, sem dúvida o composto tem uma ligação dupla, para que a exigência de que todo carbono tenha quatro ligações seja atendida. A ligação dupla ocorre no centro da molécula ou em uma extremidade. Se ela está no centro, então existem dois isômeros geométricos com carbonos terminais em diferentes posições, relativas à ligação dupla. Neste caso, os dois isômeros estruturais diferem em termos das ramificações no interior do esqueleto de carbono. Anéis também são possíveis nestas estruturas.

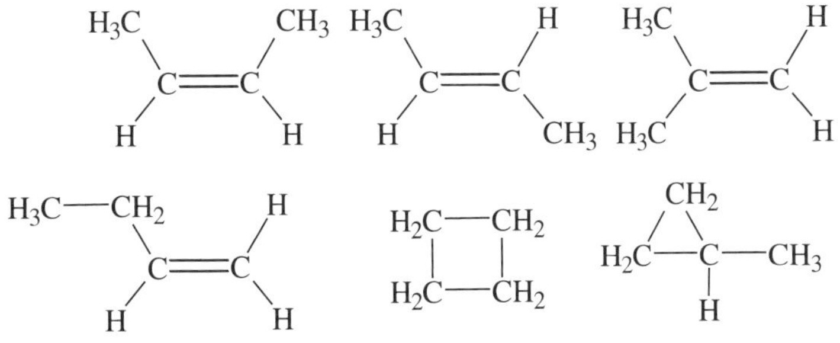

9.30 Quais isômeros do C_4H_9Cl da Figura 9-46 são ativos do ponto de vista óptico?

O composto (*b*) é o único que existe em estado opticamente ativo, pois é aquele que tem um átomo de carbono ligado a quatro grupos diferentes (o C ligado ao Cl). Todos os outros carbonos têm dois hidrogênios ou dois grupos metila ($—CH_3$).

9.31 Quantos isômeros geométricos são possíveis para o $[Rh(py)_3Cl_3]$? A abreviatura py indica o ligante piridina.

Uma das duas possibilidades, mostrada na Figura 9-47 (*a*), tem três cloros em posições ligantes *cis* (adjacentes) um ao outro, em um lado do octaedro e três piridinas no lado oposto. A outra possibilidade, mostrada na Figura 9-47 (*b*), indica que há dois cloros na posição *trans* (opostos) um ao outro e duas das piridinas estão em situação idêntica.

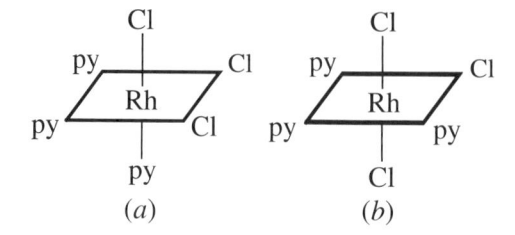

Figura 9-47

9.32 Alguns ligantes são multifuncionais, isto é, têm dois ou mais átomos que podem se ligar ao átomo ou íon central. Cada sítio de ligação ocupa um vértice diferente na superfície de coordenação. A etilenodiamina (abreviada como *en*) é o ligante. Os dois átomos ligantes são nitrogênios, e os dois sítios de ligação precisam estar na posição *cis* devido à forma e tamanho de *en*. Quantos isômeros geométricos de $[Cr(en)_2Cl_2]^+$ existem e qual (ou quais) têm atividade ótica?

Existem dois isômeros geométricos, *cis* e *trans* (Figura 9-48). Cada *en* pode ser representada por um arco que termina nos dois sítios de ligação. Se variarmos a configuração do arco e mantivermos as posições dos átomos de cloro, poderemos ver que (*b*) é uma imagem refletida de (*a*). Contudo, a imagem refletida de (*c*) tem estrutura idêntica à de (*c*). Em outras palavras, somente os isômeros *cis* podem ser ativos do ponto de vista óptico.

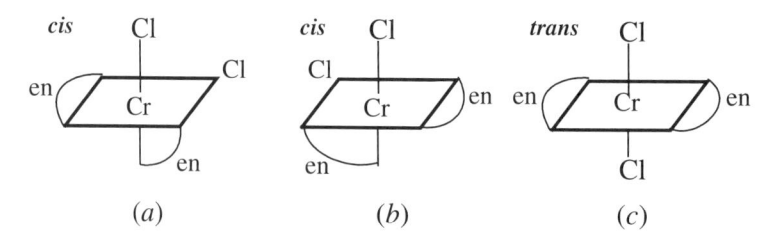

Figura 9-48

Ligações metálicas

9.33 Explique por que os metais via de regra têm aparência refletiva, como um espelho.

O modelo de bandas prevê a existência de um contínuo de níveis de energia vazios, em lugar de níveis de energia discretos. Esta situação permite que quanta de luz, de todos os níveis de energia em uma ampla faixa de comprimentos de onda, sejam absorvidos de modo uniforme. Com isso, os elétrons energizados reemitem a luz, quando retornam a seus orbitais no estado fundamental. É este mecanismo que explica a reflexão da luz de todas as frequências, que chamamos *lustro*.

9.34 De que maneira os metais do Grupo II diferem dos metais do Grupo I em termos de densidade, ponto de fusão e resistência mecânica?

Em dado período da tabela periódica, os íons do Grupo II são menores e podem até se aproximar uns dos outros, a distâncias menores. Com isso, o número de elétrons no mar de elétrons dobra. A maior proximidade e as interações eletrostáticas mais intensas entre os íons 2+ e o mar de densidade eletrônica negativa maior aumentam a densidade e a energia de ligação, o que por sua vez eleva o ponto de fusão e a dureza do material. Na verdade, a densidade dobra e o ponto de fusão sobe centenas de graus, partindo do Grupo I para o Grupo II da tabela periódica.

9.35 Os metais são frios ao toque em comparação com outros materiais, por serem bons condutores de calor. Como explicar esta condutividade térmica incomum?

Na maioria dos materiais, o calor é conduzido por movimento vibracional, de átomo para átomo, do ponto mais quente para o mais frio. Nos metais, a principal via de transmissão de energia térmica é o movimento vibratório dos elétrons livres no mar de elétrons, que têm alta mobilidade.

Problemas Complementares

Fórmulas

9.36 Calcule as cargas dos grupos escritos em negrito e itálico, como o cloro em Na*Cl*:

(a) Ca*C₂O₄*; (b) Ca(*C₇H₅O₃*)₂ · 2H₂O; (c) Mg₃(*A_sO₃*)₂; (d) *Mo*OCl₃; (e) *CrO₂*F₂; (f) *PuO₂*Br; (g) (*PaO*)₂S₃

Resp. (a) −2; (b) −1; (c) −3; (d) +3; (e) +2; (f) +1; (g) +3

9.37 Os compostos de metais pesados tendem a ser tóxicos e, por essa razão, precisam ser manuseados com cuidado. Entre estes, estão compostos de chumbo, tálio, mercúrio e bário. Encontre as fórmulas dos brometos, sulfetos, nitritos e carbonatos destes metais pesados. Os números de oxidação mais comuns dos metais com mais de um número de oxidação são Pb²⁺, Tl⁺ e Hg²⁺.

Resp. PbBr₂, PbS, Pb₃N₂, PbCO₃   TlBr, Tl₂S, Tl₃N, Tl₂CO₃
HgBr₂, HgS, Hg₃N₂, HgCO₃   BaBr₂, BaS, Ba₃N₂, BaCO₃

9.38 Escreva as fórmulas dos seguintes compostos iônicos: (a) hidreto de lítio; (b) bromato de cálcio; (c) óxido de cromo (II); (d) perclorato de tório (II); (e) fosfato de níquel; (f) sulfato de zinco.

Resp. (a) LiH; (b) Ca(BrO₃)₂; (c) CrO; (d) Th(ClO₄)₄; (e) Ni₃(PO₄)₂; (f) ZnSO₄

9.39 Escreva as fórmulas estruturais para (a) nitrato de ouro (III), nitrato de cobalto (II), nitrato de bismuto (V), nitrato de rádio, nitrato de estanho (IV) e nitrato de arsênio (III). (b) Escreva as fórmulas para os sulfitos desses mesmos elementos.

Resp. (a) Au(NO₃)₃, Co(NO₃)₂, Bi(NO₃)₅, Ra(NO₃)₂, Sn(NO₃)₄, As(NO₃)₃
(b) Au₂(SO₃)₃, CoSO₃, Bi₂(SO₃)₅, RaSO₃, Sn(SO₃)₂, As₂(SO₃)₃

9.40 Encontre o nome dos seguintes compostos: (a) Al(NO₃)₃; (b) Al(NO₂)₃; (c) AlN; (d) Al₂(SO₄)₃; (e) Al₂(SO₃)₃; (f) Al₂S₃; (g) Sb₂S₃; (h) Sb₂S₅

Resp. (a) nitrato de alumínio; (b) nitrito de alumínio; (c) nitreto de alumínio; (d) sulfato de alumínio; (e) sulfito de alumínio; (f) sulfeto de alumínio; (g) sulfeto de antimônio (III); (h) sulfeto de antimônio (IV).

9.41 Escreva as fórmulas estruturais para (a) sulfeto cúprico; (b) fluoreto estanoso; (c) cloreto plumboso; (d) iodeto férrico; (e) nitrato áurico; (f) sulfeto mercúrico.

Resp. (a) CuS; (b) SnF₂; (c) PbCl₂; (d) FeI₃; (e) Au(NO₃)₃; (f) HgS

9.42 Nomeie os seguintes compostos: (a) Mg(IO)₂; (b) Fe₂(SO₄)₃; (c) CaMnO₄; (d) KReO₄; (e) CaWO₄; (f) CoCO₃

Resp. (a) hipoiodeto de magnésio; (b) sulfato de ferro (III) ou sulfato férrico; (c) permanganato de cálcio; (d) perrenato de potássio; (e) tungstato de cálcio; (f) carbonato de cobalto (II)

9.43 A fórmula do arsenato de potássio é K₃AsO₄. A fórmula do ferrocianeto de potássio, sistematicamente chamado de hexacianoferrato (II) de potássio, é K₄Fe(CN)₆. Escreva as fórmulas para o (a) arsenato de cálcio, (b) arsenato de ferro (III), (c) ferrocianeto de bário, (d) ferrocianeto de alumínio.

Resp. (a) Ca₃(AsO₄)₂; (b) FeAsO₄; (c) Ba₂Fe(CN)₆; (d) Al₄[Fe(CN)₆]₃

9.44 Desenhe as estruturas de Lewis para cada um dos compostos: (a) C₂HCl; (b) C₂H₆O; (c) C₂H₄O; (d) NH₃O; (e) NO₂⁻ (os dois O são terminais); (f) N₂O₄ (todos os O são terminais); (g) OF₂

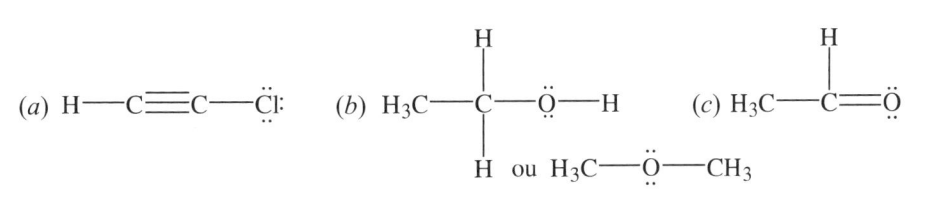

(a) H—C≡C—C̈l:

(b) H₃C—C(H)(H)—Ö—H   ou   H₃C—Ö—CH₃

(c) H₃C—C(H)=Ö

(d) H—N̈(H)—Ö—H

(e) [Ö=N̈—Ö:]⁻ ↔ [:Ö—N̈=Ö]⁻

(f) [Estruturas de ressonância do N₂O₄ mostrando quatro formas com átomos de N ligados, cada um conectado a dois átomos de O, com pares de elétrons e cargas formais distribuídos de maneiras diferentes]

(g) :F̈—Ö—F̈:

Resp. Observe que nem todas fórmulas têm estruturas de ressonância.

9.45 Complete as estruturas abaixo, adicionando pares de elétrons não compartilhados onde necessário. Feito isso, avalie as cargas formais.

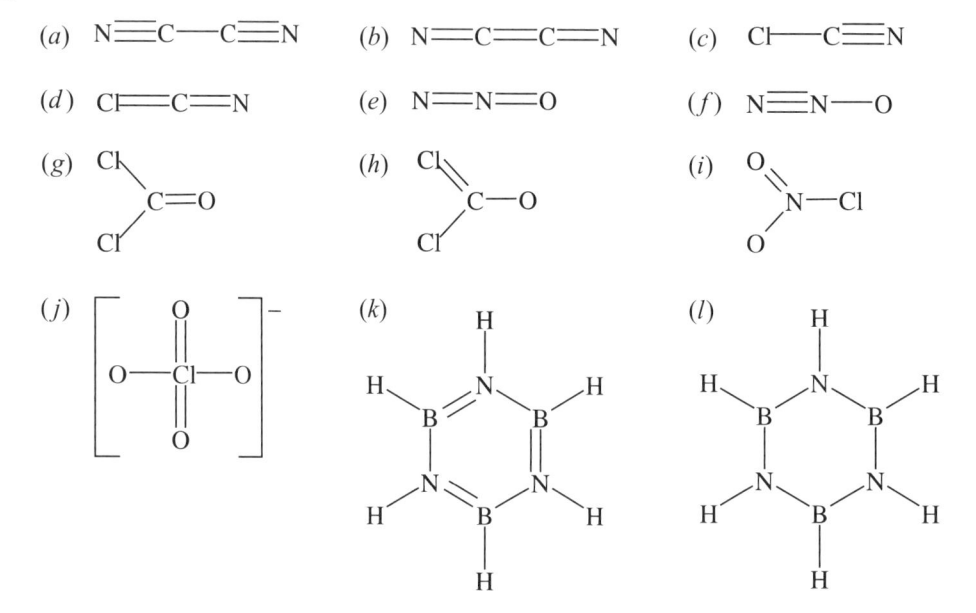

(a) N≡C—C≡N   (b) N=C=C=N   (c) Cl—C≡N

(d) Cl=C=N   (e) N=N=O   (f) N≡N—O

(g) Cl₂C=O   (h) Cl₂C—O (com uma ligação C=Cl)   (i) O₂N—Cl

(j) [ClO₄]⁻   (k) anel B₃N₃H₆ com ligações duplas alternadas   (l) anel B₃N₃H₁₂ (todas simples)

Resp. (a) todas cargas são iguais a zero;   (b) +1 em um N (que não tem um octeto), −1 no outro;   (c) todas cargas são zero;   (d) +1 no Cl, −1 no N;   (e) −1 no N terminal, +1 no N central;   (f) +1 no N central, −1 no O;   (g) todas as cargas são zero;   (h) +1 no Cl com ligação dupla, −1 no O;   (i) +1 no N, −1 no O com ligação simples;   (j) +1 no Cl, −1 no O com ligação simples;   (k) +1 em cada N, −1 em cada B;   (l) todas as cargas são zero.

9.46 Dada a fórmula do formaldeído, CH₂O, três estruturas de Lewis são possíveis, com os esqueletos:

H—C—O—H   H—C(H)—O   C—O—H (com H acima do C)

Existem 12 elétrons de valência, entre os quais seis são usados em cada um dos esqueletos acima. Utilize os outros seis elétrons para completar os octetos em C e O. Determine as cargas formais e decida qual estrutura é a correta.

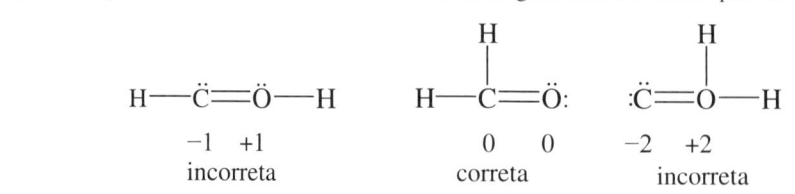

Resp.

H—C̈=Ö—H   H—C(H)=Ö: :C̈=O—H (com H acima do C)
  −1 +1   0   0   −2 +2
 incorreta   correta   incorreta

9.47 Três moléculas de formaldeído se unem, formando uma molécula cíclica. Desenhe a estrutura de Lewis para esta nova molécula. *Sugestão*: os átomos de C e de O se alternam nesta estrutura.

Resp.

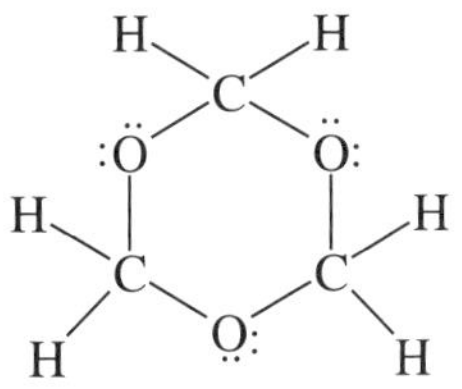

9.48 As duas estruturas abaixo são isômeros? Se não são, por quê? Em caso afirmativo, qual é a classificação desta isomeria?

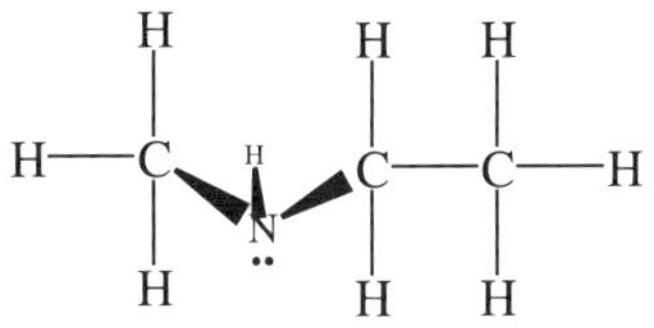

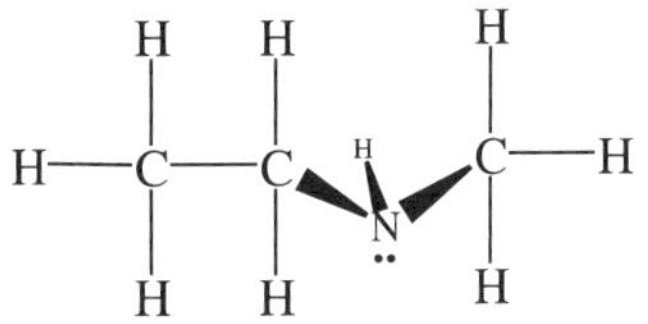

Resp. Não. A estrutura à direita é idêntica à estrutura à esquerda, girada em 180°.

9.49 Quais isômeros deste composto têm um esqueleto de carbono estável?

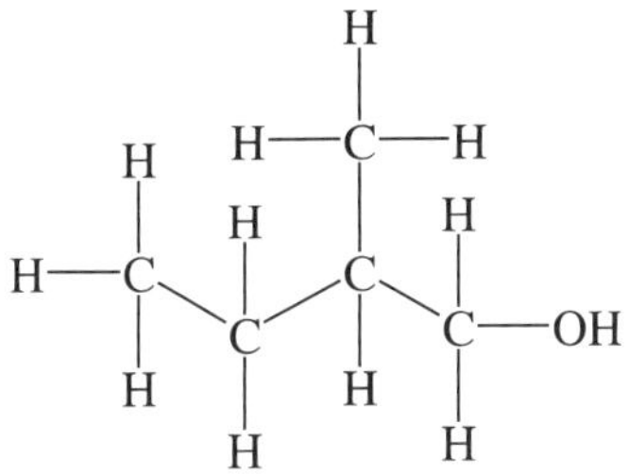

Resp. A lista abaixo apresenta cinco estruturas, inclusive a estrutura dada acima. Observe que, se a posição do OH for alterada em cada um dos átomos, nem sempre teremos isômeros diferentes; (*a*) e (*e*) representam a mesma estrutura.

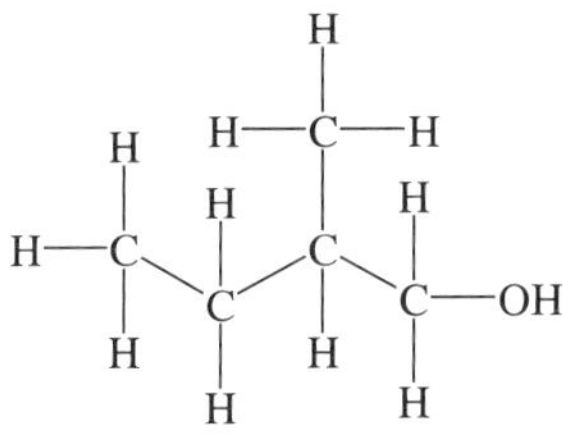

(*a*) 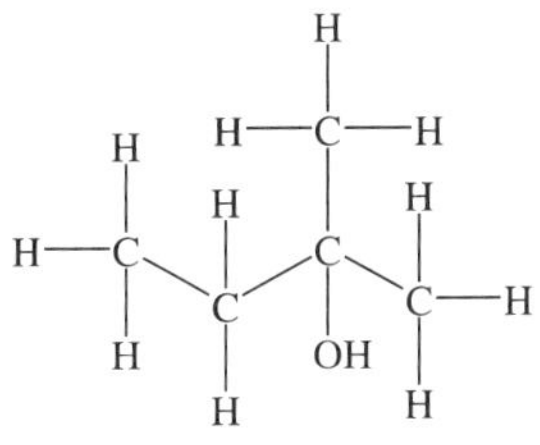   (*b*) 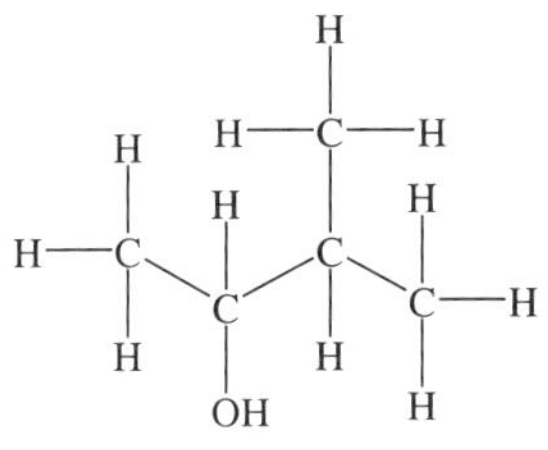   (*c*)

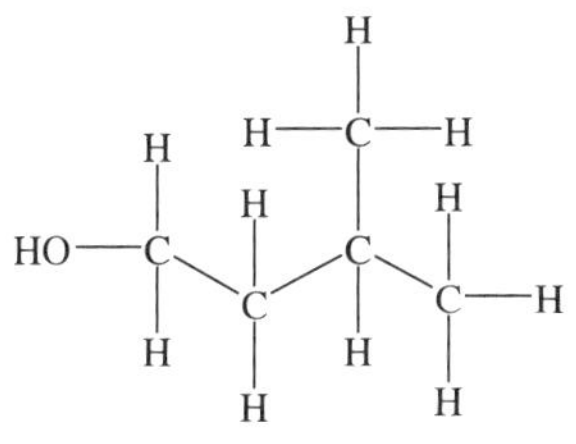

(*d*) 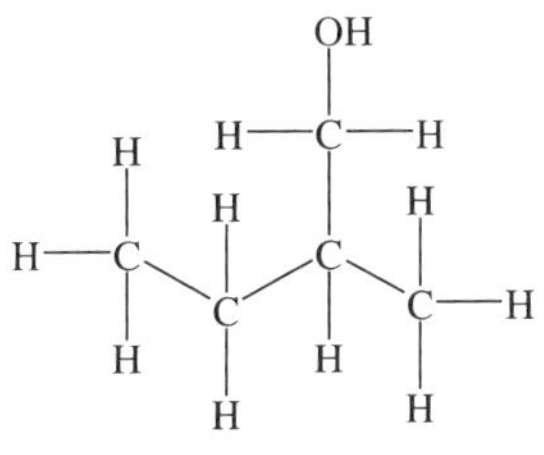   (*e*)

9.50 Entre os isômeros do composto apresentado na questão anterior, qual/quais é/são opticamente ativo(s)?

Resp. Apenas os carbonos com quatro grupos diferentes permitem atividade óptica. De acordo com esse critério, apenas a fórmula (*c*) é opticamente ativa.

As propriedades da ligação

9.51 A distância da ligação cloro-oxigênio no ClO_4^- é 144 pm. O que pode ser concluído sobre as estruturas de ligações covalentes deste íon?

Resp. Uma vez que o comprimento da ligação Cl—O estimado é 165 pm (Tabela 9-2), estas ligações têm um caráter expressivo de ligação dupla.

9.52 O número VSEPR do fósforo é 4 no PH_3. Contudo, os ângulos de ligação medidos não são 109°28', valor equivalente ao ângulo em um tetraedro. Explique esta discrepância.

Resp. O par de elétrons não compartilhado no fósforo tende a diminuir o ângulo.

9.53 Considerando *apenas* as ligações duplas entre átomos de carbono adjacentes, quantas estruturas de ressonância podem ser escritas para os hidrocarbonetos aromáticos abaixo?

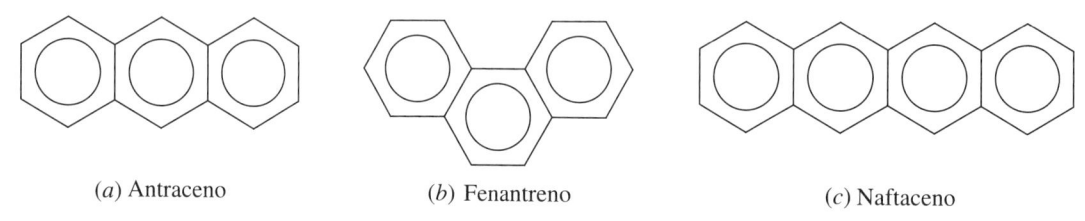

(*a*) Antraceno   (*b*) Fenantreno   (*c*) Naftaceno

Resp. (*a*) 4;   (*b*) 5;   (*c*) 5

9.54 A estrutura do 1,3-butadieno muitas vezes é escrita como $H_2C=CH-CH=CH_2$. A distância entre os átomos de carbono centrais é 146 pm. A estrutura proposta está adequada?

Resp. O comprimento de ligação esperado é 77 + 77 = 154 pm para uma ligação simples apenas. É necessário prever a existência de estruturas de ressonância que não atendem à regra do octeto envolvendo a ligação dupla entre os dois carbonos centrais, como:

$$^+CH_2-CH=CH-\ddot{C}H_2^-$$

9.55 A energia de ligação média na ligação C—C é 347 kJ/mol. O que é possível prever com relação à energia de ligação na ligação simples Si—Si e por quê?

Resp. Devido ao fato de o átomo de Si ser muito maior que o átomo de C, a sobreposição de orbitais é menor (o compartilhamento de elétrons é menos intenso) e, portanto, a energia de ligação provavelmente é menor que 347 kJ/mol.

9.56 A energia de ligação média na ligação C—Cl é 330 kJ/mol. O que é possível prever com relação à energia de ligação na ligação simples C—N e por quê?

Resp. O átomo de cloro é muito maior que o átomo de nitrogênio e apresenta uma carga nuclear mais significativa. Isso permite concluir que a energia de ligação C—N tem grandes probabilidades de ser menor que 330 kJ/mol. A energia de ligação média C—N medida em laboratório é 300 kJ/mol.

9.57 (*a*) Quais são as ordens de ligação para o CN^-, CN e CN^+? (*b*) Entre estas espécies, qual tem o menor comprimento de ligação?

Resp. (*a*) CN^-, 3; CN, 2 ½; CN^+, 2;   (*b*) CN^-

9.58 Além do oxigênio, O_2, qual/quais molécula/moléculas diatômica(s) homonuclear(es) de elementos do segundo período da tabela periódica devem ser paramagnéticas?

Resp. Boro, B_2

9.59 Supondo que os elementos no segundo período da tabela periódica possam formar moléculas diatômicas homonucleares, quais destas devem ter ordem de ligação zero?

Resp. Be_2, Ne_2

9.60 Algumas vezes os momentos dipolo são expressos em *debyes*, onde

$$1 \text{ debye} = 10^{-18} \text{ uec} \times \text{cm}$$

A unidade eletrostática de carga (uec) é definida por $1 \text{ C} = 2{,}998 \times 10^9$ uec. Qual é o valor de 1 debye em unidades SI?

Resp. $3{,}336 \times 10^{-30}$ C · m

9.61 Em que ponto do espaço estão localizados os seis elétrons do benzeno, normalmente representado como um círculo no interior de um hexágono?

Resp. Os seis elétrons ocupam orbitais moleculares, compostos por orbitais *p* combinados e perpendiculares ao plano da molécula. A densidade eletrônica é representada por duas nuvens circulares idênticas, uma acima e outra abaixo do plano da molécula.

9.62 Se um hidrogênio é removido e substituído por um cloro (ou qualquer outra entidade com uma ligação simples) no anel de benzeno, onde o cloro estaria localizado em relação ao plano da molécula?

Resp. Ele estaria acima ou abaixo do plano da molécula. Porém, ele definitivamente não estaria localizado no plano da molécula. A ligação é formada usando um orbital *p*, o que limita as possibilidades, restringindo a localização deste átomo acima ou abaixo do plano da molécula.

9.63 O momento dipolo do HBr é $2{,}6 \times 10^{-30}$ C · m e a distância interatômica é 141 pm. Qual é o caráter iônico percentual do HBr?

Resp. 11,5%

9.64 Os momentos dipolo do NH_3, AsH_3 e BF_3 são (4,97, 0,60 e 0,00) $\times 10^{-30}$ C · m, respectivamente. O que é possível concluir acerca das formas destas moléculas?

Resp. As moléculas de NH_3 e de AsH_3 são piramidais, ao passo que a molécula do BF_3 é planar. Tomando como base apenas os momentos dipolo, nada pode ser concluído sobre o caráter plano relativo das pirâmides de NH_3 e AsH_3 porque as eletronegatividades do nitrogênio e do arsênico são diferentes.

9.65 A distância da ligação As—Cl no composto $AsCl_3$ é 217 pm. Calcule o raio de ligação simples do As.

Resp. 118 pm

9.66 Calcule o comprimento de ligação entre o carbono e o flúor no 1-cloro-1-fluoretileno (consulte a Tabela 9-2) e avalie a possibilidade de desvio em relação a seu cálculo.

$$\text{H—C(H)=C(Cl)—F}$$

Resp. O comprimento de ligação previsto é 141 pm. Contudo, a presença de uma ligação C=C e o cloro tendem a afetar esse valor. O flúor e o cloro são muito eletronegativos em comparação com o carbono, formando centros de eletronegatividade que tendem a repelir outras ligações.

9.67 No C_2H_4, a energia da ligação dupla C=C é 615 kJ/mol e a energia da ligação simples C—C é 347 kJ/mol. Por que a energia da ligação dupla é melhor do que duas vezes a energia da ligação simples?

Resp. O orbital σ tem a maior sobreposição de elétrons entre os átomos, porque os orbitais atômicos que o compõe estão orientados um em direção ao outro, ao passo que os orbitais *p* que formam o orbital π estão orientados na perpendicular em relação ao eixo internuclear e se sobrepõem apenas lateralmente.

9.68 Calcule o $\triangle H$ da reação:

$$C_2H_5Cl(g) \rightarrow HCl(g) + C_2H_4(g)$$

dadas as energias de ligação (em kJ/mol):

C—C	C—H	Cl—Cl	C—Cl	H—Cl	C=C
346	413	242	339	432	602

Resp. −64 kJ

9.69 Calcule a energia de ligação da ligação F—F, sabendo que ΔH_f^o do HF(g) é -271 kJ/mol. As energias de ligação para o H—F e o H—H são 565 e 435 kJ/mol, respectivamente.

Resp. 153 kJ/mol

9.70 Com base nos valores de energia de ligação, calcule a energia envolvida na queima de 1 mol de octano, um dos componentes da gasolina (é importante balancear a reação antes de resolver o problema).

$$\underline{\quad} H-C_8H_{18}-H + \underline{\quad} O_2 \longrightarrow \underline{\quad} CO_2 + \underline{\quad} H_2O$$

As energias de ligação (kJ/mol) são: C—C (346), C—H (413), C=O (732), C—O (358), O=O (498) e H—O (463).

Resp. -3965 kJ/mol C_2H_5OH (reação exotérmica)

9.71 O etanol, C_2H_5OH, está presente na bebida alcoólica que carameliza o açúcar no *crème brûlée*, uma sobremesa da culinária francesa. Calcule a quantidade de energia envolvida na combustão de 1 mol de etanol com base nas energias dadas no Problema 9.70.

Resp. -980 kJ/mol (reação exotérmica)

As formas das moléculas

9.72 A distância platina-cloro é 232 pm em diversos compostos cristalinos. Se esse valor é verdadeiro para os dois compostos apresentados na Figura 9-18, qual é a distância Cl—Cl (a) na estrutura (a) e (b) na estrutura (b)?

Resp. (a) 464 pm; (b) 328 pm

9.73 Qual é o comprimento de um polímero linear com 1001 átomos de carbono unidos por ligações simples, considerando que a molécula pode ser esticada a seu comprimento máximo mantendo o ângulo tetraédrico normal em todos os grupos C—C—C?

Resp. 126 nm ou 1260 Å

9.74 A análise por microscopia eletrônica de um vírus que afeta plantas revelou que ele consiste em partículas cilíndricas uniformes com 15,0 nm de diâmetro e 300 nm de comprimento. O vírus tem um volume específico de 0,73 cm³/g. Se a partícula desse vírus for considerada como sendo uma molécula, qual será sua massa molar?

Resp. $4,4 \times 10^7$ g/mol

9.75 Supondo que os raios covalentes na ligação C—Cl se somem, qual seria a distância Cl—Cl em cada um dos três diclorobenzenos (Figura 9-49)? Considere que o anel é um hexágono regular e que cada ligação C—Cl está alinhada em relação ao centro do hexágono. A distância entre carbonos adjacentes é 140 pm.

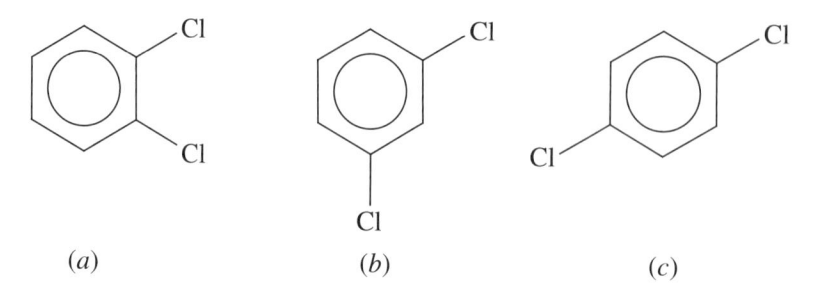

Figura 9-49

Resp. (a) 316 pm; (b) 547 pm; (c) 632 pm

9.76 Calcule o comprimento e a largura do esqueleto de carbono do antraceno, dado no Problema 9-53 (a). Suponha que os anéis hexagonais tenham distâncias C—C idênticas e iguais a 140 pm.

Resp. 730 pm de comprimento e 280 pm de largura.

9.77 O BBr$_3$ é uma molécula planar simétrica, cujas ligações B—Br estão a 120° umas das outras. A distância entre os átomos de Br é 324 pm. Com base nesta informação e dado que o raio covalente do Br é 114 pm, calcule o raio covalente do boro. Suponha que todas ligações sejam simples.

Resp. 73 pm

9.78 Qual é o número VSEPR dos átomos centrais em cada uma das espécies dadas? (*Sugestão*: desenhe as estruturas de Lewis antes de iniciar a solução do problema.) (*a*) SO$_2$; (*b*) SO$_3$; (*c*) SO$_3^{2-}$; (*d*) SO$_4^{2-}$; (*e*) SF$_6$; (*f*) S$_3^{2-}$

Resp. (*a*) 3; (*b*) 3; (*c*) 4; (*d*) 4; (*e*) 6; (*f*) 4

9.79 Quais são os ângulos de ligação em cada uma das espécies dadas no Problema 9.78?

Resp. (*a*) Um pouco menor que 120°; (*b*) 120°; (*c*) um pouco menor que 109°28′; (*d*) 109°28′; (*e*) 90°; (*f*) um pouco menor que 109°28′

9.80 Qual o número VSEPR, a forma geral e os ângulos de ligação de cada uma destas espécies? (*a*) XeF$_4$; (*b*) XeO$_3$; (*c*) XeF$_2$

Resp. (*a*) VSEPR = 6, planar quadrada, 90°; (*b*) VSEPR = 4, pirâmide trigonal com um par não compartilhado no ápice, um pouco menor que 109°28′; (*c*) VSEPR = 5, linear, 180°

9.81 Qual/quais molécula(s) ou íon(s) citado(s) são lineares (isto é, tem ângulos de ligação iguais a 180°)? (*a*) OF$_2$; (*b*) HCN; (*c*)H$_2$S; (*d*)CO$_2$; (*e*) IF$_2^-$

Resp. (*b*), (*d*) e (*e*)

9.82 Qual/quais molécula(s) ou íon(s) citados não são lineares? (*a*) BeCl$_2$; (*b*) HOCl; (*c*) HO$_2^-$; (*d*) NH$_2^-$; (*e*) N$_3^-$

Resp. (*b*), (*c*) e (*d*)

9.83 Qual/quais molécula(s) ou íon(s) citados são planares (todos os átomos estão em um mesmo plano)? (*a*) BF$_3$; (*b*) XeO$_4$; (*c*) NO$_3^-$; (*d*) C$_2$H$_2$; (*e*) HN$_3$

Resp. (*a*); (*c*); (*d*); (*e*); (*d*) é perfeitamente linear; (*e*) tem ângulo no H terminal

9.84 Qual/quais molécula(s) ou íon(s) tem momento dipolo? (*a*) CH$_2$Cl$_2$; (*b*) *cis*-C$_2$H$_2$Cl$_2$; (*c*) *trans*- C$_2$H$_2$Cl$_2$; (*d*) CH$_2$CCl$_2$; (*e*) SF$_4$; (*f*) XeF$_4$; (*g*) C$_2$F$_4$; (*h*) H$_2$SO$_4$; (*i*) NH$_4^+$; (*j*) N$_2$H$_4$; (*k*) NCl$_3$

Resp. (*a*); (*b*); (*d*); (*e*); (*h*); (*k*)

9.85 Sem considerar os átomos de hidrogênio, qual/quais molécula(s) ou íon(s) citado(s) são planos? (*a*) CH$_3$CHCHCl; (*b*) HNO$_3$; (*c*) H$_2$PO$_4^-$; (*d*) SOCl$_2$; (*e*) C$_6$H$_5$OH

Resp. (*a*), (*b*) e (*e*)

Compostos de coordenação

9.86 Nomeie os seguintes compostos (en = etilenodiamina; py = piridina):

(*a*) [Co(NH$_3$)$_5$Br]SO$_4$ (*b*) [Cr(en)$_2$Cl$_2$]Cl   (*c*) [Pt(py)$_4$][PtCl$_4$]
(*d*) K$_2$[NiF$_6$]   (*e*) K$_3$[Fe(CN)$_5$CO]   (*f*) CsTeF$_5$

Resp. (*a*) sulfato de pentaminocobalto (III)
(*b*) cloreto de diclorobis(etilenodiamina)cromo (III)
(*c*) tetracloroplatinato (II) de tetrapiridinaplatina (II)
(*d*) hexafluor niquelato (IV) de potássio
(*e*) carbonilpentacianoferrato (II) de potássio
(*f*) pentafluorotelurato (IV) de césio

9.87 Escreva as fórmulas para os compostos apresentados. Represente os íons complexos entre colchetes.

(*a*) nitrato de triaminobromoplatina (II); (*b*) monohidrato de diclorobis(etilenodiamina)cobalto (II); (*c*) brometo de pentaminosulfatocobalto (III); (*d*) hexafluorplatinato (IV) de potássio; (*e*) cloreto de tetraaquodibromocromo (III); (*f*) heptafluorozirconato (IV) de amônio.

Resp. (*a*) [Pt(NH$_3$)$_3$Br]NO$_3$; (*b*) [Co(en)$_2$Cl$_2$] · H$_2$O; (*c*) [Co(NH$_3$)$_5$SO$_4$]Br (*d*) K$_2$[PtF$_6$]; (*e*) [Cr(H$_2$O)$_4$Br$_2$]Cl; (*f*) (NH$_4$)$_3$[ZrF$_7$]

9.88 Considerando que $\triangle$ para o $IrCl_6^3$ é $27.600\ cm^{-1}$, (a) qual é o comprimento de onda máximo de absorção? (b) O que é possível prever acerca do comportamento magnético desse íon?

Resp. (a) 362 nm;   (b) diamagnético

9.89 (a) Qual é o número máximo de elétrons desemparelhados que um complexo octaédrico de spin alto da primeira série de metais de transição pode ter no estado fundamental? (b) Quais elementos podem apresentar esse número máximo de elétrons e quais seus estados de oxidação?

Resp. (a) 5;   (b) Mn (II) e Fe (III)

9.90 Se um metal da primeira série de transição tem uma configuração eletrônica d^n (em seu estado de oxidação relevante) e forma um complexo octaédrico, para que valores de n as propriedades magnéticas podem ser usadas como único critério para diferenciar entre ligantes de campo fraco e ligantes de campo forte?

Resp. 4, 5, 6, 7

9.91 Tanto o $[Fe(CN)_6]^{4-}$ quanto o $[Fe(H_2O)_6]^{2+}$ formam soluções incolores. O primeiro íon tem spin baixo, mas o segundo tem spin alto. (a) Quantos elétrons desemparelhados ocorrem em cada um destes íons? (b) Frente à diferença aparentemente insignificante nos valores de $\triangle$, por que os dois íons são incolores?

Resp. (a) 0 no $[Fe(CN)_6]^{4-}$, 4 no $[Fe(H_2O)_6]^{2+}$;   (b) $\triangle$ do $[Fe(CN)_6]^{4-}$ é tão grande que o pico de absorção está no ultravioleta, enquanto para o $[Fe(H_2O)_6]^{2+}$, o $\triangle$ é tão baixo que seu pico de absorção está no infravermelho. Os dois íons produzem soluções que absorvem praticamente toda luz visível.

9.92 O íon hexaaquoferro (III) é praticamente incolor. Suas soluções adquirem a cor vermelha quando NCS^- é adicionado. Explique este fenômeno (Compare este problema com o Problema 9.91).

Resp. A água não é um ligante de campo forte (Problema 9.91). Por sua vez, o NCS^- tem orbitais π^* vagos que se sobrepõem aos orbitais t_{2g} do metal e por essa razão aceitam a densidade de elétrons do metal. Esta retrodoação de elétrons aumenta a força da ligação metal-ligante e diminui o nível de energia em t_{2g}, tornando o NCS^- um ligante de campo forte. Estes ligantes são capazes de elevar o valor de $\triangle$. Isso produz uma diminuição do comprimento de onda máximo de absorção d-d do infravermelho próximo para a região visível (azul-verde).

Isomeria

9.93 Quantos isômeros estruturais os compostos citados podem ter? (a) C_5H_{12}; (b) C_3H_7Cl; (c) $C_3H_6Cl_2$; (d) $C_4H_8Cl_2$; (e) $C_5H_{11}Cl$; (f) C_6H_{14}; (g) C_7H_{16}

Resp. (a) 3;   (b) 2;   (c) 4;   (d) 9;   (e) 8;   (f) 5;   (g) 9

9.94 Entre os hidrocarbonetos parafínicos (C_nH_{2n+2}, onde n é um número inteiro), qual é a fórmula empírica do composto com menor massa molar capaz de apresentar atividade óptica em pelo menos um de seus isômeros estruturais?

Resp. C_7H_{16}

9.95 Quantos isômeros estruturais e geométricos podem ser escritos para os compostos abaixo, sem contar compostos cíclicos? (a) C_3H_5Cl; (b) $C_3H_4Cl_2$; (c) C_4H_7Cl; (d) C_5H_{10}?

Resp. (a) 4;   (b) 7;   (c) 11;   (d) 6

9.96 Para o complexo coplanar quadrado $[Pt(NH_3)(NH_2OH)py(NO_2)]^+$, quantos isômeros geométricos são possíveis? Descreva-os.

Resp. O composto tem três isômeros. Qualquer ligante pode ser *trans* em relação a quaisquer outros três; os dois ligantes que não são *trans* em relação ao primeiro têm posições *trans* determinadas automaticamente uns em relação aos outros.

9.97 O $[Ir(en)_3]^{3+}$ pode apresentar isomeria óptica? Em caso afirmativo, prove, utilizando diagramas, que os dois isômeros ópticos não são imagens invertidas simples do mesmo composto.

Resp. O composto tem dois isômeros ópticos, que estão mostrados na Fig. 9-50.

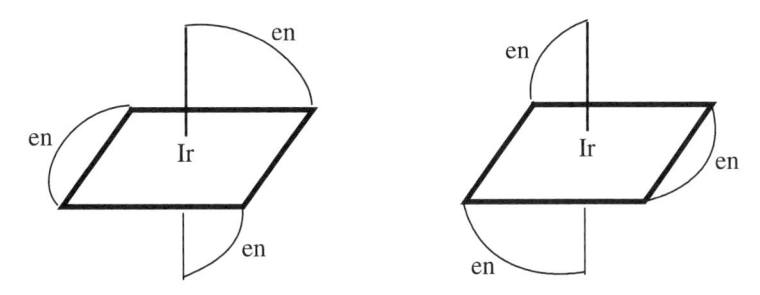

Figura 9-50

9.98 Quantos isômeros têm a fórmula [M(en)XY$_3$], em que M é o metal central, en é o ligante bidentado etilenodiamina e X e Y são ligantes monodentados? Explique as diferenças entre eles.

Resp. Existem dois isômeros geométricos, um em que dois dos Y estão em *trans* um em relação ao outro, e outro em que eles estão todos em posição *cis* uns em relação aos outros.

As ligações metálicas

9.99 No silício, existe uma lacuna de energia entre a banda de OM ligantes e a banda de um número igual de OM não ligantes, todos os derivados dos orbitais atômicos 3*s* e 3*p*. O silício é um condutor metálico de eletricidade? Explique.

Resp. Não. Em um cristal com N átomos, existirão 4N OMs, sendo 2N de ligação. Os 4N elétrons de valência irão preencher totalmente esses 2N OM de ligação, mas a condutividade metálica requer que a banda esteja apenas parcialmente preenchida.

9.100 Como o aumento de temperatura influencia a condutividade elétrica de um metal? Explique.

Resp. Um aumento na temperatura diminui a condutividade, porque o movimento atômico intenso causa uma desorganização em grande parte da rede cristalina, obstruindo os OM em todo o cristal.

9.101 A maioria dos metais é dúctil e maleável, o que contrasta com a fragilidade da maioria dos outros sólidos. Explique essa propriedade em termos do modelo do mar de elétrons.

Resp. Uma vez que os átomos estão muito separados e que o mar de elétrons não oferece resistência expressiva contra a deformação, não são necessárias grandes quantidades de energia para que uma camada de átomos deslize sobre outra. É por isso que a rede metálica se deforma sob tensão externa, sem se despedaçar.

Capítulo 10

Os Sólidos e os Líquidos

INTRODUÇÃO

Sólidos são substâncias que tendem a apresentar uma forma definida, indicativo de uma estrutura muito bem organizada e regular (a *estrutura cristalina*). A estrutura cristalina é estudada com base em diversas abordagens, como o uso de raios X, por exemplo. Esses estudos são utilizados na elaboração de previsões sobre a estabilidade da estrutura quando exposta a estresse, no exame das alterações que ocorrem com a adição de outras substâncias e na previsão das características de outras substâncias cristalinas.

OS CRISTAIS

O arranjo das partículas mais simples em um retículo cristalino é chamada de *rede*. Essa rede é composta por um empilhamento tridimensional de blocos de construção idênticos, chamados de *células unitárias*. As propriedades de um cristal, inclusive sua simetria, podem ser entendidas em termos da célula unitária. Essas células (14 ao todo) são dispostas lado a lado, acima e abaixo de outras células, formando uma estrutura espacial, a exemplo de caixas empilhadas em um depósito. A Figura 10-1 mostra esquemas de três células unitárias, as únicas discutidas neste livro.

As células unitárias mostradas na Figura 10-1 são as únicas com simetria cúbica. Os pontos de rede (os vértices dos cubos e os centros das arestas ou das faces) representam os *centros* dos átomos ou íons que ocupam a rede. Os átomos ou íons por si só não são pontos (representados por círculos), mas objetos tridimensionais que, na maioria das vezes, estão em contato uns com os outros. As representações desses objetos na Figura 10-1 estão fora de escala propositalmente (encolhidas), para fins de simplicidade. O comprimento da aresta do cubo é representado por a. Um cristal com qualquer uma dessas três redes pode ser considerado como uma pilha tridimensional de cubos de células unitárias, empilhados face a face, sem lacunas na estrutura cristalina.

As classes de cristais menos simétricos têm células unitárias que podem ser consideradas como cubos um tanto distorcidos, cujas faces opostas são paralelas umas às outras. Essas formas são conhecidas pelo termo *paralelepípedo*. Os cristais com simetria hexagonal, como o gelo ou a neve, têm células unitárias na forma de prisma, com um eixo vertical perpendicular à base rômbica, cujos lados iguais estão em ângulos de 60° e 120° um com relação ao outro. Uma célula hexagonal típica é mostrada na Figura 10-2. As letras representam o comprimento das arestas. Embora não pareça um prisma hexagonal, as três células unitárias adjacentes umas às outras geram a estrutura.

Lembrando que um cristal é composto por muitas células unitárias e pressupondo que não há contaminação, a densidade de um cristal pode ser calculada com base nas propriedades da célula unitária. É preciso dividir a massa do cristal em termos das diversas células unitárias e então dividir a massa equivalente a uma célula por seu volume. No cálculo da massa de uma célula unitária, é importante designar à célula apenas a fração de um átomo que se encontra inteiramente nessa célula, não compartilhado com outra. Se um átomo é compartilhado por células, então a porção desse átomo em uma célula é atribuída a ela apenas.

Se uma célula unitária é cúbica, então um átomo de vértice é compartilhado com outras oito células unitárias, como mostra a Figura 10-3.

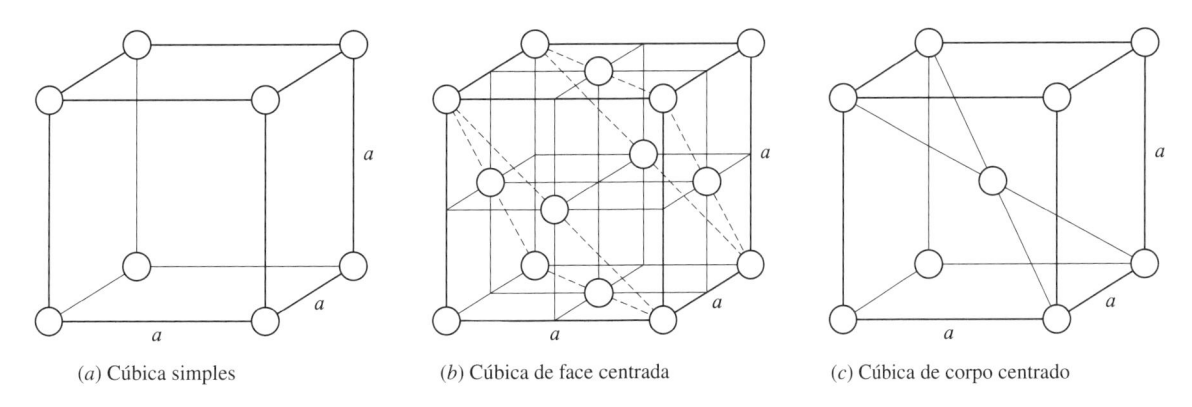

(a) Cúbica simples   (b) Cúbica de face centrada   (c) Cúbica de corpo centrado

Figura 10-1 Células unitárias de simetria cúbica.

$$\text{Massa por célula unitária} = \frac{1}{8}(\text{massa de átomos, como } A, \text{ nos vértices da célula})$$
$$+ \frac{1}{4}(\text{massa de átomos fora dos vértices, como } C, \text{ nas arestas da célula})$$
$$+ \frac{1}{2}(\text{massa de átomos fora das arestas, como } B, \text{ nas faces da célula unitária})$$
$$+ (\text{massa dos átomos no interior da célula, como } G)$$

Observe que a fórmula é válida, ainda que nem todos os átomos pertençam à mesma espécie. Ela também é aplicável no caso de células não cúbicas.

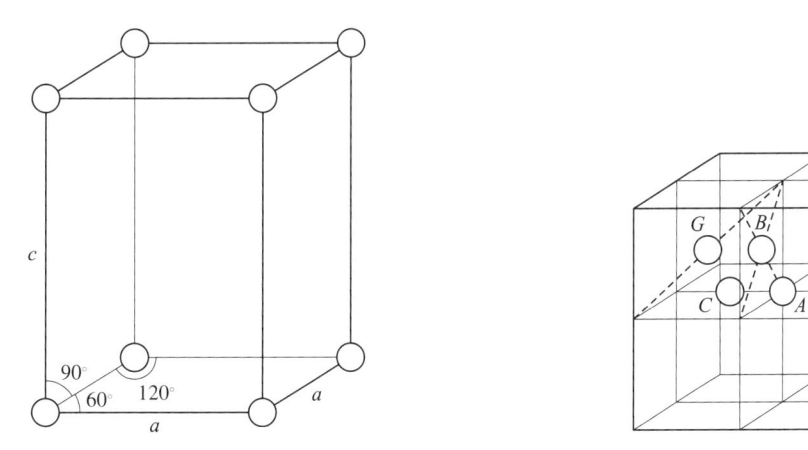

Figura 10-2 Uma célula unitária hexagonal.   *Figura 10-3* Um empilhamento de oito células unitárias cúbicas.

O número de coordenação

O *número de coordenação* de um átomo em um cristal é o número de átomos imediatamente adjacentes a ele. O número de coordenação é constante para dada rede [ver Problemas 10.1 (*b*) e 10.14 (*d*)].

O empacotamento fechado

Duas estruturas em rede simples permitem um alto grau de empacotamento dos átomos em um cristal. A primeira é chamada de *estrutura de empacotamento fechado*, em que esferas idênticas (os átomos) ocupam a maior fração do espaço total. Essa estrutura é formada com o empacotamento de camadas bidimensionais comprimidas. Em cada uma delas, as esferas são cercadas por um arranjo hexagonal regular de outras seis esferas, como mostra a Figura 10-4. Na figura, os círculos maiores representam as esferas em uma dessas camadas. Os quadrados circundam os *centros* das esferas na camada sobreposta adjacente. Se uma terceira camada e toda camada de número ímpar é composta por esferas dispostas em linha sobre as esferas na primeira camada, e se toda camada de número par é composta por esferas em linha sobre as esferas na segunda camada, então a estrutura recebe o nome de *estrutura hexagonal de empacotamento fechado*. A célula unitária correspondente para os centros das esferas é ilustrada no Problema 10-15.

No caso de a segunda estrutura ter um alto grau de empacotamento, se a estrutura é uma alternação regular de três tipos de camada, sendo a terceira camada composta por esferas cujos centros estão encerrados por pequenos círculos, como mostra a Figura 10-4, a estrutura é chamada de *cúbica de empacotamento fechado*. A célula unitária desta estrutura é chamada de cúbica de face centrada. As camadas de empacotamento fechado são perpendiculares a um corpo diagonal da célula unitária [ver os triângulos em linha tracejada na Figura 10-1 (*b*)].

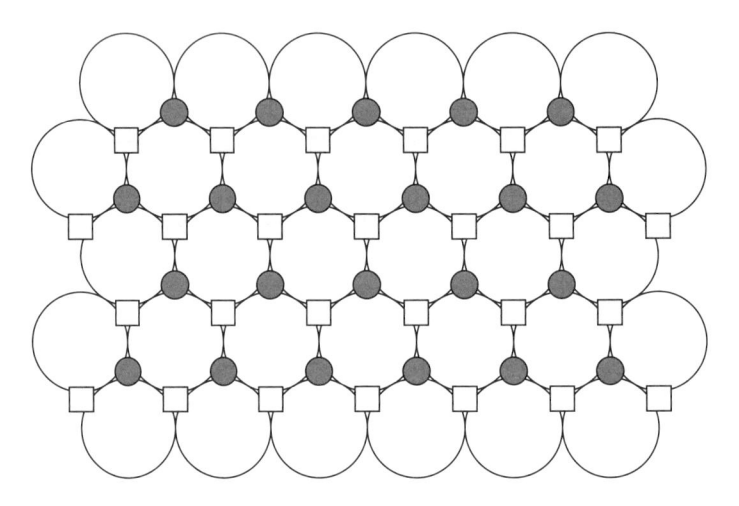

Figura 10-4

A rede hexagonal de empacotamento aberto e a rede cúbica de empacotamento fechado têm o mesmo percentual de preenchimento, 74%, por esferas em contato umas com as outras [ver Problema 10.1 (*d*)]. Além disso, as duas redes têm também o mesmo número de coordenação, 12.

De modo geral, em um cristal existem espaços vazios, ou *buracos*, capazes de aceitar partículas estranhas e menores que esses buracos. Compreender a geometria desses buracos é importante, pois as características do cristal são afetadas quando uma substância estranha entra em sua estrutura. Na estrutura cúbica de empacotamento fechado, os dois principais tipos de buracos são os *tetraédricos* e os *octaédricos*. Na Figura 10-1 (*b*), os buracos tetraédricos estão localizados nos centros dos minicubos, na face *a*/2. Em cada buraco octaédrico, os seis sítios vizinhos mais próximos estão ocupados.

AS FORÇAS ATUANTES EM UM CRISTAL

A intensidade das forças que mantêm unidas as substâncias cristalinas varia de forma considerável. Nos *cristais moleculares*, como o CO_2 e o benzeno (ambos apolares e no estado sólido), cada molécula é praticamente independente de todas as outras e por essa razão retém em essência toda sua geometria interna (os comprimentos e ângulos de ligação), em relação ao estado gasoso ou líquido. Esses cristais são mantidos unidos por forças de van der Waals, uma força de atração pouco intensa, de natureza intermolecular. Os pontos de fusão e ebulição dessas substâncias nunca são muito altos, comparados aos das substâncias descritas a seguir.

No que diz respeito às substâncias capazes de formar ligações de hidrogênio, as forças intermoleculares atuantes no cristal podem ser altas o bastante para impor uma alteração considerável na geometria molecular. As ligações de hidrogênio são a forma de atração entre o hidrogênio, com carga positiva em uma ligação polar em uma molécula (ou parte de uma molécula), e o átomo com carga negativa em uma ligação polar, de outra molécula (ou parte dela). Esse tipo de ligação é muito comum em proteínas. As ligações polares mais importantes que permitem as ligações de hidrogênio são aquelas que ocorrem entre o hidrogênio e elementos muito eletronegativos, como o flúor, o oxigênio, o nitrogênio e o cloro. A água é um exemplo de substância com ligações de hidrogênio em toda sua distribuição molecular. O ângulo entre as duas ligações O—H no vapor é cerca de 105°, mas atinge o valor de 109°28′ no cristal, de acordo com as exigências espaciais nesse tipo de estrutura, sem obedecer ao arranjo molecular.

Nos *metais*, um tipo especial de força cristalina entra em ação, caracterizada por uma natureza sobretudo não direcional. Ângulos de ligação fixos não desempenham papel preponderante em metais, e as estruturas cristalinas mais estáveis para a maioria dos metais no estado elementar são aquelas com estrutura cúbica de corpo centrado. Nos *cristais covalentes*, como o diamante e o carbeto de silício, o cristal é mantido unido por uma rede tridimensional de ligações covalentes, cujos ângulos são determinados em grande parte pelas especificações características da ligação covalente para átomos individuais.

OS RAIOS IÔNICOS

As forças de atração atuantes em cristais iônicos são em sua maioria eletrostáticas por natureza, a clássica atratividade entre partículas de cargas opostas. Para evitar a repulsão entre partículas de cargas iguais, as substâncias iônicas cristalizam-se em estruturas nas quais um íon positivo e um íon negativo aproximam-se a uma distância que permite a eles se tocarem, enquanto os íons de carga igual são mantidos afastados. Na verdade, as dimensões da maioria dos cristais iônicos simples puramente iônicos podem ser compreendidas com base na suposição de que existe um raio iônico (Capítulo 9) para cada íon, válido também para todos os compostos formados por este íon, e considerando que a menor distância entre cátion e ânion é a soma dos raios iônicos deste cátion e deste ânion. Os raios de alguns íons elementares são mostrados na Tabela 10-1.

Tabela 10-1 Os raios iônicos

Íon	Raio (em pm)	Íon	Raio (em pm)
Li^+	60	Cd^{2+}	97
Na^+	95	Ni^{2+}	69
K^+	133	Al^{3+}	50
Cs^+	169	H^-	208
Ag^+	126	F^-	136
Mg^{2+}	65	Cl^-	181
Ca^{2+}	99	Br^-	195
Sr^{2+}	113	I^-	216
Ba^{2+}	135	O^{2-}	140
Zn^{2+}	74	S^{2-}	184

AS FORÇAS ATUANTES NOS LÍQUIDOS

As forças que unem átomos, íons e moléculas em líquidos são as mesmas que atuam em sólidos. A diferença é que essas forças não são intensas o bastante para manter as partículas em uma estrutura tão rígida quanto à do estado sólido. Contudo, em temperaturas um pouco acima do ponto de fusão, essas forças não são suficientes para restringir os átomos, íons ou moléculas a suas posições na rede. Na maioria das vezes, elas são altas o bastante para impedir a vaporização.

Metais e sais no estado líquido, sobretudo os de natureza iônica, não são comuns, exceto em cenários onde é aplicado algum tipo de tecnologia industrial, e ocorrem em temperaturas atipicamente muito altas. Uma vez que as forças internas são tão altas, as temperaturas necessárias para promover a fusão são altas, ao mesmo tempo em que a faixa de temperatura que permite o estado líquido é muito ampla, em comparação com os pontos de fusão de substâncias covalentes.

Os líquidos mais conhecidos são substâncias moleculares (a água, os alcoóis, o benzeno, bromo, etc.) que solidificam, formando sólidos moleculares. As moléculas são ligadas a moléculas adjacentes por forças pequenas, a mais intensa das quais, de longe, é a ligação de hidrogênio. Outras forças deste tipo são classificadas de modo geral como forças de van der Waals. Nesse caso, todos os átomos e moléculas são atraídos uns pelos outros. Se uma molécula tem um momento dipolo permanente (Capítulo 9), então a atração dipolo-dipolo faz uma contribuição significativa para força menos intensa. Porém, mesmo na ausência de dipolos permanentes, existem forças menores, chamadas de *forças de London*. Essas forças se devem à presença de dipolos transientes, de duração muito curta, descobertos por Fritz London. De modo geral, quanto maior o número atômico dos átomos em contato, maior a área de contato e mais intensas as forças de London entre as moléculas.

A volatilidade de uma substância é função da menor força de atração entre suas moléculas – quanto maior essa força, maior o ponto de ebulição. Um exemplo é o Grupo VIIIA, os gases nobres (também chamados gases inertes). Esses elementos exibem um aumento uniforme no ponto de ebulição com o número atômico, pois as forças de London aumentam com o número atômico. Além disso, comparando o $SiCl_4$ (PE = 57,6°C) ao PCl_3 (PE = 75,5°C), percebemos a contribuição da atração dipolo-dipolo no segundo composto. As contribuições da atração dipolo-dipolo e das ligações de hidrogênio são muito importantes, na comparação de compostos orgânicos, como mostra o etano, C_2H_6, que tem apenas forças de London (PE = -89°C), o fluoreto de metila, CH_3F, com dipolo (PE -78°C) e o álcool metílico, CH_3OH, com ligações de hidrogênio (PE 65°C). Entre os compostos com fórmula C_nH_{2n+2}, aqueles com cadeia linear sempre têm ponto de ebulição mais alto comparados a quaisquer isômeros de cadeia ramificada, devido à maior área de contato da molécula com o ambiente que a circunda.

Problemas Resolvidos

As dimensões dos cristais

10.1 O ouro metálico cristaliza na forma de uma rede cúbica de face centrada. O comprimento da célula unitária cúbica [Figura 10-1 (*b*)] é 407,0 pm. (*a*) Qual é a menor distância entre os átomos de ouro? (*b*) Quantos "vizinhos mais próximos" têm cada átomo de ouro considerando a distância calculada em (*a*)? (*c*) Qual é a densidade do ouro? (*d*) Prove que o *fator de empacotamento* do elemento, definido como a fração do volume total ocupada pelos átomos propriamente ditos, é 0,74.

(*a*) Considere o átomo de ouro no vértice do cristal, na Figura 10-1 (*b*). A menor distância de outro átomo em um vértice é *a*. A distância a um átomo no centro de um lado é metade da diagonal desse lado, conforme abaixo:

$$\frac{1}{2}(a\sqrt{2}) = \frac{a}{\sqrt{2}}$$

e, por substituição, a menor distância entre dois átomos é

$$\frac{407{,}0\,\text{pm}}{\sqrt{2}} = 287{,}8\,\text{pm}$$

(*b*) O problema consiste em descobrir quantos centros de face são equidistantes em relação a um átomo de vértice. O ponto *A* na Figura 10-3 pode ser considerado o átomo de referência no vértice. Na mesma figura, *B* é um dos pontos de centro de face na menor distância em relação a *A*. No plano *ABD* na figura, há três outros pontos a igual distância em relação a *A*: os centros dos quadrados nos quadrantes superior direito, inferior esquerdo e inferior direito do plano, medidos em relação a *A*. O plano *ACE*, paralelo a plano do papel, também tem pontos nos centros de cada um dos quadrados nos quatro quadrantes em torno de *A*. Além disso, o plano *ACF*, perpendicular ao plano do papel, tem pontos nos centros de cada um dos lados dos quatro quadrantes ao redor de *A*. Somados, existem 12 vizinhos mais próximos, o número esperado para uma estrutura de empacotamento fechado.

O mesmo resultado teria sido obtido caso fossem contados os vizinhos mais próximos em torno de *B*, um ponto de face centrada.

(*c*) Seja *m* a massa de um único átomo de ouro, e a massa atômica do elemento 197,0 g/mol Au. Para a estrutura cúbica de face centrada, com oito vértices e seis centros de face,

$$\text{Massa por célula unitária} = \frac{1}{8}(8m) + \frac{1}{2}(6m) = 4m$$

e

$$m = \left(197{,}0\,\frac{\text{g}}{\text{mol}}\right)\left(\frac{1\,\text{mol}}{6{,}022 \times 10^{23}\,\text{átomos}}\right) = 3{,}27 \times 10^{-22}\,\text{g/átomo}$$

então,

$$\text{densidade} = \frac{4m}{a^3} = \frac{4(3{,}27 \times 10^{-22})}{(4{,}07 \times 10^{-8}\,\text{cm})^3} = 19{,}4\,\text{g/cm}^3$$

O cálculo inverso pode ser usado para obter uma determinação precisa do número de Avogadro, desde que as dimensões da rede, a densidade e a massa atômica sejam fornecidos com bom nível de precisão.

(d) Uma vez que os átomos com menor distância uns dos outros estão em contato com uma estrutura de empacotamento fechado, a menor distância entre os centros calculada em (a), $a/\sqrt{2}$, precisa ser igual à soma dos raios dos dois átomos esféricos, $2r$. Prosseguindo, temos que $r = a/\sqrt{2}/2 = a/2^{3/2}$. Com base em (c), vemos que há quatro átomos de ouro por célula unitária. Logo,

$$\text{Volume de quatro átomos de ouro} = 4\left(\frac{4}{3}\pi r^3\right) = 4\left(\frac{4}{3}\pi\right)\left(\frac{a}{2^{3/2}}\right)^3 = \frac{\pi a^3}{3\sqrt{2}}$$

e $$\text{Fração de empacotamento} = \frac{\text{volume de quatro átomos de ouro}}{\text{volume da célula unitária}} = \frac{\pi a^3/3\sqrt{2}}{a^3} = \frac{\pi}{3\sqrt{2}} = 0,7405$$

Observe que o parâmetro a para a célula unitária de ouro se cancela e que o resultado é válido para qualquer estrutura cúbica de empacotamento fechado. O raio *metálico* calculado acima, $r = a/2^{3/2} = 143,9$ pm, difere de ambos os raios iônico e covalente.

10.2 Prove que "buracos tetraédricos" e "buracos octaédricos" no ouro são terminologias adequadas. Encontre a menor distância entre um átomo de impureza e um átomo de ouro, quando o átomo de impureza ocupa (a) um buraco tetraédrico e (b) um buraco octaédrico. Quantos buracos de cada tipo existem por átomo de ouro?

(a) Examine a Figura 10-1 (b) e imagine um buraco no centro do minicubo superior esquerdo frontal. Esse buraco é equidistante aos quatro vértices ocupados do minicubo, e a distância comum é metade da diagonal do minicubo, ou

$$\frac{1}{2}\sqrt{\left(\frac{a}{2}\right)^2 + \left(\frac{a}{2}\right)^2 + \left(\frac{a}{2}\right)^2} = \frac{a\sqrt{3}}{4}$$

Esses quatro vértices ocupados definem um tetraedro regular (ver Problema 9.18), cujo centro é o ponto equidistante aos vértices, mostrados como localização do buraco. Isso justifica o termo "buraco tetraédrico". Uma vez que a célula unitária tem oito buracos tetraédricos, um em cada minicubo, e quatro átomos de ouro (Problema 10.1), existem $8 \div 4 = 2$ buracos tetraédricos por átomo de ouro.

(b) Considere o buraco no centro da célula unitária da Figura 10-1 (b). Este buraco é equidistante aos centros de todas as seis faces da célula unitária, que por sua vez são os sítios mais próximos ocupados em relação ao buraco. Estes seis pontos são os vértices de uma figura com oito lados. Estes lados são triângulos equiláteros congruentes (cujas arestas são as diagonais das faces do minicubo). Esta figura é um octaedro regular e o buraco encontra-se em seu centro. Portanto, o termo "buraco octaédrico" é terminologia correta.

A distância entre o buraco e o átomo vizinho mais próximo é $a/2$. É possível provar que o mesmo é válido para um buraco octaédrico no centro de uma aresta da célula unitária na Figura 10-1 (b), se observarmos que a rede cristalina real consiste em uma pilha tridimensional de três células unitárias, como mostra a Figura 10-3. Este tipo de buraco no centro de um lado é compartilhado por quatro células unitárias. Além disso, há 12 arestas em um cubo e por essa razão o número de buracos octaédricos por célula unitária é

$$1 + \frac{1}{4}(12) = 4$$

A razão do número de buracos octaédricos para o número de átomos de ouro é 4:4, ou 1:1, e pode ser representada de forma mais simples por 1.

Os buracos tetraédricos e octaédricos têm diferentes vantagens, em relação ao armazenamento de impurezas ou segundos componentes em uma liga. Se as forças atuantes no cristal, não importando a natureza, dependem sobretudo das interações entre os vizinhos mais próximos, então o buraco octaédrico tem a vantagem de apresentar um número maior de vizinhos mais próximos, com que ele interage (seis, em vez de quatro). Contudo, o buraco tetraédrico tem uma distância menor de vizinho mais próximo ($a\sqrt{\frac{3}{4}} = 0,433a$, comparada a $0,500a$ do buraco octaédrico), o que confere a ele a vantagem de uma possível interação maior com qualquer átomo inserido na rede. Um buraco octaédrico, com sua maior distância com o vizinho mais próximo, pode acomodar uma impureza ou um átomo de liga mais volumoso, comparado ao buraco tetraédrico, sem impor qualquer tensão à rede.

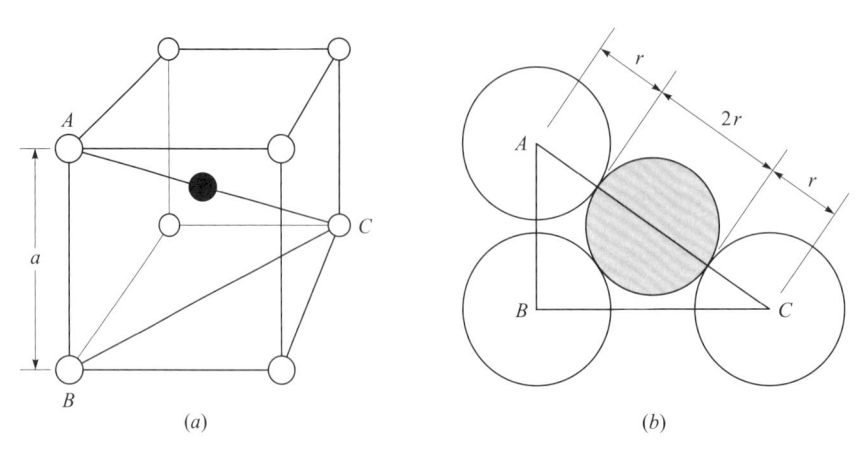

Figura 10-5

10.3 O CsCl cristaliza em uma estrutura cúbica que tem um Cl⁻ em cada vértice e um Cs⁺ no centro da célula unitária. Utilize os raios iônicos listados na Tabela 10.1 para prever a constante de rede, a, e compare com o valor de a calculado com base na densidade observada do CsCl, 3,97 g/cm³.

A Figura 10-5 (*a*) mostra um esquema da célula unitária, onde os círculos sombreados representam os cátions Cs⁺ e os círculos vazios são o Cl⁻. Os círculos são pequenos, em relação ao comprimento da célula unitária, a, para mostrar com mais clareza as localizações dos diversos íons. A Figura 10-5 (*b*) apresenta uma imagem mais realista do triângulo reto ABC, com o contato entre ânion-cátion-ânion ao longo da diagonal AC.

Vamos supor que a menor distância entre Cs⁺ e Cl⁻ é a soma dos raios iônicos do Cs⁺ e do Cl⁻, 169 + 181 = 350 pm. Essa distância é metade da diagonal do cubo, $a\sqrt{3}/2$. Assim,

$$\frac{a\sqrt{3}}{2} = 350\,\text{pm} \quad \text{ou} \quad a = \frac{2(350\,\text{pm})}{\sqrt{3}} = 404\,\text{pm}$$

A densidade pode ser usada para calcular a, se contarmos o número de íons de cada tipo por célula unitária. O número de íons Cl⁻ por célula é um oitavo do número de íons Cl⁻ de vértice, ou 1/8 (8) = 1.

O único Cs⁺ na célula unitária é o Cs⁺ central, de maneira que o número designado de íons césio também é 1. (Este tipo de designação de íons ou átomos em um composto precisa sempre concordar com a fórmula empírica do composto, como a razão 1:1, neste caso.) A massa da célula unitária é idêntica à massa de uma fórmula unitária de CsCl:

$$\frac{132,9 + 35,5}{6,02 \times 10^{23}}\,\text{g} = 2,797 \times 10^{-22}\,\text{g}$$

$$\text{Volume da célula unitária} = a^3 = \frac{\text{massa}}{\text{densidade}} = \frac{2,797 \times 10^{-22}\,\text{g}}{3,97\,\text{g/cm}^3} = 70,4 \times 10^{-24}\,\text{cm}^3$$

então,

$$a = \sqrt[3]{70,4 \times 10^{-24}\,\text{cm}^3} = 4,13 \times 10^{-8}\,\text{cm} = 413\,\text{Å}$$

Esse valor, com base na densidade determinada em laboratório, deve ser considerado mais confiável, porque está fundamentado em uma propriedade mensurada do CsCl, ao passo que os raios iônicos são baseados nas médias dos valores de diferentes compostos. As dimensões da célula unitária podem ser obtidas com precisão por difração de raios X, e são usadas para calcular a densidade. De modo geral, a densidade medida é menor, pois a maior parte das amostras que são grandes o bastante para serem medidas não são cristais únicos perfeitos e contêm espaços vazios irregulares, a exemplo do contorno de um grão, e muitas imperfeições na estrutura cristalina.

A estrutura do CsCl *não* é descrita como sendo de corpo centrado, pois a partícula no centro é diferente das partículas nos vértices da célula unitária. Existem duas maneiras de descrever a estrutura. Uma delas afirma que os Cs⁺ ocupam os buracos centrais na rede cúbica simples de Cl⁻. A outra diz que a estrutura é composta por duas redes cúbicas simples entrelaçadas, uma composta por Cl⁻ e outra por Cs⁺. A rede de Cs⁺ está deslocada da rede de Cl⁻ ao longo da direção da diagonal da célula unitária em cerca de um terço do comprimento desta.

10.4 A estrutura do CsCl (Figura 10-5) ocorre em todos os haletos de álcalis apenas quando o raio do cátion é suficientemente grande, conseguindo impedir que os ânions vizinhos mais próximos se toquem. Qual é o valor mínimo da razão de raios cátion:ânion, r_+/r_-, necessária para impedir este contato?

Na estrutura do CsCl, a menor distância cátion-ânion ocorre ao longo da diagonal do cubo da célula unitária, enquanto a menor distância ânion-ânion ocorre ao longo da aresta de uma célula unitária. Essa relação é mostrada na Figura 10-5 (b). Na figura,

$$\overline{AB} = a \quad \overline{BC} = a\sqrt{2} \quad \overline{AC} = a\sqrt{3}$$

Se supormos que o contato ânion-cátion é ao longo de AC, então $\overline{AC} = 2(r_+ + r_-) = a\sqrt{3}$. No caso limitante, onde os ânions se tocam ao longo da aresta da célula unitária, $2r_- = a$. Se dividirmos a equação anterior pela última,

$$\frac{r_+}{r_-} + 1 = \sqrt{3} \quad \text{ou} \quad \frac{r_+}{r_-} = \sqrt{3} - 1 = 0{,}732$$

Se a razão fosse menor que esse valor crítico, os ânions se tocariam (forças de repulsão crescentes). Além disso, o cátion e o ânion estariam separados (forças de atração decrescentes). Os dois efeitos tendem a instabilizar a estrutura.

10.5 O gelo cristaliza na forma de uma rede hexagonal. Na temperatura baixa em que a estrutura foi determinada, as constantes de rede eram $a = 43$ pm e $c = 741$ pm (Figura 10-2). Quantas moléculas estão contidas em uma célula unitária?

O volume, V, da célula unitária na Figura 10-2 é

$$V = (\text{área da base rômbica}) \times (\text{altura } c)$$

$$V = (a^2 \operatorname{sen} 60°)c = (453 \text{ pm})^2(0{,}866)(741 \text{ pm}) = 132 \times 10^6 \text{ pm}^3 = 132 \times 10^{-24} \text{ cm}^3$$

Embora a densidade do gelo na temperatura experimental não seja informada, o valor não pode ser muito diferente do valor a 0°C, que é 0,92 /cm³.

Massa da célula unitária $= V \times$ densidade $= (132 \times 10^{-24} \text{ cm}^3)(0{,}92 \text{ g/cm}^3)(6{,}02 \times 10^{23} \text{ u/g}) = 73$ u

Esse valor é muito próximo a 4 vezes a massa molecular da água. Concluímos que há quatro moléculas de água por célula unitária. A discrepância entre 73 u e a massa real de quatro moléculas, 72 u, sem dúvida é devida à incerteza na densidade na temperatura experimental.

10.6 O $BaTiO_3$ cristaliza a exemplo da estrutura da perovskita. Esta estrutura pode ser descrita como uma rede cúbica de face centrada bário-oxigênio, com os íons bário ocupando os vértices da célula unitária, os íons óxido os centros da face e os íons titânio os centros das células unitárias. (a) Se o titânio ocupa os buracos na rede Ba-O, qual é o tipo destes buracos? (b) Que fração dos buracos deste tipo ele ocupa? (c) Apresente uma razão pela qual ele ocupa os buracos deste tipo e não os outros buracos do mesmo tipo.

(a) São buracos octaédricos.

(b) Os buracos octaédricos nos centros das células unitárias representam apenas um quarto dos buracos octaédricos em uma rede cúbica de face centrada (ver Problema 10.2).

(c) Um buraco octaédrico no centro de uma célula unitária tem seis íons óxido como vizinhos mais próximos e é ocupado por um íon titânio. Os outros buracos octaédricos estão localizados nos centros das arestas da célula unitária e têm seis vizinhos mais próximos cada um, como ocorre com qualquer buraco octaédrico. Contudo, dois dos seis vizinhos são íons bário (nos vértices da célula unitária que terminam em uma dada aresta) e quatro são íons óxido. A proximidade de dois cátions, Ba^{2+} e Ti^{4+} seria desfavorável, do ponto de vista eletrostático.

As forças atuantes no cristal

10.7 O ponto de fusão do quartzo, uma forma cristalina de SiO_2, é 1610°C, e o ponto de sublimação do CO_2 é -79°C. Qual é o grau de semelhança possível entre as estruturas cristalinas dessas duas substâncias?

A grande diferença entre os pontos de fusão sugere uma diferença no tipo de ligação cristalina. As forças intermoleculares atuantes no CO_2 sólido precisam ser pouco intensas para poderem ser vencidas por uma temperatura de sublimação muito baixa. O CO_2 é na verdade uma rede molecular, unida apenas pelas forças de van der Waals fracas entre moléculas individuais de CO_2. O SiO_2 é formado por uma rede tridimensional de ligações covalentes. Cada átomo de silício está ligado a quatro átomos de oxigênio, formando um tetraedro, e cada oxigênio está ligado a dois átomos de silício.

10.8 Na estrutura hexagonal do gelo (a Figura 10-6 mostra a posição dos átomos de oxigênio), cada oxigênio está coordenado na forma de um tetraedro com quatro outros oxigênios. Um hidrogênio ocorre entre os átomos de oxigênio adjacentes. O $\triangle H$ de sublimação do gelo a 0°C é 51,0 kJ/mol de H_2O. Calculou-se, por comparação com sólidos sem ligações de hidrogênio e com forças de van der Waals semelhantes às atuantes no gelo, que o $\triangle H$ seria apenas 15,5 kJ/mol se o gelo não tivesse ligações de hidrogênio. Calcule a força das ligações de hidrogênio no gelo, com base nesses dados.

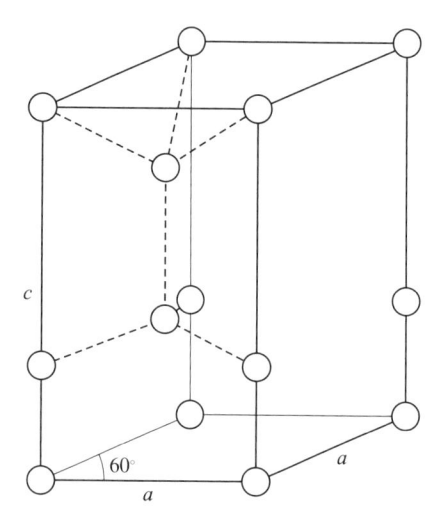

Figura 10-6

A diferença para mais no $\triangle H$ de sublimação em comparação com um sólido sem ligações de hidrogênio pode ser atribuída à presença desse tipo de força.

$$\triangle H_{excesso} = 51,0 - 15,5 = 35,5 \text{ kJ/mol}$$

Cada molécula de H_2O tem ligações de hidrogênio com quatro moléculas de água por meio de ligações O—H—O (indicadas na Figura 10-6 para as duas moléculas do interior da rede). Cada ligação de hidrogênio é compartilhada por duas moléculas de água (às quais pertencem os dois átomos de oxigênio). Nossa conclusão é que, na média, cada molécula de água pode ser designada a quatro metades, ou duas ligações de hidrogênio.

$$\triangle H_{\text{Ligação de hidrogênio}} = \frac{35,5 \text{ kJ/mol } H_2O}{2 \text{ mols de ligações de hidrogênio } H_2O} = 17,8 \text{ kJ/mol ligação de hidrogênio}$$

Logo, com base na Figura 10-6,

$$8\left(\frac{1}{8}\right) + 4\left(\frac{1}{4}\right) + 2 = 4$$

Quatro moléculas de água são designadas a cada célula unitária, concordando com o resultado do Problema 10.5.

10.9 Qual tem o maior ponto de fusão, (*a*) V ou Ca, (*b*) MgO ou KCl? Explique.

(*a*) O vanádio tem uma densidade de carga muito maior no mar de elétrons, uma vez que tem três elétrons 3*d*, além dos dois elétrons 4*s* para contribuir. O cálcio tem apenas dois elétrons na órbita externa. Além disso, os núcleos iônicos, sendo menores, estão mais próximos. Como resultado destes fatores, as forças atuantes no cristal serão maiores no vanádio que no cálcio. Os pontos de fusão reais são 1890°C para o vanádio e 845°C para o cálcio. A proximidade relativa dos centros é indicada pelas densidades, que são 6,11 g/cm³ para o V e 1,55 g/cm³ para o Ca.

(b) O MgO tem ponto de fusão maior. A primeira consideração a ser feita é que o cátion e o ânion menores no MgO permitem uma maior aproximação. Além disso, tanto o cátion quanto o ânion têm carga duas vezes maior que o K^+ ou o Cl^-. Isso fica claro quando consideramos que a força eletrostática é diretamente proporcional ao produto das cargas e inversamente proporcional ao quadrado da distância entre elas. Os pontos de fusão reais são 2800°C e 776°C para o MgO e o KCl, nesta ordem.

As forças atuantes nos líquidos

10.10 Para os compostos abaixo, indique que líquido tem o maior ponto de ebulição e explique.

(a) CO_2 ou SO_2 (b) $(CH_3)_2CHCH(CH_3)_2$ ou $CH_3CH_2CH_2CH_2CH_2CH_3$

(c) Cl_2 ou Br_2 (d) C_2H_5SH ou C_2H_5OH

(a) O SO_2. A molécula é angular e tem um momento dipolo permanente. O CO_2 é linear e apolar. Observe que o CO_2 nunca é líquido a 1 atm. Além disso, o sólido sublima (passa diretamente do estado sólido para o gasoso, sem passar pelo estado líquido).

(b) $CH_3CH_2CH_2CH_2CH_2CH_3$. Supondo que o isômero seja de cadeia linear, existe uma área de contato maior entre os vizinhos.

(c) O Br_2. Quanto maior o número atômico, maiores serão as forças de London entre as moléculas.

(d) O C_2H_5OH. As ligações de hidrogênio estão presentes devido ao oxigênio. As atrações no composto de enxofre são fracas o bastante para poderem ser desconsideradas.

Problemas Complementares

As dimensões do cristal

10.11 A estrutura cristalina do chumbo (207,2 g/mol) é cúbica de face centrada. A densidade do elemento é 11,34 g/cm³. Calcule o comprimento de uma célula unitária.

Resp. 4,95 Å

10.12 Supõe-se que uma das formas cristalinas do plutônio (Pu, 244 g/mol) seja cúbica de corpo centrado. A densidade dessa forma é 16,51 g/cm³. Calcule:

(a) a massa da célula unitária;

(b) o comprimento de um lado da célula unitária (em Å); e

(c) o raio de um átomo de plutônio (em Å).

Resp. (a) $8,10 \times 10^{-22}$ g; (b) 3,66 Å; (c) 1,58 Å

10.13 O potássio cristaliza em uma rede cúbica de face centrada (comprimento da célula unitária = 520 pm).

(a) Qual é a distância entre os vizinhos mais próximos?

(b) Qual é a distância entre os átomos seguintes aos vizinhos mais próximos?

(c) Quantos vizinhos mais próximos tem cada átomo de potássio?

(d) Quantos átomos seguintes aos vizinhos mais próximos tem cada átomo de potássio?

(e) Qual é a densidade calculada do potássio cristalino?

Resp. (a) 450 pm; (b) 520 pm; (c) 8; (d) 6; (e) 0,924 g/cm³

10.14 A rede hexagonal de empacotamento fechado pode ser representada pela Figura 10-2, se $c = a\sqrt{\frac{8}{3}} = 1,633\,a$. Existe um átomo em cada vértice da célula unitária e outro átomo que pode ser localizado deslocando-se por distância equivalente a um terço da diagonal da base rômbica, começando no vértice inferior esquerdo e indo perpendicularmente para cima, em cerca de $c/2$. O magnésio cristaliza na rede e tem densidade igual a 1,74 g/cm³.

(a) Qual é o volume da célula unitária?

(b) Qual é o valor de a?

(c) Qual é a distância entre os vizinhos mais próximos?

(d) Quantos vizinhos mais próximos tem cada átomo?

Resp. (a) $46,4 \times 10^6$ pm^3;   (b) 320 pm;   (c) 320 pm;   (d) 12

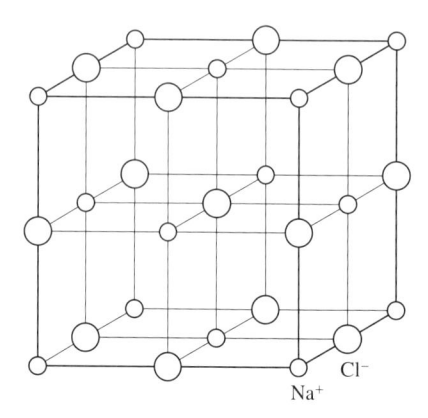

Figura 10-7 A célula unitária do NaCl.

10.15 A rede do NaCl tem a célula cúbica mostrada na Figura 10-7. O KBr também cristaliza nesse tipo de rede.

(a) Quantos íons K$^+$ e quantos ânions Br$^-$ ocorrem em cada célula?

(b) Supondo que os raios iônicos se somem, qual é o valor de a?

(c) Calcule a densidade de um cristal de KBr perfeito.

(d) Qual é o valor mínimo de r_+/r_- necessário para impedir o contato ânion-ânion nesta estrutura?

Resp. (a) 4 de cada;   (b) 656 pm;   (c) 2,80 g/cm^3;   (d) 0,414

10.16 O MgS e o CaS cristalizam formando uma rede como a do NaCl (Figura 10-7). Com base nos raios iônicos dados na Tabela 10-1, que conclusão é possível tirar acerca do contato ânion-cátion nesses cristais?

Resp. O Ca^{2+} e o S^{2-} podem estar em contato, mas o Mg^{2+} e o S^{2-} não. No MgS, se o Mg^2 e o S^{2-} estivessem em contato, não haveria espaço o bastante para os íons sulfeto ao longo da diagonal de um quadrado formando um quarto de lado de uma célula unitária. Em outras palavras, para o MgS, r_+/r_- é menor que 0,414 [ver Problema 10.15 (d)].

10.17 O *haleto* de rubídio (elemento do Grupo VIIA) cristaliza em uma rede do tipo do NaCl e tem um comprimento de célula unitária igual a 30 pm maior que o do sal de potássio correspondente, de um mesmo halogênio. Qual é o raio iônico do Rb$^+$ calculado com base nesses dados?

Resp. 148 pm

10.18 O ferro cristaliza em diversas formas diferentes. Em cerca de 910°C, a forma alfa cúbica de corpo centrado é transformada em uma forma gama cúbica de face centrada. Supondo que a distância entre os vizinhos mais próximos seja a mesma nas duas formas, na temperatura de transição, calcule a razão da densidade do ferro gama para o ferro alfa nessa temperatura.

Resp. 1,09

10.19 A estrutura da blenda de zinco, ZnS, é cúbica. A célula unitária pode ser descrita como uma sub-rede do íon sulfeto, de face centrada, com os íons zinco nos centros de minicubos em alternância, oriundos da partição do cubo principal em oito cubos iguais.

(a) Quantos vizinhos mais próximos tem cada Zn^{2+}?

(b) Quantos vizinhos mais próximos tem cada S^{2-}?

(c) Qual é o ângulo entre as linhas conectando quaisquer Zn^{2+} a seus vizinhos mais próximos?

(d) Qual é a razão r_+/r_- mínima necessária para impedir o contato ânion-ânion, se os pares cátion-ânion mais próximos se tocam?

Resp. (a) 4;   (b) 4;   (c) 109°28';   (d) 0,225

10.20 Por que o ZnS não cristaliza na forma da estrutura do NaCl? (*Sugestão*: Consulte o Problema 10.15.)

Resp. A razão r_+/r_- é 0,402, muito baixa para evitar o contato ânion-ânion, caso a estrutura seja igual à do NaCl.

10.21 Calcule o fator de empacotamento das esferas ocupando (*a*) uma estrutura cúbica de face centrada e (*b*) uma estrutura cúbica simples, onde os vizinhos mais próximos em ambos os casos estão em contato.

Resp. (*a*) 0,680;   (*b*) 0,524

10.22 Muitos minerais com o íon óxido podem ser visualizados como uma rede do íon óxido de face centrada com cátions distribuídos nos buracos tetraédricos e octaédricos. Calcule a constante de rede, a, para a rede de face centrada do O^{2-}. Se os cátions ocupam todos os buracos octaédricos no MgO e no CaO, calcule a para estes minerais. Utilize os dados da Tabela 10-1.

Resp. Para uma rede do íon óxido, $a = 396$ pm. Com os íons magnésio e cálcio nos buracos octaédricos, o contato ânion-ânion é quebrado e a aumenta para 410 pm e 478 pm, respectivamente.

10.23 O iodeto de lítio cristaliza em uma rede igual à do NaCl, apesar do fato de r_+/r_- ser menor que 0,414. Sua densidade é 3,49 g/cm^3. Calcule o raio iônico do íon iodeto com base nestes dados.

Resp. O raio do íon iodeto calculado é 224 pm. Observe que o valor na Tabela 10-1 é 216 pm.

10.24 O brometo de tálio (I) cristaliza na forma da rede do NaCl. Sua densidade é 7557 kg/m^3 e a aresta de sua célula unitária, a, é 397 pm. Com base nesses dados, calcule o número de Avogadro.

Resp. $6,01 \times 10^{23}$ moléculas/mol

As forças atuantes no cristal

10.25 O alumínio pode ser usado na fabricação de fios e muitas vezes é utilizado na produção de cabos de alta resistência, pois o elemento tem condutividade razoável e é leve. O raio atômico do alumínio é 1,431 Å. Um cristal de alumínio tem a forma cúbica de face centrada. (*a*) Calcule o comprimento da aresta do cubo de um cristal. (*b*) Qual é o número de vizinhos mais próximos de cada átomo do cristal?

Resp. (*a*) 21,02 Å;   (*b*) 12

10.26 Calcule a densidade teórica do alumínio e compare com a densidade encontrada na literatura, 2,702 g/cm^3. Consulte o problema anterior.

Resp. 2,7023 (valor calculado). A densidade obtida com base na teoria é idêntica à densidade observada na literatura, considerado o mesmo número de algarismos significativos.

10.27 Na amônia sólida, cada molécula de NH$_3$ tem seis outras moléculas de NH$_3$ como vizinhos mais próximos. O $\triangle H$ de sublimação da NH$_3$ no ponto de fusão é 30,8 kJ/mol, e o $\triangle H$ de sublimação estimada na ausência de ligações de hidrogênio é 14,4 kJ/mol. Qual é a força de uma ligação de hidrogênio na amônia sólida?

Resp. 5,5 kJ/mol

10.28 Qual dos dois cristais em cada um dos casos tem ponto de fusão mais alto e por quê? (*a*) O Cs ou o Ba; (*b*) O Si ou o P$_4$; (*c*) O Xe ou o Kr; (*d*) o MgF$_2$ ou o CaCl$_2$.

Resp. (*a*) O Ba, com mar de elétrons mais denso;   (*b*) O Si tem rede com ligações covalentes, ao passo que o P$_4$ forma um cristal molecular;   (*c*) O Xe tem número atômico maior, o que indica a presença de forças de London mais intensas;   (*d*) O MgF$_2$, com cátions e ânions menores que o CaCl$_2$.

10.29 Explique as diferenças entre pontos de fusão de (*a*) e (*b*), entre (*c*) e (*d*), e o que pode ser dito sobre as discrepâncias nessas diferenças de valores.

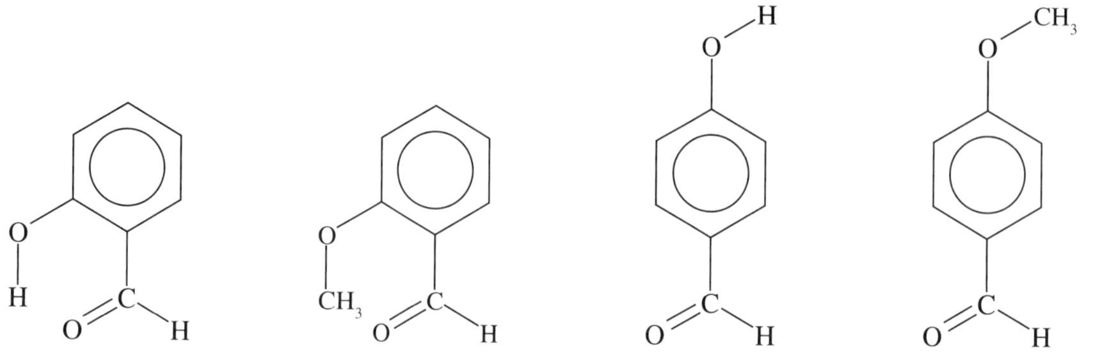

o-Hidroxibenzaldeído
266 °C
(*a*)

o-Metoxibenzaldeído
309 °C
(*b*)

p-Hidroxibenzaldeído
388 °C
(*c*)

p-Metoxibenzaldeído
273 °C
(*d*)

Figura 10-8

Resp. As forças que atuam no cristal em (*b*) e em (*d*) são sobretudo do tipo de van der Waals. Os compostos (*a*) e (*c*), contendo o grupo hidróxido polar, são capazes de formar ligações de hidrogênio. No caso de (*c*) e (*d*), as ligações de hidrogênio se formam entre o hidróxido de uma molécula e o oxigênio com ligação dupla em uma molécula vizinha; a atração intermolecular causa um grande aumento no ponto de fusão, em comparação com (*d*), a substância sem ligações de hidrogênio. Em (*a*), a estrutura molecular permite a existência de atração intramolecular, uma ligação de hidrogênio entre o grupo hidróxido de uma molécula e o oxigênio com ligação dupla da mesma molécula. Na ausência de ligações de hidrogênio intermoleculares fortes, a diferença no ponto de fusão, comparada com a substância de referência (*b*), deveria ser pequena, para a qual uma possível explicação seria as diferenças na estrutura cristalina ou nas forças de van der Waals, que devem ser um pouco maiores em (*b*) que em (*a*), devido ao grupo CH_3 extra.

As forças atuantes em líquidos

10.30 Nos pares de líquidos apresentados, qual composto tem o maior ponto de ebulição e por quê?

(a) $CH_3CH_2CH_2OH$ ou $HOCH_2CH_2OH$; (b) $CH_3CH_2CH_3$ ou CH_3CH_2F; (c) Xe ou Kr; (d) H_2O ou H_2S; (e) $CH_3CH_2CH_2CH_2CH_2CH_3$ ou $CH_3CH_2CH_2CH_3$.

Resp. (*a*) $HOCH_2CH_2OH$, com duas vezes mais ligações de hidrogênio por molécula; (*b*) CH_3CH_2F, com momento dipolo forte; (*c*) Xe, com número atômico maior e forças de London mais intensas; (*d*) H_2O, com ligações de hidrogênio mais fortes; (*e*) $CH_3CH_2CH_2CH_2CH_2CH_3$, com uma molécula mais longa, maior área de contato entre moléculas.

10.31 Entre os pares de líquidos apresentados, quais são miscíveis (que podem ser misturados)? Por quê? (*a*) butano (C_4H_{10}) e pentano (C_5H_{12}); (*b*) butano e água; (*c*) 1-butanol (C_4H_9OH) e água.

Resp. (*a*) Miscíveis; as forças de atração entre moléculas semelhantes e diferentes são praticamente idênticas; (*b*) Não miscíveis; a mistura romperia as ligações de hidrogênio fortes na água; não existe uma atração muito forte entre moléculas diferentes que possa compensar as ligações de hidrogênio; (*c*) Miscíveis; os dois componentes têm ligações de hidrogênio. A quebra destas ligações na água é compensada pela formação de ligações de hidrogênio de moléculas diferentes.

10.32 Explique por que o UF_6 (massa molecular 352) é mais volátil que o $SbCl_5$ (massa molecular 299).

Resp. As forças intermoleculares no $SbCl_5$ são mais intensas, porque os átomos externos têm valores de Z maiores, que explicam as forças de London mais intensas, em comparação com o UF_6.

10.33 Explique por que a água dissolve na acetona (CH_3COCH_3), mas não no hexano (C_6H_{14}).

Resp. Quando a água dissolve em algum líquido, é necessário fornecer uma grande quantidade de energia para quebrar suas ligações de hidrogênio. Na acetona, essa energia é compensada com a formação de ligações de hidrogênio entre a água e o átomo de oxigênio na CH_3COCH_3, mas não há uma interação forte entre o hexano e a água.

CAPÍTULO 10 • OS SÓLIDOS E OS LÍQUIDOS

10.34 Considere a estrutura da metilamina, $H_2N\text{—}CH_3$. Ela é solúvel em água?

$$H\text{—}\underset{..}{N}(\text{—}H)\text{—}\underset{H}{\overset{H}{C}}\text{—}H$$

Resp. O par de elétrons associado ao nitrogênio pode atrair o hidrogênio da água (ligações de hidrogênio), propiciando uma atração forte. A conclusão é que esse composto é solúvel.

Capítulo 11

A Oxidação-Redução

AS REAÇÕES DE OXIDAÇÃO-REDUÇÃO

Até este ponto, não dedicamos atenção especial a equações em que as cargas dos participantes são alteradas. Esse tipo de equação é muito comum, e é importante compreender o modo como ocorrem. Se lembrarmos que o balanceamento de equações é um exercício envolvendo a *lei da conservação da matéria*, o balanceamento propicia uma explicação completa sobre a matéria envolvida nessas equações. Isso significa que temos de explicar *toda* a matéria, mesmo em nível de elétrons.

As reações em que existe uma alteração nas cargas de alguns ou todos os reagentes são chamadas de reações de *oxidação-redução* (redox). Frente a essas alterações em cargas, as equações podem ser consideradas com a inclusão de elétrons mostrando o movimento de elétrons de um participante da reação para outro. A reação entre o cobre metálico e o enxofre é um exemplo de uma reação de oxidação-redução.

$$Cu + S \rightarrow CuS$$

Na reação, o cobre parte de um átomo neutro (carga zero) e termina como um átomo com carga (+2). Ao mesmo tempo, o enxofre, que também começa sendo um átomo neutro (zero) à esquerda, recebe uma carga (−2). Observe que a carga de um dos reagentes aumenta (0 → +2), enquanto o outro reagente tem sua carga diminuída (0 → −2).

Reconhecendo as alterações nas cargas do cobre e no enxofre nesta reação, podemos escrever reações que indicam essas mudanças. Além disso, podemos escrever as reações que mostram as mudanças separadamente, como

$$Cu \rightarrow Cu^{2+} + 2e^- \quad e \quad S + 2e^- \rightarrow S^{2-}$$

Essas duas reações são chamadas de *semirreações*. As semirreações explicam toda a matéria envolvida na reação, até mesmo o movimento de elétrons. É importante observar que os elétrons liberados por um dos átomos são recebidos por outro, como manda a *lei de conservação da matéria*.

A semirreação do cobre é uma *reação de oxidação*, enquanto a reação do enxofre é uma *reação de redução*. De acordo com a definição formal, uma oxidação é o resultado da perda de elétrons e a redução é o resultado do ganho de elétrons. Uma dica para lembrar esta terminologia consiste em considerar que uma reação de redução inclui uma *diminuição de carga* (uma **redução**, $S^0 \rightarrow S^{2-}$). Uma vez que as semirreações existem aos pares, a outra reação, a oxidação, ocorre com um aumento de carga ($Cu \rightarrow Cu^{2+}$). Logo, se existe uma reação de redução, então **obrigatoriamente** existe uma reação de oxidação. Decorre que a recíproca é verdadeira.

O NÚMERO DE OXIDAÇÃO

Nem sempre fica óbvio, com base apenas nas cargas, que substância sofre redução ou que substância passa por oxidação, ou nenhuma delas. Por exemplo, o MnO_2 reage com o ácido clorídrico para produzir, entre outros compostos, o íon Mn^{+2} e o gás cloro, Cl_2. O cloro neutro, Cl_2, é produzido a partir do íon cloro, Cl^-, uma reação de oxidação ($2Cl^- \rightarrow Cl_2$). Contudo, uma vez que o manganês tem uma carga nos dois casos, o MnO_2 e o Mn^{2+}, não é difícil deixar de perceber a mudança de carga ($Mn^{4+} \rightarrow Mn^{2+}$, uma redução). O modo como as conclusões são tiradas, neste caso, exige que as cargas (termos equivalentes são *números de oxidação, estado de oxidação, estado de valência*, e *valência*) sejam determinadas para cada uma das substâncias individualmente (átomos e/ou íons de átomos) e comparadas à esquerda e à direita da reação, como feito acima, neste parágrafo. Em outras palavras, não há atalhos. As comparações precisam ser feitas e o cálculo da redução e da oxidação precisa ser preciso.

Outro exemplo é a reação do ácido arsenoso (ou *arsenioso*), H_3AsO_3 e I_2, durante a qual o íon arsenato, $HAsO_4^{2-}$, é produzido, ao lado do íon iodeto, I^-. ($H_3AsO_3 + I_2 \rightarrow HAsO_4^{2-} + I^-$, incompleta e não balanceada). Uma vez que o iodo é reduzido (iodo neutro em ânion), o arsênio no ácido precisa ser oxidado. A ação do arsênio fica clara quando examinamos seu número de oxidação, como foi determinado para outros elementos envolvidos no ácido e no íon. Observe que o hidrogênio tem carga $+1$ e que o oxigênio tem carga -2, o que é observado na maioria das vezes para estes dois elementos.

H_3AsO_3 Carga líquida zero é determinada por H_3 As O_3
$+3$ $\underline{+3}$ $-6 = 0$ (carga líquida)

$HAsO_4^{2-}$ -2 é determinada por H As O_4^{2-}
$+1$ $\underline{+5}$ $-8 = -2$ (carga líquida)

É importante observar que o número de oxidação não equivale à carga formal de um elemento (Capítulo 9). A carga formal é baseada na tentativa de mapear a real distribuição de carga em uma molécula ou íon, considerando a estrutura detalhada e as ligações eletrônicas. O número de oxidação é uma designação mais simples, que não requer informações sobre variáveis eletrônicas, como ligações simples ou duplas e estruturas que atendem ou não à regra do octeto. Os números de oxidação são calculados diretamente, com base na fórmula. As duas regras básicas para a designação do número de oxidação são:

1. Em compostos binários **iônicos**, o número de oxidação é a carga do átomo.

Exemplo 1 O $CdCl_2$ é um composto iônico e pode ser representado por $Cd^{2+}(Cl^-)_2$, para mostrar o caráter iônico. Os íons cádmio e cloro têm números de oxidação $+2$ e -1, já que o composto é iônico. Não há compartilhamento de elétrons e, portanto, não há cargas parciais. No Hg_2Cl_2, cada mercúrio em Hg_2^{+2} tem carga $+1$. O íon cloreto tem carga -1, como em $CdCl_2$.

2. Em compostos **covalentes** (não iônicos), os elétrons envolvidos na formação da ligação não são completamente transferidos de um elemento para outro, mas compartilhados de maneira mais ou menos uniforme pelos átomos ligantes. Para fins de definir números de oxidação, a prática aceita consiste em designar cada elétron ligante (de maneira artificial) a um átomo específico. Se os átomos são do mesmo elemento (Cl_2, N_2, C em H_3C—CH_3), então metade dos elétrons ligantes é designada a cada um dos dois átomos. Se os átomos são diferentes, então todos os elétrons da ligação são designados ao átomo com maior eletronegatividade (Capítulo 9). *Observação*: os corolários desta regra são:

(a) O número de oxidação de um elemento **livre** (não ligado) é zero (0).

Exemplo 2 No caso de moléculas diatômicas e outras moléculas de átomos idênticos (como o S_8), um elétron em uma ligação é designado a um átomo, o outro elétron é designado a outro. Por exemplo, no caso do H_2(H—H), cada hidrogênio recebe um elétron.

(b) O número de oxidação do hidrogênio em compostos geralmente é $+1$, exceto na formação de hidretos metálicos (H^-).

Exemplo 3 Na NH_3, o átomo de nitrogênio está ligado diretamente a cada um dos átomos de hidrogênio. Uma vez que o nitrogênio é mais eletronegativo que o hidrogênio, todos os elétrons ligantes são designados a ele. Cada hidrogênio, que perdeu um elétron, desempenha o papel de íon positivo (H^+), para que a carga do composto tenha carga zero ($N^{3-} + 3\ H^+$). É interessante observar que a designação de cargas é puramente fictícia, uma vez que a molécula da amônia não ioniza em água e não libera íons H^+ (NH_3, não H_3N!).

No CaH_2, cada hidrogênio, sendo mais eletronegativo que o cálcio, recebe os dois elétrons em cada ligação, tornando-o o íon hidrogênio o ânion hidreto, H^-.

(c) O número de oxidação do oxigênio é -2, exceto em peróxidos, (-1 em cada O_2^{2-}) ou em compostos de fluoreto, onde ele pode ter carga positiva.
(d) A soma dos números de oxidação de todos os átomos em um composto é zero (0).
(e) A soma dos números de oxidação de todos os átomos em um íon é igual a sua carga.

Exemplo 4 No $HClO_4$, o estado de oxidação do cloro é $+7$, de acordo com o corolário (*d*).

$$\begin{array}{ccc} H & Cl & O_4 \\ +1 & +7 & +4(-2) = 0 \end{array}$$

No CO_3^{2-}, o estado de oxidação do C é $+4$, de acordo com o corolário (*e*).

$$\begin{array}{cc} C & O_3^{2-} \\ +4 & + 3(-2) = -2 \end{array}$$

OS AGENTES OXIDANTES E REDUTORES

Toda reação química tem uma força que a impulsiona, uma razão pela qual ela prossegue em seu caminho. É possível dizer que a razão por que as reações de óxido-redução ocorrem está no fato de que um átomo cede elétrons, enquanto outro os aceita. Além disso, podemos ir mais longe, afirmando que um elemento arrebata elétrons de outro. Existem termos específicos para esse fenômeno, discutidos abaixo, com base nessas ideias. Consideremos a equação

$$Cu + S \rightarrow CuS$$

Sabemos, a partir da discussão anterior neste capítulo, que o enxofre é reduzido e o cobre é oxidado durante essa reação. Com um papel mais ativo, o enxofre *faz com que* o cobre seja oxidado – nesse sentido, o enxofre é o *agente oxidante*, supondo que ele seja a causa da oxidação. Em contrapartida, o cobre pode ser visto como agente responsável pela redução do enxofre, o que o torna o *agente redutor*.

Exemplo 5 Identifique os agentes redutores e oxidantes na reação

$$H_2SO_4 + HI \rightarrow H_2SO_3 + I_2 \quad \text{(Reação incompleta e não balanceada)}$$

Uma vez que o hidrogênio tem carga $+1$ e que o oxigênio tem carga -2 (nenhum dos elementos tem seu número de oxidação alterado), podemos afirmar que o enxofre vai de $+6$ para $+4$, e que o iodo vai de -1 a zero. Uma vez que o enxofre é reduzido, o iodo é o agente redutor. Como o iodo está sendo oxidado, o enxofre é o agente oxidante. (Observe que as cargas do oxigênio e do hidrogênio não mudam.)

A NOTAÇÃO IÔNICA PARA REAÇÕES

As reações de oxidação-redução podem ser escritas sem representar os *íons espectadores* (íons cujos números de oxidação não mudam durante a reação). Um método alternativo de escrever as reações de oxidação-redução consiste em incluir todos os íons e compostos envolvidos, sem eliminar esses íons espectadores e os participantes cujos números de oxidação permanecem constantes. Esta técnica identifica os compostos iônicos na reação e utiliza uma série de convenções.

1. As substâncias iônicas são escritas na forma iônica somente se os íons estiverem separados uns dos outros no meio de reação (na maioria das vezes, a água). "NaCl" seria uma notação convencional para reações envolvendo o sal sólido, porque os íons no sólido estão ligados no cristal. As reações do sal em solução, no entanto, devem ser indicadas pelos íons Na^+ e Cl^-, ou por cada um dos íons separadamente, se sofrerem alterações no número de oxidação. Os sais um tanto insolúveis, como o CuS e o $CaCO_3$, são escritos na forma neutra (como compostos, não íons).
2. Substâncias parcialmente ionizadas são escritas na forma iônica apenas se a extensão da ionização for apreciável (cerca de 20% ou mais). A água, que é ionizada a menos de uma parte em cem milhões, é escrita como H_2O (ou, se for o caso, HOH). Ácidos fortes, como o HCl e o HNO_3, podem ser escritos na forma ionizada, mas ácidos fracos, como os ácidos nitroso, acético e sulfuroso, são escritos na fórmula molecular (HNO_2, $HC_2H_3O_2$ e H_2SO_3). A amônia, uma base fraca, é escrita como NH_3. O hidróxido de sódio, uma base forte, é escrito na forma ionizada, quando em solução aquosa.

3. Alguns íons complexos são tão estáveis que um ou mais dos grupos a partir dos quais eles são formados não existe em quantidades apreciáveis, a não ser no próprio complexo. Nesses casos, a fórmula de todo o complexo é escrita. O íon ferrocianeto é escrito como $[Fe(CN_5)]^{3-}$, não como os íons ferro (III) e cianeto, separados. Pela mesma razão, $[Cu(NH_3)_4]^{2+}$ é a notação do íon complexo azul formado pelos sais de cobre (II) em soluções de amônia.

4. Uma convenção combinada é usada neste capítulo para indicar se um dado composto pode ser escrito na forma ionizada. Usaremos Na^+Cl^-, $Ba^{2+}(NO_3^-)_2$ e outras representações para indicar que os compostos são iônicos. Naturalmente, os compostos poderiam ser expressos por suas fórmulas moleculares, NaCl e $Ba(NO_3)_2$, que funciona bem para quem estiver familiarizado com as regras de solubilidade. Não estamos apresentando estas regras, pois preferimos nos concentrar exclusivamente no balanceamento de equações.

O BALANCEAMENTO DE EQUAÇÕES DE OXIDAÇÃO-REDUÇÃO

Anteriormente neste livro, utilizamos a técnica de balanceamento de reações experimentando com números e, caso não fossem os números certos, com outros, até a proporção correta ser encontrada. Essa técnica, muitas vezes chamada de *método de tentativa e erro*, nem sempre funciona com as reações de oxidação-redução. Uma equação pode aparentar ter sido balanceada, em nível de partícula, mas os elétrons não, como mostra a diferença em carga líquida à esquerda, em comparação com a carga líquida à direita (o que significaria a criação ou destruição de elétrons!).

Existem algumas regras básicas para escrever as reações de oxidação e de redução, de maneira a permitir antecipar seus produtos, com base nos reagentes. Algumas destas regras são:

(*a*) Se um halogênio livre é reduzido, então o produto precisa ser o ânion haleto (número de oxidação -1).

(*b*) Se um metal com apenas um número de oxidação positivo é oxidado, então o número de oxidação do produto precisa ser igual a ele.

(*c*) As reações de redução do ácido nítrico, HNO_3, geram NO_2. A redução do ácido nítrico diluído pode gerar NO, N_2, NH_4^+ ou outros produtos, dependendo da natureza do agente redutor e da extensão da diluição.

(*d*) O MnO_2 e o íon permanganato, MnO_4^-, são reduzidos a Mn^{2+} em uma solução ácida. O produto da redução do permanganato em solução neutra ou básica (alcalina) pode ser o MnO(OH), MnO_2 ou MnO_4^{2-}.

(*e*) Se um peróxido é reduzido, o produto da reação precisa conter oxigênio no estado de oxidação -2, como na H_2O ou OH^-. Se um peróxido é oxidado, é formado o oxigênio molecular (um superóxido também é possível).

(*f*) O dicromato, $Cr_2O_7^{2-}$, é reduzido a Cr^{3+} em solução ácida.

As reações redox podem ser escritas de acordo com dois métodos gerais. O primeiro consiste em incluir todas as espécies que estão em reação – isso equivale a dizer que nada é excluído, nem mesmo os espectadores. O segundo não inclui espectadores. Uma vez que o ânion em ácidos e o cátion em bases muitas vezes são espectadores (íons com um ou mais compostos na reação), o caráter ácido ou básico do meio de reação pode ser indicado colocando os termos *ácido* ou *base* sobre a seta ou ao lado da equação.

O método das semirreações

O método das semirreações é uma maneira de balancear reações oxidação-redução com base no reconhecimento de que a oxidação e a redução são reações individuais. Estas reações incluem o número de elétrons deslocados e a natureza do movimento (ganho ou perda). As etapas desse método são:

1. Identifique os átomos sendo oxidados e os átomos sendo reduzidos.
2. Escreva a semirreação da redução.
   a. Certifique-se de que o átomo sendo reduzido está balanceado (o mesmo número em ambos os lados).
   b. Acrescente elétrons no lado esquerdo; estes elétrons são aceitos pelo átomo reduzido.
   c. Para balancear a reação, se for necessário:
      i. Utilize H^+ e H_2O, se em solução ácida, para balancear a equação.
      ii. Utilize OH^- e H_2O, se em solução básica, para balancear a equação.

3. Escreva a semirreação para a oxidação.
   a. Certifique-se de que o átomo sendo oxidado está balanceado (o mesmo número em ambos os lados).
   b. Acrescente elétrons no lado direito; estes elétrons são oferecidos pelo átomo oxidado.
   c. Para balancear a reação, se for necessário:
      i. Utilize H^+ e H_2O, se em solução ácida, para balancear a equação.
      ii. Utilize OH^- e H_2O, se em solução básica, para balancear a equação.

O resultado das etapas 1-3 gerarão semirreações balanceadas individuais, tanto do ponto de vista das partículas atômicas quanto das cargas líquidas nos dois lados (carga à esquerda = carga à direita).

4. As semirreações podem ser adicionadas para produzir uma *reação líquida*, que é a reação de oxidação-redução. Contudo, essa soma não pode ser efetuada a menos que os números de elétrons sejam iguais em ambos os lados da reação. De acordo com alguns químicos, os elétrons não são escritos nas reações de soma. O modo em que os ajustes são feitos consiste em preservar a razão dos coeficientes na semirreação balanceada multiplicando todos os participantes em uma equação pelo mesmo número. O objetivo é ter o mesmo número de elétrons nos dois lados das semirreações. Com isso, os elétrons se cancelam mutuamente, quando as semirreações são adicionadas. Uma vez que a equação soma não deve ter coeficientes divisíveis por um fator comum, é hábito escolher os números que geram o menor número de elétrons para serem cancelados.

5. Adicione as semirreações e cancele os participantes que são entidades químicas idênticas em ambos os lados. Faça o mesmo com os elétrons. Observe que não há elétrons, água, íons hidrogênio ou hidróxido *em ambos os lados da reação de soma.*

6. Certifique-se do balanço de matéria nos dois lados da reação, à esquerda e à direita. Além disso, verifique se a carga líquida no lado esquerdo da reação é igual à carga no lado direito. Por fim, verifique se, antes de dar a equação como corretamente balanceada e escrita, os coeficientes não podem ser divididos pelo mesmo fator. Como é de se esperar, se qualquer uma dessas verificações sinalizar algum problema, revise as etapas e corrija o problema. Não se apoie em palpites – ou a equação está balanceada do modo correto, ou não está!

Domine o método das semirreações antes de estudar eletroquímica. O estudo da eletroquímica depende do conhecimento sobre a oxidação e a redução, da compreensão das semirreações e da habilidade de balancear as reações redox. Em virtude destes fatores, o método das semirreações será muito utilizado neste livro.

O método do estado de oxidação

Neste método, o balanceamento das equações de oxidação-redução é semelhante ao balanceamento no método das semirreações. Aqui, as semirreações não são escritas separadamente. Observe que, embora a explicação seja menor que a dada para o método acima, o processo não é mais simples.

1. Escreva a equação completa que inclui, como fórmulas principais, os reagentes e produtos que contêm os elementos que passam por alterações no número de oxidação.
2. Determine a *mudança* no número de oxidação de alguns elementos no agente oxidante. O número de elétrons recebidos é igual ao número dessa mudança multiplicado pelo número de átomos que passam por essa mudança (balanceamento de átomos).
3. Determine o agente redutor e a *mudança de carga* que ele sofre. O número de elétrons perdidos multiplicado pelo número de átomos que sofre a mudança é identificado.
4. Na equação, multiplique as fórmulas principais pelos números necessários para igualar o número de elétrons perdidos e ganhos.
5. Examine a reação e encontre os coeficientes adequados para o restante dela (aqueles que permanecem constantes).
6. Verifique a equação final contando o número de átomos de cada elemento em ambos os lados. Certifique-se de que as cargas líquidas à esquerda e à direita da equação são idênticas.

Problemas Resolvidos

Fórmulas e números de oxidação

11.1 Usando os números de oxidação do H^+, O^{2-} e F^-, calcule os números de oxidação dos outros elementos em (a) PH_3; (b) H_2S; (c) CrF_3; (d) H_2SO_4; (e) H_2SO_3; (f) Al_2O_3

Lembrando que a carga líquida em qualquer composto é zero (0):

(a) PH_3: H_3 representa a soma de números de oxidação +3 (+1 para cada H). O número de oxidação do P precisa ser −3, uma vez que a soma dos números de oxidação de todos os átomos deve ser zero.

(b) H_2S: já que o número de oxidação total do hidrogênio é +2, o enxofre precisa ser −2.

(c) CrF_3: como o número de oxidação total do flúor é −3, o cromo precisa ser +3.

(d) H_2SO_4: o número de oxidação total do H_2 é +2; o número de oxidação total do O_4 é −8; por essa razão, o número de oxidação do enxofre precisa ser +6, pois o total do hidrogênio e oxigênio é −6 (+2−8=−6).

(e) H_2SO_3: o número de oxidação total do H_2 é +2; o número de oxidação do O_3 é −6; como o número de oxidação total do hidrogênio e do oxigênio é −4 (+2−6= −4), o número de oxidação do enxofre é +4.

(f) Al_2O_3: como o número de oxidação total do oxigênio é −6, o total do alumínio precisa ser +6; contudo, há dois átomos de Al por fórmula unitária, então o número de oxidação de cada Al é +3.

O balanceamento de equações de oxidação-redução

11.2 Efetue o balanceamento da equação de oxidação-redução: $H^+NO_3^- + H_2S \rightarrow NO + S + H_2O$

Método das semirreações

(a) O nitrogênio é o elemento sendo reduzido (+5 → +2). A semirreação é

$$NO_3^{1-} \rightarrow NO$$

Uma vez que há um átomo de nitrogênio em cada lado da equação, podemos considerar sua redução e incluir os elétrons envolvidos. A ideia é adicionar elétrons para explicar a mudança de carga.

$$3e^- + NO_3^{1-} \rightarrow NO$$

O oxigênio não está balanceado e sabemos, da equação, que podemos adicionar água. Essa água é adicionada no lado direito.

$$3e- + NO_3^{1-} \rightarrow NO + 2H_2O$$

É preciso haver hidrogênio à esquerda, porque foram colocados hidrogênios à direita. Uma vez que a reação é executada em solução ácida (HNO_3 e H_2S), usamos H^+ para efetuar o balanceamento. (Observe que a carga líquida à esquerda equivale à carga à direita.)

$$4H^+ + 3e^- + NO_3^{1-} \rightarrow NO + 2H_2O$$

(b) A reação de oxidação envolve a mudança de carga do enxofre (−2 para zero).

$$S^{2-} \rightarrow S$$

A próxima etapa consiste em indicar o movimento de elétrons (2 à direita).

$$S^{2-} \rightarrow S + 2e^-$$

(c) Preparando para somar as duas semirreações, precisamos definir as semirreações de maneira a cancelar os elétrons. Se multiplicarmos a reação de redução (N) por 2 e a reação de oxidação (S) por 3, teremos seis elétrons em cada lado.

$$2(4H^+ + 3e^- \rightarrow + NO_3^{1-} \rightarrow NO + 2H_2O)$$
$$3(S^{2-} \rightarrow S + 2e^-)$$

Então, podemos adicionar as duas semirreações, obtendo a reação de soma.

$$3S^{2-} + 8H^+ + 2NO_3^{1-} \rightarrow 2NO + 3S + 4H_2O \quad \text{ou} \quad 3H_2S + 2HNO_3 \rightarrow 2NO + 3S + 4H_2O$$

O método do estado de oxidação

Para a redução: determinamos que o número de oxidação do N muda de +5 à esquerda para +2 à direita. Uma das maneiras de indicar a mudança consiste em escrever as cargas acima do elemento envolvido, nos dois lados, e indicar o movimento de elétrons entre eles (acima da equação).

$$\underset{-2e^-}{\underset{-2\text{───────}0}{\overset{+3e^-}{\overset{+5\text{───────}+2}{H^+NO_3^- + H_2S \rightarrow NO + S + H_2O}}}}$$

(reação de redução, ganho de elétrons)

(reação de oxidação, perda de elétrons)

Para a oxidação: determinamos as mudanças de carga no enxofre, de −2 para zero, e então indicamos a mudança e o movimento de elétrons sob a equação, além do movimento de elétrons.

A seguir, calculamos os fatores que definem os elétrons a serem cancelados. Para efetuar o cancelamento, multiplicamos os participantes da redução, inclusive os elétrons que se movem, por 2. Multiplicamos os participantes por 3, incluindo os elétrons trocados. Os elétrons se cancelam e então,

$$2H^+NO_3^- + 3H_2S \rightarrow 2NO + 3S + H_2O$$

O exame da equação mostra que tanto o hidrogênio quanto o oxigênio não estão balanceados. Efetuamos o balanceamento multiplicando a água por 4, fazendo com que o número de hidrogênios nos dois lados seja 8.

$$2H^+NO_3^- + 3H_2S \rightarrow 2NO + 3S + 4H_2O$$

A contagem dos oxigênios nos dois lados mostra que o elemento está balanceado. Se você verificar os cálculos novamente, verá que a equação está balanceada.

11.3 Efetue o balanceamento da reação:

$$K^+MnO_4^- + K^+Cl^- + (H^+)_2SO_4^{2-} \rightarrow Mn^{2+}SO_4^{2-} + (K^+)_2SO_4^{2-} + Cl_2 + H_2O$$

A primeira etapa consiste em escrever as semirreações, sem incluir os espectadores. As semirreações são balanceadas com relação aos átomos sendo oxidados ou reduzidos (Mn e Cl).

$$MnO_4^- \rightarrow Mn^{2+}$$

$$2Cl^- \rightarrow Cl_2$$

A próxima etapa consiste em identificar o número de elétrons em cada mudança de carga e colocá-los no lugar certo.

$$5e^- + MnO_4^- \rightarrow Mn^{2+} \quad \text{(reação de redução)}$$
$$2Cl^- \rightarrow Cl_2 + 2e^- \quad \text{(reação de oxidação)}$$

Percebemos que a reação do cloro está balanceada (átomos e cargas), mas a reação do manganês não está. Se somarmos quatro moléculas de água à direita, conseguimos balancear o oxigênio. Isso também coloca o hidrogênio à direita, sem que haja qualquer hidrogênio à esquerda. Uma vez que o meio de reação inclui o H_2SO_4, podemos usar o H^+ para balancear a semirreação.

$$8H^+ + 5e^- + MnO_4^- \rightarrow Mn^{2+} + 4H_2O$$
$$2Cl^- \rightarrow Cl_2 + 2e^-$$

A última etapa antes da soma das semirreações consiste em multiplicar os membros de modo adequado, cancelando os elétrons.

$$2(8H^+ + 5e^- + MnO_4^- \rightarrow Mn^{2+} + 4H_2O) \quad \text{torna-se} \quad 16H^+ + \cancel{10e^-} + 2MnO_4^- \rightarrow 2Mn^{2+} + 8H_2O$$

$$5(2Cl^- \rightarrow Cl_2 + 2e^-) \quad \text{torna-se} \quad 10Cl^- \rightarrow 5Cl_2 + \cancel{10e^-}$$

E essas etapas nos colocam na posição de adicionar as semirreações.

$$16H^+ + 2MnO_4^- + 10Cl^- \rightarrow 2Mn^{2+} + 5Cl_2 + 8H_2O$$

Examinar a equação original no começo do problema permite adicionar os espectadores, nas quantidades adequadas, para formar os compostos. Verificar os átomos e as cargas líquidas garante que a equação esteja balanceada.

$$2K^+MnO_4^- + 10K^+Cl^- + 8(H^+)_2SO_4^{2-} \rightarrow 2Mn^{2+}SO_4^{2-} + 6(K^+)_2SO_4^{2-} + 5Cl_2 + 8H_2O$$

11.4 Efetue o balanceamento da oxidação-redução:

$$(K^+)_2Cr_2O_7^{2-} + HCl \rightarrow K^+Cl^- + Cr^{3+}(Cl^-)_3 + Cl_2 + H_2O$$

Equações balanceadas com antecedência são bastante diretas. Cada um dos elementos envolvidos nas oxidações e reduções ocorre apenas uma vez em cada lado. Esta equação é diferente porque o cloro aparece em mais de um lugar à direita. Nem todo o cloro participa de uma mudança no número de oxidação. Observe que o Cl^- está presente no HCl à esquerda, e que o Cl^- à direita está no $CrCl_3$. Além disso, parte do Cl^- no HCl é oxidado a Cl_2 (neutro). Esse papel duplo do cloro não gera problemas.

Utilizando o método da semirreações, separamos as semirreações de oxidação e de redução e então efetuamos o balanceamento. Usamos H_2O (reação em solução) e H^+ (meio ácido devido à presença de HCl).

Semirreação de redução	$Cr_2O_7^{2-} \rightarrow Cr^{3+}$
Balanceamento do cromo	$Cr_2O_7^{2-} \rightarrow 2Cr^{3+}$
Inserção de elétrons	$6e^- + Cr_2O_7^{2-} \rightarrow 2Cr^{3+}$
Balanceamento do oxigênio	$6e^- + Cr_2O_7^{2-} \rightarrow 2Cr^{3+} + 7H_2O$
Balanceamento de hidrogênio	$14H^+ + 6e^- + Cr_2O_7^{2-} \rightarrow 2Cr^{3+} + 7H_2O$ (solução ácida, HCl)
Semirreação de oxidação	$Cl^- \rightarrow Cl_2$
Balanceamento do cloro	$2Cl^- \rightarrow Cl_2$
Inserção de elétrons	$2Cl^- \rightarrow Cl_2 + 2e^-$

A próxima etapa é a multiplicação das semirreações por fatores que garantam que os elétrons se cancelem quando as semirreações são somadas.

$$\times 1 \text{ (sem mudança)} \quad 1(14H^+ + 6e^- + Cr_2O_7^{2-} \rightarrow 2Cr^{3+} + 7H_2O)$$
$$\times 3 \quad\quad\quad\quad\quad\quad\quad 3(2Cl^- \rightarrow Cl_2 + 2e^-)$$

A adição das duas semirreações ocorre na etapa a seguir.

$$14H^+ + 6e^- + Cr_2O_7^{2-} \rightarrow 2Cr^{3+} + 7H_2O$$
$$6Cl^- \rightarrow 3Cl_2 + 6e^-$$

A reação de soma é: $14H^+ + 6Cl^- + Cr_2O_7^{2-} \rightarrow 2Cr^{3+} + 3Cl_2 + 7H_2O$

Antes de dar a equação como balanceada, precisamos verificar as partículas (todas estão em ordem) e as cargas líquidas (+6 à esquerda e à direita). Agora, podemos dizer que a reação de soma está balanceada.

Uma vez que sabemos, antecipadamente, quais os cátions e ânions que não estão na reação de soma, precisamos completar a equação colocando-os nela. Existem 14 hidrogênios à esquerda que estiveram ligados apenas ao íon cloreto, em 14HCl. Seis desses cloretos estão no estado neutro ($3Cl_2$) à direita, deixando-nos com 8 cloros à esquerda – os dois íons cromo estão ligados a seis cloretos, e os outros dois estão ligados ao íon potássio (2KCl).

$$(K^+)_2Cr_2O_7^{2-} + 14H^+Cl^- \rightarrow 2K^+Cl^- + 2Cr^{3+}(Cl^-)_3 + 3Cl_2 + 7H_2O$$

11.5 Efetue o balanceamento da equação de oxidação-redução: $FeS_2 + O_2 \rightarrow Fe_2O_3 + SO_2$.

Essa reação não ocorre em solução. Contudo, o balanceamento é efetuado da mesma maneira que no exercício acima. As características especiais dessa reação são:

(a) As cargas do ferro ou do enxofre não são as tradicionais. Vamos supor que o número de oxidação do Ferro seja +2, e que o número de oxidação do enxofre seja −1.

(b) Tanto o ferro quanto o enxofre no FeS_2 sofrem uma mudança no estado de oxidação.

(c) Tanto o ferro (+2 para +3) quanto o enxofre (−1 para +4) são oxidados.

(d) O produto da redução do gás oxigênio ocorre em combinação com o ferro e com o enxofre.

As duas reações de oxidação podem ser unidas e tratadas em conjunto. As duas equações de redução podem ser manipuladas de maneira idêntica. As reações e seus fatores de multiplicação são

$$4(Fe^{+2} + 2S^- \rightarrow Fe^{3+} + 2S^{+4} + 11e^-)$$
$$11(O_2 + 4e^- \rightarrow 2O^{2-})$$

Se multiplicarmos as reações para eliminar os elétrons e adicionarmos as equações, obteremos:

$$4Fe^{+2} + 8S^- + 11O_2 \rightarrow 4Fe^{3+} + 8S^{+4} + 22O^{2-}$$

Com os íons para os compostos, obtemos
$$4FeS_2 + 11O_2 \rightarrow 2Fe_2O_3 + 8SO_2$$

Em problemas como este, existem números de oxidação não convencionais (S^-). "O que ocorre se eu escolher os números de oxidação errados?" A resposta é que os mesmos resultados são obtidos, desde que o método seja executado de forma consistente. Se +4 fosse o número de oxidação escolhido para o Fe e −2 para o S, o estado de oxidação total aumentaria e continuaria sendo 11. Em outras palavras, a *diferença* em números de oxidação é importante, não o número de oxidação exato.

11.6 Efetue o balanceamento da reação de oxidação-redução que ocorre em solução básica:

$$Zn + Na^+NO_3^{1-} + Na^+OH^- \rightarrow (Na^+)_2ZnO_2^{2-} + NH_3 + H_2O$$

O elemento reduzido é o nitrogênio (+5 para −3), a semirreação é

$$NO_3^{1-} \rightarrow NH_3$$

O número de nitrogênios é o mesmo em ambos os lados, o que permite tratar das questões relativas a carga e elétrons. Uma vez que o nitrogênio é +5 e −3, existem apenas oito elétrons envolvidos.

$$8e^- + NO_3^{1-} \rightarrow NH_3$$

O oxigênio e o hidrogênio não estão balanceados, assim como as cargas à esquerda e à direita. Uma das maneiras de balancear a semirreação consiste em utilizar o íon hidróxido, OH^-, para balancear as cargas e então partir para os átomos. Nas reações anteriores, se o meio era ácido, usávamos íons hidrogênio e água. *Podemos adicionar o íon hidróxido e água, porque a reação ocorre em meio básico.* A carga líquida à esquerda é −9 e à direita é zero. Somamos $9OH^-$ para balancear as cargas líquidas.

$$8e^- + NO_3^{1-} \rightarrow NH_3 + 9OH^-$$

Uma vez que há hidrogênio à direita, mas não à esquerda, adicionamos $6H_2O$ à esquerda.

$$6H_2O + 8e^- + NO_3^{1-} \rightarrow NH_3 + 9OH^-$$

Uma contagem de átomos de oxigênio revela que o número de átomos à esquerda é igual ao da direita. Essa semirreação de redução está balanceada.

É importante observar que o zinco está sendo oxidado (zero a +2). A semirreação de oxidação é

$$Zn \rightarrow ZnO_2^{2-}$$

Uma vez que o zinco já está balanceado nesta semirreação, passamos a examinar o movimento de elétrons. A mudança de carga do zinco, de zero para +2, revela que dois elétrons são perdidos.

$$Zn \rightarrow ZnO_2^{2-} + 2e^-$$

Também percebemos que o oxigênio e as cargas não estão balanceados. Uma vez que a carga líquida à direita é −4 e que o meio é básico, adicionamos −4 à esquerda na forma de quatro íons hidróxido. Isso significa que temos de adicionar algumas moléculas de H_2O à direita, para atender à lei de conservação da matéria, com relação ao hidrogênio.

$$4OH^- + Zn \rightarrow ZnO_2^{2-} + 2e^- + 2H_2O$$

As duas semirreações balanceadas precisam ser multiplicadas por fatores que permitam cancelar elétrons e, então, estes podem ser acrescentados para produzir a reação de soma para a reação de oxidação-redução.

$$1(6H_2O + 8e^- + NO_3^{1-} \rightarrow NH_3 + 9OH^-) \quad \text{torna-se} \quad 6H_2O + 8e^- + NO_3^{1-} \rightarrow NH_3 + 9OH^-$$
$$4(4OH^- + Zn \rightarrow ZnO_2^{2-} + 2e^- + 2H_2O) \quad \text{torna-se} \quad 16OH^- + 4Zn \rightarrow 4ZnO_2^{2-} + 8e^- + 8H_2O$$

Feito isso, os cancelamentos indicados são efetuados (e^-, OH^- e H_2O) e as duas semirreações são adicionadas.

$$7OH^- + 4Zn + NO_3^{1-} \rightarrow 4ZnO_2^{2-} + NH_3 + 2H_2O$$

A adição dos íons espectadores completa a contagem de íons.

$$7Na^+OH^- + 4Zn + Na^+NO_3^{1-} \rightarrow 4(Na^+)_2ZnO_2^{2-} + NH_3 + 2H_2O$$
ou
$$7NaOH + 4Zn + NaNO_3 \rightarrow 4Na_2ZnO_2^{2-} + NH_3 + 2H_2O$$

11.7 O procedimento abaixo aborda a necessidade de adicionar íons ausentes na formação de participantes incompletos na reação e indica como determinar e balancear semirreações com a determinação dos agentes oxidantes e redutores. Até agora, encontramos átomos oxidados e reduzidos, mas este exemplo amplia as escolhas para abordar uma reação. A equação a ser balanceada é

ou
$$HgS + HCl + HNO_3 \rightarrow H_2HgCl_4 + NO + S + H_2O$$
$$HgS + H^+Cl^- + H^+NO_3^{1-} \rightarrow (H^+)_2HgCl_4^{2+} + NO + S + H_2O$$

A semirreação para o agente oxidante é

$$4H^+ + NO_3^{1-} + 3e^- \rightarrow NO + 2H_2O$$

A semirreação para o agente redutor é $S^{2-} \rightarrow S + 2e^-$. Observe que o mercúrio foi omitido e terá de ser reintroduzido mais tarde, o que pode trazer dificuldades. É possível utilizar a semirreação que inclui o mercúrio.

$$HgS \rightarrow S$$

A falta de balanceamento não envolve o hidrogênio ou o oxigênio, como vimos em seções anteriores, mas o mercúrio está envolvido. Em termos da equação global, o mercúrio existe na forma do íon $HgCl_4^{2+}$. Se este íon for adicionado à direita para balancear o mercúrio, então é imprescindível adicionar íons cloreto à esquerda, para balancear o cloro. Em geral, é permitido adicionar íons necessários para a formação de complexos, quando este processo não exige a introdução de um novo estado de oxidação (regra 5).

$$HgS + 4Cl^- \rightarrow S + HgCl_4^{2+} + 2e^- \quad \text{(balanceada)}$$

A equação global é obtida com a soma das duas semirreações após multiplicação pelos fatores apropriados:

$$2(4H^+ + NO_3^{1-} + 3e^- \rightarrow NO + 2H_2O) \quad \text{torna-se} \quad 8H^+ + 2NO_3^{1-} + 6e^- \rightarrow 2NO + 4H_2O$$
$$3(HgS + 4Cl^- \rightarrow S + HgCl_4^{2+} + 2e^-) \quad \text{torna-se} \quad 3HgS + 12Cl^- \rightarrow 3S + 3HgCl_4^{2+} + 6e^-$$

Então, após os cancelamentos e a substituição de alguns íons espectadores, a reação de soma é

$$3HgS + 2H^+NO_3^{1-} + 12H^+Cl^- \rightarrow 3S + 3(H^+)_2HgCl_4^{2+} + 2NO + 4H_2O$$
ou
$$3HgS + 2HNO_3 + 12HCl \rightarrow 3S + 3(H^+)_2HgCl_4^{2+} + 2NO + 4H_2O$$

11.8 Complete e efetue o balanceamento da reação abaixo, em meio ácido.

$$H_2O_2 + MnO_4^- \rightarrow$$

O íon permanganato contém Mn, cujo número de oxidação provavelmente sofra alteração. De modo geral, o oxigênio é -2 e permanece com este número de oxidação. O Mn é $+7$ neste íon e pode passar para $+2$, necessitando de $5\ e^-$ por átomo. É possível que o Mn^{7+} ou o Mn^{2+} sejam reduzidos a Mn metálico, embora improvável.

O H_2O_2 precisa ser o agente redutor nesta reação, e com isso o único produto possível da oxidação seria o O_2.

Escrevendo as semirreações esperadas e partindo delas, geramos a reação balanceada. Dessa vez, não efetuamos cancelamentos nesta etapa.

$$\begin{array}{r}2(MnO_4^- + 8H^+ + 5e^- \to Mn^{2+} + 4H_2O)\\ 5(H_2O_2 \to O_2 + 2H^+ + 2e^-)\\ \hline 2MnO_4^- + 16H^+ + 5H_2O_2 \to 2Mn^{2+} + 5O_2 + 8H_2O + 10H^+\end{array}$$

Após os cancelamentos

$$2MnO_4^- + 6H^+ + 5H_2O_2 \to 2Mn^{2+} + 5O_2 + 8H_2O$$

Em condições laboratoriais, o $KMnO_4$ e o H_2SO_4 são o agente o oxidante e o ácido usados mais comumente. Tente escrever a reação completa usando este agente oxidante e este ácido.

A estequiometria na oxidação-redução

11.9 Utilizando a reação balanceada do Problema 11.3, calcule a quantidade de Cl_2 produzida pela reação de 100 g de $KMnO_4$.

A razão da equação balanceada é $2KMnO_4$: $5Cl_2$, que pode ser expressa como

$$2KMnO_4 \to 5Cl_2$$

Utilizando essa reação parcial, podemos inserir as informações relativas à razão acima dos participantes e as informações dadas abaixo. Usaremos w para designar a massa desconhecida.

Da reação parcial	2 mol × 158 g/mol		5 mol × 70,9 g/mol
	$2KMnO_4$	→	$5Cl_2$
Das informações dadas	100 g		w

Com base nessa representação, podemos escrever a razão das informações relativas a mols para a massa, no problema, para ambos os lados da equação e relacionar umas às outras (*razão e proporção*). Observe que cancelamos mols com mols quando trazemos a razão da parte de cima para a parte inferior.

$$\frac{2 \times 158\ g\ KMnO_4}{100\ g\ KMnO_4} = \frac{5 \times 70,9\ g\ Cl_2}{w}$$

Isolando w e cancelando as unidades, obtemos a resposta.

$$w = \frac{(5 \times 70,9\ g\ Cl_2)(100\ g\ KMnO_4)}{2 \times 158\ g\ KMnO_4} = 112\ g\ Cl_2$$

Representação alternativa

O problema também pode ser resolvido diretamente, com base na equação iônica mostrando que 5 moléculas de Cl_2 são produzidas a partir de dois íons MnO_4^- (5 Cl_2 / 2 $KMnO_4$, em termos de mols).

$$w\ g\ Cl_2 = (100\ g\ KMnO_4)\left(\frac{1\ mol\ KMnO_4}{158\ g\ KMnO_4}\right)\left(\frac{5\ mol\ Cl_2}{2\ mol\ KMnO_4}\right)\left(\frac{70,9\ g\ Cl_2}{1\ mol\ Cl_2}\right) = 112\ g\ Cl_2$$

Problemas Complementares

11.10 Calcule o número de oxidação do elemento em negrito itálico nos compostos: (*a*) $K_4\boldsymbol{P}_2O_7$; (*b*) $Na\boldsymbol{Au}Cl_4$; (*c*) $Rb_4Na[H\boldsymbol{V}_{10}O_{28}]$; (*d*) $\boldsymbol{I}Cl$; (*e*) $Ba_2\boldsymbol{Xe}O_6$; (*f*) $\boldsymbol{O}F_2$; (*g*) $Ca(\boldsymbol{Cl}O_2)_2$.

Resp. (*a*) +5; (*b*) +3; (*c*) +5; (*d*) +1; (*e*) +8; (*f*) +2; (*g*) +3

Identificação de agentes redutores e oxidantes

Identifique o elemento oxidado (EO) e o elemento reduzido (ER). Identifique o elemento, composto ou íon solitário que se comporta como agente oxidante, e aquele que se comporta como agente redutor, em cada reação.
As reações podem não estar completas, nem balanceadas.

11.11 $Au^{3+}(aq) + H_2O_2(aq) + NaOH(aq) \rightarrow O_2(g) + Au(s)$

Resp. EO—O, ER—Au, agente oxidante—Au^{3+}, agente redutor—H_2O_2

11.12 $Co^{2+}(aq) + HNO_2(aq) \rightarrow NO(g) + Co^{3+}(aq)$

Resp. EO—Co, ER—N, agente oxidante—HNO_2, agente redutor—Co^{2+}

11.13 $Zn(s) + HNO_3(aq) \rightarrow Zn(NO_3)_2(aq) + NO(g)$

Resp. EO—Zn, ER—N, agente oxidante—HNO_3, agente redutor—Zn

11.14 $Hg(s) + HNO_3(aq) \rightarrow Hg(NO_3)_2(aq) + NO$

Resp. EO—Hg, ER—N, agente oxidante—HNO_3, agente redutor—Hg

11.15 $Cu(s) + H_2SO_4(l) \rightarrow SO_2(g) + CuO(s)$

Resp. EO—Cu, ER—S, agente oxidante—H_2SO_4, agente redutor—Cu

O balanceamento de reações de oxidação-redução

Utilize o método de sua preferência para escrever equações iônicas e moleculares balanceadas para:

11.16 $Au^{3+}(Cl^-)_3 + H_2O_2 + Na^+OH^- \rightarrow Na^+Cl^- + O_2 + Au + H_2O$

11.17 $Co^{2+}(NO_3^-)_2 + H^+NO_2^- \rightarrow NO + Co^{3+}(NO_3^-)_3 + H_2O$

11.18 $Zn + H^+NO_3^- \rightarrow Zn^{2+}(NO_3^-)_2 + NO + H_2O$

11.19 $Hg + H^+NO_3^- \rightarrow Hg^{2+}(NO_3^-)_2 + NO + H_2O$

11.20 $Cu + (H^+)_2SO_4^{2-} \rightarrow SO_2 + CuO + H_2O$

11.21 $Na^+Br^- + Cl_2 \rightarrow Na^+Cl^- + Br_2$

11.22 $Sn + O_2 + H^+Cl^- \rightarrow Sn^{2+}(Cl^-)_2 + H_2O$

11.23 $CuS + H^+NO_3^- \rightarrow Cu^{2+}(NO_3^-)_2 + S + NO + H_2O$ (HNO_3 diluído)

11.24 $Fe^{2+}(Cl^-)_2 + H_2O_2 + H^+Cl^- \rightarrow Fe^{3+}(Cl^-)_3 + H_2O$

11.25 $As_2S_5 + H^+NO_3^- \rightarrow H_3AsO_4 + H^+HSO_4^- + NO_2 + H_2O$ (HNO_3 concentrado)

11.26 $Cu + H^+NO_3^- \rightarrow Cu^{2+}(NO_3^-)_2 + NO_2 + H_2O$ (HNO_3 concentrado)

11.27 $Cu + H^+NO_3^- \rightarrow Cu^{2+}(NO_3^-)_2 + NO + H_2O$ (HNO_3 diluído)

11.28 $Zn + H^+NO_3^- \rightarrow Zn^{2+}(NO_3^-)_2 + NH_4^+NO_3^- + H_2O$ (HNO_3 diluído)

11.29 $(Na^+)_2C_2O_4^{2-} + K^+MnO_4^- + (H^+)_2SO_4^{2-} \rightarrow (K^+)_2SO_4^{2-} + (Na^+)_2SO_4^{2-} + Mn^{2+}SO_4^{2-} + CO_2 + H_2O$

11.30 $K^+ClO_3^- + H^+Cl^- \rightarrow K^+Cl^- + Cl_2$

11.31 $O_2 + H^+I^- \rightarrow H^+(I_3)^- + H_2O$

11.32 $MnO + PbO_2 + H^+NO_3^- \rightarrow H^+MnO_4^- + Pb^{2+}(NO_3^-)_2 + H_2O$

11.33 $Cr^{3+}(I^-)_3 + K^+OH^- + Cl_2 \rightarrow (K^+)_2CrO_4^{2-} + K^+IO_4^- + K^+Cl^- + H_2O$ (Observe que tanto o íon cromo quanto o íon iodo são oxidados nesta reação.)

11.34 $(Na^+)_2HAsO_3^{2-} + K^+BrO_3^- + H^+Cl^- \rightarrow Na^+Cl^- + K^+Br^- + H_3AsO_4$

11.35 $(Na^+)_2TeO_3^{2-} + Na^+I^- + H^+Cl^- \rightarrow Na^+Cl^- + Te + I_2 + H_2O$

11.36 $U^{4+}(SO_4^{2-})_2 + K^+MnO_4^- + H_2O \rightarrow (H^+)_2SO_4^{2-} + (K^+)_2SO_4^{2-} + Mn^{2+}SO_4^{2-} + UO_2^{2+}SO_4^{2-}$

11.37 $I_2 + (Na^+)_2S_2O_3^{2-} \rightarrow (Na^+)_2S_4O_6^{2-} + Na^+I^-$

11.38 $Ca^{2+}(OCl^-)_2 + K^+I^- + H^+Cl^- \rightarrow I_2 + Ca^{2+}(Cl^-)_2 + K^+Cl^- + H_2O$

11.39 $Bi_2O_3 + Na^+OH^- + Na^+OCl^- \rightarrow Na^+BiO_3^- + Na^+Cl^- + H_2O$

11.40 $(K^+)_3Fe(CN)_6^{3-} + Cr_2O_3 + K^+OH^- \rightarrow (K^+)_4Fe(CN)_6^{4-} + (K^+)_2CrO_4^{2-} + H_2O$

11.41 $Mn^{2+}SO_4^{2-} + (NH_4^+)_2S_2O_8^{2-} + H_2O \rightarrow MnO_2 + (H^+)_2SO_4^{2-} + (NH_4^+)_2SO_4^{2-}$

11.42 $Co^{2+}(Cl^-)_2 + (Na^+)_2O_2^{2-} + Na^+OH^- + H_2O \rightarrow Co(OH)_3 + Na^+Cl^-$

11.43 $Cu(NH_3)_4^{2+}(Cl^-)_2 + K^+CN^- + H_2O \rightarrow NH_3 + NH_4^+Cl^- + (K^+)_2Cu(CN)_3^{2-} + K^+CNO^- + K^+Cl^-$

11.44 $Sb_2O_3 + K^+IO_3^- + H^+Cl^- + H_2O \rightarrow HSb(OH)_6 + K^+Cl^- + ICl$

11.45 $Ag + K^+CN^- + O_2 + H_2O \rightarrow K^+Ag(CN)_2^- + K^+OH^-$

11.46 $WO_3 + Sn^{2+}(Cl^-)_2 + H^+Cl^- \rightarrow W_3O_8 + (H^+)_2SnCl_6^{2-} + H_2O$

11.47 $V(OH)_4^+Cl^- + Fe^{2+}(Cl^-)_2 + H^+Cl^- \rightarrow VO^{2+}(Cl^-)_2 + Fe^{3+}(Cl^-)_3 + H_2O$

11.48 $Co^{2+}(Cl^-)_2 + K^+NO_2^- + H^+C_2H_3O_2^- \rightarrow (K^+)_3Co(NO_2)_6^{3-} + NO + K^+C_2H_3O_2^- + K^+Cl^- + H_2O$ (*Observação*: O químico orgânico escreve a fórmula do ácido acético como CH_3COOH; contudo, os autores preferem $HC_2H_3O_2$, uma notação usada na química inorgânica.)

11.49 $NH_3 + O_2 \rightarrow NO + H_2O$

11.50 $CuO + NH_3 \rightarrow N_2 + Cu + H_2O$

11.51 $PbO_2 + HI \rightarrow PbI_2 + I_2 + H_2O$

11.52 $Ag_2SO_4 + AsH_3 + H_2O \rightarrow Ag + As_2O_3 + H_2SO_4$

11.53 $NaN_3 \rightarrow Na_3N + N_2$

11.54 $KClO_3 + H_2SO_4 \rightarrow KHSO_4 + O_2 + ClO_2 + H_2O$

11.55 $Sn + HNO_3 \rightarrow SnO_2 + NO_2 + H_2O$

11.56 $I_2 + HNO_3 \rightarrow HIO_3 + NO_2 + H_2O$

11.57 $KI + H_2SO_4 \rightarrow K_2SO_4 + I_2 + H_2S + H_2O$

11.58 $KBr + H_2SO_4 \rightarrow K_2SO_4 + Br_2 + SO_2 + H_2O$

11.59 $Cr_2O_3 + Na_2CO_3 + KNO_3 \rightarrow Na_2CrO_4 + CO_2 + KNO_2$

11.60 $P_2H_4 \rightarrow PH_3 + P_4H_2$

11.61 $Ca_3(PO_4)_2 + SiO_2 + C \rightarrow CaSiO_3 + P_4 + CO$

Complete e efetue o balanceamento das reações abaixo em solução, de acordo com o método das semirreações.

11.62 $I^- + NO_2^- \xrightarrow{\text{ácido}} I_2 + NO$

11.63 $Au + CN^- + O_2 \longrightarrow Au(CN)_4^-$ (solução neutra)

11.64 $MnO_4^- \xrightarrow{\text{base}} MnO_4^{2-} + O_2$

11.65 $P \xrightarrow{\text{base}} PH_3 + H_2PO_2^-$

11.66 $Zn + As_2O_3 \xrightarrow{\text{ácido}} AsH_3$

11.67 $Zn + ReO_4^- \xrightarrow{\text{ácido}} Re^-$

11.68 $ClO_2 + O_2^{2-} \xrightarrow{\text{base}} ClO_2^-$

11.69 $Cl_2 + IO_3^- \xrightarrow{\text{base}} IO_4^-$

11.70 $V \xrightarrow{\text{base}} HV_6O_{17}^{3-} + H_2$

11.71 No Problema 11.8, qual é o volume de O_2 (nas CNTP) gerado por grama de H_2O_2 consumido?

Resp. 0,66 L

11.72 Quanto $KMnO_4$ é necessário para oxidar 100 g de $Na_2C_2O_4$? Consulte o Problema 11.29.

Resp. 52 g

11.73 Os *airbags* instalados em automóveis podem ser inflados pela reação dada no Problema 11.53, que ocorre com muita rapidez, uma vez iniciada. Quantos gramas de NaN_3 (s) são necessários para produzir 69,5 L de $N_2(g)$ (nas CNTP)?

Resp. 151,3 g

11.74 Uma dose fatal de $HgCl_2$ está na faixa de 3 g. Suponha que você esteja participando do projeto de um teste analítico para a presença de mercúrio em um tecido. Você pesquisou e descobriu que é possível converter o mercúrio presente em um tecido em mercúrio metálico, via nitrato de mercúrio (II), que pode ser tratado e detectado. A conversão ocorre de acordo com a reação:

$$Hg(NO_3)_2 + FeSO_4 \rightarrow Fe(NO_3)_3 + Fe_2(SO_4)_3 + Hg$$

Quanto sulfato de ferro (II) é necessário para liberar 0,0063 g de Hg? (*Sugestão*: comece efetuando o balanceamento da reação.)

Resp. $3Hg(NO_3)_2 + 6FeSO_4 \rightarrow 2Fe(NO_3)_3 + 2Fe_2(SO_4)_3 + 3Hg$, 0,0095 g de $FeSO_4$

11.75 Antes de uma carga de minério contendo cromo ser comprada, uma amostra de minério deve ser analisada. Durante a análise, todo o cromo da amostra reage para produzir íon dicromato. São necessários 82 mL de uma solução ácida contendo um total de 27,49 mg de Fe^{2+} para titular a amostra. (a) Qual é a equação balanceada para o processo? (b) Qual é a massa de cromo, em gramas, na amostra?

$$Fe^{2+} + Cr_2O_7^{2-} \xrightarrow{\text{ácido}} Fe^{3+} + Cr^{3+}$$

Resp. (a) $14H^+ + 6Fe^{2+} + Cr_2O_7^{2-} \rightarrow 6Fe^{3+} + 2Cr^{3+} + 7H_2O$; (b) 8,53 mg de Cr

11.76 Um processo que pode ser usado para refinar ouro a nível elevado de pureza necessário na produção de chips de computador inclui uma reação em que o metal é posto em reação para produzir um ácido, $HAuCl_4$. Uma das maneiras de acompanhar o processo consiste em medir a quantidade de Cl_2, se estiver contido em um cilindro, pesando este antes e durante o processo, usando um medidor de fluxo ou outro instrumento de medição direta.

$$Au + Cl_2 + HCl \rightarrow HAuCl_4$$

Encontre a equação balanceada e calcule a massa de Cl_2 usada na produção de 1500 kg de $AuHCl_4$.
Resp. $2Au + 3Cl_2 + 2HCl \rightarrow 2HAuCl_4$, 470 kg Cl_2

Capítulo 12

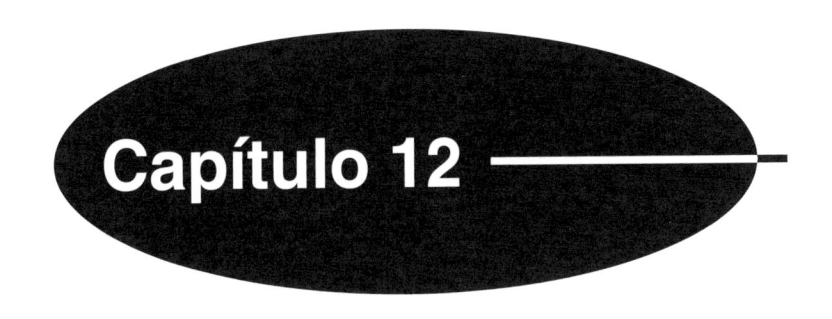

A Concentração de Soluções

A COMPOSIÇÃO DE SOLUÇÕES

As soluções são formadas por dois componentes: o *soluto*, a substância dissolvida, e o *solvente*, a substância que dissolve o soluto. Um solvente não necessariamente é um líquido, muito embora o termo solução nos faça lembrar um soluto sólido dissolvido em um solvente líquido, como a água. Por exemplo, o ar é uma solução onde o solvente é o N_2 (que compõe perto de 80% do ar) e o soluto é o O_2 (com cerca de 20%). Outro exemplo é o ouro usado na fabricação de joias: o metal é na verdade uma liga (uma mistura de elementos metálicos) de ouro (solvente) e um ou mais metais (solutos), como o cobre e o níquel.

A CONCENTRAÇÃO EXPRESSA EM UNIDADES FÍSICAS

De modo geral, as concentrações de soluções são expressas de acordo com as maneiras abaixo:

1. O número de unidades de massa do soluto por unidade de volume do solvente, como 20 g de KCl por litro de solução.
2. A composição percentual, ou o número de unidades de massa do soluto por 100 unidades de massa de solução.

Exemplo 1 Uma solução aquosa de NaCl contém 10 g de NaCl por 100 g de solução. Dez gramas de NaCl são misturados com 90 g H_2O, formando 100 g de solução.

A parte interessante desse método para expressar concentração é que as identidades do soluto e do solvente não importam. Observe que a dissolução de 10 g de qualquer coisa em 90 g de qualquer solvente sempre resulta em uma solução 10%. Claro que a química de dada solução a 10% é diferente de outra solução a 10%, já que número de moléculas do soluto não é o mesmo nas duas soluções, produzidas e mensuradas de acordo com esta maneira.

3. Pela massa do soluto por unidade de massa do solvente (5,2 g NaCl em 100 g H_2O).
4. Em algumas áreas de estudo, como a poluição do ar e da água, as concentrações de um soluto são muito baixas. Nesses casos, essas concentrações são expressas em partes por milhão (ppm), partes por bilhão (ppb), e unidades menores, baseadas nas relações de massa.

AS CONCENTRAÇÕES EXPRESSAS EM UNIDADES QUÍMICAS

A concentração molar

A *concentração molar* (M) é definida como o número de mols do soluto em um litro de solução.

$$M = \frac{\text{mols do soluto}}{\text{litros de solução}}$$

Molaridade é uma medida da concentração expressa como o número de moléculas de soluto encontrado em qualquer solução. Por exemplo, 1 L de uma solução 3 M de NaCl contém o mesmo número de moléculas presentes em 1 L de uma solução 3 M de H_2SO_4 ou de uma solução 3 M de CH_3OH.

Exemplo 2 Uma solução 0,500 M de H_2SO_4 contém 49,04 g de H_2SO_4 por litro de solução, uma vez que 49,04 é a metade da massa molar do H_2SO_4 (98,08 g/mol). Uma solução 1,00 M contém 98,08 g de H_2SO_4 por litro de solução.

Cuidado: (*a*) *M* é um símbolo de quantidade, a concentração molar, e **M** é o símbolo de uma unidade, mol/L. O termo muitas vezes usado para representar a concentração molar é *molaridade*. Existe outra concentração de solução, a *molalidade* (nome alternativo para *concentração molal*, *m*). Tome cuidado para evitar confusões associadas a problemas de pronúncia ou o uso equivocado de um símbolo errado (*M* em lugar de *m*, ou vice-versa).

A normalidade

A *normalidade* de uma solução (N) é o número de equivalentes de solução contidos em um litro de solução. A *massa equivalente* é a fração da massa molar correspondente à unidade definida de reação química, e um *equivalente* (eq) é esta mesma fração de um mol. Massas equivalentes são determinadas conforme abaixo:

1. A unidade definida de reação de ácidos e bases é a reação de neutralização

$$H^+ + OH^- \to H_2O$$

A massa equivalente de um ácido é a fração da massa molar que contém ou pode suprir um mol de H^+. Uma maneira simplificada de examinar a massa equivalente consiste em considerar a massa do ácido dividida pelo número de H por molécula, supondo a ionização total.

Exemplo 3 As massas equivalentes de HCl e $HC_2H_3O_2$ são idênticas a suas massas molares, pois um mol de cada um dos ácidos gera um mol de H^+. Por outro lado, um equivalente de H_2SO_4 é metade da massa molar, ou eq $\frac{1}{2}$ mol H_2SO_4. Isso é válido para ácidos que ionizam (dissociam-se) muito bem. Para ácidos que não atendem a este critério, como o H_3PO_4, esta premissa não pode ser aplicada. No caso do ácido fosfórico, um eq pode ser a massa de 1 H_3PO_4, $\frac{1}{2}$ massa molar ou $\frac{1}{3}$ de massa molar, dependendo da extensão da dissociação (1, 2 ou 3 H^+ por mol de ácido). Um equivalente de H_3BO_3 é sempre 1 mol, porque apenas um hidrogênio é substituível nas reações de neutralização. A massa equivalente de SO_3 é metade da massa molar, uma vez que o SO_3 reage com a água, formando $2H^+$.

$$SO_3 + H_2O \to 2H^+ + SO_4^{2-}$$

Não há regras simples para prever quantos hidrogênios de um ácido podem ser substituídos em uma reação de neutralização.

2. A massa equivalente de uma base é a fração da massa molar que contém ou pode fornecer um mol de OH^- ou que pode reagir com um mol de H^+.

Exemplo 4 As massas equivalentes de NaOH, NH_3 (reage com o H_2O para gerar $NH_4^+ + OH^-$), $Mg(OH)_2$ e $Al(OH)_3$ são iguais a $\frac{1}{1}$, $\frac{1}{1}$, $\frac{1}{2}$ e $\frac{1}{3}$ de suas massas molares, respectivamente, quando a ionização é total.

3. A massa equivalente de um agente oxidante ou redutor de uma reação em particular é igual a sua massa molar dividida pelo número total de mols ganhos ou perdidos durante uma reação de 1 mol. Um dado agente oxidante ou redutor pode ter mais que uma massa equivalente, dependendo da reação envolvida. É preciso determinar os elétrons deslocados durante cada reação.

Uma massa equivalente tem esse nome porque um número de equivalentes de uma substância reage com igual número de equivalentes de outra. Esta regra vale para a neutralização, porque um H^+ neutraliza um OH^-, e para a oxidação-redução, porque o número de elétrons perdidos por um agente redutor é igual ao número de elétrons ganho pelo agente oxidante (elétrons não podem ser eliminados, de acordo com a lei de conservação da matéria).

Exemplo 5 Um mol de HCl, ½ mol de H_2SO_4 e 1/6 mol de $K_2Cr_2O_7$ (como agente oxidante), cada um em 1 L de solução, geram soluções 1 N de cada composto. Uma solução 1 N de HCl é também uma solução 1 M do ácido. Uma solução 1 N de H_2SO_4 é uma solução 0,5 M do ácido.

Observe que N é o símbolo de uma quantidade, a normalidade, e N é o símbolo de uma unidade, o eq/L.

A molalidade

A *molalidade* de uma solução é o número de mols de soluto por quilograma de solvente, na solução. A molalidade (m) não pode ser calculada com base na concentração molar (M), a menos que a densidade da solução seja conhecida (ver Problema 12.88).

Exemplo 6 Uma solução composta por 98,08 g de H_2SO_4 e 1000 g de H_2O seria uma solução 1,000 molal. (A exemplo de N e N, neste livro, usamos m para quantidade, ao passo que "m" é a unidade, mol de soluto/kg de solvente.)

A fração molar

A *fração molar* (X ou x, dependendo do autor) de qualquer componente de uma solução é definida como o número de mols (n) deste componente dividido pelo número total de mols de todos os componentes em solução. A soma das frações molares de todos os componentes de uma solução é igual a 1. Em uma solução com dois componentes, a fração molar de um deles é calculada de acordo com a expressão

$$X(\text{soluto}) = \frac{n(\text{soluto})}{n(\text{soluto}) + n(\text{solvente})} \qquad X(\text{solvente}) = \frac{n(\text{solvente})}{n(\text{soluto}) + n(\text{solvente})}$$

Para o cálculo do *percentual molar*, multiplicar por 100.

A COMPARAÇÃO ENTRE AS ESCALAS DE CONCENTRAÇÃO

As escalas de *concentração molar* e *normalidade* são úteis em experimentos volumétricos, em que a quantidade de soluto em uma dada porção da solução está relacionada ao volume medido de solução. Isso ficará comprovado em capítulos subsequentes, onde a escala da normalidade é muito conveniente, pois permite comparar volumes relativos necessários para que duas soluções reajam (o que previne a existência de um reagente limitante). Uma limitação da escala da normalidade é que uma dada solução pode ter mais de uma normalidade, dependendo da reação em que participa. Por exemplo, íons diferentes de um composto, que não está na razão 1:1, como o Ag_2SO_4, têm normalidades diferentes, dependendo se a prata ou o sulfato são os íons usados nos cálculos. Por outro lado, a concentração molar de uma solução é um número inalterável, pois a massa molar de uma substância não depende da reação em que ela toma parte.

A escala da *molalidade* é útil em experiências onde medidas físicas (ponto de congelamento, ponto de ebulição, pressão de vapor, pressão osmótica, etc.) são efetuadas em uma faixa ampla de temperaturas. A molalidade de uma solução, determinada apenas pelas massas de seus componentes, não depende da temperatura. Em contrapartida, a concentração molar (ou normalidade) de uma solução é definida em termos de volume. Por conta disso, ela pode variar de forma considerável com a variação na temperatura, devido ao fato de o volume ser função da temperatura. É interessante observar que, em soluções aquosas diluídas (menos de 0,1 M), a molalidade está muito próxima da molaridade.

A escala da *fração molar* é útil quando estamos preocupados com as propriedades físicas das soluções (Capítulo 14), expressas, mais claramente, em termos de números relativos de moléculas de solvente e de soluto. Há vezes em que as propriedades físicas são afetadas pelo número de partículas em solução. Logo, a molalidade de íons, assim como a molalidade das moléculas, é importante – o NaCl (Na^+ e Cl^- em solução) e o Na_2SO_4 (2 Na^+ e SO_4^{2-} em solução) afetam as mensurações físicas de modo diferente.

RESUMO DAS UNIDADES DE CONCENTRAÇÃO

$$\text{Concentração molar de uma solução} = M = \frac{\text{mols de soluto}}{\text{litro de solução}} \quad \text{ou} \quad \frac{\text{milimols de soluto}}{\text{mililitro (cm}^3\text{) de solução}}$$

$$\text{Normalidade de uma solução} = N = \frac{\text{equivalentes de soluto}}{\text{litro de solução}} \quad \text{ou} \quad \frac{\text{miliequivalentes de soluto}}{\text{mililitro (cm}^3\text{) de solução}}$$

$$\text{Molalidade de uma solução} = m = \frac{\text{mols de soluto}}{\text{quilogramas de solvente}}$$

$$\text{Fração molar de um componente} = X = \frac{\text{mols de um componente}}{\text{número total de mols de todos os componentes}}$$

PROBLEMAS RELATIVOS À DILUIÇÃO

A concentração molar e a normalidade são expressas em termos de uma quantidade específica de soluto por volume fixo de solvente. As duas podem ser expressas em termos da quantidade de soluto, por meio de tratamento algébrico.

$$\text{Quantidade de soluto} = \text{volume} \times \text{concentração}$$

Se uma solução é diluída pela adição de um solvente, o volume aumenta e a concentração diminui. No processo de diluição, a quantidade de soluto não muda. Se temos duas soluções de concentrações diferentes, mas contendo quantidades idênticas de soluto (volumes diferentes), elas podem ser relacionadas com base na expressão abaixo:

$$\text{Volume}_1 \times \text{concentração}_1 = \text{volume}_2 \times \text{concentração}_2$$

como

$$M_1 V_1 = M_2 V_2 \quad \text{ou} \quad N_1 V_1 = N_2 V_2$$

onde os números em subscrito indicam o estado anterior à diluição (1) e pós-diluição (2). Se quaisquer três variáveis são conhecidas, podemos calcular a quarta.

Problemas Resolvidos

12.1 Explique a preparação de 60 mL de uma solução aquosa de $AgNO_3$ contendo 0,030 g $AgNO_3$ por mL.

Uma vez que cada mL de solução contém 0,030 g de $AgNO_3$, o cálculo é

$$(0{,}030 \text{ g/mL})(60 \text{ mL}) = 1{,}8 \text{ g } AgNO_3$$

A solução pode ser preparada dissolvendo 1,8 g $AgNO_3$ em muito menos de 60 mL H_2O (3/4 do volume final é uma quantidade perfeitamente plausível). É preciso agitar até a dissolução total e então adicionar água, completando até obter um volume final igual a 60 mL, durante a agitação. Esse procedimento garante que a solução seja *homogênea* (totalmente dissolvida).

Se você tivesse usado 60 mL de água, não haveria garantia de que o volume final seria 60 mL! A única maneira de ter certeza de que o volume final seja 60 mL exige que a *diluição seja feita até obtermos* 60 mL, não adicionar 60 mL de água.

12.2 Que massa de uma solução de NaCl 5,0% em peso é necessária para gerar 3,2 g NaCl?

Uma solução de NaCl 5,0% contém 5,0 g de NaCl em 100 g de solução. Por isso,

$$1 \text{ g NaCl está contido em } \frac{100}{5{,}0} \text{ g solução}$$

e

$$3{,}2 \text{ g NaCl estão contidos em } (3{,}2)\left(\frac{100}{5{,}0} \text{ g solução}\right) = 64 \text{ g solução}$$

Outra maneira de expressar o problema tira proveito da razão e proporção (*w* é a massa desejada):

$$\frac{5{,}0 \text{ g NaCl}}{100 \text{ g solução}} = \frac{3{,}2 \text{ g NaCl}}{w}, \text{ logo } \quad w = 64 \text{ g solução}$$

12.3 Quanto $NaNO_3$ é necessário para produzir 50 mL de uma solução aquosa contendo 70 mg Na^+/mL?

A massa de Na^+ em 50 mL de solução = (50 mL)(70 mg/mL) = 3500 mg = 3,5 g Na^+. A massa molar de $NaNO_3$ é 85. A parcela do sódio é 23. A linha de raciocínio envolvida é

$$23 \text{ g Na}^+ \text{ estão contidos em } 85 \text{ g NaNO}_3$$

$$1 \text{ g Na}^+ \text{ está contido em } \frac{85}{23} \text{ g NaNO}_3$$

e
$$3{,}5 \text{ g Na}^+ \text{ estão contidos em } (3{,}5)\left(\frac{85}{23}\right) \text{g} = 12{,}9 \text{ g NaNO}_3$$

Fatores quantitativos podem ser usados também na representação do problema. Usamos *w* para representar a massa.

$$w \text{ g NaNO}_3 = (50 \text{ mL solução})\left(\frac{70 \text{ mg Na}^+}{1 \text{ mL solução}}\right)\left(\frac{85 \text{ g NaNO}_3}{23 \text{ g Na}^+}\right)\left(\frac{1 \text{ g}}{1000 \text{ mg}}\right) = 12{,}9 \text{ g NaNO}_3$$

12.4 Uma amostra de água de 500 mL tratada com um agente de abrandamento de dureza precisou de 6 gotas da solução de sabão padrão para produzir uma espuma permanente. A solução de sabão havia sido calibrada com uma água dura padronizada contendo 0,136 g de $CaCl_2$ por litro. Em média, esta água dura necessitou de 28 gotas de sabão padrão para formar espuma em um volume de 500 mL. Calcule a dureza da amostra expressa em ppm de $CaCO_3$. *Observação*: o $CaCO_3$ é muito insolúvel e, na verdade, não existe em água dura. A medida da dureza é, de fato, a quantidade de $CaCO_3$ formada se todo o Ca^{2+} fosse precipitado como $CaCO_3$.

Sabendo que 6 gotas de sabão padrão são necessárias para formar espuma na água, contra as 28 necessárias para a mesma finalidade na água dura padrão, depreende-se que a dureza da amostra é 6/28 da dureza da água dura padrão em $CaCO_3$. A conversão para unidades padrão por litro, supondo que cada mol de $CaCl_2$ seja equivalente a 1 mol $CaCO_3$, é:

$$\frac{1 \text{ mol CaCO}_3}{1 \text{ mol CaCl}_2} \times \frac{0{,}136 \text{ g CaCl}_2}{111 \text{ g CaCl}_2/\text{mol CaCl}_2} \times 100 \text{ g CaCO}_3/\text{mol CaCO}_3 = 0{,}123 \text{ g CaCO}_3$$

Um litro dessa água quase pura pesa 1000 g. A conversão para ppm é:

$$\frac{0{,}123 \text{ g CaCO}_3}{1000 \text{ g H}_2\text{O}} \times \frac{1000}{1000} = \frac{123}{1.000.000} = 123 \text{ ppm}$$

A dureza da amostra é calculada como (123)(6/28) = 26 ppm. Esse valor é menor do que o apresentado pela maioria das águas, mas não é adequado para águas tratadas. O recipiente contendo o sabão precisa ser trocado ou recarregado.

12.5 Descreva a preparação de 50 g de uma solução 12,0% de $BaCl_2 \cdot 2H_2O$ e água destilada ou deionizada.

Uma solução de $BaCl_2$ 12% contém 12,0 g $BaCl_2$ por 100 g de solução, que tem 6,00 g de $BaCl_2$ em 50,0 g de solução. Contudo, você deve começar com o hidrato e precisa considerar a água presente na molécula quando pesar a substância. A massa molar de $BaCl_2$ é 208, mas a do $BaCl_2 \cdot 2H_2O$ é 244. Portanto,

$$208 \text{ g BaCl}_2 \text{ estão contidos em } 244 \text{ g BaCl}_2 \cdot 2H_2O$$

$$1 \text{ g BaCl}_2 \text{ está contido em } \frac{244}{208} \text{ g BaCl}_2 \cdot 2H_2O$$

e   6,00 g BaCl$_2$ estão contidos em $(6,00 \text{ g BaCl}_2)\left(\dfrac{244 \text{ g BaCl}_2 \cdot 2\text{H}_2\text{O}}{208 \text{ g BaCl}_2}\right) = 7,04 \text{ g BaCl}_2 \cdot 2\text{H}_2\text{O}$

então,   50 g de solução − 7,04 g de sal = 43 g de água necessários

A solução é preparada dissolvendo 7,0 g BaCl$_2$ · 2H$_2$O em 43 g (43 mL) de H$_2$O, com agitação.

Observação: uma pequena parte da água usada como solvente é cedida pelo próprio sal.

12.6 Calcule a massa de HCl anidro em 5,00 mL de ácido clorídrico concentrado (densidade 1,19 g/mL) contendo 37,23% de HCl por peso.

A massa de 5,00 mL de solução é (5,00 mL)(1,19 g/mL) = 5,95 g. Uma vez que a solução contém 37,23% de HCl por peso, o cálculo da massa de HCl necessária é (0,3723)(5,95 g) = 2,22 g HCl.

12.7 Calcule o volume de ácido sulfúrico concentrado (densidade = 1,84 g/mL) contendo 89% H$_2$SO$_4$ por peso que seria produzido usando 40,0 g de H$_2$SO$_4$ puro.

Um mL de solução tem massa igual a 1,84 g e contém (0.98)(1,84 g) = 1,80 g H$_2$SO$_4$ puro. Então, 40 g de H$_2$SO$_4$ estão contidos em

$$\left(\dfrac{40,0}{1,80}\right)(1\text{mL solução}) = 22,2\text{mL solução}$$

O cálculo também pode ser efetuado com fatores de conversão.

$$(40,0 \text{ g H}_2\text{SO}_4)\left(\dfrac{100 \text{ g solução}}{98 \text{ g H}_2\text{SO}_4}\right)\left(\dfrac{1 \text{ mL solução}}{1,84 \text{ g solução}}\right) = 22,2\text{mL solução}$$

12.8 Exatos 4,00 g de uma solução de ácido sulfúrico foram diluídos em água. Feito isso, foi adicionado excesso de BaCl$_2$. O BaSO$_4$ obtido foi secado, pesando 4,08 g. Encontre o percentual de H$_2$SO$_4$ na solução ácida original.

Em primeiro lugar, calcule a massa de H$_2$SO$_4$ necessária para precipitar 4,08 g de BaSO$_4$, com base na reação abaixo e inserindo as informações da equação e do enunciado.

Informações da equação   1 mol × 98,08 g/mol   1 mol × 233,4 g/mol
                          H$_2$SO$_4$ + BaCl$_2$ → 2HCl + BaSO$_4$
Informações do enunciado w 4,08 g

A próxima etapa consiste em representar a razão e a proporção, resolvendo para a massa de H$_2$SO$_4$.

$$\dfrac{98,08 \text{ g H}_2\text{SO}_4}{w} = \dfrac{233,4 \text{ g BaSO}_4}{4,08 \text{ g BaSO}_4}, \text{ que resolve como } w = 1,72 \text{ g H}_2\text{SO}_4$$

e   Fração de H$_2$SO$_4$ por peso = $\dfrac{\text{massa H}_2\text{SO}_4}{\text{massa de solução}} = \dfrac{1,72 \text{ g H}_2\text{SO}_4}{4,00 \text{ g solução}} = 0,430$, que é 43,0%

Concentrações expressas em unidades químicas

12.9 (*a*) Quantos gramas de soluto são necessários para preparar 1 L de Pb(NO$_3$)$_2$ 1 M? (*b*) Qual é a concentração molar da solução relativa a cada um dos íons?

(*a*) Uma solução 1 M contém 1 mol de soluto em 1 L de solução. A massa molar do Pb(NO$_3$)$_2$ é 331,2, o que significa que 331,2 g de Pb(NO$_3$)$_2$ são necessários para formar 1 L de uma solução 1 M do sal.

(*b*) Uma solução 1 M de Pb(NO$_3$)$_2$ é uma solução 1 M em Pb^{2+} e 2 M em NO$_3^-$.

12.10 Qual é a concentração molar de 200 mL de uma solução contendo 16,0 g de CH$_3$OH?

A massa molar do CH$_3$OH é 32,0, e o cálculo da molaridade é:

$$M = \dfrac{\text{mol de soluto}}{\text{L solução}} = \dfrac{16,0 \text{ g}/(32 \text{ g/mol})}{0,200 \text{ L}} = 2,50 \text{ mol/L} = 2,50 \text{ M}$$

12.11 Calcule a concentração molar destas duas soluções: (a) 18,0 g $AgNO_3$ por litro de solução e (b) 12,00 g de $AlCl_3 \cdot 6\,H_2O$ por litro de solução.

(a) $\dfrac{18,0\text{ g/L}}{169,9\text{ g/mol}} = 0,106$ mol/L $= 0,106$ M;   (b) $\dfrac{12,00\text{ g/L}}{241,4\text{ g/mol}} = 0,0497$ mol/L $= 0,0497$ M

12.12 Quanto $(NH_4)_2SO_4$ é necessário para preparar 400 mL de uma solução M/4 (M/4 = ¼ M)?

A massa molar do sulfato de amônio é 132,1. Um litro de solução M/4 contém

$$\tfrac{1}{4}(132,1\text{ g}) = 33,02\text{ g }(NH_4)_2SO_4$$

Logo, 400 mL da solução M/4 exige

$$(0,400\text{ L})(33,02\text{ g/L}) = 13,21\text{ g }(NH_4)2SO_4$$

12.13 Qual é a molalidade de uma solução contendo 20,0 g de açúcar de cana, $C_{12}H_{22}O_{11}$, em 125 g de H_2O?

$$m = \dfrac{\text{mol de soluto}}{\text{kg solvente}} = \dfrac{20,0\text{ g}/(342\text{ g/mol})}{0,125\text{ kg}} = 0,468 \text{ mol de açúcar/kg de água}$$

12.14 A molalidade de uma solução de álcool etílico, C_2H_5OH, em água, é 1,54 mol/kg. Quantos gramas de álcool estão dissolvidos em 2,5 kg H_2O?

A massa molar do álcool etílico é 46,1. Uma vez que a molalidade é 1,54, 1 kg de água dissolve 1,54 mol de C_2H_5OH. A quantidade de C_2H_5OH dissolvida em 2,5 kg de água é

$$(2,5)(1,54) = 3,85\text{ mol }C_2H_5OH,\text{ que pesa }\quad (3,85)(46,1\text{ g/mol}) = 177\text{ g }C_2H_5OH$$

12.15 Calcule a (a) concentração molar e a (b) molalidade de uma solução de ácido sulfúrico com densidade 1,198 g/mL contendo 27,0% de H_2SO_4 por peso.

Recomenda-se, quando as quantidades de substâncias não são dadas, selecionar uma quantidade arbitrada como base do cálculo. Nesse caso, seja 1,000 L a *base* da solução.

(a) Um litro tem uma massa igual a 1198 g e contém $(0,270)(1198) = 323$ g H_2SO_4 de massa molar 98,1.

$$M = \dfrac{\text{mol }H_2SO_4}{\text{L solução}} = \dfrac{323\text{ g }H_2SO_4/(98,1\text{ g/mol})}{1,000\text{ L}} = 3,29\text{ mol/L} = 3,29\text{ M de }H_2SO_4$$

(b) Com base em (a), existem 323 g (3,29 mol) de soluto por litro de solução. A quantidade de água em 1 L de solução é 1198 g de solução − 323 g de soluto = 875 g de H_2O. A molalidade é

$$m = \dfrac{\text{mol de soluto}}{\text{kg solvente}} = \dfrac{3,29\text{ mol }H_2SO_4}{0,875\text{ kg }H_2O} = 3,76 \text{ mol/kg}$$

12.16 Calcule as frações molares das duas substâncias presentes em uma solução contendo 36,0 g H_2O e 46 g $C_3H_5(OH)_3$, a glicerina (massas molares da água e da glicerina são 18,0 e 92, respectivamente).

A fração molar requer que os componentes sejam expressos em mol.

$$\dfrac{36,0\text{ g }H_2O}{18,0\text{ g/mol}} = 2,00\text{ mol }H_2O \qquad \dfrac{46,0\text{ g glicerina}}{92\text{ g/mol}} = 0,50\text{ mol de glicerina}$$

$$\text{Número total de mols} = 2,00 + 0,50 = 2,50$$

$$X(\text{água}) = \dfrac{\text{mols de água}}{\text{mols total}} = \dfrac{2,00}{2,50} = 0,80 \quad X(\text{glicerina}) = \dfrac{\text{mols glicerina}}{\text{mols total}} = \dfrac{0,50}{2,50} = 0,20$$

Verificação: A soma das frações molares precisa ser 1, como de fato observamos neste problema: 0,80 + 0,20 = 1.

12.17 Quantos equivalentes de soluto estão contidos em (a) 1 L de uma solução 2 N? (b) 1 L de uma solução 5 N? (c) 0,5 L de uma solução 0,2 N? (*Sugestão*: a resposta envolve a operação de multiplicação.)

(a) 1 L × 2 eq/L = 2 eq;   (b) 1 L × 0,5 eq/L = 0,5 eq;   (c) 0,5 L × 0,2 eq/L = 0,1 eq

12.18 Quantos (*a*) equivalentes e (*b*) miliequivalentes (meq) de soluto existem em 60 mL de uma solução 4,0 N?

(*a*) $(0.060 \text{ L})\left(\dfrac{4{,}0 \text{ eq}}{\text{L}}\right) = 0{,}24 \text{ eq};$ (*b*) $(0{,}24 \text{ eq})\left(\dfrac{1000 \text{ meq}}{\text{eq}}\right) = 240 \text{ meq}$

Solução alternativa para (*b*): meq = (número de mL)(normalidade) = (60 mL)(4,0 meq/mL) = 240 meq

12.19 Que massa de soluto é necessária para preparar 1 L de uma solução 1 N de (*a*) LiOH; (*b*) Br_2 (como agente oxidante); (*c*) H_3PO_4 (os três H são substituíveis)?

(*a*) Um litro de LiOH 1 N requer (23,95/1)g = 23,95 g LiOH.

(*b*) Observe, com base na equação parcial $Br_2 + 2e^- \rightarrow 2Br^-$, que dois elétrons reagem por molécula de Br_2. A massa equivalente de Br_2 é *metade* da massa molar. Um litro de Br_2 1 N requer (159,8/2)g = 79,9 g Br_2.

(*c*) Um litro de H_3PO_4 1 N necessita de (98,00/3) g = 32,67 g H_3PO_4, pressupondo que a ionização seja total.

12.20 Calcule a normalidade das soluções: (*a*) 7,88 g HNO_3 por litro de solução e (*b*) 26,5 g de Na_2CO_3 por litro de solução, quando neutralizado para formar CO_2.

(*a*) A massa equivalente de HNO_3 para o H^+, não um agente oxidante (para o N), é igual à massa molar, 63,02.

$$N = \dfrac{7{,}88 \text{ g}/(63{,}02 \text{ g/eq})}{1 \text{ L}} = 0{,}125 \text{ eq/L} = 0{,}125 \text{ N de } HNO_3$$

(*b*) A reação é: $CO_3^{2-} + 2H^+ \rightarrow CO_2 + H_2O$, e a massa equivalente de Na_2CO_3 é (1/2)(massa molar) = (1/2)(106,0) = 53,0 Na_2CO_3.

$$N = \dfrac{26{,}5 \text{ g}/(53{,}0 \text{ g/eq})}{1 \text{ L}} = 0{,}500 \text{ eq/L} = 0{,}500 \text{ N de } Na_2CO_3$$

12.21 Quantos mililitros de uma solução 2,00 M de $Pb(NO_3)_2$ contêm 600 mg Pb^{2+}?

Um litro de uma solução $Pb(NO_3)_2$ 1 M contém 1 mol de Pb^{2+}, ou 207 g. Logo, uma solução 2 M do sal contém 2 mols de Pb^{2+}, ou 414 g de Pb^{2+} por litro. Uma vez que 1 mL é 1/1000 de um litro, há 1/1000 da massa de Pb^{2+} em um litro de solução, ou 414 mg/mL. Por essa razão, 600 mg de Pb^{2+} estão contidos em

$$\dfrac{600 \text{ mg}}{414 \text{ mg/mL}} = 1{,}45 \text{ mL de 2,00M de } Pb(NO_3)_2$$

Um método alternativo reconhece que uma solução 2 M contém 2 mmol/mL e,

Massa = M × volume × massa molar   ou, quando rearranjado,   Volume = massa/(M × massa molar)

$$\text{Volume} = \dfrac{600 \text{ mg}}{(2 \text{ mmol/mL})(207 \text{ mg/mmol})} = 1{,}45 \text{ mL}$$

12.22 Para a equação não balanceada

$$K^+MnO_4^- + K^+I^- + (H^+)_2SO_4^{2-} \rightarrow (K^+)_2SO_4^{2-} + Mn^{2+}SO_4^{2-} + I_2 + H_2O$$

(*a*) Quantos gramas de $KMnO_4$ são necessários para produzir 500 mL de uma solução 0,250 N?

(*b*) Quantos gramas de KI são necessários para produzir 25 mL de uma solução 0,36 N?

(*a*) O número de oxidação do Mn no $KMnO_4$ muda de +7 para +2, o que exige 5 elétrons.

$$\text{Massa equivalente de } KMnO_4 = \dfrac{\text{massa molar}}{\text{alteração no número de oxidação}} = \dfrac{158}{5} = 31{,}6 \text{ g } KMnO_4/\text{eq}$$

O 0,500 L de solução 0,250 N de $KMnO_4$ exige

$$(0{,}500 \text{ L})(0{,}250 \text{ eq/L})(31{,}6 \text{ g/eq}) = 3{,}95 \text{ g } KMNO_4$$

Em um cenário diferente, se o $KMnO_4$ produzido acima fosse usado na reação:

$$2MnO_4^- + 3H_2O_2 + 2H^+ \rightarrow 2MnO_2 + 3O_2 + 4H_2O$$

o valor 0,250 N não seria válido, porque a mudança no número de oxidação, neste caso, é 3, não 5 ($Mn^{+7} \rightarrow Mn^{+4}$). A normalidade adequada seria

$$\left(\frac{0{,}250\,N}{5}\right)(3) = 0{,}150\,N$$

(b) O estado de oxidação muda de -1 no I^- para zero no I_2.

$$\text{Massa equivalente de KI} = \frac{\text{massa molar}}{\text{alteração no número de oxidação}} = \frac{166}{1} = 166\,g\,KI\,g/eq$$

Logo, 0,025 L (25 mL) de 0,36 N requer

$$(0{,}025\,L)(0{,}36\,eq/L)(166\,g/eq) = 1{,}49\,g\,KI$$

12.23 Calcule a concentração molar de uma solução 2,28 m de NaBr (densidade = 1,167 g/cm³).

A massa molar do NaBr é 102,9. Para cada quilograma de água, há $(2{,}28)(102{,}9) = 235\,g$ NaBr. Logo, a massa total da solução seria $1000 + 235 + 1235\,g$. Esta massa de solução ocupa um volume de $1235\,g/(1{,}167\,g/cm^3)$, ou 1058 cm³. Uma vez que 1cm³ é igual a 1 mL, o volume é 1,058 L. A concentração molar é

$$\frac{2{,}28\,\text{mol}}{1{,}058\,L} = 2{,}16\,\text{mol}/L\,\text{ou}\,2{,}16\,M$$

12.24 Uma solução de haleto orgânico em benzeno, C_6H_6, tem uma fração molar de haleto igual a 0,0821. Expresse sua concentração em molalidade.

A massa molar do benzeno é 78,1. Um total de 0,0821 mol de haleto está misturado com $1 - 0{,}0821 = 0{,}9179$ mol de benzeno, que tem massa igual a $(0{,}9179\,\text{mol})(78{,}1\,g/\text{mol}) = 71{,}7\,g = 0{,}0717$ kg. A molalidade em termos de haleto é

$$\text{Molalidade} = \frac{\text{mol do componente}}{\text{kg de solvente}} = \frac{0{,}0821\,\text{mol de haleto}}{0{,}0717\,\text{kg de benzeno}} = \text{solução}\,1{,}145\,m$$

Problemas relativos à diluição

12.25 Até que ponto uma solução contendo 40 mg de $AgNO_3$ por mL deve ser diluída, para gerar uma solução que contenha 16 mg do sal por mL?

Seja V o volume a que 1 mL da solução original precisa ser diluído para gerar uma solução contendo 16 mg de $AgNO_3$ por mL. (*Observação*: a quantidade de soluto não muda com a diluição, mas o volume muda.)

$$\text{Volume}_1 \times \text{concentração}_1 = \text{volume}_2 \times \text{concentração}_2$$

$$1\,mL \times 40\,mg/mL = V_2 \times 16\,mg/mL \text{ e, resolvendo, } V_2 = 2{,}5\,mL$$

Observe que 2,5 mL **não** é o volume de água a ser adicionado, mas o volume final, após a adição de água ao 1 mL da solução original. Além disso, é importante saber que o volume final é tão somente o resultado da soma de volumes, não massas. Isso é válido para soluções diluídas (menos de 1 M), mas não para soluções concentradas. Nesses casos, o volume final deverá ser obtido com base em experimentos de laboratório.

12.26 Como uma solução 0,50 M de $BaCl_2$ pode ser diluída para obter uma solução contendo 20,0 mg Ba^{2+}/mL?

Um litro da solução original contém 0,50 mol $BaCl_2$ (ou Ba^{2+}). A massa de Ba^{2+} em 0,50 mol é

$$(0{,}50\,\text{mol})(137{,}3\,g/\text{mol}) = 68{,}7\,g\,Ba^{2+}/L \quad \text{ou} \quad 68{,}7\,mg\,Ba^{2+}\,\text{por mL}$$

O problema agora é encontrar a extensão em que uma solução de 68,7 mg Ba^{2+}/mL precisa ser diluída para gerar uma solução contendo 20,0 mg de Ba^{2+}/mL. Nesse ponto, o problema é idêntico ao anterior.

$$\text{Volume}_1 \times \text{concentração}_1 = \text{volume}_2 \times \text{concentração}_2$$

$$1\,mL \times 68{,}7\,mg/mL = V_2 \times 20{,}0\,mg/mL \quad \text{e, resolvendo,} \quad V_2 = 3{,}43\,mL$$

Isso significa que cada mililitro da solução 0,50 M de $BaCl_2$ precisa ser diluído com água, a 3,43 mL.

12.27 Um procedimento requer a produção de 100 mL de H_2SO_4 20%, densidade igual a 1,14 g/mL. Que a quantidade de ácido concentrado, densidade igual a 1,84 g/mL e contendo 98% H_2SO_4 por peso, precisa ser diluída com água para preparar o volume necessário?

Antes de tudo, as concentrações precisam ser alteradas, de base massa para base volume. Isso permite a aplicação das equações de diluição. As concentrações incluem a massa, mas não são uma forma direta de expressão de massa.

$$\text{Massa de } H_2SO_4 \text{ por mL de ácido 20\%} = (0{,}20)(1{,}14 \text{ g/mL}) = 0{,}228 \text{ g/mL}$$

e

$$\text{Massa de } H_2SO_4 \text{ por mL de ácido 98\%} = (0{,}98)(1{,}84 \text{ g/mL}) = 1{,}80 \text{ g/mL}$$

Agora, podemos fazer V_2 ser o volume de ácido 98% necessário para produzir 100 mL de H_2SO_4.

$$\text{Volume}_1 \times \text{concentração}_1 = \text{volume}_2 \times \text{concentração}_2$$

$$100 \text{ mL} \times 0{,}228 \text{ mg/mL} = V_2 \times 1{,}80 \text{ mg/mL} \quad \text{e, resolvendo,} \quad V_2 = 12{,}7 \text{ mL } H_2SO_4 \text{ concentrado}$$

12.28 Quais volumes de HCl N/2 e N/10 precisam ser misturados para gerar 2 L de HCl N/5?

Seja v = volume de solução N/2 necessário e 2 L – v o volume de solução N/10 necessário.

Número de eq de solução N/5 = (número de eq de solução N/2) + (número de eq de solução N/10)

$$(2 \text{ L})(\tfrac{1}{5}\text{N}) = v(\tfrac{1}{2}\text{N}) + (2 \text{ L} - v)(\tfrac{1}{10}\text{N}) \text{ e, resolvendo, } v = 0{,}5 \text{ L}$$

e, substituindo 0,5 por v, os volumes necessários são 0,5 L de solução N/2 e 1,5 L de solução N/10.

12.29 Quantos mL de H_2SO_4 concentrado, densidade 1,84 g/mL e contendo 98% H_2SO_4 por peso precisamos usar para produzir (a) 1 L de solução 1 N; (b) 1 L de solução 3,00 N; (c) 200 mL de solução 0,500 N do ácido?

$$\text{Massa equivalente de } H_2SO_4 = \tfrac{1}{2}(\text{massa molar}) = \tfrac{1}{2}(98{,}1) = 49{,}0 \text{ g/eq } H_2SO_4$$

O teor de H_2SO_4 em 1 L de ácido concentrado é $(0{,}98)(1000 \text{ mL})(1{,}84 \text{ g/mL}) = 1800 \text{ g } H_2SO_4$. A normalidade do ácido concentrado é calculada de acordo com a expressão

$$\frac{1800 \text{ g } H_2SO_4/\text{L}}{49{,}0 \text{ g } H_2SO_4/\text{eq}} = 36{,}7 \text{ eq/L} = 36{,}7 \text{ N de } H_2SO_4 \text{ (conc)}$$

o que permite usar a fórmula da diluição $V_{\text{conc}} \times N_{\text{conc}} = V_{\text{diluído}} \times N_{\text{diluído}}$. Resolvendo para V_{conc}, em cada caso,

(a) $\quad V_{\text{conc}} = \dfrac{V_{\text{diluído}} \times N_{\text{diluído}}}{N_{\text{conc}}} = \dfrac{(1 \text{ L})(1{,}00 \text{ N})}{36{,}7 \text{ N}} = 0{,}0272 \text{ L} = 27{,}2 \text{ mL de } H_2SO_4 \text{ concentrado}$

(b) $\quad V_{\text{conc}} = \dfrac{V_{\text{diluído}} \times N_{\text{diluído}}}{N_{\text{conc}}} = \dfrac{(1 \text{ L})(3{,}00 \text{ N})}{36{,}7 \text{ N}} = 0{,}0817 \text{ L} = 81{,}7 \text{ mL de } H_2SO_4 \text{ concentrado}$

(c) $\quad V_{\text{conc}} = \dfrac{V_{\text{diluído}} \times N_{\text{diluído}}}{N_{\text{conc}}} = \dfrac{(0{,}200 \text{ L})(0{,}500 \text{ N})}{36{,}7 \text{ N}} = 0{,}00272 \text{ L} = 2{,}72 \text{ mL de } H_2SO_4 \text{ concentrado}$

Problemas Complementares

As concentrações expressas em unidades físicas

12.30 Quanto NH_4Cl é necessário para preparar 100 mL de uma solução contendo 70 mg de NH_4Cl por mL?

Resp. 7,0 g

12.31 Que massa de Na_2SO_4 é necessária para misturar 1,5 L de uma solução contendo 0,375 mols do sal por litro de solução?

Resp. 79,899 g de Na_2SO_4 (com três casas decimais de precisão, normalmente obtidas com balanças analíticas).

12.32 Entre os usos de cartuchos de bronze (zinco 30% e cobre 70%, por peso), estão a produção de munições e radiadores de automóveis. Qual é o número de mols de cada componente em uma amostra de 18 g do material?

Resp. 0,083 mol de Zn e 0,198 mol de Cu

12.33 Brocas para perfuração de concreto são produzidas com uma liga de aço composta por 0,50% por peso de carbono, 1,35% por peso de cromo, 0,28 % por peso de níquel e 0,22% por peso de vanádio. Uma amostra deste aço pesando 1 kg foi recebida de um fornecedor em potencial. Ela foi analisada pelo departamento de controle de qualidade da empresa que pretende utilizá-la. Calcule a composição de cada componente em mols.

Resp. 0,416 mol de C, 0,147 mol de Cr, 0,048 mol de Ni e 0,043 mol de V

12.34 Que massa (g) de solução concentrada contendo 37,9% HCl por peso gera 5,0 g HCl?

Resp. 13,2 g

12.35 Uma experiência conduzida em laboratório utiliza 100 g de uma solução 19,7% de NaOH. Quantos gramas de NaOH e H_2O são necessários para produzi-la?

Resp. 19,7 g de NaOH e 80,3 g H_2O

12.36 Quanto $CrCl_3 \cdot 6H_2O$ é necessário para preparar 1 L de solução contendo 20 mg Cr^{+3}/mL?

Resp. 102 g

12.37 Calcule o volume de HNO_3 diluído, densidade 1,11 g/cm³ e 19% de HNO_3 por peso, contendo 10 g HNO_3.

Resp. 47 cm³ ou 47 mL.

12.38 Que porcentagem de Na_2SO_4 contém 0,001 g de sal por mL de solução (densidade 1,03g/mL)?

Resp. 0,097% Na_2SO_4

12.39 Quantos centímetros cúbicos de uma solução contendo 40 g de $CaCl_2$ por litro são necessários para reagir com 0,642 g de Na_2CO_3 puro? O $CaCO_3$ é formado na reação de metátese.

Resp. 16,8 cm³ ou 16,8 mL.

12.40 Que volume de uma solução de NaCl 0,5 g/mL é necessário para reagir com 25 g de $AgNO_3$? (O AgCl é um precipitado produzido por esta reação.)

Resp. 17,1 mL

12.41 Amônia gasosa é lavada em água, produzindo uma solução com densidade igual a 0,93 g/mL e contendo 18,6% de NH_3 por peso. Qual é a massa de NH_3 (mg) por mililitro de solução?

Resp. 173 mg/mL

12.42 Considere um volume de 100 mL de água pura a 4°C. Que volume de solução de ácido clorídrico, com densidade igual a 1,175 g/mL e contendo 34,4 % de HCl por peso, pode ser preparado?

Resp. 130 mL

12.43 Um litro de leite pesa 1,032 kg. A gordura do leite, presente no teor de 4% por volume, tem densidade igual a 0,865 g/mL. Qual é a densidade do leite desnatado?

Resp. 1,039 g/mL

12.44 Um cimento solúvel em benzeno é produzido com a fusão de 49 g de resina em um recipiente de ferro e a adição de 28 g de goma-laca e de igual massa de cera de abelhas. Que quantidade de cada componente é necessária para produzir 75 kg do cimento?

Resp. 35 kg de resina, 20 kg de goma-laca e 20 kg de cera de abelhas.

12.45 Quanto $CaCl_2 \cdot 6H_2O$ e quanta água são necessários para produzir 100 g de uma solução 5,0% de $CaCl_2$?

Resp. 9,9 g de $CaCl_2 \cdot 6H_2O$ e 90,1 g de H_2O.

12.46 Qual a massa de $BaCl_2$ necessária para produzir 250 mL de uma solução contendo a mesma concentração de Cl^- observada em uma solução contendo 3,78 g de NaCl por 100 mL?

Resp. 16,8 g de $BaCl_2$

12.47 Embora não seja corriqueiro, a molalidade e a molaridade de uma liga (um metal em solução com outros metais) podem ser calculadas. O aço-níquel contém pequenas quantidades de níquel e ferro. (*a*) Expresse a molalidade de 2,5 g de Ni (massa atômica = 58,69) dissolvidos em 1000 mL de Fe (massa atômica = 55,85, densidade 7,66 g/cm³, em condições laboratoriais) e (*b*) expresse a molaridade desta solução metálica (sem alteração de volume).

Resp. (*a*) 0,0056 m; (*b*) 0,0426 M

12.48 Usando os dados do problema anterior, calcule a fração molar do Ni e a fração molar do Fe.

Resp. 0,000311 para o Ni e 0,9997 para o Fe.

12.49 O teor de sulfato em 6,00 litros de água potável é calculado com base na evaporação de parte da água, o que forma uma solução mais concentrada. Esse volume é então tratado com $BaCl_2$ em solução, resultando na precipitação de 0,0965 g $BaSO_4$. Expresse a concentração do íon sulfato em ppm.

Resp. 6,62 ppm

12.50 O nitrato de prata, $AgNO_3$, pode ser adicionado à água potável como reagente de teste para a concentração do cloro usado para matar bactérias e outros patógenos. No processo, é produzido AgCl, na forma de um precipitado branco pesado. Uma amostra de água de 10 mL necessitou de 1,35 mL de $AgNO_3$ contendo 0,00366 g de Ag^+ por mL para consumir todo o cloro. Qual é a concentração de Cl^- na amostra, em ppm (densidade da amostra = 1,000 g/mL)?

Resp. 162 ppm

12.51 Uma amostra de ar coletada em uma indústria de produtos químicos foi analisada por espectrometria de massa. A análise revelou a presença de $1,2 \times 10^{-8}$ mols de benzeno por mol de ar. Expresse esta concentração de benzeno, C_6H_6, em ppb em peso. Suponha que a massa molar média do ar seja 29.

Resp. 32 ppb

As concentrações expressas em unidades químicas

12.52 (*a*) A cromagem de superfícies para fins de proteção contra corrosão pode ser efetuada com uma solução de $Cr(NO_3)_3$. Que massa de Cr^{3+} existe em 25 L de uma solução de 1,75 M? (*b*) A cobertura com película de ouro pode ser efetuada usando uma solução 3,50 M de $Au(NO_3)_3$. Que massa de Au^{3+} está contida em 12,75 L de solução?

Resp. (*a*) 2275 g de Cr^{3+}; (*b*) 8970 g de Au^{3+}

12.53 (*a*) Que massa de prata precisa ser pesada para produzir 10 L de solução 6 M de $AgNO_3$? (*b*) Que massa de ouro é necessária para produzir 10 L de solução 6 M de $Au(NO_3)_3$?

Resp. (*a*) 6,5 kg de Ag; (*b*) 11,8 kg de Au

12.54 Qual é a molaridade de uma solução contendo 37,5 g de $Ba(MnO_4)_2$ por litro, e qual é a concentração molar de cada tipo de íon?

Resp. 0,100 M de $Ba(MnO_4)_2$; 0,100 M de Ba^{2+}; 0,200 M de MnO_4^-

12.55 Uma solução foi rotulada "0,100 M $Ba(MnO_4)_2$". Que normalidade deveria ser escrita no rótulo se a solução fosse usada como (*a*) agente oxidante em ácido forte (quando é produzido Mn^{2+}), (*b*) agente oxidante em solução ligeiramente ácida (MnO_2 é produzido) ou (*c*) como agente da precipitação de $BaSO_4$?

Resp. (*a*) 0,500 N; (*b*) 0,300 N; (*c*) 0,100 N

12.56 Quantos gramas de soluto são necessários para preparar 1 L de solução 1 M de $CaCl_2 \cdot 6H_2O$?

Resp. 219,1 g

12.57 A presença de água de hidratação altera as quantidades de materiais usados na preparação de soluções. (*a*) O íon cobre (II), em solução, é às vezes usado para matar bactéria em água. Qual é a massa de $CuSO_4$ usada para gerar 1 L de solução 5 M de $CuSO_4$? (*b*) Qual é a massa de $CuSO_4 \cdot 5H_2O$ usada para produzir a mesma solução? Suponha que não haja alteração no volume durante a mistura.

Resp. (*a*) 800 g de $CuSO_4$; (*b*) 1250 g de $CuSO_4 \cdot 5H_2O$

12.58 É possível estimar a quantidade de uma substância necessária para produzir uma solução como forma de verificar cálculos. (a) Usando os números de massa 7 do lítio, 12 do carbono e 16 do oxigênio, calcule a quantidade de carbonato de lítio necessária para produzir 1 L de uma solução 3 M de Li_2CO_3. (b) Feito isso, efetue o cálculo usando as massas atômicas como comparação.

Resp. (a) 222 g;   (b) 221,674 g (0,674 g de diferença, um erro de menos de 4%)

12.59 Que massa de $CaCl_2$ anidro (em g) é necessária para preparar (a) 1 L de solução 1 M de $CaCl_2$; (b) 2,50 L de solução 0,200 M de $CaCl_2 \cdot 2H_2O$; (c) 650 mL de solução 0,600 M de $CaCl_2$?

Resp. (a) 111 g;   (b) 55,5 g;   (c) 43,3 g

12.60 Uma única gota de dimetil mercúrio, $CH_3-Hg-CH_3$, pode causar a morte, quando absorvida pela pele. Que molaridade mínima do dimetil mercúrio contém $5,0 \times 10^{-5}$ g de Hg^{2+} em uma gota, supondo que haja 20 gotas em 1 mL?

Resp. 5×10^{-3} M

12.61 Uma amostra de 6,00 g de um polímero foi dissolvida em 280 mL de um solvente. As medidas da pressão osmótica mostram que sua concentração era $2,12 \times 10^{-4}$ M. Calcule a massa molar do polímero.

Resp. M $= 1,01 \times 10^5$ g/mol

12.62 Exatos 100 g de NaCl são dissolvidos em água o bastante para gerar 1500 mL de solução. Qual é a concentração molar da solução preparada dessa maneira?

Resp. 1,14 M

12.63 Suponha que você seja responsável pela produção de 2,25 L de uma solução 0,082 M de sulfato cobre (II). Qual a massa de $CuSO_4$ que você terá de pesar? (Densidade = 1,00 g/mL, sem variação no volume.)

Resp. 29,5 g de $CuSO_4$

12.64 Calcule a molalidade de (a) 0,65 mol de glicose, $C_6H_{12}O_6$, em 250 g de H_2O; (b) 45 g de glicose em 1 kg de água; (c) 18 g de glicose em 200 g de água.

Resp. (a) 2,6 m;   (b) 0,25 m;   (c) 0,50 m

12.65 Quantos gramas de $CaCl_2$ devem ser adicionados a 300 mL de água para formar 2,46 m de $CaCl_2$?

Resp. 82 g

12.66 Três compostos podem ser produzidos começando com duas moléculas de $C_4H_8O_4$ e desidratando (retirando uma molécula de H_2O) para gerar $C_8H_{14}O_7$. Feito isso, ocorre outra desidratação, entre as moléculas de 8 carbonos e as de 4 carbonos, com o que obtemos $C_{12}H_{20}O_{10}$. Três soluções foram produzidas: 50 g de $C_4H_8O_4$ em 2 L de água, 50 g de $C_8H_{14}O_7$ em 2 L de água e 50 g de $C_{12}H_{20}O_{10}$ em 2 L de solução. Quais são as molalidades destas soluções?

Resp. 0,208 m;   0,113 m;   0,077 m

12.67 Uma solução contém 57,5 mL de etanol, C_2H_5OH e 600 mL de benzeno, C_6H_6. Quantos gramas de álcool existem para cada 1000 g de benzeno? Qual é a molalidade da solução? As densidades são 0,80 g/cm³ para o etanol e 0,90 g/cm³ para o benzeno.

Resp. 85 g; 1,85 mol/kg ou 1,85 molal.

12.68 O ácido benzoico, C_6H_5COOH, é solúvel em benzeno, C_6H_6. Qual é a molalidade de uma solução contendo 3,55 g de ácido benzoico dissolvido em 75 mL de benzeno? (A densidade do benzeno é 0,866 g/mL na temperatura do experimento.)

Resp. 0,45 m

12.69 Uma solução contém 10,0 g de $HC_2H_3O_2$ (uma fórmula alternativa do CH_3COOH), o ácido acético, em 125 g de H_2O. Expresse (a) as frações molares de $HC_2H_3O_2$ e H_2O, (b) a molalidade do ácido.

Resp. (a) X(ácido) = 0,024 e X(água) = 0,976;   (b) 1,33 molal

12.70 Uma solução contém 116 g de acetona (CH_3COCH_3), 138 g de etanol (C_2H_5OH) e 126 g de H_2O. Calcule a fração molar de cada componente.

Resp. X(acetona) = 0,167; X(álcool) = 0,250; X(água) = 0,583

12.71 Qual é a fração molar do soluto em uma solução aquosa 1,00 molal?

Resp. 0,0177

12.72 Uma solução aquosa com rótulo indicando 35,0% de $HClO_4$ tem densidade igual a 1,251 g/mL. Calcule a molaridade e a molalidade da solução.

Resp. 4,36 M, 5,36 m

12.73 Uma solução de sacarose foi preparada dissolvendo 13,5 g de $C_{12}H_{22}O_{11}$ em água o bastante para formar exatos 100 mL em volume final. Esta solução tinha densidade igual a 1,050 g/mL. Calcule a concentração molar e a molalidade da solução.

Resp. 0,395 M; 0,431 m

12.74 Para um soluto de massa molar M, mostre que a concentração molar, M, e a molalidade, m, da solução estão relacionadas pela fórmula:

$$M\left(\frac{M}{1000} + \frac{1}{m}\right) = d$$

onde d é a densidade da solução em g/cm³ (g/mL). (*Sugestão*: mostre que cada centímetro cúbico de solução contém $MM/1000$ g de solução e M/m g de solvente.) Use essa relação para verificar as respostas obtidas nos Problemas 12.70 e 12.71.

12.75 Que volume de uma solução 0,232 N contém (*a*) 3,17 meq de soluto e (*b*) 6,5 eq de soluto?

Resp. (*a*) 13,7 mL; (*b*) 28,0 L

12.76 Calcule a molaridade de cada uma das seguintes soluções: (*a*) 166 g de KI/L de solução; (*b*) 33,0 de $(NH_4)_2SO_4$ em 200 mL de solução; (*c*) 12,5 g de $CuSO_4 \cdot 5H_2O$ em 100 cm³ de solução; (*d*) 10,0 mg de Al^{3+} por centímetro cúbico de solução;

Resp. (*a*) 1,00 M; (*b*) 1,25 M; (*c*) 0,500 M; (*d*) 0,370 M

12.77 Que volume de solução 0,200 M de $Ni(NO_3)_2 \cdot 6H_2O$ contém 500 mg de Ni^{2+}?

Resp. 42,6 mL

12.78 Que volume de H_2SO_4 concentrado (densidade 1,835 g/cm³, 93,2% de H_2SO_4 puro por peso) é necessário para produzir 500 mL de uma solução 3,00 N do ácido?

Resp. 43,0 mL

12.79 Calcule o volume de HCl concentrado (1,19 g/cm³, 38% de HCl por peso) utilizado na preparação de 18 mL de solução N/50 do ácido.

Resp. 29 cm³ ou 29 mL

12.80 Calcule a massa de $KMnO_4$ necessária para preparar 80 mL de solução N/8 do sal, no caso de ela ser usada como agente oxidante em uma solução ácida ser o Mn^{2+} ser o produto da solução.

Resp. 0,316 g

12.81 Estamos de posse de uma equação não balanceada: $Cr_2O_7^{2-} + Fe^{2+} + H^+ \rightarrow Cr^{3+} + Fe^{3+} + H_2O$.

(*a*) Qual é a normalidade de 35 mL de uma solução de $K_2Cr_2O_7$ contendo 3,87 g do sal?

(*b*) Qual é a normalidade de 750 mL de uma solução de $FeSO_4$ contendo 96,3 g do sal?

Resp. (*a*) 2,25 N; (*b*) 0,845 N

12.82 Que massa de $Na_2S_2O_3 \cdot 5H_2O$ é necessária para preparar 500 mL de uma solução 0,200 N do sal, supondo que a reação seja

$$2S_2O_3^{2-} + I_2 \rightarrow S_4O_6^{2-} + 2I^-$$

Resp. 24,8 g

12.83 Uma amostra de um composto pesando 4,51 g foi dissolvida em 98,0 g de um solvente. Com base na observação do ponto de congelamento, descobriu-se que a molalidade da solução era 0,388 m. Qual é a massa molar do composto desconhecido?

Resp. 119 g/mol ou 119 M

12.84 Um químico planejava utilizar o $BaCl_2$ para preparar 60,0 mL de uma solução 0,500 M do íon Ba^{2+}. Porém, sua única fonte de $BaCl_2$ disponível era uma massa de 2,66 g de $BaCl_2 \cdot 2H_2O$. Sabendo que o íon nitrato não interferiria nesse processo, o químico decidiu compensar a diferença, usando $Ba(NO_3)_2$. Quanto $Ba(NO_3)_2$ foi necessário?

Resp. 4,99 g de $Ba(NO_3)_2$

Problemas relativos a diluições

12.85 Uma solução contém 75 mg de NaCl por mililitro. Até que ponto ela tem de ser diluída para gerar uma solução com 15 mg de NaCl por mL?

Resp. Cada mililitro da solução original é diluído com água a um volume de 5 mL.

12.86 Quantos centímetros cúbicos de uma solução contendo 100 mg de Co^{2+} por centímetro cúbico não necessários para preparar 1,5 L de uma solução contendo 20 mg de Co^{2+} por centímetro cúbico?

Resp. 300 cm^3

12.87 Calcule o volume aproximado de água que precisa ser adicionado a 250 mL de uma solução 1,25 N para transformá-la em uma solução 0,500 N (desconsidere a variação de volume).

Resp. 375 mL

12.88 Que volume de uma solução 6 M de HNO_3 precisa ser medido para preparar 175 mL de uma solução 4,5 M do mesmo ácido?

Resp. 131 mL

12.89 Qual é a concentração molar resultante para o HCl quando 15 mL de uma solução 6 M do ácido e 15 mL de uma solução 3 M de NaOH são misturados?

Resp. 1,5 M HCl

12.90 Calcule o volume de ácido nítrico diluído (densidade 1,11 g/mL, 19,0% de HNO_3 por peso) que pode ser preparado diluindo 50 mL de ácido concentrado (densidade 1,42 g/mL, 69,8% de HNO_3 por peso). Calcule as concentrações molares e as molalidades dos ácidos concentrado e diluído.

Resp. 234 mL; concentrações molares 15,7 e 3,35; molalidades 36,7 e 3,72

12.91 Que volume de álcool 95% por peso (densidade 0,809 g/cm^3) precisa ser usado na preparação de 150 cm^3 de uma solução 30% de álcool por peso (densidade 0,957 g/cm^3)?

Resp. 56,0 cm^3

12.92 Que volumes de soluções 12 N e 3 N de HCl precisam ser misturados para obter 1 L de solução 6 N de HCl?

Resp. 1/3 de litro de HCl 12 N e 2/3 de L de HCl 3 N

12.93 Qual é a concentração molar de uma solução composta pela mistura de 300 mL de H_2SO_4 0,0200 M e 200 mL de H_2SO_4 0,0300 M?

Resp. 0,024 M

12.94 Um químico pôs em ebulição um volume inicial de 500 mL de solução 0,0865 M de NaCl, até reduzi-lo para 127 mL. Calcule a concentração molar da solução restante.

Resp. 0,341 M de NaCl

Capítulo 13

As Reações Envolvendo Soluções Padrão

AS VANTAGENS DAS SOLUÇÕES VOLUMÉTRICAS PADRÃO

Uma *solução padrão* é aquela que é produzida de maneira a ter uma concentração conhecida. Uma solução padrão tem utilidade especial na determinação da concentração de outra solução, com que ela reage. Essa mensuração tem o nome de *titulação*. Nela, a solução padrão é adicionada a um volume definido da solução desconhecida, até a reação ser completada. O término da reação é detectado por meio de um produto, como um precipitado ou um *indicador*. Indicadores são substâncias sensíveis a uma mudança na solução em que se encontram e sinalizam o término da reação com uma mudança de cor.

Porém, é preciso chamar atenção para dois aspectos da titulação. O primeiro é que o volume da solução desconhecida e o volume da solução padrão precisam ser mensurados com precisão, do contrário os cálculos não refletirão o que de fato está presente. O segundo diz respeito à execução de uma titulação. É importante se certificar da importância de efetuar uma titulação lentamente, pois assim o ponto final não é ultrapassado. Isso acontece quando a solução é adicionada mais rápido que a velocidade da reação, ou quando o ponto final foi ultrapassado simplesmente devido ao fato de a mudança de cor não ter sido observada a tempo.

O objetivo da titulação é consumir todo o teor do composto desconhecido, sem perder a medida da quantidade de solução padrão consumida na reação. Assim que terminada a reação, a quantidade de solução padrão pode ser usada em cálculos para determinar a concentração da solução desconhecida. A determinação do composto desconhecido por titulação está baseada no conhecimento da composição da solução padrão, de acordo com a fórmula:

Número de mols = (número de litros) × (concentração molar)
ou
Número de milimols = (número de mililitros) × (concentração molar)

A ESTEQUIOMETRIA DAS SOLUÇÕES

Para muitas soluções, os cálculos envolvem um ácido monoprótico e uma base dihidroxila ou outro conjunto de condições em que a relação não é 1:1. É preciso acompanhar as diversas concentrações, evitando confundir as molaridades. Contudo, os cálculos estequiométricos envolvendo soluções com normalidades específicas são ainda mais simples. De acordo com a definição de massa equivalente dada no Capítulo 12, duas soluções reagem uma com a outra, sem reagentes limitantes ou em excesso, se tiverem o mesmo número de equivalente. A expressão que representa essa premissa é:

$$\text{normalidade}_1 \times \text{volume}_1 = \text{normalidade}_2 \times \text{volume}_2 \quad \text{ou} \quad N_1 V_1 = N_2 V_2$$

Suponhamos que temos uma solução padrão e que precisamos determinar as informações sobre uma substância que não dissolve em água. As soluções com normalidades conhecidas são úteis, mesmo nos casos em que somente um dos reagentes é dissolvido. Nessas circunstâncias, o número de equivalentes (ou de meq) do reagente que não está em solução (não dissolvido) é determinado da maneira usual, isto é, dividindo a massa da amostra (em gramas, ou mg), pela massa equivalente. A razão pela qual este método funciona é que o número de equivalentes (ou de meq) de um reagente precisa continuar idêntico ao número de equivalentes (ou de meq) do outro, de acordo com a fórmula $N_1V_1 = N_2V_2$.

Problemas Resolvidos

13.1 Que volume de uma solução 1,40 M de H_2SO_4 é necessário para reagir, sem reagentes em excesso ou limitante, com 100 g de Al?

A exemplo do que ocorre com qualquer outro problema envolvendo o termo *reagir*, a necessidade de uma equação química balanceada é óbvia. A única reação de substituição, neste caso, escrita e balanceada, é

$$2Al + 3H_2SO_4 \rightarrow Al_2(SO_4)_3 + 3H_2$$

O método molar

$$\text{Número de mols de Al em 100 g de Al} = \frac{100\,g}{27{,}0\,g/mol} = 3{,}70\,mol\,Al$$

$$\text{Número de mols de } H_2SO_4 \text{ necessários para reagir com 3,70 mols de Al} = \frac{3}{2}(3{,}70) = 5{,}55\,mol\,H_2SO_4$$

$$\text{Volume de solução 1,40 M } H_2SO_4 \text{ contendo 5,55 mol de } H_2SO_4 = \frac{5{,}55\,mol}{1{,}40\,mol/L} = 3{,}96\,L$$

O método da análise dimensional

$$\left(\frac{100\,g\,Al}{27{,}0\,g\,Al/mol\,Al}\right)\left(\frac{3\,mol\,H_2SO_4}{2\,mol\,Al}\right)\left(\frac{1\,L\,H_2SO_4\,\text{solução}}{1{,}40\,mol\,H_2SO_4}\right) = 3{,}96\,L$$

13.2 Na padronização de uma solução de $AgNO_3$, descobriu-se que 40,0 mL eram necessários para precipitar todos os íons cloro contidos em 36,0 mL de uma solução 0,520 M de NaCl. Quantos gramas de prata podem ser obtidos a partir de 100 mL de uma solução de $AgNO_3$?

$$AgNO_3(aq) + NaCl(aq) \rightarrow AgCl(s) + NaCl(aq)$$

A equação balanceada nos diz que números iguais de mols de $AgNO_3$ e NaCl precisam ser usados. (Como nos capítulos anteriores, *n* é o número de mols.)

$$n(AgNO_3) = n(NaCl) = (0{,}0360\,L)(0{,}520\,\text{mol de NaCl/L solução}) = 0{,}01872\,\text{mol de soluto}$$

Logo, 40,0 mL de solução de $AgNO_3$ contêm 0,01872 mol de $AgNO_3$, que fornece 0,01872 mol de Ag. Com esses dados, temos que 100 mL de solução contêm

$$\left(\frac{100\,mL}{40{,}0\,mL}\right)(0{,}01872\,mol\,Ag)(107{,}9\,g\,Ag/mol\,Ag) = 5{,}05\,g\,Ag$$

13.3 Exatos 40,0 mL de uma solução 0,225 M em $AgNO_3$ são necessários para reagir com 25,0 mL de uma solução de NaCN. Calcule a molaridade do NaCN, se a reação ocorre com base na seguinte equação:

$$Ag^+ + 2CN^- \rightarrow Ag(CN)_2^-$$

Uma vez que $\quad n(AgNO_3) = (0{,}0400\,L)(0{,}225\,mol/L) = 0{,}00900\,\text{mol de } AgNO_3$

e $\quad n(NaCN) = 2 \times n(AgNO_3) = 0{,}0180\,\text{mol de NaCN}$

temos que 25,0 mL de solução de NaCN contêm 0,0180 mol de NaCN, de maneira que

$$M = \frac{0{,}0180\,mol}{0{,}025\,L} = 0{,}72\,M\,\text{de NaCN}$$

13.4 Que volume (em mL) de uma solução 6,0 N de NaOH é necessário para neutralizar 30 mL de uma solução 4,0 N de HCl?

Uma vez que HCl + NaOH → NaCl + H$_2$O, e que podemos usar a fórmula $N_1V_1 = N_2V_2$, é possível substituir e resolver para a normalidade desejada.

$$N_{base}V_{base} = N_{ácido}V_{ácido}, \text{ que se torna } V_{base} \times 6,0 \text{ N} = 30 \text{ mL} \times 4,0 \text{ N}$$

E, então,
$$\text{Volume de NaOH} = \frac{(30 \text{ mL})(4,0 \text{ N})}{6,0 \text{ N}} = 20 \text{ mL NaOH solução}$$

13.5 Qual a normalidade de uma solução de H$_3$PO$_4$ se 40 mL neutralizam 120 mL de uma solução 0,531 N de NaOH?

Uma vez que estamos trabalhando com normalidades, os solutos reagem sem reagentes em excesso ou limitante, uns com os outros. Portanto,

$$(\text{volume de H}_3\text{PO}_4) \times (\text{normalidade de H}_3\text{PO}_4) = (\text{volume de NaOH}) \times (\text{normalidade de NaOH})$$

$$(40 \text{ mL})(\text{normalidade de H}_3\text{PO}_4) = (120 \text{ mL})(0,531 \text{ N})$$

$$N \text{ de H}_3\text{PO}_4 = \frac{(120 \text{ mL})(0,531 \text{ N})}{40 \text{ mL}} = 1,59 \text{ N de H}_3\text{PO}_4$$

Observação: A solução deste problema, como apresentada, é válida porque não precisamos saber se um, dois ou três hidrogênios do H$_3$PO$_4$ são deslocados (nem mesmo precisamos saber a fórmula do ácido). A normalidade foi determinada pela reação do ácido com uma base de concentração conhecida. De acordo com a definição de normalidade, o ácido tem a mesma concentração (N) que a base, 1,59 N, em reações com qualquer base forte, em condições idênticas. Para conhecer a concentração molar do ácido, seria necessário conhecer o número de hidrogênios substituíveis na reação, o que não ocorre.

Em situações semelhantes, onde uma substância pode ter diversas massas equivalentes, a normalidade determinada por um tipo de reação não necessariamente é igual à normalidade em outras reações. Por exemplo, se uma base fraca, como a NH$_3$, fosse usada em lugar de uma base forte, na neutralização de um ácido, ou se o método de detecção do ponto de neutralização fosse alterado (com um indicador diferente), a massa equivalente de ácido fosfórico (e a normalidade) seria diferente.

13.6 (*a*) Que volume de solução 5,00 N de H$_2$SO$_4$ neutraliza uma solução contendo 2,50 g de NaOH. (*b*) Que massa (em g) de H$_2$SO$_4$ puro é necessária para a reação?

(*a*) Um equivalente de H$_2$SO$_4$ reage por completo com um equivalente de NaOH. A massa equivalente de NaOH é a massa molar, 40,0. Logo,

$$\text{Número de equivalentes em 2,50 g de NaOH} = \frac{2,50 \text{ g}}{40,0 \text{ g/eq}} = 0,0625 \text{ eq de NaOH}$$

$$\text{Número de litros} \times N = \text{número de eq}$$

$$\text{Número de litros} = \frac{\text{número de eq}}{N} = \frac{0,0625}{5,00} = 0,0125 \text{ L ou 12,5 mL}$$

(*b*) A massa de ácido é calculada com base no resultado do primeiro cálculo acima.

$$\text{Massa equivalente de H}_2\text{SO}_4 = \frac{1}{2} \times \text{massa molar} = \frac{1}{2}(98,08) = 49,04 \text{ g}$$

$$\text{Massa de H}_2\text{SO}_4 \text{ necessária} = (0,0625 \text{ eq})(49,04 \text{ g/eq}) = 3,07 \text{ g de H}_2\text{SO}_4 \text{ puro}$$

13.7 Uma amostra de um ácido sólido pesando 250 g foi dissolvida em água e neutralizada usando 40,0 mL de uma base 0,125 N. Qual é a massa equivalente do ácido?

$$\text{Número de meq de base} = (40,0 \text{ mL})(0,125 \text{ meq/mL}) = 5,00 \text{ meq}$$

$$\text{Número de meq de ácido} = \text{número de meq de base} = 5,00 \text{ meq}$$

$$\text{Massa equivalente de ácido} = \frac{250\,\text{mg}}{5,00\,\text{meq}} = 50\,\text{mg/meq} = 50\,\text{g/eq}$$

13.8 Exatos 48,4 mL de uma solução de HCl são necessários para neutralizar por completo uma massa de 1,240 g de CaCO₃ puro. Calcule a normalidade do ácido.

Cada íon carbonato requer dois íons hidrogênio para neutralização, de acordo com a reação

$$CO_3^{2-} + 2H^+ \rightarrow CO_2 + H_2O$$

Em função da relação acima, a massa equivalente de CaCO₃ é 50,05, valor correspondente à metade da massa molar.

$$\text{Número de equivalentes em, 1,240 g de CaCO}_3 = \frac{1,240\,\text{g}}{50,05\,\text{g}} = 0,0248\,\text{eq de CaCO}_3$$

Logo, 48,4 mL de solução ácida contêm 0,0248 eq de HCl

$$N = \frac{\text{número de eq}}{\text{número de litros}} = \frac{0,0248\,\text{eq}}{0,0484\,\text{L}} = 0,512\,N$$

13.9 A titulação de 50 mL de uma solução de NaCO₃ consumiu um volume de 56,3 mL de HCl 0,102 M para neutralização completa. A reação é a mesma apresentada no Problema 13.8, em que dois íons hidrogênio são necessários para cada íon carbonato. Calcule a massa (em g) de CaCO₃ que seria precipitada se excesso de CaCl₂ fosse adicionado a outro volume de 50 mL da mesma solução de Na₂CO₃.

Método da análise dimensional

$$\text{Massa de CaCO}_3 = \left(\frac{56,3\,\text{mL}}{1000\,\text{mL/L}}\right)\left(\frac{0,102\,\text{mol HCl}}{1\,\text{L}}\right)\left(\frac{1\,\text{mol Na}_2\text{CO}_3}{2\,\text{mol HCl}}\right)\left(\frac{1\,\text{mol CaCO}_3}{1\,\text{mol Na}_2\text{CO}_3}\right)\left(\frac{100,1\,\text{g CaCO}_3}{1\,\text{mol CaCO}_3}\right)$$

Massa de CaCO₃ = 0,287 g de CaCO₃

13.10 Uma amostra de licor amoniacal pesando 10 g é levada à ebulição em um meio contendo excesso de NaOH. A amônia obtida é lavada em 60 mL de uma solução 0,90 N de H₂SO₄. Exatos 10 mL de NaOH 0,40 N são necessários para neutralizar o excesso de ácido sulfúrico (que não é neutralizado pela NH₃). Qual é a porcentagem de NH₃ no licor amoniacal analisado?

Número de meq de NH₃ em 10,0 g de licor amoniacal = (meq de H₂SO₄) − (meq de NaOH)
= (60 mL)(0,90 meq/mL) − (10,0 mL)(0,40 meq/mL)
= 50 meq NH₃

Em experimentos laboratoriais envolvendo a neutralização, a massa equivalente de NH₃ é idêntica à massa molar, 17,0, de acordo com a reação $NH_3 + H^+ \rightarrow NH_4^+$. Logo, a massa de amônia na amostra é (50 meq)(17,0 mg/meq) = 850 mg, ou 0,85 g de amônia. A fração pode ser calculada por

$$\text{Fração de NH}_3\text{ na amostra} = \frac{0,85\,\text{g}}{10,0\,\text{g}} = 0,085 \qquad \text{que é } 0,085 \times 100 = 8,5\%$$

13.11 Uma amostra de 40,8 mL de um ácido é equivalente a 50,0 mL de uma solução de Na₂CO₃, da qual 25,0 mL é equivalente a 23,8 mL de uma solução 0,102 N de HCl. Qual é a normalidade do primeiro ácido?

O volume de HCl que seria necessário para neutralizar 50,0 mL da solução de Na₂CO₃ é

$$\left(\frac{50,0}{25,0}\right)(23,8\,\text{mL}) = 47,6\,\text{mL}$$

$N_1 V_1 = N_2 V_2 \qquad$ torna-se $\qquad (40,0\,\text{mL})(N_1) = (47,6\,\text{mL})(0,102\,N)$
$N_1 = 0,119\,N$ do ácido

13.12 Calcule a massa (em g) de FeSO₄ oxidada por 24,0 mL de uma solução 0,250 N de KMnO₄ acidificada com ácido sulfúrico. A equação não balanceada para a reação é dada abaixo. A normalidade do KMnO₄ diz respeito a esta reação (o Mn muda de +7 para +2 durante a reação).

$$MnO_4^- + Fe^{2+} + H^+ \rightarrow Fe^{3+} + Mn^{2+} + H_2O$$

Não é necessário balancear a equação. Precisamos apenas lembrar que o número de oxidação do ferro muda de $+2$ para $+3$, como mostram as cargas nos íons ferro. A massa equivalente do $FeSO_4$ é

$$\text{Massa equivalente de } FeSO_4 = \frac{\text{massa molar}}{\text{variação no número de oxidação}} = \frac{152}{1} = 152 \text{ g de } FeSO_4/\text{eq}$$

Observação: O mesmo resultado teria sido obtido se tivéssemos usado a semirreação balanceada, que é $Fe^{2+} \rightarrow Fe^{3+} + 1e^-$.

Seja w = massa necessária de $FeSO_4$.

$$\text{Número de eq de } KMnO_4 = \text{número de eq de } FeSO_4$$

$$(\text{Volume de } KMnO_4) \times (\text{normalidade do } KMnO_4) = \frac{\text{massa de } FeSO_4}{\text{massa equivalente de } FeSO_4}$$

$$(0{,}0240 \text{ L})(0{,}250 \text{ eq/L}) = \frac{w}{152 \text{ g/eq}} \quad \text{torna-se} \quad w = (0{,}0240 \text{ L})(0{,}250 \text{ eq/L})(152 \text{ g/eq})$$

$$w = 0{,}912 \text{ g de } FeSO_4$$

13.13 Que volume de $0{,}1000$ N de $FeSO_4$ é necessário para reduzir $4{,}000$ g de $KMnO_4$ em uma solução acidificada com ácido sulfúrico?

A normalidade do $FeSO_4$ diz respeito à reação de oxidação-redução apresentada no Problema 13.12. Nela, o número de oxidação do Mn muda de $+7$ para $+2$. A variação líquida é 5, ou, com base na semirreação balanceada,

$$MnO_4^- + 8H^+ + 5e^- \rightarrow Mn^{2+} + 4H_2O$$

é possível observar que 5 elétrons são transferidos para cada íon permanganato. A massa equivalente de $KMnO_4$, nesta reação, é

$$\frac{1}{5} \times (\text{massa molar}) = \frac{1}{5}(158{,}0) = 31{,}6 \text{ g/eq}$$

$$\text{Número de eq de } FeSO_4 = \text{número de eq de } KMnO_4$$

$$(\text{Volume de } FeSO_4) \times (0{,}1000 \text{ eq/L}) = \frac{4{,}000 \text{ g}}{31{,}6 \text{ g/eq}}$$

$$\text{Volume de } FeSO_4 = 1{,}266 \text{ L}$$

13.14 Sabe-se que uma amostra contém As_2O_3. Com ela, preparou-se uma solução, de acordo com um processo que converte o arsênio em H_3AsO_3. Essa solução foi titulada com solução padrão de I_2. A reação de titulação é

$$H_3AsO_3 + I_2 + H_2O \rightarrow H_3AsO_4 + 2I^- + 2H^+$$

O ponto final da titulação foi obtido com exatos $40{,}27$ mL da solução padrão de I_2, conforme indica a persistência de uma ligeira coloração típica do I_2. A solução padrão foi preparada com $0{,}4192$ g de KIO_3 puro com excesso de KI e ácido, por diluição a um volume final de $250{,}0$ mL. O I_2 é formado durante a reação,

$$IO_3^- + 5I^- + 6H^+ \rightarrow 3I_2 + 3H_2O$$

Calcule a massa de As_2O_3 na amostra.

Em primeiro lugar, é preciso calcular a concentração molar da solução de I_2. Recorrendo ao *método da análise dimensional*, o cálculo é

$$M = \left(\frac{0{,}4192 \text{ g de } KIO_3}{214{,}0 \text{ g de } KIO_3/\text{mol}}\right)\left(\frac{3 \text{ mol de } I_2}{1 \text{ mol de } KIO_3}\right)\left(\frac{1000 \text{ mL/L}}{250{,}0 \text{ mL}}\right) = 0{,}02351 \text{ mol/L} = 0{,}02351 \text{ M de } I_2$$

Feito isso, de acordo com o mesmo método, temos

$$(0{,}04027 \text{ L})(0{,}02351 \text{ mol de } I_2/\text{L})\left(\frac{1 \text{ mol de } H_3AsO_3}{1 \text{ mol de } I_2}\right)\left(\frac{1 \text{ mol de } As_2O_3}{2 \text{ mol de } H_3AsO_3}\right)(197{,}8 \text{ g de } As_2O_3/\text{mol})$$

Com o cálculo acima, temos que a amostra contém $0{,}09363$ g de As_2O_3.

Problemas Complementares

13.15 Que volume (em mL) de uma solução 0,25 M de $AgNO_3$ é necessário para precipitar todo o íon cromato presente em 20 mL de uma solução contendo 100 g de Na_2CrO_4 por litro? A reação é:

$$2Ag^+ + CrO_4^{2-} \rightarrow Ag_2CrO_4(s)$$

Resp. 99 mL

13.16 Uma amostra de 25 mL de ácido clorídrico será usada no tratamento de água de piscinas. Ela é neutralizada por completo com 44,2 mL de NaOH 6 M. (*a*) Qual é a molaridade da solução de HCl? (*b*) Calcule a porcentagem em peso de HCl (a massa da amostra é 25,00 g).

Resp. (*a*) 10,6 M;   (*b*) 38,6%

13.17 Uma amostra de 50,0 mL de Na_2SO_4 é tratada com excesso de $BaCl_2$. Se o $BaSO_4$ precipitado pesa 1,756 g, qual é a molaridade da solução de Na_2SO_4?

Resp. 0,1505 M

13.18 Qual é o teor de tório em uma amostra que precisou de 35,0 mL de $H_2C_2O_4$ 0,0200 M para precipitar todo o tório na forma de $Th(C_2O_4)_2$?

Resp. 81 mg

13.19 Suspeita-se que o Ba^{2+} esteja presente a jusante do efluente de uma indústria. Uma amostra de 25 mL da água é titulada com Na_2SO_4 0,35 M, até o $BaSO_4$ insolúvel deixar de ser produzido, consumindo 53 mL da solução de Na_2SO_4. Qual é a concentração de bário na água expressa como (*a*) molaridade e (*b*) gramas de Ba^{2+}/mL?

Resp. (*a*) 0,742 M;   (*b*) 0,10 g/mL

13.20 Qual é a concentração molar de $K_4Fe(CN)_6$ se 40,0 mL são necessários para titular 150,0 mg de Zn (dissolvido), formando $K_2Zn_3[Fe(CN)_6]_2$?

Resp. 0,0382 M

13.21 Durante a titulação, uma amostra de 50 mL de NaOH precisa de 27,8 mL de uma solução 0,100 N de um ácido. (*a*) Qual é sua normalidade? (*b*) Quantos mg de NaOH existem em um centímetro cúbico (mL) da amostra?

Resp. (*a*) 0,0556 N;   (*b*) 2,22 mg/cm³

13.22 Na padronização do HCl, foram necessários 22,5 mL para neutralizar 25,0 mL de uma solução de Na_2CO_3 0,0500 M. Qual a molaridade e a normalidade da solução de HCl? Quanta água deve ser adicionada a 200 mL do ácido para alterar sua normalidade para 0,100 N?

Resp. 0,111 M; 0,111 N; 22 mL

13.23 Exatos 21 mL de um ácido 0,80 N foram necessários para neutralizar 1,12 g de uma amostra de óxido de cálcio contendo impurezas, por completo. Qual é a pureza do CaO?

Resp. 42%

13.24 O ácido sulfúrico é um dos ácidos mais importantes na indústria. Por essa razão, conhecer sua pureza é essencial. Encontre (*a*) a normalidade de uma amostra de H_2SO_4 de 35 mL que consome 46 mL de uma solução de NaOH 0,5000 M para ser completamente neutralizada; (*b*) expresse a concentração em molaridade.

Resp. (*a*) 0,66 N;   (*b*) 0,33 M

13.25 $Mg(OH)_2$ precisa de um grau de pureza acima de 96% para ser usado em um processo industrial. Uma amostra de 5,000 g consome 60,60 mL de HCl 0,9000 M para a neutralização total. Descobriu-se que a impureza é o $MgCl_2$. Calcule a composição percentual do $Mg(OH)_2$ em massa.

Resp. 31,8% de $Mg(OH)_2$

13.26 No *método Kjeldhal*, o nitrogênio contido em um alimento é convertido em amônia. Se a amônia presente em 5,0 g de um alimento é o bastante para neutralizar 20 mL de ácido nítrico 0,100 M, calcule a porcentagem de nitrogênio presente na amostra de alimento.

Resp. 0,56%

13.27 Qual é a pureza do H_2SO_4 concentrado (densidade 1,800 g/cm^3), se 5,00 cm^3 do ácido, após diluição em água, são neutralizados com 84,6 mL de NaOH 2,000 M?

Resp. 92,2%

13.28 Uma porção de 10,0 mL de uma solução de $(NH_4)_2SO_4$ foi tratada com um excesso de NaOH. O gás NH_3 liberado foi absorvido em 50,0 mL de HCl 0,100 M. Para neutralizar o HCl remanescente, foram necessários 21,5 mL de NaOH 0,098 M. (*a*) Qual é a concentração molar do $(NH_4)_2SO_4$? (*b*) Quantos gramas de $(NH_4)_2SO_4$ existem em um litro da solução?

Resp. (*a*) 0,145 M;   (*b*) 19,1 g/L

13.29 Exatos 400 mL de uma solução ácida, quando tratada com excesso de zinco, liberaram 2,430 L de H_2 gás, medidos em água a 21°C e 747,5 torr. Qual é a normalidade do ácido? A pressão de vapor da água a 21°C é 18,6 torr.

Resp. 0,483 N

13.30 Quantos gramas de Cu são deslocados de 2,0 L de uma solução de $CuSO_4$ 0,150 M por 2,7 g de Al?

Resp. 9,5 g

13.31 Que volume de uma solução 1,50 M de H_2SO_4 libera 185 L de gás H_2 nas CNTP, quando ela é tratada em meio contendo excesso de zinco?

Resp. 5,51 L

13.32 Quantos litros de H_2 nas CNTP são obtidos a partir de 500 mL de HCl 3,78 M usando 125 g de Zn?

Resp. 21,2 L

13.33 Uma massa de 1,243 g de um ácido é necessária para neutralizar 31,72 mL de uma solução padrão 0,1923 N de uma base. Qual é a massa equivalente desse ácido?

Resp. 203,8 g/eq

13.34 A massa molar de um ácido orgânico foi determinada com base em uma experiência com seu sal de bário. Nela, uma massa de 4,290 g do sal foi convertida no ácido livre de acordo com uma reação com 21,64 mL de H_2SO_4 0,477 M. Sabe-se que o sal de bário contém 2 mols de água de hidratação por mol de Ba^{2+} e que o ácido é monoprótico. Qual é a massa molar do sal anidro?

Resp. 122,1 g/mol

13.35 Uma solução de $FeSO_4$ foi padronizada por titulação. Uma alíquota de 25,00 mL da solução consumiu 42,08 mL de sulfato cérico 0,0800 N para alcançar a oxidação total. Qual é a normalidade do sulfato de ferro (II)?

Resp. 0,1347 N

13.36 Suspeita-se que uma amostra de um tecido pesando 15 g contenha arsênio. Ela foi tratada para converter todo seu teor de arsênio em $As(NO_3)_3$. Após, a amostra foi diluída a um volume final de 500 mL. Foi efetuada uma titulação usando H_2S 0,0050 M, para precipitar o arsênio na forma de As_2S_3. O volume de 0,53 mL (um pouco menos que 11 gotas em 20 mL) foi necessário. Quanto arsênio (ppm) esteve presente na amostra de tecido?

Resp. 8,9 ppm

13.37 Quantos mL de uma solução de KIO_3 0,0257 N são necessários para atingir o ponto final na oxidação de 34,2 mL de uma solução de hidrazina 0,0416 N em um meio contendo ácido clorídrico?

Resp. 55,4 mL

13.38 Quantos gramas de $FeCl_2$ são oxidados por 28 mL de $K_2Cr_2O_7$ 0,25 N em um meio contendo HCl? A equação não balanceada é:

$$Fe^{2+} + Cr_2O_7^{2-} + H^+ \rightarrow Fe^{3+} + Cr^{3+} + H_2O$$

Resp. 0,89 g

13.39 Em um procedimento de padronização, 13,76 mL de uma solução de sulfato de ferro (II) foram necessários para reduzir 25,00 mL de uma solução de dicromato de potássio, preparada dissolvendo 1,692 g de $K_2Cr_2O_7$ em água e diluindo a mistura a um volume final de 500,0 mL. (Ver a reação dada no Problema 13.38.) Calcule a molaridade e a normalidade da solução de dicromato de potássio e da solução de sulfato de ferro (II).

Resp. $K_2Cr_2O_7$ 0,01150 M; 0,0691 N; $FeSO_4$ 0,1254 M; 0,1254 N

13.40 Que massa de MnO_2 é reduzida por 35 mL de ácido oxálico 0,080 M, $H_2C_2O_4$, em ácido sulfúrico? A equação não balanceada é:

$$MnO_2 + H^+ + H_2C_2O_4 \rightarrow CO_2 + H_2O + Mn^{2+}$$

Resp. 0,24 g

13.41 (*a*) Que massa de $KMnO_4$ é necessária para oxidar 2,40 g de $FeSO_4$ em uma solução acidificada com ácido sulfúrico? (*b*) Qual é a massa equivalente de $KMnO_4$ nesta reação?

Resp. (*a*) 0,500 g;   (*b*) 31,6 g/eq

13.42 Encontre a massa equivalente de $KMnO_4$ na reação

$$Mn^{2+} + MnO_4^- + H_2O \rightarrow MnO_2 + H^+ \text{ (não balanceada)}$$

Quantos gramas de $MnSO_4$ são oxidados por 1,25 g de $KMnO_4$?
Resp. 52,7 g/eq; 1,79 g

13.43 Que volume de $K_2Cr_2O_7$ 0,0667 M é necessário para liberar cloro de 1,20 g de uma solução de NaCl acidificada com H_2SO_4?

$$Cr_2O_7^{2-} + Cl^- + H^+ \rightarrow Cr^{3+} + Cl_2 + H_2O \text{ (não balanceada)}$$

(*b*) Quantos gramas de $K_2Cr_2O_7$ são necessários? (*c*) Quantos gramas de cloro são liberados?

Resp. (*a*) 51 mL;   (*b*) 1,01 g;   (*c*) 0,73 g

13.44 Se usada como um agente oxidante, 25 mL de uma solução de iodo equivalem a 0,125 g de $K_2Cr_2O_7$, qual será o volume final de uma solução de iodo 0,0500 M preparada com 1000 mL da solução original? A semirreação do iodo é

$$I_2 + 2e \rightarrow 2I^-$$

Resp. 1020 mL

13.45 Quantos gramas de $KMnO_4$ devem ser usados para preparar 250 mL de uma solução com concentração tal que 1 mL seja equivalente a 5,00 mg de ferro na forma de $FeSO_4$?

Resp. 0,707 g

13.46 Que massa de iodo existe em uma solução que consome 40 mL de 0,112 M $Na_2S_2O_3$ para reagir com ela?

$$S_2O_3^{2-} + I_2 \rightarrow S_4O_6^{2-} + I^- \text{ (não balanceada)}$$

Resp. 0,57 g

13.47 Todo o manganês presente em uma solução foi convertido no íon MnO_4^- por contato com bismutato de sódio sólido. Uma alíquota de 25,00 mL de uma solução de $FeSO_4$ 0,0200 M foi adicionada, mais que o suficiente para reduzir por completo o permanganato a Mn^{2+}, em meio ácido. O excesso de Fe^{2+} foi então titulado outra vez em solução ácida, consumindo 4,21 mL de uma solução de $KMnO_4$ 0,0106 M. Qual é o teor (mg) de manganês na solução original?

Resp. 3,04 mg

13.48 A redução de açúcares é muitas vezes caracterizada por um número, R_{Cu}, definido como o número de miligramas de cobre reduzidos por 1 grama do açúcar sendo analisado. A semirreação com o cobre é

$$Cu^{2+} + OH^- \rightarrow Cu_2O + H_2O \text{ (não balanceada)}$$

Algumas vezes são usados métodos indiretos para avaliar o poder redutor de um carboidrato. No método usado neste experimento, 43,2 mg do carboidrato foram oxidados por excesso de $K_3Fe(CN)_6$. O $Fe(CN)_6^{4-}$ formado nessa reação consumiu 5,29 mL de uma solução de $Ce(SO_4)_2$ 0,0345 N, para a reoxidação do $Fe(CN)_6^{3-}$ (a normalidade da solução de sulfato cérico é dada com relação à redução do Ce^{4+} a Ce^{3+}). Calcule o valor de R_{Cu} para a amostra. (*Sugestão*: O número de meq de Cu em uma oxidação direta é igual ao número de meq de Ce^{4+} no método indireto.)

Resp. 268

13.49 Um volume igual a 12,53 mL de uma solução 0,05093 M de dióxido de selênio, SeO_2, reagiu com exatos 25,52 mL de $CrSO_4$ 0,1000 M. Na reação, o Cr^{2+} é oxidado a Cr^{3+}. Qual é o número de oxidação do selênio convertido, ao final da reação?

Resp. Zero

13.50 Uma amostra de 150 g de um minério é tratada com ácido nítrico para remover o cobre em sua composição, com a formação de $CuCl_2$. A solução resultante, com volume igual a 587 mL, foi titulada com NaOH 0,75 M para precipitar $Cu(OH)_2$, consumindo 41,7 mL. Qual é o rendimento desse minério, expresso em kg de Cu/tonelada (1000 kg)?

Resp. 6620 kg Cu/t minério.

13.51 Uma solução ácida de $KReO_4$ contendo 26,83 mg de rênio combinado foi reduzida em uma coluna de zinco granulado. A solução de saída, incluindo o produto da lavagem da coluna, foi titulada com $KMnO_4$ 0,1000 N. Na titulação, foi consumido um volume de 11,45 mL da solução padrão de permanganato, para reoxidar todo o rênio ao íon perrenato, ReO_4^-. Supondo que o rênio foi o único elemento reduzido, qual o número de oxidação final do elemento, após a passagem pela coluna de zinco?

Resp. -1

13.52 O teor de iodeto de uma solução foi determinado por titulação com sulfato cérico em meio contendo HCl, em que o I^- foi convertido em ICl e o Ce^{4+} passou a Ce^{3+}. Uma amostra de 250 mL de uma solução consumiu 20,0 mL de Ce^{4+} 0,050 M. Qual a concentração de iodeto na solução original (em mg/mL)?

Resp. 0,25 mg/mL

13.53 Ligas de prata e cobre são usadas na fabricação de moedas. Uma amostra de uma destas ligas, pesando 75,00 g, foi tratada com HCl o bastante para precipitar todo seu teor de prata, na forma de AgCl. O volume de HCl 6,25 M consumido foi 16,32 mL. Qual a porcentagem de cobre na liga?

Resp. 86,4%

13.54 Uma amostra de cal pesando 0,518 g foi dissolvida e teve seu teor de cálcio precipitado na forma de oxalato de cálcio, CaC_2O_4. O precipitado foi filtrado, lavado e dissolvido em solução de ácido sulfúrico. Na titulação dessa mistura, foram consumidos 40,0 mL de $KMnO_4$ 0,0500 M. Qual é a porcentagem de CaO na amostra? A equação não balanceada para o processo é:

$$MnO_4^- + CaC_2O_4 + (H^+)_2SO_4^{2-} \to CaSO_4 + Mn^{2+} + CO_2 + H_2O$$

Resp. 54,2%

13.55 A cadaverina é um composto orgânico com odor forte e desagradável. O tratamento de 15,00 mL de uma solução malcheirosa usando 1,75 mL de HCl 5 M removeu o odor (conforme percebido pelo químico responsável pela experiência). (*a*) Qual é a normalidade da solução malcheirosa? (*b*) Por que motivo este problema pede a normalidade, e não a molaridade?

Resp. (*a*) 0,58 N; (*b*) A molaridade de uma solução é função do número de íons H^+ que podem ser aceitos por cada molécula de cadaverina, e não temos qualquer informação nesse sentido no enunciado do problema.

13.56 Uma reação entre os íons fosfato e os íons cálcio é completada, formando $Ca_3(PO_4)_2$. Se 50,0 mL de $Ca(NO_3)_2$ 0,400 M são misturados a 100,0 mL de Na_3PO_4 0,300 M, qual é a molaridade final de Ca^{2+}, NO_3^-, Na^+ e PO_4^{3-} na solução resultante?

Resp. Não há Ca^{2+}; 0,267 M de NO_3^-; 0,600 de Na^+, 0,111 M de PO_4^{3-}

13.57 Quantos mililitros de NaOH 0,0876 M devem ser adicionados a 50,0 mL de HCl 0,0916 M para gerar uma solução em que a concentração de H^+ seja 0,0010 M?

Resp. 51,1 mL

13.58 Um dos problemas relativos a soluções de NaOH é que elas absorvem o CO_2 do ar, que reage com o OH^- para formar CO_3^{2-}, impedindo a visualização do ponto final de titulações com ácidos. Uma jovem química, com espírito empreendedor, tinha em mãos 975,0 mL de uma solução 0,3664 M de NaOH, que ela suspeitava ter absorvido algum teor de CO_2. Então, ela adicionou 10 mL de $Ba(OH)_2$ 0,50M à solução, o que precipitou todo o íon carbonato como $BaCO_3(s)$. Após filtragem do sal precipitado, a solução foi padronizada outra vez, revelando que era 0,3689 M em OH^-. Quantos gramas de $BaCO_3$ sólido foram removidos?

Resp. 0,38 g

13.59 Como outros ácidos, o ácido cítrico tem sabor acre e pode conferir um sabor azedo ao suco de laranja. Uma amostra de 1 L de suco de laranja é titulada com 193 mL de NaOH 0,75 M. Supondo que o ácido cítrico seja o único ácido titulável, qual é sua normalidade nessa amostra?

Resp. 0,15 N

13.60 Uma solução suspeita de conter nitrato de ferro (II) é titulada com Na_2SO_4 0,035 M. Qual é a quantidade dessa solução necessária para gerar um precipitado de $PbSO_4$ a partir de 1 L de solução saturada de sulfato de chumbo (II)? A solução é saturada na molaridade de $1,3 \times 10^{-4}$ M de $PbSO_4$?

Resp. A adição de um volume acima de 3,7 mL faz surgir o precipitado.

Capítulo 14

As Propriedades das Soluções

INTRODUÇÃO

As soluções exibem uma diversidade de propriedades que variam com o número de partículas do soluto em solução, muitas vezes sem qualquer relação com a composição química dos componentes. Em outras palavras, essas propriedades tendem a variar consideravelmente com a concentração. São as chamadas *propriedades coligativas*, que incluem a variação no ponto de congelamento, ponto de ebulição, pressão de vapor e pressão osmótica.

Na maioria das vezes, as variações no comportamento ocorrem em um intervalo relativamente pequeno de concentrações e são calculáveis nesta faixa. É interessante observar que existem soluções que variam de maneira idêntica em todo um intervalo de concentrações. São as chamadas *soluções ideais*. As forças de interação entre as moléculas do solvente e de soluto são idênticas às observadas entre as moléculas de cada componente isoladamente. Na preparação de uma solução ideal, com base em seus componentes individuais, não ocorrem alterações no volume (os volumes se somam, sem diminuição ou aumento), nem variações na entalpia. Pares de substâncias semelhantes do ponto de vista químico, como o metanol (CH_3OH) e o etanol (C_2H_5OH), ou o benzeno (C_6H_6) e o tolueno (C_7H_8), formam soluções ideais. Em contrapartida, substâncias diferentes, como o etanol e o benzeno, formam soluções não ideais.

A DIMINUIÇÃO DA PRESSÃO DE VAPOR

A pressão de vapor do solvente diminui com o aumento na concentração do soluto (uma relação inversa). De modo geral, as discussões envolvendo a pressão de vapor dizem respeito apenas à concentração de solutos *não voláteis*. Nessas soluções, somente o solvente tem a tendência de deixar a solução. Experiências revelaram que soluções *diluídas* de molalidades iguais, preparadas com um mesmo solvente e diferentes solutos não eletrolíticos (quando não há dissociação), apresentam *o mesmo grau de diminuição da pressão de vapor* (*depressão*), em todos os casos.

Experiências em laboratório revelaram também um aspecto interessante sobre alterações na pressão de vapor. Vamos supor que precisamos preparar duas soluções, a solução I e a solução II, com um mesmo solvente e solutos não voláteis e não eletrólitos. Tomemos duas porções de mesmo volume do solvente, transferido-as para dois recipientes. Para preparar a solução I, misturamos uma solução usando um soluto para chegar a certo valor de molalidade. Para a solução II, preparamos a mistura com molalidade idêntica à da solução I, mas usando dois solutos. A diminuição da pressão de vapor do soluto é igual nas duas soluções.

A *lei de Raoult* afirma que a *diminuição da pressão de vapor é proporcional à fração molar do soluto* (ou, como enunciado alternativo: *a pressão de vapor é proporcional à fração molar do solvente*). Expressa como equação, a lei de Raoult é:

Redução da pressão de vapor do solvente

$\triangle P$ = (pressão de vapor do solvente puro) – (pressão de vapor da solução)
= (pressão de vapor do solvente puro) × (fração molar do soluto)

ou   Pressão de vapor do solvente sobre a solução
= (pressão de vapor do solvente puro) × (fração molar do solvente)

Na segunda forma, a pressão de vapor da solução foi identificada com a pressão de vapor do solvente sobre a solução, pois entende-se que o soluto é não volátil.

Além disso, a lei de Raoult pode ser aplicada quando dois componentes voláteis são misturados. Em sistemas de líquidos que se misturam em proporções quaisquer, formando soluções ideais, a segunda equação é válida para a pressão parcial de cada componente volátil, individualmente.

Pressão parcial de qualquer componente em solução
= (pressão de vapor do componente puro) × (fração molar do componente)

A lei de Raoult é explicada com base na hipótese de que as moléculas do soluto na superfície do líquido interferem com o escape das moléculas do solvente para a fase vapor. Devido à redução da pressão de vapor, o *ponto de ebulição da solução se eleva* e o *ponto de congelamento diminui*, em comparação com os pontos de ebulição e congelamento do solvente puro.

O ABAIXAMENTO DO PONTO DE CONGELAMENTO, ΔT_c

Durante o esfriamento da maioria das soluções, o solvente cristaliza antes do soluto. A temperatura em que os cristais do solvente surgem é chamada de *ponto de congelamento* da solução. O ponto de congelamento de uma solução é *sempre mais baixo* que aquele do solvente puro. Em soluções diluídas, a diminuição do ponto de congelamento, ΔT_c, é diretamente proporcional ao número de mols do soluto (número de moléculas) presente em solução. A alteração no ponto de congelamento é determinada subtraindo o ponto de congelamento real da solução do ponto de congelamento do solvente puro ($\Delta T_{c(\text{solvente})} - \Delta T_{c(\text{solução})}$). A equação para a alteração no ponto de congelamento é

$$\Delta T_c = k_c m$$

onde *m* é a molalidade da solução (Capítulo 12). Se essa equação fosse válida a uma concentração de 1 *m*, o abaixamento do ponto de congelamento de uma solução 1 *m* de qualquer não eletrólito dissolvido no solvente seria k_c, chamado de *constante molal do ponto de congelamento* ou *constante do ponto de congelamento*. O valor de k_c é uma característica de cada solvente.

Exemplo 1 A k_c da água é 1,86°C/*m* (1,86 K/*m*), que pode ser expressa como 1,86°C · kg H_2O/mol de soluto (1,86 K · kg H_2O/mol de soluto), após rearranjo algébrico. Isso significa que uma solução com 1 mol de açúcar (342 g, um pouco mais que 3/4 de libra) dissolvido em 1 kg de água congela a −1,86°C.

O abaixamento do ponto de congelamento descrito no Exemplo 1 está correto nos casos em que a relação é verdadeira para a solução concentrada. Como mencionado anteriormente (e a seguir), as leis geram resultados mais precisos com soluções menos concentradas. Além disso, alguns desses cálculos seriam mais precisos se empregássemos a fração molar. Contudo, em concentrações baixas, o erro envolvido nos cálculos usando molalidade é muito pequeno.

A ELEVAÇÃO DO PONTO DE EBULIÇÃO, ΔT_e

Comparado ao ponto de ebulição de um solvente puro, soluções diluídas preparadas com este solvente entram em ebulição a *temperaturas mais altas*. Considerando soluções diluídas, a elevação do ponto de ebulição é diretamente proporcional ao número de mols do soluto (ou moléculas). A equação que descreve a variação no ponto de ebulição é

$$\Delta T_e = k_e m$$

A *constante molal do ponto de ebulição* do solvente é k_e. Assim como k_c, o valor numérico é uma propriedade apenas do solvente, não depende do soluto, supondo que o soluto seja não volátil e não eletrólito. As tabelas apresentam valores de k_e para a pressão de 1 atm (pressão padrão).

Exemplo 2 A constante do ponto de ebulição da água é 0,512°C/*m*. Se 1 mol de açúcar (342 g/mol) é dissolvido em 1 kg de água, a solução entra em ebulição a 100,512°C, supondo que a pressão seja padrão. De acordo com essa

essa relação, meio mol de açúcar (171 g) entraria em ebulição a 100,256°C/m e 2 mols de açúcar (684 g) entrariam em ebulição a 101,024°C/m. Contudo, essas soluções não são facilmente preparadas: 684 g de açúcar é quase uma libra e meia da substância, e você quer dissolver uma quantidade alta como esta em 1 L de água?

Observação: *Sugere-se memorizar as constantes da água. Ela é uma substância extremamente importante neste planeta, essencial à vida, um solvente muito comum. Muitos professores têm certeza de que você saberá utilizar essas constantes durante um teste!*

A PRESSÃO OSMÓTICA

Imagine um recipiente contendo uma solução separada de seu solvente puro por uma membrana que permite a passagem do solvente, mas não do soluto. Uma membrana que permite a passagem de moléculas de uma substância específica, mas não de outra, é chamada de *membrana semipermeável*. Uma vez que as substâncias *se difundem* (tendem a se deslocar por um gradiente de concentração decrescente, de um ponto de concentração maior para um ponto de concentração menor), o solvente difunde através da membrana semipermeável para o interior da solução, em um processo chamado de *osmose*, explicado em detalhe abaixo.

Imagine que o solvente esteja separado de uma solução por uma membrana semipermeável e que exista um tubo saindo da parte do recipiente que contém a solução, como mostra a Figura 14-1. O volume da solução aumenta em virtude da entrada do solvente, causando a diminuição da concentração da solução e forçando a elevação da solução pelo tubo. Com o tempo, a força exercida pelo peso da coluna de solução se iguala à pressão que força o líquido para cima, chamada de *pressão osmótica*. Neste ponto, é atingido o estado de equilíbrio, após o qual não ocorre qualquer elevação na coluna de solução no interior do tubo. A pressão osmótica pode ser medida nas unidades de pressão comumente empregadas, como Pa, atm, psi ou torr.

A pressão osmótica, π, de uma solução de um não eletrólito é dada pela equação equivalente em forma à equação da lei dos gases ideais:

$$\pi = MRT$$

em que M é a molaridade e T é a temperatura na escala Kelvin. Se $R = 0,0821$ L · atm/mol · K, então o valor de π será em atm, mas pode ser expresso em outras unidades de pressão, assim como R, via conversão de atm para a unidade desejada.

OS DESVIOS EM RELAÇÃO ÀS LEIS DE SOLUÇÕES DILUÍDAS

Todas as leis recém-discutidas são válidas para soluções diluídas de não eletrólitos. Se um soluto for um eletrólito, os íons contribuem de maneira independente com a concentração molal (ou molar) efetiva. Os íons interagem e por essa razão os efeitos não são tão pronunciados quanto se esperaria com base em cálculos matemáticos.

Exemplo 3 Uma solução contendo 0,100 mol de KCl por quilograma de água congela a $-0,345$°C. O abaixamento do ponto de congelamento é calculado usando o número de partículas independentes. Se o KCl ionizasse por completo, a molalidade das partículas seria 0,200 m, e o ponto de congelamento calculado cairia abaixo de 0°C de acordo com a expressão

$$\triangle T_c = k_c m = 1,86°C/m \times 0,200 m = 0,372°C$$

que nos dá o ponto de congelamento teórico de $-0,372$°C. Essa diferença no ponto de congelamento nos diz que os íons não atuam de forma totalmente independente. É interessante observar que uma solução $BaCl_2$ 0,100 m congela a $-0,470$°C, embora o valor calculado (para os íons Ba^{2+} e $2Cl^-$, três íons no total) deva ser igual a $-0,558$°C ($3 \times 1,86 \times 0,1 = 0,558$°C).

Ao discutir $\triangle T_c$ e $\triangle T_e$, o número teórico de íons pode ser indicado por i, conforme:

$$\triangle T_c = i k_c m \quad \text{e} \quad \triangle T_e = i k_e m$$

e o valor de i, embora seja considerado um número inteiro, de fato não é, em muitos casos. O valor de i para KCl no Exemplo 3 na verdade é 1,85, não 2, como obtemos, se considerarmos os íons K^+ e Cl^-, individualmente. No caso do $BaCl_2$, o valor real de i é 2,53, não 3.

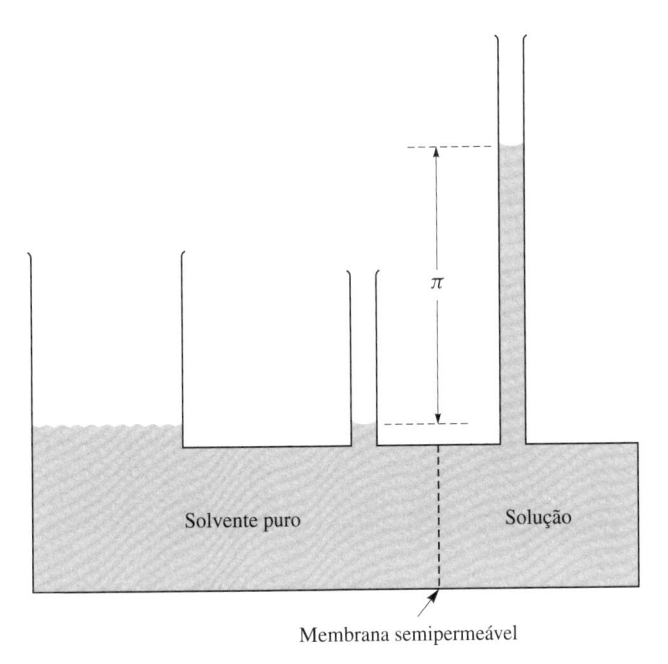

Figura 14-1

Para quaisquer soluções diluídas, não importa se o soluto for eletrólito ou não eletrólito, os desvios com relação a qualquer uma das leis da solução diluída são iguais aos desvios relativos às outras leis, em base fração ou percentual. Isto é,

$$\frac{\Delta T_c - (\Delta T_c)^\circ}{(\Delta T_c)^\circ} = \frac{\Delta T_e - (\Delta T_e)^\circ}{(\Delta T_e)^\circ} = \frac{\Delta P - (\Delta P)^\circ}{(\Delta P)^\circ} = \frac{\pi - \pi^\circ}{\pi^\circ}$$

onde os símbolos sinalizados com ° indicam valores previstos pelas leis da solução diluída.

AS SOLUÇÕES DOS GASES EM LÍQUIDOS

A *lei de Henry* afirma que em temperatura constante, a concentração de um gás ligeiramente solúvel em um líquido guarda uma proporção direta com a pressão parcial do gás no espaço sobre o líquido.

Quando uma mistura de dois gases está em contato com um solvente, a quantidade dissolvida de cada gás é igual à quantidade dissolvida, caso ele esteja sozinho, a uma pressão igual a sua pressão parcial na mistura gasosa.

A lei de Henry é válida apenas para soluções diluídas e pressões baixas. Se o gás envolvido dissolve bem no solvente, é bastante plausível que esse gás esteja reagindo com ele. Por exemplo, o CO_2 parece dissolver muito bem em água; porém, na verdade ele reage com este solvente, produzindo H_2CO_3. As soluções que se comportam dessa maneira não obedecem à lei de Henry.

A LEI DE DISTRIBUIÇÃO

Um soluto se distribui entre dois solventes imiscíveis de maneira que a proporção de suas concentrações em soluções diluídas nesses mesmos solventes seja constante, independentemente de sua concentração real em cada um. Os solventes formam camadas, uma vez que não se misturam. Nessa situação, as duas concentrações são dadas em base volumétrica (por exemplo, mol/L).

Exemplo 4 O valor da constante de distribuição do iodo entre o éter e a água, na temperatura ambiente, é 200. Isso significa que

$$K = \frac{\text{concentração do iodo em éter}}{\text{concentração do iodo em água}} = 200$$

O valor desta razão de concentrações é chamado de *razão de distribuição* ou *coeficiente de distribuição*, igual à razão das solubilidades (por unidade de volume) nos dois solventes, se soluções saturadas nesses solventes são diluídas o bastante para obedecerem à lei de distribuição.

Problemas Resolvidos

14.1 O ponto de congelamento da cânfora pura é 178,4°C e sua constante molal do ponto de congelamento, k_c, é 40,0°C/m. Calcule o ponto de congelamento de uma solução contendo 1,50 g de um composto com massa molar (M) 125 g/mol dissolvido em 35,0 g de cânfora.

Uma vez que a solução deste problema exige o cálculo de $\triangle T$, que depende da concentração molal, precisamos calcular o número de mols do soluto.

$$m = \frac{\text{mols de soluto}}{\text{kg solvente}} = \frac{\text{g soluto/M}}{\text{kg solvente}} = \frac{(1{,}50/125)\,\text{mols de soluto}}{(35/1000)\,\text{kg solvente}} = 0{,}343\,\text{mol/kg}$$

Feito isso, podemos calcular o abaixamento do ponto de congelamento, por substituição.

$$\triangle T_c = k_c m \qquad \triangle T_c = (40{,}0\ {}^\circ\text{C}/m)(0{.}343\ m) = 13{,}7\ {}^\circ\text{C}$$

Ponto de congelamento da solução = (ponto de congelamento do solvente) $-\triangle T_c = 178{,}4\,{}^\circ\text{C} - 13{,}7\,{}^\circ\text{C} = 164{,}7\,{}^\circ\text{C}$

A solução para o abaixamento do ponto de congelamento pode ser expressa com uma substituição direta na equação de T, após expandirmos a expressão de m como:

$$\triangle T_c = k_c m = k_c \frac{\text{g soluto/M}}{\text{kg solvente}} = \left(40{,}0 \frac{{}^\circ\text{C} \cdot \text{kg}}{\text{mol}}\right)\left(\frac{\frac{1{,}50\,\text{g soluto}}{125\,\text{g/mol}}}{0{,}0350\,\text{kg solvente}}\right) = 13{,}7\,{}^\circ\text{C}$$

14.2 Uma solução contendo 4,50 g de um não eletrólito ($i = 1$) dissolvido em 125 g de água congela a $-0{,}372\,{}^\circ\text{C}$. Calcule a massa molar, M, do soluto.

Primeiro, é preciso calcular molalidade com base na equação do ponto de congelamento.

$$T_c = k_c m \qquad 0{,}372\,{}^\circ\text{C} = (1{,}86\,{}^\circ\text{C}/m)m \qquad m = \frac{0{,}372\,{}^\circ\text{C}}{1{,}86\,{}^\circ\text{C}/m} = 0{,}200\,m$$

Após, utilizando a definição de molalidade, calculamos o número de mols de soluto, n(soluto), na amostra.

$$m = \frac{n(\text{soluto})}{\text{kg solvente}} \qquad \text{ou, isolando mols de soluto} \qquad n(\text{soluto}) = m \times \text{kg solvente}$$

$$n(\text{soluto}) = (0{,}200\,\text{mol soluto/kg solvente})(0{,}125\,\text{kg solvente}) = 0{,}0250\,\text{mol soluto}$$

E, uma vez que $\quad \text{mol soluto} = \dfrac{\text{massa de soluto}}{\text{M}} \quad$ isolando $\quad \text{M} = \dfrac{\text{massa de soluto}}{\text{mol de soluto}}$

Resolvemos para M: $\qquad \text{M} = \dfrac{4{,}50\,\text{g}}{0{,}0250\,\text{mol}} = 180\,\text{g/mol}$

A elevação do ponto de ebulição

14.3 A massa molar de um soluto não volátil é 58,0. Calcule o ponto de ebulição de uma solução contendo 24,0 g do soluto dissolvidos em 600 g de água. A pressão barométrica é tal que esta água pura entra em ebulição a 99,725°C. *Observação*: uma vez que não há dissociação, $i = 1$.

$$\text{molalidade} = \frac{n(\text{soluto})}{\text{kg solvente}} = \frac{(24{,}0/58{,}0)\,\text{mol soluto}}{0{,}600\,\text{kg solvente}} = 0{,}690\,m$$

Elevação do ponto de ebulição = $\triangle T_e = k_e m = (0{,}512\,{}^\circ\text{C}/m)(0{,}690\,m) = 0{,}353\,{}^\circ\text{C}$

Ponto de ebulição da solução = (ponto de ebulição da água) + $\triangle T_e = 99{,}725\,{}^\circ\text{C} + 0{,}353\,{}^\circ\text{C} = 100{,}079\,{}^\circ\text{C}$

14.4 Uma solução foi preparada dissolvendo 3,75 g de um soluto não volátil em 95 g de acetona. O ponto de ebulição da acetona pura é 55,95°C, ao passo que o ponto de ebulição da mistura é 56,50°C. Se k_e da acetona é 1,71°C/m, qual é a massa molar aproximada do soluto?

Este problema é semelhante ao Problema 14.2, exceto pelo fato de o solvente ser a acetona, não a água (solventes orgânicos não dissociam, por isso $i = 1$). Vamos usar a mesma técnica usada no Problema 14.2.

Primeiro, calculamos a molalidade a partir da equação do ponto de ebulição.

$$T_e = k_e m \quad (56,50 - 55,95)°C = (1,71°C/m)m \qquad m = \frac{0,55°C}{1,71°C/m} = 0,322 m$$

Então, usando a definição de molalidade, calculamos o número de mols de soluto, n(soluto) na amostra.

$$m = \frac{n(\text{soluto})}{\text{kg solvente}} \qquad \text{isolando} \qquad n(\text{soluto}) = m \times \text{kg solvente}$$

$$n(\text{soluto}) = (0,322 \text{ mol soluto/ kg solvente})(0,095 \text{ kg solvente}) = 0,0306 \text{ mol soluto}$$

E, uma vez que

$$\text{mol de soluto} = \frac{\text{massa de soluto}}{M} \qquad \text{isolando} \qquad M = \frac{\text{massa de soluto}}{\text{mol de soluto}}$$

resolvemos para M:

$$M = \frac{3,75 \text{ g}}{0,0306 \text{ mol}} = 123 \text{ g/mol}$$

A pressão de vapor

14.5 A pressão de vapor da água a 28°C é 28,5 torr. Qual é a pressão de vapor a 28°C de uma solução contendo 68 g de açúcar, $C_{12}H_{22}O_{11}$, em 1000 g de água?

$$\text{Mols de } C_{12}H_{22}O_{11} = \frac{68 \text{ g}}{342 \text{ g/mol}} = 0,20 \text{ mol de açúcar}$$

$$\text{Mols de } H_2O = \frac{1000 \text{ g}}{18,02 \text{ g/mol}} = 55,49 \text{ mols de água}$$

Número total de mols = 0,20 + 55,49 = 55,69 mols

$$\text{Fração molar de } C_{12}H_{22}O_{11} = \frac{0,20}{55,69} = 0,0036 \qquad \text{Fração molar de } H_2O = \frac{55,49}{55,69} = 0,9964$$

Primeiro método

$$\text{Pressão de vapor da solução} = \triangle P = (\text{p.v. solvente}) \times (\text{fração molar do solvente})$$
$$= \triangle P = (28,35 \text{ torr})(0,9964) = 28,25 \text{ torr}$$

Segundo método

$$\text{Redução da pressão de vapor} = \triangle P = (\text{p.v. solvente}) \times (\text{fração molar do soluto})$$
$$= \triangle P = (28,35 \text{ torr})(0,0036) = 0,10 \text{ torr}$$
$$\text{Pressão de vapor da solução} = \triangle P = (28,35 - 0,10) \text{ torr} = 28,25 \text{ torr}$$

14.6 A pressão de vapor do benzeno (M = 78,1) é 121,8 torr a 30°C. A dissolução de 15,0 g de um soluto não volátil em 250 g de benzeno produziu uma solução com pressão de vapor igual a 120,2 torr. Calcule a massa molar aproximada do soluto.

$$\text{Mols de benzeno} = \frac{\text{g benzeno}}{M} = \frac{250 \text{ g}}{78,1 \text{ g/mol}} = 3,20 \text{ mol benzeno}$$

$$\text{Mols de soluto} = \frac{15,0 \text{ g}}{M}$$

Substituindo essa expressão na relação p.v. solução = (p.v. solvente puro) × (fração molar do solvente),

$$120,2 \text{ torr} = (121,8 \text{ torr}) \left[\frac{3,20 \text{ mol}}{(15,0/M) \text{ mol} + 3,20 \text{ mol}} \right] \qquad \text{ou} \qquad 120,2 = (121,8 \text{ torr}) \left(\frac{3,20 M}{15,0 + 3,20 M} \right)$$

Resolvendo para M, temos que a massa é 350 g/mol. Observe que a precisão do cálculo é limitada pelo termo 121,8 – 120,2, presente na relação. A resposta é significativa apenas para uma parte de soluto em 16 partes de solvente.

14.7 A 20°C a pressão de vapor do metanol, CH_3OH, é 94 torr, e a pressão de vapor do etanol, C_2H_5OH é 44 torr. Por serem semelhantes, esses dois alcoóis formam um sistema de dois componentes que obedece à lei de Raoult, em uma ampla faixa de concentrações. Uma solução é preparada com 20 g de CH_3OH e 100 g de C_2H_5OH. (*a*) Calcule a pressão parcial de cada um dos alcoóis e a pressão de vapor total da solução. (*b*) Calcule a composição do vapor sobre a solução, de acordo com a lei de Dalton (Capítulo 5).

(*a*) Em uma solução ideal de dois líquidos, não há distinção entre soluto e solvente. A lei de Raoult é válida para cada um dos componentes de uma solução ideal. Quando dois líquidos são misturados para produzir uma solução ideal, a pressão parcial de cada um é igual à pressão parcial exercida pelo líquido puro multiplicada por sua fração molar na mistura. A massa molar do CH_3OH é 32 e a massa molar do C_2H_5OH é 46.

$$\text{Pressão parcial do } CH_3OH = (94 \text{ torr})\left(\frac{\frac{20}{32}\text{mol } CH_3OH}{\frac{20}{32}\text{mol } CH_3OH + \frac{100}{46}\text{mol } C_2H_5OH}\right)$$
$$= (94 \text{ torr})(0{,}22) = 21 \text{ torr}$$

$$\text{Pressão parcial do } C_2H_5OH = (44 \text{ torr})\left(\frac{\frac{100}{46}\text{mol } C_2H_5OH}{\frac{20}{32}\text{mol } CH_3OH + \frac{100}{46}\text{mol } C_2H_5OH}\right)$$
$$= (44 \text{ torr})(0{,}78) = 34 \text{ torr}$$

A pressão total da mistura gasosa é a soma das pressões parciais de todos os componentes (lei de Dalton). A pressão total é 55 torr (21 + 34).

(*b*) A lei de Dalton afirma que a fração molar de qualquer componente de uma mistura gasosa é igual à sua fração em pressão, isto é, sua pressão parcial dividida pela pressão total.

$$\text{Fração molar de } CH_3OH = \frac{\text{pressão parcial } CH_3OH}{\text{pressão total}} = \frac{21 \text{ torr}}{55 \text{ torr}} = 0{,}38$$

$$\text{Fração molar de } C_2H_5OH = \frac{\text{pressão parcial } C_2H_5OH}{\text{pressão total}} = \frac{34 \text{ torr}}{55 \text{ torr}} = 0{,}62$$

Uma vez que a fração molar de gases (ideais) é igual à fração volumétrica, podemos afirmar que o vapor é composto por 38% de CH_3OH em volume. Observe que componente mais volátil, metanol, está presente em maior proporção no vapor (fração molar 0,38), que no líquido (fração molar 0,22).

A pressão osmótica

14.8 Qual é a pressão osmótica de uma solução contendo 1,75 g de sacarose (o açúcar comum, $C_{12}H_{22}O_{11}$) a 17°C, por 150 mL de solução?

$$\text{Concentração molar} = M = \frac{\text{mols de soluto}}{\text{litro de solução}} = \frac{1{,}75 \text{ g}/342 \text{ g/mol}}{0{,}150 \text{ L}} = 0{,}0341 \text{ mol/L}$$

$$\text{Pressão osmótica} = \pi = MRT = \left(0{,}0341 \frac{\text{mol}}{\text{L}}\right)\left(\frac{0{,}0821 \text{ L} \cdot \text{atm}}{\text{mol} \cdot \text{K}}\right)(290 \text{ K}) = 0{,}812 \text{ atm}$$

14.9 A pressão osmótica de uma solução de um poli-isobutileno sintético em benzeno foi determinada a 25°C. Uma amostra contendo 0,20 g de soluto por 100 mL de solução teve um aumento de 2,4 mm no equilíbrio osmótico. A densidade da solução foi 0,88 g/mL. Qual é a massa molar do poli-isobutileno?

A pressão osmótica é igual à pressão de uma coluna da solução com 2,4 mm de altura. De acordo com a fórmula apresentada no Capítulo 5,

$$\pi = \text{altura} \times \text{densidade} \times g = (2{,}4 \times 10^{-3} \text{ m})(0{,}88 \times 10^3 \text{ kg/m}^3)(9{,}81 \text{ m/s}^2) = 20{,}7 \text{ Pa}$$

A concentração molar pode então ser determinada com base na equação da pressão osmótica.

$$M = \frac{\pi}{RT} = \frac{20{,}7 \text{ N/m}^2}{(8{,}3145 \text{ J} \cdot \text{K}^{-1} \cdot \text{mol}^{-1})(298 \text{ K})} = 8{,}3 \times 10^{-3} \text{ mol/m}^3 = 8{,}3 \times 10^{-6} \text{ mol/L}$$

A solução continha 0,20 g de soluto por 100 mL de solução, ou 2,0 g/L. Além disso, sabemos que ela continha $8{,}3 \times 10^{-6}$ mol/L. Logo,

$$\text{Massa molar} = \frac{2{,}0 \text{ g}}{8{,}3 \times 10^{-6} \text{ mol}} = 2{,}4 \times 10^5 \text{ g/mol}$$

14.10 O ponto de congelamento de uma solução aquosa de ureia é $-0{,}52°C$. Calcule a pressão osmótica da mesma solução a 37°C. Suponha que a concentração molar e a molalidade sejam iguais.

Podemos determinar a molalidade examinando o abaixamento do ponto de congelamento, 0,52°C.

$$m = \frac{\Delta T_c}{k_c} = \frac{0{,}52°C}{1{,}86°C/m} = 0{,}280\, m$$

A hipótese de que a molalidade e a molaridade têm valores idênticos não introduz erro significativo nos cálculos para soluções aquosas diluídas. As relações discutidas no Capítulo 12 mostram que $M \approx m$ quando a densidade é 1 g/mL (1 g/cm^3) e M < 1000/m. A massa molar da ureia é 60,0 g/mol. Assim, 0,280 mol/L pode ser usado como valor da molaridade no cálculo da pressão osmótica.

$$\pi = MRT = \left(0{,}280\, \frac{\text{mol}}{\text{L}}\right)\left(0{,}0821\, \frac{\text{L} \cdot \text{atm}}{\text{mol}} \cdot \text{K}\right)(310 \text{ K}) = 7{,}1 \text{ atm}$$

As soluções de gases em líquidos

14.11 A 20°C e pressão total igual a 760 torr, 1 L de água dissolve 0,043 g de oxigênio puro, ou 0,019 g de nitrogênio puro. Supondo que o ar seco seja composto por 20% de oxigênio e 80% de nitrogênio, em volume, calcule as massas de oxigênio e de nitrogênio que podem ser dissolvidas em 1 L de água a 20°C e expostas ao ar a 760 torr de pressão total.

A *solubilidade* de um gás (isto é, a concentração do gás dissolvido) pode ser expressa como

$$\text{Solubilidade de Y} = k_H(Y) \times P(Y)$$

Essa expressão nos diz que a solubilidade de um gás dissolvido a partir de uma mistura gasosa (ar, neste problema) é diretamente proporcional à pressão parcial do gás. A constante de proporcionalidade, k_H, é chamada de *constante da lei de Henry*. (*Observação*: alguns autores definem a constante da lei de Henry como a recíproca de k_H, usado aqui.) Para avaliar k_H com base nos dados, é preciso lembrar que, quando o oxigênio puro está em equilíbrio com a água a uma pressão total de 760 torr,

$$P(O_2) = (760 \text{ torr}) - (\text{pressão de vapor da água})$$

Por essa razão, se considerarmos que a p.v. é a pressão de vapor da água, temos

$$k_H(O_2) = \frac{\text{solubilidade do } O_2}{P(O_2)} = \frac{0{,}043 \text{ g/L}}{760 \text{ torr} - \text{p.v.}}$$

$$k_H(N_2) = \frac{\text{solubilidade do } N_2}{P(N_2)} = \frac{0{,}019 \text{ g/L}}{760 \text{ torr} - \text{p.v.}}$$

Quando a água é exposta ao ar a uma pressão total de 760 torr,

$$P(O_2) = (0{,}20)(760 - \text{p.v.}) \quad \text{e} \quad P(N_2) = (0{,}80)(760 - \text{p.v.})$$

Portanto,

$$\text{Solubilidade} = k_H(O_2) \times P(O_2) = \left(\frac{0{,}043 \text{ g/L}}{760 \text{ torr} - \text{p.v.}}\right)(0{,}20)(760 \text{ torr} - \text{v.p.}) = 0{,}0086 \text{ g/L}$$

Usando a mesma técnica, obtemos que a solubilidade do N_2 do ar é $(0{,}80)(0{,}019 \text{ g/L}) = 0{,}015 \text{ g/L}$

14.12 Uma mistura gasosa de H_2 e O_2 contém 70% H_2 e 30% O_2 em volume. Se a mistura gasosa está a 2,5 atm (excluindo a pressão de vapor da água) e é usada para saturar água a 20°C, a mistura final contém 31,5 cm³ (CNTP) de H_2/L. Calcule a solubilidade do H_2 (reduzida às CNTP) a 20°C e 1 atm de pressão parcial de H_2.

Uma vez que o volume de um gás nas CNTP é proporcional a sua massa, o volume do gás dissolvido (reduzido às CNTP) é proporcional à pressão parcial deste gás.

$$\text{Pressão parcial de } H_2 = (0{,}70)(2{,}5 \text{ atm}) = 1{,}75 \text{ atm}$$

$$\text{Solubilidade do } H_2 \text{ a } 20°C \text{ e } 1 \text{ atm} = \frac{1{,}00 \text{ atm}}{1{,}75 \text{ atm}}(31{,}5 \text{ cm}^3/L) = 18{,}0 \text{ cm}^3(\text{CNTP})/L$$

Lei de distribuição: A extração

14.13 Amostra de uma solução aquosa de 25 mL contendo 2 mg de iodo é agitada com 5 mL CCl_4. Após, ela é deixada em repouso, para separação de fases (o CCl_4 e a água não se misturam). A solubilidade do iodo por unidade de volume é 85 vezes maior em CCl_4 que em água, na temperatura do experimento, e as duas soluções saturadas podem ser consideradas "diluídas". (*a*) Calcule a quantidade de iodo remanescente na camada aquosa. (*b*) Se uma segunda extração é efetuada na água usando outro volume de 5 mL de CCl_4, calcule a quantidade de iodo remanescente na água, após esta extração.

(*a*) Seja w = mg de iodo na camada aquosa em equilíbrio

que fornece $2 - w$ = mg de iodo na camada de CCl_4 em equilíbrio

A concentração de iodo na água será w mg iodo/25 mL de água. A concentração de iodo na camada de CCl_4 é $(2-w)/5$ (mg por mL de CCl_4). A relação então fica

$$\frac{\text{conc. } I_2 \text{ em } CCl_4}{\text{conc. } I_2 \text{ em } H_2O} = \frac{85}{1} \quad \text{ou} \quad \frac{(2-w)/5}{w/25} = \frac{85}{1} \quad \text{ou} \quad \frac{2-w}{w} = 17$$

$$w = 0{,}11 \text{ mg de iodo remanescente}$$

Observação: embora este problema seja enunciado e resolvido em mg/mL, qualquer unidade de concentração volumétrica pode ser usada, desde que observado seu uso em todo o problema, porque os fatores de conversão se cancelam.

(*b*) Seja y = mg de iodo na camada aquosa após a segunda extração

que fornece $0{,}11 - y$ = mg de iodo na camada de CCl_4 após a segunda extração

A concentração de iodo na camada aquosa é $y/25$ e a concentração na camada de CCl_4 é $(0{,}11 - y)/5$. Esta segunda relação se torna

$$\frac{\text{conc. } I_2 \text{ em } CCl_4}{\text{conc. } I_2 \text{ em } H_2O} = \frac{85}{1} \quad \text{ou} \quad \frac{(0{,}11-y)/5}{y/25} = \frac{85}{1} \quad \text{ou} \quad \frac{0{,}11-y}{y} = 17$$

$$w = 0{,}0061 \text{ mg de iodo remanescente após a segunda extração}$$

Problemas Complementares

O abaixamento do ponto de congelamento e a elevação do ponto de ebulição

14.14 Uma solução contendo 6,35 g de um não eletrólito dissolvido em 500 g de água congela a $-0{,}465°C$. Calcule a massa molar do soluto.

Resp. 50,8 g/mol

14.15 Uma solução contendo 3,24 g de um não eletrólito não volátil e 200 g de água entra em ebulição a 100,130°C a 1 atm. Qual é a massa molar do soluto?

Resp. 63,9 g/mol

14.16 Calcule o ponto de congelamento e o ponto de ebulição a 1 atm de uma solução contendo 30,0 g de açúcar (massa molar 342) e 150 g de água.

Resp. $-1{,}09°C$; $100{,}300°C$

14.17 Suponha que você tenha de preparar uma solução 1,000 m de açúcar, $C_{12}H_{22}O_{11}$, usando um quilograma de água. (a) Qual é o ponto de congelamento calculado da solução? (b) É possível preparar uma solução como essa?

Resp. (a) $-1,86°C$; (b) Não, pois esta solução precisaria de 342 g de açúcar (aproximadamente ¾ lb) dissolvidos em cerca de 1 L de água, o que provavelmente não seria possível a qualquer temperatura próxima do ponto de congelamento da H_2O.

14.18 Uma solução de nitrato de ouro (III) será usada em um processo de galvanização. Ela foi preparada dissolvendo 12,75 g de $Au(NO_3)_3$ em 500 mL de H_2O (densidade 1,000). Calcule os pontos de congelamento e de ebulição da mistura.

Resp. Supondo que $i = 4$ (1 íon ouro e 3 íons nitrato), o ponto de congelamento seria $-0,495°C$ e o ponto de ebulição seria $100,14°C$.

14.19 Se a glicerina, $C_3H_5(OH)_3$, e o metanol, CH_3OH, são vendidos a preços iguais por libra, que composto seria mais vantajoso na preparação de um agente anticongelamento para o radiador de um automóvel?

Resp. O metanol (álcool metílico). Uma vez que a massa molecular do metanol é muito menor que a da glicerina, uma libra de metanol contém mais moléculas que uma libra de glicerina. A extensão do abaixamento do ponto de congelamento depende do número de partículas (no caso presente, de moléculas) em solução. Esta premissa exige que as duas substâncias sejam solúveis em água, o outro componente da mistura anticongelamento.

14.20 Quanto etanol, C_2H_5OH, precisa ser adicionado a 1 L de água para que a solução não congele acima de $-4°F$?

Resp. 495 g de etanol (álcool etílico)

14.21 Suspeita-se que um pó branco contenha nitrato de tálio (I) (peso molecular = 266). O ponto de congelamento de uma solução, preparada com 0,75 g do pó dissolvido em 50 g H_2O, é $-0,13°C$. Supondo que a dissociação seja completa, é possível que o pó seja $TiNO_3$?

Resp. Não, pois o ponto de congelamento então deveria ser $-0,21°C$.

14.22 Qual é a massa molecular do pó branco descrito no Problema 14.21?

Resp. 215 g/mol

14.23 Um químico precisa determinar a massa molar de um composto desconhecido. Para isso, ele usará um solvente cujo ponto de congelamento é $30,16°C$. O ponto de congelamento de uma solução contendo 0,617 g de para-diclorobenzeno, $C_6H_4Cl_2$, dissolvido em 10,00 g do solvente é $27,81°C$, ao passo que o ponto de congelamento de 0,526 g do composto desconhecido dissolvido em 10,00 g do solvente é $26,47°C$. Calcule a massa molar deste composto.

Resp. 79,8 g/mol

14.24 O etanol pode ser usado em processos de conservação de tecidos por períodos curtos. Calcule o ponto de congelamento de uma solução preparada com 0,500 g de triose não volátil, $C_3H_6O_3$, em 25 g de etanol (C_2H_5OH, ponto de congelamento em pureza total = $-114,6°C$, $k_c = 1,99°C/m$).

Resp. $-115,0°C$

14.25 Qual é o ponto de congelamento de uma solução 10% (em volume) de CH_3OH em água?

Resp. $-6,5°C$

14.26 Uma solução contém 10,6 g de uma substância não volátil dissolvidos em 740 g de éter. O ponto de ebulição da solução está $0,284°C$ acima do ponto de ebulição do éter puro. A constante molal do ponto de ebulição do éter é $2,11°C \cdot kg/mol$. Qual é a massa molar da substância?

Resp. 106 g/mol

14.27 O ponto de congelamento de uma amostra de naftaleno é $80,6°C$. Quando 0,512 g de uma substância é dissolvido em 7,03 g de naftaleno, o ponto de congelamento da substância é $75,2°C$. Qual é a massa molar do soluto? (A constante molal do ponto de congelamento do naftaleno é $6,80°C \cdot kg/mol$.)

Resp. 92 g/mol

14.28 O benzeno puro congela a $5,45°C$. Uma solução contendo 7,24 g de $C_2Cl_4H_2$ em 115,3 g de benzeno congela a $3,55°C$. De posse desses dados, calcule a constante molal do ponto de congelamento do benzeno.

Resp. $5,08°C \cdot kg/mol$

14.29 Qual é a pressão osmótica de uma solução aquosa contendo 46,0 g de glicerina, $C_3H_5(OH)_3$ por litro a 0°C?

Resp. 11,2 atm

14.30 Um composto orgânico é não volátil e não eletrólito. Uma amostra de 0,35 g é dissolvida em água e diluída a um volume final de 150 mL. A pressão osmótica medida é 0,04 atm a 25°C. Qual é a massa molar aproximada desse composto?

Resp. Aproximadamente 1400 g/mol.

14.31 Com base nos dados no enunciado do Problema 14.30 e sabendo que a densidade da solução é 1,00 g/mL (*a*) calcule o ponto de congelamento da solução, (*b*) determine se a variação no ponto de congelamento representa uma boa alternativa para calcular a massa molecular do composto e (*c*) descubra se a variação no ponto de ebulição é um parâmetro mais eficiente que a variação no ponto de congelamento, para esta solução.

Resp. (*a*) 0,0031°C; (*b*) a ligeira variação no ponto de congelamento seria difícil de mensurar, o que a torna um parâmetro pouco confiável; (*c*) a variação no ponto de ebulição é de apenas 0,00087°C e, portanto, ainda mais difícil de ser mensurada com precisão, em comparação com a variação no ponto de congelamento.

14.32 O sal é muitas vezes usado para derreter o gelo e a neve que se acumulam em estradas de rodagem no inverno. No momento, temos uma temperatura ambiente igual a −4,500°C. Quanto NaCl é necessário para derreter 1000 kg de gelo, causando um abaixamento do ponto de congelamento para −4,500°C? Considere a dissociação total do NaCl.

Resp. 70,7 kg

A pressão de vapor e a pressão osmótica

14.33 Uma solução de hemocianina de caranguejo, uma proteína pigmentada extraída dessa espécie animal, foi preparada dissolvendo 0,750 g em 125 mL de um meio aquoso. A pressão osmótica da solução a 4°C foi 2,6 mm, e a densidade era 1,00 g/mL. Calcule a massa molar da proteína.

Resp. $5,4 \times 10^5$ g/mol (*Observação*: nos caranguejos, a hemocianina desempenha a função da hemoglobina para os humanos.)

14.34 A pressão osmótica do sangue é 7,65 atm a 37°C. Qual é a quantidade de glicose, $C_6H_{12}O_6$, a ser usada por litro de solução intravenosa para que esta tenha a mesma pressão osmótica do sangue?

Resp. 54,2 g/L

14.35 A pressão de vapor da água a 26°C é 25,21 torr. Qual é a pressão de vapor de uma solução que contém 20,0 g de glicose em 70 g de água?

Resp. 24,51 torr

14.36 A pressão de vapor da água a 25°C é 23,76 torr. A pressão de vapor de uma solução contendo 5,40 g de uma substância não volátil em 90 g de água é 23,32 torr. Qual é a massa molar do soluto?

Resp. 57 g/mol

14.37 O brometo de etileno, $C_2H_4Br_2$, e o 1,2-dibromopropano, $C_3H_6Br_2$, formam soluções ideais em todo o intervalo de composição. A 85°C, as pressões de vapor dos líquidos puros são 173 torr e 127 torr, respectivamente. (a) Calcule a pressão parcial de cada componente e a pressão total da solução a 85°C preparada com 10,0 g de brometo de etileno dissolvidos em 80,0 g de 1,2-dibromopropano. (b) Calcule a fração molar do brometo de etileno no vapor em equilíbrio com a solução acima. (c) Qual é a fração molar do brometo de etileno em uma solução com mistura molar 50:50 no vapor, a 85°C?

Resp. (*a*) brometo de etileno: 20,5 torr; 1,2-dibromopropano: 112 torr; pressão total: 132 torr; (*b*) 0,155; (*c*) 0,42

14.38 A pressão de vapor do etanol (C_2H_5OH) a 25°C é 63 mm Hg, enquanto a pressão de vapor do propanol-2 (C_3H_7OH) é 45 mg Hg. Qual é a pressão de vapor de uma solução composta por 12 g de etanol e 27 g de propanol-2?

Resp. 53 mm Hg (53 torr)

14.39 A análise por combustão de um composto orgânico revelou que ele contém 38,7% de C, 9,7% de H e o restante de oxigênio. Para determinar sua fórmula molecular, uma amostra de 1,00 g do composto foi adicionada a 10,00 g de água. O ponto de congelamento da solução foi −2,94°C. Qual é a fórmula molecular do composto?

Resp. $C_2H_6O_2$

14.40 Uma solução 0,100 molal em $NaClO_3$ congela a $-0{,}3433°C$. (*a*) O que é possível prever acerca do ponto de ebulição dessa solução aquosa, a 1 atm? (*b*) Quando a concentração molal deste mesmo sal é 0,001, a distância média entre os íons é tão grande que não ocorrem interações elétricas entre eles. Calcule o ponto de congelamento da solução mais diluída.

Resp. (*a*) $100{,}095°C$;   (*b*) $-0{,}0037°C$

14.41 A massa molar de um composto orgânico sintético novo foi determinada de acordo com o *método da destilação isotérmica*. Neste procedimento, duas soluções, cada uma em um recipiente aberto calibrado, são colocadas lado a lado em uma câmara fechada. Uma das soluções continha 9,3 mg do novo composto; a outra continha 13,2 mg de azobenzeno (massa molar 182). Ambos foram dissolvidos em porções do mesmo solvente. A câmara ficou isolada por 3 dias, período durante o qual o solvente sofreu uma destilação, de um recipiente para outro, até a pressão parcial do solvente atingir o mesmo valor, nos dois recipientes. Após, não houve destilação do solvente. Nenhum dos solutos destilou. A solução contendo o novo composto ocupou um volume de 1,72 L e a solução de azobenzeno ocupou um volume de 1,02 L, ao final do experimento. Qual é a massa molar do novo composto? A massa do solvente em solução pode ser considerada proporcional ao volume da solução.

Resp. 76 g/mol

14.42 Calcule o ponto de congelamento de uma solução de 3,46 g de um composto, X, em 160 g de benzeno, C_6H_6. Quando outra amostra de X é vaporizada, sua densidade foi medida, obtendo-se o valor de 3,27 g/L a 116°C e 773 torr. O ponto de congelamento do benzeno é 5,45°C e k_c é 5,12°C kg/mol.

Resp. $4{,}37°C$

14.43 Em um processo químico em particular é necessário monitorar um fluxo de benzeno, C_6H_6, que pode ter sido contaminado com tolueno, C_7H_8. Qual é a sensibilidade de calibração de um termômetro para poder detectar 0,10% em peso de tolueno na mistura com benzeno, com base na medida do ponto de congelamento? (Consulte o Problema 14.42.)

Resp. O ponto de congelamento é abaixado a $0{,}056°C$. Será necessário um intervalo de calibração de 1°C, ao menos; $0{,}01°C$ seria o ideal. Esses termômetros não são raros.

14.44 Uma alternativa ao método dado no Problema 14.43 consiste em medir a pressão de vapor do fluxo de benzeno a 25°C. Compare os dois métodos. O benzeno e o tolueno formam soluções ideais. A pressão de vapor a 25°C é aproximadamente 95 torr para o benzeno e 30 torr para o tolueno.

Resp. A redução da pressão de vapor total do líquido causada pela adição de 0,10% de tolueno é cerca de 0,06 torr (0,06 mm Hg). Seria necessário um microscópio para ler uma dimensão tão pequena! Para piorar, uma vez que a pressão de vapor do benzeno aumenta em cerca de 3 torr/°C, seria extremamente difícil controlar a temperatura da amostra do modo adequado, evitando erros (melhor que dentro de 0,01°C).

14.45 A osmose reversa é utilizada para produzir água potável a partir de água salgada. No processo, uma pressão um pouco acima da pressão osmótica é aplicada à solução a fim de reverter o fluxo do solvente (H_2O). Em princípio, qual é a pressão necessária para produzir água pura a partir da água do mar a 25°C? Suponha que a água do mar tenha densidade igual a 1,021 g/mL, que seu teor de NaCl seja 3% por peso, e que este esteja 100% ionizado. Expresse sua resposta em atm, kPa e psi.

Resp. 25,6 atm; $2{,}59 \times 10^3$ kPa; 376 psi

As soluções de gases em líquidos

14.46 A 20°C e 1,00 atm de pressão parcial de hidrogênio, 18 cm^3 de H_2 (mensurados nas CNTP) dissolvem em 1 L de água. Qual é o volume de H_2 (nas CNTP) dissolvido em 1 L de água a 20°C exposta a uma mistura gasosa com pressão total igual a 1400 torr (ar seco) e com 68,5% de H_2 em volume?

Resp. 23 cm^3

14.47 Um litro de gás CO_2 a 15°C e 1,00 atm dissolve em um litro de água, também a 15°C, quando a pressão de CO_2 é 1 atm. Calcule a concentração molar de CO_2 em solução sobre a qual a pressão de CO_2 é 150 torr, também a 15°C.

Resp. 0,0083 M

A lei da distribuição: a extração

14.48 (*a*) A solubilidade do iodo por unidade de volume é 200 vezes maior em éter que em água, a uma dada temperatura. Se 30 mL de uma solução aquosa com 2,0 mg de iodo são agitados com 30 mL de éter, com tempo o bastante para ele se separar da mistura, formando outra fase, qual é a quantidade de iodo remanescente na camada de água? (*b*) Que quantidade de iodo permanece na camada de água, se apenas 3 mL de éter forem usados? (*c*) Quanto iodo permanece na camada de água se a extração efetuada em (*b*) é acompanhada de outra extração, também usando 3 mL de éter? (*d*) Que método é mais eficiente, o método de lavagem única ou o método com diversas lavagens menores?

Resp. 0,010 mg/ (*b*) 0,095 mg;   (*c*) 0,0045 mg;   (*d*) o método com diversas lavagens menores

14.49 O quociente de solubilidade do ácido esteárico por unidade de volume de *n*-heptano em 97,5% de ácido acético é 4,95. Quantas extrações usando 10 mL de uma solução de ácido esteárico em 97,5% de ácido acético com porções sucessivas de 10 mL de *n*-heptano são necessárias para reduzir o teor de ácido esteárico na camada de ácido acético a menos de 0,5% de seu valor original?

Resp. 3 extrações

14.50 A penicilina é purificada por extração. O coeficiente de distribuição da penicilina G entre éter isopropílico e um meio aquoso contendo o íon fosfato é 0,34 (indicando baixa solubilidade no éter). Para a penicilina F, este coeficiente é 0,68. Uma preparação de penicilina G contém 10% de penicilina F, considerada uma impureza. (*a*) Se uma solução aquosa de fosfato desta mistura for extraída com igual volume de éter isopropílico, qual a % de recuperação da penicilina G inicial no produto residual em fase aquosa, após uma extração? Qual a porcentagem de impureza neste produto? (*b*) Calcule essas duas quantidades para o produto remanescente na fase aquosa, após uma segunda extração, com igual volume de éter.

Resp. (*a*) 75% de recuperação e 8,1% de impureza;   (*b*) 56% de recuperação e 6,6% de impureza.

Capítulo 15

A Química Orgânica e a Bioquímica

INTRODUÇÃO

Em sua maioria, os compostos de carbono são chamados de *compostos orgânicos*, enquanto os demais são chamados de compostos inorgânicos. Esse equívoco provém da ideia antiga de que a matéria orgânica, ou matéria viva, fosse quimicamente diferente da matéria inorgânica, ou não viva. Hoje sabemos que os compostos orgânicos, que juntos representam a vasta maioria de todo o universo de compostos conhecidos, podem na verdade ser sintetizados não apenas em processos naturais de organismos, como também em laboratório, sem a intermediação de qualquer ser vivo.

Os princípios da química apresentados neste livro são válidos igualmente no estudo da química inorgânica (a química geral), da química orgânica e da bioquímica. Este capítulo espera atender às necessidades dos estudantes que pretendem avançar com seus estudos nos campos das ciências biológicas. Além disso, ele vem ao encontro da crescente ocorrência de situações envolvendo compostos orgânicos vistas em livros de química inorgânica, na química geral. Contribui com essa necessidade o fato de que muitos professores universitários consideram os processos orgânicos à parte, tratando-os como se fossem diferentes dos outros processos da química, mas na verdade não são! Neste capítulo, fazemos uma breve exposição das reações químicas mais importantes, tratamos de alguns aspectos especiais da nomenclatura de isômeros, discutimos alguns detalhes da isomeria e apresentamos alguns exemplos relativos à bioquímica.

A NOMENCLATURA DE COMPOSTOS ORGÂNICOS

Os átomos de carbono são capazes de formar ligações fortes uns com os outros, o que explica o fato de muitos compostos orgânicos terem um número muito elevado de átomos de carbono por molécula, dispostos em diversos arranjos de ligação. O sistema de nomenclatura de compostos orgânicos indica o número de átomos e o padrão das ligações que formam. Os *hidrocarbonetos* são compostos por apenas carbono e hidrogênio. Os hidrocarbonetos que apresentam ligações duplas entre seus átomos de carbono são chamados de *alcanos*. Entre estes, os que não têm anéis aromáticos em suas estruturas têm fórmula empírica C_nH_{2n+2}, obedecendo às regras das ligações químicas discutidas no Capítulo 9. O nome de um composto orgânico normalmente informa o número de átomos de carbono. A raiz do nome indica o número de carbonos: *met* indica a presença de um átomo; *et*, de dois; *prop*, de três; *but*, de quatro; *pent*, de cinco; *hex*, de seis; e assim por diante. Muitas vezes o número de outros elementos também é indicado. Por exemplo, em compostos cíclicos, cada anel de átomos de carbono reduz o número de hidrogênios em dois, cada ligação dupla (observada nos *alquenos*, também chamados de *olefinas*) também retira dois átomos de hidrogênio. Por sua vez, as ligações triplas (que ocorrem nos *alquinos*) corta quatro átomos de hidrogênio.

Os sistemas antigos de nomenclatura, menos sistemáticos, determinavam que a raiz do nome informasse todos os átomos de carbono. Por exemplo, "butano" era o nome de um composto com fórmula C_4H_{10}, onde o sufixo *ano* indicava tratar-se de um alcano. Contudo, existe mais de uma estrutura com fórmula C_4H_{10} que, na verdade, representa uma maneira bastante simplificada de contar átomos. Esse mesmo número de átomos pode dizer respeito a uma cadeia linear de carbonos, ou referir uma ramificação a partir de um carbono central, conforme mostrado a seguir:

Butano   *iso*-Butano

Esse estilo de representação pressupõe a existência de átomos nas extremidades da linha e em cada intersecção de linhas. Os hidrogênios são omitidos, subentendendo-se que completem todas as ligações dos carbonos. O prefixo *iso* é anteposto ao termo "butano" para indicar uma ramificação. Esse sistema não funciona se há mais de quatro carbonos, pois nesses casos o número de isômeros não permitiria nomear os compostos possíveis de maneira adequada.

A Associação Internacional de Química Pura e Aplicada (IUPAC) adotou um sistema mais claro. Para alcanos monocíclicos, a raiz informa o número de carbonos na cadeia mais longa do composto. As ramificações são descritas com base em prefixos que sinalizam o número de carbonos em cada uma, e um número indicador do carbono da cadeia principal a que elas estão ligadas. (A numeração começa com o final da cadeia que tem os menores números.) Os nomes definidos pela IUPAC para as estruturas acima são *butano* e *2-metil-propano*.

Exemplo 1 Antes da adoção das regras definidas pela IUPAC, o termo "hexano" era usado como nome de dois compostos. As nomenclaturas IUPAC para eles são dadas abaixo, com suas fórmulas.

2-Metilpentano   2,3-Dimetilbutano

O sistema de nomenclatura inclui também os alquenos, com a troca do sufixo de *–ano* para *–eno*, e os alquinos, com nomes que terminam em *–ino*. Os números que antecedem os sufixos indicam a localização da ligação dupla. O carbono terminal é aquele mais próximo à ligação dupla e tem prioridade na ramificação do esqueleto de carbono.

Exemplo 2 Informe os nomes IUPAC destes hidrocarbonetos. (Observe que esta representação não mostra as ligações dos hidrogênios, para fins de clareza.)

$$CH_3-CH-C\equiv CH \quad\quad H_2C=CH-CH=CH_2$$
3-Metil-1-butino   1,3-Butadieno

O prefixo *ciclo-* aparece antes da raiz do nome de compostos cíclicos, exceto pelos compostos contendo o anel benzeno (Problema 9.9). Os compostos de benzeno formam uma categoria especial de substâncias, chamados de *compostos aromáticos*. O oposto de um composto aromático é um *composto alifático*. As variações nesse sistema de nomenclatura, vistas nos casos em que outros elementos químicos fazem parte da estrutura de um composto, serão discutidas na seção específica sobre *grupos funcionais*.

A ISOMERIA

De acordo com os princípios e definições dados no Capítulo 9, isômeros são compostos com números idênticos de átomos em suas moléculas, com diferenças em termos de estrutura molecular. Existem três classes de isômeros: *estruturais*, *geométricos* e *ópticos*.

Isômeros *estruturais* são moléculas que diferem na sequência de ligações de átomos em seus esqueletos, como os compostos mostrados no Exemplo 1. O sistema IUPAC de nomenclatura deixa clara a diferença entre compostos com fórmula molecular idêntica e estruturas diferentes.

Isômeros *geométricos* ocorrem quando a forma tridimensional das moléculas varia. Nesses compostos, uma parte significativa da molécula é rígida, devido à presença de uma ligação dupla ou de um anel. Nos casos mais simples, os isômeros geométricos podem ser diferenciados por nomes contendo os prefixos *–cis* e *–trans*, conforme o lado da ligação dupla em que se encontram os dois grupos (mesmo lado, onde estão próximos, ou lados opostos, onde estão distantes).

Isômeros *ópticos* são moléculas cujas imagens não podem ser sobrepostas. Dois isômeros ópticos são como um par de luvas: somente se emparelham face a face, não podem ser sobrepostos. Essas moléculas são chamadas de *assimétricas*, ou *quirais*. (*Observação*: carbonos quirais têm 4 átomos substituintes diferentes.) Dois isômeros ópticos podem ser diferenciados pelos prefixos *dextro-* ou *levo-*, conforme a propriedade da solução de um deles deslocar um feixe de luz polarizada para a esquerda ou para a direita. As letras D- e L- são usadas como abreviatura de dextro- e levo-. Um sistema novo foi proposto para isômeros ópticos, que usa a nomenclatura *R-* e *S-* (do latim *rectus*, direita, e *sinister*, esquerda).

Exemplo 3 Desenhe os (*a*) isômeros geométricos do 2-buteno e os (*b*) isômeros ópticos do 1-bromo-1-cloroetano.

(*a*) Devido à ligação dupla, todos os átomos, exceto os seis hidrogênios na extremidade da cadeia, estão em um plano único (neste caso, o plano do papel).

(*b*) Se os dois carbonos e o bromo forem colocados no plano do papel, o cloro e o hidrogênio estarão no lado oposto do plano e suas ligações formarão um ângulo aproximado de 109° com as outras ligações do mesmo átomo de carbono. Tomando como referência o plano do papel, o átomo de cloro aponta para fora e o hidrogênio aponta para dentro.

OS GRUPOS FUNCIONAIS

Os alcanos são relativamente pouco reativos. Sua química não é muito interessante. Porém, se uma ligação dupla ou tripla se formar, com perda de hidrogênios, ou se um hidrogênio for substituído por outro átomo, a nova substância terá propriedades e reações características. Essas propriedades não dependem do número ou da disposição dos átomos de carbono no restante da molécula. Os grupos de átomos que determinam essas propriedades do composto são chamados de *grupos funcionais*. Conhecer as propriedades e as reações típicas desses grupos funcionais simplifica o estudo da química orgânica. A Tabela 15-1 lista alguns dos grupos funcionais mais comuns. No caso dos ácidos, o termo *ácido* e o prefixo *oico* são adicionados ao nome do composto. A palavra *éter* aparece separada do restante do nome, e os ésteres têm um nome composto de duas partes, indicando as estruturas de cada uma das porções da molécula unidas por um grupo éster.

As raízes *form-* e *acet-* são usadas para aldeídos, ácidos e ésteres com um e dois carbonos, em lugar dos prefixos *met-* e *et-*. Elas foram incorporadas ao sistema IUPAC, pois são usadas há muito tempo (isto é, formaldeído e ácido acético são nomes aceitos, metanal e ácido etanoico não). Desvios em relação à nomenclatura IUPAC são comuns somente para algumas poucas substâncias e, por felicidade, raramente causam confusão (álcool etílico, em vez de etanol).

Tabela 15-1

Estrutura	Nome do grupo	Exemplo	Nome do composto
—C=C—	Alqueno, ligação dupla	$CH_3-CH=CH-CH_3$	2-Buteno
—C≡C—	Alquino, ligação tripla	$CH_3-C≡CH$	1-Propino
—C—X (X = F, Cl, Br, I)	Haleto	$CH_3-\overset{F}{\underset{\|}{CH}}-CH_3$	2-Fluoropropano
—C—OH	Álcool (hidroxila)	CH_3-OH	Metanol (álcool metílico)
—C(=O)—H	Aldeído	$CH_3-CH(=O)$	Etanal
—C(=O)—OH	Ácido carboxílico	$CH_3-CH(CH_3)-C(=O)-OH$	Ácido 2-Metilpropanoico
—C—C(=O)—C—	Cetona	$CH_3-CH_2-CH_2-C(=O)-CH_3$	2-Pentanona
—C—O—C—	Éter	$CH_3-O-CH_2-CH_3$	Metil-etil-éter
—C—N(H)—H	Amina	$H_2N-CH_2-CH_3$	Etilamina
—C(=O)—N(H)—H	Amida	$CH_3-CH_2-C(=O)-NH_2$	Propanamida
—C—C(=O)—O—C—	Éster	$CH_3-CH_2-CH_2-C(=O)-O-CH_2-CH_3$	Butanoato de etila

AS PROPRIEDADES E REAÇÕES DOS COMPOSTOS ORGÂNICOS

Os alcanos

Os alcanos são incolores, insolúveis em água, têm pontos de ebulição baixos e são comumente utilizados como combustíveis (butano, propano, octano, etc.). As reações de *combustão* (a queima na presença de O_2) produzem CO_2 e H_2O, além de uma parcela de CO (carbono com valência +2) em situações em que não há oxigênio o bastante para o carbono manter o estado de oxidação +4. A reação de alcanos com halogênios (F, Cl, Br e I) pode ser controlada, resultando na substituição de um halogênio por um hidrogênio, sem ruptura do esqueleto de carbono.

$$CH_3CH_2CH_3 + Cl_2 \rightarrow CH_3CH_2CH_2Cl + HCl$$

Os alquenos

Os alquenos são semelhantes aos alcanos em termos de estrutura e também sofrem combustão. Contudo, têm uma probabilidade muito maior de participar de reações de *adição* com halogênios, em comparação com as reações de substituição. As reações de adição ocorrem com uma ampla gama de reagentes.

$$CH_3-CH=CH_2 + Cl_2 \longrightarrow CH_3-\underset{Cl}{CH}-\underset{Cl}{CH_2}$$

$$CH_3-CH=CH_2 + HCN \longrightarrow CH_3-\underset{CN}{CH}-\underset{H}{CH_2}$$

Uma reação muito importante, sobretudo na indústria de plásticos, é a *polimerização por adição*, em que as moléculas de um alqueno adicionam-se umas às outras, formando cadeias muito longas. Por exemplo, uma polimerização do $CH_3CH=CH_2$ produz

$$\text{etc.} -CHCH_2CHCH_2CHCH_2CHCH_2- \text{etc.}$$
$$\phantom{\text{etc.} -}\underset{CH_3}{|}\underset{CH_3}{|}\underset{CH_3}{|}\underset{CH_3}{|}$$

Os haletos

Os halogênios são os elementos F, Cl, Br e I. Compostos halogenados são insolúveis em água e apresentam pontos de ebulição elevados, comparados aos respectivos hidrocarbonetos de que se originam. São amplamente utilizados como solventes, fluidos de limpeza, inseticidas, fluidos refrigerantes e plásticos (na forma de polímeros). São também importantes materiais de partida na síntese outros compostos, pois o halogênio pode ser substituído por OH (normalmente com o uso de NaOH) e outros grupos.

Os alcoóis

Muitos alcoóis têm um odor característico, resultado da evaporação na temperatura ambiente, como ocorre com os alcoóis inferiores (de massa molecular baixa). A solubilidade em água e o ponto de ebulição alto, em relação ao tamanho relativo das moléculas, devem-se à grande quantidade de ligações de hidrogênio que formam. Os alcoóis participam de dois tipos importantes de reações de condensação: (*a*) com outra molécula de álcool, formando um éter, e (*b*) com um ácido, formando um éster (a esterificação produz um sal orgânico). Uma reação de condensação é aquela em que duas moléculas se unem, eliminando água ou outra molécula pequena. A esterificação pode ser revertida por meio de uma *hidrólise*, a reação com água, em que o ácido e o álcool original são recuperados. No caso de um éster ser uma gordura natural, o processo de sua produção é chamado *saponificação*, pois o sal de sódio do ácido é na verdade um *sabão*. A reação específica observada, incluindo as reações de condensação e de hidrólise, tem forte dependência das condições de reação, como temperatura, pH e presença de um catalisador.

Existem agrupamentos de átomos que atuam como uma unidade, os *grupos funcionais*. Por exemplo, o álcool metílico (metanol) contém o grupo metila, $-CH_3$, derivado do metano, CH_4. Da mesma forma, outros grupos funcionais podem ser derivados de diferentes alcanos, com a perda de um átomo de hidrogênio. Estes grupos são os grupos *alquila*. Um grupo alquila aceita diversos átomos em substituição a seus hidrogênios, inclusive o cloro, bromo e iodo. Existem outros grupos que podem substituir o hidrogênio, como o grupo hidroxila ($-OH$) e o grupo carboxila ($-COOH$). Cada um destes átomos ou grupos substituintes do hidrogênio contribui de forma característica com a natureza do composto final.

Os aldeídos e cetonas

Os aldeídos e cetonas têm pontos de ebulição muito mais baixos e são menos solúveis em água que os alcoóis correspondentes. Em todos os casos, para alcoóis, aldeídos, cetonas e ácidos, a solubilidade em água diminui gradativamente com o aumento do número de átomos de carbono, para cada classe de composto.

Um álcool pode ser visto como o produto da primeira etapa da oxidação de um hidrocarboneto, porque há um átomo de oxigênio inserido entre um carbono e um hidrogênio. A oxidação pode ser definida como a adição, ou inserção, de um átomo de oxigênio em um composto. Se outro átomo de oxigênio for inserido no mesmo carbono, com eliminação de água, o resultado é um aldeído (se o carbono estiver na extremidade da cadeia) ou uma cetona (se o carbono estiver no meio). Inserir um oxigênio extra no carbono de um aldeído gera um ácido – chamado de *carboxílico*, em que o carbono onde ocorre a adição é chamado de *carbono carboxílico* (—COOH).

$$\text{Etano} \qquad \text{Álcool etílico} \qquad \text{Ácido etanoico (ácido acético)}$$

Os ácidos

Os ácidos carboxílicos de cadeia curta são bastante solúveis em água e tendem a ionizar ligeiramente (na maioria das vezes, a ionização atinge apenas alguns pontos percentuais, dependendo da concentração). Esses ácidos sofrem reações ácido-base típicas. Além da reação com alcoóis, os ácidos participam de reações de condensação com amônia ou aminas, produzindo amidas.

$$CH_3-\overset{O}{\underset{}{C}}-OH + H_2N-CH_2-CH_2-CH_3 \longrightarrow H_3C-\overset{O}{\underset{}{C}}-\overset{H}{\underset{}{N}}-CH_2-CH_2-CH_3 + H_2O$$

Ácido acético   Propilamina   *n*-Propilacetamida   Água

Os sais de ácidos carboxílicos e bases inorgânicas (KOH, NaOH, etc.) ionizam por completo no estado sólido e em solução aquosa. Os sais de ácidos graxos (obtidos com a hidrólise de gorduras) com bases inorgânicas são chamados de *sabões*.

As aminas e amidas

As aminas podem ser consideradas derivados da amônia, NH_3, em que um ou mais átomos de hidrogênio são substituídos por um grupo orgânico, como o grupo alquila. O exemplo dado na Tabela 15-1 é de uma amina *primária* (um H substituído). Nesse sentido, a substituição de dois hidrogênios gera uma amina *secundária* e a substituição de todos os hidrogênios gera uma amina *terciária*. São pouco solúveis em água e quando em meio aquoso recebem um íon H^+, tornando a solução básica. Dissolvem prontamente em ácidos fortes, formando sais semelhantes aos sais de amônio.

A reação de condensação de um ácido carboxílico com amônia ou uma amina gera uma amida. O exemplo dado na seção anterior ilustra a condensação do ácido acético e uma amina primária. Uma classe muito importante de moléculas bioquímicas é a dos aminoácidos, que se unem para formar moléculas de proteínas por condensação do grupo amino de uma molécula com o grupo ácido de outra. O produto da ligação amídica, nesse caso, recebe o nome especial de *peptídeo*.

Os éteres e ésteres

Quando um álcool é aquecido em condições adequadas na presença de ácido sulfúrico, ocorre a eliminação de água devido à condensação de duas moléculas de álcool. Com isso, os grupos são unidos (grupos alquila, por exemplo) por um átomo de oxigênio, formando um *éter*. O produto formado a partir do etanol, o dietil éter, é comumente chamado de "éter", conhecido por seu uso como anestésico, desde o século XIX. Outros éteres, como o metil-etil--éter, podem ser formados pela reação de condensação de dois alcoóis diferentes. Os éteres são pouco solúveis em água, mas são bons solventes para muitas substâncias orgânicas.

A exemplo dos alcoóis, os ésteres são os produtos da reação de condensação de alcoóis e ácidos. De modo geral, são bons solventes orgânicos, insolúveis em água. Muitos ésteres encontrados na natureza apresentam sabor e odor adocicados – o acetato de amila é o componente odorífero do óleo de banana ("amila" é um nome tradicional de um grupo com cinco carbonos). As gorduras e óleos naturais são ésteres de glicerol, um *triol* (composto com três grupos —OH), e ácidos graxos.

Os compostos aromáticos

O benzeno e os compostos contendo o anel benzeno são chamados de *compostos aromáticos*. Esses compostos têm propriedades químicas um tanto diferentes daquelas apresentadas por seus equivalentes alifáticos. Por exemplo, o grupo hidroxila (grupo químico dos alcoóis) ligado a um anel benzeno forma um ácido fraco (muito mais fraco que um ácido formado pelo grupo carboxila). As três ligações duplas, em posições alternadas no anel benzeno, não são *saturadas* com facilidade (ligações saturadas são o resultado da quebra de uma ligação dupla e substituição com átomos de hidrogênio). Se o benzeno for tratado com cloro (na ausência de luz), ocorre uma substituição, não uma adição.

Os grupos funcionais presentes nas cadeias alifáticas laterais ligadas a anéis aromáticos se comportam da maneira característica dos compostos alifáticos.

As moléculas multifuncionais

Muitas moléculas contêm mais de um grupo funcional (que podem ser iguais ou diferentes). Nestes casos, as reações de condensação envolvendo dois ou mais grupos por molécula pode levar à formação de polímeros, como as proteínas geradas por aminoácidos, discutidos acima (grupos —NH$_2$ e —COOH). Do ponto de vista da terminologia, a unidade ou unidades conectadas para produzir um polímero são chamadas de *monômeros*. O produto da união de dois monômeros é chamado de *dímero*. O composto formado por três monômeros recebe o nome *trímero*, e assim sucessivamente. Exemplo de polímero sintético é observado na síntese da fibra de poliéster, como o poliéster Dacron®, matéria-prima da indústria têxtil.

1,2-Etanodiol   Ácido tereftálico

Poliéster Dacron®

Nessa reação, milhares de moléculas de cada reagente se combinam. Uma molécula de água é gerada para cada unidade de condensação que forma estas ligações de éster. Observe que a reação, caso prossiga indefinidamente, pode em tese formar uma molécula de comprimento infinito.

A BIOQUÍMICA

A seguir é dada uma lista de alguns dos fatores importantes no estudo da bioquímica, a química dos organismos vivos.

1. Conforme discutido anteriormente, moléculas podem ser muito grandes; porém, diferentemente de um polímero sintético, um biopolímero em geral tem um número e uma sequência definidos de unidades monoméricas. Muitas vezes ele é tridimensional.

2. A classificação das moléculas é baseada sobretudo na estrutura; contudo, a função que desempenham na célula viva também é considerada.
3. Na bioquímica, as reações ocorrem a temperaturas moderadas, e catalisadores sensíveis (enzimas) são necessários com frequência. A energia necessária para conduzir uma reação pode ser obtida como parte da energia liberada por outra reação, em um processo que forma uma sequência de reações.
4. No reino animal e no reino vegetal, não existem diferenças entre as estruturas das moléculas que desempenham uma função biológica específica.

Assim como existem classes de moléculas orgânicas, existem também classes de moléculas bioquímicas.

As *proteínas* são polímeros produzidos a partir de aminoácidos unidos por ligações peptídicas (ligações entre os grupos amino e carboxila). Estes compostos formam a maior parte do tecido vivo. As enzimas, substâncias muito seletivas e poderosos catalisadores, também são consideradas proteínas. Podem conter um grupo baseado em um átomo metálico, assim como moléculas de outras classes de compostos (hemoglobina, clorofila, etc.). Algumas proteínas desempenham funções específicas, como a hemoglobina, que transporta oxigênio no sangue.

Os *carboidratos* são açúcares compostos por moléculas relativamente pequenas, com em média quatro a seis carbonos em seus esqueletos. Os açúcares apresentam os grupos funcionais hidroxila, aldeído ou cetona. Essas moléculas podem atuar como combustível ou blocos de construção de materiais poliméricos. As plantas contêm polímeros de açúcares chamados de amido e celulose, formados por ligações éter. Esses polímeros armazenam energia (amidos) e atuam na construção de estruturas rígidas (celulose).

As *gorduras* são ésteres de glicerol e ácidos graxos. Muitas das gorduras presentes em plantas são insaturadas (contendo ligações duplas no esqueleto de carbono) e líquidas (na forma de óleos). Também são utilizadas como combustível usado nas funções dos organismos, embora atuem como fonte de energia armazenável por longo prazo, em comparação com os açucares e amidos, fontes de energia armazenável por curto prazo e de rápida disponibilidade. Fazem parte de uma classe de compostos chamados de *lipídeos*, com base na insolubilidade em água e solubilidade em éter. Entre os lipídeos mais conhecidos estão o colesterol e alguns materiais usados na construção da membrana celular.

Os *ácidos nucleicos* são polímeros grandes unidos por ligações éster entre um grupo fosfato e um monômero de açúcar (a desoxirribose, no DNA, e a ribose, no RNA). Esses açúcares apresentam *bases nitrogenadas*, cadeias laterais com nitrogênio chamadas de *purinas* ou *piramidinas*. Os monômeros contêm um grupo fosfato, um açúcar e uma base nitrogenada. São unidos por uma ligação de um fosfato em um monômero a um açúcar de outro. Este sistema mantém as bases nitrogenadas em uma sequência definida ao longo da molécula que forma o código genético dos seres vivos, o DNA, e controla o sequenciamento de aminoácidos durante a síntese das proteínas (DNA e RNA), entre outras funções.

Problemas Resolvidos

Nomenclatura

15.1 Nomeie os seguintes compostos, de acordo com as regras da IUPAC:

(a)

(b)

(a) A dificuldade está na maneira como a estrutura é desenhada. Encontre a cadeia mais longa, que tem seis carbonos, e comece a numerar os átomos pela esquerda. Isso reduz os números indicadores de pontos de substituição: 2,4-dimetil-hexano.

(b) Os carbonos do anel são numerados de maneira a minimizar a soma dos números: 1,3-ciclohexadieno.

(c) O grupo cloro- é tratado como prefixo, mas o oxigênio da carbonila é válido como sufixo: 1-cloro-3-pentanona.

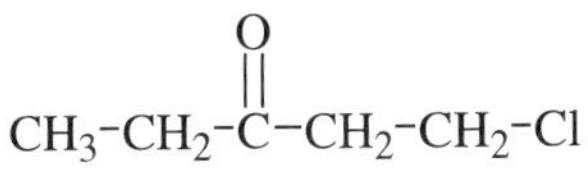

$$CH_3\text{-}CH_2\text{-}\underset{\underset{O}{\|}}{C}\text{-}CH_2\text{-}CH_2\text{-}Cl$$
(c)

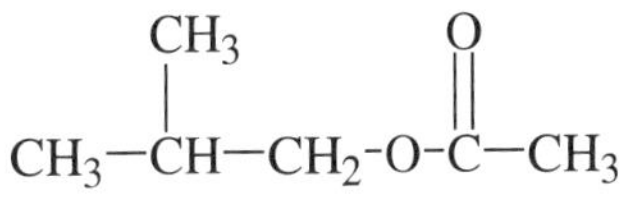

$$CH_3\text{-}\underset{\underset{CH_3}{|}}{CH}\text{-}CH_2\text{-}O\text{-}\underset{\underset{O}{\|}}{C}\text{-}CH_3$$
(d)

$$CH_3\text{-}NH\text{-}CH_2\text{-}CH_2\text{-}CH_3$$
(e)

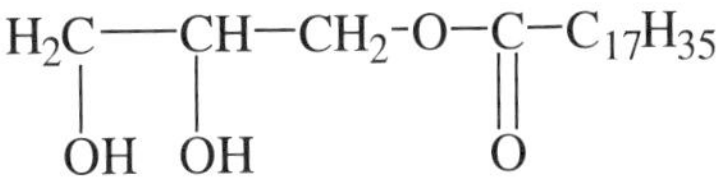

$$H_2C\text{—}CH\text{—}CH_2\text{-}O\text{-}\underset{\underset{O}{\|}}{C}\text{-}C_{17}H_{35}$$
$$\phantom{H_2C\text{—}}||$$
$$\phantom{H_2C\text{—}}OHOH$$
(f)

(d) Esse composto é um éster. Diferentemente do exemplo dado na Tabela 15-1, o resíduo de álcool está à esquerda. Nos dois casos, a porção álcool tem preferência na definição do nome: etanoato de 2-metil-propila ou acetato de 2-metil-propila.

(e) Esse composto é uma amina secundária: metil-propilamina.

(f) O ácido carboxílico de 18 carbonos que reagiu para formar este composto é o ácido esteárico, gerando um composto chamado estearato de 2,3-dihidroxipropila. O resíduo alcoólico é o glicerol. Uma vez que apenas a hidroxila é esterificada, este tipo de éster é chamado monoglicéride e o composto pode ser nomeado estearato de monoglicerila. É utilizado no processamento de alimentos e como emulsificante.

A isomeria

15.2 Identifique todos os isômeros com fórmula C_5H_{10} e nomeie-os de acordo com as regras da IUPAC.

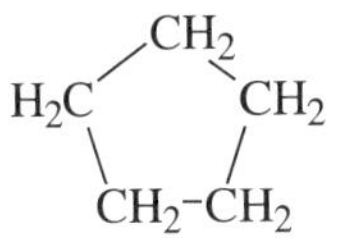

(a) Ciclopentano

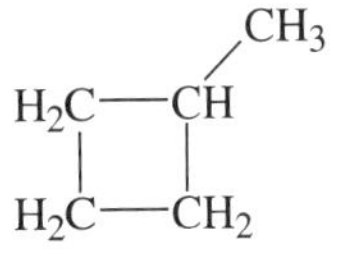

(b) Metilciclobutano

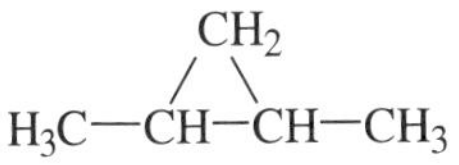

(c) 1,2-Dimetilciclopropano

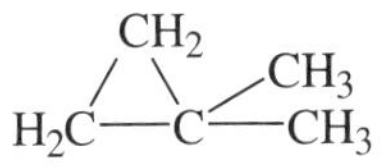

(d) 1,1-Dimetilciclopropano

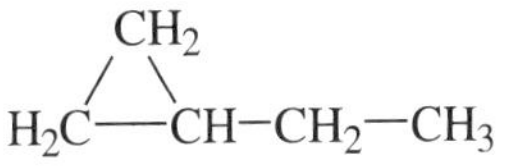

(e) Etilciclopropano

$$CH_3\text{-}CH_2\text{-}CH_2\text{-}CH=CH_2$$
(f) 1-Penteno

$$CH_3\text{-}CH_2\text{-}CH=CH\text{-}CH_3$$
(g) 2-Penteno

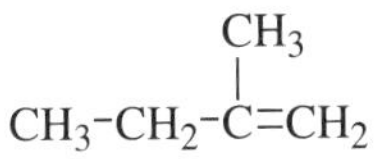

$$CH_3\text{-}CH_2\text{-}\underset{\underset{CH_3}{|}}{C}=CH_2$$
(h) 2-Metil-1-buteno

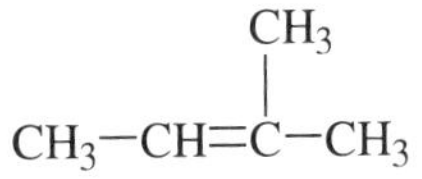

$$CH_3\text{-}CH=\underset{\underset{CH_3}{|}}{C}\text{-}CH_3$$
(i) 2-Metil-2-buteno

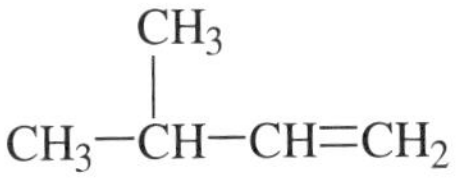

$$CH_3\text{-}\underset{\underset{CH_3}{|}}{CH}\text{-}CH=CH_2$$
(j) 3-Metil-1-buteno

Contudo, considere a possibilidade de isomeria *cis-trans*. Neste problema, o único caso desse tipo de isomeria entre alquenos é o composto (g):

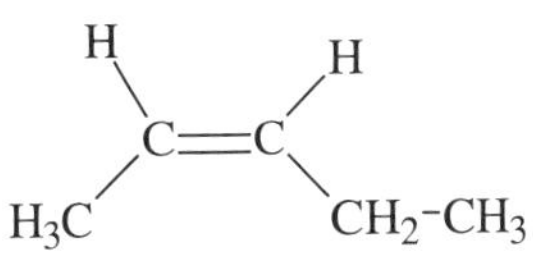

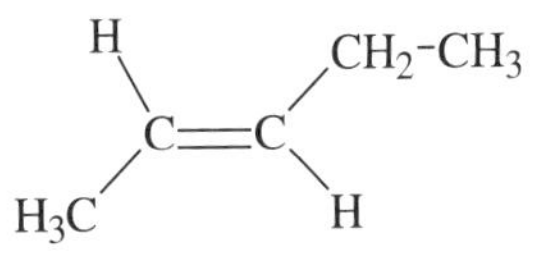

A estrutura (c) também tem isomeria *cis-trans*. Os três carbonos no anel descrevem um plano, o plano do papel. São duas as possibilidades: ou os dois hidrogênios dos grupos CH estão no mesmo plano, ou um está acima e o outro está abaixo.

A estrutura (*c*) também é a única com um átomo de carbono quiral (os carbonos dos dois grupos CH). Contudo, o isômero *cis* tem um plano de simetria e não pode ter um isômero óptico. Somente o isômero *trans* tem isomeria óptica.

15.3 Desenhe todos os isômeros estruturais da fórmula C_3H_6O. Indique os compostos com isômeros geométricos ou ópticos. (Nem todas as estruturas que obedecem às regras de Lewis são substâncias químicas estáveis.)

$$CH_3-CH=CH-OH \qquad H_2C=C-CH_2-OH \qquad H_3C-\underset{\underset{OH}{|}}{C}=CH_2$$

Formas *cis-trans*

$$H_3C-\overset{O}{\underset{\|}{C}}-CH_3 \qquad CH_3-CH_2-\overset{O}{\underset{\|}{C}}-H \qquad H_2C=CH-O-CH_3$$

$$\underset{H_2C-CH-OH}{\overset{CH_2}{\diagup\diagdown}} \qquad \underset{H_2C-CH-CH_3}{\overset{O}{\diagup\diagdown}} \qquad \underset{H_2C-CH_2}{\overset{O-CH_2}{|\quad\quad|}}$$

O carbono no grupo CH é o carbono quiral.

Os grupos funcionais e suas reações

15.4 Desenhe as estruturas dos compostos orgânicos resultantes das reações abaixo.

(*a*) 1-Propanol em meio desidratante

(*b*) 1-Propanol em meio levemente oxidante

(*c*) 2-Propanol em meio levemente oxidante

(*d*) 1-Propanol e ácido butanoico em meio desidratante

(*e*) 1-Propanol e sódio metálico

(*a*) A reação de condensação resulta na eliminação de água e na formação de um éter.

$$CH_3CH_2CH_2-O-CH_2CH_2CH_3$$

(*b*) Um estágio da oxidação de um grupo hidroxila produz um carbono carbonila ($-C=O$). Quando o grupo álcool está na extremidade da cadeia (álcool primário), o produto é um aldeído.

$$CH_3-CH_2-\overset{O}{\underset{\|}{C}}-H$$

(*c*) Quando o grupo álcool não está na extremidade (um álcool secundário), o produto é uma cetona.

$$CH_3-\overset{O}{\underset{\|}{C}}-CH_3$$

(*d*) Uma reação de condensação resulta na eliminação de água e na formação de um éster.

$$CH_3-CH_2-CH_2-\overset{O}{\underset{\|}{C}}-O-CH_2-CH_2-CH_3$$

(*e*) Se considerarmos o álcool como um derivado da água, é possível esperar que o sódio desloque o hidrogênio do grupo hidroxila. Um dos produtos obtidos é o H_2, o outro é o sal de sódio do álcool.

$$CH_3CH_2CH_2O^-Na^+$$

15.5 Usando fórmulas estruturais, expresse as reações:

(*a*) Cloreto de vinila (também chamado cloroeteno) é tratado com um catalisador de polimerização.

(b) O aminoácido alanina (ácido 2-aminopropanoico) é tratado com uma enzima polimerase e a fonte de energia adequadas, o que promove sua polimerização.

(a) O produto é um polímero saturado, uma vez que as ligações duplas foram usadas na união dos monômeros para formar o cloreto de polivinila (o PVC, usado na produção de tubos e outros materiais plásticos).

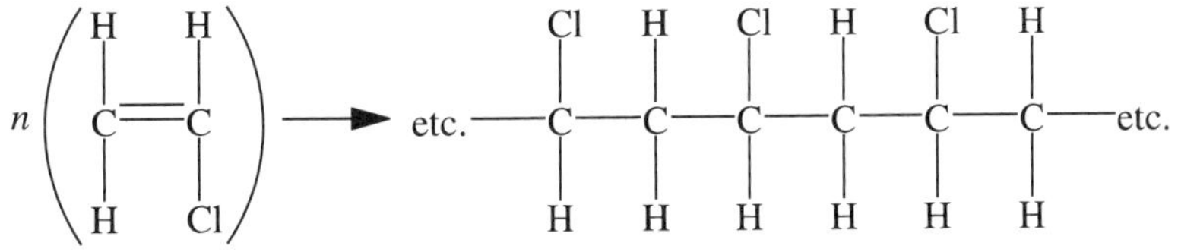

(b) Ocorre a formação de água, que é removida (um H do grupo amino de uma molécula e um OH do ácido da molécula seguinte). Com isso, é formada a polialanina. A fórmula entre parênteses mostra a ligação peptídica formada entre monômeros.

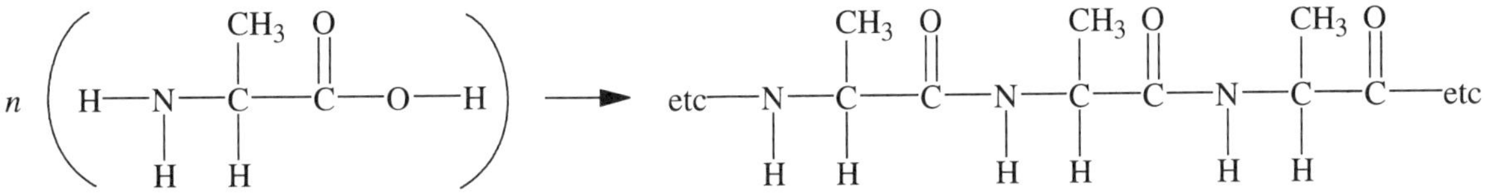

Problemas Complementares

Nomenclatura

15.6 Nomeie os compostos abaixo de acordo com as regras da IUPAC.

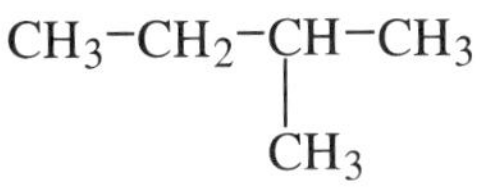

(a) $CH_3-CH_2-CH(CH_3)-CH_3$

(b) $CH_3-CH_2-CH(CH(CH_3)-CH_3)-CH_3$

(c) metilciclohexano

(d) $CH_3-CH_2-CH=CH-CH_3$

(e) $H_2C=CH-CH_2-CH(CH_3)-CH=CH_2$

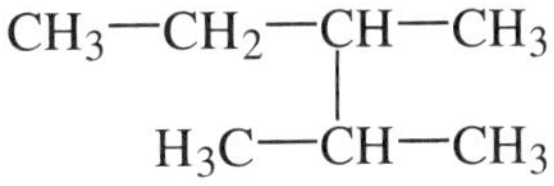

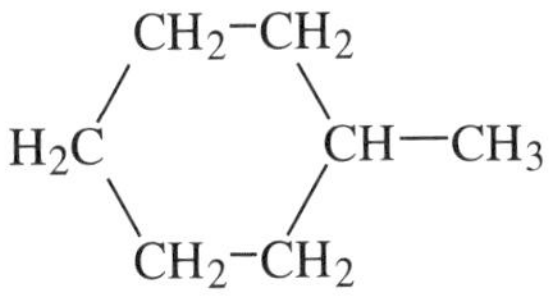

(f) $CH_3-C\equiv C-CH_3$

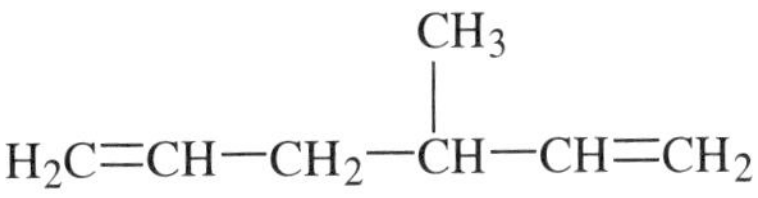

Resp. (a) 2-metilbutano; (b) 2,3-dimetilpentano; (c) metilciclohexano; (d) 2-penteno; (e) 3-metil-1,5-hexadieno; (f) 2-butino

15.7 Nomeie os compostos abaixo de acordo com as regras da IUPAC.

(a) $H_3C-O-CH_2-CH_3$

(b) $CH_3-CH_2-CHCl-CH_3$

(c) ciclopropil–O–C(=O)–CH$_3$

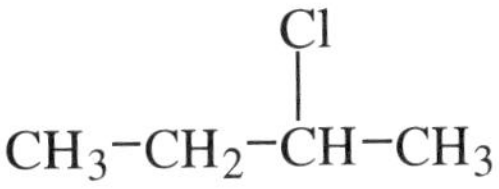

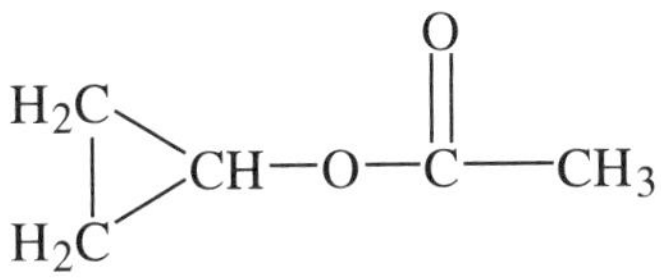

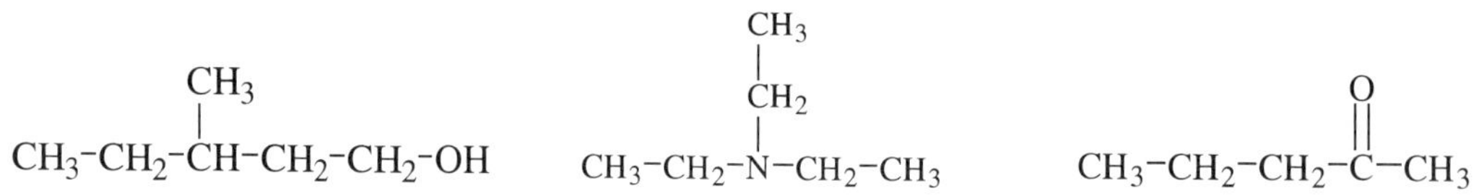

(d) CH₃-CH₂-CH(CH₃)-CH₂-CH₂-OH

(e) CH₃-CH₂-N(CH₂CH₃)-CH₂-CH₃

(f) CH₃-CH₂-CH₂-C(=O)-CH₃

Resp. (*a*) metil-etil-éter; (*b*) 2-clorobutano; (*c*) acetato (ou etanoato) de ciclopropila; (*d*) 3-metil-1-pentanol; (*e*) trietilamina; (*f*) 2-pentanona

15.8 Nomeie os compostos abaixo de acordo com as regras da IUPAC.

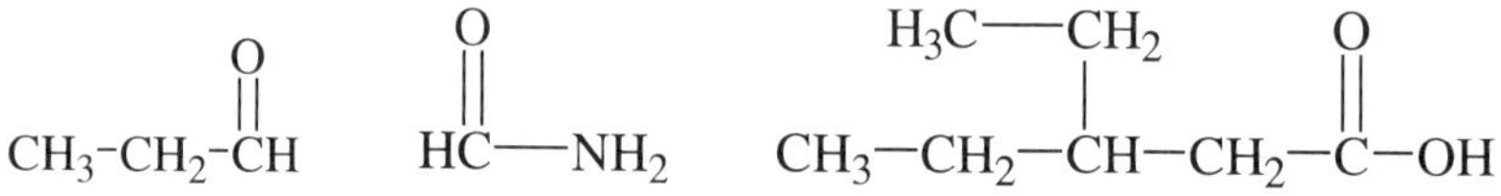

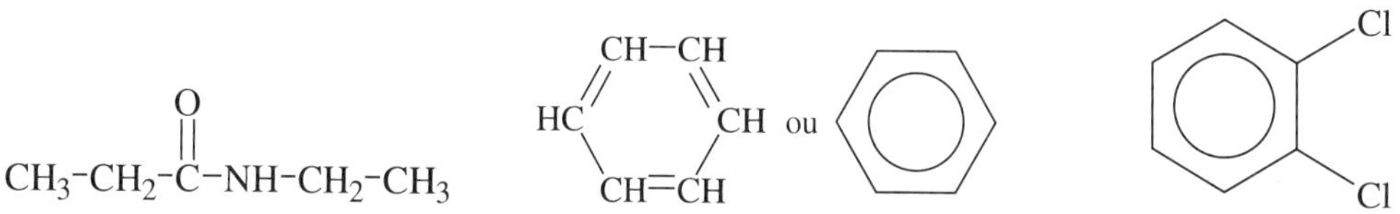

(a) CH₃-CH₂-CHO

(b) HC(=O)-NH₂

(c) CH₃-CH₂-CH(CH₂CH₃)-CH₂-C(=O)-OH

(d) CH₃-CH₂-C(=O)-NH-CH₂-CH₃

(e) benzeno (representado por ciclo-hexatrieno ou anel)

(f) 1,2-diclorobenzeno

Resp. (*a*) propanal; (*b*) formamida (metanamida); (*c*) ácido 3-etilpentanoico; (*d*) N-etilpropanamida; (*e*) benzeno; (*f*) 1,2-diclorobenzeno

15.9 Desenhe as fórmulas estruturais dos compostos: (*a*) 3-etil-4-metil-2-hexanona; (*b*) acetato de 2-cloro-butila; (*c*) etilbenzeno; (*d*) 3-etil-ciclohexeno; (*e*) 2-metil-3-pentanol; (*f*) 2-metilpropil metil éter

Resp.

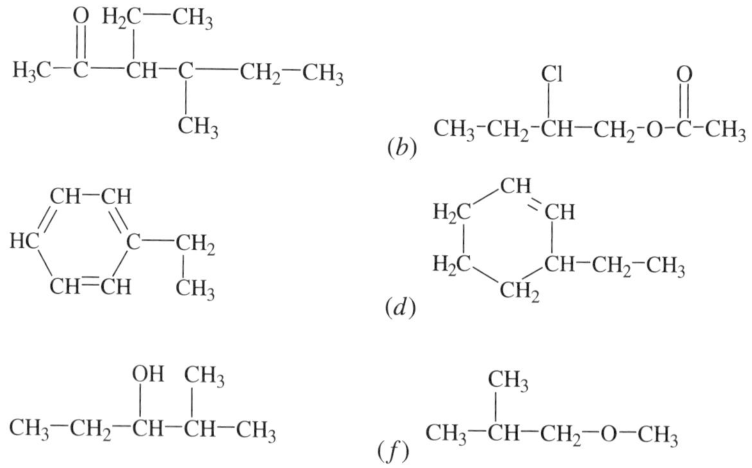

(a) H₃C-C(=O)-CH(CH(CH₂CH₃)(CH₃))-...

(b) CH₃-CH₂-CHCl-CH₂-O-C(=O)-CH₃

(c) anel aromático com -CH(CH₃)... (etilbenzeno)

(d) ciclohexeno com -CH₂-CH₃

(e) CH₃-CH₂-CH(OH)-CH(CH₃)-CH₃

(f) CH₃-CH(CH₃)-CH₂-O-CH₃

15.10 Explique o que há de errado com cada um dos seguintes nomes de compostos orgânicos: (*a*) 3-metil-2-propanol; (*b*) 3,3-dimetil-2-penteno; (*c*) 1,4-diclorociclobutano; (*d*) 2-propanal; (*e*) 2-metil-1-butino; (*f*) acidopentanoico

Resp. (*a*) A cadeia mais longa tem quatro carbonos. O nome correto é 2-butanol. (*b*) Esse composto não existe, porque exigiria cinco ligações no terceiro carbono. (*c*) As posições 1 e 4 são equivalentes às posições 1 e 2. O nome correto é 1,2-diclorociclobutano. (*d*) Esse composto não existe, porque o carbono do grupo aldeído precisa estar na extremidade da cadeia. (*e*) Esse composto não existe, porque exigiria cinco ligações no segundo carbono. (*f*) O termo "ácido" não é um prefixo, mas uma palavra independente. O nome correto é ácido pentanoico.

A isomeria

15.11 Desenhe as estruturas dos isômeros com as fórmulas: (*a*) C_4H_9Br; (*b*) C_4H_8; (*c*) $C_2H_4O_2$ (omita os peróxidos, —O—O—); (*d*) C_6H_{14}; (*e*) $C_4H_8Cl_2$.

Resp. (a)

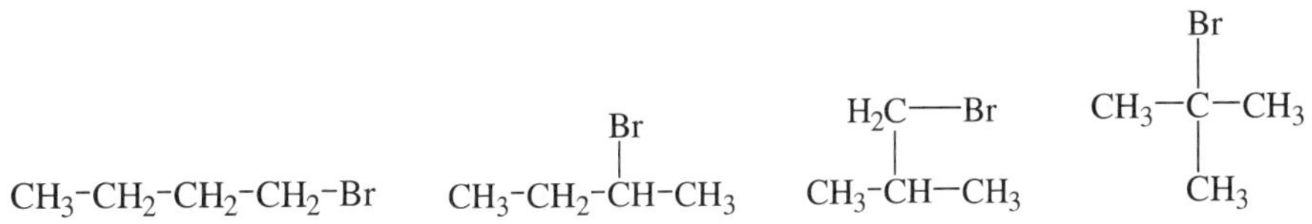

$$CH_3-CH_2-CH_2-CH_2-Br \qquad CH_3-CH_2-\underset{\underset{Br}{|}}{CH}-CH_3 \qquad \underset{\underset{CH_3-CH-CH_3}{|}}{\overset{H_2C-Br}{}} \qquad CH_3-\underset{\underset{CH_3}{|}}{\overset{\overset{Br}{|}}{C}}-CH_3$$

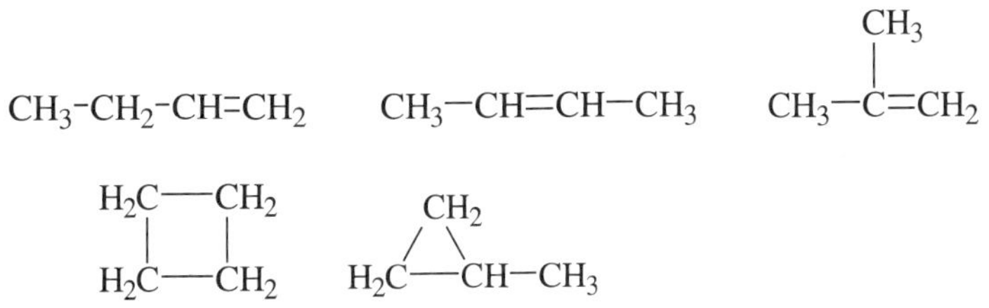

(b)

$$CH_3-CH_2-CH=CH_2 \qquad CH_3-CH=CH-CH_3 \qquad CH_3-\underset{\underset{}{}}{\overset{\overset{CH_3}{|}}{C}}=CH_2$$

$$\begin{array}{c} H_2C-CH_2 \\ | \quad\quad | \\ H_2C-CH_2 \end{array} \qquad \begin{array}{c} CH_2 \\ \diagup \;\;\; \diagdown \\ H_2C-CH-CH_3 \end{array}$$

(c)

$$CH_3-\overset{\overset{O}{\|}}{C}-OH \qquad H\overset{\overset{O}{\|}}{C}-O-CH_3 \qquad H-\overset{\overset{O}{\|}}{C}-CH_2-OH \qquad HO-CH=CH-OH$$

$$\begin{array}{c} H_2C-O \\ | \quad\quad | \\ O-CH_2 \end{array} \qquad \begin{array}{c} O \\ \diagup \;\; \diagdown \\ H_2C-CH-OH \end{array}$$

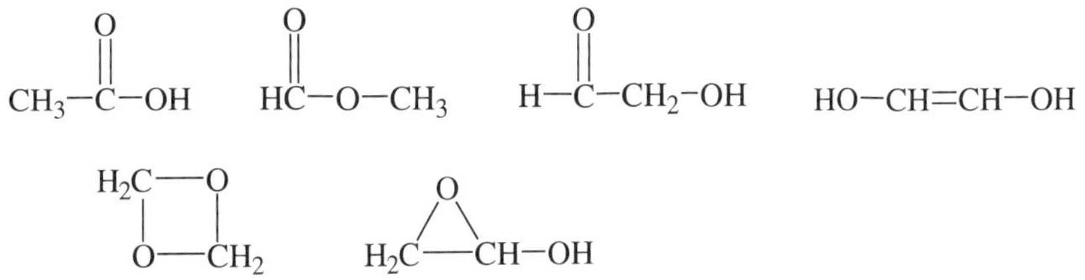

Observação: nem todos os compostos acima são estáveis. A estrutura com dois grupos hidroxila em um mesmo carbono não ocorre.

(d)

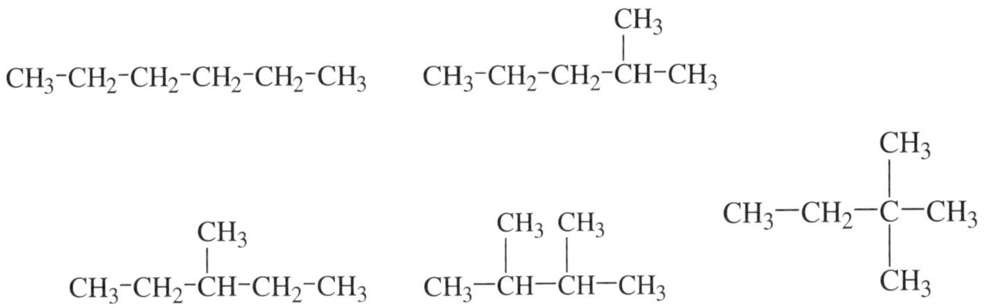

$$CH_3-CH_2-CH_2-CH_2-CH_2-CH_3 \qquad CH_3-CH_2-CH_2-\underset{\underset{}{}}{\overset{\overset{CH_3}{|}}{CH}}-CH_3$$

$$CH_3-CH_2-\underset{\underset{}{}}{\overset{\overset{CH_3}{|}}{CH}}-CH_2-CH_3 \qquad CH_3-\underset{\underset{}{}}{\overset{\overset{CH_3}{|}}{CH}}-\underset{\underset{}{}}{\overset{\overset{CH_3}{|}}{CH}}-CH_3 \qquad CH_3-CH_2-\underset{\underset{CH_3}{|}}{\overset{\overset{CH_3}{|}}{C}}-CH_3$$

(e)

$$CH_3-CH_2-CH_2-\underset{\underset{}{}}{\overset{\overset{Cl}{|}}{CH}}-Cl \qquad Cl-CH_2-CH_2-CH_2-CH_2-Cl \qquad CH_3-\underset{\underset{}{}}{\overset{\overset{CH_3}{|}}{CH}}-\underset{\underset{}{}}{\overset{\overset{Cl}{|}}{CH}}-Cl$$

$$CH_3-CH_2-\underset{\underset{}{}}{\overset{\overset{Cl}{|}}{CH}}-CH_2-Cl \qquad CH_3-\underset{\underset{}{}}{\overset{\overset{Cl}{|}}{CH}}-\underset{\underset{}{}}{\overset{\overset{Cl}{|}}{CH}}-CH_3 \qquad CH_3-\underset{\underset{}{}}{\overset{\overset{H_2C-Cl}{|}}{CH}}-CH_2-Cl$$

$$CH_3-\underset{\underset{}{}}{\overset{\overset{Cl}{|}}{CH}}-CH_2-CH_2-Cl \qquad CH_3-CH_2-\underset{\underset{Cl}{|}}{\overset{\overset{Cl}{|}}{C}}-CH_3 \qquad H_3C-\underset{\underset{CH_3}{|}}{\overset{\overset{Cl}{|}}{C}}-CH_2-Cl$$

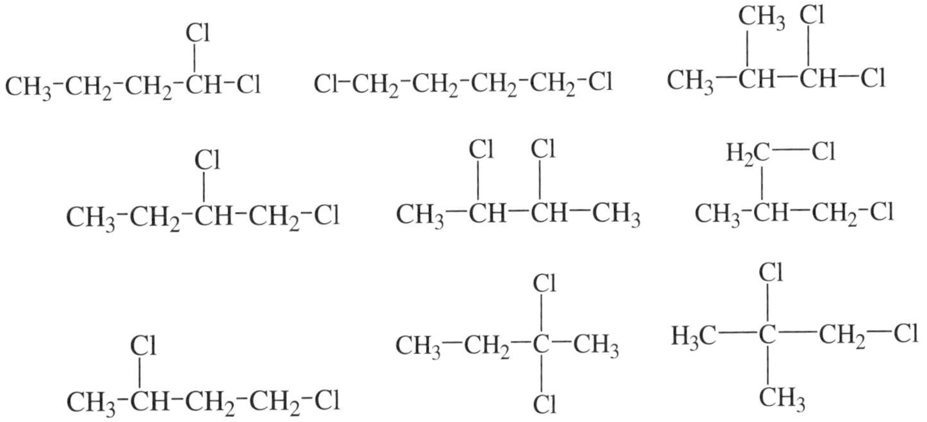

15.12 Examine todas as respostas do Problema 15.11 e selecione as fórmulas que têm isomeria geométrica, indicando os dois átomos de carbono envolvidos em cada uma.

Resp.
$$CH_3-\overset{\text{\tiny C}}{C}H=\overset{\text{\tiny C}}{C}H-CH_3 \qquad HO-\overset{\text{\tiny C}}{C}H=\overset{\text{\tiny C}}{C}H-OH$$
(a) (b)

15.13 Examine todas as respostas do Problema 15.11 e selecione as fórmulas que têm isomeria óptica, indicando o carbono (ou carbonos) quiral em cada uma.

Resp.

$$\underset{(a)}{CH_3-CH_2-\overset{Br}{\underset{|}{\textcircled{C}H}}-CH_3} \qquad \underset{(c)}{\underset{H_2C-\textcircled{C}H-OH}{\overset{CH_2}{\overset{|\;\;\;\;\;\;|}{}}}}$$

$$\underset{(e)}{CH_3-CH_2-\overset{Cl}{\underset{|}{\textcircled{C}H}}-CH_2-Cl} \qquad \underset{(e)}{CH_3-\overset{Cl}{\underset{|}{\textcircled{C}H}}-CH_2-CH_2-Cl} \qquad \underset{(e)}{CH_3-\overset{Cl}{\underset{|}{\textcircled{C}H}}-\overset{Cl}{\underset{|}{\textcircled{C}H}}-CH_3}$$

15.14 Desenhe a estrutura do menor alcano monocíclico que tenha um carbono quiral, sinalizando-o. Nomeie o composto.

Resp.

$$CH_3-CH_2-CH_2-\overset{CH_3}{\underset{|}{\textcircled{C}H}}-CH_2-CH_3 \qquad \text{ou} \qquad CH_3-CH_2-\overset{CH_3}{\underset{|}{\textcircled{C}H}}-\overset{CH_3}{\underset{|}{CH}}-CH_3$$

3-Metil-hexano ou 2,3-Dimetilpentano

15.15 A borracha natural é um polímero de isopreno. Sua estrutura é:

$$\text{etc.}\diagdown\underset{CH_2}{\overset{H_3C}{\diagup}}C=C\underset{CH_2}{\overset{H}{\diagdown}}\underset{CH_2}{\diagdown}\underset{H_3C}{\overset{CH_2}{\diagup}}C=C\underset{H}{\overset{CH_2}{\diagdown}}\underset{CH_2}{\diagdown}\underset{CH_2}{\overset{H_3C}{\diagup}}C=C\underset{CH_2}{\overset{H}{\diagdown}}\text{etc.}$$

A guta-percha, outro produto natural, é um isômero geométrico da borracha, sem utilidade como elastômero. Desenhe sua estrutura e identifique os isômeros *cis* e *trans*.

Resp. A borracha natural é o isômero *cis*; a guta-percha é o isômero *trans*.

$$\text{etc.}\diagdown\underset{H_3C}{\overset{CH_2}{\diagup}}C=C\underset{CH_2}{\overset{H}{\diagdown}}\underset{H_3C}{\overset{CH_2}{\diagup}}C=C\underset{CH_2}{\overset{H}{\diagdown}}\underset{H_3C}{\overset{CH_2}{\diagup}}C=C\underset{CH_2}{\overset{H}{\diagdown}}\text{etc.}$$

15.16 Que composto tem mais isômeros: (*a*) dimetilbenzeno ou (*b*) dimetil-ciclohexeno? Explique.

Resp. Como todos os ângulos do anel benzeno são idênticos, (*a*) tem apenas três isômeros (estruturais) com os grupos metila nas posições 1,2; 1,3 ou 1,4. Contudo, (*b*) tem mais isômeros estruturais. Por exemplo. 1,2 é diferente de 1,6, e 1,3 é diferente de 2,4. Os compostos também têm diversos isômeros geométricos. Por exemplo, o isômero estrutural 3,4 precisa ter as formas *cis* e *trans*. Isômeros ópticos também são observados: os carbonos 3 e 4 do isômero 2,3 são carbonos quirais.

Os grupos funcionais

15.17 Nomeie os grupos funcionais em cada uma das moléculas abaixo:

$$\underset{(a)}{CH_3-CH_2-CH_2-OH} \qquad \underset{(b)}{CH_3-\overset{CH_3}{\underset{|}{N}}-CH_3} \qquad \underset{(c)}{H_3C-O-\overset{O}{\underset{\|}{C}}-CH_3} \qquad \underset{(d)}{CH_3-\overset{Cl}{\underset{|}{CH}}-CH_3}$$

CAPÍTULO 15 • A QUÍMICA ORGÂNICA E A BIOQUÍMICA

$$\underset{(e)}{CH_3\text{-}CH_2\text{-}CH_2\text{-}\overset{\overset{O}{\|}}{C}\text{-}CH_3} \qquad \underset{(f)}{\overset{O=C\text{-}OH}{\underset{CH_3\text{-}CH\text{-}CH_2\text{-}CH_3}{|}}} \qquad \underset{(g)}{\begin{array}{c} H_2C\text{---}CH\text{---}CH_2 \\ |\quad\quad |\quad\quad | \\ O\quad\;\; O\quad\;\; O \\ |\quad\quad |\quad\quad | \\ C_{17}H_{35}\; C_{17}H_{35}\; C_{17}H_{35} \\ \|\quad\quad \|\quad\quad \| \\ O\quad\;\; O\quad\;\; O \end{array}}$$

$$\underset{(h)}{\begin{array}{c} O \\ \| \\ CH_3\text{-}C\text{---}N\text{---}CH_3 \\ | \\ C_2H_5 \end{array}} \qquad \underset{(i)}{C_4H_9OC_4H_9} \qquad \underset{(j)}{CH_3\text{-}CH_2\text{-}\overset{\overset{O}{\|}}{CH}}$$

$$\underset{(k)}{\overset{Br}{\underset{CH_3\text{-}CH\text{-}CH_2\text{-}CH_2\text{-}Br}{|}}} \qquad \underset{(l)}{CH_3\text{-}CH_2\text{-}C\equiv C\text{-}CH_3}$$

Resp. (a) álcool (hidroxila); (b) amina (amina terciária); (c) éster; (d) cloreto; (e) cetona; (f) ácido carboxílico; (g) éster (triglicerídeo); (h) amida; (i) éter; (j) aldeído; (k) brometo (dibrometo); (l) alquino (ligação tripla).

15.18 Desenhe as fórmulas estruturais dos seguintes compostos: (a) butanamida; (b) metilpropilamida; (c) dietil éter; (d) 2,3-dimetil-1-hexanol; (e) 2-metilpropianato de etila; (f) 3-iodo-2-pentanona.

Resp.

$$\underset{(a)}{CH_3\text{-}CH_2\text{-}CH_2\text{-}\overset{\overset{O}{\|}}{C}\text{-}NH_2} \qquad \underset{(b)}{CH_3\text{-}\overset{\overset{H}{|}}{N}\text{-}CH_2\text{-}CH_2\text{-}CH_3} \qquad \underset{(c)}{CH_3\text{-}CH_2\text{-}O\text{-}CH_2\text{-}CH_3}$$

$$\underset{(d)}{CH_3\text{-}CH_2\text{-}CH_2\text{-}\overset{\overset{CH_3}{|}}{CH}\text{-}\overset{\overset{CH_3}{|}}{CH}\text{-}CH_2\text{-}OH} \qquad \underset{(e)}{\overset{\overset{\overset{O}{\|}}{CH_3\text{-}CH\text{-}C\text{-}O\text{-}CH_2\text{-}CH_3}}{\underset{CH_3}{|}}} \qquad \underset{(f)}{CH_3\text{-}CH_2\text{-}\overset{\overset{I}{|}}{CH}\text{-}\overset{\overset{O}{\|}}{C}\text{-}CH_3}$$

As reações (com compostos orgânicos)

15.19 Desenhe a estrutura do polímero formado por polimerização por adição do 2-metil-1-propano.

Resp.

$$etc.\text{---}\overset{\overset{H}{|}}{\underset{\underset{H}{|}}{C}}\text{---}\overset{\overset{CH_3}{|}}{\underset{\underset{CH_3}{|}}{C}}\text{---}\overset{\overset{H}{|}}{\underset{\underset{H}{|}}{C}}\text{---}\overset{\overset{CH_3}{|}}{\underset{\underset{CH_3}{|}}{C}}\text{---}\overset{\overset{H}{|}}{\underset{\underset{H}{|}}{C}}\text{---}\overset{\overset{CH_3}{|}}{\underset{\underset{CH_3}{|}}{C}}\text{---}etc.$$

15.20 Quais são os principais produtos das reações abaixo? Apresente as estruturas dos compostos orgânicos resultantes.

(a) $H_3C\text{-}CH_2\text{-}\overset{\overset{O}{\|}}{C}\text{-}NH_2 + H_2O \xrightarrow[\text{catalisador}]{\text{hidrólise}}$

(b) $C_3H_8 + O_2 \xrightarrow[\text{alta}]{\text{temperatura}}$

(c) $C_2H_5OH \xrightarrow[\text{desidratante}]{\text{meio}}$

(d) $C_2H_5OH \xrightarrow[\text{brando}]{\text{oxidante}}$

(e) $CH_3-\overset{O}{\underset{\|}{C}}-OH + CH_3-\overset{OH}{\underset{|}{CH}}-C_2H_5 \xrightarrow[\text{desidratante}]{\text{meio}}$

(f) $CH_3-CH_2-CH_3 + Cl_2 \longrightarrow$ primeiro estágio

(g) $H_2C=CH-CH_3 + Cl_2 \longrightarrow$ primeiro estágio

(h) $CH_3-CH_2-\overset{OH}{\underset{|}{CH}}-CH_3 \xrightarrow[\text{brando}]{\text{oxidante}}$

(i) $CH_3-CH_2-CH_2-\overset{O}{\underset{\|}{C}}-H \xrightarrow[\text{brando}]{\text{oxidante}}$

(j) $CH_3-CH_2-\overset{OH}{\underset{|}{CH}}-CH_3 + K^+ \longrightarrow$

Resp. (a) NH_3 e $CH_3-CH_2-\overset{O}{\underset{\|}{C}}-OH$ (b) CO_2 e H_2O (c) H_2O e $CH_3-CH_2-O-CH_2-CH_3$

(d) H_2O e $CH_3-\overset{O}{\underset{\|}{CH}}$ (e) H_2O e $CH_3-\overset{O}{\underset{\|}{C}}-O-\overset{CH_3}{\underset{|}{CH}}-C_2H_5$

(f) $HCl + CH_3-CH_2-CH_2-Cl$ e $CH_3-\overset{Cl}{\underset{|}{CH}}-CH_3$ (g) $H_2\overset{Cl}{\underset{|}{C}}-\overset{Cl}{\underset{|}{CH}}-CH_3$ (h) H_2O e $CH_3-CH_2-\overset{O}{\underset{\|}{C}}-CH_3$

(i) $CH_3-CH_2-CH_2-\overset{O}{\underset{\|}{C}}-OH$ (j) H_2 e $H_3C-CH_2-\overset{O^-K^+}{\underset{|}{CH}}-CH_3$

15.21 Desenhe uma porção do polímero formado por condensação do 1,2-etanodiol e ácido maleico (nome IUPAC: ácido *cis*-butenodioico). Esse polímero e seus similares são copolimerizados com estireno, formando "resinas poliéster", amplamente utilizadas na produção de moldes plásticos.

Resp. etc.—C_2H_4—O—$\overset{O}{\underset{\|}{C}}$—$\overset{H}{\underset{}{C}}$=$\overset{H}{\underset{}{C}}$—$\overset{O}{\underset{\|}{C}}$—O—$C_2H_4$—O—$\overset{O}{\underset{\|}{C}}$—$\overset{H}{\underset{}{C}}$=$\overset{H}{\underset{}{C}}$—etc.

15.22 O formaldeído (metanal) forma polímeros de adição. Imagine que você esteja adicionando uma molécula de água a uma molécula de metanal para produzir um diol, que por sua vez formará uma ligação éter com uma molécula semelhante vizinha (liberando água) e assim sucessivamente. Desenhe uma porção do produto obtido.

Resp. etc.—O—$\overset{H}{\underset{H}{C}}$—O—$\overset{H}{\underset{H}{C}}$—O—$\overset{H}{\underset{H}{C}}$—O—$\overset{H}{\underset{H}{C}}$—O—$\overset{H}{\underset{H}{C}}$—O—etc.

15.23 Os silicones são polímeros com um amplo leque de aplicações, que vão desde sua utilização como fluidos hidráulicos para sistemas operantes em altas temperaturas até o emprego em próteses médicas. Desenhe uma porção do polímero formado por condensação e liberação de água a partir do monômero dimetilsilanodiol, $(CH_3)_2Si(OH)_2$.

Resp. etc.—O—$\overset{CH_3}{\underset{CH_3}{Si}}$—O—$\overset{CH_3}{\underset{CH_3}{Si}}$—O—$\overset{CH_3}{\underset{CH_3}{Si}}$—O—$\overset{CH_3}{\underset{CH_3}{Si}}$—etc.

15.24 Dois grupos carboxila podem se combinar por condensação, liberando uma molécula de água e formando um anidrido ácido. Desenhe as estruturas do (*a*) anidrido acético, que envolve duas moléculas, e (*b*) anidrido maleico (Problema 15.21), em que apenas uma molécula está envolvida.

Resp.

(*a*) anidrido acético: H−C(H)(H)−C(=O)−O−C(=O)−C(H)(H)−H

(*b*) anidrido maleico: estrutura cíclica de cinco membros com O=C−O−C=O e CH=CH

15.25 O trifosfato de adenosina, ATP, é uma molécula muito importante, pois armazena energia posteriormente liberada quando necessário, nos ciclos de vida de organismos. (*a*) Se existe um carbono quiral no ATP, identifique-o com o número dado no diagrama. (*b*) Considere a estrutura e a composição do ATP e identifique os elementos envolvidos nos polos de cargas negativas mais intensas. (*c*) Se há algum carbono substituído por um grupo álcool, identifique-o. (*d*) Este composto possui três anéis. Identifique aqueles que são heterocíclicos, se existirem.

Resp. (*a*) Os carbonos quirais são os carbonos 2, 3, 4 e 5 (com quatro substituintes diferentes). (*b*) Tanto o nitrogênio quanto o oxigênio são polos de carga negativa; contudo, os oxigênios que têm ligação dupla com o fósforo nos três grupos fosfato são os mais negativos. Existem oxigênios que atuam como polos negativos nos grupos hidroxila (—OH). É verdade que há nitrogênios que atuam como polo negativo, mas os oxigênios são mais eletronegativos, e, portanto, tiram os nitrogênios do páreo. (*c*) #3 e #4; (*d*) Os três anéis são heterocíclicos, pois contêm ao menos um átomo diferente do carbono (N e O).

Capítulo 16

A Termodinâmica e o Equilíbrio Químico

A PRIMEIRA LEI

A primeira lei da termodinâmica (citada no Capítulo 7) pode ser enunciada como: *não é possível criar nem destruir energia*. Em outras palavras, *a quantidade total de energia existente é constante*. A ciência moderna confirmou essa lei ao reconhecer que um tipo de energia pode ser convertido em outro (a eletricidade que alimenta uma lâmpada é convertida em luz e calor) e descobrir que a energia total de um sistema não se altera. Contudo, o estado desse sistema pode se modificar.

E e H são propriedades de um sistema que, ao lado de outras, definem o estado em que ele se encontra. Essas propriedades são chamadas de *funções de estado*. Se qualquer delas sofrer alguma alteração, diz-se que o sistema passou por uma *variação de estado*. Qualquer variação em E precisa ser igual ao calor absorvido pelo sistema mais o trabalho realizado sobre o sistema. A equação formal que descreve a primeira lei da termodinâmica é

$$\Delta E = q + w \qquad (16\text{-}1)$$

Na Equação *(16-1)*, q é o calor absorvido da vizinhança e w é o trabalho realizado no sistema. Consideremos uma reação química que ocorre no interior de um sistema. O sistema recebe trabalho quando gases são consumidos e seu volume diminui, e realiza trabalho quando gases são produzidos. Além disso, trabalho é realizado quando o sistema gera uma corrente elétrica para um circuito externo.

A SEGUNDA LEI

A terminologia relativa à termodinâmica descreve os termos *sistema*, que se refere ao objeto de investigação específico, e *vizinhança*, que diz respeito a tudo o que circunda o sistema. Em termos práticos, vizinhança é a parte do ambiente circundante afetada pelo sistema. O termo que engloba esses dois aspectos é *universo* (sistema + vizinhança). Embora o universo de modo geral se refira a tudo o que está fora do sistema, na prática são o sistema e sua vizinhança os objetos estudados com mais frequência. Com base nesses termos, a segunda lei da termodinâmica afirma que *a entropia* (o grau de desordem) *do universo aumenta durante reações espontâneas*. Por exemplo, uma reação que ocorre em um tubo de ensaio (o sistema) e que libera energia ao redor do tubo (a vizinhança) tende a aquecer o ar. Podemos dizer que o tubo de ensaio e a reação, junto com o ar circundante afetado por ela, constituem o universo.

A existência de um balanço de energia não basta para responder a todas as questões envolvendo uma reação química. Uma reação ocorre de fato? Em caso afirmativo, até que ponto ela prossegue? Perguntas relativas aos processos e à extensão de reações químicas requerem a introdução de algumas funções termodinâmicas novas que, como E e H, são funções de estado do sistema. Essas funções novas são a *entropia*, S, e a *energia livre de Gibbs*, G.

Para responder a essas e outras perguntas, é preciso desenvolver uma forma matemática de enunciar a segunda lei da termodinâmica:

$$\Delta S \geq \frac{q}{T} \qquad (16\text{-}2)$$

Em outras palavras, a equação diz que, quando um sistema sofre uma variação, o aumento na entropia do sistema é igual ou maior que quociente entre o calor absorvido no processo e a temperatura. No caso em que é válida a igualdade, temos um aumento de entropia, observado em todo *processo reversível*. Por sua vez, a desigualdade descreve um *processo espontâneo* (ou *irreversível*), que evolui sem participação externa. O Exemplo 1 ilustra a diferença entre reações reversíveis e irreversíveis.

Exemplo 1 Considere uma mistura de benzeno líquido e sólido, em seu ponto de congelamento normal, 5,45°C. Se a temperatura é elevada uma fração de grau, em 0,01°C, por exemplo, a fase sólida entra em processo de fusão, lentamente. Porém, se a temperatura é reduzida na mesma medida, a fase líquida começa a cristalizar. O processo de congelamento (bem como o processo de fusão) a 5,45°C é *reversível*.

É possível esfriar benzeno líquido com cuidado, a uma temperatura abaixo de seu ponto de congelamento normal, a 2,00°C, por exemplo, sem que ocorra a cristalização. Nesta situação, diz-se que o líquido está *superesfriado*. Se um cristal diminuto de benzeno sólido for adicionado, toda a massa de benzeno cristaliza, de forma *espontânea* e *irreversível*. Se a temperatura for elevada em 0,01°C (ou mesmo 1,00°C), a cristalização não é interrompida. A temperatura teria de ser elevada acima de 5,45°C para que toda a massa de benzeno passasse ao estado líquido. A cristalização do benzeno líquido a 2,00°C é um exemplo de processo irreversível.

O enunciado da segunda lei dado acima (*16-2*) indica que não há diferença entre as reações que ocorrem espontaneamente (para as quais $\Delta S > Q/T$) e aquelas que não ocorrem dessa maneira ($\Delta S < Q/T$).

O caráter espontâneo de uma reação pode ser previsto com base em um *modelo* matemático (uma equação ou uma fórmula em que são inseridos os dados disponíveis) que explica a função de estado, *G*, a energia livre. A fórmula é

$$G = H - TS \qquad (16\text{-}3)$$

Um tratamento matemático complexo da equação (*16-3*) permite chegar ao princípio da energia livre, descrito por:

$$\Delta G_{T,P} \leq 0 \qquad (16\text{-}4)$$

Em outras palavras, a Equação (*16-4*) afirma que a variação na energia livre a temperatura e pressão constantes pode ser negativa, no caso de um processo espontâneo e irreversível, ou zero, quando o processo é reversível. Esta regra está restrita a processos em que o único trabalho envolvido é aquele realizado pelo aumento de volume do sistema sobre a vizinhança (ou o inverso). Os processos para os quais $\Delta G_{T,P}$ é positivo ocorrem apenas com o recebimento de trabalho (ou energia) cedido por alguma fonte externa (como observado no processo de decomposição pela aplicação de uma diferença de potencial elétrico ou ocorrência acoplada à outra reação, que tenha $\Delta G_{T,P}$ negativa). Outra forma de enunciar o princípio da energia livre diz que a quantidade máxima de trabalho realizado por um sistema a temperatura e pressão constantes e que não envolva expansão ou compressão é igual à diminuição da energia livre do sistema.

Para fins práticos, podemos afirmar que *todos os processos espontâneos na natureza resultam em um aumento na entropia do universo*. É também possível expandir esse argumento, dizendo que *qualquer sistema* (até mesmo todo o universo conhecido) *tende à desorganização com o tempo* (um estado de aumento de entropia até o caos, a desordem total, ser alcançado).

A entropia

A entropia é comumente definida como *um aumento na desordem*. Para entender o que significa, consideremos o aumento da entropia como um *aumento no estado de caos* (um estado de desorganização ou agitação) de um sistema. Logo, quanto maior o número de possibilidades de arranjo da matéria em um sistema, maior sua entropia.

Em temperaturas acima do zero absoluto, o valor da entropia, *S*, é positivo, e cresce com o aumento de temperatura. A equação (*16-2*) permite calcular a variação na entropia, ΔS, com base na medição de parâmetros térmicos de processos reversíveis. Contudo, a variação na entropia pode também ser relacionada às propriedades moleculares da matéria. Algumas premissas genéricas e exemplos relacionados à entropia são dados a seguir:

1. O estado líquido de uma substância tem entropia maior que os cristais da mesma substância no estado sólido. Em um cristal, os átomos ou moléculas ocupam uma posição definida na rede. Em um líquido, essas posições não são definidas. Muitos líquidos são compostos por átomos ou moléculas com pouca atração mútua dispostos em uma estrutura cristalina, mas essa estrutura não se estende por toda a massa do líquido, ao contrário do observado em sólidos.

2. Os gases têm entropia maior que seus líquidos correspondentes (ou sólidos, quando a mudança de fase é a sublimação). Embora as moléculas de um líquido sejam livres para ocupar uma variedade de posições, elas são mantidas em contato estreito com as moléculas mais próximas na matéria. Em um gás, as posições que uma molécula pode ocupar são muitas, pois o espaço disponível por molécula é maior.

3. Em sistemas com pressão baixa, os gases têm entropia maior que em sistemas com pressão elevada. A explicação é semelhante àquela apresentada no item 2: o espaço disponível para cada molécula é maior em sistemas com pressão baixa, em comparação com sistemas com pressão alta.

4. Uma molécula grande tem uma entropia maior que qualquer um de seus fragmentos, na mesma fase da matéria. Em uma molécula grande, as vibrações e rotações internas dos átomos que a compõem aumentam as possibilidades de distribuição de movimento intramolecular, em comparação com um fragmento de molécula.

5. A entropia de uma substância sempre aumenta com a temperatura. Como medida da energia média por molécula, a temperatura representa também uma medida da energia total da matéria. Quanto maior a temperatura, maior a energia total. Quanto maior a energia total, maiores as possibilidades de compartilhamento desta energia em um número fixo de moléculas. Por essa razão, o número de estados energéticos de um sistema a temperaturas altas pode ser muito maior que em um sistema a temperaturas baixas.

6. Se uma reação química é acompanhada por uma variação no número de moléculas de gás, o valor de ΔS é positivo na direção da reação que resulta em um aumento nesse número de moléculas.

7. Quando uma substância dissolve em outra, ΔS é positivo. O número de configurações possíveis de partículas diferentes e aleatoriamente localizadas (do solvente e do soluto) é maior que o número de configurações de partículas semelhantes organizadas em uma estrutura rígida.

A TERCEIRA LEI

A Equação (*16-2*) calcula as *variações* na entropia de uma substância, com base especificamente na mensuração das capacidades caloríficas a diferentes temperaturas e entalpias de mudança de fase. Se o valor absoluto da entropia fosse conhecido a certa temperatura, as medidas das variações na entropia entre as temperaturas inicial e final permitiriam calcular o valor absoluto da entropia, à temperatura final. A terceira lei da termodinâmica é a base para o cálculo de entropias absolutas. A lei diz que a entropia de um cristal perfeito é zero, no zero absoluto de temperatura (0 K, ou $-273,15°C$). Uma interpretação molecular da entropia permite entender melhor este enunciado. Em um cristal perfeito, todos os átomos ocupam posições definidas e, no zero absoluto, todas as energias que juntas compõem a energia interna (como as vibrações atômicas, por exemplo), têm o menor valor possível.

OS ESTADOS PADRÃO E AS TABELAS DE REFERÊNCIA

O uso de entropias padrão e energias livres de formação para calcular o valor de ΔG de uma reação requer a compreensão de alguns detalhes. Consideremos as seguintes premissas:

1. Embora as entalpias de substâncias sejam relativamente independentes da pressão (nos gases) e da concentração (para espécies químicas dissolvidas), suas entropias (e energias livres) dependem destas variáveis. Os valores listados nas tabelas de $S°$ e $G°$ normalmente dizem respeito ao estado ideal de 1 bar ou 1 atm de pressão (para gases), 1 M de concentração (em soluções), e a condição de substância pura (no caso de líquidos e sólidos).

2. A Tabela 16-1 apresenta os dados de $S°$, a entropia molar, e ΔG_f^o, a energia livre de formação de compostos. Todos os valores apresentados nesta tabela são válidos para a temperatura de 25°C e estados padrão. Observe que as unidades de entropia e energia livre são dadas por mol (mol^{-1}). Isso significa que os mols usados no

balanceamento de uma reação química são incluídos multiplicando o coeficiente (mol em uma equação balanceada) e o valor da tabela, de maneira a cancelar a unidade mol. Os cálculos de ΔH são efetuados da mesma maneira.

3. A terceira lei permite determinar a entropia de uma substância sem considerar os elementos químicos que a compõem. Contudo, se os elementos forem importantes no processo, o valor de ΔG no estado fundamental é zero. Por exemplo, o estado padrão do Br_2 é líquido, a 25°C (a temperatura para a qual os dados da Tabela 16-1 são válidos), e seu valor de ΔG é zero. Porém, o bromo pode existir como líquido a 25°C, que não é seu estado fundamental. Nesse caso, o valor de ΔG para $Br_2(l)$ é 3,14 kJ/mol.

4. A menos que afirmado em contrário, os valores do estado padrão são dados a 1 atm. Embora 1 bar possa também ser usado, existe uma ligeira diferença entre valores. Neste livro, usaremos atm, não bar.

Em geral, para a reação

$$aA + bB \rightleftharpoons cC + dD$$

a dependência entre variação na energia livre e concentração pode ser expressa como

$$\Delta G = \Delta G^o + RT \ln \frac{[C]^c[D]^d}{[A]^a[B]^b} \qquad (16\text{-}5)$$

Nessa equação, os colchetes representam a concentração da substância em questão, em mol/L. Além disso, a relação matemática é expressa como logaritmo natural (ln), não como log de base 10. ΔG é a variação na energia livre nas concentrações dadas. ΔG° (variação na energia livre *padrão*) é a variação na energia livre para a reação hipo-

Tabela 16-1 As entropias padrão e energias livres de formação (a 25°C e 1 atm)

Substância	S° (J/mol)	ΔG_f° (kJ/mol)
$Ag_2O(s)$	121,3	−11,21
$Br_2(l)$	152,23	0
$Br_2(g)$	245,35	+3,14
$C(s, \text{grafite})$	5,74	0
$CH_3OH(l)$	126,8	−166,36
$CH_3OH(g)$		−162,00
$C_2H_5OH(g)$	282,6	−168,57
$CO(g)$	197,56	−137,15
$CO_2(g)$	213,8	−394,37
$Cl_2(g)$	222,96	0
$Cl_2O(g)$	266,10	+97,9
$H_2(g)$	130,57	0
$H_2O(l)$	69,95	−237,19
$H_2O(g)$	188,72	−228,59
$N_2(g)$	191,50	0
$NO_2(g)$	239,95	+51,30
$N_2O_4(g)$	304,18	+97,82
$O_2(g)$	205,03	0
$PCl_3(l)$	217,1	−272,4
$PCl_3(g)$	311,7	−267,8
$PCl_5(g)$		−305,0
$SO_3(s)$	52,3	−369,0
$SO_3(l)$	95,6	−368,4
$Sn(s, \text{branco})$	51,5	0
$Sn(s, \text{cinza})$	44,1	+0,12

Observação: S é expresso em J; ΔG_f° é expresso em kJ.

tética em que todos os reagentes e produtos estão em seus estados padrão. É interessante observar que, se a concentração de todas as espécies for 1, o termo logarítmico em (*16-5*) é zero. Nesse caso, $\Delta G = \Delta G°$, como esperado, porque a concentração unitária indica que o estado é padrão.

Na Equação (*16-5*), se ΔG pode ser expressa em joules, a constante universal dos gases precisa ser

$$R = 8{,}3145 \text{ J/K} \cdot \text{mol}$$

Uma vez que as unidades incluídas na Tabela 16-1 são em joules e quilojoules, o valor de *R* precisa ser expresso em joules, não calorias. Porém, se for preciso usar calorias, a conversão de joules em caloria é feita pelo fator 1 cal = 4,184 J. (*Obs.*: não é mais usada a Cal).

No lado direito da Equação (*16-5*), o termo $\Delta G°$ não é expresso em mol^{-1}. Por isso, a unidade precisa ser removida também do segundo membro, pois foi absorvida no termo logarítmico (fração) após tratamento matemático.

A generalização de (*16-5*) válida para qualquer número de reagentes e produtos é

$$\Delta G° = -RT \ln Q \tag{16-6}$$

onde *Q* é o *quociente de reação*, o termo após o "ln" (logaritmo natural) em (*16-5*), mas, naturalmente, precisa incluir todos os reagentes e produtos em uma reação química, exceto sólidos e líquidos puros.

O EQUILÍBRIO QUÍMICO

Em tese, qualquer reação química pode ocorrer nos dois sentidos, até certo ponto. Na prática, isso não se verifica na maioria das vezes. Com frequência, a *força motriz* de uma reação favorece um sentido de forma tão intensa que a reação no sentido oposto não pode ser medida. A força motriz de uma reação é a *variação na energia livre* que acompanha a reação, e é uma medida exata da tendência da reação de ser completada. As possibilidades são:

1. Quando a magnitude de $\Delta G°$ é muito grande e o sinal é negativo, a reação pode ser completada, no sentido em que é escrita. (Observe que o sinal positivo de $\Delta G°$ indica que a reação tende a avançar no sentido oposto ao que ela é escrita.)
2. Se $\Delta G°$ tem valor pouco negativo, a reação avança até certo ponto, atingindo um ponto em que ΔG (calculado com base nos valores de $\Delta G°$) de qualquer reação subsequente seria zero. A reação pode ser revertida com uma ligeira alteração nas concentrações;

No segundo caso, a reação é termodinamicamente reversível. Uma vez que muitas reações orgânicas e metalúrgicas são deste tipo, é necessário aprender como as condições devem ser alteradas no sentido de obter rendimentos maiores, do ponto de vista econômico, acelerando as reações desejáveis e eliminando as indesejáveis.

Um sistema químico que tenha atingido o estado termodinâmico reversível não tem reação *líquida*, uma vez que $\Delta G = 0$. Isso não significa que nada está ocorrendo. Na verdade, as reações químicas em ambas as direções continuam, mas a uma mesma velocidade. Em outras palavras, uma reação prossegue para a direita na mesma extensão que a outra reação prossegue para a esquerda, no que é definido como *equilíbrio termodinâmico*. (O termo *dinâmico* significa que algo está ocorrendo, em comparação com o termo *estático*, que indica um estado de constância.) As reações dinâmicas são caracterizadas por reações concomitantes, nos sentidos direto e oposto, a uma mesma taxa. O resultado é a ausência de variação líquida nas concentrações, embora do ponto de vista químico muita coisa continue acontecendo.

A CONSTANTE DE EQUILÍBRIO

Para uma reação reversível em equilíbrio,

$$0 = \Delta G° + RT \ln Q_{eq}$$

ou $$\Delta G° = -RT \ln Q_{eq} \tag{16-7}$$

A Equação (*16-7*) representa uma premissa notável. Ela diz que Q_{eq}, o valor do quociente de reação em condições de equilíbrio, *depende apenas das quantidades termodinâmicas constantes na reação* (a temperatura e a variação na energia livre padrão, para a reação, à mesma temperatura), *e é independente das concentrações reais de partida dos reagentes ou produtos*. Por essa razão, Q_{eq} é normalmente chamado de *constante de equilíbrio*, K, e (*16-7*) é reescrita como

$$\Delta G° = -RT \ln K \qquad (16\text{-}8)$$

Exemplo 2 Considere a reação reversível abaixo, em que os participantes são gases:

$$H_2 + I_2 \rightleftharpoons 2HI$$

Uma mistura de partida poderia ser composta apenas por H_2 e I_2, apenas por HI e I_2, ou apenas por HI. Uma mistura dos três compostos também é possível. Independentemente de como começamos, a reação líquida ocorreria em uma ou outra direção, até o sistema atingir um estado de equilíbrio. Esse equilíbrio pode ser descrito especificando a concentração das três substâncias. Em função da diversidade de maneiras em que a mistura de partida pode ser preparada (com diferentes quantidades de cada substância), o número de estados de equilíbrio é infinito. Cada um destes estados de equilíbrio pode ser descrito por um conjunto de concentrações destas três substâncias. No entanto, as relações entre estas concentrações são descritas por um quociente, K:

$$K = \frac{[HI]^2}{[H_2][I_2]}$$

Isto é, a função especial das três concentrações definidas por Q (o quociente de reação) é sempre a mesma, no estado de equilíbrio. Isso é válido mesmo para uma variação de concentração de algum componente da ordem de 10. Esse princípio unificador permite o cálculo das condições de equilíbrio

Medições experimentais demonstram que moléculas de gases muito comprimidos ou de soluções muito concentradas, sobretudo expostas a corrente elétrica, interagem de modo anormal. Nesses casos, a *concentração* ou *atividade efetiva* pode ser maior ou menor que a concentração medida. Portanto, quando as moléculas envolvidas no equilíbrio estão relativamente próximas, a concentração deve ser multiplicada por um *coeficiente de atividade*, determinado em laboratório. Para valores moderados de pressão e soluções de concentração média, o coeficiente de atividade de compostos não iônicos é próximo a 1, indicando que as interações moleculares não são intensas. De qualquer maneira, o coeficiente de atividade não será usado como fator de correção neste livro.

A constante de equilíbrio, K, é um número puro, sem unidade, cuja magnitude depende não apenas da temperatura, como também, de modo geral, da concentração do estado padrão, a que todas as concentrações são comparadas. Neste capítulo, o estado padrão de substâncias dissolvidas será considerado 1 M, a menos que dito em contrário. A magnitude de K não depende da escolha da concentração padrão, no caso especial em que a soma dos expoentes da concentração no numerador é igual à soma dos expoentes no denominador.

A concentração de um gás é proporcional a sua pressão parcial ($n/V = P/RT$, onde n/V representa a concentração do gás). Consideremos o equilíbrio dado abaixo, em que todos os participantes são gases:

$$aA + bB \rightleftharpoons cC + dD$$

A constante de equilíbrio para esta reação pode ser escrita como

$$K_p = \frac{P_C^c P_D^d}{P_A^a P_B^b}$$

K_p pode substituir K na Equação (*16-8*). Se $\Delta G°$ é obtido de uma tabela com base no estado padrão de 1 atm, K_p será correta apenas para valores de P expressos em atm. Se os valores forem para um estado padrão de 1 bar, então K_p é válida apenas para P em bar. Quando a equação não apresenta variação no número total de mols do gás durante o andamento da reação (por exemplo, $N_2 + O_2 \rightleftharpoons 2NO$), K_p será a mesma, independente das unidades de pressão usadas e será idêntica ao K expresso em concentrações molares.

Na realidade, a Equação 16-5 é escrita na forma:

$$\Delta G = \Delta G° + RT \ln \frac{a_C^c \cdot a_D^d}{a_A^a \cdot a_B^b}$$

onde a é a atividade de cada reagente e de cada produto. As atividades levam em conta os desvios do comportamento ideal para poder incluir gases reais e soluções reais, onde as interações intermoleculares são importantes. Entretanto, para baixas pressões gasosas e em soluções diluídas, onde tais interações são pequenas, as atividades podem ser substituídas por pressão, nos gases, e por concentração molar, nas soluções.

Para o caso de reações químicas envolvendo líquidos e sólidos puros, esses são omitidos da expressão da constante de equilíbrio químico, K, porque, por definição, sua atividade é igual à unidade ($a = 1$).

Por exemplo, na reação de hidrólise da ureia:

$$CO(NH_2)_2 + H_2O \rightleftharpoons CO_2 + 2NH_3 \qquad K = \frac{[CO_2][NH_3]^2}{[CO(NH_2)_2]}$$

1. A água não aparece na expressão de K porque é um líquido puro e sua atividade é igual a 1.
2. A concentração molar da amônia, NH_3, é elevada ao quadrado porque, devido à manipulação matemática para obter a equação 16-5, a concentração (ou pressão) de cada substância deve ser elevada em um expoente igual ao coeficiente estequiométrico de reação química.

O PRINCÍPIO DE LE CHATELIER

O enunciado do princípio de Le Chatelier é: *se um sistema em equilíbrio sofre alguma ação externa, a reação se desloca no sentido que melhor permite contrabalançar a ação*. As reações químicas podem ser expostas a diferentes ações, como variações na temperatura, na pressão, na concentração de um ou mais participantes, entre outras.

O efeito da variação da temperatura

O efeito do aumento da temperatura de um sistema em equilíbrio é o deslocamento na direção da reação que absorve calor.

Exemplo 3 Na equação da síntese do metanol, em que todas as substâncias são gases,

$$CO + H_2 \rightleftharpoons CH_3OH \qquad \Delta H = -22 \, \text{kcal}$$

a reação direta libera calor ($-\Delta H$, exotérmica), ao passo que a reação inversa absorve calor ($+\Delta H$, endotérmica, na mesma medida). Se a temperatura do sistema é elevada, a reação inversa (da direita para a esquerda) evolui, para absorver o calor oferecido. Com o tempo, um novo estado de equilíbrio é atingido, com maior concentração dos reagentes (CO e H_2) e menor concentração de produtos, em comparação com as concentrações à temperatura inicial. Claro que, nos casos em que a produção de metanol é de interesse comercial, temperaturas mais baixas favoreceriam a reação direta, produzindo maiores quantidades do álcool.

Alguns cálculos dão suporte à argumentação acima. A equação é

$$\Delta G = \Delta H - T\Delta S \tag{16-9}$$

ou, se todos os componentes estiverem no estado padrão,

$$\Delta G° = \Delta H° - T\Delta S° \tag{16-10}$$

A combinação de (*16-8*) e (*16-10*) gera

$$\ln K = -\frac{\Delta H°}{RT} + \frac{\Delta S°}{R} \tag{16-11}$$

Se $\Delta H°$ e $\Delta S°$ não dependem da temperatura, como ocorre com a maioria das reações, (*16-11*) prova que ln K é função decrescente de T para $\Delta H° < 0$ (reação exotérmica). Logo, K é uma função decrescente de T. Uma diminuição de K implica um equilíbrio em favor da formação de substâncias cujas concentrações aparecem no denominador da expressão de K (os reagentes).

No caso de $\Delta H° > 0$ (reação endotérmica), K aumenta com T e o equilíbrio se desloca em favor da formação dos produtos.

Os efeitos das variações da pressão

Quando a pressão de um sistema em equilíbrio aumenta, a reação ocorre na direção que diminui a pressão, reduzindo o volume dos gases.

Exemplo 4 Na síntese de metanol (em que todas as substâncias são gases), a reação direta é acompanhada por uma diminuição no volume. O número total de mols de gás é menor no lado direito, comparado ao lado esquerdo da reação:

$$CO + 2H_2 \rightleftharpoons CH_3OH$$

3 mols de gás → 1 mol de gás

Por essa razão 3 volumes de gás → 1 volume de gás (assumindo o comportamento de gás ideal)

Um deslocamento para a direita alivia o aumento na pressão. É importante reconhecer que o valor de K não é alterado com o aumento na pressão; apenas a pressão varia.

A Figura 16-1 mostra outra maneira de aumentar o rendimento de metanol, aumentando a pressão e reduzindo o volume do sistema. Ele responderá reduzindo a pressão, com o deslocamento da reação para a direita, aumentando o rendimento de metanol.

Uma variação na pressão *não* afeta as quantidades relativas de substâncias em equilíbrio, em qualquer sistema gasoso, onde o número de moléculas reagido é igual ao número de moléculas produzido. Por exemplo, não há variação de concentração na reação $H_2 + CO_2 \rightleftharpoons CO + H_2O$, pois não existe a vantagem de um número menor de moléculas (mols de gás) em qualquer dos lados. Em outras palavras, não ocorre variação no número líquido de moléculas gasosas, nem na reação direta, nem na reação inversa.

Qualquer efeito da pressão em sistemas em equilíbrio com diferentes estados físicos da matéria coexistindo (gás e sólido ou gás e líquido) se deve a uma variação na concentração das moléculas do gás. De modo geral, os sólidos puros e os líquidos puros não são compressíveis e, por essa razão, não sofrem variação na concentração devido a uma alteração na pressão. É possível ocorrerem variações na pressão que alterem o volume de sólidos ou líquidos, mas seriam necessárias pressões da ordem de milhares de atmosferas (que não são comuns).

O efeito das variações na quantidade de solvente

Para as reações em solução, a elevação da quantidade de solvente, isto é, a diluição da solução, desloca o equilíbrio no sentido da formação do maior número de partículas dissolvidas. É o mesmo conceito discutido acima, sobre o comportamento dos gases.

Exemplo 5 Considere a produção de um dímero (uma molécula composta por dois blocos de construção moleculares) de ácido acético em solução de benzeno.

$$2HC_2H_3O_2 \text{ (2 partículas em solução)} \rightleftharpoons (HC_2H_3O_2)_2 \text{ (1 partícula em solução)} \qquad K = \frac{[(HC_2H_3O_2)_2]}{[HC_2H_3O_2]^2}$$

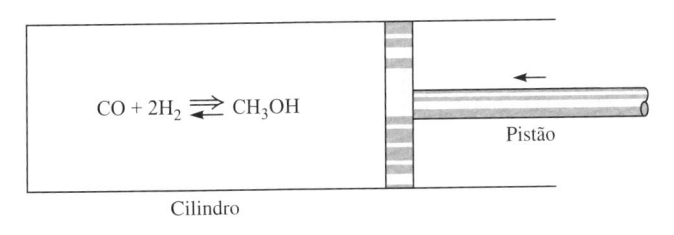

Figura 16-1

Imaginemos essa reação em equilíbrio. Se a solução for repentinamente diluída a duas vezes o volume original, e se a reação ainda não ocorreu, as concentrações são $\frac{1}{2}$ das concentrações observadas antes da diluição. Na expressão da constante de equilíbrio, o numerador seria $\frac{1}{2}$ de seu valor original e o denominador seria $\frac{1}{4}$ de seu valor original ($\frac{1}{2}$ elevado ao quadrado). O quociente entre o numerador e o denominador se tornaria 2 vezes o valor original ($\frac{1}{2}$ dividido por $\frac{1}{4}$). Mas esse quociente precisa assumir seu valor original de K (K não varia nessas condições). Isso se verifica se o numerador diminuir e o denominador aumentar. Em outras palavras, parte do dímero $(HC_2H_3O_2)_2$ precisa se decompor, formando dois mols de ácido acético, $HC_2H_3O_2$.

Variações na quantidade de solvente não afetam o equilíbrio em sistemas onde o número de partículas dissolvidas dos reagentes é igual ao número de partículas dissolvidas dos produtos. Por exemplo, a esterificação do álcool metílico a partir do ácido fórmico em um solvente inerte, como mostrado abaixo, não responde a variações na concentração.

$$CH_2OH + HCO_2H \rightleftharpoons HCO_2CH_3 + H_2O$$

O efeito das variações na concentração

Aumentar a concentração de qualquer componente de um sistema em equilíbrio causa um deslocamento, que por sua vez acarreta o consumo de parte da substância adicionada. Por exemplo, suponha que você tenha de adicionar hidrogênio à reação abaixo, em que todos os participantes são gases.

$$H_2 + I_2 \rightleftharpoons 2HI$$

A reação já não está em equilíbrio (existe mais iodo que no começo da reação). A resposta a esta variação é o deslocamento para a direita (com o consumo de parte do iodo). Naturalmente, parte do hidrogênio é consumida e uma parcela do HI é produzida durante o deslocamento. Uma vez que o valor de K não se altera, ela é usada para calcular as concentrações finais, por substituição na fórmula.

É importante lembrar que muitos problemas em que as concentrações variam não podem ser resolvidos com base apenas em tratamento algébrico dos valores, já que há expoentes envolvidos nos cálculos, como no Problema 16.12 (*c*). Memorizar a fórmula é uma boa estratégia, porque muitos professores esperam que os alunos lembrem dela em um teste (nos casos em que os alunos não têm permissão de consultar fórmulas).

O efeito dos catalisadores

O papel dos catalisadores é acelerar as reações direta e inversa, na mesma proporção. Porém, os catalisadores podem ser usados para reduzir o tempo necessário para atingir o equilíbrio, quando as concentrações originais não permitem alcançar esse estado.

Problemas Resolvidos

A termodinâmica

16.1 Sem consultar tabelas de entropia, encontre o sinal de ΔS para as reações:

(*a*) $O_2(g) \rightarrow 2O(g)$

(*b*) $N_2(g) + 3H_2(g) + 2NH_3(g)$

(*c*) $C(s) + H_2O(g) \rightarrow CO(g) + H_2(g)$

(*d*) $Br_2(l) \rightarrow Br_2(g)$

(*e*) $N_2(g, 10\ atm) \rightarrow N_2(g, 1\ atm)$

(*f*) Dessalinização da água do mar

(*g*) Desvitrificação do vidro

(*h*) Cozimento de um ovo (duro)

(*i*) C(*s*, grafite)→C(*s*, diamante)

(*a*) Positivo. Há um aumento no número de moléculas do gás.

(*b*) Negativo. Há uma diminuição no número de moléculas do gás.

(*c*) Positivo. Há um aumento no número das moléculas do gás.

(*d*) Positivo. *S* é sempre maior para uma substância no estado gasoso que no estado líquido.

(*e*) Positivo. A entropia aumenta durante uma expansão.

(*f*) Negativo. A dessalinização é o oposto da solução. Nela, o soluto é retirado da solução.

(g) Negativo. A desvitrificação é o começo da cristalização em um líquido superesfriado.

(h) Positivo. O processo de cozimento de um ovo não é uma fervura, mas a desnaturação da proteína do ovo (o ovo não ferve). Uma proteína é uma macromolécula com uma configuração específica, em seu estado nativo. Porém, ela pode apresentar um número muito grande de configurações em seu estado desnaturado, resultantes das rotações em torno de suas ligações. A variação nas configurações durante o processo de cozimento requer energia e é causada pelas rotações em torno das ligações.

(i) Negativo. O diamante, sendo um sólido de alta dureza, em tese apresentaria movimento atômico restrito, no interior do cristal. Portanto, o diamante é mais denso e tem entropia menor, em comparação com o grafite.

16.2 Calcule ΔS para as transições de fase: (a) fusão do gelo a 0°C e (b) vaporização da água a 100°C. Utilize os dados apresentados no Capítulo 7.

(a) $\quad\quad\quad\quad \Delta H$ de fusão do gelo = 1,44 kcal/mol $\quad$ ou $\quad$ 6,02 kJ/mol

Uma vez que a fusão do gelo a 0°C é um processo reversível, (16-2) pode ser usada, valendo o sinal de igualdade na expressão. (Lembre que $q = \Delta H$ com pressão constante.)

$$\Delta S = \frac{q_{\text{reversível}}}{T} = \frac{6{,}02 \times 10^3 \text{ J/mol}}{273 \text{ K}} = 22{,}0 \text{ J} \cdot \text{K}^{-1} \cdot \text{mol}^{-1} \quad \text{ou} \quad 22{,}0 \text{ J/K} \cdot \text{mol}$$

(b) $\quad\quad\quad\quad \Delta H_{\text{vaporização da água}}$ = 9,72 kcal/mol $\quad$ ou $\quad$ 40,7 kJ/mol

Uma vez que a vaporização da água a 100°C é reversível, (16-2) pode ser usada, valendo o sinal de igualdade da expressão.

$$\Delta S = \frac{q_{\text{reversível}}}{T} = \frac{4{,}07 \times 10^4 \text{ J/mol}}{373 \text{ K}} = 109 \text{ J} \cdot \text{K}^{-1} \cdot \text{mol}^{-1} \quad \text{ou} \quad 109 \text{ J/K} \cdot \text{mol}$$

16.3 Após comparar os dados na Tabela 7-1 e responder ao Problema 16-1 (i), como você explica o fato do ΔH e ΔS para a fase de transição entre diamante e grafite não estarem relacionados pela mesma equação aplicada no Problema 16.2?

Com base na Tabela 7-1, a formação do diamante a partir do grafite (o estado padrão do carbono) é acompanhada por uma ΔH *positiva* de 1,88 kJ/mol a 15°C. Do Problema 16.1 (i), temos que ΔS do mesmo processo é *negativa*. Uma vez que 25°C não é a temperatura de transição, o processo não é reversível. Em contrapartida, o processo inverso, a conversão de diamante em grafite a 1 atm, é termodinamicamente espontâneo. A ΔS para *este* processo teria de obedecer à Equação (16-2), valendo o sinal de desigualdade. Isso significa que "os diamantes NÃO são para sempre!". O termo "espontâneo" não cobre a velocidade da reação; neste caso a reação é tão lenta nas temperaturas comuns que não é considerada possível. Por essa razão, os diamantes duram um bom tempo.

16.4 Calcule ΔH_f° para o $C_2H_5OH(g)$.

Para o processo especial em que uma substância nesse estado padrão é formada a partir de seus elementos constituintes no estado padrão, (16-12) mostra que

$$\Delta G_f^\circ = \Delta H_f^\circ - T\Delta S_f^\circ \tag{16-12}$$

ΔH_f° pode ser calculado a partir de (16-12) com o uso dos dados apresentados na Tabela 16-1. Escreva a equação balanceada para 1 mol de $C_2H_5OH(g)$ produzido a partir dos elementos constituintes. Escreva os valores de S°, que precisam ser multiplicados pelo número de mols, n, necessários para balancear a equação.

$$2C(s) + 3H_2(g) + \frac{1}{2}O_2(g) \rightarrow C_2H_5OH(g)$$

$n\Delta S_f^\circ: \quad 2(5{,}74) \quad 3(130{,}57) \quad \frac{1}{2}(205{,}03) \quad\quad 1(282{,}6) \quad\quad \text{todos em J/K}$

Lembrando que *substâncias são perdidas no membro à esquerda e ganhas no membro à direita*,

$$\Delta S^\circ = -(\text{soma dos reagentes}) + (\text{soma dos produtos})$$

$$\Delta S^\circ = -[2(5{,}74) + 3(130{,}57) + \frac{1}{2}(205{,}03)] + [1(282{,}6)]$$

$$\Delta S^\circ = -223{,}1 \text{ J/K} \cdot \text{mol}$$

De (*16-2*) temos,

$$\Delta H_f^\circ = \Delta G_f^\circ + T\Delta S_f^\circ$$
$$= -168{,}57 \text{ kJ/mol} + (298{,}15 \text{ K})(-0{,}2231 \text{ kJ/K} \cdot \text{mol}) = -235{,}0 \text{ g kJ/mol}$$

Observe que a energia livre de Gibbs é dada como valor único para cada uma das substâncias na Tabela 16-1, mas a entropia precisa ser calculada com base na diferença das entropias absolutas tabuladas da substância e de seus elementos constituintes.

16.5 (*a*) Qual é a ΔG° a 25°C para esta reação?

$$H_2(g) + CO_2(g) \rightleftharpoons H_2O(g) + CO(g)$$

(*b*) Qual é a ΔG a 25°C em condições onde as pressões parciais de H_2, CO_2, H_2O e CO são 10, 20, 0,02 e 0,01 atm, nessa ordem?

(*a*) A primeira etapa consiste em escrever os valores da energia livre sob a fórmula de cada substância na equação balanceada.

$$\begin{array}{cccccc} & H_2(g) & + & CO_2(g) & \rightleftharpoons & H_2O(g) & + & CO(g) \\ n\Delta G_f^\circ: & 0 & & 1(-394{,}37) & & 1(-228{,}59) & & 1(-137{,}15) \end{array}$$

Feito isso, o cálculo de ΔG° é efetuado a exemplo do cálculo do ΔH° (Problema 7.12)

$$\Delta G^\circ = -(0 - 394{,}37) + (-228{,}59 - 137{,}15) = +28{,}63 \text{ kJ}$$

(*b*) O cálculo de ΔG para a reação incluindo a pressão parcial depende de

$$\Delta G = \Delta G^\circ + RT \ln Q$$
$$= (28{,}63 \text{ kJ}) + (8{,}314 \times 10^{-3} \text{ kJ/K})(298{,}15 \text{ K}) \left[\ln \frac{P(H_2O)P(CO)}{P(H_2)P(CO_2)} \right]$$
$$= \left[28{,}63 + 5{,}708 \log \frac{(0{,}02)(0{,}01)}{(10)(20)} \right] \text{kJ} = \left[28{,}63 + 5{,}708 \log 10^{-6} \right] \text{kJ} = [(28{,}63 - 6(5{,}708)] \text{kJ}$$
$$= (28{,}63 - 34{,}25) \text{ kJ} = -5{,}62 \text{ kJ}$$

Observe que a reação, embora não seja possível nas condições padrão, torna-se possível ($G < 0$) com esse conjunto de condições experimentais. Observe também que a conversão de logaritmos naturais em logaritmos base 10 é feita usando o fator 2,3026.

16.6 Calcule a entropia absoluta do $CH_3OH(g)$ a 25°C.

Embora a Tabela 16-1 não apresente dados de S° para o CH_3OH, o valor de ΔG_f° para esta substância dado na mesma tabela o valor do ΔH_f° listado na Tabela 7-1 e os valores de S° para os elementos constituintes podem ser combinados, gerando o valor desejado. De (*16-12*) temos,

$$\Delta S_f^\circ = \frac{\Delta H_f^\circ - \Delta G_f^\circ}{T} = \frac{(-200{,}7 + 162{,}0) \text{ kJ/K} \cdot \text{mol}}{298{,}15 \text{ K}} = -129{,}8 \text{ J/mol}$$

A partir da equação da formação de 1 mol de CH_3OH nas condições padrão,

$$C(s) + 2H_2(g) + \frac{1}{2}O_2(g) \rightarrow CH_3OH(g)$$

podemos escrever

$$-129{,}8 \text{ J/K} = (1 \text{ mol})[S^\circ(CH_3OH)] - (1 \text{ mol})[S^\circ(C)] - (2 \text{ mol})[S^\circ(H_2)] - \left(\frac{1}{2} \text{ mol}\right)[S^\circ(O_2)]$$
$$= (1 \text{ mol})[S^\circ(CH_3OH)] - [5{,}7 + 2(130{,}6) + \frac{1}{2}(205{,}0)] \text{ J/K}$$

Resolvendo para S° (CH_3OH), temos o valor 239,6 J/K · mol.

16.7 Calcule o ponto de ebulição do PCl_3.

O ponto de ebulição é a temperatura em que $\Delta G°$ da reação abaixo é zero.

$$PCl_3(l) \rightleftharpoons PCl_3(g)$$

A reação não é espontânea a 25°C, onde, de acordo com a Tabela 16-1,

$$\Delta G° = (1 \text{ mol})[\Delta G_f°(PCl_3, g)] - (1 \text{ mol})[\Delta G_f°(PCl_3, l)] = -267,8 + 272,4 = +4,6 \text{ kJ}$$

Pressupondo que $\Delta H°$ e $\Delta S°$ são independentes da temperatura entre 25°C e o ponto de ebulição, então a dependência de $\Delta G°$ em relação à temperatura é dada pelo fator T em (*16-10*). Além disso, se $\Delta H°$ e $\Delta S°$ são conhecidas a partir dos dados a 25°C, então T pode ser calculada para atender à condição de que $\Delta G°$ é igual a zero.

$$\Delta G° = \Delta H° - T\Delta S° = 0 \quad \text{ou} \quad T_{p.e.} = \frac{\Delta H°}{\Delta S°}$$

Com isso,

$$\Delta S° = (1 \text{ mol})[S°(g)] - (1 \text{ mol})[S°(l)] = 311,7 - 217,1 = +94,6 \text{ J/K}$$

e, a partir da Tabela 7-1,

$$\Delta H° = (1 \text{ mol})[\Delta H_f°(g)] - (1 \text{ mol})[\Delta H_f°(l)] = -287,0 - (-319,7) = +32,7 \text{ kJ}$$

Então, após efetuar a conversão para que os valores tenham as mesmas unidades (escolhemos J, não kJ),

$$T_{p.e.} = \frac{\Delta H°}{\Delta S°} = \frac{32,7 \times 10^3 \text{ J}}{94,6 \text{ J/K}} = 346 \text{ K}$$

o que equivale a 73°C, muito próximo do ponto de ebulição medido em laboratório, 75°C.

Equilíbrio

16.8 Para a reação gasosa

$$PCl_5(g) \rightleftharpoons PCl_3(g) + Cl_2(g)$$

explique como o equilíbrio é afetado pelos fatores: (*a*) elevação da temperatura; (*b*) elevação da pressão; (*c*) concentração maior de Cl_2; (*d*) concentração maior de PCl_5; (*e*) presença de um catalisador.

(*a*) A elevação da temperatura desloca o equilíbrio na direção da reação que absorve calor. A Tabela 7-1 pode ser usada para determinar que a reação direta é a reação endotérmica,

$$\Delta H = (1 \text{ mol})[\Delta H_f°(PCl_3)] + (1 \text{ mol})[\Delta H_f°(Cl_2)] - (1 \text{ mol})[\Delta H_f°(PCl_5)]$$
$$= -287,0 + 0 - (-374,9) = +87,9 \text{ kJ}$$

Logo, a elevação da temperatura causa a dissociação do PCl_5.

(*b*) Quando a pressão de um sistema é elevada, o ponto de equilíbrio é deslocado na direção da reação que gera o menor volume. Um volume de PCl_3 e um volume de Cl_2 (2 volumes de gás) formam um volume de PCl_5. A elevação da pressão desloca a reação para a esquerda.

(*c*) A elevação da concentração desloca o equilíbrio na direção da reação que consome o composto sendo adicionado, para restabelecer o equilíbrio. O deslocamento ocorre para a esquerda.

(*d*) Com base na mesma linha de raciocínio adotada em (*c*), o deslocamento ocorre para a direita.

(*e*) Uma vez que os catalisadores aceleram tanto a reação direta quanto a reação inversa na mesma medida, sem favorecer uma ou outra, não há alteração no equilíbrio da reação.

16.9 Que condições você sugere para a produção de amônia usando o processo Haber?

$$N_2(g) + 3H_2(g) \rightleftharpoons 2NH_3(g) \qquad \Delta H = -22 \text{ kcal}$$

Com base no sinal do ΔH, sabemos que a reação direta é exotérmica (libera calor) e que este é o sentido favorecido. Contudo, podemos deslocar o equilíbrio para a direita reduzindo a temperatura. Porém, a redução na temperatura faz as reações evoluírem mais lentamente. Um catalisador ajudaria a aumentar a velocidade da reação, mas por conta própria não aumentaria o rendimento da amônia.

Podemos deslocar a reação para a direita aumentando a concentração de N_2 ou H_2, ou de ambos. Um deslocamento para a direita ocorre se NH_3 for removida. O mesmo efeito é obtido se a reação for conduzida sob pressão alta (4 volumes no lado esquerdo, 2 no lado direito). Se a reação tivesse de ser realizada sob pressão e temperatura elevadas (para aumentar a velocidade), o deslocamento para a direita seria o resultado esperado.

16.10 Considere a situação em que todos os reagentes e produtos são gases.

(a) Calcule $\Delta G°$ e K_p para a reação abaixo, a 25°C:

$$2NO_2 \rightleftharpoons N_2O_4$$

(b) Calcule $\Delta G°$ e K_p para a reação inversa:

$$N_2O_4 \rightleftharpoons 2NO_2$$

(c) Calcule $\Delta G°$ e K_p para a reação direta (a) escrita com coeficientes diferentes:

$$NO_2 \rightleftharpoons \frac{1}{2}N_2O_4$$

(d) Repita o cálculo em (a) para uma pressão padrão de 1 bar (um pouco acima de 1 atm). Para o $NO_2(g)$, $\Delta G_f°$ é 51,32 kJ/mol e, para $N_2O_4(g)$, o valor é 97,89 kJ/mol (ambos a 1 bar).

(a)
$$\Delta G° = (1\,\text{mol})[\Delta G_f°(N_2O_4)] - (2\,\text{mol})[\Delta G_f°(NO_2)]$$
$$= 97{,}82 - 2(51{,}30) = -4{,}78\,\text{kJ}$$

Uma vez que $\Delta G° = -RT \ln K_p$ e, rearranjando,

$$\log K = \frac{-\Delta G°}{2{,}303 RT} = \frac{4{,}78 \times 10^3\,\text{J}}{(2{,}303)(8{,}3145\,\text{J/K})(298{,}2\,\text{K})} = 0{,}837$$

$$K_p = 6{,}87$$

(b)
$$\Delta G° = (2\,\text{mol})[\Delta G_f°(NO_2)] - (1\,\text{mol})[\Delta G_f°(N_2O_4)]$$
$$= 2(5{,}30) - 97{,}82 = 4{,}78\,\text{kJ}$$

Uma vez que $\Delta G° = -RT \ln K_p$ e, rearranjando,

$$\log K = \frac{-\Delta G°}{2{,}303 RT} = \frac{-4{,}78 \times 10^3\,\text{J}}{(2{,}303)(8{,}3145\,\text{J/K})(298{,}2\,\text{K})} = -0{,}837$$

$$K_p = 0{,}146$$

As partes (a) e (c) ilustram a regra geral que diz que ΔG de uma reação inversa é igual ao valor de ΔG da reação direta, precedido de um sinal negativo, e que o valor de K de uma reação inversa é a recíproca do valor de K da reação direta (isto é, 1 dividido por K) da reação direta.

(c)
$$\Delta G° = \left(\frac{1}{2}\,\text{mol}\right)[\Delta G_f°(N_2O_4)] - (1\,\text{mol})[\Delta G_f°(NO_2)]$$
$$= \frac{1}{2}(97{,}82) - 51{,}30 = -2{,}39\,\text{kJ}$$

Uma vez que $\Delta G^o = -RT \ln K_p$ e, rearranjando,

$$\log K = \frac{-\Delta G^o}{2{,}303RT} = \frac{2{,}39 \times 10^3 \text{ J}}{(2{,}303)(8{,}3145 \text{ J/K})(298{,}2 \text{ K})} = 0{,}419$$

$$K_p = 2{,}62$$

As partes (*a*) e (*c*) ilustram o resultado geral, de que ΔG para uma reação com os coeficientes divididos por 2 é metade do valor observado para a reação com coeficientes normais. Além disso, *K* para a reação com coeficientes divididos é igual ao valor de *K* da reação original elevado à meia potência (isto é, é a raiz quadrada). Observe que o valor do quociente abaixo, no equilíbrio, precisa ser independente do modo como escrevemos a equação balanceada:

$$\frac{P(\text{N}_2\text{O}_4)}{P^2(\text{NO}_2)}$$

Qualquer constante de equilíbrio para a reação precisa envolver as duas pressões parciais, exatamente da mesma maneira. Para a parte (*a*), *K* é igual a este quociente. Para a parte (*c*), *K* é igual à raiz quadrada deste quociente.

(*d*)
$$\Delta G^o = (1 \text{ mol})[\Delta G_f^o(\text{N}_2\text{O}_4)] - (2 \text{ mol})[\Delta G_f^o(\text{NO}_2)]$$
$$= 97{,}89 - 2(51{,}32) = -4{,}75 \text{ kJ}$$

Uma vez que $\Delta G^o = -RT \ln K_p$ e, rearranjando,

$$\ln K_p = \frac{-\Delta G^o}{2{,}303RT} = \frac{4{,}75 \times 10^3 \text{ J}}{(8{,}3145 \text{ J/K})(298{,}2 \text{ K})} = 1{,}916$$

$$K_p = 6{,}79$$

Uma vez que 1 atm e 1 bar são valores próximos (1 atm = 1,013 bar), as diferenças são pequenas, mas não insignificantes. K_p (bar) também pode ser calculada com base em K_p (atm), convertendo as unidades.

$$K_p(\text{bar}) = \frac{P(\text{atm})(\text{N}_2\text{O}_4) \times 1{,}013}{[P(\text{atm})(\text{NO}_2) \times 1{,}013]^2} = \frac{K_p(\text{atm})}{1{,}013} = \frac{6{,}87}{1{,}013} = 6{,}78$$

16.11 Uma quantidade de PCl_5 foi aquecida em um recipiente de 12 L a 250°C, atingindo o equilíbrio de acordo com a reação:

$$\text{PCl}_5(g) \rightleftharpoons \text{PCl}_3(g) + \text{Cl}_2(g)$$

No equilíbrio, o recipiente continha 0,21 mol de PCl_5, 0,32 mol de PCl_3 e 0,32 mol de Cl_2. (*a*) Calcule a constante de equilíbrio K_p para a dissociação do PCl_5 a 250°C quando as pressões são dadas em referência ao estado padrão de 1 atm. (*b*) Qual é o valor de ΔG^o da reação? (*c*) Calcule ΔG^o com base nos dados das Tabelas 7-1 e 16-1, supondo que ΔH^o e ΔS^o sejam constantes. (*d*) Calcule K_p a partir dos dados originais usando unidades SI e um estado padrão de 1 bar.

(*a*)
$$P(\text{PCl}_5) = \frac{nRT}{V} = \frac{(0{,}21 \text{ mol})[0{,}0821 \text{ L} \cdot \text{atm/mol} \cdot \text{K}](523 \text{ K})}{12 \text{ L}} = 0{,}751 \text{ atm}$$

$$P(\text{Cl}_2) = P(\text{PCl}_3) = \frac{(0{,}32)(0{,}0821)(523)}{12} = 1{,}145 \text{ atm}$$

$$K_p = \frac{P(\text{PCl}_3)P(\text{Cl}_2)}{P(\text{PCl}_5)} = \frac{(1{,}145)(1{,}145)}{0{,}751} = 1{,}75$$

(*b*)
$$\Delta G^o = -RT \ln K = -(8{,}3145 \text{ J/K})(523 \text{ K}) \ln 1{,}75 = -2{,}4 \text{ kJ}$$

(c)
$$\Delta G^{\circ}_{298} = -267,8 + 305,0 = +37,2 \text{ kJ}$$
$$\Delta H^{\circ}_{298} = -287,0 + 374,9 = +87,9 \text{ kJ}$$

A 298,2 K,

$$\Delta G^{\circ} = \Delta H^{\circ} - T\Delta S \qquad \Delta S^{\circ} = \frac{\Delta H^{\circ} - \Delta G^{\circ}}{T} = \frac{(87,9 - 37,2)(1000)}{298,2} = +170,0 \text{ J/K}$$

A 523 K,

$$\Delta G^{\circ}_{523} = 87,9 - \frac{(523)(170,0)}{1000} = 87,9 - 88,9 = -1,0 \text{ kJ}$$

O valor calculado está próximo do valor determinado em laboratório, com base na medida do equilíbrio, apesar do intervalo de temperatura amplo em que ΔH° e ΔS° são consideradas constantes.

(d)
$$P(\text{PCl}_5) = \frac{nRT}{V} = \frac{(0,21 \text{ mol})(8,3124 \text{ m}^3 \cdot \text{Pa/mol} \cdot \text{K})(523 \text{ K})(1 \text{ bar}/10^5 \text{Pa})}{(12 \text{ L})(1 \text{ m}^3/10^3 \text{ L})} = 0,761 \text{ bar}$$

$$P(\text{Cl}_2) = P(\text{PCl}_3) = \frac{(0,32)(8,3145)(535)(10^3)}{12 \times 10^5} = 1,160 \text{ bar}$$

$$K_p \text{ (bar)} = \frac{(1,160)(1,160)}{0,761} = 1,77$$

16.12 Quando 1 mol de álcool etílico puro é misturado a 1 mol de ácido acético, à temperatura ambiente, a mistura em equilíbrio contém 2/3 mol de éster e de água. (*a*) Qual é a constante de equilíbrio? (*b*) Qual é $\triangle G^{\circ}$ para a reação? (*c*) Quantos mols de éster são formados no equilíbrio, quando 3 mols de álcool são misturados a 2 mols de ácido? Na temperatura ambiente, todas as substâncias existem no estado líquido.

(*a*) Uma tabela é o melhor meio de fazer os cálculos em problemas sobre equilíbrio. Utilize a equação balanceada, porque as quantidades incluídas nas linhas indicam os coeficientes da equação balanceada. A primeira linha (1) informa as quantidades iniciais dos compostos. A segunda linha (2) indica as variações, inclusive os sinais (− para quantidades que diminuem e + para quantidades que aumentam). A terceira linha (3) é a simples soma das duas linhas anteriores. A linha (3) é usada para calcular o valor da constante de equilíbrio para a reação.

	álcool $C_2H_5OH(l)$	+	ácido $CH_3COOH(l)$	$\rightleftharpoons$	éster $CH_3COOC_2H_5(l)$	+	água $H_2O(l)$
(1) n no início	1		1		0		0
(2) Variação devida à reação	$-\frac{2}{3}$		$-\frac{2}{3}$		$+\frac{2}{3}$		$+\frac{2}{3}$
(3) n no equilíbrio	$1-\frac{2}{3}=\frac{1}{3}$		$1-\frac{2}{3}=\frac{1}{3}$		$\frac{2}{3}$		$\frac{2}{3}$

Seja v = litros da mistura. (Uma vez que não temos informações para calcular o volume, podemos considerar 1 mol/L como concentração do estado padrão.) Assim, o cálculo de K fica

$$K = \frac{[\text{éster}][\text{água}]}{[\text{álcool}][\text{ácido}]} = \frac{\left(\frac{2/3}{v}\right)\left(\frac{2/3}{v}\right)}{\left(\frac{1/3}{v}\right)\left(\frac{1/3}{v}\right)} = 4$$

Observe que a quantidade de água nesta experiência não é grande, se comparada com os outros componentes. Por essa razão, ela permanece constante, nas condições dessa reação. A quantidade de água se torna muito alta nos casos em que a água é o solvente; porém, isso não ocorre nesta reação, onde os reagentes são substâncias puras. A água precisa ser incluída no cálculo de K.

(*b*) $\quad \Delta G^{\circ} = -RT \ln K = -(8,3145 \text{ J/K})(298,2 \text{K})[(2,303)(\log 4)] = -3,44 \text{ kJ}$

Uma vez que K não depende da concentração no estado padrão (o produto dos expoentes no numerador é igual ao produto dos expoentes no denominador), o mesmo vale para $\Delta G°$.

(c) Seja x = o número de mols de álcool em reação. Observe que a quantidade de álcool perdida durante a reação é *igual* à quantidade do ácido reagido. Essa quantidade é *igual* às quantidades geradas de éster e de água. A geração e a perda de quantidades são governadas pela equação balanceada, de acordo com a relação 1:1:1:1, neste caso.

$$C_2H_5OH(l) + CH_3COOH(l) \rightleftharpoons CH_3COOC_2H_5(l) + H_2O(l)$$

(1) n no início	3	1	0	0
(2) Variação devida à reação	$-x$	$-x$	$+x$	$+x$
(3) n no equilíbrio	$3-x$	$1-x$	x	x

$$K = 4 = \frac{[\text{éster}][\text{água}]}{[\text{álcool}][\text{ácido}]} = \frac{\left(\frac{x}{v}\right)\left(\frac{x}{v}\right)}{\left(\frac{3-x}{v}\right)\left(\frac{1-x}{v}\right)} = \frac{x^2}{3-4x+x^2} \quad \text{ou} \quad 4 = \frac{x^2}{3-4x+x^2}$$

A expressão acima fica $x^2 = 4(3 - 4x + x^2)$ ou $3x^2 - 16x + 12 = 0$. Essa equação exige que a fórmula quadrática seja resolvida para x,

$$x = \frac{-b \pm \sqrt{b^2 - 4ac}}{2a} = \frac{16 \pm \sqrt{16^2 - 4(3)(12)}}{2(3)} = \frac{16 \pm 10{,}6}{6} = 4{,}4 \text{ ou } 0{,}9$$

Entre os dois valores gerados pela fórmula quadrática, apenas um tem significado físico e pode ser escolhido com facilidade, na maioria das vezes. É importante lembrar que o valor de x é substituído na linha (3) da tabela. Uma vez que 4,4 não pode ser subtraído de 3 (como vemos na coluna relativa ao álcool) gerando um número que faça sentido, 0,9 é o valor que precisamos usar. Por essa razão, a resposta para a pergunta inicial é: 0,9 mol de éster produzido.

Observe que, em problemas mais complexos, sobretudo se a equação a ser resolvida excede as capacidades de solução de uma fórmula quadrática (uma expressão com valores elevados ao cubo e expoentes maiores), talvez seja melhor encontrar as equações do equilíbrio com base em um método de aproximações sucessivas. Para isso, é necessário selecionar um conjunto de valores de concentrações consistentes, que permitam chegar a um palpite acerca da resposta. Com isso, os cálculos de K são efetuados e repetidos até que um resultado preciso o bastante seja obtido.

Convém sempre verificar os cálculos efetuados. A verificação do item (c) é feita substituindo os valores na expressão de K.

$$K = \frac{(0{,}9)(0{,}9)}{(2{,}1)(0{,}1)} = 3{,}86 = 4 \qquad \text{(dentro dos limites de precisão do cálculo)}$$

Observe que o número de mols de éster formados é maior que o número de mols de éster em (a), 0,9, comparado com 0,67 (de $\frac{2}{3}$). Esse resultado é esperado, pois a concentração mais elevada do álcool, um dos reagentes, é deslocada para a direita. É possível adicionar álcool para aumentar o rendimento do éster. Independente da quantidade de álcool adicionada, apenas 1 mol de éster pode ser produzido antes de o ácido ser totalmente consumido (quando 1 mol é disponibilizado). Na verdade, existem grandes chances de que a reação não avance de acordo com o indicado pela equação (o que é comum, em se tratando de reações orgânicas). Isso acarreta uma quantidade menor de éster, em comparação com o esperado. Se o álcool e o ácido forem baratos, em relação ao éster, o rendimento de éster pode ser aumentado adicionando álcool ou ácido (o menos dispendioso entre os dois).

16.13 Uma câmara evacuada com capacidade para 10 L é usada para reagir 0,5 mol de H_2 com 0,5 mol de I_2 a 448°C.

$$H_2(g) + I_2(g) \rightleftharpoons 2HI(g)$$

A uma dada temperatura, e para um estado padrão de 1 mol/K, $K = 50$. (a) Qual é a pressão total inicial na câmara e a pressão no equilíbrio? (b) Quantos mols de I_2 permanecem sem reagir, no equilíbrio? (c) Qual é a pressão parcial de cada componente na mistura em equilíbrio?

(a) Antes de a reação evoluir, o número total de moléculas gasosas é $0{,}5 + 0{,}5 = 1$. No equilíbrio, não há variação no número total de mols. A pressão total inicial e a pressão no equilíbrio são iguais, e podem ser calculadas a partir da lei dos gases ideais.

$$P(\text{total}) = \frac{n(\text{total})RT}{V} = \frac{(1\text{ mol})\left(0{,}0821\dfrac{\text{L}\cdot\text{atm}}{\text{mol}\cdot\text{K}}\right)(721\text{ K})}{10\text{ L}} = 5{,}9\text{ atm}$$

(b) Seja x o número de mols de iodo reagindo.

	$H_2(g)$	+	$I_2(g)$	$\rightleftharpoons$	$2HI(g)$
(1) n inicial	0,5		0,5		0
(2) Variação devida à reação	$-x$		$-x$		$+2x$
(3) n em equilíbrio	$0{,}5-x$		$0{,}5-x$		$2x$

Observe que a razão da reação $H_2:I_2:HI$ é 1:1:2, e que ela precisa se refletir no valor de K. Independentemente de quanto a reação é completada, 2 mol de HI serão formados por cada mol de H_2 e/ou I_2 que reajam entre si.

Uma vez que o número de mols dos reagentes gasosos é igual ao número de mols do produto gasoso, a grandeza pode ser usada em lugar das concentrações (como no Problema 16-12) e $K_p = K$.

$$K_p = 50 = \frac{(2x)^2}{(0{,}5-x)(0{,}5-x)} \quad\text{ou}\quad \sqrt{50} = 7{,}1 = \frac{2x}{0{,}5-x}$$

$$2x = 7{,}1(0{,}5 - x) \quad\text{e}\quad x = 0{,}39$$

O cálculo acima é substituído na linha (3), $0{,}5 - 0{,}39$, o que dá $0{,}11$ mol de I_2 em excesso, no equilíbrio. A solução pode ser verificada da maneira abaixo:

$$K = \frac{(2x)^2}{(0{,}5-x)(0{,}5-x)} = 50$$

(c)
$$P(I_2) = \frac{n(I_2)}{n(\text{total})} \times (\text{pressão total}) = \left(\frac{0{,}11}{1}\right)(5{,}9\text{ atm}) = 0{,}65\text{ atm}$$

$$P(H_2) = P(I_2) = 0{,}65\text{ atm}$$

$$P(HI) = (\text{pressão total}) - [P(H_2) + P(I_2)] = 5{,}9 - 1{,}3 = 4{,}6\text{ atm}$$

ou
$$P(HI) = \frac{n(HI)}{n(\text{total})} \times (\text{pressão total}) = \left(\frac{0{,}78}{1}\right)(5{,}9\text{ atm}) = 4{,}6\text{ atm}$$

16.14 Em solução alcalina, o íon sulfeto reage com enxofre sólido para formar íons polissulfeto, S_2^{2-}, S_3^{2-}, S_4^{2-} e assim sucessivamente. A constante de equilíbrio para a formação de S_2^{2-} é 12, para S_3^{2-} é 130, e ambos são formados a partir de S e S^{2-}. Qual é a constante de equilíbrio da formação de S_3^{2-} a partir de S_2^{2-} e S?

Para evitar confusão, usaremos algarismos subscritos para indicar as constantes de equilíbrio das diversas reações. Além disso, é importante observar que somente as concentrações dos íons aparecem nas equações das constantes de equilíbrio, porque os sólidos (neste caso, o enxofre) são omitidos dos cálculos.

$$S + S^{2-} \rightleftharpoons S_2^{2-} \qquad K_1 = [S_2^{2-}]/[S^{2-}] = 12$$
$$2S + S^{2-} \rightleftharpoons S_3^{2-} \qquad K_2 = [S_3^{2-}]/[S^{2-}] = 130$$
$$S + S_2^{2-} \rightleftharpoons S_3^{2-} \qquad K_3 = [S_3^{2-}]/[S_2^{2-}]$$

A constante desejada, K_3, expressa o equilíbrio entre as concentrações de S_2^{2-} e S_3^{2-}, em solução em equilíbrio com o enxofre sólido. Essa solução também precisa conter o íon sulfeto, S^{2-}, resultante da dissociação de S_2^{2-} (a reação inversa da primeira reação). Uma vez que todas as espécies (S, S^{2-}, S_2^{2-}, S_3^{2-}) estão presentes, todos os equilíbrios representados acima precisam ser satisfeitos. Os três quocientes de equilíbrio não são independentes, porque:

$$\frac{[S_3^{2-}]}{[S_2^{2-}]} = \frac{[S_3^{2-}]/[S^{2-}]}{[S_2^{2-}]/[S^{2-}]} \quad\text{ou}\quad K_3 = \frac{K_2}{K_1} = \frac{130}{12} = 11$$

O resultado, $K_2 = K_1 K_3$, tem validade geral para qualquer caso em que uma equação química (a segunda, neste exemplo) possa ser escrita como a soma das duas equações (a primeira e a terceira).

16.15 A 27°C e 1 atm, o N_2O_4 está 20% dissociado em NO_2. (*a*) Calcule K_p. (*b*) Calcule a dissociação percentual a 27°C e pressão total de 0,10 atm. (*c*) Qual é a extensão da dissociação de uma amostra de 69 g de N_2O_4 em um recipiente de 20 L, a 27°C?

(*a*) Quando 1 mol de N_2O_4 dissocia por completo, 2 mols de NO_2 são formados. Uma vez que este problema não especifica o tamanho do recipiente ou o peso da amostra, podemos escolher a quantidade inicial de N_2O_4. Tendo 1 mol (92 g) de N_2O_4 no início da reação a uma pressão total de 1 atm, a tabela da reação é

	$N_2O_4(g)$	$\rightleftharpoons$	$2NO_2(g)$
n no início	1		0
Variação causada pela reação	−0,20		+0,40
n no equilíbrio	0,80		0,40

Logo, as frações molares são:	0,80/(0,80 + 0,40)	0,40/(0,80 + 0,40)
	0,667	0,333
e, pressão parcial = (fração molar) (1 atm)	0,667 atm	0,333 atm

Podemos agora calcular K_p usando as pressões parciais.

$$K_p = \frac{P(NO_2)^2}{P(N_2O_4)} = \frac{(0,333)^2}{0,667} = 0,167$$

(*b*) Seja a = fração de N_2O_4 dissociado em equilíbrio a 0,1 atm de pressão total.

	$N_2O_4(g)$	$\rightleftharpoons$	$2NO_2(g)$
n no início	1		0
Variação causada pela reação	−a		+2a
n no equilíbrio	1 − a		2a

Logo, as frações molares são:	$(1-a)/(1+a)$	$2a/(1+a)$
e pressão parcial = (fração molar) (1atm)	$((1-a)/(1+a) \times 0,1)$ atm	$((2a/1+a) \times 0,1)$ atm

De (*a*), temos $K_p = 0,167$. Substituindo o valor na expressão,

$$0,167 = K_p = \frac{P(NO_2)^2}{P(N_2O_4)} = \frac{\left(\frac{2a}{1+a} \times 0,1\right)^2}{\frac{1-a}{1+a} \times 0,1} = \frac{0,4a^2}{1-a^2}$$

ou $0,4a^2 = 0,167(1 - a^2)$. Resolvendo, $a = 0,54$, que se traduz em 54% de N_2O_4 dissociado a 27°C e 1 atm.

Observe que uma fração maior de N_2O_4 é dissociada a 0,1 atm, em comparação com a pressão de 1 atm. Isso está de acordo com o princípio de Le Chatelier, que diz que pressões menores facilitam o deslocamento para o lado com maior volume ($2NO_2$, em vez de N_2O_4).

(*c*) Se a amostra fosse integralmente composta por N_2O_4, ela conteria 69 g/92 g/mol = 0,75 mol. Seja a a fração de dissociação. A tabela de dados do problema é:

	$N_2O_4(g)$	$\rightleftharpoons$	$2NO_2(g)$
n no início	0,75		0
Variação causada pela reação	−0,75a		+2(0,75a)
n no equilíbrio	0,75 − 0,75a		2(0,75a)
ou	0,75(1 − a)		1,50a

Uma vez que a pressão total é desconhecida, é mais fácil calcular a pressão parcial diretamente da lei de Dalton (Capítulo 5).

$$P(N_2O_4) = \frac{n(N_2O_4)RT}{V} = \frac{[0,75(1-a) \text{ mol}]\left(0,0821 \frac{L \cdot atm}{mol \cdot k}\right)(300 \text{ K})}{20 \text{ L}} = 0,92(1-a) \text{ atm}$$

$$P(NO_2) = \frac{n(NO_2)RT}{V} = \frac{1,50a}{0,75(1-a)}[0,92(1-a) \text{ atm}] = 1,84a \text{ atm}$$

Logo,

$$0{,}167 = K_p = \frac{P(\mathrm{NO_2})^2}{P(\mathrm{N_2O_4})} = \frac{(1{,}84a)^2}{0{,}92(1-a)} = \frac{3{,}68a^2}{1-a}$$

ou

$$3{,}68a^2 + 0{,}167a - 0{,}167 = 0$$

A fórmula quadrática é usada para resolver a expressão para a.

$$a = \frac{-0{,}167 \pm \sqrt{(0{,}167)^2 + 4(0{,}167)(3{,}68)}}{2(3{,}68)} = \frac{-0{,}167 \pm 1{,}577}{7{,}36} = -0{,}24 \text{ ou } +0{,}19$$

O membro com sinal negativo é descartado, pois matéria não aceita sinal negativo. A extensão da dissociação é 19%.

16.16 (*a*) Em que condições o $CuSO_4 \cdot 5H_2O$ sofre o fenômeno da *eflorescência salina*, a 25°C? (*b*) Qual é a eficiência de secagem do $CuSO_4 \cdot 3H_2O$, à mesma temperatura? A reação é:

$$CuSO_4 \cdot 5H_2O(s) \rightleftharpoons CuSO_4 \cdot 3H_2O(s) + 2H_2O(g)$$

K_p a 25°C é $1{,}086 \times 10^{-4}$. A pressão de vapor da água a 25°C é 23,8 torr.

(*a*) Na eflorescência salina, um sal perde água para a atmosfera. Esse sal é chamado de *eflorescente*. O fenômeno ocorre quando a pressão de vapor da água em equilíbrio com o sal é maior que a pressão de vapor da água na atmosfera. No processo pelo qual o $CuSO_4 \cdot 5H_2O$ se torna eflorescente, o sal perde 2 moléculas de água ao mesmo tempo em que forma 1 fórmula unitária de $CuSO_4 \cdot 3H_2O$ para cada unidade do sal original dissociada. Logo, a equação do equilíbrio acima é válida somente se os três compostos estiverem presentes no meio de reação.

Uma vez que o $CuSO_4 \cdot 5H_2O$ e o $CuSO_4 \cdot 3H_2O$ são sólidos,

$$K_p = P(H_2O)^2 = 1{,}086 \times 10^{-4}$$

Extraindo a raiz quadrada em ambos os lados,

$$P(H_2O) = 1{,}042 \times 10^{-2} \text{ atm}$$

onde $P(H_2O)$ é a pressão parcial do vapor da água (em relação à pressão padrão de 1 atm) em equilíbrio com os dois sólidos. A conversão em torr é necessária, para fins de comparação:

$$(1{,}042 \times 10^{-2} \text{ atm})(760 \text{ torr/atm}) = 7{,}92 \text{ torr}$$

Uma vez que $P(H_2O) = 7{,}92$ é menor que a pressão de vapor da água à mesma temperatura (23,8 torr), $CuSO_4 \cdot 5H_2O$ nem sempre sofre eflorescência. O fenômeno será observado apenas em dias secos, quando a pressão parcial da água no ar for menor que 7,92 torr, ou quando a umidade relativa estiver abaixo de

$$\frac{7{,}92 \text{ torr}}{23{,}8 \text{ torr}} = 0{,}33 \qquad \text{equivalente a 33,3\%}$$

(*b*) O $CuSO_4 \cdot 3H_2O$ pode atuar como agente dessecante, reagindo com 2 moléculas de água para formar $CuSO_4 \cdot 5H_2O$. Em função da pressão parcial do vapor da água em equilíbrio, discutida acima, o $CuSO_4 \cdot 3H_2O$ não absorve água presente no ar, abaixo desta pressão parcial, 7,92 torr. Muitos outros agentes dessecantes são capazes de reduzir a pressão parcial da água a menos de 7,92 torr (Problema 16.44).

Para conhecer as condições em que o $CuSO_4 \cdot 3H_2O$ sofre eflorescência, precisamos conhecer a constante de equilíbrio para outra reação, que descreve a desidratação do $CuSO_4 \cdot 3H_2O$.

$$CuSO_4 \cdot 3H_2O(s) \rightleftharpoons CuSO_4 \cdot H_2O(s) + 2H_2O(g)$$

Problemas Complementares

As Tabelas 7-1 e 16-1 são usadas na solução dos problemas abaixo. Os dados nas tabelas são baseados em medidas experimentais e estão sujeitos a variações. Isso significa que as tabelas apresentadas em outros livros podem conter alguns dados diferentes. Contudo, os problemas apresentados neste livro foram escritos com base nessas tabelas, e as respostas a eles devem ser baseadas nelas.

A termodinâmica

16.17 Calcule $S°$ para o PCl_5 a 25°C.

Resp. 364 J/K · mol

16.18 Calcule $\Delta H_f°$ para o $Cl_2O(g)$ a 25°C.

Resp. 80,2 kJ/mol

16.19 Calcule a temperatura de transição de fase para a conversão do estanho cinza em estanho branco a 1 atm usando os dados apresentados na Tabela 16-1.

Resp. 9°C (o valor medido em laboratório é 13°C)

16.20 Considere a produção de gás d'água: $C(s, \text{grafite}) + H_2O \rightleftharpoons CO(g) + H_2(g)$. (*a*) Qual é o valor de $\Delta G°$ para essa reação, a 25°C? (*b*) Encontre a temperatura em que $\Delta G° = $ zero.

Resp. (*a*) 91,44 kJ; (*b*) 982 K. A extrapolação para essa estimativa é estendida ao longo de uma variação de temperatura tão ampla, que um erro significativo não deve ser descartado. O valor medido em laboratório é 947 K, não muito distante do valor calculado.

16.21 O valor de $\Delta G_f°$ da formação de HI(g) a partir de seus constituintes no estado gasoso é $-10,0$ kJ/mol a 500 K. Quando a pressão parcial de HI é 10 atm e a pressão de I_2 é 0,001 atm, qual é a pressão parcial do hidrogênio para reduzir a magnitude de ΔG a zero, à mesma temperatura?

Resp. $7,8 \times 10^2$ atm

16.22 Em que condições a decomposição do $Ag_2O(s)$ em $Ag(s)$ e $O_2(g)$ avança de modo espontâneo a 25°C?

Resp. A pressão parcial do oxigênio precisa ser mantida abaixo de 0,090 torr.

16.23 A $S°$ para a prata é 42,72 J/K · mol. (a) Calcule a temperatura mínima em que a decomposição do $Ag_2O(s)$ evolui de modo espontâneo (consulte o Problema 16.22), quando a pressão do oxigênio é 1,00 atm. (b) Elabore o mesmo cálculo para uma pressão parcial de oxigênio igual a 0,21 atm.

Resp. (*a*) 466 K; (*b*) 425 K

16.24 O efeito da variação no estado padrão de 1 atm para 1 bar causa uma elevação de 0,109 J/K nas entropias molares, S° 298,2 K, de todas as substâncias gasosas. Converta $\Delta G_f°$ de (a) $CH_3OH(l)$; (b) $CH_3OH(g)$; (c) $H_2O(l)$; (d) $Sn(s, \text{cinza})$ para o estado padrão de 1 bar. Suponha que $\Delta H_f°$ de todas as substâncias permaneçam constantes frente a essa ligeira mudança no estado padrão, considerando a margem de precisão das tabelas neste livro.

Resp. (*a*) $-166,28$ kJ/mol; (*b*) $-161,95$ kJ/mol; (*c*) $-237,14$ kJ/mol; (*d*) 0,12 kJ/mol

16.25 Dada a reação $N_2 + O_2 \rightleftharpoons 2NO$, apresente o efeito dos seguintes fatores na reação de equilíbrio: (*a*) elevação da temperatura; (*b*) queda da pressão; (*c*) elevação da concentração de O_2; (*d*) redução da concentração de N_2; (*e*) elevação da concentração de NO; (*f*) presença de um catalisador.

Resp. (*a*) Favorece a reação direta; (*b*) não favorece reação alguma; (*c*) favorece a reação direta; (*d*) favorece a reação inversa; (*e*) favorece a reação inversa; (*f*) não favorece reação alguma.

16.26 Calcule o efeito (*a*) do aumento da temperatura e (*b*) do aumento da pressão nas reações dadas:

1. $CO(g) + H_2(g) \rightleftharpoons CO_2(g) + H_2(g)$
2. $2SO_2(g) + O_2(g) \rightleftharpoons 2SO_3(g)$
3. $N_2O_4(g) \rightleftharpoons 2NO_2(g)$
4. $H_2O(g) \rightleftharpoons H_2(g) + \frac{1}{2}O_2(g)$
5. $2O_3(g) \rightleftharpoons 3O_2(g)$
6. $CO(g) + 2H_2(g) \rightleftharpoons CH_3OH(g)$
7. $CaCO_3(s) \rightleftharpoons CaO(s) + CO_2(g)$
8. $C(s) + H_2O(g) \rightleftharpoons H_2(g) + CO(g)$
9. $4HCl(g) + O_2(g) \rightleftharpoons 2H_2O(g) + 2Cl_2(g)$
10. $C(s, \text{diamante}) \rightleftharpoons C(s, \text{grafite})$*

---

*Este equilíbrio somente existe em condições muito especiais. A densidade do diamante é 3,5 g/cm³. A densidade do grafite é 2,3 g/cm³.

Resp. D = favorece a reação direta, I = favorece a reação inversa

1. (*a*) I, (*b*) nenhuma 2. (*a*) I, (*b*) D 3. (*a*) D, (*b*) I 4. (*a*) D, (*b*) I
5. (*a*) I, (*b*) I 6. (*a*) I, (*b*) D 7. (*a*) D, (*b*) I 8. (*a*) D, (*b*) I
9. (*a*) I, (*b*) D 10. (*a*) I, (*b*) I

16.27 Supondo que $\Delta H°$ e $\Delta S°$ permaneçam constantes, derive uma expressão relacionando K_1 à temperatura T_1 a K_2 à temperatura T_2, com base na equação (*16-11*).

Resp. $\ln(K_2/K_1) = (\Delta H°/R)(T_2 - T_1)/T_2 T_1$

16.28 Para a reação de neutralização:

$$H^+(aq) + OH^-(aq) \rightleftharpoons H_2O(l)$$

$\Delta H° = -55{,}8$ kJ. Para a ionização da água, que é a reação inversa da reação dada acima, a constante de equilíbrio a 25°C é $K_w = [H^+][OH^-] = 1{,}0 \times 10^{-14}$. Essa constante é muito importante (**memorize-a!**) e está presente em todo o Capítulo 17. Usando o resultado do Problema 16.27, calcule K_w a (*a*) 37°C, a temperatura normal do corpo humano e a (*b*) 50°C.

Resp. (*a*) $2{,}4 \times 10^{-14}$; (*b*) $5{,}7 \times 10^{-14}$

O equilíbrio

16.29 Quando a α-D-glicose é dissolvida em água, o composto é parcialmente convertido em β-D-glicose, um açúcar de mesma massa molecular, mas com propriedades físicas ligeiramente diferentes. A 25°C, esta conversão, chamada *mutarrotação*, é interrompida quando 63,6% da glicose estão na forma β. Supondo que o equilíbrio tenha sido atingido, calcule K e $\Delta G°$ para a reação, α-D-glicose $\rightleftharpoons$ β-D-glicose, a 25°C.

Resp. 1,75; $-1{,}38$ kJ

16.30 A constante de equilíbrio da reação H_3BO_3 + glicerina $\rightleftharpoons$ (H_3BO_3-glicerina) é 0,09. Qual é a quantidade de glicerina a ser adicionada por litro de uma solução 0,10 M em H_3BO_3 de maneira que 60% do H_3BO_3 sejam convertidos no complexo ácido bórico-glicerina?

Resp. 1,7 mol

16.31 Uma maneira adequada de estudar o equilíbrio

$$p\text{-xiloquinona} + \text{branco de metileno} \rightleftharpoons p\text{-xilohidroquinona} + \text{azul de metileno}$$

consiste em observar a diferença em coloração entre o azul de metileno e o branco de metileno. Um mmol de azul de metileno foi adicionado a 1 L de solução 0,24 M em *p*-xilohidroquinona e 0,0120 M em *p*-xiloquinona. Foi observado que 4,0% do azul de metileno foi reduzido a branco de metileno. Qual é a constante de equilíbrio da reação? *Observação*: A equação está balanceada com 1 mol de cada uma das quatro substâncias.

Resp. $4{,}8 \times 10^2$

16.32 Quando o SO_3 é aquecido a temperaturas elevadas, ele se decompõe de acordo com a reação

$$2SO_3(g) \rightleftharpoons 2SO_2(g) + O_2(g)$$

Uma amostra de SO_3 puro foi injetada em um cilindro selado e equipado com um pistão. O cilindro foi aquecido a uma temperatura elevada, *T*. O quociente de equilíbrio, SO_2:SO_3 foi 0,152 e a pressão total medida foi 2,73 atm. Se o êmbolo do pistão é acionado de maneira a reduzir o volume da mistura gasosa à metade, qual é a pressão final do processo? (*Observação*: Em função das potências das equações envolvidas, é possível obter uma solução rápida por meio de aproximações sucessivas.)

Resp. 5,40 atm

16.33 Considere o equilíbrio descrito no problema anterior. Em lugar de acionar o êmbolo do pistão, uma quantidade de $SO_3(g)$ igual à já presente no cilindro é injetada no sistema. Esta adição temporariamente eleva a concentração de SO_3. (*a*) Qual é a pressão de SO_3 final, atingido o equilíbrio, sem variação de temperatura? (*b*) Qual é o quociente entre a pressão de equilíbrio e a pressão momentânea verificada no momento da injeção do gás (antes da reação)? (*c*) Calcule o mesmo quociente para o SO_2.

Resp. (*a*) 4,26 atm; (*b*) 0,96; (*c*) 1,54

16.34 Uma solução aquosa de iodo saturada contém 0,33 g de I_2 por litro. Quantidades maiores de iodo podem ser dissolvidas em uma solução de KI, devido ao equilíbrio:

$$I_2(aq) + I^-(aq) \rightleftharpoons I_3^-(aq)$$

Uma solução 0,100 M em KI (0,100 M em I^-) na verdade dissolve 12,5 g de iodo por litro. A maior parte desse iodo é convertida em I_3^-. (*a*) Supondo que a concentração do I_2 em todas as soluções saturadas seja a mesma, calcule a constante de equilíbrio para a reação acima com soluções 1 M como estados padrão. (*b*) Qual é o efeito da adição de água a uma solução de I_2 saturada na solução de KI?

Resp. (*a*) $7,1 \times 10^2$;   (*b*) A reação inversa é favorecida.

16.35 Considere a reação $H_2(g) + I_2(g) \rightleftharpoons 2HI(g)$. Quando 46 g de I_2 e 1,00 g de H_2 são aquecidos a 470°C, a mistura em equilíbrio contém 1,90 g de I_2. (*a*) Quantos mols de cada gás estão presentes no equilíbrio? (*b*) Calcule a constante de equilíbrio.

Resp. (*a*) 0,0075 mol I_2, 0,32 mol H_2 e 0,35 mol HI;   (*b*) $K = 50$

16.36 Exatos 1 mol de H_2 e 1 mol de I_2 são aquecidos a 470°C em uma câmara evacuada com capacidade de 30 L com vácuo. Usando o valor de K obtido no Problema 16.35, calcule (*a*) o número de mols de cada gás presente no equilíbrio; (*b*) a pressão total na câmara; (*c*) as pressões parciais de I_2 e de HI no equilíbrio; (*d*) se um mol adicional de H_2 for introduzido no sistema em equilíbrio, quantos mols do iodo originalmente presentes permanecerão sem reagir?

Resp. (*a*) 0,22 mol;   (*b*) 4,1 atm;   (*c*) $P(H_2) = P(I_2) = 0,45$ atm; $P(HI) = 3,2$ atm;   (*d*) 0,065 mol

16.37 Considere a reação: $PCl_5(g) \rightleftharpoons PCl_3(g) + Cl_2(g)$. Calcule o número de mols de Cl_2 presente no equilíbrio quando 1 mol de PCl_5 é aquecido a 250°C em um recipiente com 10 L de capacidade. A 250°C, $K = 0,041$ para esta reação de dissociação, com base no estado padrão de 1 mol/L.

Resp. 0,47 mol

16.38 Uma quantidade de PCl_5 é introduzida em uma câmara com vácuo e atinge o estado de equilíbrio (ver o Problema 16.37), a 250°C e 2,00 atm. O gás em equilíbrio contém 40,7% de Cl_2 em volume.

(*a*1) Quais são as pressões parciais dos componentes gasosos em equilíbrio?

(*a*2) Com base nesses dados, calcule K_p a 250°C considerando o estado padrão de 1 atm para a reação escrita no Problema 16.37.

Se o volume da mistura gasosa é elevado de maneira a atingir a pressão de 0,200 atm a 250°C, calcule:

(*b*1) A porcentagem de PCl_5 dissociada no equilíbrio.

(*b*2) A porcentagem em volume de Cl_2 no equilíbrio.

(*b*3) A pressão parcial de Cl_2 no equilíbrio.

Resp. (*a*1) $P(Cl_2) = P(PCl_3) = 0,814$ atm; $P(PCl_5) = 0,372$ atm;   (*a*2) 1,78;   (*b*1) 94,8% (*b*2) 48,7%;   (*b*3) 0,0974 atm

16.39 Para a reação $N_2O_4(g) \rightleftharpoons 2NO_2(g)$, $K_p = 0,67$ a 46°C e 1 bar. (*a*) Calcule o percentual de dissociação do N_2O_4 a 46°C e pressão total de 0,507 bar. (*b*) Quais são as pressões parciais do N_2O_4 e do NO_2 no equilíbrio?

Resp. (*a*) 50%;   (*b*) $P(N_2O_4) = 0,17$ bar, $P(NO_2) = 0,34$ bar

16.40 Considere a reação: $2NOBr(g) \rightleftharpoons 2NO(g) + Br_2(g)$. Se o brometo de nitrosila (NOBr) está 34% dissociado a 25°C e pressão total de 0,25 bar, calcule K_p para a dissociação nessa temperatura, com base na pressão padrão de 1 atm.

Resp. $1,0 \times 10^{-2}$

16.41 A 986°C, a constante de equilíbrio da reação abaixo é 0,63.

$$CO(g) + H_2O(g) \rightleftharpoons CO_2(g) + H_2(g)$$

Uma mistura de 1 mol de vapor d'água e 3 mols de CO entra em equilíbrio a uma pressão total de 2 atm. (*a*) Quantos mols de H_2 estão presentes no equilíbrio? (*b*) Quais são as pressões parciais dos gases no equilíbrio?

Resp. (*a*) 0,68 mol;   (*b*) $P(CO) = 1,16$ atm, $P(H_2O) = 0,16$ atm, $P(CO_2) = P(H_2) = 0,34$ atm

16.42 Considere a reação: $SnO_2(s) + 2H_2(g) \rightleftharpoons 2H_2O(g, \text{vapor}) + Sn(l)$

(a) Calcule K_p a 900 K; a mistura de vapor d'água e hidrogênio tinha 45% H_2 em volume no equilíbrio.

(b) Calcule K_p a 1100 K; a mistura de vapor d'água e hidrogênio tinha 24% H_2 em volume no equilíbrio.

(c) Você recomenda temperaturas elevadas ou baixas para aumentar a eficiência da redução do estanho?

Resp. (a) 1,5;   (b) 10;   (c) temperaturas elevadas

16.43 A preparação da cal virgem a partir do calcário é dada pela reação: $CaCO_3(s) \rightleftharpoons CaO(s) + CO_2(g)$. Experiências em laboratório conduzidas no intervalo de temperatura entre 850°C e 950°C geraram um conjunto de valores de K_p que se ajustam à equação *determinada empiricamente* (resultante de observação experimental):

$$\log K = 7{,}282 - \frac{8500}{T}$$

onde T é a temperatura absoluta. Se a reação for conduzida em ambiente sem fluxo de ar em movimento, que temperatura poderia ser calculada com base nesta equação, necessária para promover a decomposição total do calcário? Nessas condições ambientais, supõe-se necessário obter uma pressão de CO_2 da ordem de 1 atm para que seja possível retirar o produto do ambiente.

Resp. 894°C

16.44 O teor de umidade de um gás é muitas vezes expresso em termos do *ponto de orvalho*, a temperatura a que ele precisa ser esfriado antes de se saturar com vapor d'água. Nesta temperatura, a água (no estado líquido ou sólido, dependendo da temperatura ambiente) se deposita em uma superfície sólida.

A eficiência do $CaCl_2$ como agente dessecante foi medida com base em uma experiência laboratorial que avaliou o ponto de orvalho da substância. Um volume de ar a 0°C fluiu lentamente sobre bandejas grandes, contendo $CaCl_2$. Após, o ar foi bombeado através de um recipiente de vidro, contendo uma haste de cobre. Feito isso, o recipiente contendo este ar foi selado. A haste foi esfriada, mergulhando sua extremidade externa em um recipiente imerso em um banho de gelo seco. A temperatura da haste no interior do recipiente com ar foi medida com um termopar. À medida que a haste esfriava, a temperatura em que os primeiros cristais de gelo se formavam foi medida, observando-se o valor de $-43°C$. A pressão de vapor do gelo nesta temperatura é 0,07 torr. Supondo que o $CaCl_2$ deva suas propriedades dessecantes (capacidade de remover água de uma mistura gasosa) à formação de $CaCl_2 \cdot 2H_2O$, calcule K_p a 0°C para a reação,

$$CaCl_2 \cdot 2H_2O(s) \rightleftharpoons CaCl_2(s) + 2H_2O(g)$$

Resp. 8×10^{-9}

16.45 Em temperaturas elevadas, o equilíbrio abaixo resulta de reações que ocorrem em uma mistura de carbono, oxigênio e seus compostos:

$$C(s) + O_2(g) \rightleftharpoons CO_2(g) \quad K_1$$
$$2C(s) + O_2(g) \rightleftharpoons 2CO(g) \quad K_2$$
$$C(s) + CO_2(g) \rightleftharpoons 2CO(g) \quad K_3$$
$$2CO(g) + O_2(g) \rightleftharpoons 2CO_2(g) \quad K_4$$

Se fosse possível medir K_1 e K_2 de maneira independente, de que modo K_3 e K_4 poderiam ser calculadas?

Resp. $K_3 = K_2/K_1$ e $K_4 = K_1/K_3 = K_1^2/K_2$

16.46 Considere a reação contendo ureia; $CO(NH_2)_2$, $CO_2(g) + 2NH_3(g) \rightleftharpoons CO(NH_2)_2(s) + H_2O(g)$. A $\Delta G_f°$ da ureia é $-197{,}2$ kJ/mol. ($\Delta G_f°$ do NH_3 é $-16{,}7$; consulte a Tabela 16-1 para obter os outros valores.) (a) Calcule ΔG da reação. (b) A direção da reação é espontânea, tal como escrita?

Resp. $\Delta G = +2{,}03$ kJ   (b) Não, ΔG tem sinal negativo para reações espontâneas.

Capítulo 17

Ácidos e Bases

Os princípios gerais do equilíbrio químico (Capítulo 16) se aplicam a reações de moléculas neutras e a reações de íons. O equilíbrio químico desperta interesse especial, não apenas porque ele é usado em processos comerciais, mas também porque muitas das reações envolvidas nos processos biológicos são na verdade reações de equilíbrio. Como no Capítulo 16, as concentrações serão expressas em mol/L e serão representadas por colchetes, nas relações matemáticas. Além disso, estes capítulos são dedicados à discussão envolvendo soluções aquosas. Em outras palavras, se o solvente não é identificado, entende-se que é água.

ÁCIDOS E BASES

O conceito de Arrhenius

A definição clássica formulada por Arrhenius define um *ácido* como uma substância capaz de gerar H^+ em solução aquosa. *Ácidos fortes* são aqueles que ionizam por completo em água, como o $HClO_4$ e o HNO_3. Esses ácidos ionizam de acordo com as reações

$$HClO_4 \rightarrow H^+ + ClO_4^- \qquad e \qquad HNO_3 \rightarrow H^+ + NO_3^-$$

Por sua vez, *ácidos fracos* são aqueles que não ionizam totalmente. A ionização dessas substâncias estabelece uma reação de equilíbrio, como vemos com o $HC_2H_3O_2$ e o HNO_2.

$$HC_2H_3O_2 \rightleftharpoons H^+ + C_2H_3O_2^- \qquad e \qquad HNO_2 \rightleftharpoons H^+ + NO_2^-$$

Esses ácidos têm uma constante de equilíbrio. Uma vez que a substância à esquerda da reação escrita é um ácido e se comporta como tal, liberando H^+, a constante de equilíbrio recebe um símbolo especial, K_a. Para o ácido acético, K_a é calculada por

$$HC_2H_3O_2 \rightleftharpoons H^+ + C_2H_3O_2^- \qquad K_a = \frac{[H^+][C_2H_3O_2^-]}{[HC_2H_3O_2]} \qquad (17\text{-}1)$$

Observe que a expressão de K_a é representada a exemplo das constantes K, definidas no Capítulo 16: K_a *é o produto dos produtos dividido pelo produto dos reagentes*, como em (*17-1*). Assim como qualquer K, sólidos e líquidos puros (inclusive a água, que é o solvente nessas soluções) não são incluídos na expressão de K.

Bases são substâncias que ionizam em água, liberando íons OH^-. O $NaOH$ é uma *base forte*, pois ioniza por completo em água gerando íons Na^+ e OH^-. Contudo, mesmo as bases hidróxido não totalmente solúveis, como o $Ca(OH)_2$, na verdade ionizam por completo, na medida em que dissolvem. Uma *base fraca* é aquela que não ioniza totalmente. A exemplo dos ácidos, é possível obter uma expressão de K_b (a K para uma base, como em (*17-4*), abaixo).

A dissolução da amônia, NH_3, é um caso interessante. No processo, o íon OH^- surge em solução, em concentrações mensuráveis. Ocorre a formação de íons amônio e hidroxila. Uma vez que a concentração de OH^- equivale a uma pequena parcela da concentração de amônia, em termos percentuais, a NH_3 é considerada uma base fraca.

O conceito de Brönsted-Lowry

A definição de Brönsted-Lowry de um ácido considera a natureza do solvente. Embora a água não ionize em porcentagem representativa, ela na verdade ioniza, até certo ponto. O resultado é o surgimento de íons H^+ e OH^-, como descreve a equação

$$HOH \rightleftharpoons H^+ + OH^-$$

Essa reação libera íons H^+. De acordo com o conceito de Brönsted-Lowry, ácido é toda a substância que *doa íons* H^+, como vemos na reação acima. Uma vez que o íon hidrogênio é doado, temos que um ácido de Brönsted-Lowry precisa conter um hidrogênio. Quando o solvente não é a água, esta premissa pode não ser válida, pois o cátion liberado seria de outra espécie, não o íon hidrogênio. Contudo, existem outros íons que desempenham este mesmo papel (a amônia líquida autoioniza, como mostra o Problema 17.3).

Ainda de acordo com o conceito de Brönsted-Lowry, *base* é toda a substância capaz de aceitar um íon H^+. Nesta categoria está incluído até o solvente da solução. Uma base de Brönsted-Lowry tem um par de elétrons (um par isolado) que aceita o íon H^+. É importante observar que o íon H^+ participa tanto da definição de ácido (doa um íon H^+) quanto da definição de base (aceita um íon H^+).

O conceito de Brönsted-Lowry contempla a reação de equilíbrio e atrela o ácido à esquerda à base à direita, no chamado *par conjugado ácido-base*, ou de maneira simplificada, *par conjugado*. Suponha a reação de um ácido com um composto em equilíbrio com o ânion do ácido e os produtos, como mostra a reação

$$\mathbf{HA} + B \rightleftharpoons \mathbf{A^-} + BH^+ \qquad (17\text{-}2)$$

O par conjugado conteria o ácido, HA, à esquerda, e A^-, à direita (participantes realçados em negrito). A^- é o resultado da perda do íon H^+ do ácido. Essa relação pode ser lida como "A^- é a base conjugada o ácido, HA". A^- é uma base, porque na reação inversa (lida da esquerda para a direita), ela aceita o íon H^+, tornando-se o composto iniciador, HA.

B é uma base, porque aceita o íon H^+, ao passo que BH^+ é um ácido, pois, quando a reação é lida da direita para a esquerda, o íon libera um íon H^+. Por essa razão a relação pode ser lida como "B é a base conjugada do ácido BH^+".

Observe que HA e B não necessariamente são neutros. Eles podem ser íons capazes de atuar como ácido ou base. Essa premissa do conceito de Brönsted-Lowry alarga as definições de ácidos e bases, em comparação com o conceito de Arrhenius – pois inclui maior número de substâncias que se comportam como um ou outra. Além disso, podemos escrever a reação de maneira a incluir o solvente, neste caso, a água, e a constante associada, K_a.

$$HC_2H_3O_2(aq) + H_2O(l) \rightleftharpoons H_3O^+(aq) + C_2H_3O_2^-(aq) \qquad K_a = \frac{[H_3O^+][C_2H_3O_2^-]}{[HC_2H_3O_2]} \qquad (17\text{-}3)$$

Observe que a água não está incluída na expressão de K_a; como líquido puro, ela é omitida, como mostrado no Capítulo 16.

De maneira semelhante a *(17-3)*, podemos escrever a ionização de uma base fraca, a amônia, e sua K_b.

$$NH_3(aq) + H_2O(l) \rightleftharpoons NH_4^+(aq) + OH^-(aq) \qquad K_b = \frac{[NH_4^+][OH^-]}{[NH_3]} \qquad (17\text{-}4)$$

A água atua como ácido ou base, dependendo das circunstâncias. Em virtude dessa capacidade, a água é chamada de *anfótera*. Ela atua como base em *(17-3)* e como ácido em *(17-4)*. Observe que o H^+ isolado se torna o íon *hidrônio*, H_3O^+, que é o íon H^+ hidratado (produto de H^+ e H_2O) porque o íon H^+ isolado na verdade não existe em solução. Quando escrevemos a constante de equilíbrio para um equilíbrio aquoso, podemos usar o íon hidrogênio, H^+, ou a forma hidratada, H_3O^+. Embora o íon H^+ esteja hidratado em solução aquosa (como ocorre com o hidróxido), o uso de H^+ e H_3O^+ depende do estilo adotado por quem está resolvendo o problema, e do problema propriamente dito. É muito comum omitir a água dos dois lados da equação, para simplificar as soluções destes problemas. Desde que a água esteja em seu estado padrão (líquido), ela não é incluída na expressão de K e, portanto, não é necessária em uma equação química.

As forças dos ácidos podem ser comparadas usando seus valores de K_a. Quanto maior a K_a, mais forte o ácido. Isso vale também para bases e suas respectivas K_b: quanto maior a K_b, mais forte a base. Além disso, as forças de ácidos e bases se devem à magnitude de suas respectivas constantes em solventes diferentes da água. Por exemplo, o HNO_3 é um ácido forte em água, mas fraco em etanol – com um valor de K_a muito menor, comparado ao observado para o ácido em água.

O conceito de Lewis

O conceito de Lewis para ácidos e bases é ainda mais abrangente que os dois outros conceitos recém-descritos. Um *ácido* de Lewis é uma estrutura com afinidade por pares de elétrons – ela pode aceitar uma parcela de um par de elétrons. Por sua vez, uma *base* de Lewis é uma estrutura que doa um par de elétrons. Observe o uso da palavra *estrutura*, no sentido de que um ácido ou uma base de Lewis não necessariamente é um composto. Na verdade, mesmo uma porção de um composto pode atuar como base ou ácido de Lewis. Por exemplo, uma porção de um composto com esta característica é o grupo amino, $-NH_2$, incluído na porção amina dos aminoácidos. O nitrogênio tem um par de elétrons não compartilhados. Quando este par é compartilhado, o grupo amino assume o caráter básico. Além disso, por definição, o íon hidrogênio é o ácido, não a molécula do ácido acético.

Alguns íons dos metais de transição também podem ser ácidos de Lewis. Eles reagem com ligantes (bases), formando complexos. Existem outras substâncias com carência de elétrons, como o BF_3, que reage com uma base como a NH_3 para formar um composto, como mostra a Reação:

A IONIZAÇÃO DA ÁGUA

Uma vez que a água é uma substância *anfiprótica*, isto é, que pode atuar como ácido, quando libera H^+, e como base, quando libera OH^-, as soluções aquosas são caracterizadas pelo fenômeno da *autoionização*, processo em que uma molécula de H_2O transfere um íon H^+ a outra molécula de H_2O. A autoionização da água sempre ocorre, quer existam ou não outros ácidos ou bases em solução. Esta reação tem uma constante K especial:

$$2H_2O \rightleftharpoons H_3O^+ + OH^- \qquad K_w = [H^+][OH^-] \qquad (17\text{-}5)$$

Trata-se de um exemplo de uma reação onde decidimos escrever H^+ em lugar de H_3O^+, que é um procedimento aceitável. Conforme foi apresentado acima, com água como solvente, sabemos que todos os íons são hidratados. Esta hidratação pode ser ignorada na escrita da reação – simplificando a representação do íon H^+ (em lugar de H_3O^+). No entanto, independentemente de a água ser incluída ou não na reação, ela *não* é incluída na expressão de K_w, uma vez que é um líquido puro. Neste livro, os problemas envolvendo concentrações de não eletrólitos não excedem a concentração de 1 M e as concentrações de eletrólitos não excedem 0,1 M. Para soluções com concentrações mais altas de íons, são válidas as mesmas leis de equilíbrio aplicáveis quando uma correção adequada é feita considerando as interações eletrônicas entre esses íons – o que não é abordado neste livro. São apresentados exemplos cujas soluções numéricas devem estar certas dentro de uma margem de 10%, sem estas correções.

A 25°C, $K_w = [H^+][OH^-] = 1{,}00 \times 10^{-14}$. Esse valor deve ser memorizado (é mais um fator relativo à água). Na água pura, onde não há solutos presentes, as concentrações de H^+ e OH^- precisam ser idênticas. Portanto, a 25°C,

$$[H^+] = [OH^-] = \sqrt{1{,}00 \times 10^{-14}} = 1{,}00 \times 10^{-7} M$$

Uma *solução neutra* é definida como aquela em que $[H^+] = [OH^-] = \sqrt{K_w}$. O valor de K_w varia com a temperatura. Por exemplo, a 0°C, $K_w = 0{,}34 \times 10^{-7}$. Contudo, a maioria dos problemas tem temperatura de 25°C, ou pressupõe esse valor, quando a temperatura não é informada.

Uma *solução ácida* é aquela que apresenta $[H^+]$ maior que 10^{-7} M. Uma *solução básica* apresenta $[H^+]$ abaixo de 10^{-7} M. Uma concentração de íon hidrogênio abaixo de 10^{-7} significa que a concentração do íon hidróxido é maior que 10^{-7} M. É importante observar que *à medida que diminui a concentração do íon hidrogênio, aumenta a concentração do íon hidróxido*. Naturalmente, a recíproca é verdadeira.

A acidez ou a *alcalinidade* (grau de basicidade) de uma solução muitas vezes é expressa pelo seu *pH*, definido como

$$pH = -\log [H^+] \quad \text{ou} \quad [H^+] = 10^{-pH}$$

Preferimos usar a definição à esquerda, $pH = -\log [H]^+$. Da mesma forma, podemos definir pOH:

$$pOH = -\log [OH^-]$$

Substituindo na Equação (17-5), vemos que as duas medidas estão relacionadas:

$$pH + pOH = -\log K_w = 14{,}00 \qquad (a\ 25°C) \qquad (17\text{-}6)$$

Observação: Estas notações são mais fáceis de compreender quando você considera que *p* significa "use o negativo do log" do número que segue, que pode ser $[H^+]$, $[OH^-]$ ou mesmo *K*, como veremos abaixo.

A Tabela 17-1 resume as escalas de pH e pOH a 25°C.

O valor de pK_a é uma maneira conveniente para expressar a força do ácido (vale o mesmo para pK_b, considerando as bases). pK_a é definido como $-\log K_a$. Por exemplo, um ácido com constante de ionização 10^{-4} tem pK_a igual a 4. Pela mesma razão, $pK_b = -\log K_b$, para valores básicos.

Tabela 17-1

$[H^+]$		$[OH^-]$	pH	pOH	Observação
1	$= 10^0$	10^{-14}	0	14	Fortemente ácido
0,1	$= 10^{-1}$	10^{-13}	1	13	
0,001	$= 10^{-3}$	10^{-11}	3	11	
0,00001	$= 10^{-5}$	10^{-9}	5	9	Fracamente ácido
0,0000001	$= 10^{-7}$	10^{-7}	7	7	Neutro
0,000000001	$= 10^{-9}$	10^{-5}	9	5	Fracamente básico*
0,00000000001	$= 10^{-11}$	10^{-3}	11	3	
0,0000000000001	$= 10^{-13}$	10^{-71}	13	1	
0,00000000000001	$= 10^{-14}$	10^0	14	0	Fortemente básico

* Os termos *básico* e *alcalino* são sinônimos.
Observação: Um erro de 10% em $[H^+]$ corresponde a um erro de 0,04 unidades de pH.

A HIDRÓLISE

Um sal contendo ao menos um íon conjugado a um ácido ou uma base fracos reage com água, em uma Reação do tipo ácido-base. Vejamos o exemplo do $NaC_2H_3O_2$, um sal produzido a partir de uma base forte, NaOH, e do $HC_2H_3O_2$, um ácido forte. O íon acetato no acetato de sódio é um conjugado do ácido acético, um ácido fraco. O íon acetato é uma base e aceita um íon H^+ de um ácido, ou do solvente (água).

$$C_2H_3O_2^- + H_2O \rightleftharpoons HC_2H_3O_2 + OH^- \qquad K_b = \frac{[HC_2H_3O_2][OH^-]}{[C_2H_3O_2^-]} \qquad (17\text{-}7)$$

Essa reação é uma *hidrólise* (termo que significa *divisão da água*). Como resultado desse processo, uma solução de acetato de sódio em água é básica, porque é produzido um excesso de OH⁻. O OH⁻ liberado na reação acima se adiciona à água pura (neutra). Observe que a reação (*17-5*) é a soma das reações (*17-3*) e (*17-7*). Com isso, as constantes de equilíbrio para estas três reações precisam ser relacionadas conforme abaixo:

$$K_w = K_a K_b \quad \text{ou} \quad K_b = \frac{K_w}{K_a} \qquad (17\text{-}8)$$

Uma equação como (*17-8*) é válida para a hidrólise de qualquer espécie que seja a base conjugada de um ácido com constante de ionização K_a. Alguns exemplos desse tipo de base são os íons CN⁻, HS⁻, SCN⁻ e NO$_2^-$. Uma vez que a hidrólise envolve a reação inversa da ionização de um ácido, a tendência de hidrólise é de avançar no sentido oposto à tendência de o ácido conjugado avançar na direção da ionização. Quanto mais fraco o ácido, maior a dificuldade de remover um íon H⁺ do ácido e maior a facilidade de seu ânion (sua base conjugada) se ligar a um íon H⁺ cedido pela água (isto é, de hidrolisar). Em termos matemáticos, esta relação é expressa como a proporcionalidade inversa entre K_a do ácido e K_b da base conjugada. O ácido acético é um ácido *moderadamente fraco*, e a extensão da hidrólise do íon acetato é *pequena*. O HCN é um ácido *muito fraco*, e a extensão da hidrólise do íon cianeto, CN⁻, é *alta*. Por outro lado, o íon cloreto não sofre hidrólise. A razão está no fato de seu ácido conjugado, o HCl, ser um *ácido forte* e não pode existir em quantidades apreciáveis em soluções aquosas diluídas, pois o Cl⁻ é uma base muito fraca.

O NH$_4^+$ é um exemplo de cátion que se comporta como ácido. Ele tem uma capacidade alta de ceder um íon H⁺ (o quarto hidrogênio, H⁺). Essa perda de um íon H⁺ faz surgir a base conjugada, NH$_3$, em solução. Em virtude disso, uma solução de cloreto de amônio, NH$_4$Cl, é ácida.

$$NH_4^+ + H_2O \rightleftharpoons NH_3 + H_3O^+$$

K_a para o NH$_4^+$ pode ser obtido a partir de K_b para o NH$_3$, sua base conjugada, rearranjando a Equação (*17-8*).

$$K_a = \frac{K_w}{K_b}$$

Muitos cátions de metais pesados hidrolisam até certo ponto em solução aquosa, de acordo com uma reação caracterizada por uma constante de equilíbrio, K_a. Por exemplo,

$$Fe^{3+} + H_2O \rightleftharpoons Fe(OH)^{2+} + H^+ \qquad K_a = \frac{[Fe(OH)^{2+}][H^+]}{[Fe^{3+}]} \qquad (17\text{-}9)$$

Muitas vezes, essa reação é escrita usando as formas hidratadas dos íons para mostrar que o íon férrico hidratado, como os ácidos neutros, exerce acidez devido à perda de um íon H⁺.

$$Fe(H_2O)_6^{3+} \rightleftharpoons Fe(H_2O)_5(OH)^{2+} + H^+$$

As duas equações, (*17-9*) e a equação dada acima, são equivalentes.

AS SOLUÇÕES TAMPÃO E OS INDICADORES

Existem condições nas quais uma solução resiste a uma variação no pH. Por exemplo, a água destilada (ou deionizada), se for totalmente neutra, tem pH 7,0. Contudo, se esta água for armazenada em recipientes que permitam a entrada de ar, mesmo de volumes muito pequenos, o pH da água "pura" cai, ficando na faixa ácida. Um pH igual a 6,0 não é incomum em águas supostamente purificadas para uso em laboratório. Se fosse possível tratar a água de maneira que o íon H⁺ (que aparece quando o CO$_2$ dissolve, reagindo com a água) seja neutralizado, o pH da água permaneceria em ou próximo a 7,00. O CO$_2$ e a H$_2$O reagem, liberando H⁺ em solução:

$$CO_2(g) + H_2O(l) \rightleftharpoons H_2CO_3(aq) \qquad \text{e} \qquad H_2CO_3(aq) \rightleftharpoons H^+(aq) + HCO_3^-(aq)$$

Uma solução *tampão* (ou solução *tamponada*) é aquela que resiste a uma variação de pH, quando pequenas quantidades de ácido ou base são adicionadas a ela. Uma solução tampão contém quantidades relativamente altas de um ácido fraco (ou uma base fraca) e o respectivo sal muito dissociado. Se uma quantidade pequena de um ácido forte (ou base) é adicionada a um tampão, a maior parte do H^+ (ou OH^-) se combina a uma quantidade equivalente da base fraca (ou ácido) do tampão, para formar o ácido (ou base) conjugado da base fraca (ou ácido). O resultado é a pouca variação nas concentrações dos íons hidrogênio e hidróxido, em solução.

Qualquer par de ácido e base fracos pode ser usado para preparar uma solução tampão, desde que possam formar a base ou o ácido conjugado respectivo em solução aquosa.

Exemplo 1 Um caso bastante simples de solução tampão é observado quando um ácido e uma base fracos são conjugados um do outro. Poderíamos escolher o ácido acético como ácido fraco. O íon acetato seria, portanto, a base forte. Uma vez que quantidades relativamente altas de cada um seriam necessárias, não seria possível utilizar apenas a solução do ácido, pois o equilíbrio de ionização favorece o ácido de modo significativo. No entanto, podemos preparar um tampão ácido-acetato, de acordo com os métodos abaixo:

1. Dissolva uma quantidade relativamente grande de ácido acético e um sal de acetato em água. O sal precisa ser *solúvel*, com alta porcentagem de dissociação, ou mesmo dissociação total. O $NaCH_2H_3O_2$ e o $KCH_2H_3O_2$ são dois sais que atendem a estes critérios, pois são sais solúveis, dissociam por completo e não são caros (que também é aspecto importante).
2. Dissolva uma quantidade relativamente grande de ácido acético em água. Neutralize o ácido *até certo ponto*, adicionando alguma base forte, como o NaOH. A quantidade de acetato formada será equivalente à quantidade de base forte adicionada. A quantidade de ácido acético em solução é obtida subtraindo a quantidade convertida em acetato da quantidade inicial.
3. Dissolva uma quantidade relativamente grande de um sal de acetato em água, de preferência um sal muito solúvel. Neutralize o acetato *até certo ponto*, adicionando uma quantidade de ácido forte, como o HCl. A quantidade de ácido acético formada será equivalente à quantidade de ácido forte adicionado. A quantidade de íon acetato remanescente em solução é obtida subtraindo a quantidade convertida em ácido acético da quantidade inicial.

A razão entre a concentração de ácido acético e a concentração de acetato em solução pode ser arbitrado de maneira a propiciar a $[H^+]$ ou o pH desejados para a solução tampão. De modo geral, esta razão está no intervalo 10 e 0,1. Vamos examinar a reação de equilíbrio deste sistema e o cálculo de K_a:

$$HC_2H_3O_2 \rightleftharpoons H^+ + C_2H_3O_2^-$$

$$K_a = \frac{[H^+][C_2H_3O_2^-]}{[HC_2H_3O_2]} \qquad \text{ou} \qquad [H^+] = K_a \times \frac{[HC_2H_3O_2]}{[C_2H_3O_2^-]}$$

A expressão rearranjada acima pode ser expressa de modo generalizado:

$$[H^+] = K_a \times \frac{[\text{ácido}]}{[\text{base conjugada}]} \qquad (17\text{-}10)$$

Transformando a Equação (*17-10*) em logaritmo e invertendo os sinais, temos uma expressão mais conveniente:

$$pH = pK_a + \log\frac{[\text{base}]}{[\text{ácido}]}$$

Um *indicador* é usado como ferramenta visual do pH de uma solução. Assim como um tampão, um indicador é um par conjugado ácido-base. Porém, os indicadores são utilizados em quantidades tão pequenas, da ordem de algumas gotas, que o pH da solução não é afetado. O pH da solução determina a razão ácido:base conjugada do indicador. Cada uma dessas formas do indicador tem uma cor definida e por isso é fácil perceber qualquer mudança, de ácido para base conjugada, como a forma dominante em solução – que indica o seu pH. Se a dissociação do ácido do indicador for escrita conforme abaixo:

$$HIn \rightleftharpoons H^+In^- \qquad \text{então,} \qquad [H^+] = K_{a(\text{indicador})} \times \frac{[HIn]}{[In^-]} \qquad (17\text{-}11)$$

Se a razão for um pouco maior que 10:1, surge a cor do HIn, a forma ácida. Se a razão for um pouco menor que 0,1, a cor que surge é a da forma básica, In⁻. A mudança de cor é observada no momento em que as cores parecem se misturar, gradualmente. Por exemplo, se as cores relativas aos extremos de concentração forem o amarelo e o azul, no ponto intermediário observaremos uma mudança gradual, de amarelo-esverdeado, verde e azul-esverdeado. A mudança gradativa de cor ocorre em um intervalo em que [H⁺] varia 100 vezes, o equivalente a cerca de 2 unidades de pH. O valor pK_a se encontra no centro do intervalo. Existe uma grande variedade de indicadores conhecidos, cada um com pK_a e intervalo de mudança de cor próprios. (É interessante observar que, quanto maior a diferença na intensidade de cor entre as formas ácida e básica, mais longe do centro está o valor de pK_a.)

OS ÁCIDOS POLIPRÓTICOS FRACOS

Quando ocorrem ionizações múltiplas, como com o H_2S, H_2CO_3 e H_3PO_4, cada estágio da ionização tem sua própria constante de equilíbrio, K_1, K_2, etc. Os algarismos em subscrito indicam o estágio de ionização, começando com a ionização da molécula (K_1) e prosseguindo nesta ordem, (1, 2, 3, etc.). O H_2S ioniza em duas etapas:

$$\text{Ionização primária:} \qquad H_2S \rightleftharpoons H^+ + HS^- \qquad K_1 = \frac{[H^+][HS^-]}{[H_2S]} \qquad (17\text{-}12)$$

$$\text{Ionização secundária:} \qquad HS^- \rightleftharpoons H^+ + S^{2-} \qquad K_2 = \frac{[H^+][S^{2-}]}{[HS^-]} \qquad (17\text{-}13)$$

A constante de ionização secundária de ácidos polipróticos é sempre menor que a constante de ionização primária ($K_2 < K_1$). Por sua vez, a constante terciária é ainda menor, e assim sucessivamente.

É importante frisar que [H⁺] é a concentração real de íons hidrogênio *em solução*, independentemente da fonte. Em uma mistura aquosa contendo diferentes ácidos, cada um contribui com a concentração do íon hidrogênio, mas existe apenas um valor de [H⁺] para uma dada solução. Esse valor precisa atender, ao mesmo tempo, as condições de equilíbrio de todos os ácidos presentes. Embora a solução de um problema em que existem diversos equilíbrios pareça complexa, é possível adotar simplificações quando as contribuições das fontes de H⁺ para a concentração total do íon são pequenas o bastante para serem consideradas insignificantes (menos de 10%, neste livro) – exceto uma fonte, é claro: a fonte principal de íons H⁺ e cuja contribuição entra no cálculo.

No caso dos ácidos polipróticos, com frequência K_1 é muito maior que K_2, de maneira que apenas K_1 entra no cálculo de [H⁺], em uma solução deste ácido. Os problemas resolvidos neste capítulo apresentam alguns exemplos e razões de quando esta hipótese pode ou não ser feita.

Outro problema de interesse é o cálculo da concentração do íon bivalente (2⁻) em uma solução de um ácido poliprótico fraco, quando [H⁺] total se deve essencialmente a um ácido forte presente na solução ou a um tampão. Nestes casos, a melhor maneira de calcular a concentração do íon bivalente consiste em multiplicar as expressões de K_1 e K_2. Utilizando o H_2S outra vez, como exemplo, temos:

$$K_1 K_2 = \frac{[H^+][HS^-]}{[H_2S]} \times \frac{[H^+][S^{2-}]}{[HS^-]} = \frac{[H^+]^2[S^{2-}]}{[H_2S]} \qquad (17\text{-}14)$$

A TITULAÇÃO

Quando uma base é adicionada em pequenos incrementos de volume a uma solução de um ácido, o pH da solução é elevado gradualmente. A curva do pH como função da quantidade de base adicionada tem a maior inclinação no *ponto de equivalência*, que indica a neutralização do ácido com a exata quantidade de base necessária. Essa região, de inclinação maior, é chamada de *ponto final*. O processo como um todo, considerando a adição de base e a obtenção do ponto final, é chamado de *titulação*. O Exemplo 2 discute a curva de titulação referente à Figura 17-1 (*a*) e 17-1 (*b*).

Exemplo 2 A Figura 17-1 (*a*) mostra as curvas de titulação para um ácido forte e um ácido fraco com uma base forte. A Figura 17-1 (*b*) mostra as curvas de titulação para uma base forte e uma base fraca com um ácido forte. As quatro titulações são executadas a 25°C. Todos os reagentes são 0,100 M, de modo que o ponto final ocorre com a adição de exatos 50,0 mL do *titulante*, a solução com concentração conhecida adicionada ao *titulado*, a substância

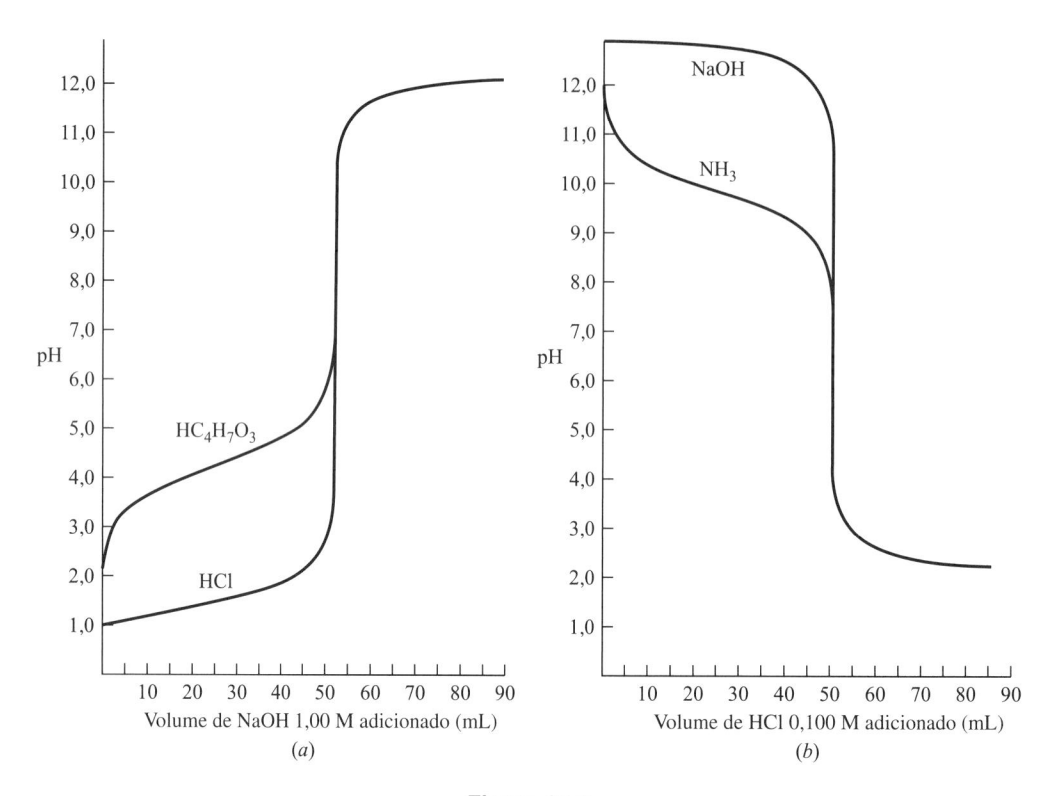

Figura 17-1

cuja concentração queremos determinar. O ácido forte é o HCl e o ácido fraco é o $HC_4H_7O_3$ (ácido β-hidroxibutírico); a base forte é o NaOH e a base fraca é a NH_3.

Todas as curvas apresentam uma elevação ou queda brusca no pH no ponto final. Na titulação do HCl (Figura 17-1 (a)), o pH aumenta devagar, até bem próximo ao ponto final. A elevação no ponto final é maior que a elevação observada para o $HC_4H_7O_3$, que inicia com um pH maior, tem uma elevação rápida, uma inversão da inclinação e por fim uma elevação muito rápida, típica do ponto final. As duas curvas são idênticas um pouco além do ponto final. As curvas de titulação para o NaOH e a NH_3 [Figura 17-1 (b)] são imagens refletidas aproximadas das curvas para o HCl e o $HC_4H_7O_3$, com pH decrescente. Não existe uma razão prática para usar um reagente fraco como titulante. Se, por exemplo, a NH_3 fosse utilizada em lugar de NaOH na Figura 17-1 (a), o nivelamento da curva após o ponto final ocorreria em um valor de pH ao menos 3 unidades abaixo do valor mostrado, o que dificultaria a observação do ponto final.

Os pontos ao longo da curva de titulação podem ser calculados com base em métodos discutidos anteriormente neste capítulo. Basicamente, quatro pontos integram uma curva de titulação. Consideremos a titulação de um ácido com uma base forte.

1. Ponto inicial: 0% de neutralização.

    No caso de um ácido forte, $[H^+]$ na solução inicial é dada pela concentração molar do ácido. No caso de um ácido fraco, $[H^+]$ é calculada pelo método utilizado para determinar a extensão da ionização de um ácido fraco, com base na constante de ionização e na concentração molar.

2. Aproximação do ponto final: de 5% a 95% de neutralização.

    Para um ácido forte, a reação de neutralização é:

    $$H^+ + OH^- \rightarrow H_2O$$

    Essa reação pode ser considerada total, na extensão da quantidade base adicionada. A quantidade de H^+ não reagida é a diferença entre a quantidade inicial de H^+ e a quantidade neutralizada. Para determinar $[H^+]$, é preciso considerar o efeito da diluição causado pelo aumento no volume de solução, com a adição da base (que também é uma solução).

    Para um ácido fraco, a reação de neutralização pode ser escrita como

    $$HC_4H_7O_3 + OH^- \rightarrow C_4H_7O_3^- + H_2O$$

A quantidade de íon hidroxibutirato, $C_4H_7O_3^-$, é igual à quantidade de base adicionada. A quantidade de ácido, $HC_4H_7O_3$, que não foi ionizada, é igual à diferença entre a quantidade inicial e a quantidade neutralizada. Logo,

$$[H^+] = K_{a(HC_4H_7O_3)} \times \frac{[HC_4H_7O_3]}{[C_4H_7O_3^-]}$$

A expressão acima é a Equação (*17-10*). As soluções nessa região da titulação de um ácido fraco são tampões.

3. O ponto final: 100% de neutralização.

    O pH no ponto final é igual ao de uma solução de um sal contendo os íons restantes na neutralização, NaCl ou $NaC_4H_7O_3$. As soluções de NaCl são neutras (pH = 7); contudo, no $NaC_4H_7O_3$ o ânion $C_4H_7O_3^-$ hidrolisa e o pH pode ser avaliado resolvendo os equilíbrios da hidrólise. A titulação $HC_4H_7O_3$–NaOH tem pH maior que 7 no ponto final, por conta da hidrólise do íon hidroxibutirato.

4. Além do ponto final: mais de 105% de neutralização.

    Usando NaOH como titulante, o excesso de OH^- além do necessário para a neutralização acumula em solução. O íon $[OH^-]$ é calculado em termos deste excesso e o volume total da solução $[H^+]$ pode então ser calculado a partir da relação de K_w, como abaixo:

$$[H^+] = \frac{K_w}{[OH^-]}$$

Não importa se o ácido titulado é fraco ou forte.

Os pontos a 5% do ponto inicial ou a 5% do ponto final podem ser calculado usando os mesmos equilíbrios, embora algumas das simplificações adotadas acima não seriam válidas.

Os ácidos polipróticos, como o H_3PO_4, podem ter um ou mais pontos finais distintos, correspondentes à neutralização do primeiro, do segundo e dos outros hidrogênios. Neste caso, cada ponto final ocorre em um pH diferente.

Os cálculos das curvas de titulação de bases com ácidos fortes [Figura 17-1 (*b*)] são efetuados com base em métodos semelhantes.

O ponto final de uma titulação, a região com elevação mais acentuada na curva, pode ser determinado em laboratório usando um potenciômetro, após a adição dos volumes incrementais da base. Um meio mais simples consiste em introduzir na solução uma quantidade pequena de um indicador com uma faixa de mudança de cor dentro da porção vertical da curva. Isso garante a mudança de cor de maneira mais evidente no ponto final.

Problemas Resolvidos

Ácidos e bases

17.1 Escreva as fórmulas das bases conjugadas dos ácidos: (*a*) HCN; (*b*) HCO_3^-; (*c*) $N_2H_5^+$; (*d*) C_2H_5OH; (*e*) HNO_3.

Em cada caso, a base conjugada é derivada do ácido quando perde um íon H^+, cedido pelo oxigênio, muito eletronegativo, em vez do carbono. Se o composto não apresenta o oxigênio em sua fórmula, como em (*a*) e (*c*), o íon H^+ é cedido pelo elemento mais eletronegativo (o carbono e o nitrogênio, respectivamente, nestes casos).

(*a*) CN^-; (*b*) CO_3^{2-}; (*c*) N_2H_4; (*d*) $C_2H_5O^-$; (*e*) NO_3^-

17.2 Escreva as fórmulas dos ácidos conjugados das bases: (*a*) $HC_2H_3O_2$; (*b*) HCO_3^- ;(c) C_5H_5N; (*d*) $N_2H_5^+$; (*e*) OH^-.

Em cada caso, o ácido conjugado é formado a partir da base, com a adição de um íon H^+. O íon H^+ é adicionado ao oxigênio em (*a*) ou ao nitrogênio em (*c*) e (*d*), que apresentam elétrons não compartilhados disponíveis, aos quais o íon H^+ pode se ligar. Em (*a*), o íon H^+ é adicionado ao oxigênio da carboxila (—C=O).

(*a*) $HC_2H_4O_2^+$. Essa espécie pode se formar em ácido acético líquido com a adição de um ácido forte.

(*b*) H_2CO_3. HCO_3^- pode atuar como ácido [Problema 17.1 (*b*)] ou base.

(*c*) $C_5H_5NH^+$.

(d) $N_2H_6^{2+}$. As bases, assim como os ácidos, podem ser multifuncionais. O segundo íon H^+ é aceito pelo N_2H_4, mas com muita dificuldade.

(e) H_2O

17.3 A NH_3 líquida, como a água, é um solvente anfiprótico. Escreva a equação de sua autoionização.

$$2NH_3 \rightleftharpoons NH_4^+ + NH_2^-$$

$$(2H_2O \rightleftharpoons H_2O^+ + OH^-) \quad \text{incluída para comparação}$$

Observe que, quando a NH_3 substitui a H_2O, o íon amônio ocupa a mesma posição que o H^+ na autoionização da água. Conforme esperado, o íon amida ocupa o lugar do íon hidróxido.

17.4 Em soluções aquosas, a anilina, $C_6H_5NH_2$, é uma base orgânica fraca. Com que solvente a anilina se torna uma base forte?

Esse solvente teria de apresentar propriedades de um ácido consideravelmente mais forte que a água, como o ácido acético líquido ou qualquer outro solvente ácido com caráter ácido mais forte que a água.

17.5 O NH_4ClO_4 e o $HClO_4 \cdot H_2O$ cristalizam de acordo com a mesma estrutura ortorrômbica, com volumes de células unitárias iguais a 0,395 e 0,370 nm³, respectivamente. Como você explicaria essa semelhança na estrutura e na dimensão do cristal?

Os dois compostos são iônicos, com sítios da rede ocupados por cátions e ânions. No ácido perclórico monohidratado, o cátion é o H_3O^+ e não há moléculas de água de hidratação. Os espaços ocupados pelos cátions nos dois cristais, H_3O^+ e NH_4^+, são aproximadamente iguais, porque são *isoeletrônicos* (têm números idênticos de elétrons).

Uma curiosidade histórica: os dados apresentados neste problema foram usados como prova da existência do íon hidroxônio, H_3O^+.

17.6 (a) Apresente uma explicação para a diminuição na força do ácido na série $HClO_4$, $HClO_3$ e $HClO_2$. (b) Qual seria a força relativa das bases ClO_4^-, ClO_3^-, ClO_2^-? (c) Com base no item (a), como você explicaria a pequena diferença em força ácida na série H_3PO_4, H_3PO_3 e H_3PO_2?

(a) As estruturas de Lewis para estes compostos são

Uma vez que o oxigênio é mais eletronegativo que o cloro, cada oxigênio terminal tende a retirar elétrons do cloro e, por sua vez, da ligação O—H. Esta retirada leva a uma tendência mais pronunciada de o H ionizar. De modo geral, quanto maior o número de oxigênios terminais em um ácido contendo o elemento, com um mesmo átomo central, mais forte o ácido.

(b) Os membros de um par conjugado ácido-base mantêm uma relação complementar recíproca: quanto mais forte um ácido, mais fraca sua base conjugada. Por esta razão, a força básica é, em ordem decrescente: $ClO_2^- > ClO_3^- > ClO_4^-$ (o inverso da ordem de força ácida).

(c) Os íons hidrogênio nestes ácidos não estão ligados aos oxigênios. As estruturas de Lewis são:

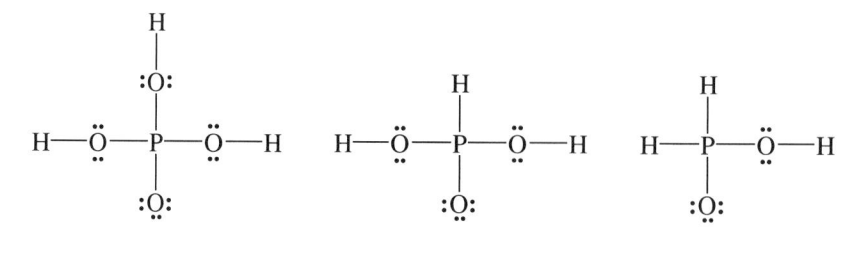

O número de átomos de oxigênio terminais, um, é exatamente igual nos três ácidos. Por isso, de acordo com o item (*a*), não existe diferença significativa em acidez. Uma vez que as eletronegatividades de P e H são quase iguais, não existe uma tendência de o H ligado ao fósforo ionizar, nem influenciar a ionização dos hidrogênios ligados ao oxigênio.

17.7 Como você explicaria a formação de $S_2O_3^{2-}$ a partir de SO_3^{2-} com base na teoria dos ácidos de Lewis?

O átomo de enxofre é deficiente em elétrons e pode ser considerado um ácido. O SO_3^{2-} é a base, para a qual uma estrutura em octeto pode ser escrita com um par não compartilhado, que prova seu caráter básico.

17.8 Na análise da combustão de compostos orgânicos, o NaOH sólido é empregado para absorver o CO_2 gerado no processo. Explique essa reação com base na teoria dos ácidos de Lewis.

Uma vez que o oxigênio no íon OH^- tem três pares não compartilhados de elétrons, o íon é uma base de Lewis. Para entender como o CO_2 atua como ácido, é preciso entender que o carbono no CO_2 tem hibridização *sp*, e que, ao reverter à hibridização sp^2, como vemos no HCO_3^-, um orbital passa a estar disponível para aceitar o par de elétrons da base.

A ionização de ácidos e bases

17.9 A 25°C, uma solução 0,0100 M em NH_3 está 4,1% ionizada. Supondo que não haja variação no volume, calcule (*a*) a concentração dos íons OH^- e NH_4^+; (*b*) a concentração da amônia molecular; (*c*) a constante de ionização da amônia aquosa; (*d*) $[OH^-]$ após a adição 0,0090 mol de NH_4Cl a 1 L da solução acima; (*e*) $[OH^-]$ de uma solução preparada dissolvendo 0,010 mol de NH_3 e 0,0050 mol de HCl por litro.

$$NH_3 + H_2O \rightleftharpoons [NH_4^+] + OH^-$$

O rótulo no frasco da solução informa a composição estequiométrica ou em peso, não a concentração de qualquer componente em particular em um equilíbrio iônico. Em outras palavras, 0,0100 M NH_3 significa que a solução foi preparada utilizando 0,0100 mol de amônia e a quantidade de água necessária para um volume final de 1 L. Isso não significa que a concentração da amônia não ionizada em solução, $[NH_3]$, seja 0,0100.

(*a*) $$[NH_4^+] = [OH^-] = (0{,}041)(0{,}0100) = 0{,}00041 \text{ M}$$

(*b*) $$[NH_3] = 0{,}0100 - 0{,}00041 = 0{,}0096 \text{ M}$$

(*c*) $$K_b = \frac{[NH_4^+][OH^-]}{[NH_3]} = \frac{(0{,}00041)(0{,}00041)}{0{,}0096} = 1{,}75 \times 10^{-5}$$

(*d*) Uma vez que a base está ligeiramente ionizada, podemos supor que (1) $[NH_4^+]$ se deve totalmente ao NH_4Cl e que (2) $[NH_3]$ em equilíbrio é igual à concentração molar estequiométrica da base. Logo,

$$K_b = \frac{[NH_4^+][OH^-]}{[NH_3]} \quad \text{ou} \quad [OH^-] = \frac{K_b[NH_3]}{[NH_4^+]} = \frac{(1{,}75 \times 10^{-5})(0{,}0100)}{0{,}0090} = 1{,}94 \times 10^{-5}$$

A adição de NH_4Cl desacelera a ionização da NH_3, reduzindo de maneira considerável a [OH^-] da solução. O deslocamento da reação por duas fontes de um mesmo íon é chamado de *efeito do íon comum*.

Método alternativo: essa solução foi fundamentada em uma série de hipóteses. Porém, existe uma maneira de resolver o problema sem recorrer a suposições. A técnica requer escrever a reação e preparar uma tabela logo abaixo contendo as informações dadas no problema. Isso permite encontrar as respostas pela via matemática direta. A água é um líquido puro nesta reação, e não é incluída na expressão de K:

	NH_3	+	$H_2O \rightleftharpoons$	$[NH_4^+]$	+	OH^-
[NH_3] no início	0,0100			0		0
[NH_4^+] no início	0			0,0090		0
Variação devida à reação	$-x$			$+x$		$+x$
Concentrações no equilíbrio	$0,0100 - x$			$0,0090 + x$		x

$$[OH^-] = \frac{K_b[NH_3]}{[NH_4^+]} \quad \text{ou} \quad [OH^-] = x = \frac{(1{,}75 \times 10^{-5})(0{,}0100 - x)}{0{,}0090 + x}$$

As expressões acima levam a uma equação quadrática, resolvida pelos métodos convencionais. Resolvendo as frações e deixando de lado temporariamente os algarismos significativos,

$$x^2 + 0{,}0090175x - 1{,}75 \times 10^{-7} = 0$$

A equação quadrática precisa ser utilizada para resolver para x, conforme:

$$x = \frac{-b \pm \sqrt{b^2 - 4ac}}{2a} \quad \text{por substituição} \quad x = \frac{-0{,}0090175 \pm \sqrt{(0{,}0090175)^2 - 4(1)(-1{,}75 \times 10^{-7})}}{2(1)}$$

e, uma vez que uma das respostas possíveis é negativa, o outro valor, $x = 1{,}94 \times 10^{-5}$ é a única resposta lógica possível.

Sem dúvida, as simplificações diminuem de modo considerável o trabalho envolvido nos cálculos deste e de outros problemas. Porém, para muitos estudantes, a tabela é um bom modo de registrar dados e ajuda no momento de chegar a uma solução. Uma vez que x tenha sido encontrado, a substituição de seu valor na última linha acima fornece as concentrações de todas as espécies presentes. Lembre-se que a água é o solvente e que, sendo um líquido puro, sua concentração não é incluída no cálculo de K.

(*e*) Uma vez que o HCl é um ácido forte, 0,0050 mol de HCl vai reagir por completo com 0,0050 mol de NH_3, formando 0,0050 mol de $[NH_4^+]$. Da quantidade inicial de 0,0100 mol de NH_3 usada, apenas metade permanece não ionizada.

$$[OH^-] = \frac{K_b[NH_3]}{[NH_4^+]} \quad \text{por substituição} \quad x = \frac{(1{,}75 \times 10^{-5})(0{,}0050)}{0{,}0050} = 1{,}75 \times 10^{-5}$$

Teste da hipótese: a quantidade de NH_4^+ gerada pela contribuição da ionização da NH_3 precisa ser igual à quantidade de OH^- ou $1{,}75 \times 10^{-5}$ mol/L, uma quantidade bastante pequena, em comparação com 0,0050 mol/L formado pela neutralização do NH_3 com HCl.

17.10 Calcule a molaridade em que uma solução de ácido acético está ionizada em 2,0%. $K_a = 1{,}75 \times 10^{-5}$ para o $HC_2H_3O_2$ a 25°C.

$$HC_2H_3O_2 \rightleftharpoons H^+ + C_2H_3O_2^-$$

Seja x a concentração molar do ácido acético. Então,

$$[H^+] = [C_2H_3O_2^-] = 0{,}020x \quad \text{e} \quad [HC_2H_3O_2] = x - 0{,}020x \approx x$$

A aproximação está dentro da margem de 10%, que permite ignorar o termo $0{,}020x$.

$$K_a = \frac{[H^+][C_2H_3O_2^-]}{[HC_2H_3O_2]} \quad \text{ou} \quad 1{,}75 \times 10^{-5} = \frac{(0{,}020x)(0{,}020x)}{x}$$

Resolvendo para x

$$(0,020)^2 x = 1,75 \times 10^{-5} \quad \text{ou} \quad x = 0,044 \text{ M}$$

17.11 Calcule o percentual de ionização de uma solução 1,00 M em HCN (ácido cianídrico); $K_a = 4,93 \times 10^{-10}$.

$$\text{HCN} \rightleftharpoons \text{H}^+ + \text{CN}^-$$

Uma vez que H^+ e CN^- estão presentes na solução apenas devido à ionização, suas concentrações precisam ser iguais. Vamos supor que a ionização da água não seja significativa.

Seja $x = [\text{H}^+] = [\text{CN}^-]$. Nesse caso, $[\text{HCN}] = 1,00 - x$. Vamos supor que x seja muito pequeno, comparado a 1,00, de modo que $[\text{HCN}] = 1,00$, que deveria estar na faixa aceitável de erro, 10%. Logo,

$$K_a = \frac{[\text{H}^+][\text{CN}^-]}{[\text{HCN}]} \quad \text{ou} \quad 4,93 \times 10^{-10} = \frac{x^2}{1,00} \quad \text{então} \quad x = 2,22 \times 10^{-5}$$

$$\text{Porcentagem de ionização} = \frac{\text{HCN ionizado}}{\text{total HCN}} \times 100 = \frac{2,22 \times 10^{-5} \text{ mol/L}}{1,00 \text{ mol/L}} \times 100\% = 0,00222\%$$

Teste da hipótese: (1) ($x = 2,22 \times 10^{-5}$) é um número muito pequeno, se comparado a 1,00; (2) a $[\text{H}^+]$ em água neutra é 1×10^{-7}, menos que 1% de x. Além disso, a ionização da água é suprimida pela presença de ácido, porque o íon hidrogênio adicionado pelo ácido desloca a ionização da água na direção da água ($\text{H}_2\text{O} \rightleftharpoons \text{H}^+ + \text{OH}^-$).

17.12 A $[\text{H}^+]$ em uma solução 0,020 M em ácido benzoico é $1,1 \times 10^{-3}$. Calcule K_a para o ácido, $\text{HC}_7\text{H}_5\text{O}_2$.

$$\text{HC}_7\text{H}_5\text{O}_2 \rightleftharpoons \text{H}^+ + \text{C}_7\text{H}_5\text{O}_2^-$$

Uma vez que a ionização do ácido é a única fonte do íon hidrogênio e do íon benzoato, suas concentrações são iguais. A contribuição da ionização da água com H^+ é desprezível.

$$[\text{H}^+] = [\text{C}_7\text{H}_5\text{O}_2^-] = 1,1 \times 10^{-3} \qquad [\text{HC}_7\text{H}_5\text{O}_2] = 0,020 - (1,1 \times 10^{-3}) = 0,019$$

$$K_a = \frac{[\text{H}^+][\text{C}_7\text{H}_5\text{O}_2^-]}{[\text{HC}_7\text{H}_5\text{O}_2]} = \frac{(1,1 \times 10^{-3})^2}{0,019} = 6,4 \times 10^{-5}$$

17.13 A constante de ionização do ácido fórmico, HCO_2H é $1,77 \times 10^{-4}$. Qual é a porcentagem de ionização de uma solução 0,00100 M do ácido?

Seja $x = [\text{H}^+] = [\text{HCO}_2^-]$. Logo, $[\text{HCO}_2\text{H}] = 0,00100 - x$. Vamos supor, como no Problema 17.11, que a porcentagem de ionização é menor que 10% e que a concentração do ácido fórmico, $0,00100 - x$ pode ser estimada em 0,00100. Assim,

$$K_a = \frac{[\text{H}^+][\text{HCO}_2^-]}{[\text{HCO}_2\text{H}]} = \frac{x^2}{0,00100} = 1,77 \times 10^{-4} \quad \text{ou} \quad x = 4,2 \times 10^{-4}$$

Ao verificarmos a validade de nossa hipótese, vemos que x *não* é insignificante, comparado ao valor 0,00100. Portanto, a hipótese e a solução baseada nela *não são válidas*, e a forma quadrática completa da equação precisa ser utilizada. (Consulte o Problema 17.9 para relembrar as técnicas empregadas.)

$$\frac{x^2}{0,00100 - x} = 1,77 \times 10^{-4}$$

Resolvendo para x: $x = 3,4 \times 10^{-4}$. Observe que rejeitamos a raiz negativa, $-5,2 \times 10^{-4}$ (pois não existem concentrações negativas).

$$\text{Porcentagem de ionização} = \frac{\text{HCO}_2\text{H ionizado}}{\text{total HCO}_2\text{H}} \times 100\% = \frac{3,4 \times 10^{-4}}{0,00100} \times 100\% = 34\%$$

Essa solução (34% ionizada) mostra que a solução baseada na hipótese original gera um valor aproximadamente 25% mais alto.

A armadilha deste problema está na hipótese da significância de x na expressão $0,00100 - x$ e, após os cálculos, em descobrir que ela não estava correta. Logo, temos de refazer os cálculos, desta vez incluindo x. Uma das maneiras de evitar a adoção de hipóteses inválidas é a chamada de *regra dos 5%*. Nela, x pode ser omitido como insignificante se x for menor que 5% do número de que é subtraído (ou adicionado). Em outras palavras, o valor de x é tão pequeno que ele não faz qualquer diferença no resultado final, sendo ou não subtraído ou adicionado ao número em questão. Observe que a equação química produz dois íons neste problema. Se, uma vez que estes dois íons são multiplicados (ou elevados ao quadrado, se representarem concentrações iguais), tivéssemos de extrair a raiz quadrada de K, seu valor seria uma estimativa aproximada do valor de x. Se este valor, a raiz quadrada de K_a, é menor que 5% do número sendo do qual ele é subtraído, ele não é significativo. A raiz quadrada de K_a, $(1,77 \times 10^{-4})^{1/2}$, é 0,0133, e 5% de 0,00100 é igual a 0,00005. Como a raiz quadrada de K_a é maior que a aproximação de 5%, ela não pode ser ignorada.

17.14 Qual é a concentração de ácido acético necessária para gerar uma $[H^+]$ igual a $3,5 \times 10^{-4}$? $K_a = 1,75 \times 10^{-5}$.

Seja x o número de mols de ácido acético por litro.

$$[H^+] = [C_2H_3O_2^-] = 3,5 \times 10^{-4} \quad \text{e} \quad [HC_2H_3O_2] = x - (3,5 \times 10^{-4})$$

$$K_a = \frac{[H^+][C_2H_3O_2^-]}{[HC_2H_3O_2]} \quad \text{ou} \quad 1,75 \times 10^{-5} = \frac{(3,5 \times 10^{-4})^2}{x - (3,5 \times 10^{-4})} \quad \text{ou} \quad x = 7,3 \times 10^{-3} \text{ M de } HC_2H_3O_2$$

17.15 Uma solução 0,100 M de um ácido (densidade 1,010 g/mL) está 4,5% ionizada. Calcule o ponto de congelamento da solução. A massa molar do ácido é 300.

Uma vez que estamos lidando com uma variação no ponto de congelamento, precisamos conhecer a molalidade da solução. Para isso, podemos utilizar qualquer volume de solução para o cálculo — 1 L é quantidade conveniente.

$$\text{Massa de 1 L de solução} = (1000 \text{ mL})(1,010 \text{ g/mL}) = 1010 \text{ g de solução}$$
$$\text{Massa de soluto em 1 L de solução} = (0,100 \text{ mol})(300 \text{ g/mol}) = 30 \text{ g de ácido}$$
$$\text{Massa de água em 1 L de solução} = 1010 \text{ g} - 30 \text{ g} = 980 \text{ g H}_2\text{O}$$
$$\text{Molalidade da solução} = \frac{0,100 \text{ mol de ácido}}{0,980 \text{ kg água}} = 0,102 \text{ mol/kg} = 0,102 \text{ m}$$

Se o ácido não estivesse ionizado, o abaixamento do ponto de congelamento (Capítulo 14) seria:

$$\Delta T_c = k_c m \quad \text{ou} \quad \Delta T_c = 1,86 \times 0,102 = 0,190°C$$

Contudo, por conta da ionização, o número total de partículas dissolvidas é maior que 0,102 mol por kg de solvente. O abaixamento do ponto de congelamento é calculado pelo número total de partículas dissolvidas, independente de serem carregadas ou não (íons ou moléculas, respectivamente).

Seja a = fração ionizada. Para cada mol de ácido adicionado à solução, existirão $(1 - a)$ mols de ácido não ionizado no equilíbrio, a mols de H^+ e a mols do ânion (a base conjugada do ácido). Isto nos dá um total de $(1 + a)$ mols de partículas dissolvidas. Assim, a molalidade com relação a todas as partículas dissolvidas é $(1 + a)$ vezes a molalidade calculada sem considerar a ionização.

$$\Delta T_c = (1 + a)k_c m \quad \text{ou} \quad \Delta T_c = 1,045 \times 1,86 \times 0,102 = 0,198°C$$

O ponto de congelamento da solução é $-0,198°C$.

17.16 Uma solução foi preparada para ser 0,0100 M em $HC_2H_2O_2Cl$, ácido cloroacético, e 0,0020 M em $NaC_2H_2O_2Cl$. O valor de K_a para o ácido cloroacético é $1,40 \times 10^{-3}$. Calcule $[H^+]$.

Em lugar de adotar a hipótese dos 10%, como feito na maioria dos problemas acima, vamos aplicar a regra dos 5%. A solução deste problema será facilitada se escrevermos a reação envolvida e registrarmos as informações dadas no enunciado, sob a reação, como fizemos no Problema 17.9.

	$HC_2H_2O_2Cl \rightleftharpoons$	H^+	+	$C_2H_2O_2Cl^-$
No início	0,0100	0		0,0020 (do sal)
Variação devida à reação	$-x$	$+x$		$+x$
Equilíbrio	$0,0100 - x$	x		$0,0020 + x$

A concentração de ânion adicionada (0,0020) na primeira linha reconhece que os sais de sódio dissociam por completo em solução aquosa. O próximo passo é substituir os valores na expressão de K_a; porém, é preciso adicionar x à direita e subtrair x à esquerda. A raiz de K_a é 0,037, que é maior que 5% de 0,0020 (0,0001) à direita. O mesmo vale para o lado esquerdo. Isso significa que não podemos ignorar o valor de x em qualquer parte dos cálculos. Logo,

$$\frac{[H^+][C_2H_2O_2Cl^-]}{[HC_2H_2O_2Cl]} = K_a \quad \text{ou} \quad \frac{(x)(0,0020 + x)}{0,0100 - x} = 1,40 \times 10^{-3}$$

Após resolver essa equação no formato $ax^2 + bx + c = 0$ e aplicar a fórmula quadrática, descobrimos que a concentração do íon hidrogênio é $2,4 \times 10^{-3}$ M.

Observe que, caso tivéssemos adotado a hipótese de que x não era significativo, teríamos descoberto que a variável não pode ser desprezada e teríamos de refazer os cálculos.

17.17 Calcule $[H^+]$ e $[C_2H_3O_2^-]$ em uma solução 0,100 M em $HC_2H_3O_2$ e 0,050 M em HCl. K_a do ácido acético é $1,75 \times 10^{-5}$.

A contribuição do HCl com $[H^+]$ é muito maior que a do ácido acético. Por isso, podemos considerar $[H^+]$ igual à concentração molar do HCl, 0,050. Este é mais um exemplo do efeito do íon comum.

Logo, se $[C_2H_3O_2^-] = x$, temos que $[HC_2H_3O_2] = 0,100 - x$, que pode ser considerado como 0,100.

$$[C_2H_3O_2^-] = \frac{[HC_2H_3O_2]K_a}{[H^+]} = \frac{(0,100)(1,75 \times 10^{-5})}{0,050} = 3,5 \times 10^{-5} \text{ M}$$

Teste da hipótese: (1) a contribuição dada pelo ácido acético para $[H^+]$, x, é muito pequena, se comparada com 0,050; (2) x é definitivamente pequeno, ao lado de 0,100.

17.18 Calcule $[H^+]$, $[C_2H_3O_2^-]$ e $[CN^-]$ em solução 0,100 M em $HC_2H_3O_2$ ($K_a = 1,75 \times 10^{-5}$) e 0,200 M em HCN ($K_a = 4,93 \times 10^{-10}$).

Este problema é semelhante ao anterior. Um dos ácidos, o ácido acético, domina o outro em termos de contribuição com a $[H^+]$ total em solução. Esta hipótese é fundamentada no fato se que K_a do ácido acético ser muito maior que o valor da constante para o ácido cianídrico. A hipótese será verificada após a solução do problema. Comecemos tratando o ácido acético como se o ácido cianídrico não estivesse presente.

Façamos $[H^+] = [C_2H_3O_2^-] = x$. Com isso, $[HC_2H_3O_2] = 0,100 - x$. Este valor será considerado igual a 0,100, pois adotamos a hipótese de que o valor de x é muito baixo. Na verdade, a regra dos 5% nos diz que o valor de x é aproximadamente 0,0042, menor que 5% de 0,100, que é 0,005. Este resultado indica que x pode ser omitido.

$$K_a = \frac{[H^+][C_2H_3O_2^-]}{[HC_2H_3O_2]} \quad \text{ou} \quad 1,75 \times 10^{-5} = \frac{x^2}{0,100} \quad \text{ou} \quad x = 1,32 \times 10^{-3}$$

Teste da hipótese: x é muito pequeno, se comparado a 0,100.

Agora, vamos considerar o equilíbrio do HCN estabelecido a um valor de $[H^+]$ determinado para o ácido acético, $1,32 \times 10^{-3}$. Seja $[CN^-] = y$. Logo, $[HCN] = 0,200 - y \approx 0,200$, porque a raiz quadrada de K_a é muito pequena, se comparada a 0,200 e, por isso, é insignificante. E,

$$y = [CN^-] = \frac{K_a[HCN]}{[H^+]} = \frac{(4,93 \times 10^{-10})(0,200)}{1,32 \times 10^{-3}} = 7,5 \times 10^{-8}$$

Teste da hipótese: (1) y é pequeno, se comparado com 0,200; (2) a quantidade de H^+ oferecida pelo HCN é igual à quantidade de CN^- formada ($7,5 \times 10^{-8}$ mol/L) e é pequena, se comparada à quantidade de H^+ disponibilizada em solução pelo $HC_2H_3O_2$ ($1,32 \times 10^{-3}$ mol/L).

17.19 Calcule $[H^+]$ em uma solução 0,100 M em HCOOH ($K_a = 1,77 \times 10^{-4}$) e 0,100 M em HOCN ($K_a = 3,2 \times 10^{-4}$).

Estamos diante de um caso em que dois ácidos fracos contribuem com $[H^+]$. Porém, as contribuições desses dois ácidos não diferem de modo significativo e por esta razão devem ser considerados. Começamos redigindo as informações sobre o equilíbrio.

	HCOOH	⇌	H$^+$	+	HCO$_2^-$	HOCN	⇌	H$^+$	+	OCN$^-$
Concentração inicial	0,100		0		0	0,100		0		0
Variação devida à reação	$-x$		$+x$		$+x$	$-y$		$+y$		$+y$
Conc. no equilíbrio	$0,100 - x$		$x + y$		x	$0,100 - y$		$x + y$		y
Conc. aproximada (no equilíbrio)	0,100		$x + y$		x	0,100		$x + y$		y

A última linha está baseada na hipótese de que x e y são pequenos, se comparados a 0,100, na regra dos 10%.

$$\frac{x(x+y)}{0,100} = 1,77 \times 10^{-4} \quad \text{e} \quad \frac{y(x+y)}{0,100} = 3,3 \times 10^{-4}$$

Dividindo a equação do HOCN pela equação do HCOOH, temos

$$\frac{y}{x} = \frac{3,3}{1,77} = 1,86 \quad \text{ou} \quad y = 1,86x$$

Subtraindo a equação do HCOOH pela equação do HOCN,

$$\frac{y(x+y) - x(x+y)}{0,100} = 1,5 \times 10^{-4} \quad \text{ou} \quad y^2 - x^2 = 1,5 \times 10^{-5}$$

Com isso, substituímos $y = 1,86x$ na última equação e resolvemos para x: $x = 2,5 \times 10^{-3}$. Logo,

$$y = 1,86x = 4,6 \times 10^{-3} \quad \text{e} \quad [\text{H}^+] = x + y = 7,1 \times 10^{-3} \text{ M}$$

Teste da hipótese: os valores de x e y não são muito menores que 10% de 0,100, o que está perto demais do erro admissível, neste capítulo. Observe que, se a regra dos 5% tivesse sido aplicada, teríamos um volume de cálculo muito maior, pois teríamos de resolver a fórmula quadrática. É importante observar que você precisa estar atento e observar o nível de erro aceitável em cada caso.

A ionização da água

17.20 Calcule [H$^+$] e [OH$^-$] em uma solução de HC$_2$H$_3$O$_2$ 0,100 M que está 1,31% ionizada.

$$\text{H}_2\text{O} \rightleftharpoons \text{H}^+ + \text{OH}^- \quad \text{e} \quad K_w = [\text{H}^+][\text{OH}^-]$$

A partir do ácido acético,

$$[\text{H}^+] = (0,0131)(0,100) = 1,31 \times 10^{-3} \text{ M}$$

$$[\text{OH}^-] = \frac{1,00 \times 10^{-14}}{[\text{H}^+]} = \frac{1,00 \times 10^{-14}}{1,31 \times 10^{-3}} = 7,6 \times 10^{-12} \text{ M}$$

Observe que [H$^+$] é calculada como se o HC$_2$H$_3$O$_2$ fosse o único contribuinte, enquanto [OH$^-$] é baseada na ionização da água. Se a água ioniza para fornecer OH$^-$, então ela precisa fornecer igual quantidade de H$^+$, ao mesmo tempo. Essa solução pressupõe a hipótese de que a contribuição da água com [H$^+$], $7,6 \times 10^{-12}$ M, pode ser desprezada, em comparação com a contribuição oferecida pelo HC$_2$H$_3$O$_2$. Na verdade, esta hipótese é válida para todas as soluções de ácidos, exceto para as soluções muito diluídas. No cálculo de [OH$^-$], a água é a única fonte e, portanto, não pode ser excluída do cálculo.

17.21 Calcule [OH$^-$] e [H$^+$] em uma solução de amônia 0,0100 M que está 4,1% ionizada.

$$[\text{OH}^-] = (0,041)(0,0100) = 4,1 \times 10^{-4} \text{ M}$$

$$[\text{H}^+] = \frac{1,00 \times 10^{-14}}{[\text{OH}^-]} = \frac{1,00 \times 10^{-14}}{4,1 \times 10^{-4}} = 2,4 \times 10^{-11} \text{ M}$$

Neste problema, adotamos a hipótese de que a contribuição da água com [OH$^-$] (igual a [H$^+$], ou $2,4 \times 10^{-11}$ M) é insignificante, se comparada com a contribuição dada pela NH$_3$. K_w é usada para calcular [H$^+$], uma vez que a água é a única substância fornecedora de H$^+$. De modo geral, [H$^+$] em soluções ácidas pode ser calculada sem considerar o equilíbrio da água. Logo, K_w é utilizada para calcular [OH$^-$]. Por outro lado, [OH$^-$] em soluções básicas pode ser calculada sem considerar o equilíbrio da água. Logo, K_w é usada para calcular [H$^+$].

17.22 Expresse as concentrações de H$^+$ em pH: (*a*) 1×10^{-3} M; (*b*) $5{,}4 \times 10^{-9}$ M.

(*a*) pH = $-\log$ [H$^+$] = 3;   (*b*) pH = $-\log$ [H$^+$] = 8,27

Insira a concentração molar em sua calculadora e pressione a tecla "log". Lembre-se de inverter o sinal na resposta, pois calcular o $-\log$ [H$^+$] equivale a utilizar $-1 \times \log$ [H$^+$].

17.23 Calcule os valores de pH (a 100% de ionização) de(*a*) $4{,}9 \times 10^{-4}$ N de um ácido; (*b*) 0,0016 N de uma base.

(*a*) 3,31;   (*b*) 14 = pH + pOH é a relação necessária para este cálculo. Lembre−se que *p* significa "calcular o logaritmo negativo" do valor que acompanha a função matemática. Logo, pH = 14 − pOH, e a concentração do íon hidróxido é citada no enunciado do problema. Assim, pH = 14 − 2,8 = 11,2.

17.24 Altere os valores de pH para [H$^+$]: (*a*) 4; (*b*) 3,6.

(*a*) Uma vez que pH = $-\log$ [H$^+$], temos que

$$-\text{pH} = \log [\text{H}^+]$$

Calcular o antilog dos dois lados nos leva à resposta, logo,

$$\text{Antilog} - 4 = [\text{H}^+] \quad \text{(a base do antilog é } 10^x)$$

$$[\text{H}^+] = 0{,}0001 \text{ M}$$

(*b*) Utilizando a mesma técnica empregada em (*a*) acima, temos: [H$^+$] = $2{,}5 \times 10^{-4}$ M.

17.25 Qual é o pH de (*a*) HCl $5{,}0 \times 10^{-8}$ M; (*b*) HCl $5{,}0 \times 10^{-10}$ M?

(*a*) Se tivéssemos de considerar apenas a contribuição do HCl para a acidez da solução, [H$^+$] seria $5{,}0 \times 10^{-8}$ e o pH seria maior que 7,0, um valor que indica uma base. Temos de considerar a contribuição da água para a acidez total, o que não foi feito nos problemas anteriores, porque o efeito dos ácidos e bases envolvidos nessas questões era muito maior que o da água. As informações dadas são:

	H$_2$O $\rightleftharpoons$	H$^+$	+ OH$^-$
Contribuição do HCl		5×10^{-8}	
Variação devida à ionização da água		$+x$	$+x$
No equilíbrio		$5 \times 10^{-8} + x$	x

$$K_w = [\text{H}^+][\text{OH}^-] = (5{,}0 \times 10^{-8} + x)(x) = 1{,}00 \times 10^{-14}$$

A partir da equação quadrática: $x = 7{,}8 \times 10^{-8}$. Logo, [H$^+$] = $(5{,}0 \times 10^{-8} + x) = 1{,}28 \times 10^{-7}$ M e

$$\text{pH} = -\log (1{,}28 \times 10^{-7}) = 6{,}89$$

(*b*) Embora o método usado em (*a*) possa ser usado aqui, o problema pode ser simplificado se observarmos que HCl está tão diluído que sua contribuição com [H$^+$] é muito pequena, se comparada com a contribuição da ionização da água. Portanto, é preciso escrever de modo direto: [H$^+$] = $1{,}00 \times 10^{-7}$ M e pH = 7,00.

A hidrólise

17.26 Calcule a extensão da hidrólise em uma solução 0,0100 M em NH$_4$Cl. K_b para a NH$_3$ é $1{,}75 \times 10^{-5}$.

$$\text{NH}_4^+ \rightleftharpoons \text{NH}_3 + \text{H}^+$$

$$K_a = \frac{[\text{NH}_3][\text{H}^+]}{[\text{NH}_4^+]} = \frac{K_w}{K_b} = \frac{1{,}00 \times 10^{-14}}{1{,}75 \times 10^{-5}} = 5{,}7 \times 10^{-10}$$

Pela equação da reação, vemos que quantidades iguais de NH$_3$ e H$^+$ são formadas. Seja $x = [\text{NH}_3] = [\text{H}^+]$.

$$[\text{NH}_4^+] = 0{,}0100 - x \approx 0{,}0100$$

e

$$K_a = \frac{[NH_3][H^+]}{[NH_4^+]} \quad \text{torna-se} \quad 5{,}7 \times 10^{-10} = \frac{x^2}{0{,}0100} \quad \text{então,} \quad x = 2{,}4 \times 10^{-6}$$

Teste da aproximação: x é pequeno demais, se comparado a 0,0100.

$$\text{Fração hidrolisada} = \frac{\text{quantidade hidrolisada}}{\text{quantidade total}} = \frac{2{,}4 \times 10^{-6} \text{ mol/L}}{0{,}0100 \text{ mo/L}} = 1{,}4 \times 10^{-4} \quad \text{ou} \quad 0{,}24\%$$

17.27 Calcule $[OH^-]$ em uma solução de NaOCN 1,00 M. K_a para HOCN é $3{,}5 \times 10^{-4}$.

$$OCN^- + H_2O \rightleftharpoons HOCN + OH^-$$

$$K_b = \frac{[HOCN][OH^-]}{[OCN^-]} = \frac{K_w}{K_a} = \frac{1{,}00 \times 10^{-14}}{3{,}5 \times 10^{-4}} = 2{,}9 \times 10^{-11}$$

Uma vez que a fonte de OH^- e HOCN é a reação de hidrólise, as concentrações dessas espécies são idênticas. Seja $x = [OH^-] = [HOCN]$. Logo,

$$[OCN^-] = 1{,}00 - x \approx 1{,}00$$

e

$$K_b = 2{,}9 \times 10^{-11} = \frac{x^2}{1{,}00} \quad \text{ou} \quad x = [OH^-] = 5{,}4 \times 10^{-6}$$

Teste da aproximação: x é muito pequeno, se comparado com 1,00.

17.28 A constante de ionização ácida (hidrólise) do Zn^{2+} é $3{,}3 \times 10^{-10}$. (*a*) Calcule o pH de uma solução de $ZnCl_2$ 0,0010 M. (*b*) Qual é a constante de dissociação básica do $Zn(OH)^+$?

(*a*) $$Zn^{2+} + H_2O \rightleftharpoons Zn(OH)^+ + H^+ \quad K_a = \frac{[Zn(OH)^+][H^+]}{[Zn^{2+}]} = 3{,}3 \times 10^{-10}$$

Seja $x = [Zn(OH)^+] = [H^+]$. Logo, $[Zn^{2+}] = 0{,}0010 - x \approx 0{,}0100$, e

$$\frac{x^2}{0{,}0100} = 3{,}3 \times 10^{-10} \quad \text{ou} \quad x = [H^+] = 5{,}7 \times 10^{-7} \text{ M}$$

$$pH = -\log(5{,}7 \times 10^{-7}) = -\log 10^{-6{,}24} = 6{,}24$$

Teste da aproximação: x é muito pequeno, se comparado a 0,0010.

(*b*) $$Zn(OH)^+ \rightleftharpoons Zn^{2+} + OH^- \quad K_b = \frac{K_w}{K_a} = \frac{1{,}0 \times 10^{-14}}{3{,}3 \times 10^{-10}} = 3{,}0 \times 10^{-5}$$

17.29 Calcule a extensão da hidrólise e o pH de uma solução 0,0100 M em $NH_4C_2H_3O_2$. K_a do $HC_2H_3O_2$ é $1{,}75 \times 10^{-5}$ e K_b da NH_3 tem o mesmo valor.

O problema ilustra uma situação em que tanto o cátion quanto o ânion hidrolisam.

$$\text{Para o } NH_4^+: \quad K_a = \frac{K_w}{K_{b(NH_3)}} = \frac{1{,}00 \times 10^{-14}}{1{,}75 \times 10^{-5}} = 5{,}7 \times 10^{-10}$$

$$\text{Para o } C_2H_3O_2^-: \quad K_b = \frac{K_w}{K_{a(HC_2H_3O_2)}} = \frac{1{,}00 \times 10^{-14}}{1{,}75 \times 10^{-5}} = 5{,}7 \times 10^{-10}$$

Por coincidência, as constantes de hidrólise para estes dois íons são idênticas. A produção de H^+ pela hidrólise do NH_4^+ precisa, portanto, ser exatamente igual à produção de OH^- pela hidrólise do $C_2H_3O_2^-$. O H^+ e o OH^- formados por hidrólise neutralizam um ao outro para manter o equilíbrio original da água. A solução é neutra, $[H^+] = [OH^-] = 1,00 \times 10^{-7}$; o pH é 7,00.

Para a hidrólise do NH_4^+,

$$\frac{[NH_3][H^+]}{[NH_4^+]} = K_a = 5,7 \times 10^{-10}$$

Seja $x = [NH_3]$. Logo, $0,0100 - x = [NH_4^+]$ e

$$\frac{x(1,00 \times 10^{-7})}{0,0100 - x} = 5,7 \times 10^{-10} \quad \text{ou} \quad x = 5,7 \times 10^{-5}$$

$$\text{Porcentagem de } NH_4^+ \text{ hidrolisado} = \frac{5,7 \times 10^{-5}}{0,0100} \times 100\% = 0,57\%$$

A porcentagem da hidrólise do acetato precisa ser 0,57%, porque a constante de equilíbrio da hidrólise é igual à do NH_4^+.

Comparando os resultados deste problema com o resultado do Problema 17.26, observe que a porcentagem de hidrólise do NH_4^+ é maior na presença de um ânion hidrolisante (como o acetato). A razão está no fato de a remoção de parte dos produtos de duas hidrólises, H^+ e OH^-, pela reação de equilíbrio da água ($H_2O \rightleftharpoons H^+ + OH^-$) permitir que as duas hidrólises evoluam a taxas maiores.

17.30 Calcule o pH de uma solução 0,100 M em NH_4OCN. K_b para NH_3 é $1,75 \times 10^{-5}$ e K_a para HOCN é $3,5 \times 10^{-4}$.

Como no Problema 17.29, o cátion e o ânion hidrolisam. Uma vez que NH_3 é uma base mais fraca em comparação com a força ácida do HOCN, o NH_4^+ hidrolisa mais que o OCN^-, e o pH da solução é menor que 7. Para preservar a neutralidade elétrica, a diferença possível entre $[NH_4^+]$ e $[OCN^-]$ não pode ser apreciável. (Se há uma pequena diferença, ela pode ser explicada com base em $[H^+]$ e $[OH^-]$.) Portanto, $[NH_3]$ precisa ser essencialmente igual a [HOCN], e podemos assumir que sejam, neste problema.

Seja $x = [NH_3] = [HOCN]$; logo, $0,100 - x = [NH^+_4] = [OCN^-]$.

$$\text{Para } [NH_4^+]: \quad K_a = \frac{[NH_3][H^+]}{[NH_4^+]} = \frac{K_w}{K_b} = \frac{1,00 \times 10^{-14}}{1,75 \times 10^{-5}} = 5,7 \times 10^{-10}$$

e

$$[H^+] = (5,7 \times 10^{-10}) \left(\frac{0,100 - x}{x} \right) \tag{1}$$

$$\text{Para } OCN^-: \quad K_b = \frac{[HOCN][OH^-]}{[OCN^-]} = \frac{K_w}{K_a} = \frac{1,00 \times 10^{-14}}{3,5 \times 10^{-4}} = 2,9 \times 10^{-11}$$

e

$$[OH^-] = (2,9 \times 10^{-11}) \left(\frac{0,100 - x}{x} \right) \tag{2}$$

Dividindo (1) por (2),

$$\frac{[H^+]}{[OH^-]} = \frac{5,7 \times 10^{-10}}{2,9 \times 10^{-11}} = 19,7 \tag{3}$$

Além disso, $[H^+]$ e $[OH^-]$ precisam satisfazer a relação de K_w:

$$[H^+][OH^-] = K_w = 1,00 \times 10^{-14} \tag{4}$$

Multiplicando (3) por (4), obtemos:

$$[H^+]^2 = 19,7 \times 10^{-14} \qquad [H^+] = 4,4 \times 10^{-7} \qquad pH = -\log[H^+] = 6,36$$

Teste da hipótese: Nossa hipótese de que $[NH_3] = [HOCN]$ é válida apenas se $[H^+]$ e $[OH^-]$ forem muito menores que $[NH_3]$ e $[HOCN]$. Então, precisamos calcular x para $[NH_3]$ ou $[HOCN]$. A partir de (*1*),

$$x = \frac{(5{,}7 \times 10^{-10})(0{,}100 - x)}{[H^+]} = \frac{(5{,}7 \times 10^{-10})(0{,}100 - x)}{4{,}4 \times 10^{-7}} \approx 1{,}3 \times 10^{-4} \qquad (5)$$

Tanto $[H^+]$ quanto $[OH^-]$ são pequenos, comparados a x.

A solução deste problema dá a entender que o pH não depende da concentração de NH_4OCN, e isso é verdade para concentrações suficientemente altas. Contudo, x diminui com a concentração inicial, como mostra a expressão (*5*), de maneira que, em concentrações muito menores, as hipóteses simplificadoras deixam de ser válidas. *Observação*: Este problema pode ser resolvido com base na conservação da carga elétrica, mas a solução se torna muito complexa.

Os ácidos polipróticos

17.31 Calcule $[H^+]$ de uma solução de H_2S 0,10 M. K_1 e K_2 do H_2S são $1{,}0 \times 10^{-7}$ e $1{,}20 \times 10^{-13}$.

Sem dúvida, a maior parte do H^+ é gerada na ionização primária, $H_2S \rightleftharpoons H^+ + S^-$, porque K_1 é muito maior que K_2. Seja $x = [H^+] = [HS^-]$. Logo, $[H_2S] = 0{,}10 - x \approx 0{,}10$.

$$K_1 = \frac{[H^+][HS^-]}{[H_2S]} \qquad \text{ou} \qquad 1{,}0 \times 10^{-7} = \frac{x^2}{0{,}10} \qquad \text{ou} \qquad x = 1{,}0 \times 10^{-4}\,M$$

Teste da hipótese: (1) x é definitivamente pequeno, comparado a 0,10. (2) Para o cálculo acima, o valor de $[H^+]$ e $[HS^-]$, a extensão da segunda ionização, é dado por

$$[S^-] = \frac{K_2[HS^-]}{[H^+]} = \frac{(1{,}2 \times 10^{-13})(1{,}0 \times 10^{-4})}{(1{,}0 \times 10^{-4})} = 1{,}2 \times 10^{-13}\,M$$

A extensão da segunda ionização é tão baixa, que ela não reduz $[HS^-]$ nem eleva $[H^+]$, conforma calculado com base na primeira ionização, que é significativa. Observe que em uma solução de um ácido poliprótico a concentração da base conjugada resultante da segunda ionização é igual a K_2. Este resultado tem validade geral sempre que a extensão da segunda ionização fica abaixo de 5% (de acordo com a regra dos 5%).

17.32 Calcule a concentração de $C_8H_4O_4^-$ (*a*) em $H_2C_8H_4O_4$ 0,010 M; em solução $H_2C_8H_4O_4$ 0,10 M e HCl 0,020 M. As constantes de ionização do $H_2C_8H_4O_4$, o ácido ftálico, são

$$H_2C_8H_4O_4 \rightleftharpoons H^+ + HC_8H_4O_4^- \qquad K_1 = 1{,}3 \times 10^{-3}$$
$$HC_8H_4O_4^- \rightleftharpoons H^+ + C_8H_4O_4^- \qquad K_2 = 3{,}9 \times 10^{-6}$$

(*a*) Se não houvesse segunda ionização, $[H^+]$ poderia ser calculada com base em K_1.

$$\frac{x^2}{0{,}010 - x} = 1{,}3 \times 10^{-3} \qquad \text{ou} \qquad x = [H^+] = [HC_8H_4O_4^-] = 3{,}0 \times 10^{-3}\,M$$

Observe que foi necessário resolver a equação quadrática, para obter x. Se supusermos que a segunda ionização não afeta nem $[H^+]$, nem $[HC_8H_4O_4^-]$, então

$$[C_8H_4O_4^{2-}] = \frac{K_2[HC_8H_4O_4^-]}{[H^+]} = \frac{(3{,}9 \times 10^{-6})(3{,}0 \times 10^{-3})}{3{,}0 \times 10^{-3}} = 3{,}9 \times 10^{-3}\,M$$

Teste da hipótese: A extensão da segunda ionização relativa à primeira é baixa o bastante para validar a hipótese, conforme:

$$\frac{3{,}9 \times 10^{-6}}{3{,}0 \times 10^{-3}} = 1{,}3 \times 10^{-3} \qquad \text{ou} \qquad 0{,}13\%$$

(*b*) A $[H^+]$ em solução pode ser considerada basicamente igual à concentração de HCl. Além disso, essa concentração elevada de um íon em comum reduz a ionização do ácido ftálico. Por esta razão podemos pressupor que $[HC_8H_4O_4^-] = 0,010$. A equação mais conveniente a ser usada é a equação $K_1 K_2$, uma vez que todas as concentrações desta equação são conhecidas, exceto uma.

$$\frac{[H^+]^2[C_8H_4O_4^{2-}]}{[H_2C_8H_4O_4]} = K_1K_2 = (1,3 \times 10^{-3})(3,9 \times 10^{-6}) = 5,1 \times 10^{-9}$$

$$[C_8H_4O_4^{2-}] = \frac{(5,1 \times 10^{-9})[H_2C_8H_4O_4]}{[H^+]^2} = \frac{(5,1 \times 10^{-9})(0,010)}{(0,020)^2} = 1,3 \times 10^{-7} \text{ M}$$

Teste da hipótese: Resolvendo para a primeira ionização,

$$[HC_8H_4O_4^-] = \frac{K_1[H_2C_8H_4O_4]}{[H^+]} = \frac{(1,3 \times 10^{-3})(0,010)}{0,020} = 6,5 \times 10^{-4} \text{ M}$$

A quantidade de H^+ trazida como contribuição por esta ionização, $6,5 \times 10^{-4}$ M, é menor que 10% da quantidade gerada pelo HCl (0,020 M). A quantidade de H^+ gerada na segunda ionização é ainda menor.

17.33 Calcule a extensão da hidrólise de uma solução de K_2CrO_4 0,005 M. As constantes de ionização do H_2CrO_4 são $K_1 = 0,18$ e $K_2 = 3,2 \times 10^{-7}$.

A exemplo da ionização de ácidos polipróticos, a reação de hidrólise de seus sais também evolui em estágios sucessivos. De modo geral, a extensão do segundo estágio é muito pequena, comparada à do primeiro estágio. Isto é verdadeiro, sobretudo neste caso, em que o H_2CrO_4 é um ácido bastante forte na primeira ionização e muito fraco na segunda. A equação usada é

$$CrO_4^{2-} + H_2O \rightleftharpoons HCrO_4^- + OH^-$$

que indica que o ácido conjugado do íon CrO_4^{2-} hidrolisante é o $HCrO_4^-$. Uma vez que a constante de ionização do $HCrO_4^-$ é K_2, a constante básica da hidrólise da reação é K_w/K_2.

$$\frac{[OH^-][HCrO_4^-]}{[CrO_4^{2-}]} = K_b = \frac{K_w}{K_2} = \frac{1,0 \times 10^{-14}}{3,2 \times 10^{-7}} = 3,1 \times 10^{-8}$$

Seja $x = [OH^-] = [HCrO_4^-]$. Logo, $[CrO_4^{2-}] = 0,005 - x \approx 0,005$ e

$$\frac{x^2}{0,005} = 3,1 \times 10^{-8} \quad \text{ou} \quad x = 1,2 \times 10^{-5}$$

$$\text{Fração hidrolisada} = \frac{1,2 \times 10^{-5}}{0,005} = 2,4 \times 10^{-3} \quad \text{ou} \quad 0,24\%$$

Teste da hipótese: x é muito pequeno, se comparado a 0,005.

17.34 Qual é o pH de uma solução 0,0050 M em Na_2S? Para o H_2S, $K_1 = 1,0 \times 10^{-7}$ e $K_2 = 1,2 \times 10^{-13}$.

Como no Problema 17.33, o primeiro estágio da hidrólise, que gera HS^-, ultrapassa, em muito, o segundo estágio.

$$S^{2-} + H_2O \rightleftharpoons HS^- + OH^-$$

$$K_b = \frac{[HS^-][OH^-]}{[S^{2-}]} = \frac{K_w}{K_2} = \frac{1,0 \times 10^{-14}}{1,2 \times 10^{-13}} = 8,3 \times 10^{-2}$$

Devido ao valor alto de K_b, não é possível supor que a concentração de equilíbrio do S^{2-} esteja perto de 0,0050 M. Na verdade, a hidrólise é tão abrangente que a maior parte do S^{2-} é convertida em HS^-.

Seja $x = [S^{2-}]$, logo $[HS^-] = [OH^-] = 0,0050 - x$, e

$$\frac{(0,0050 - x)^2}{x} = 8,3 \times 10^{-2} \quad \text{então,} \quad x = 2,7 \times 10^{-4}$$

$$[OH^-] = 0,0050 - 2,7 \times 10^{-4} = 0,0047 \text{ M}$$

$$pOH = -\log(4,7 \times 10^{-4}) = 2,33 \quad \text{e} \quad pH = 14,00 - 2,33 = 11,67$$

Teste da hipótese: Considere o segundo estágio da hidrólise:

$$HS^- + H_2O \rightleftharpoons H_2S + OH^- \qquad K_b = \frac{K_w}{K_1} = \frac{1,00 \times 10^{-14}}{1,0 \times 10^{-7}} = 1,0 \times 10^{-7}$$

Resolva para [H_2S], utilizando os valores de [OH^-] e [HS^-] calculados acima:

$$[H_2S] = \frac{K_b[HS^-]}{[OH^-]} = \frac{(1,0 \times 10^{-7})(4,7 \times 10^{-3})}{4,7 \times 10^{-3}} = 1,0 \times 10^{-7}\,M$$

A extensão em que a segunda hidrólise é comparável à primeira, $1,6 \times 10^{-7}$ para $4,7 \times 10^{-3}$, é muito pequena.

17.35 Calcule [H^+], [$H_2PO_4^-$], [HPO_4^{2-}] e [PO_4^{3-}] em uma solução 0,0100 M em H_3PO_4. K_1, K_2 e K_3 são $7,52 \times 10^{-3}$, $6,23 \times 10^{-8}$ e $4,5 \times 10^{-13}$, nesta ordem.

Começamos supondo que H^+ é oriundo apenas do primeiro estágio da ionização e que a concentração de qualquer ânion formado em um estágio de uma ionização não é reduzida, de modo apreciável, pelo segundo estado de ionização.

$$H_3PO_4 \rightleftharpoons H^+ + H_2PO_4^- \qquad K_1 = 7,52 \times 10^{-3}$$

Seja [H^+] = [$H_2PO_4^-$] = x. Logo, [H_3PO_4] = 0,0100 − x, e

$$\frac{x^2}{0,0100 - x} = 7,5 \times 10^{-3} \qquad \text{ou} \qquad x = 0,0057$$

A seguir, tomamos os valores de [H^+] e [$H_2PO_4^-$] e resolvemos a expressão para [HPO_4^{2-}].

$$H_2PO_4^- \rightleftharpoons H^+ + [HPO_4^{2-}] \qquad K_2 = 6,23 \times 10^{-8}$$

$$[HPO_4^{2-}] = \frac{K_2[H_2PO_4^-]}{[H^+]} = \frac{(6,23 \times 10^{-8})(0,0057)}{0,0057} = 6,23 \times 10^{-8}\,M$$

Teste da hipótese: A extensão da segunda ionização, $6,23 \times 10^{-8}$, é muito pequena, se comprada à primeira, $5,7 \times 10^{-3}$.

A próxima etapa seria executar o mesmo cálculo usando K_3 e a reação associada, mas sabemos que K_3 é muito pequena, comparada a K_2. Nesse sentido, seria desnecessário prosseguir com os cálculos, pois o resultado não teria significância, ao lado dos resultados usando os valores de K para as ionizações anteriores.

17.36 Qual é o pH de uma solução 0,0100 M em $NaHCO_3$? K_1 e K_2 para o H_2CO_3 são $4,3 \times 10^{-7}$ e $5,61 \times 10^{-11}$.

(*Observação*: o H_2CO_3 em solução aquosa está em equilíbrio com CO_2 dissolvido, a espécie majoritária. O valor de K_1 dado acima está baseado na concentração total das duas espécies neutras. Uma vez que não há efeito na estequiometria ou no balanço de carga, o problema pode ser solucionado considerando todas as espécies neutras na forma do H_2CO_3.)

Este problema é semelhante ao Problema 17.30, porque uma das reações tende a tornar a solução ácida. (a ionização ácida do HCO_3^- para gerar H^+ descrita por K_2) e uma reação que tende a tornar a solução básica (a hidrólise do HCO_3^-).

$$HCO_3^- \rightleftharpoons H^+ + CO_3^{2-} \qquad K_2 = 5,61 \times 10^{-11} \qquad (1)$$

$$HCO_3^- + H_2O \rightleftharpoons OH^- + H_2CO_3 \qquad K_b = \frac{K_w}{K_1} = \frac{1,0 \times 10^{-14}}{4,3 \times 10^{-7}} = 2,3 \times 10^{-8} \qquad (2)$$

Percebemos que a constante da hidrólise da reação (2) está relacionada a K_1, porque as duas hidrólises e o equilíbrio K_1 envolvem H_2CO_3 e HCO_3^-. Percebemos que a constante de equilíbrio de (2) é maior que a constante de (1). Logo, o pH certamente excederá 7.

Supomos que, após a autoneutralização de [H^+] e [OH^-], as duas concentrações são tão baixas que não exercem efeito apreciável no balanço da carga iônica. Portanto, a conservação da neutralidade elétrica é garantida apenas com a manutenção de uma carga aniônica total fixa entre as diversas espécies carbonato. Isso é válido porque a carga catiônica permanece em 0,0100 M, a concentração de Na^+, independentemente dos equilíbrios ácido-base. Em outras palavras, para cada carga negativa removida pela conversão de HCO_3^- em H_2CO_3, outra carga negativa é criada com a conversão de HCO_3^- em CO_3^{2-}.

Isso leva às seguintes condições:

$$[H_2CO_3] = [CO_3^{2-}] = x \quad \text{e} \quad [HCO_3^-] = 0{,}0100 - 2x \approx 0{,}0100$$

$$K_2 = \frac{[H^+][CO_3^{2-}]}{[HCO_3^-]} = \frac{[H^+]x}{0{,}0100} = 5{,}61 \times 10^{-11} \tag{3}$$

$$K_b = \frac{[OH^-][H_2CO_3]}{[HCO_3^-]} = \frac{[OH^-]x}{0{,}0100} = 2{,}3 \times 10^{-8} \tag{4}$$

Multiplicando (*3*) por (*4*) e lembrando que $[H^+][OH^-] = 1{,}00 \times 10^{-14}$, temos

$$\frac{(1{,}00 \times 10^{-14})x^2}{(0{,}0100)^2} = (5{,}61 \times 10^{-11})(2{,}3 \times 10^{-8}) \quad \text{ou} \quad x = 1{,}14 \times 10^{-4}\,M$$

Teste intermediário da hipótese: $2x$ é pequeno, se comparado a 0,0100.

Retomando (*3*),

$$[H^+] = \frac{(5{,}61 \times 10^{-11})[HCO_3^-]}{[CO_3^{2-}]} = \frac{(5{,}61 \times 10^{-11})(0{,}0100)}{1{,}14 \times 10^{-4}} = 4{,}9 \times 10^{-9}\,M$$

$$pH = -\log[H^+] = -\log(4{,}9 \times 10^{-9}) = 8{,}31$$

Teste final da hipótese: Tanto $[H^+]$ quanto $[OH^-]$ são pequenas, comparadas com x, e não exercem efeito apreciável no balanço da carga elétrica.

Como alternativa, $[H^+]$ poderia ter sido calculada a partir de K_1 apenas, e o resultado teria sido o mesmo.

Soluções tampão, indicadores e titulação

17.37 Existe a necessidade de preparar uma solução tampão de pH 8,50. (*a*) Começando com 0,0100 mol de KCN e a quantidade usual de reagentes inorgânicos no laboratório, como você prepararia 1 L de solução do tampão? K_a do HCN é $4{,}93 \times 10^{-10}$. (*b*) Qual é a variação do pH após a adição de 5×10^{-5} mol de HClO$_4$ a 100 mL do tampão? (*c*) Qual é variação do pH após a adição de 5×10^{-5} mol de NaOH a 100 mL do tampão? (*d*) Qual é a variação do pH após a adição de 5×10^{-5} mol de NaOH a 100 mL de água pura?

(*a*) Para encontrar a $[H^+]$ desejada:

$$\log[H^+] = -pH = -8{,}50$$

Calculando o antilog dos dois lados da expressão:

$$[H^+] = 3{,}2 \times 10^{-9}$$

A solução tampão poderia ser preparada misturando CN$^-$ (base fraca, usando sal solúvel, como o KCN, que dissocia por completo) com HCN (um ácido fraco) nas proporções adequadas para atender à expressão de K_a para o HCN.

$$HCN \rightleftharpoons H^+ + CN^- \quad K_a = 4{,}93 \times 10^{-10} = \frac{[H^+][CN^-]}{[HCN]}$$

e, rearranjando e resolvendo a expressão resultante,

$$\frac{[CN^-]}{[HCN]} = \frac{K_a}{[H^+]} = \frac{4{,}93 \times 10^{-10}}{3{,}2 \times 10^{-9}} = 0{,}154 \tag{1}$$

A razão CN$^-$ para HCN (0,154:1) pode ser obtida se parte do CN$^-$ for neutralizada com um ácido forte, como o HCl, para formar uma quantidade equivalente de HCN. O cianeto total disponível para as duas formas é 0,0100 mol. Seja $x = [HCN]$. Logo, $[CN^-] = 0{,}0100 - x$. Substituindo em (*1*) diretamente acima,

$$\frac{0{,}0100 - x}{x} = 0{,}154 \quad \text{então,} \quad x = 0{,}0087 \quad \text{e} \quad 0{,}0100 - x = 0{,}0013$$

A solução tampão pode ser preparada dissolvendo 0,0100 mol de KCN e 0,0087 mol de HCl em água o bastante para um volume final de 1 L.

(b) 100 mL da solução tampão contém

$$(0{,}0087 \text{ mol/L})(0{,}100 \text{ L}) = 8{,}7 \times 10^{-4} \text{ mol HCN}$$

e
$$(0{,}0013 \text{ mol/L})(0{,}100 \text{ L}) = 1{,}3 \times 10^{-4} \text{ mol CN}^-$$

A adição de 5×10^{-5} mol de um ácido forte converte mais CN^- em HCN. A quantidade de HCN seria

$$(8{,}7 \times 10^{-4}) + (0{,}5 \times 10^{-4}) = 9{,}2 \times 10^{-4} \text{ mol HCN}$$

e a quantidade de CN^- seria

$$(1{,}3 \times 10^{-4}) - (0{,}5 \times 10^{-4}) = 0{,}8 \times 10^{-4} \text{ mol CN}^-$$

É necessário somente a razão das duas concentrações

$$[H^+] = K_a \frac{[HCN]}{[CN^-]} = (4{,}93 \times 10^{-10}) \left(\frac{9{,}2}{0{,}8}\right) = 5{,}7 \times 10^{-9} \text{ M}$$

$$pH = -\log[H^+] = -\log(5{,}7 \times 10^{-9}) = 8{,}24$$

A redução no pH causada pela adição do ácido é $8{,}50 - 8{,}24$, ou 0,26 unidades de pH.

(c) A adição de 5×10^{-5} mol de uma base forte converte uma quantidade equivalente de HCN em CN^-.

HCN: Quantidade resultante $= (8{,}7 \times 10^{-4}) - (0{,}5 \times 10^{-4}) = 8{,}2 \times 10^{-4}$ mol

CN^-: Quantidade resultante $= (1{,}3 \times 10^{-4}) - (0{,}5 \times 10^{-4}) = 1{,}8 \times 10^{-4}$ mol

$$[H^+] = K_a \frac{[HCN]}{[CN^-]} = (4{,}93 \times 10^{-10}) \left(\frac{8{,}2}{1{,}8}\right) = 2{,}2 \times 10^{-9} \text{ M}$$

$$pH = -\log[H^+] = -\log(2{,}2 \times 10^{-9}) = 8{,}66$$

A elevação no pH causada pela adição da base seria $8{,}66 - 8{,}50 = 0{,}16$ unidades de pH.

(d)
$$[OH^-] = \frac{5 \times 10^{-5} \text{ mol}}{0{,}100 \text{ L}} = 5 \times 10^{-4} \text{ M}$$

$$pOH = -\log[OH^-] = -\log(5 \times 10^{-4}) = 3{,}30$$

e
$$pH = 14 - pOH = 14{,}00 - 3{,}30 = 10{,}70$$

A água pura tem pH igual a 7,00. A elevação no pH causada pela adição da base é $10{,}70 - 7{,}00 = 3{,}70$ unidades de pH. Observe que esta elevação é significativa, comparada com o aumento devido à adição de NaOH à solução tampão. Lembre-se que o tampão é capaz de absorver hidrogênio e/ou íons hidróxido, sem grandes variações no pH. A água pura não tem esta capacidade.

17.38 Se 0,00010 mol de H_3PO_4 fosse adicionado a uma solução bem tamponada em pH 7,00, quais seriam as proporções relativas das quatro formas: H_3PO_4, $H_2PO_4^-$, HPO_4^{2-} e PO_4^{3-}? $K_1 = 7{,}52 \times 10^{-3}$; $K_2 = 6{,}23 \times 10^{-8}$; $K_3 = 4{,}5 \times 10^{-13}$.

No problema anterior, uma variação no pH era previsível, mas neste problema podemos supor que o pH não é alterado com a adição de quantidade muito pequena de ácido fosfórico, porque a solução está "bem tamponada", isto é, extremamente resistente a variações no pH. Logo, se $[H^+]$ é fixa, a razão das duas concentrações desejadas pode ser calculada com base em cada uma das constantes de ionização.

$\frac{[H^+][H_2PO_4^-]}{[H_3PO_4]} = K_1$	$\frac{[H^+][HPO_4^{2-}]}{[H_2PO_4^-]} = K_2$	$\frac{[H^+][PO_4^{3-}]}{[HPO_4^{2-}]} = K_3$
$\frac{[H_3PO_4]}{[H_2PO_4^-]} = \frac{[H^+]}{K_1}$	$\frac{[H_2PO_4^-]}{[HPO_4^{2-}]} = \frac{[H^+]}{K_2}$	$\frac{[HPO_4^{2-}]}{[PO_4^{3-}]} = \frac{[H^+]}{K_3}$
$\frac{[H_3PO_4]}{[H_2PO_4^-]} = \frac{1{,}00 \times 10^{-7}}{7{,}52 \times 10^{-3}}$	$\frac{[H_2PO_4^-]}{[HPO_4^{2-}]} = \frac{1{,}00 \times 10^{-7}}{6{,}23 \times 10^{-8}}$	$\frac{[HPO_4^{2-}]}{[PO_4^{3-}]} = \frac{1{,}00 \times 10^{-7}}{4{,}5 \times 10^{-13}}$
$\frac{[H_3PO_4]}{[H_2PO_4^-]} = 1{,}33 \times 10^{-5}$	$\frac{[H_2PO_4^-]}{[HPO_4^{2-}]} = 1{,}61$	$\frac{[HPO_4^{2-}]}{[PO_4^{3-}]} = 2{,}2 \times 10^{5}$

Uma vez que a razão $[H_3PO_4]/[H_2PO_4^-]$ é muito pequena e que a razão $[HPO_4^{2-}]/[PO_4^{3-}]$ é muito alta, quase todo o material existe na forma de $H_2PO_4^-$ e HOO_4^-. A soma das quantidades destes dois íons é essencialmente igual a 0,00010 mol. Se o volume total for 1 L, a soma das concentrações dos dois íons é 0,00010 M.

Seja $x = [HPO_4^{2-}]$; então, $[H_2PO_4^-] = 0{,}00010 - x$. Logo,

$$\frac{[H_2PO_4^-]}{[HPO_4^{2-}]} = 1{,}61 \quad \text{por substituição} \quad \frac{0{,}00010 - x}{x} = 1{,}61$$

$$\text{Resolvendo} \quad x = [HPO_4^{2-}] = 3{,}8 \times 10^{-5}$$

$$[H_2PO_4^-] = 0{,}00010 - x = 6{,}2 \times 10^{-5}$$

$$[H_3PO_4] = (1{,}33 \times 10^{-5})[H_2PO_4^-] = (1{,}33 \times 10^{-5})(6{,}2 \times 10^{-5}) = 8{,}2 \times 10^{-10} \text{ M}$$

$$[PO_4^{3-}] = \frac{[HPO_4^{2-}]}{2{,}2 \times 10^5} = \frac{3{,}8 \times 10^{-5}}{2{,}2 \times 10^5} = 1{,}7 \times 10^{-10} \text{ M}$$

Um volume total de 1 L foi escolhido para ilustrar as concentrações relativas, por ser mais conveniente. Contudo, as mesmas *razões* de concentrações seriam válidas para qualquer volume razoável.

17.39 K_a do $HC_2H_3O_2$ é $1{,}75 \times 10^{-5}$. Uma amostra de 40 mL de uma solução 0,0100 M em ácido acético é titulada com 0,0200 M NaOH. Calcule o pH após a adição de (*a*) 3,0 mL; (*b*) 10,0 mL; (*c*) 20,0 mL; (*d*) 30,0 mL da solução de NaOH.

É possível acompanhar a variação nas quantidades de diversas espécies e o aumento no volume tabulando as informações dadas no enunciado do problema, como a Tabela 17-2.

Observe que a quantidade de ácido acético neutralizada (quantidade de $C_2H_3O_2^-$) é função da quantidade de OH^- adicionada, até a neutralização completa. Após este ponto, qualquer quantidade de OH^- adicionada acumula em solução, pois já não há ácido a ser neutralizado. Até o ponto final, a quantidade de $HC_2H_3O_2$ remanescente é obtida simplesmente subtraindo a quantidade de $C_2H_3O_2^-$ da quantidade inicial de $HC_2H_3O_2$. No ponto final e após, contudo, $[HC_2H_3O_2]$ não pode ser igual a zero, e precisa ser calculada com base no equilíbrio da hidrólise.

(*a*) e (*b*). Os valores numéricos das concentrações não são necessários para resolver estes itens do problema. No entanto, precisamos da razão do ácido conjugado para a base conjugada.

	(*a*)	(*b*)
$[H^+] = \dfrac{K_a[HC_2H_3O_2]}{[C_2H_3O_2^-]}$	$\dfrac{(1{,}75 \times 10^{-5})(3{,}40)}{0{,}60} = 9{,}9 \times 10^{-5}$	$\dfrac{(1{,}75 \times 10^{-5})(2{,}00)}{2{,}00} = 1{,}75 \times 10^{-5}$
$pH = -\log[H^+]$	4,00	4,76

Tabela 17-2

	(*a*)	(*b*)	(*c*)	(*d*)
Quantidade de base adicionada/L	0	0,0300	0,0100	0,0200	0,0300
Volume total (em L)	0,0400	0,0430	0,0500	0,0600	0,0700
$n(HC_2H_3O_2)$ antes da neutralização	$4{,}00 \times 10^{-4}$	$4{,}00 \times 10^{-4}$	$4{,}00 \times 10^{-4}$	$4{,}00 \times 10^{-4}$	$4{,}00 \times 10^{-4}$
$n(OH)$ adicionado (linha 1 × 0,0200 M)	$0{,}00 \times 10^{-4}$	$0{,}60 \times 10^{-4}$	$2{,}00 \times 10^{-4}$	$4{,}00 \times 10^{-4}$	$6{,}00 \times 10^{-4}$
$n(HC_2H_3O_2)$ formado	$0{,}0 \times 10^{-4}$	$0{,}60 \times 10^{-4}$	$2{,}00 \times 10^{-4}$	$4{,}00 \times 10^{-4}$	$4{,}00 \times 10^{-4}$
$n(HC_2H_3O_2)$ restante	$4{,}00 \times 10^{-4}$	$3{,}40 \times 10^{-4}$	$2{,}00 \times 10^{-4}$	x	y
$n(OH^-)$ em excesso					$2{,}00 \times 10^{-4}$

(*c*) $\qquad [C_2H_3O_2^-] = \dfrac{4{,}00 \times 10^{-4} \text{ mol}}{0{,}0600 \text{ L}} = 6{,}7 \times 10^{-3} \text{ M}$

A solução presente no ponto final corresponde a $6{,}7 \times 10^{-3}$ M de $Na_2C_2H_3O_2$; consideremos sua hidrólise:

$$C_2H_3O_2^- + H_2O \rightleftharpoons HC_2H_3O_2 + OH^-$$

Seja $[HC_2H_3O_2] = [OH^-] = x$, e $[C_2H_3O^-_2] = 6{,}7 \times 10^{-3} - x \approx 6{,}7 \times 10^{-3}$. Então,

$$\frac{[HC_2H_3O_2][OH^-]}{[C_2H_3O_2^-]} = \frac{x^2}{6{,}7 \times 10^{-3}} = K_b = \frac{1{,}00 \times 10^{-14}}{1{,}75 \times 10^{-5}} \quad \text{ou} \quad x = 1{,}96 \times 10^{-6} \text{ M}$$

Teste da hipótese: x é muito pequeno, se comparado com $6{,}7 \times 10^{-3}$.

$$pOH = -\log[OH^-] = -\log(1{,}9 \times 10^{-6}) = 5{,}72$$

$$pH = 14{,}00 - pOH = 14{,}00 - 5{,}72 = 8{,}28$$

(*d*) A partir da OH^-, além do necessário para neutralizar todo o ácido acético, sabemos que

$$[OH^-] = \frac{2{,}0 \times 10^{-4} \text{ mol}}{0{,}070 \text{ L}} = 2{,}9 \times 10^{-3} \text{ M}$$

$$pOH = -\log[OH^-] = -\log 2{,}9 \times 10^{-3} = 2{,}54 \quad \text{e} \quad pH = 14{,}00 - 2{,}54 = 11{,}46$$

17.40 Calcule o ponto da curva de titulação para a adição de 2,0 mL de NaOH 0,0100 M a 50,0 mL de ácido cloroacético 0,0100 M, $HC_2H_2O_2Cl$. $K_a = 1{,}40 \times 10^{-3}$.

A hipótese simplificadora adotada no Problema 17.39 não tem validade neste problema. Se a quantidade do íon cloroacetato formada fosse equivalente à quantidade de NaOH adicionada, teríamos

Quantidade de OH^- adicionada = $(0{,}0020 \text{ L})(0{,}010 \text{ mol/L}) = 2{,}0 \times 10^{-5}$ mol

Volume total = $0{,}0520$ L

$$[C_2H_2O_2Cl^-] = \frac{2{,}0 \times 10^{-5} \text{ mol}}{0{,}0520 \text{ L}} = 3{,}8 \times 10^{-4} \text{ M} \tag{1}$$

$$[HC_2H_2O_2Cl] = \frac{(0{,}0500 \text{ L})(0{,}0100 \text{ mol/L})}{0{,}0520 \text{ L}} - 3{,}8 \times 10^{-4} \text{ M} = 9{,}2 \times 10^{-3} \text{ M} \tag{2}$$

$$[H^+] = \frac{K_a[HC_2H_2O_2Cl]}{[C_2H_2O_2Cl^-]} = \frac{(1{,}40 \times 10^{-3})(9{,}2 \times 10^{-3})}{3{,}8 \times 10^{-4}} = 3{,}4 \times 10^{-2} \text{ M} \tag{3}$$

Essa resposta não é válida porque a $[H^+]$ não pode ser maior que a concentração molar inicial do ácido. Em tese, a quantidade do íon cloroacetato é maior que a quantidade equivalente de base adicionada. Isso está relacionado ao caráter relativamente forte do ácido e ao grau de ionização apreciável que ele apresenta, mesmo antes de a titulação iniciar. Em termos matemáticos, esta situação é abordada com o uso de uma equação de eletroneutralidade, de acordo com a qual as quantidades de cátions e ânions em solução precisam ser iguais.

$$[H^+] + [Na^+] = [C_2H_2O_2Cl^-] + [OH^-] \tag{4}$$

Não há problema em excluir $[OH^-]$ em (*4*), neste caso, porque é muito menor que as outras concentrações. $[Na^+]$ é obtida a partir da quantidade de NaOH adicionada (dissociação completa) e o volume total da solução.

$$[Na^+] = \frac{2{,}0 \times 10^{-5}}{0{,}0520} = 3{,}8 \times 10^{-4} \text{ M} \tag{5}$$

O íon cloroacetato pode ser calculado com base em (*4*) e (*5*), omitindo $[OH^-]$.

$$[C_2H_2O_2Cl^-] = 3{,}8 \times 10^{-4} + [H^+] \tag{6}$$

A concentração do ácido não ionizado é igual à concentração molar total do ácido menos $[C_2H_2O_2Cl^-]$.

$$[HC_2H_2O_2Cl] = \frac{(0{,}0100)(0{,}0500)}{0{,}0520} - (3{,}8 \times 10^{-2} + [H^+]) = 9{,}2 \times 10^{-3} - [H^+] \tag{7}$$

Observe que (*6*) e (*7*) diferem de (*1*) e (*2*) apenas devido à inclusão dos termos $[H^+]$.

Com isso, podemos retornar ao equilíbrio de ionização para o ácido.

$$[H^+] = \frac{K_a[HC_2H_2O_2Cl]}{[C_2H_2O_2Cl^-]} = \frac{(1{,}40 \times 10^{-3})(9{,}2 \times 10^{-3} - [H^+])}{3{,}8 \times 10^{-4} + [H^+]}$$

A solução da equação quadrática é $[H^+] = 2{,}8 \times 10^{-3}$ M e pH $= -\log[H^+] = 2{,}55$.

A complicação tratada neste problema ocorre sempre que, durante uma neutralização parcial, $[H^+]$ ou $[OH^-]$ não podem ser desprezadas em comparação com as concentrações dos outros íons em solução. Esse tipo de situação é comum no início da titulação de um ácido moderadamente fraco.

17.41 Um indicador ácido-base tem $K_a = 3{,}0 \times 10^{-5}$. A forma ácida é vermelha e a forma básica é azul. (*a*) Qual é a variação do pH necessária para alterar a cor, de 75% vermelho para 75% azul? (*b*) Para qual das titulações mostradas na Figura 17-1 (*a*) e 17-1 (*b*) este indicador representa uma boa escolha?

(*a*)
$$[H^+] = \frac{K_a[\text{ácido}]}{[\text{base}]}$$

75% vermelho: $[H^+] = \dfrac{(3{,}0 \times 10^{-5})(75)}{25} = 9{,}0 \times 10^{-5}$ pH $= 4{,}05$

75% azul: $[H^+] = \dfrac{(3{,}0 \times 10^{-5})(25)}{75} = 1{,}0 \times 10^{-5}$ pH $= 5{,}00$

A variação no pH é $5{,}00 - 4{,}05 = 0{,}95$ unidades de pH.

(*b*) O indicador muda de cor entre pH 4 e pH 5 (Figura 17-1 (*b*)). Usando HCl, o pH cai rapidamente nesta faixa. O indicador seria adequado para os dois valores. Na titulação do HCl com NaOH na Figura 17-1 (*a*), o pH aumenta com rapidez, nesta faixa. O indicador pode ser utilizado. Contudo, ele não seria apropriado para a titulação do $HC_4H_7O_3$, que muda de vermelho para azul muito antes do ponto final.

Problemas Complementares

Observações:
1. Os valores numéricos tabulados para as constantes de equilíbrio diferem de livro-texto para livro-texto. Os valores selecionados e apresentados neste livro são consistentes, e as respostas calculadas são baseadas nos valores dados aqui. A temperatura adotada é 25°C, a menos que dito o contrário.
2. Alguns dos problemas no final das seções sobre Ácidos e Bases, Hidrólise, Ácidos Polipróticos e Tampões envolvem equilíbrios múltiplos. Estes podem ser omitidos nos tratamentos mais simples de equilíbrios iônicos.

Os ácidos e as bases

17.42 Uma reação é catalisada por ácidos. A atividade catalítica para soluções 0,1 M de alguns ácidos em água diminui de acordo com a ordem: HCl, HCOOH, $HC_2H_3O_2$. Esta reação é observada com a amônia anidra, mas os três ácidos têm o mesmo efeito catalítico em soluções 0,1 M. Explique.

Resp. A ordem da atividade catalítica em água é igual à ordem de acidez. Na amônia anidra, uma base mais forte que a água (isto é, aceita íons H^+ com maior intensidade), os três ácidos são fortes.

17.43 A forma predominante da glicina, um aminoácido, é $^+NH_3CH_2COO^-$. Escreva as fórmulas para (*a*) a base conjugada e (*b*) o ácido conjugado da glicina.

Resp. (*a*) $NH_2CH_2COO^-$;   (*b*) $^+NH_3CH_2COOH$

17.44 Na reação do BeF_2 com $2F^-$ para formar BeF_4^{2-}, qual dos participantes é o ácido de Lewis? Qual é a base?

Resp. O BeF_2 é o ácido e o F^- é a base.

17.45 O ácido conjugado do ácido nítrico perde uma molécula de água em certos solventes. Explique como a espécie resultante retém seu caráter de ácido de Lewis.

Resp. O $H_2NO_3^+$ seria o ácido conjugado do ácido nítrico (o resultado de $HNO_3 + H^+$). Logo, $H_2NO_3^+ \rightarrow H_2O + NO_2^+$ (a estrutura do nitrito é dada abaixo).

$$:\ddot{O}=\overset{+}{N}=\ddot{O}:$$

O nitrogênio pode passar da hibridização *sp* para *sp*^{3}, deixando um orbital vazio para um par básico. (Comportamento semelhante é observado com o CO_2, no Problema 17.8.)

17.46 O ácido acético é mais fraco ou mais forte que a água, quando em solução com os solventes: (*b*) hidrazina, N_2H_4; (*b*) dióxido de enxofre, SO_2; (*c*) metanol, CH_3OH; (*d*) cianeto de hidrogênio líquido, HCN; (*e*) ácido sulfúrico líquido, H_2SO_4.

Resp. (*a*) mais forte;   (*b*) mais fraco;   (*c*) mais fraco;   (*d*) mais fraco;   (*e*) mais fraco

17.47 A constante de autoionização do ácido fórmico puro, $K = [HCOOH_2^+][HCOO^-]$, foi calculada como sendo 10^{-6}, à temperatura ambiente. Qual é a porcentagem de moléculas de ácido fórmico no ácido fórmico puro, HCOOH, convertida no íon formato? A densidade do ácido fórmico é 1,22 g/mL.

Resp. 0,004%

17.48 Calcule a constante de ionização do ácido fórmico, HCOOH, 4,2% ionizado em uma solução 0,10 M.

Resp. $1,8 \times 10^{-4}$

17.49 Uma solução de ácido acético está 1,0% ionizada. Qual deve ser a concentração molar do ácido acético e a $[H^+]$ da solução? K_a do $HC_2H_3O_2$ é $1,75 \times 10^{-5}$.

Resp. $HC_2H_3O_2$ 0,17 M, H^+ $1,7 \times 10^{-3}$ M

17.50 A constante de ionização da amônia em água é $1,75 \times 10^{-5}$. Calcule (*a*) o grau de ionização e (*b*) a $[OH^-]$ de uma solução 0,08 M em NH_3.

Resp. (*a*) 1,5%;   (*b*) $1,2 \times 10^{-3}$ M de OH^-

17.51 O ácido cloroacético, um ácido monoprótico, tem K_a de $1,40 \times 10^{-3}$. Calcule o ponto de congelamento de uma solução 0,10 M neste ácido, supondo que os valores numéricos das concentrações molar e molal sejam idênticos.

Resp. $-0,21°C$.

17.52 Calcule a $[OH^-]$ de uma solução 0,0500 M em amônia ($K_b = 1,75 \times 10^{-5}$) a qual foi adicionada quantidade suficiente de NH_4Cl para que a $[NH_4^+]$ seja 0,100.

Resp. $8,8 \times 10^{-6}$ M

17.53 Encontre o valor de $[H^+]$ em um litro de uma solução em que foram dissolvidos 0,080 mol de $HC_2H_3O_2$ e 0,100 mol $NaC_2H_3O_2$. K_a do ácido acético é $1,75 \times 10^{-5}$.

Resp. $1,4 \times 10^{-5}$ M

17.54 Uma solução 0,025 M de um ácido monobásico tem ponto de congelamento igual a $-0,060°C$. Quais são os valores de K_a e pK_a para esse ácido? Suponha que nessa concentração baixa a molalidade seja igual à molaridade.

Resp. $3,0 \times 10^{-3}$; 2,52

17.55 Qual é a $[NH_4^+]$ em uma solução 0,0200 M em NH_3 ($K_b = 1,75 \times 10^{-5}$) e 0,0100 M em KOH?

Resp. $3,5 \times 10^{-5}$ M

17.56 Que molaridade da NH_3 ($K_b = 1,75 \times 10^{-5}$) produz uma solução $1,5 \times 10^{-3}$ em OH^-?

Resp. 0,13 M

17.57 Qual é a $[HCOO^-]$ em uma solução 0,015 M em HCOOH ($K_a = 1,8 \times 10^{-4}$) e 0,020 M em HCl?

Resp. $1,4 \times 10^{-4}$ M

17.58 Quais são as [H$^+$], [C$_3$H$_5$O$_3^-$] e [OC$_6$H$_5^-$] em uma solução 0,030 M em HC$_3$H$_5$O$_3$ (K_a = 3,1 × 10^{-5}) e 0,100 M em HOC$_6$H$_5$ (valores de K_a para HC$_3$H$_5$O$_3$ e para HOC$_6$H$_5$ são 3,1 × 10^{-5} e 1,05 × 10^{-10}, respectivamente)?

Resp. [H$^+$] = 9,6 × 10^{-4} M; [C$_3$H$_5$O$_3^-$] = 9,6 × 10^{-4} M; [OC$_6$H$_5^-$] = 1,1 × 10^{-8} M

17.59 Calcule o valor de [OH$^-$] em uma solução preparada dissolvendo 0,0050 mol de amônia (K_b = 1,75 × 10^{-5}) e igual quantidade de piridina (K_b = 1,78 × 10^{-9}) em água o bastante para um volume final de 200 mL. Quais são as concentrações dos íons amônio a pididínio?

Resp. [OH$^-$] = [NH$_4^+$] = 6,6 × 10^{-4} M; [íon piridínio] = 6,7 × 10^{-8} M

17.60 Considere uma solução de um ácido monoprótico com constante de acidez K_a. Calcule a concentração mínima, C, para a qual a porcentagem de ionização é menor que 10%.

Resp. C = 90 K_a

17.61 Qual é a porcentagem de ionização de uma solução 0,0065 M em ácido cloroacético (K_a = 1,40 × 10^{-3})?

Resp. 37%

17.62 Que concentração de ácido dicloroacético (K_a = 3,32 × 10^{-2}) gera uma [H$^+$] de 8,5 × 10^{-3} M?

Resp. 1,07 × 10^{-2} M

17.63 Calcule a [H$^+$] em uma solução 0,200 M em ácido dicloroacético (K_a = 3,32 × 10^{-2}) que também é 0,100 M em dicloroacetato de sódio.

Resp. 0,039 M

17.64 Qual é a quantidade de dicloroacetato a ser adicionada a 1 L de uma solução 0,100 M em ácido dicloroacético (K_a = 3,32 × 10^{-2}) para reduzir a concentração do íon hidrogênio a 0,030 M? Suponha que não haja variação na concentração com a adição do sólido.

Resp. 0,047 mol

17.65 Calcule [H$^+$] e [C$_2$HO$_2$Cl$_2^-$] em solução de HCl 0,0100 M e de HC$_2$HO$_2$Cl$_2$ 0,0100 M, o ácido dicloroacético (K_a = 3,32 × 10^{-2}).

Resp. 0,0167 M; 0,0067 M

17.66 Calcule [H$^+$], [C$_2$H$_3$O$_2^-$] e [C$_7$H$_5$O$_2^-$] em uma solução 0,0200 M em HC$_2$H$_3$O$_2$ (K_a = 1,75 × 10^{-5}) e 0,0100 M em HC$_7$H$_5$O$_2$ K_a = é 6,46 × 10^{-5}).

Resp. 1,00 × 10^{-3} M; 3,5 × 10^{-4} M; 6,5 × 10^{-4} M

17.67 O grau de ionização da amônia líquida (*am*) é baixo. O produto iônico, [NH$_4^+$][NH$_2^-$], a − 50°C, tem K_{am} de 10^{-30}. Quantos íons amida, NH$_2^-$, estão presentes por mm^3 de amônia líquida pura?

Resp. 6,0 × 10^2

17.68 Calcule a concentração molar dos íons amônio em 1 L de amônia líquida a − 50°C (ver problema anterior), em que 10,0 g de NH$_4$Cl e igual quantidade de amida de sódio (NaNH$_2$) foram dissolvidos.

Resp. 1,4 × 10^{-29} M

A ionização da água

17.69 Supondo que a ionização seja completa, quais são os valores de pH e pOH das seguintes soluções? (*a*) 0,00345 N em um ácido; (*b*) 0,000775 N em um ácido; (*c*) 0,00868 N em uma base.

Resp. (*a*) pH = 2,46 e pOH = 11,54;   (*b*) pH = 3,11 e pOH = 10,89;   (*c*) pH = 11,95 e pOH = 2,05

17.70 Converta os valores de pH em [H$^+$] (*a*) 4; (*b*) 7; (*c*) 2,50; (*d*) 8,26

Resp. (*a*) 10^{-4};   (*b*) 10^{-7};   (*c*) 3,2 × 10^{-3} (*d*) 5,5 × 10^{-9}

17.71 A [H$^+$] de uma solução de HNO$_3$ é 1×10^{-3} M e a [H$^+$] de uma solução de NaOH é 1×10^{-12} M. Quais são as concentração e os valores de pH dessas soluções?

Resp. 0,001 M de HNO$_3$ e pH = 3; 0,01 M de NaOH e pH = 12

17.72 (*a*) Calcule [H$^+$] e [OH$^-$] em uma solução 0,0010 M de um ácido monobásico que está 4,2% ionizado. (*b*) Qual é o pH da solução? (*c*) Quais são os valores de K_a e pK_a do ácido?

Resp. (*a*) [H$^+$] = $4,2 \times 10^{-5}$ M e [OH$^-$] = $2,4 \times 10^{-10}$ M; (*b*) pH = 4,38; (*c*) $K_a = 1,8 \times 10^{-6}$ e pK_a = 5,74

17.73 (*a*) Calcule [OH$^-$] e [H$^+$] em uma solução 0,10 N de uma base fraca que está 1,3% ionizada. (*b*) Qual é o pH da solução?

Resp. (*a*) [OH$^-$] = $1,3 \times 10^{-3}$ M e [H$^+$] = $7,7 \times 10^{-12}$ M; (*b*) pH = 11,11

17.74 (*a*) Qual é o pH de uma solução contendo 0,010 mol de HCl por litro? (*b*) Calcule a variação no pH com a adição de 0,020 mol de NaC$_2$H$_3$O$_2$ a 1 L desta solução. K_a do HC$_2$H$_3$O$_2$ é $1,75 \times 10^{-5}$.

Resp. (*a*) pH inicial = 2,0; (*b*) pH final = 4,76

17.75 O valor de K_w da água na temperatura fisiológica (temperatura normal do corpo humano, 37°C) é $2,4 \times 10^{-14}$. Qual é o pH do ponto neutro da água nesta temperatura, onde as concentrações dos íons H$^+$ e OH$^-$ são iguais?

Resp. 6,81

17.76 Calcule o pH de uma solução $1,0 \times 10^{-7}$ M em NaOH. Qual é a porcentagem da base adicionada que foi neutralizada pelo H$^+$ presente na água e qual é a porcentagem restante responsável pela basicidade da solução?

Resp. 7,21; 38% foi neutralizado, 62% restou em solução.

17.77 (*a*) Qual é o pH de uma solução de HC$_2$H$_3$O$_2$ $7,0 \times 10^{-8}$ M? (*b*) Qual é a concentração de ácido acético não ionizado? ($K_a = 1,75 \times 10^{-5}$; suponha que a ionização do ácido acético seja completa, no cálculo de [H$^+$].)

Resp. 6,85; (*b*) $5,6 \times 10^{-10}$ M

17.78 Calcule [OH$^-$] em uma solução 0,0100 M de C$_6$H$_5$NH$_2$ (anilina). O valor de K_b da ionização básica é $4,3 \times 10^{-10}$. Qual é o valor de [OH$^-$] em uma solução 0,0100 M em hidrocloreto de anilina, que contém o íon C$_6$H$_5$NH$_3^+$?

Resp. $2,1 \times 10^{-6}$ M; $2,1 \times 10^{-11}$ M

17.79 Calcule a porcentagem da hidrólise de uma solução 0,0100 M em KCN ($K_a = 4,93 \times 10^{-10}$).

Resp. 4,5%

17.80 A constante básica de ionização da hidrazina, N$_2$H$_4$, é $9,6 \times 10^{-7}$. Qual seria a porcentagem de hidrólise de uma solução de N$_2$H$_5$Cl 0,100 M, um sal que contém o íon ácido conjugado da base hidrazina?

Resp. 0,032%

17.81 Calcule o pH de uma solução moderadamente concentrada de acetato de piridínio, (C$_5$H$_5$NH)(C$_2$H$_3$O$_2$). K_a do ácido acético é $1,75 \times 10^{-5}$ e do íon piridínio é $5,6 \times 10^{-6}$.

Resp. 5,00

17.82 Uma solução 0,25 M em cloreto de piridínio, C$_5$H$_6$N$^+$Cl$^-$, tem pH 2,93. Qual é o valor de K_b da ionização básica da piridina, C$_5$H$_5$N?

Resp. $1,8 \times 10^{-9}$

17.83 K_a da ionização ácida do Fe^{3+} em Fe(OH)$^{2+}$ e H$^+$ é $6,5 \times 10^{-3}$. Qual é o valor máximo do pH que pode ser usado para que ao menos 95% do total de ferro (III) em uma solução diluída esteja na forma Fe^{3+}?

Resp. 0,91

17.84 Uma solução 0,010 M em PuO$_2$(NO$_3$)$_2$ tem pH 3,80. Qual é a constante de hidrólise, K_a, do PuO$_2^{2+}$, e o valor de K_b para PuO$_2$OH$^+$?

Resp. $K_a = 2,5 \times 10^{-6}$; $K_b = 4,0 \times 10^{-9}$

17.85 Calcule o pH de uma solução $1,00 \times 10^{-3}$ M em fenolato de sódio, $NaOC_6H_5$ ($K_a = 1,28 \times 10^{-10}$).

Resp. 10,39

17.86 Calcule $[H^+]$ e $[CN^-]$ em uma solução 0,0100 M em NH_4CN ($K_a = 4,93 \times 10^{-10}$). O valor de K_b da NH_3 é $1,75 \times 10^{-5}$.

Resp. $5,3 \times 10^{-10}$ M; $4,8 \times 10^{-3}$ M

Os ácidos polipróticos

17.87 Calcule a $[H^+]$ de uma solução 0,050 M em H_2S ($K_1 = 1,0 \times 10^{-7}$).

Resp. $7,1 \times 10^{-5}$ M

17.88 Qual é o valor de $[S^{2-}]$ em uma solução 0,0500 M em H_2S ($K_2 = 1,2 \times 10^{-13}$).

Resp. $1,2 \times 10^{-13}$ M

17.89 Qual é o valor de $[S^{2-}]$ em uma solução 0,050 M em H_2S e 0,0100 M em HCl? Consulte os dois últimos problemas.

Resp. $6,0 \times 10^{-18}$ M

17.90 (*a*) Calcule o valor de $[HS^-]$ na solução descrita no problema anterior. (*b*) Se uma quantidade de amônia suficiente para tamponar a solução em pH 4,37 fosse adicionada a ela, quais seriam as concentrações de S^{2-} e HS^-?

Resp. (*a*) $5,0 \times 10^{-7}$ M; $[S^{2-}] = 3,3 \times 10^{-13}$ M; $[HS^-] = 1,2 \times 10^{-4}$ M

17.91 K_1 e K_2 do ácido oxálico, $H_2C_2O_4$, são $5,9 \times 10^{-2}$ e $6,4 \times 10^{-5}$, respectivamente. Qual é o valor de $[OH^-]$ em uma solução $Na_2C_2O_4$ 0,0050 M?

Resp. $8,8 \times 10^{-7}$ M

17.92 O ácido malônico é um ácido dibásico que tem $K_1 = 1,49 \times 10^{-3}$ e $K_2 = 2,03 \times 10^{-6}$. Calcule a concentração de íon malonato divalente em (*a*) 0,0010 M em ácido malônico, (*b*) uma solução que é 0,00010 M em ácido malônico e 0,00040 M em HCl.

Resp. (*a*) $2,0 \times 10^{-6}$ M;   (*b*) $3,2 \times 10^{-7}$ M

17.93 Calcule o pH de uma solução 0,010 M de H_3PO_4. As constantes K_1 e K_2 para o H_3PO_4 são, respectivamente, $7,52 \times 10^{-3}$ e $6,23 \times 10^{-8}$.

Resp. 2,24

17.94 (*a*) Calcule a $[H^+]$ em uma solução de H_2SO_4 0,0060 M. A primeira ionização do H_2SO_4 é completa e a segunda tem $K_2 = 1,20 \times 10^{-2}$. (*b*) Qual é a concentração do sulfato nessa solução?

Resp. $[H^+] = 9,4 \times 10^{-3}$ M; (*b*) $[SO_4^{2-}] = 3,4 \times 10^{-3}$ M

17.95 A etilenodiamina, $NH_2C_2H_4NH_2$, é uma base capaz de aceitar um ou dois íons H^+. Os valores de pK_b sucessivos da reação da base neutra e do cátion monovalente (+1) com a água são 3,288 e 6,436, respectivamente. Em uma solução 0,0100 M em etilenodiamina, quais são as concentrações do cátion monovalente e do cátion bivalente?

Resp. $2,03 \times 10^{-3}$ M; $3,66 \times 10^{-7}$ M

17.96 Suponha que 0,0100 mol de NaOH fosse adicionado a 1 L da solução descrita no problema anterior. Quais seriam as concentrações dos cátions mono e bivalentes, após esta adição?

Resp. $5,1 \times 10^{-4}$ M; $1,88 \times 10^{-8}$ M

17.97 Suponha que, em lugar de 0,0100 mol de NaOH, 0,0100 mol de HCl tenha sido adicionado à solução do problema anterior. Calcule as concentrações molares do cátion monovalente, do cátion bivalente e da etilenodiamina eletronicamente neutra.

Resp. 0,010 M; $2,7 \times 10^{-4}$ M; $2,7 \times 10^{-4}$ M

17.98 Os valores de pK_1 e de pK_2 do ácido pirofosfórico são 0,85 e 1,49, respectivamente. Ignorando a terceira e a quarta ionizações deste ácido tetraprótico, qual seria a concentração do ânion com carga menos dois em uma solução 0,050 M deste ácido?

Resp. $1{,}50 \times 10^{-2}$ M

17.99 Qual é a [CO_3^{2-}] em uma solução 0,00100 M em Na_2CO_3, uma vez que as reações de hidrólise tenham atingido o equilíbrio? K_1 e K_2 para o H_2CO_3 são $4{,}30 \times 10^{-7}$ e $5{,}61 \times 10^{-11}$, respectivamente.

Resp. $6{,}6 \times 10^{-4}$ M

17.100 Calcule o pH de uma solução de NaH_2PO_4 0,050 M e Na_3PO_4 0,00200 M. K_1, K_2 e K_3 do H_3PO_4 são $7{,}52 \times 10^{-3}$, $6{,}23 \times 10^{-8}$ e $4{,}5 \times 10^{-12}$, nesta ordem.

Resp. 4,7; 11

17.101 O ácido cítrico é um ácido poliprótico com pK_1, pK_2 e pK_3 iguais a 3,15, 4,77 e 6,39, respectivamente. Calcule as concentrações de H^+, o ânion monovalente, o ânion bivalente e o ânion trivalente em uma solução 0,0100 M do ácido.

Resp. $2{,}3 \times 10^{-3}$ M; $2{,}3 \times 10^{-3}$ M; $1{,}7 \times 10^{-5}$ M; $2{,}9 \times 10^{-9}$ M

17.102 A glicina, um aminoácido com fórmula NH_2CH_2COOH, é básico, devido à presença do grupo —NH_2, e ácido, por conta do grupo —COOH. Em um processo equivalente à ionização de uma base, a glicina pode receber um íon H^+ adicional para formar $+NH_3CH_2COOH$. O cátion resultante pode ser considerado um ácido diprótico, uma vez que o íon H^+ do grupo —COOH e um íon H^+ do grupo —NH_3 com carga positiva podem ser perdidos. Os valores de pK_a destes processos são 2,35 e 9,78. Em uma solução de glicina neutra 0,0100 M, quais são o pH e a porcentagem da glicina presente na forma catiônica, no equilíbrio?

Resp. 6,14; 0,016%

Soluções padrão, indicadores e titulações

17.103 Uma solução tampão foi preparada dissolvendo 0,0200 mol de ácido propiônico e 0,0150 mol de propionato de sódio em água o bastante para um volume final de 1 L. (*a*) Qual é o pH do tampão? (*b*) Qual seria a variação de pH se $1{,}05 \times 10^{-5}$ mol de HCl fosse adicionado a 10 mL do tampão? (*c*) Qual seria a variação do pH se $1{,}0 \times 10^{-5}$ mol de NaOH fosse adicionado a 10 mL do tampão? K_a do ácido propiônico é $1{,}34 \times 10^{-5}$.

Resp. (*a*) 4,75;   (*b*) −0,05;   (*c*) +0,05

17.104 A imidazola básica tem $K_b = 1{,}11 \times 10^{-7}$. (*a*) Quais são as quantidades de HCl 0,0200 M e imidazola 0,0200 M que devem ser misturadas para preparar 100 mL de um tampão a pH 7,0? (*b*) Se o tampão resultante for diluído a 1 L, qual será o pH desse tampão diluído?

Resp. (*a*) 34 mL de ácido e 66 mL de base;   (*b*) 7,00

17.105 Na titulação do HCl com NaOH representada na Figura 17-1 (*a*), calcule o pH após a adição de um total de 20, 30 e 60 mL de NaOH.

Resp. 1,37; 1,60; 11,96

17.106 Na titulação do ácido β-hidroxibutírico, $HC_4H_7O_3$, (pK_a = 4,70), com NaOH (Figura 17-1 (*a*)), calcule o pH após a adição de um total de 20, 30 e 70 mL de NaOH.

Resp. 4,52; 4,88; 12,22

17.107 Na titulação da NH_3 ($K_b = 1{,}75 \times 10^{-5}$) com HCl (Figura 17-1 (*b*)), calcule os volumes totais da solução de HCl necessários para elevar o pH a 10,0 e a 8,0.

Resp. 7,4 mL; 47,3 mL

17.108 O verde de bromocresol, um corante, tem pK_a = 4,95. Considere a observação do ponto final das titulações mostradas na Figura 17-1. Em qual delas o corante atua como indicador de ponto final adequado?

Resp. HCl com NaOH; NaOH com HCl, NH_3 com HCl

17.109 O azul de bromofenol é um indicador com $K_a = 5,84 \times 10^{-5}$. Qual é a porcentagem do indicador encontrada nessa forma básica, em pH 4,84?

Resp. 80%

17.110 Calcule o pH e [NH$_3$] no ponto final da titulação da NH$_3$ ($K_b = 1,75 \times 10^{-5}$) com HCl, nas concentrações indicadas na Figura 17-1 (*b*).

Resp. 5,28; $5,3 \times 10^{-6}$ M

17.111 Se 0,00200 mol de ácido cítrico é dissolvido em 1 L de uma solução tamponada a pH 5,00 (sem variação no volume), quais seriam as concentrações no equilíbrio de ácido cítrico, seu ânion monovalente, seu ânion bivalente e seu ânion trivalente, em solução? Utilize os valores de pK dados no Problema 17.101.

Resp. $5,0 \times 10^{-6}$ M; $3,6 \times 10^{-4}$ M; $6,1 \times 10^{-4}$ M; $2,5 \times 10^{-5}$ M

17.112 Se 0,000500 mol de NaHCO$_3$ é adicionado a um volume grande de uma solução tamponada em pH 8,00, qual seria a quantidade de H$_2$CO$_3$, HCO$_3^-$ e CO$_3^{2-}$? Para o H$_2$CO$_3$, $K_1 = 4,30 \times 10^{-7}$ e $K_2 = 5,61 \times 10^{-11}$.

Resp. $1,14 \times 10^{-5}$ mol; $4,86 \times 10^{-4}$ mol; $2,73 \times 10^{-6}$ mol

17.113 Uma solução tampão com pH = 6,71 pode ser preparada usando soluções de NaH$_2$PO$_4$ e Na$_2$HPO$_4$. Se 0,0050 mol de NaH$_2$PO$_4$ for usado no preparo da solução, qual é a quantidade de Na$_2$HPO$_4$ necessária para preparar 1L de solução? Utilize os valores de K dados no Problema 17.100.

Resp. 0,0016 mol

17.114 Quanto NaOH precisa ser adicionado a 1 L de H$_3$BO$_3$ 0,010 M para preparar uma solução tampão com pH 10,10? O H$_3$BO$_3$ é um ácido monoprótico com $K_a = 5,8 \times 10^{-10}$.

Resp. 0,0088 mol

17.115 Uma solução tampão foi preparada dissolvendo 0,050 mol de ácido fórmico ($K_a = 1,77 \times 10^{-4}$) e 0,060 mol de formato de sódio em água o bastante para um volume final de 1 L. (*a*) Calcule o pH da solução. (*b*) Se essa solução fosse diluída 10 vezes (em volume), qual seria o pH final? (*c*) Se a solução em (*b*) fosse diluída 10 vezes, partindo de *seu volume final*, qual seria o pH da solução diluída obtida?

Resp. (*a*) 3,83; (*b*) 3,85; (*c*) 4,00

17.116 Considere a curva de titulação de uma solução 0,100 M de um ácido fraco, HA, com $K_a = 2,00 \times 10^{-4}$, usando 0,100 M de uma base forte. Calcule o pH (*a*) no início (antes da adição da base); (*b*) no ponto intermediário; (*c*) no ponto final.

Resp. (*a*) 2,35; (*b*) 3,70; (*c*) 8,20

17.117 Os três pontos determinados no problema anterior foram fáceis de calcular. Eles permitem obter uma boa representação gráfica da curva de titulação. Outros valores intermediários, como 10%, 75%, etc., também não impõem dificuldades, mas o cálculo de pontos mais próximos do início e do fim da curva é mais complexo. Determine o pH da titulação (*a*) após adição de 1% e (*b*) após a adição de 99% da base.

Resp. (*b*) 2,41; (*b*) 5,7

Capítulo 18

Precipitados e Íons Complexos

OS COMPLEXOS DE COORDENAÇÃO

Os complexos e compostos de coordenação, apresentados no Capítulo 9, são formados por um átomo ou íon metálico central, na maioria das vezes um metal de transição, a que diferentes grupos químicos se ligam, os *ligantes*. Estes podem ser neutros ou apresentar carga. Nesses compostos, a carga líquida é a soma simples das cargas dos componentes. Ela pode ser neutra, como observado com um composto, ou não (um *íon complexo* ou, expresso em linguagem mais formal, a *entidade de coordenação*). Alguns dos compostos de íons complexos são tão estáveis que os sais preparados com eles não apresentam quantidades expressivas de seus componentes separados. Por exemplo, o íon ferricianeto, $[Fe(CN)_6]^{3-}$, cujas soluções apresentam propriedades distintas daquelas exibidas por seus íons constituintes, Fe^{3+} e CN^-. Muitas vezes o complexo não é muito estável e, em solução, dissocia parcialmente em seus componentes, de acordo com uma constante de equilíbrio (o produto dos produtos dividido pelo produto dos reagentes). Essa constante também determina as concentrações relativas dos participantes na reação, quando não são conhecidos de antemão. Um exemplo é o $[FeBr]^{2+}$, formado ou dissociado com facilidade, bastando pequenas alterações nas condições experimentais.

$$Fe^{3+} + Br^- \rightleftharpoons [FeBr]^{2+} \qquad K_s = \frac{\{[FeBr]^{2+}\}}{[Fe^{3+}][Br^-]}$$

K_s é a *constante da estabilidade*. Quanto maior essa constante, mais estável o complexo.

Observação: Colchetes, [ ], são usados para representar o íon complexo e normalmente para designar molaridade. Observe que utilizamos chaves, { }, para representar a molaridade do íon complexo e continuar representando o íon do modo tradicional. Colchetes dentro de colchetes causaria confusão.

Em alguns casos, um complexo é formado por muitos ligantes, mas as reações envolvidas no processo ocorrem uma por vez. Cada adição *sucessiva* de um ligante tem sua própria equação de equilíbrio, conforme

$$Cd^{2+} + CN^- \rightleftharpoons [CdCN]^+ \qquad K_1 = \frac{\{[CdCN]^+\}}{[Cd^{2+}][CN^-]}$$

$$[CdCN]^+ + CN^- \rightleftharpoons Cd(CN)_2 \qquad K_2 = \frac{[Cd(CN)_2]}{\{[CdCN]^+\}[CN^-]}$$

É possível escrever equações também para a adição de um terceiro e de um quarto cianeto, com constantes K_3 e K_4. Além dos equilíbrios de formação em série, podemos escrever uma única equação global para a formação de um complexo contendo diversos ligantes, com base no cátion livre e nos ligantes. Na verdade, esta equação é a soma das equações de equilíbrio individuais, para cada adição. Além disso, $K_s = K_1 K_2 K_3 K_4$.

$$Cd^{2+} + 4CN^- \rightleftharpoons [Cd(CN)_4]^{2-} \qquad K_s = \frac{\{[CdCN)_4]^{2-}\}}{[Cd^{2+}][CN^-]^4}$$

Equilíbrios entre um íon complexo e seus componentes também podem ser escritos na forma inversa:

$$[Cd(CN)_4]^{2-} \rightleftharpoons Cd^{2+} + 4CN^- \qquad K_d = \frac{[Cd^{2+}][CN^-]^4}{\{[CdCN)_4]^{2-}\}}$$

A *constante de dissociação*, K_d, é o inverso da constante geral de estabilidade, K_s.

Outros símbolos comumente utilizados em livros e tabelas de dados são:

Usados em lugar de K_s: K_f ou K_{form} (constante de formação)

Usados em lugar de K_d: K_{diss} ou K_{inst} (constante de instabilidade)

O PRODUTO DE SOLUBILIDADE

Consideremos o equilíbrio entre AgCl sólido e seus íons dissolvidos em uma solução saturada. Nestas equações, (*s*) indica o estado sólido, (*l*) o estado líquido e (*aq*) diz respeito à substância em solução aquosa.

$$AgCl(s) \rightleftharpoons Ag^+(aq) + Cl^-(aq)$$

A expressão da constante de equilíbrio é igual àquela utilizada nos capítulos anteriores: o produto dos produtos pelo produto dos reagentes. Sólidos e líquidos puros são omitidos dos cálculos.

$$K_{ps} = [Ag^+][Cl^-]$$

O *produto de solubilidade* é o nome especial dado a essa constante, representada por K_{ps}. Uma vez que o lado esquerdo da equação é a substância sólida não dissociada e que os íons estão no lado direito, o valor da constante é dado apenas pelo produto dos produtos. Os produtos de solubilidade para alguns compostos são:

$$K_{ps} \text{ do } BaCO_3 = [Ba^{2+}][CO_3^{2-}] \qquad K_{ps} \text{ do } CaF_2 = [Ca^{2+}][F^-]^2 \qquad K_{ps} \text{ do } Bi_2S_3 = [Bi^{3+}]^2[S^{2-}]^3$$

Em todas as expressões acima, os expoentes são obtidos da equação balanceada, como de hábito. Conforme os capítulos anteriores, a temperatura considerada é 25°C, a menos que dito em contrário.

AS APLICAÇÕES DO PRODUTO DE SOLUBILIDADE NA PRECIPITAÇÃO

A precipitação

O produto da solubilidade pode ser utilizado para explicar e prever o quão completas são as reações de precipitação. É possível substituir as concentrações iniciais na expressão de K_{ps}, comparando o resultado, também chamado de *produto iônico*, ou *Q*, ao valor de K_{ps}.

1. Se o valor obtido é igual a K_{ps}, a solução está saturada.
2. Se o valor obtido é menor que K_{ps}, a solução não está saturada e a precipitação não ocorre.
3. Se o valor obtido for maior que K_{ps}, a solução tem concentração maior que o tolerável e a precipitação ocorre, fazendo com que a concentração se iguale ao valor de K_{ps}.

Exemplo 1 Quando uma quantidade de NaF é adicionada a uma solução saturada de CaF_2, o valor de $[F^-]$ sobe de modo expressivo e o produto das concentrações dos íons, $[Ca^{2+}][F^-]^2$, pode temporariamente exceder o valor do produto de solubilidade. Para restaurar o equilíbrio, uma parte do íon Ca^{2+} se liga a uma quantidade duas vezes maior (em mols) do ânion F^-, formando CaF_2 sólido, até o produto $[Ca^{2+}][F^-]^2$, dos íons em solução, retornar ao valor do produto de solubilidade. Observe que neste caso o valor final de $[F^-]$ é muito maior que o dobro de $[Ca^{2+}]$, uma vez que o NaF faz uma grande contribuição com $[F^-]$ total.

As concentrações dos íons na expressão do produto de solubilidade se referem apenas aos íons simples *em solução*, e não incluem o material no precipitado, pois sólidos não são incluídos nas expressões de *K*. Existem outros equilíbrios entre íons simples e coplexos *em solução*, como na formação de complexos solúveis. Estes equilíbrios são governados por suas próprias constantes de estabilidade.

A solução de precipitados

O produto das concentrações de quaisquer dois íons (elevados às potências necessárias) em uma solução é chamado *produto iônico*, Q, semelhante ao *quociente de reação*, também representado pela letra Q, discutido no Capítulo 16. Sempre que Q calculado a partir de dados de solubilidade for menor que o valor que seu produto de solubilidade, a solução não estará saturada.

Exemplo 2 Suponhamos que o HCl, um doador de H^+, é adicionado a uma solução saturada de $Mg(OH)_2$ em equilíbrio com uma quantidade de soluto não dissolvido. O H^+ remove praticamente todo o OH^- em solução, formando água. Este processo reduz $[OH^-]$ de forma considerável, permitindo que mais $Mg(OH)_2$ dissolva. Com isso, o produto das concentrações iônicas pode outra vez se igualar a K_{ps} do $Mg(OH)_2$. Se todo o $Mg(OH)_2$ dissolver, então não existirá um equilíbrio entre o sólido iônico, consumido por completo, e a solução. Nesse caso, Q será menor que K_{ps}.

A prevenção contra a formação de precipitados

Para impedir a precipitação de um sal ligeiramente solúvel é preciso adicionar alguma substância que mantenha a concentração de um dos íons baixa o bastante para que o produto de solubilidade do sal não seja atingido.

Exemplo 3 O H_2S não precipita o FeS de uma solução de Fe^{2+} fortemente ácida (HCl). A grande $[H^+]$ disponibilizada pelo ácido clorídrico impede a ionização do H_2S (com base no efeito do íon comum), reduzindo $[S^{2-}]$ a ponto de o valor do produto de solubilidade do FeS não ser atingido.

Problemas Resolvidos

18.1 Foi preparado 1 L de uma solução contendo 0,00100 mol de íon prata (Ag^+) e 1,00 mol de NH_3. Qual é a concentração do íon Ag^+ na solução, em equilíbrio? K_d do $[Ag(NH_2)_2]^+$ é $6,0 \times 10^{-8}$.

A maior parte da prata, cerca de 0,00100 mol, está na forma do íon complexo, $[Ag(NH_3)_2]^+$. A concentração de NH_3 livre em equilíbrio permanece essencialmente inalterada, em 1,00 mol/L, uma vez que apenas 0,00200 mol de NH_3 seria consumido para formar 0,0010 mol do complexo.

$$[Ag(NH_3)_2]^+ \rightleftharpoons Ag^+ + 2NH_3$$

$$K_d = \frac{[Ag^+][NH_3]^2}{\{[Ag(NH_3)_2]^+\}} \quad \text{ou} \quad 6,0 \times 10^{-8} = \frac{[Ag^+](1,00)^2}{0,00100}$$

Resolvendo: $[Ag^+] = 6,0 \times 10^{-11}$, o que significa uma concentração de equilíbrio de $6,0 \times 10^{-11}$ mol/L (ou M).

18.2 A K_1 da formação de um complexo de NH_3 com Ag^+ é $2,0 \times 10^3$. Com relação ao Problema 18.1, qual é a concentração de $[Ag(NH_3)]^+$? (*b*) Qual é o valor de K_2 para este sistema?

(*a*) K_1 diz respeito à reação e ao cálculo abaixo:

$$Ag^+ + NH_3 \rightleftharpoons [Ag(NH_3)]^+ \qquad K_1 = \frac{\{[Ag(NH_3)]^+\}}{[Ag^+][NH_3]}$$

Então, com base no Problema 18.1,

$$\{[Ag(NH_3)]^+\} = K_1([Ag^+][NH_3]) = (2,0 \times 10^3)(6,0 \times 10^{-11})(1,00) = 1,2 \times 10^{-7}$$

Este problema é na verdade uma verificação da hipótese adotada no Problema 18.1. Nela, assume-se que praticamente toda a prata dissolvida estava no complexo $[Ag(NH_3)_2]^+$. Se a concentração de $[Ag(NH_3)]^+$ fosse maior que cerca de $1,0 \times 10^{-4}$ M, a hipótese estaria incorreta.

(*b*) K_1, K_2 e K_d estão relacionados de acordo com a expressão abaixo:

$$K_2 = \frac{\{[Ag(NH_3)_2]^+\}}{\{[Ag(NH_3)]^+\}[NH_3]} = \frac{\{[Ag(NH_3)_2]^+\}/[Ag^+][NH_3]^2}{\{[Ag(NH_3)]^+\}/[Ag^+][NH_3]} = \frac{1/K_d}{K_1}$$

$$K_2 = \frac{1}{K_1 K_d} = \frac{1}{(2,0 \times 10^3)(6,0 \times 10^{-8})} = 8,3 \times 10^3$$

18.3 Que quantidade de NH_3 deve ser adicionada a uma solução $Cu(NO_3)_2$ 0,00100 M para reduzir o $[Cu^{2+}]$ a 10^{-13}? K_d do $[Cu(NH_3)_4]^{2+} = 4,35 \times 10^{-13}$. Suponha que a solução somente contenha o complexo de cobre com quatro amônias.

$$[Cu(NH_3)_4]^{2+} \rightleftharpoons Cu^{2+} + 4NH_3 \qquad K_d = \frac{[Cu^{2+}][NH_3]^4}{\{[Cu(NH_3)_4]^{2+}\}} = 4,35 \times 10^{-13}$$

Uma vez que a soma das concentrações de cobre no complexo e no estado iônico livre precisa ser igual a 0,00100 mol/L e que a quantidade do íon livre é muito pequena, a concentração do complexo utilizada no cálculo é 0,00100 mol/L.

Seja $x = [NH_3]$. Então,

$$\frac{(10^{-13})(x^4)}{0,00100} = 4,35 \times 10^{-13} \qquad \text{ou} \qquad x^4 = 4,35 \times 10^{-3} \qquad \text{ou} \qquad x = 0,26$$

A concentração de NH_3 em equilíbrio é 0,26 mol/L. A quantidade de NH_3 consumida na formação de 0,00100 mol/L do complexo é 0,0040 mol/L, uma quantidade insignificante, se comparada à quantidade restante no equilíbrio. Logo, a quantidade de NH_3 necessária é 0,26 mol/L.

18.4 Antes da formação de complexos, a concentração de Cd^{2+} em solução era 0,00025 M e a concentração de I^- era 0,0100 M. Para a formação dos complexos de Cd^{2+} e I^-, $K_1 = 190$ e $K_2 = 44$. Quais são as porcentagens de cádmio nas formas Cd^{2+}, $[CdI]^+$ e CdI_2 no equilíbrio?

Seja $[Cd^{2+}] = x$. $\{[CdI]^+\} = y$ e $[CdI_2] = z$. Suponha que $[I^-]$ permaneça no intervalo de precisão deste problema, 0,0100. (No máximo, apenas 0,0005 poderia ser complexado.)

$$\begin{array}{cc} Cd^{2+} + I^- \rightleftharpoons [CdI]^+ & [CdI]^+ + I^- \rightleftharpoons CdI_2 \\ x \quad 0,0100 \quad y & y \quad 0,0100 \quad z \end{array}$$

$$K_1 = \frac{y}{0,0100x} = 190 \qquad y = 1,90x \qquad K_2 = \frac{z}{0,0100y} = 44 \qquad z = 0,44y$$

$$z = (0,44)(1,90x) = 0,84x$$

$$x + y + z = 0,00025 = x + 1,90x + 0,84x = 3,74x$$

$$x = 6,7 \times 10^{-5} M \qquad y = 12,7 \times 10^{-5} M \qquad z = 5,6 \times 10^{-5} M$$

$$[Cd^{2+}] = \frac{6,7 \times 10^{-5} M}{2,5 \times 10^{-4} M} \times 100\% = 27\% \qquad \{[CdI]^+\} = \frac{1,27 \times 10^{-5} M}{2,5 \times 10^{-4} M} \times 100\% = 51\%$$

$$[CdI_2] = \frac{5,6 \times 10^{-5} M}{2,5 \times 10^{-4} M} \times 100 = 22\%$$

Observe o contraste entre este problema e o Problema 18.2, onde a concentração do agente complexante e K_2 (em comparação com K_1) eram altos o bastante para deslocar a reação de complexação quase que por completo na direção da forma totalmente complexada.

O produto de solubilidade e a precipitação

18.5 A solubilidade do $PbSO_4$ em água é 0,038 g/L. Calcule o produto da solubilidade do $PbSO_4$.

$$PbSO_4(s) \rightleftharpoons Pb^{2+}(aq) + SO_4^{2-}(aq)$$

As concentrações dos íons precisam ser expressas em mols por litro. Para converter 0,038 g/L em mols de íons por litro, dividimos o valor pela massa molar do $PbSO_4$, 303, usando valores arredondados de massa.

$$\frac{0,038 \text{ g/L}}{303 \text{ g/mol}} = 1,23 \times 10^{-4} \text{ mol/L}$$

Uma vez que $1,25 \times 10^{-4}$ mol de $PbSO_4$ dissolvido gera $1,25 \times 10^{-4}$ mol de Pb^{2+} e de SO_4^{2-}, K_{ps} é calculado por

$$K_{ps} = [Pb^{2+}][SO_4^{2-}] = (1,25 \times 10^{-4})(1,25 \times 10^{-4}) = 1,6 \times 10^{-8}$$

Esse método pode ser aplicado a qualquer sal de solubilidade média cujos íons não hidrolisam de maneira apreciável ou formam complexos solúveis. Sulfetos, carbonatos, fosfatos e os sais de muitos metais de transição, como o ferro, precisam ser considerados levando em conta a hidrólise e, em alguns casos, a complexação. Alguns exemplos são dados nos problemas abaixo.

18.6 A solubilidade do Ag_2CrO_4 na água é 0,022 g/L. Calcule o produto de solubilidade.

$$Ag_2CrO_4 \rightleftharpoons 2Ag^+ + CrO_4^{2-}$$

Para converter 0,022 g/L em mol/L de íons, dividimos o valor pela massa molar do Ag_2CrO_4, 332.

$$0,022 \text{ g/L} = \frac{0,022 \text{ g/L}}{332 \text{ g/mol}} = 6,6 \times 10^{-5} \text{ mol/L}$$

Uma vez que 1 mol de Ag_2CrO_4 dissolvido gera 2 mols de Ag^+ e 1 mol de CrO_4^{2-},

$$[Ag^+] = 2(6,6 \times 10^{-5}) = 1,3 \times 10^{-4} \qquad [CrO_4^{2-}] = 6,6 \times 10^{-5}$$

e $\qquad K_{ps} = [Ag^+]^2 [CrO_4^{2-}] = (1,3 \; 10^{-4})^2 (6,6 \times 10^{-5}) = 1,1 \times 10^{-12}$

18.7 O produto da solubilidade do $Pb(IO_3)_2$ é $2,5 \times 10^{-13}$. Qual é a solubilidade do composto em (*a*) mol/L e (*b*) g/L?

(*a*) Vamos considerar que a solubilidade do $Pb(IO_3)_2$ é x mol/L. Logo, $[Pb^{2+}] = x$ e $[IO_3^-] = 2x$.

$$K_{ps} = [Pb^{2+}][IO_3^-]^2 \qquad \text{que é} \qquad x(2x)^2 = 2,5 \times 10^{-13}$$

Logo, $\qquad 4x^3 = 2,5 \times 10^{-13}, x^3 = 6,2 \times 10^{-14}$ e $x = 4,0 \times 10^{-5}$

(*b*) Solubilidade = $(4,0 \times 10^{-5} \text{ mol/L})(557 \text{ g/mol}) = 0,022$ g/L

18.8 A $[Ag^+]$ de uma solução é 4×10^{-3}. Calcule $[Cl^-]$ que deve ser excedida antes de o AgCl precipitar. O produto da solubilidade do AgCl a 25°C é $1,8 \times 10^{-10}$.

$$K_{ps} = [Ag^+][Cl^-] \qquad 1,8 \times 10^{-10} = (4 \times 10^{-3})[Cl^-] \qquad [Cl^-] = 5 \times 10^{-8} \text{ M}$$

O cálculo acima nos diz que uma solução saturada de contém 5×10^{-8} mol/L do íon cloreto (lembre-se que K_{ps} é válida para o estado de saturação). Se a concentração do íon cloreto ultrapassasse 5×10^{-8}, a precipitação do AgCl se verificaria.

Este problema difere dos anteriores porque os dois íons que formam o precipitado são cedidos em solução, de forma independente. É uma situação analítica típica, em que uma parte do cloreto solúvel é adicionada (qualquer composto solúvel com cloreto pode ser usado, como o NaCl), causando a precipitação do íon prata, presente em solução.

18.9 Calcule a solubilidade molar do CaF_2 ($K_{ps} = 3,9 \times 10^{-11}$) em uma solução 0,015 M em NaF.

Devido à concentração de F^- elevada, o íon comum, a solubilidade é bastante baixa. A contribuição de F^- pelo CaF_2 é insignificante, comparada à concentração de F^- disponibilizada pelo NaF.

$$K_{sp} = [Ca^{2+}][F^-]^2 \qquad 3,9 \times 10^{-11} = [Ca^{2+}](0,015)^2 \qquad [Ca^{2+}] = \frac{3,9 \times 10^{11}}{(0,015)^2} = 1,7 \times 10^{-7} \text{ M}$$

A solubilidade do CaF_2 é $1,7 \times 10^{-7}$ mol/L. A $[F^-]$ do CaF_2 é $2(1,7 \times 10^{-7})$, ou $3,4 \times 10^{-7}$ M em F^-, que pode ser ignorada, como dito acima, pois é insignificante, comparada a 0,015 M em F^-.

18.10 Calcule a concentração de Ag^+, CrO_4^{2-}, NO_3^- e K^+ no equilíbrio, quando 30 mL de $AgNO_3$ 0,0100 M são misturados a 20 mL de K_2CrO_4 0,010 M. K_{ps} do Ag_2CrO_4 é $1,1 \times 10^{-12}$.

Se a precipitação não ocorresse, as concentrações abaixo seriam observadas, considerando a diluição durante a mistura dos volumes de cada solução, totalizando um volume de 50 mL. (30 mL $AgNO_3(aq)$ + 20 mL $K_2CrO_4(aq)$ = 50 mL após a mistura).

$$[CrO_4^{2-}] = \left(\frac{20}{50}\right)(0,010) = 0,0040\,M \qquad [K^+] = 2[CrO_4^{2-}] = 0,0080\,M$$

$$[Ag^+] = [NO_3^-] = \left(\frac{30}{50}\right)(0,010) = 0,0060\,M$$

Uma vez que K^+ e NO_3^- não reagem, os valores de $[K^+]$ e $[NO_3^-]$ são os mesmos calculados acima, independentemente do que ocorre com o Ag^+ e o CrO_4^{2-}.

Para determinar se um precipitado se formará, calculamos o produto iônico, Q, e o comparamos com K_{ps}.

$$Q = [Ag^+]^2[CrO_4^{2-}] = (0,0060)^2(0,004) = 1,4 \times 10^{-7} \qquad K_{ps} = 1,2 \times 10^{-12}$$

Uma vez que $Q > K_{ps}$, ocorre a precipitação.

É necessário apenas 0,0030 mol/L de CrO_4^{2-} para precipitar todo o Ag^+. O excesso de CrO_4^{2-}, 0,0010 mol/L, garante que a quantidade de Ag^+ restante em solução será muito pequena. A $[CrO_4^{2-}]$ equivalente à $[Ag^+]$ restante em solução também será diminuta, comparada ao excesso de 0,0010 mol/L. Logo, após a precipitação do Ag_2CrO_4, temos:

$$K_{ps} = 1,1 \times 10^{-12} = [Ag^+]^2[CrO_4^{2-}] = [Ag^+](0,0010)$$

$$[Ag^+]^2 = 101 \times 10^{-9} \quad \text{ou} \quad [Ag^+] = 3,3 \times 10^{-5}\,M$$

O valor acima é pequeno o bastante para validar a hipótese adotada. A solução final é $3,3 \times 10^{-5}$ M em Ag e 0,0010 M em CrO_4^{2-}.

18.11 Calcule a solubilidade do AgCN em uma solução tampão de pH 3,00. K_{ps} do AgCN $= 6,0 \times 10^{-17}$; K_a do HCN $= 4,93 \times 10^{-10}$.

A solução contém prata, dissolvida na forma Ag^+. Porém, o cianeto que dissolve é convertido em HCN, em sua maior parte, devido à acidez fixa do tampão. Vamos calcular a razão de [HCN] para $[CN^-]$.

$$K_a = \frac{[H^+][CN^-]}{[HCN]} \qquad \text{ou} \qquad \frac{[HCN]}{[CN^-]} = \frac{[H^+]}{K_a} = \frac{1,0 \times 10^{-3}}{4,93 \times 10^{-10}} = 2,0 \times 10^6$$

Os dois equilíbrios podem ser combinados para dar um valor global de K para o processo de dissolução:

$$AgCN(s) \rightleftharpoons Ag^+ + CN^- \qquad K_{ps}\text{ é }6,0 \times 10^{-17}$$

Subtraindo: $\qquad HCN \rightleftharpoons H^+ + CN^- \qquad K_a\text{ é }4,93 \times 10^{-10}$

$$AgCN(s) + H^+ \rightleftharpoons Ag^+ + HCN \qquad K = \frac{K_{ps}}{K_a} = \frac{6,0 \times 10^{-17}}{4,93 \times 10^{-10}} = 1,22 \times 10^{-7}$$

Seja a solubilidade do AgCN x mol/L. Então temos,

$$x = [Ag^+]\text{ no equilíbrio} \qquad x = [CN^-]+[HCN]$$

O erro ao desconsiderarmos $[CN^-]$ em comparação com [HCN] e igualando [HCN] a x é muito pequeno (1 parte em 2 milhões).

$$K = 1,22 \times 10^{-7} = \frac{[Ag^+][HCN]}{[H^+]} = \frac{x^2}{1,00 \times 10^{-3}} \qquad \text{portanto} \qquad x = 1,1 \times 10^{-5}$$

18.12 Calcule a concentração do íon amônio (cedido pelo NH_4Cl) necessário para impedir a precipitação do $Mg(OH)_2$ em 1 L de solução contendo 0,0100 mol de amônia e 0,00100 mol de Mg^{2+}. A constante de ionização da amônia é $1,75 \times 10^{-5}$. O produto da solubilidade do $Mg(OH)_2$ é $7,1 \times 10^{-12}$.

Primeiro, calculamos a $[OH^-]$ máxima presente em solução, sem a precipitação do $Mg(OH)_2$.

$$[Mg^{2+}][OH^-]^2 = 7,1 \times 10^{-12}$$

$$[OH^-] = \sqrt{\frac{7,1 \times 10^{-12}}{[Mg^{2+}]}} = \sqrt{\frac{7,1 \times 10^{-12}}{0,0010}} = \sqrt{7,1 \times 10^{-9}} = 8,4 \times 10^{-5}\,M$$

Após, calculamos a concentração máxima do íon amônio (disponibilizado pelo NH_4Cl) necessária para manter a concentração do íon hidróxido igual ou menor a $8,4 \times 10^{-5}$ M.

$$NH_3 + H_2O \rightleftharpoons NH_4^+ + OH^- \qquad K_b = \frac{[NH_4^+][OH^-]}{[NH_3]}$$

$$1,75 \times 10^{-5} = \frac{[NH_4^+](8,4 \times 10^{-5})}{0,0100} \qquad \text{torna-se} \qquad [NH_4^+] = 2,1 \times 10^{-3} \text{ M}$$

Uma vez que 0,0100 M NH_3 está ligeiramente ionizada, sobretudo na presença de excesso de NH_4^+, a concentração da amônia pode ser considerada como 0,0100 M.

18.13 Inicialmente, 1 L de uma solução de $HClO_4$ 0,003 M continha 2×10^{-4} mol de Mn^{2+} e igual quantidade de Cu^{2+}. Após, ela foi saturada com H_2S. Determine se os íons Mn^{2+} e Cu^{2+} precipitam como sulfeto. A solubilidade do H_2S é 0,10 mol/L, supondo que seja independente da presença de outras substâncias em solução. K_{ps} do MnS = 3×10^{-14}; K_{ps} do CuS = 8×10^{-37}. Para o H_2S, $K_1 = 1,0 \times 10^{-7}$; $K_2 = 1,2 \times 10^{-13}$.

$[H_2S] = 0,10$, uma vez que a solução está saturada com o composto. Além disso, sua contribuição com H^+ é insignificante, comparada com o $HClO_4$, que contribui com $[H^+] = 0,003$. Calculamos $[S^{2-}]$ com base nas constantes de ionização combinadas.

$$H_2S \rightleftharpoons 2H^+ + S^{2-} \qquad K_1K_2 = \frac{[H^+]^2[S^{2-}]}{[H_2S]}$$

$$K_1K_2 = (1,0 \times 10^{-7})(1,2 \times 10^{-13}) = 1,2 \times 10^{-20}$$

$$[S^{2-}] = (1,2 \times 10^{-20})\frac{[H_2S]}{[H^+]^2} = (1,2 \times 10^{-20})\frac{0,10}{(0,003)^2} = 1,3 \times 10^{-16} \text{ M}$$

Com base no produto iônico, Q, em cada caso, usando as concentrações iniciais e comparando com K_{ps}:

Para o MnS: $\qquad Q = [Mn^{2+}][S^{2-}] = (2 \times 10^{-4})(1,3 \times 10^{-16}) = 2,6 \times 10^{-20}$, menor que $K_{ps} = 3 \times 10^{-14}$

Para o CuS: $\qquad Q = [Cu^{2+}][S^{2-}] = (2 \times 10^{-4})(1,3 \times 10^{-16}) = 2,6 \times 10^{-20}$, maior que $K_{ps} = 8 \times 10^{-37}$.

Nossas conclusões são que o MnS permanece em solução enquanto o CuS precipita. Este exemplo mostra como dois íons metálicos podem ser separados controlando a acidez da solução durante a adição de um reagente. Não há razões pelas quais este processo não possa ser usado com fins comerciais, sobretudo considerando o fato de que o ácido usado não é caro.

Na verdade, durante a precipitação do CuS, uma quantidade adicional de H^+ é adicionada ao meio, disponibilizada pelo H_2S, o que diminui a concentração de equilíbrio do S^{2-} em solução. Contudo, esta redução não é expressiva o bastante para influenciar o resultado previsto acima. Esta característica será estudada em detalhe no próximo problema.

18.14 No Problema 18.13, qual é a quantidade de Cu^{2+} que permanece em solução, sem precipitar?

A maior parte do Cu^{2+} precipita, e uma quantidade igual a $2(2 \times 10^{-4})$ mol/L de H^+ é adicionada à solução, disponibilizada pelo H_2S. Com isso, $[H^+]$ total passa a 0,0034 M. Considerando essa correção,

$$[S^{2-}] = (1,2 \times 10^{-20})\frac{0,10}{(0,0034)^2} = 1,0 \times 10^{-16} \text{ M}$$

$$[Cu^{2+}] = \frac{K_{ps}}{[S^{2-}]} = \frac{8 \times 10^{-37}}{1,0 \times 10^{-16}} = 8 \times 10^{-21} \text{ M}$$

Percebemos que 8×10^{-21} mol/L de Cu^{2+} restam em solução. Em base percentual, a quantidade de Cu^{2+} restante e que não precipita é:

$$\frac{8 \times 10^{-21}}{2 \times 10^{-4}} \times 100\% = 4 \times 10^{-15}\%$$

18.15 Se a solução discutida no Problema 18.13 fosse neutralizada com a redução de $[H^+]$ a 10^{-7} M, o MnS precipitaria?

$$[S^{2-}] = (1{,}2 \times 10^{-20})\frac{0{,}10}{(10^{-7})^2} = 1{,}2 \times 10^{-7} \text{ M}$$

$$Q = [\text{Mn}^{2+}][S^{2-}] = (2 \times 10^{-4})(1{,}2 \times 10^{-7}) = 2{,}4 \times 10^{-11}$$

Uma vez que $2{,}4 \times 10^{-11}$ é maior que K_{ps}, que é 3×10^{-14}, o composto precipita.

Reduzindo $[\text{H}^+]$ a 10^{-7} aumenta a ionização do H_2S a um ponto em que a quantidade de S^{2-} disponibilizada em solução é alta o bastante para que o produto da solubilidade do MnS seja excedido.

18.16 Quanta NH_3 precisa ser adicionada a uma solução 0,0040 M em Ag^+ para impedir a precipitação de AgCl, quando $[\text{Cl}^-]$ atinge 0,0010? K_{ps} do AgCl é $1{,}8 \times 10^{-10}$ e K_d do $[\text{Ag}(\text{NH}_3)_2]^+$ é $6{,}0 \times 10^{-8}$.

Assim como é possível usar ácidos para reduzir a concentração de ânions em solução, agentes complexantes podem ser utilizados, em alguns casos, para diminuir a concentração de cátions. Neste problema, a adição de amônia converte a maior parte da prata em um íon complexo, $[\text{Ag}(\text{NH}_3)_2]^+$. O valor máximo de $[\text{Ag}^+]$, sem que haja precipitação, pode ser calculado com base no produto de solubilidade.

$$[\text{Ag}^+][\text{Cl}^-] = 1{,}8 \times 10^{-10} \quad \text{ou} \quad [\text{Ag}^+] = \frac{1{,}8 \times 10^{-10}}{[\text{Cl}^-]} = \frac{1{,}8 \times 10^{-10}}{0{,}0010} = 1{,}8 \times 10^{-7} \text{ M}$$

É preciso adicionar uma quantidade de NH_3 grande o bastante para manter $[\text{Ag}^+]$ abaixo de $1{,}8 \times 10^{-7}$. A concentração de $[\text{Ag}(\text{NH}_3)_2]^+$ neste limite seria dada por $0{,}0040 - (1{,}8 \times 10^{-7})$, ou praticamente 0,0040.

$$\frac{[\text{Ag}^+][\text{NH}_3]^2}{\{[\text{Ag}(\text{NH}_3)_2]^+\}} = K_d \quad \text{ou} \quad [\text{NH}_3]^2 = \frac{K_d\{[\text{Ag}(\text{NH}_3)_2]^+\}}{[\text{Ag}^+]} = \frac{(6{,}0 \times 10^{-8})(0{,}0040)}{1{,}8 \times 10^{-7}} = 1{,}33 \times 10^{-3}$$

Logo, $[\text{NH}_3]$ é 0,036 M. A quantidade de NH_3 a ser adicionada é igual à soma da quantidade de NH_3 livre restante em solução e a quantidade de NH_3 consumida na formação de 0,0040 mol/L do íon complexo, $[\text{Ag}(\text{NH}_3)_2]^+$. Esta soma é $0{,}036 + 2(0{,}004) = 0{,}044$ mol de NH_3 a ser adicionado, por litro de solução.

18.17 Qual é a solubilidade do AgSCN em uma solução de NH_3 0,0030 M? K_{ps} do AgSCN é $1{,}1 \times 10^{-12}$ e K_d do $[\text{Ag}(\text{NH}_3)_2]^+$ é $6{,}0 \times 10^{-8}$.

Podemos assumir que praticamente toda prata dissolvida existe na forma do complexo $[\text{Ag}(\text{NH}_3)_2]^+$. Se a solubilidade do AgSCN for x M, então $x = [\text{SCN}^-] = [\text{Ag}(\text{NH}_3)_2]^+$. Logo, a concentração da Ag^+ não complexada pode ser estimada com base em K_d, considerando que $[\text{NH}_3]$ não varia, para simplificar.

$$\frac{[\text{Ag}^+][\text{NH}_3]^2}{\{[\text{Ag}(\text{NH}_3)_2]^+\}} = K_d \quad \text{ou} \quad [\text{Ag}^+] = \frac{K_d\{[\text{Ag}(\text{NH}_3)_2]^+\}}{[\text{NH}_3]^2} = \frac{(6{,}0 \times 10^{-8})x}{(0{,}0030)^2} = 6{,}7 \times 10^{-3}x$$

Esse resultado concorda com nossas primeiras hipóteses. A razão entre a quantidade de prata não complexada e a de prata complexada em solução é de apenas $6{,}7 \times 10^{-3}$. Os dois equilíbrios podem ser combinados, resultando em um valor global de K para o processo de dissolução:

$$\begin{array}{lll} & \text{AgSCN}(s) \rightleftharpoons \text{Ag}^+ + \text{SCN}^- & K_{ps} \\ \text{Subtraindo:} & [\text{Ag}(\text{NH}_3)_2]^+ \rightleftharpoons \text{Ag}^+ + 2\text{NH}_3 & K_d \\ \hline & \text{AgSCN} + \text{NH}_3 \rightleftharpoons [\text{Ag}(\text{NH}_3)_2]^+ + \text{SCN}^- & K = \dfrac{K_{ps}}{K_d} = \dfrac{1{,}1 \times 10^{-12}}{6{,}0 \times 10^{-8}} = 1{,}8 \times 10^{-5} \end{array}$$

$$K = 1{,}8 \times 10^{-5} = \frac{\{[\text{Ag}(\text{NH}_3)_2]^+\}[\text{SCN}^-]}{[\text{NH}_3]^2} = \frac{x^2}{(0{,}0030)^2} \quad \text{resolvendo} \quad x = 1{,}3 \times 10^{-5}$$

Nossa segunda hipótese é confirmada pela resposta. Se $1{,}3 \times 10^{-5}$ mol de complexo é formado por litro, então a quantidade de NH_3 consumida na complexação é $2(1{,}3 \times 10^{-5}) = 2{,}6 \times 10^{-5}$ mol/L. A concentração da NH_3 restante em solução permanece essencialmente inalterada, em relação ao valor inicial, 0,0030 M.

18.18 Calcule a solubilidade simultânea do CaF_2 ($K_{ps} = 3{,}9 \times 10^{-11}$) e do SrF_2 ($K_{ps} = 2{,}9 \times 10^{-9}$).

As duas solubilidades não são independentes, porque os dois compostos compartilham um íon em comum, o fluoreto. Vamos supor que a maior parte do fluoreto na solução saturada é disponibilizada pelo SrF_2, uma vez que K_{ps} deste composto é muito maior que a do CaF_2. Com isso, procedemos resolvendo para a solubilidade do SrF_2, como se o CaF_2 não estivesse presente.

Se a solubilidade do SrF_2 é x M, $x = [Sr^{2+}]$ e $2x = [F^-]$. Logo,

$$4x^3 = K_{ps} = 2{,}9 \times 10^{-9} \quad \text{ou} \quad x = 9 \times 10^{-4}$$

A solubilidade do CaF_2 é alterada, por conta da concentração de F^-, definida pela solubilidade do SrF_2.

$$[Ca^{2+}] = \frac{K_{ps}}{[F^-]^2} = \frac{3{,}9 \times 10^{-11}}{(2 \times 9 \times 10^{-14})^2} = 1{,}2 \times 10^{-5} \text{ M}$$

Esta informação nos dá o valor de $1{,}2 \times 10^{-5}$ como solubilidade do CaF_2.

Teste da hipótese: A quantidade de F^- disponibilizada com a solubilização do CaF_2 equivale ao dobro da concentração do Ca^{2+}, ou $2{,}4 \times 10^{-5}$ M. Este valor é muito pequeno, se comparado à quantidade de F^- gerada pelo SrF_2, $2(9{,}0 \times 10^{-4}) = 1{,}8 \times 10^{-3}$ M.

Uma solução mais geral, que não seja baseada em hipóteses, é a seguinte: seja $x = [Ca^{2+}]$; $x[F^-]^2 = 3{,}9 \times 10^{-11}$; $[Sr^{2+}][F^-]^2 = 2{,}9 \times 10^{-9}$.

$$\text{Dividindo} \quad \frac{[Sr^{2+}][F^-]^2}{x[F^-]^2} = \frac{2{,}9 \times 10^{-9}}{3{,}9 \times 10^{-11}} = 74{,}4 \quad \text{ou} \quad [Sr^{2+}] = 74{,}4x$$

[Observe que os íons fluoreto elevados ao quadrado se cancelam.]

$$[F^-] = 2([Ca^{2+}] + [Sr^{2+}]) = 2(x + 74{,}4x) = 2(75{,}4x) = 151x$$

Logo, substituindo o valor de K_{ps} para CaF_2, temos:

$$(x)(151x^2) = 3{,}9 \times 10^{-11} \quad x = 1{,}2 \times 10^{-5} \quad \text{(a solubilidade do } CaF_2\text{)}$$
$$74{,}4x = 8{,}9 \times 10^{-4} \quad \text{(a solubilidade do } SrF_2\text{)}$$

18.19 Calcule a solubilidade simultânea do AgSCN e AgBr. Os produtos de solubilidade desses sais são $1{,}1 \times 10^{-12}$ e $5{,}0 \times 10^{-13}$, respectivamente.

Uma vez que as solubilidades não são muito diferentes, a segunda abordagem adotada no Problema 18.18 é *necessária*. Seja $x = [Br^-]$. Com isso, calculamos a razão das K_{ps}.

$$\frac{[Ag^+][SCN^-]}{[Ag^+][Br^-]} = \frac{1{,}1 \times 10^{-12}}{5{,}0 \times 10^{-13}} = \frac{[SCN^-]}{x} \quad \text{resolvendo} \quad [SCN^-] = 2{,}2x$$

[Observe que os íons prata se cancelam.]

Então, substituindo na expressão de K_{ps} de AgBr,

$$[Ag^+][Br^-] = (3{,}2x)(x) = 5{,}0 \times 10^{-13} \quad \text{ou} \quad 3{,}2x^2 = 5{,}0 \times 10^{-13}$$
$$x = 4{,}0 \times 10^{-7} \quad \text{(solubilidade do AgBr)}$$
$$2{,}2x = 8{,}8 \times 10^{-7} \quad \text{(solubilidade do AgSCN)}$$

18.20 Calcule a solubilidade do MnS em água pura. K_{ps} é 3×10^{-14}. K_1 e K_2 do H_2S são $1{,}0 \times 10^{-7}$ e $1{,}2 \times 10^{-13}$, respectivamente.

Este problema difere dos problemas semelhantes envolvendo cromatos, oxalatos, sulfatos e iodatos. A diferença está no alto grau de hidrólise do íon sulfeto.

$$S^{2-} + H_2O \rightleftharpoons HS^- + OH^- \quad K_b = \frac{K_w}{K_2} = \frac{10^{-14}}{1{,}2 \times 10^{-13}} = 0{,}083$$

Se x mol/L é a solubilidade do MnS, não é possível simplesmente considerar x igual a $[S^{2-}]$. Em vez disso, $x = [S^{2-}] + [HS^-] + [H_2S]$. Para simplificar, podemos utilizar a abordagem que diz que a primeira etapa da hidrólise é quase completa e que a segunda etapa evolui apenas ligeiramente (com pouco ou mesmo nenhum H_2S em solução). Em outras palavras: $x = [Mn^{2+}] = [HS^-] = [OH^-]$.

$$[S^{2-}] = \frac{[HS^-][OH^-]}{K_b} = \frac{x^2}{0{,}083}$$

No equilíbrio, $\quad [Mn^{2+}][S^{2-}] = \frac{x(x)^2}{0{,}083} = K_{ps} = 3 \times 10^{-14} \quad \text{ou} \quad x = 1{,}4 \times 10^{-5}$

Teste da hipótese:

(1) $$[S^{2-}] = \frac{x^2}{0,083} = \frac{(1,4 \times 10^{-5})^2}{0,083} = 2,4 \times 10^{-9}$$

$[S^{2-}]$ é insignificante, se comparada a $[HS^-]$.

(2) $$[H_2S] = \frac{[H^+][HS^-]}{K_1} = \frac{K_w[HS^-]}{K_1[OH^-]} = \frac{10^{-14}x}{10^{-7}x} = 10^{-7}$$

$[H_2S]$ também é pequena, comparada a $[HS^-]$.

As aproximações acima não seriam válidas para sulfetos, como o CuS, que são muito mais solúveis que o MnS. Primeiro, a ionização da água passaria a desempenhar um papel relevante na determinação de $[OH^-]$. Segundo, o segundo estágio da hidrólise, que produz $[H_2S]$, não seria insignificante, comparado ao primeiro. Mesmo para o MnS, surge uma complicação adicional, por conta da complexação do Mn^{2+} com o OH^-. O tratamento completo envolvendo as solubilidades dos sulfetos é complexo, pois os diversos equilíbrios precisam ser levados em conta.

Se a hidrólise não tivesse sido considerada, a resposta teria sido simplesmente a raiz quadrada de 3×10^{-14}, que é $1,7 \times 10^{-7}$, o que subestima a solubilidade em cerca de 80 vezes! ($1,4 \times 10^{-5}/1,7 \times 10^{-7} = 80$). Logo, a hidrólise aumenta, de modo expressivo, a solubilidade dos sulfetos – e não pode ser ignorada.

18.21 Uma solução foi preparada com 500 mL de $AgNO_3$ 0,0100 M e 500 mL de outra solução, 0,0100 M em NaCl e 0,0100 M em NaBr. K_{ps} do AgCl é $1,8 \times 10^{-10}$; e K_{ps} do AgBr é $5,0 \times 10^{-13}$. Calcule as concentrações no equilíbrio dos íons $[Ag^+]$, $[Cl^-]$ e $[Br^-]$.

Se não houvesse precipitação, o efeito da diluição na mistura permitiria afirmar que

$$[Ag^+] = [Cl^-] = [Br^-] = ½ (0,0100) = 0,0050 \text{ M}$$

O AgBr é o sal mais insolúvel e precipitaria antes dos outros. Para saber se o AgCl também precipita, vamos supor que isto não ocorre, nos cálculos iniciais. De posse dessa informação, podemos calcular Q do AgCl e comparar o resultado a K_{ps}, como fizemos nos problemas acima. No caso desta diluição, apenas Ag^+ e Br^- seriam removidos por precipitação e as concentrações dos dois íons em solução continuariam idênticas uma à outra.

$$[Ag^+][Cl^-] = [Ag^+]^2 = K_{ps} = 5,0 \times 10^{-13}$$

ou $$[Ag^+] = [Br^-] = 7,1 \times 10^{-7} \text{ M}$$

Podemos agora examinar o produto iônico do AgCl.

$$[Ag^+][Cl^-] = (7,1 \times 10^{-7})(5,0 \times 10^{-3}) = 3,6 \times 10^{-9}$$

Uma vez que o produto iônico é maior que o valor de K_{ps} do AgCl, uma quantidade mínima de AgCl vai precipitar. Isso prova que nossa primeira hipótese não é válida.

Além disso, considerando que os dois halogênios precipitam, as exigências relativas aos produtos de suas solubilidades precisam ser atendidas concomitantemente.

$$[Ag^+][Cl^-] = 1,8 \times 10^{-10} \quad (1)$$

$$[Ag^+][Br^-] = 5,0 \times 10^{-13} \quad (2)$$

A terceira equação precisa definir as três incógnitas em uma equação que expresse o balanceamento das cargas positivas e negativas em solução:

$$[Na^+] + [Ag^+] = [Cl^-] + [Br^-] + [NO_3^-]$$

$$0,0100 + [Ag^+] = [Cl^-] + [Br^-] + 0,0050$$

ou $$[Cl^-] + [Br^-] - [Ag^+] = 0,0050 \quad (3)$$

Dividindo (*1*) por (*2*): $[Cl^-]/[Br^-] = 360$. Percebemos que Br^- desempenha um papel insignificante na concentração total de ânions em solução. Além disso, $[Ag^+]$ é insignificante em (*3*), devido à insolubilidade dos dois sais de prata. Portanto, podemos concluir que, em (*3*), $[Cl^-] = 0,0050$.

A partir de (1), $\quad [Ag^+] = \dfrac{1{,}8 \times 10^{-10}}{[Cl^-]} = \dfrac{1{,}8 \times 10^{-10}}{0{,}0050} = 3{,}6 \times 10^{-8}\,M$

A partir de (2), $\quad [Br^-] = \dfrac{5{,}0 \times 10^{-13}}{[Ag^+]} = \dfrac{5{,}0 \times 10^{-13}}{3{,}6 \times 10^{-8}} = 1{,}4 \times 10^{-5}\,M$

Teste da hipótese: Tanto $[Ag^+]$ quanto $[Br^-]$ são insignificantes, se comparadas a 0,0050 M.

Observe que, de modo geral, na presença dos dois precipitados, a razão das concentrações dos ânions precisa ser igual à razão correspondente dos valores de K_{ps} (conforme pode ser confirmado, pelos resultados acima). Além disso, podemos observar que algumas gotas adicionais de $AgNO_3$ (mas não o bastante para reduzir $[Cl^-]$ de modo expressivo) gera mais $AgCl(s)$, mas não altera as respostas acima.

18.22 Quanto Ag^+ permanece em solução após a mistura de volumes iguais de $AgNO_3$ 0,080 M e HOCN 0,080 M? K_{ps} do AgOCN é $2{,}3 \times 10^{-7}$ e K_a do HOCN é $3{,}5 \times 10^{-4}$.

A reação global é

$$Ag^+ + HOCN \rightleftharpoons AgOCN(s) + H^+ \qquad (1)$$

Vamos supor que a reação é quase completada (a maior parte deslocada para a direita). Escrevemos a expressão de K para a reação inversa, combinando K_{ps} e K_a.

$$\begin{array}{lll} & AgOCN(s) \rightleftharpoons Ag^+ + OCN^- & K_{ps} \\ \text{Subtraindo} & HOCN \rightleftharpoons H^+ + OCN^- & K_a \\ \hline & AgOCN(s) + H^+ \rightleftharpoons Ag^+ + HOCN & K = \dfrac{K_{ps}}{K_a} \end{array}$$

Após considerar a diluição quando as soluções são misturadas, a concentração do íon prata era 0,040 M, que geraria 0,040 M de H^+. Não haveria excesso apreciável de HOCN quando o equilíbrio (supondo que a reação esteja completada, ou quase) fosse atingido. Com base nesses dados, $[Ag^+] = x$. Logo, $[HOCN] = x$ e $[H^+] = 0{,}040 - X$.

$$K = \dfrac{[Ag^+][HOCN]}{[H^+]} = \dfrac{x^2}{0{,}040 - x} = \dfrac{2{,}3 \times 10^{-7}}{3{,}5 \times 10^{-4}} = 6{,}6 \times 10^{-4}$$

Resolvendo a equação quadrática, $x = 4{,}8 \times 10^{-3} = [Ag^+]$ restante em solução.

Em síntese, embora quantidades idênticas de reagentes tenham sido misturadas, cerca de um oitavo do Ag^+ não precipitou $(4{,}8 \times 10^{-3})/(0{,}0040)$. O H^+ gerado na reação de precipitação impediu a ionização do HOCN, fazendo com que o OCN^- disponível em solução não fosse suficiente.

Problemas Complementares

Íons complexos

18.23 Uma solução é preparada dissolvendo 0,0100 mol de $[Cu(NH_3)]SO_4 \cdot H_2O$ puro em 1 L de água pura. (*a*) Calcule a concentração molar do Cu^{2+}, desconsiderando os estágios intermediários da dissociação. (*b*) Estime a concentração molar de Cu^{2+} quando 0,0100 mol de NH_3 é adicionado à solução. (*c*) Qual é a melhor estimativa, (*a*) ou (*b*)? Explique. K_d do $[Cu(NH_3)_4]^{2+}$ é $4{,}35 \times 10^{-13}$.

Resp. (*a*) $4{,}43 \times 10^{-4}$ M; (*b*) $4{,}35 \times 10^{-7}$ M; (*c*) O valor estimado em (*a*) pode ser considerado elevado, se uma quantidade significativa de NH_3 for liberada na dissociação parcial. O valor estimado em (*b*) é mais preciso, porque a quantidade de amônia adicionada é, de longe, muito maior que a quantidade liberada pelo complexo.

18.24 Uma amostra de 0,0010 mol de NaCl foi adicionada a 1 L de $Hg(NO_3)_2$ 0,010 M. Calcule a $[Cl^-]$ em equilíbrio com o $HgCl^+$ formado em solução. K_1 da formação do $HgCl^+$ é $5{,}5 \times 10^6$. Desconsidere o equilíbrio K_2.

Resp. 2×10^{-9} M

18.25 Qual é a $[Cd^{2+}]$ em 1 L de solução preparada dissolvendo 0,0010 mol de $Cd(NO_3)_2$ e 1,5 mol de NH_3? O valor de K_d da dissociação do $[Cd(NH_3)_4]^{2+}$ em Cd^{2+} e $4NH_3$ é $3{,}6 \times 10^{-8}$. Desconsidere a quantidade de cádmio em complexos contendo menos que 4 grupos NH_3.

Resp. 7×10^{-12} M.

18.26 O íon prata forma $[Ag(CN)_2]^-$ na presença de excesso de CN^-. Quanto KCN (em mols) precisa ser adicionado a 1 L de uma solução 0,0005 M em Ag^+ para reduzir $[Ag^+]$ a $1,0 \times 10^{-19}$? K_d da dissociação completa do $[Ag(CN)_2]^-$ é $3,3 \times 10^{-21}$.

Resp. 0,005 mol

18.27 Uma investigação sobre a complexação do SCN^- com Fe^{3+} encontrou os valores 130, 16 e 10 para K_1, K_2 e K_3, respectivamente. Qual é a constante global de formação do $Fe(SCN)_3$ a partir de seus íons componentes e qual é a constante de dissociação do $Fe(SCN)_3$ em seus íons mais simples, com base nesses dados?

Resp. $K_s = 2,1 \times 10^4$ e $K_d = 4,8 \times 10^{-5}$

18.28 O Sr^{2+} forma um complexo muito instável com o NO_3^-. Uma solução diluída contendo $Sr(ClO_4)_2$ 0,00100 M e KNO_3 0,050 M tem 75% de seu teor em estrôncio na forma de Sr^{2+} não complexado. O balanço é completado com $[Sr(NO_3)]^+$. Qual é o valor de K_2 da complexação?

Resp. 6,7

18.29 A $[Co^{2+}]$ no equilíbrio de uma solução composta por $Co(NO_3)_2$ 0,0100 M e N_2H_4 0,0200 M com força iônica total igual a 1 é $6,2 \times 10^{-3}$. Supondo que o único complexo formado seja o $[Co(N_2H_4)]^{2+}$, qual é o valor de K_1 da reação de formação do complexo nessa força iônica?

Resp. 38

18.30 Suponha que a solução do Problema 18.29 seja diluída por um fator 2 e que sua força iônica permaneça igual a 1. Calcule as concentrações molares de (*a*) $[Co(N_2H_4)]^{2+}$; (*b*) Co^{2+} e (*c*) N_2H_4.

Resp. (*a*) 0,0012 M; (*b*) 0,0038 M; (*c*) 0,0088 M

18.31 Volumes iguais de $Fe(ClO_4)_3$ 0,0010 M e KSCN 0,10 M são misturados. Utilizando os dados do Problema 18.27, calcule as porcentagens no equilíbrio do ferro nas formas Fe^{3+}, $[FeSCN]^{2+}$, $[Fe(SCN)_2]^+$ e $Fe(SCN)_3$.

Resp. 8%; 50%; 40%; 2%

18.32 Qual é a concentração de Cd^{2+} livre em uma solução 0,0050 M em $CdCl_2$? K_1 da complexação do Cd^{2+} com cloreto é 100; K_2 não precisa ser considerada porque é muito pequena, em comparação com K_1.

Resp. $2,8 \times 10^{-3}$ M

18.33 (*a*) Quantos mols de NaCl teriam de ser adicionados a 1 L da solução do Problema 18.32 para reduzir a concentração do Cd^{2+} livre a um décimo da concentração de cádmio total? (*b*) Qual é a concentração molar de $CdCl_2$ puro em água em que o Cd^{2+} livre corresponde a um décimo do cádmio total?

Resp. (*a*) 0,085 mol; (*b*) 0,082 M

O produto de solubilidade e a precipitação

18.34 Calcule K_{ps} dos compostos abaixo. As solubilidades são dadas em mol/L (M): (*a*) $BaSO_4$, $1,05 \times 10^{-5}$ M; (*b*) TlBr, $1,9 \times 10^{-3}$ M; (*c*) $Mg(OH)_2$, $1,21 \times 10^{-4}$ M; (*d*) $Ag_2C_2O_4$, $1,15 \times 10^{-4}$ M; (*e*) $La(IO_3)_3$, $7,8 \times 10^{-4}$ M.

Resp. (*a*) $1,1 \times 10^{-10}$; (*b*) $3,6 \times 10^{-6}$; (*c*) $7,1 \times 10^{-12}$; (*d*) $6,1 \times 10^{-12}$; (*e*) $1,0 \times 10^{-11}$

18.35 Calcule os produtos de solubilidade dos seguintes sais. As solubilidades são dadas em g/L: (*a*) CaC_2O_4, 0,0055 g/L; (*b*) $BaCrO_4$, 0,0037 g/L; (*c*) CaF_2, 0,017 g/L.

Resp. (*a*) $1,8 \times 10^{-9}$; (*b*) $2,1 \times 10^{-10}$; (*c*) $4,1 \times 10^{-11}$

18.36 O produto da solubilidade do SrF_2 a 25°C é $2,9 \times 10^{-9}$. (*a*) Determine a solubilidade do SrF_2 a 25°C, em mol/L e em mg/mL. (*b*) Em mol/L, quais são os valores de $[Sr^{2+}]$ e $[F^-]$ em uma solução saturada de SrF_2?

Resp. (*a*) 9×10^{-4} mol/L, 0,11 mg/L; (*b*) $[Sr^{2+}] = 9 \times 10^{-4}$ M, $[F^-] = 1,8 \times 10^{-3}$ M

18.37 Qual é a $[SO_4^{2-}]$ que precisa ser excedida para produzir o sulfato de rádio, $RaSO_4$, precipitado em 500 mL de uma solução contendo 0,00010 mol de Ra^{2+}? K_{ps} do $RaSO_4$ é 4×10^{-11}.

Resp. 2×10^{-7}

18.38 Uma solução é 0,001 M em Mg^{2+}. O $Mg(OH)_2$ precipitará se $[OH^-]$ da solução for (a) 10^{-5} M; (b) 10^{-3} M? K_{ps} do $Mg(OH)_2$ é $7,1 \times 10^{-12}$.

Resp. (a) não; (b) sim

18.39 Traçadores radioativos são uma ferramenta eficiente para medir as concentrações baixas encontradas em alguns valores de K_{ps}. Exatos 20,0 mL de uma solução de $AgNO_3$ 0,0100 M contendo prata radioativa (atividade de 29.610 contagens por minuto por mL) foram misturados a 100 mL de uma solução de KIO_3 0,0100 M. A mistura foi diluída a exatos 400 mL. Após o equilíbrio ter sido alcançado, uma parte da solução foi filtrada para remover quaisquer sólidos. Esta solução tinha uma atividade de 47,4 contagens por minuto por mL. Calcule K_{ps} do $AgIO_3$.

Resp. $3,2 \times 10^{-8}$

18.40 Um procedimento antigo para determinar o teor de enxofre na gasolina envolve a precipitação do $BaSO_4$ como etapa final, especifica 1 μg como limite máximo de enxofre restante permitido em solução. Se a precipitação é feita com um volume de 400 mL, qual deve ser a concentração do excesso do íon bário? K_{ps} do $BaSO_4$ é $1,1 \times 10^{-10}$.

Resp. A concentração mínima de $[Ba^{2+}]$ é $1,4 \times 10^{-3}$ M.

18.41 Uma solução contém 0,0100 mol/L de Cd^{2+} e igual quantidade de Mg^{2+}. (a) A que pH a solução precisa ser elevada para ocorrer a precipitação da quantidade máxima de um metal (identifique esse metal) na forma de hidróxido, sem que o outro precipite? (b) Qual é a fração do metal precipitado que permanece em solução? (c) Para evitar a precipitação acidental do metal mais solúvel, um químico cauteloso interrompe a adição de base quando o pH está 0,50 unidade abaixo do valor calculado em (a). Qual é a fração do metal menos solúvel em solução? Os valores de K_{ps} são $7,1 \times 10^{-12}$ para o $Mg(OH)_2$ e $4,5 \times 10^{-15}$ para o $Cd(OH)_2$.

Resp. (a) pH 9,43, para precipitar o $Cd(OH)_2$; (b) $6,2 \times 10^{-4}$; (c) $6,2 \times 10^{-3}$

18.42 Quando a amônia é utilizada para precipitar o hidróxido de um metal, a solução é tamponada pelo amônio formado, de acordo com a reação:

$$Fe^{2+} + 2NH_3 + 2H_2O \rightarrow Fe(OH)_2(s) + 2NH_4^+$$

Neste processo, 0,0400 mol de NH_3 concentrada foi adicionado a 1 L de uma solução de $FeSO_4$ 0,0100 M, sem variação significativa de volume. Para o $Fe(OH)_2$, $K_{ps} = 2 \times 10^{-15}$ e para a NH_3, $K_b = 1,75 \times 10^{-5}$. Calcule (a) a $[Fe^{2+}]$ final e (b) o pH final.

Resp. (a) 6×10^{-6} M; (b) pH = 9,24

18.43 Repita o Problema 18.42, agora para o Mg^{2+}. Você perceberá que o cálculo é mais complicado, porque K_{ps} do $Mg(OH)_2$ é $7,1 \times 10^{-12}$. (*Sugestão*: a equação algébrica de ordem superior pode ser resolvida com mais facilidade pelo método da tentativa e erro.)

Resp. (a) $[Mg^{2+}] = 0,0041$ M; (b) pH = 9,62

18.44 Após ver os resultados do Problema 18.43, um químico decidiu precipitar o $Mg(OH)_2$ adicionando 0,0400 mols por litro de NaOH à solução 0,0100 M em Mg^{2+}. (O cálculo fica mais fácil.) Calcule (a) a $[Mg^{2+}]$ final e (b) o pH final. (c) Se a solução também contivesse 0,0200 M em Ca^{2+}, o $Ca(OH)_2$ também precipitaria? K_{ps} do $Ca(OH)_2$ é $6,5 \times 10^{-6}$.

Resp. (a) $1,8 \times 10^{-8}$ M; (b) 12,30; (c) sim

18.45 Retornando ao Problema 18.43, o magnésio poderia ter sido completamente precipitado adicionando uma grande quantidade de amônia. Recalcule (a) e (b) usando 0,400 mol de amônia em lugar de 0,0400 mol de NaOH. Calcule o item (c) do Problema 18.44 usando estes dados.

Resp. (a) $[Mg^{2+}] = 6,4 \times 10^{-5}$ M; (b) pH = 10,52; (c) não, porque o produto iônico é menor que K_{ps}

18.46 Após ter sido atingido o equilíbrio de uma solução preparada com $SrCO_3$ sólido usando um tampão com pH 8,60, a $[Sr^{2+}]$ em solução era $1,6 \times 10^{-4}$ M. Qual é o valor de K_{ps} do $SrCO_3$? K_2 do H_2CO_3, o ácido carbônico, é $5,61 \times 10^{-11}$.

Resp. $5,6 \times 10^{-10}$

18.47 Calcule a solubilidade do $CaCO_3$ a 25°C em um recipiente fechado contendo uma solução com pH 8,60. K_{ps} do $CaCO_3$ é $7,55 \times 10^{-9}$. K_2 do ácido carbônico é $5,61 \times 10^{-11}$.

Resp. $5,9 \times 10^{-4}$ M

18.48 Qual é a quantidade de AgBr máxima que pode ser dissolvida em 1 L de NH_3 0,40 M? K_{ps} do AgBr é $5,0 \times 10^{-13}$ e K_d do $[Ag(NH_3)_2]^+$ é $6,0 \times 10^{-8}$.

Resp. $1,2 \times 10^{-3}$ mol

18.49 Uma solução, a solução A, foi preparada misturando volumes iguais de Cd^{2+} 0,0010 M e OH^- 0,0072 M, na forma de um sal neutro e de uma base forte, respectivamente. A solução B foi preparada misturando volumes iguais de Cd^{2+} 0,0010 M e uma solução padrão de KI. Qual foi a concentração da solução padrão de KI se os valores de $[Cd^{2+}]$ final nas soluções A e B eram idênticos? K_{ps} do $Cd(OH)_2$ é $4,5 \times 10^{-15}$ e K_s da formação de $[CdI_4]^{2-}$, a partir de seus íons simples, é 4×10^5. Considere apenas o cádmio em $[CdI_4]^{2-}$.

Resp. 2,3 M

18.50 Uma solução saturada é preparada com $AgSO_4$ e $SrSO_4$ em água pura, sob agitação. Os valores de K_{ps} dos sais são $1,5 \times 10^{-5}$ e $3,2 \times 10^{-7}$, respectivamente. Calcule $[Ag^+]$ e $[Sr^{2+}]$ na solução.

Resp. $3,1 \times 10^{-2}$ M; $2,1 \times 10^{-5}$ M

18.51 Calcule $[F^-]$ em uma solução de MgF_2 e SrF_2 preparada dissolvendo os sais em H_2O até a saturação. Os valores de K_{ps} dos sais são $6,6 \times 10^{-9}$ e $2,9 \times 10^{-9}$, respectivamente.

Resp. $2,7 \times 10^{-3}$ M

18.52 Volumes iguais de $AgNO_3$ 0,0200 M e HCN 0,0200 M foram misturados. Calcule $[Ag^+]$ no equilíbrio. K_{ps} do AgCN é $6,0 \times 10^{-17}$ e K_a do HCN é $4,93 \times 10^{-10}$.

Resp. $3,5 \times 10^{-5}$ M

18.53 Volumes iguais de $Sr(NO_3)_2$ 0,0100 M e $NaHSO_4$ 0,0100 M foram misturados. Calcule $[Sr^{2+}]$ e $[H^+]$ no equilíbrio. K_{ps} do $SrSO_4$ é $3,2 \times 10^{-7}$ e K_a do HSO_4^- é $1,2 \times 10^{-2}$ (que também é o valor de K_2 para o H_2SO_4). Considere a quantidade de H^+ necessária para equilibrar a carga do SO_4^{2-} restante em solução.

Resp. $6,7 \times 10^{-4}$ M e $4,8 \times 10^{-3}$ M

18.54 Excesso de $Ag_2C_2O_4$ sólido é agitado com (*a*) HNO_3 0,00100 M e separadamente com (*b*) HNO_3 0,00030 M. Qual é o valor de $[Ag^+]$ no equilíbrio das soluções resultantes em (*a*) e (*b*)? K_{ps} do $Ag_2C_2O_4$ é 6×10^{-12} e K_2 do $H_2C_2O_4$ é $6,4 \times 10^{-5}$. (K_1 é alta o bastante para que a concentração do ácido oxálico livre seja considerada insignificante.)

Resp. (*a*) 5×10^{-4} M; (*b*) 3×10^{-4} M

18.55 Quanto $Na_2S_2O_3$ deve ser adicionado a 1 L de água para que 0,00050 mol de $Cd(OH)_2$ comece a dissolver? K_{ps} do $Cd(OH)_2$ é $4,5 \times 10^{-15}$. K_1 e K_2 para a complexação do $S_2O_3^{2-}$ com Cd^{2+} são $8,3 \times 10^3$ e $2,5 \times 10^2$, respectivamente. (*Sugestão*: determine se a espécie predominante em solução é o CdS_2O_3 ou o $[Cd(S_2O_3)_2]^{2-}$.)

Resp. 0,23 mol

18.56 As titulações de precipitação com $AgNO_3$ podem ser efetuadas com base na medição eletrométrica de $[Ag^+]$ (discutida no próximo capítulo). Considere a possibilidade de titular uma solução contendo NaCl 0,0010 M e NaI 0,0010 M com $AgNO_3$ 0,100 M padrão. Calcule a $[Ag^+]$ (*a*) no ponto intermediário; (*b*) no primeiro ponto final; (*c*) no ponto intermediário em relação ao segundo ponto final; (*d*) no segundo ponto final; (*e*) após a adição de excesso de titulante, equivalente ao NaCl original. K_{ps} para o AgCl é $1,8 \times -10^{-10}$; K_{ps} do AgI é $8,5 \times 10^{-17}$. (Para simplificar, suponha que não ocorra variação no volume devida à adição do titulante.)

Resp. (*a*) $1,7 \times 10^{-13}$; (*b*) $9,2 \times 10^{-9}$; (*c*) $3,6 \times 10^{-7}$; (*d*) $1,3 \times 10^{-5}$; (*e*) $1,0 \times 10^{-13}$

Para os Problemas 18.57 a 18.62, utilize as constantes abaixo para o H_2S:

$$\text{Solubilidade} = 0,10 \text{ mol/L} \qquad K_1 = 1,0 \times 10^{-7} \qquad K_2 = 1,2 \times 10^{-13}$$

18.57 Qual é o valor máximo possível de $[Ag^+]$ em uma solução saturada de H_2S em que não ocorreu precipitação? K_{ps} do Ag_2S é $6,7 \times 10^{-50}$.

Resp. $7,5 \times 10^{-19}$ M

18.58 Determine $[S^{2-}]$ em uma solução saturada de H_2S à qual foi adicionada quantidade de HCl suficiente para produzir uma concentração do íon hidrogênio de 2×10^{-4} M.

Resp. 3×10^{-14} M

18.59 O FeS precipita em uma solução saturada de H_2S se a solução contém 0,01 mol/L de Fe^{2+} e (a) 0,2 mol/L de H^+? (b) 0,001 mol/L de H^+? K_{ps} do FeS é 8×10^{-19}.

Resp. (a) não;   (b) sim

18.60 Sabendo que 1 L de uma solução 0,020 M em HCl contém 0,0010 mol de Cd^{2+} e igual quantidade de Fe^{2+}, e que a solução está saturada com H_2S (K_{ps} do CdS é $1,4 \times 10^{-29}$ e do FeS é 8×10^{-19}), (a) determine qual dos cátions precipita como sulfeto e (b) calcule a quantidade de Cd^{2+} restante em solução, no equilíbrio.

Resp. (a) Apenas o CdS precipita;   (b) $4,7 \times 10^{-12}$ mol/L

18.61 Na tentativa de determinar o produto da solubilidade do Tl_2S, descobriu-se que a solubilidade deste composto em água pura e livre de CO_2 era $3,6 \times 10^{-5}$ mol/L. Qual é o valor de K_{ps} do Tl_2S? Suponha que o sulfeto de hidrogênio dissolvido hidrolise quase que por completo em HS^-, e que não haja hidrólise secundária para H_2S.

Resp. 8×10^{-21}

18.62 Calcule a solubilidade do FeS em água pura. $K_{ps} = 8 \times 10^{-19}$. (*Sugestão*: o segundo estágio da hidrólise, que produz H_2S, não pode ser desprezado.)

Resp. 4×10^{-7} M

Capítulo 19

A Eletroquímica

Neste capítulo, estudaremos dois aspectos da relação entre química e eletricidade. O primeiro é a *eletrólise*, a divisão (lise) de compostos pela passagem de eletricidade nas soluções em que estão dissolvidos. O segundo é a *ação das células galvânicas*, a geração de *eletricidade* (fluxo de elétrons) durante uma reação química.

AS UNIDADES ELÉTRICAS

O *coulomb* (C) é a unidade para carga elétrica utilizada no SI. Do ponto de vista das partículas fundamentais, a *unidade elementar* (Capítulo 8) é a carga de um próton (ou um elétron, que é igual em valor, mas tem carga oposta). A carga de todas as partículas conhecidas é um múltiplo dessa carga elementar, $1,602 \times 10^{-19}$ C.

A *corrente elétrica* é definida como a taxa do fluxo de uma carga. A unidade SI para corrente é o *ampère* (A), equivalente a um coulomb por segundo (1 A = 1 C/s).

A *diferença de potencial elétrico* de um ponto a outro em um circuito causa a transferência de carga entre eles. A unidade de potencial elétrico no SI é o *volt* (V). Quando uma carga igual a 1 C se desloca ao longo de um potencial de 1 V, ela adquire 1 J de energia:

Energia (J) = (carga em coulombs) × (potencial em volts)
= (corrente em ampères) × (tempo em segundos) × (diferença de potencial em volts) (*19-1*)

O *watt* (W) é a unidade do SI para potência (elétrica ou de qualquer outra natureza). Um watt equivale a 1 J de trabalho realizado em 1 s. A partir da expressão (*19-1*),

Potência (W) = (corrente em ampères) × (diferença de potencial em volts) (*19-2*)

Na eletroquímica, normalmente utilizamos a corrente contínua (CC), pelas razões discutidas anteriormente. Contudo, a exposição sobre unidades dada acima é válida para a corrente alternada (CA), o tipo de corrente convencionado para uso em residências e laboratórios.

AS LEIS DE FARADAY DA ELETRÓLISE

1. A massa de qualquer substância liberada ou depositada em um eletrodo é proporcional à carga elétrica (isto é, o número de coulombs) que flui pelo eletrólito.
2. As massas de diferentes substâncias liberadas ou depositadas por uma mesma quantidade de eletricidade (isto é, o mesmo número de coulombs) são proporcionais às massas equivalentes (Capítulo 12) dessas substâncias.

Hoje, essas leis (enunciadas por Michael Faraday mais de um século antes da descoberta do elétron) podem ser interpretadas como meras consequências da natureza elétrica da matéria. Em uma eletrólise, a oxidação ocorre no ânodo, para fornecer os elétrons que deixam este eletrodo. Por sua vez, a redução ocorre no cátodo, com a remoção dos elétrons que entram no sistema a partir de uma fonte externa (pilha ou outra fonte de CC). De acordo com o princípio da continuidade da corrente, os elétrons precisam ser descarregados no cátodo a uma taxa exatamente igual àquela a que são fornecidos no ânodo. Com base na definição de massa equivalente das reações de oxidação-

-redução, o *número de equivalentes* envolvido na reação no eletrodo precisa ser proporcional à carga que flui na célula eletrolítica. Além disso, o número de equivalentes é igual ao número de *mols de elétrons* transportados no circuito. A *constante de Faraday* (F) é igual à carga de um mol de elétrons, como mostra a equação:

$$F = N_a \times e = (6{,}022 \times 10^{23}\ e^-/\text{mol})(1{,}602 \times 10^{-19}\ \text{C}/e^-) = 96.500\ \text{C/mol}$$

O símbolo N_a é o número de Avogadro de elétrons e e é a carga elementar, $1{,}602 \times 10^{-19}$ C/e^-. Como nos outros capítulos, $n(e^-)$ pode ser usado para representar o número de mols de carga elétrica, o número de equivalentes.

A massa equivalente necessária para os cálculos eletrolíticos pode ser obtida examinando a semirreação balanceada do processo no eletrodo. Por exemplo, a redução de Cu^{2+} é

$$Cu^{2+} + 2e^- \rightarrow Cu \qquad \text{no cátodo}$$

A massa equivalente de cobre é a quantidade do metal envolvida com *um* mol de elétrons. Na reação acima, são necessários dois mols de elétrons para cada mol de cobre. Portanto, a massa equivalente de cobre é ½ da massa molar. Vamos supor que a reação da redução de cobre fosse

$$Cu^+ + e^- \rightarrow Cu \qquad \text{no cátodo}$$

Nesse caso, a massa equivalente de cobre seria um mol. Aqui, um mol de cobre é reduzido por um mol de elétrons.

Suponha que tivéssemos estas reações:

$$(a)\ Fe^{3+} + e^- \rightarrow Fe^{2+} \qquad (b)\ Fe^{3+} + 3e^- \rightarrow Fe$$

Considerando (*a*), uma massa equivalente seria um mol de ferro ($1e^-$), mas uma massa equivalente em (*b*) seria ⅓ do mol de Fe ($3e^-$).

AS CÉLULAS VOLTAICAS

Muitas reações de oxidação-redução são realizadas com o objetivo de gerar eletricidade, utilizando dispositivos chamados de *células voltaicas* (no passado conhecidas como *células galvânicas*). Em princípio, qualquer reação de oxidação-redução (em meio aquoso) pode ser utilizada para esse fim, observando as seguintes exigências:

1. Os agentes oxidante e redutor não podem estar em contato físico. Eles devem estar em compartimentos isolados, as *semicélulas*. Cada semicélula contém uma solução e um condutor (o eletrodo), normalmente um metal.
2. O agente redutor ou oxidante em uma semicélula pode ser o próprio eletrodo, uma substância sólida depositada nele, um gás borbulhado no eletrodo, ou um soluto dissolvido na solução que o envolve. Assim como na eletrólise, o eletrodo em que ocorre a redução é o *cátodo* e aquele onde ocorre a oxidação é o *ânodo*. Uma dica de memorização das relações entre estes termos é: *oxidação* e *ânodo* começam com vogais, *redução* e *cátodo* iniciam com consoantes.
3. As soluções das duas semicélulas são unidas de maneira a permitir que os íons se desloquem entre elas. Uma célula voltaica pode ser construída com base em diversas configurações, como: (*a*) a colocação da solução menos densa sobre a mais densa, com cuidado; (*a*) a separação das duas soluções por meio de uma substância porosa, como uma porcelana não vitrificada ou um material poroso encharcado no eletrólito; (*c*) a inserção de uma solução de eletrólito (uma *ponte salina*) que faça a união entre as duas soluções.

O potencial desenvolvido entre os dois eletrodos faz fluir a corrente elétrica. Com isso, as reações nas semicélulas avançam, desde que haja um circuito fechado e os reagentes sejam adequados. Em termos simples, o fluxo da eletricidade descreve um círculo: o fluxo de e^- inicia em um ponto, avança pelo circuito, e retorna para o ponto de origem.

A Figura 19-1 (*a*) ilustra uma célula voltaica em que cada semicélula é composta por um metal em contato com uma solução iônica do mesmo metal. A direção da reação, a direção da corrente e a voltagem foram determinadas utilizando os métodos descritos nas seções abaixo. Uma semicélula pode ser construída com base em diversas estruturas, dependendo dos estados físicos de reagentes e produtos envolvidos. A Figura 19-1 (*b*) mostra a configuração de uma semicélula de gás hidrogênio em que a forma reduzida (H_2 gás) é adsorvida em uma superfície de platina. O eletrodo de platina é inerte e atua como condutor dos elétrons envolvidos. A Figura 19-1 (c) representa uma semicélula em que o eletrodo é de platina (um metal inerte que conduz elétrons), mas com as formas oxidada e reduzida em solução.

Este capítulo trata primordialmente de reações em meios aquosos, mas os princípios válidos para estas podem ser estendidos a células a combustível e outros dispositivos geradores, como baterias de alta temperatura com eletrólitos não aquosos exóticos.

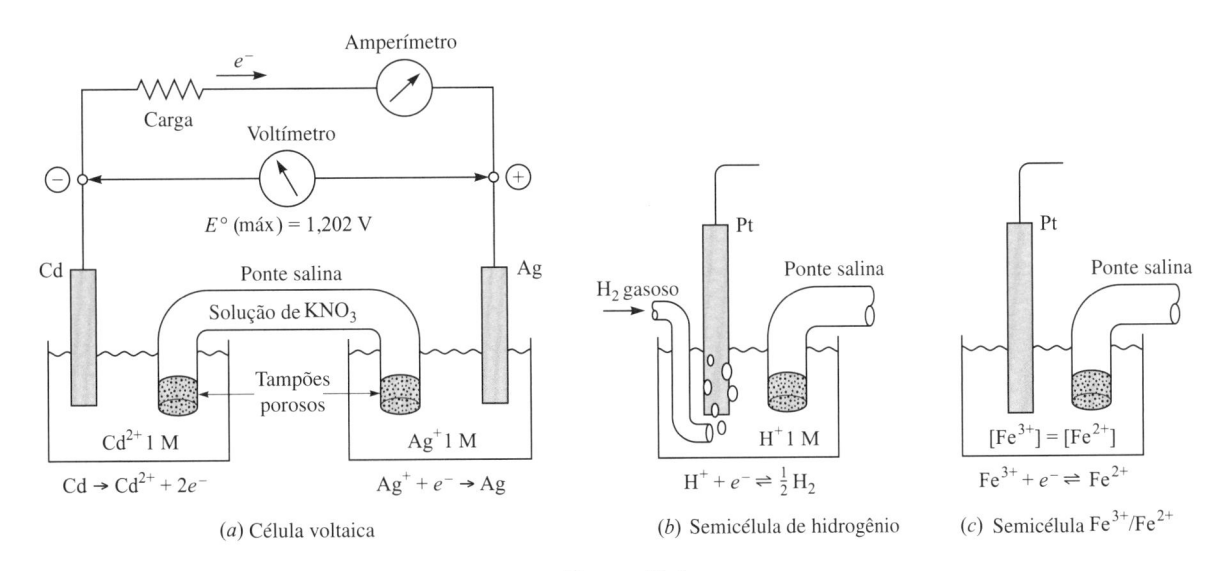

Figura 19-1

OS POTENCIAIS PADRÃO DA SEMICÉLULA

A reação transcorrida em uma semicélula pode ser representada por uma equação parcial íon-elétron, como a reação descrita no Capítulo 11. A operação da célula eletrolítica inteira envolve um fluxo de elétrons por um circuito externo. Os elétrons gerados pela semirreação de oxidação entram no ânodo, fluem pelo circuito externo até o cátodo e são recebidos pela semirreação que ocorre no cátodo. Uma vez que a carga global relativa a todas as reações precisa ser neutra, o número de elétrons cedidos no ânodo, pela reação de oxidação, precisa ser exatamente igual ao número de elétrons ganhos no cátodo, durante a reação de redução. A mesma premissa é necessária na soma das duas semirreações envolvidas, a reação global balanceada, como discutida no Capítulo 11. A exemplo das reações balanceadas estudadas nos capítulos anteriores, os elétrons participantes não são escritos na reação global.

Durante a semirreação anódica, o produto da oxidação se acumula na semicélula. O agente redutor e a substância sendo oxidada são encontrados nesta mesma semicélula. Juntos, agente redutor e produto da oxidação formam o *par*, e estão na mesma semicélula. De modo análogo, a outra semicélula contém um par formado pelo agente oxidante e seu produto da redução. Um par específico, composto pelo produto e pelo reagente de uma semirreação de oxidação-redução, pode ter papel redutor ou oxidante em uma célula voltaica, dependendo do outro par. Por exemplo, o par (Fe^{3+}/Fe^{2+}) atua como oxidante quando unido a um par fortemente redutor, como (Zn^{2+}/Zn). Em contrapartida, o par ($Fe^{3+}|Fe^{2+}$) assume papel de redutor acoplado ao par fortemente oxidante ($Ce^{4+}|Ce^{3+}$). *A notação utilizada para representar os componentes de uma semicélula, como o ($Fe^{3+}|Fe^{2+}$), por exemplo, mostra a forma oxidada (Fe^{3+}) à esquerda, seguida de um traço separador vertical e a forma reduzida (Fe^{2+}) à direita.*

Todo par tem a capacidade de aceitar elétrons. Esta capacidade pode ser representada por um valor numérico, chamado *potencial de eletrodo*, definido como o potencial de uma semicélula comparado ao potencial de um eletrodo de hidrogênio (eletrodo padrão de hidrogênio) para o qual se arbitrou a produção de uma diferença de potencial de 0,000 V. Quando dois pares são unidos para formar uma célula global, o par com maior potencial de eletrodo atua como agente oxidante, absorvendo elétrons do circuito externo em seu eletrodo, e tem carga positiva. O outro par atua como agente redutor, entregando elétrons a partir de seu eletrodo para o circuito externo. Esse par tem carga negativa. A força que impele o fluxo da corrente é dada pela *diferença algébrica* entre os dois potenciais, igual à voltagem gerada pela célula, em condições padrão.

Tabela 19-1 Os potenciais padrão de redução de diversas reações a 25°C

Reação	$E°/V$
$F_2 + 2e^- \rightarrow 2F^-$	2,87
$S_2O_8^{2-} + 2e^- \rightarrow 2SO_4^{2-}$	1,96
$Co^{3+} + e^- \rightarrow Co^{2+}$	1,92
$H_2O_2 + 2H^+ + 2e^- \rightarrow 2H_2O$	1,763
$Ce^{4+} + e^- \rightarrow Ce^{3+}$ (em 1 M $HClO_4$)	1,70
$MnO_4^- + 8H^+ + 5e^- \rightarrow Mn^{2+} + 4H_2O$	1,51
$Cl_2 + 2e^- \rightarrow 2Cl^-$	1,358
$Tl^{3+} + 2e^- \rightarrow Tl^+$	1,25
$MnO_2 + 4H^+ + 2e^- \rightarrow Mn^{2+} + 2H_2O$	1,23
$O_2 + 4H^+ + 4e^- \rightarrow 2H_2O$	1,229
$Br_2 + 2e^- \rightarrow 2Br^-$	1,065
$AuCl_4^- + 3e^- \rightarrow Au + 4Cl^-$	1,002
$Pd^{2+} + 2e^- \rightarrow Pd$	0,915
$Ag^+ + e^- \rightarrow Ag$	0,7991
$Fe^{3+} + e^- \rightarrow Fe^{2+}$	0,771
$O_2 + 2H^+ + 2e^- \rightarrow 2H_2O_2$	0,695
$I_2(s) + 2e^- \rightarrow 2I^-$	0,535
$Cu^+ + e^- \rightarrow Cu$	0,520
$[Fe(CN)_6]^{3-} + e^- \rightarrow [Fe(CN)_6]^{4-}$	0,361
$[Co(dip)_3]^{3+} + e^- \rightarrow [Co(dip)_3]^{2+}$	0,34
$Cu^{2+} + 2e^- \rightarrow Cu$	0,34
$Ge^{2+} + 2e^- \rightarrow Ge$	0,247
$[PdI_4]^{2-} + 2e^- \rightarrow Pd + 4I^-$	0,18
$Sn^{4+} + 2e^- \rightarrow Sn^{2+}$	0,15
$[Ag(S_2O_3)_2]^{3-} + e^- \rightarrow Ag + 2S_2O_3^{2-}$	0,017
$2H^+ + 2e^- \rightarrow H_2$	0,0000
$Ge^{4+} + 2e^- \rightarrow Ge^{2+}$	0,00
$Pb^{2+} + 2e^- \rightarrow Pb$	−0,126
$Sn^{2+} + 2e^- \rightarrow Sn$	−0,14
$Ni^{2+} + 2e^- \rightarrow Ni$	−0,257
$Tl^+ + e^- \rightarrow Tl$	−0,336
$Cd^{2+} + 2e^- \rightarrow Cd$	−0,403
$Fe^{2+} + 2e^- \rightarrow Fe$	−0,44
$Zn^{2+} + 2e^- \rightarrow Zn$	−0,7626
$Na^+ + e^- \rightarrow Na$	−2,713
$Li^+ + e^- \rightarrow Li$	−3,040

O valor numérico de um potencial de eletrodo depende da natureza das espécies químicas específicas envolvidas na reação e das concentrações dos diversos componentes do par. Os potenciais das semicélulas usados como referência são apresentados considerando os estados padrão das espécies químicas. *Estado padrão* é definido com base no estado em que a matéria se apresenta nas semirreações balanceadas das semicélulas: (*a*) 1 atm de pressão para cada espécie no estado gasoso (a unidade bar pode ser utilizada na definição do estado padrão, com pouca diferença), (*b*) a pureza das substâncias (quando o estado for sólido ou liquido), e (*c*) a concentração de 1 M para solutos não gasosos. Os potenciais de referência determinados utilizando estes parâmetros são chamados *potenciais padrão de eletrodo*. Devido ao fato de serem representados por reações de redução (Tabela 19-1), são mais comumente chamados *potenciais padrão de redução* ($E°$). $E°$ também é utilizado para representar o potencial padrão, calculado a partir dos potenciais de redução padrão para a célula global. Alguns dos valores listados na Tabela 19-1 talvez não estejam em completo acordo com aqueles apresentados em outras fontes, mas serão usados nos cálculos propostos neste livro.

Um par com um valor positivo elevado de $E°$, como ($F_2|F^-$), fortemente oxidante, captura elétrons do eletrodo e, conforme medição em laboratório, é *positivo* em relação ao eletrodo de hidrogênio. Em contrapartida, um par com $E°$ muito negativo, como ($Li^+|Li$), tem papel redutor pronunciado e, portanto, sofre oxidação, transferindo elétrons para o eletrodo. Esse tipo de semicélula padrão é *negativa*, comparada ao eletrodo padrão de hidrogênio, uma vez que o circuito externo recebe elétrons de seu eletrodo.

AS COMBINAÇÕES DE PARES

Em uma maneira alternativa de combinar duas reações de semicélulas, os elétrons não se cancelam. Claro que essa maneira não é válida para uma célula global, pois sabemos que seus elétrons sempre se cancelam. Estamos nos referindo a uma situação hipotética, utilizada para calcular o potencial desconhecido de uma semicélula com base nos potenciais conhecidos de duas outras semicélulas. Neste caso, o número de elétrons precisa ser considerado e é obtido por soma algébrica. Conforme será discutido na seção abaixo, se n for o número de elétrons em uma semirreação, $nE°$ é proporcional à energia livre associada a ela. Como no Capítulo 16, onde adicionamos duas reações, aqui também é possível adicionar energias livres para obter a energia livre de uma reação global. A regra válida para este caso é:

Se duas semirreações de redução foram somadas ou subtraídas para gerar uma terceira semirreação de redução, os valores de $\Delta G° = -nFE°$ das semirreações devem ser obtidos e somados ou subtraídos, gerando o $\Delta G°$ da terceira semirreação. Esse valor de $\Delta G°$ é utilizado para calcular o $E°$ da semirreação resultante, através de $E° = \dfrac{-\Delta G°}{nF}$

Exemplo 1 Utilizando os valores dados na Tabela 19-1, calcule $E°$ do par ($Fe^{3+}/Fe°$).

	$E°$	n	$\Delta G°$
$Fe^{2+} + 2e^- \rightarrow Fe$	$-0,44$ V	2	84.920 J
$Fe^{3+} + e^- \rightarrow Fe^{2+}$	0,77 V	1	-74.305 J
Soma $Fe^{3+} + 3e^- \rightarrow Fe$		3	10.615 J

$\Delta G° = -nFE°$ então $E° = \dfrac{-\Delta G°}{nF} = \dfrac{-10.615 \text{ J}}{3 \text{ mol} \times 96.500 \dfrac{\text{C}}{\text{mol}}}$

$E° = -0,037$ V

A ENERGIA LIVRE, OS POTENCIAIS NÃO PADRÃO E A DIREÇÃO DAS REAÇÕES DE OXIDAÇÃO-REDUÇÃO

A discussão gerada pela expressão (*16-4*) indicou que a *diminuição* na energia livre de um sistema pode ser igualada à quantidade máxima de diferentes formas de trabalho (exceto o trabalho de expansão ou compressão) realizado por um sistema a temperatura e pressão constantes. Neste ponto do raciocínio, podemos utilizar este princípio observando que, com base em (*19-1*), o trabalho elétrico realizado por uma célula voltaica é igual à voltagem multiplicada pela carga elétrica transferida nos eletrodos. Para a passagem de n mols de elétrons, a carga transferida é igual ao produto nF. Isto mostra que o trabalho elétrico expresso em joules é igual à nFE. A quantidade *máxima* de trabalho realizado por uma célula voltaica é dada pelo produto nFE em condições nas quais os processos transcorridos nos eletrodos são reversíveis. Para muitos eletrodos, é possível chegar a uma condição de quase-reversibilidade com a aplicação de correntes muito baixas na medição do potencial da célula. Essas medidas são o ponto de partida para a obtenção dos valores listados em tabelas de potencial, como a Tabela 19-1. Uma vez que o trabalho elétrico é a única forma de trabalho (diferente do trabalho de expansão ou compressão) realizado em uma célula voltaica típica, o princípio da energia livre pode ser enunciado como

$$\Delta G = -nFE \qquad (19\text{-}3)$$

A dependência de um potencial de célula em relação às concentrações dos reagentes e produtos pode ser obtida com base na dependência conhecida de G relativa à concentração (*16-6*).

$$E = \dfrac{-\Delta G}{nF} = -\left(\dfrac{\Delta G° + RT \ln Q}{nF}\right) \qquad (19\text{-}4)$$

Como no Capítulo 16, (*19-4*) utiliza $R = 8{,}3145$ J/K e ΔG é dado em joules. Quando todos os reagentes e produtos estão no estado padrão, $Q = 1$ (Capítulo 16) e $E = E^\circ$. A substituição destas expressões em (*19-4*) gera a *equação de Nernst*:

$$E = E^{\rm o} - \frac{RT}{n\mathsf{F}} \ln Q \qquad (19\text{-}5)$$

Quando as constantes são combinadas e o logaritmo natural é convertido em logaritmo decimal, a expressão do potencial (em volts) a 25°C é

$$E = E^{\rm o} - \frac{0{,}0592}{n} \log Q \qquad (19\text{-}6)$$

Em (*19-6*), n é adimensional. Para uma semirreação, n é o número de elétrons na semiequação. Para a reação da célula global, n é o número de elétrons em *uma* das semiequações multiplicadas antes de os elétrons se cancelarem. A equação de Nernst está intimamente relacionada às leis do equilíbrio químico. O princípio de Le Chatelier é válido para o potencial de uma célula no mesmo sentido em que é válido para o rendimento de um processo em equilíbrio. Uma vez que Q é um quociente com as concentrações dos produtos no numerador e as concentrações dos reagentes no denominador, um aumento nas concentrações dos produtos reduz o potencial, enquanto um aumento nas concentrações dos reagentes o eleva.

O mesmo tipo de equação pode ser utilizado para descrever a dependência do potencial de uma única semicélula relativa à concentração (isto é, o potencial de eletrodo). Nesse caso, o numerador na expressão de Q contém termos relativos aos produtos da reação balanceada da semicélula, escritos como uma redução. Os termos no denominador são os reagentes. Nem o numerador nem o denominador contêm elétrons. Por exemplo:

$$E(\text{Fe}^{3+}|\text{Fe}^{2+}) = E^\circ(\text{Fe}^{3+}|\text{Fe}^{2+}) - 0{,}0592 \log \frac{[\text{Fe}^{2+}]}{[\text{Fe}^{3+}]}$$

$$E(\text{MnO}_4^-|\text{Mn}^{2+}) = E^\circ(\text{MnO}_4^-|\text{Mn}^{2+}) - \frac{0{,}0592}{5} 0{,}0592 \log \frac{[\text{Mn}^{2+}]}{[\text{MnO}_4^-][\text{H}^+]^8}$$

As reações de oxidação-redução espontâneas

Se o potencial de uma célula global for positivo, a variação na energia livre será negativa, de acordo com (*19-3*). Logo, a reação de oxidação-redução correspondente é espontânea. A célula voltaica funcionaria de modo espontâneo, com elétrons sendo cedidos ao circuito externo na semicélula em que a oxidação ocorre. Se o potencial for negativo, a energia livre é positiva e a reação correspondente não ocorre de modo espontâneo. Estas observações acerca da direção da reação espontânea são válidas para uma reação tal como ocorre em uma célula galvânica tanto quanto para um processo ordinário, onde reagentes e produtos estão misturados em um mesmo recipiente. A veracidade desta premissa reside no fato de a variação na energia livre de uma reação ser função das concentrações, não do modo como a reação é conduzida. No caso específico em que os membros reduzidos e oxidados dos dois pares estão misturados (todos no estado padrão), um agente redutor poderá reduzir um agente oxidante localizado em uma posição mais elevada na tabela de potenciais de eletrodo. A mesma regra da posição relativa pode ser aplicada com valores gerais de concentrações, em que E de cada semicélula, em comparação com a equação de Nernst, substitui E°. De modo geral, estimativas de natureza qualitativa elaboradas com base em valores de E° não variam, mesmo frente a desvios moderados relativos ao estado padrão, desde que a diferença entre os dois valores de E° seja de, no mínimo, diversos décimos de volt.

É importante lembrar que os valores estimados com base nessa regra apontam para as reações que *têm chances* de ocorrer; porém, nada dizem acerca da velocidade em que *de fato* ocorrem.

As reações dos eletrodos na eletrólise

Uma reação de oxidação-redução não espontânea, para a qual o potencial de célula calculado é negativo, pode ser induzida por eletrólise. É possível promover uma reação como esta aplicando um potencial elétrico externo, que força os elétrons no par sofrendo redução e retira elétrons do par sofrendo oxidação. O potencial externo *mínimo* requerido pela eletrólise corresponde ao valor do potencial da célula calculado para a reação:

Em condições de quase-reversibilidade, é válida a regra abaixo:

Entre todas as reduções possíveis durante a eletrólise em um cátodo, a mais provável é aquela que apresenta o maior potencial de eletrodo.

Claro que a recíproca também é verdadeira: a oxidação mais provável no ânodo é aquela para a qual o potencial de eletrodo tem o menor valor. Ao aplicarmos a regra é preciso lembrar que (*a*) uma molécula de um soluto ou íon pode passar por oxidação ou redução; (*b*) o ânodo pode também sofrer oxidação; (*c*) o solvente pode sofrer oxidação ou redução.

Exemplo 2 Vamos ilustrar a possibilidade apresentada em (*c*) acima para a água a 25°C.

O potencial da *redução* do hidrogênio é dado na Tabela 19-1:

$$2H^+ + 2e^- \rightarrow H_2 \qquad E^\circ = 0{,}000\,V$$

Vamos supor que o H_2 gasoso acumule a uma pressão parcial de 1 atm. Em soluções neutras, em que $[H^+] = 10^{-7}$ e a pressão de H_2 conserva seu valor unitário, o cálculo é:

$$E = E^\circ - \frac{0{,}0592}{2} \log \frac{P(H_2)}{[H^+]^2} = 0{,}000 - 0{,}0296 \log \frac{1}{(10^{-7})^2}$$

$$E = 0{,}000 - 0{,}0296 \times 14 = -0{,}414\,V$$

É extremamente difícil reduzir a água, mas a oxidação do hidrogênio não é difícil em soluções neutras, comparada a soluções ácidas.

Para a oxidação da água em oxigênio molecular, o valor mais apropriado na Tabela 19-1 é dado pela reação:

$$O_2 + 4H^+ + 4e^- \rightarrow 2H_2O \qquad E^\circ = 1{,}229\,V$$

Os estados padrão aos quais se refere o valor de E° são 1 atm para o oxigênio gasoso e 1 mol/L para o íon H^+. Podemos calcular E para a semicélula acima, com soluções neutras, em que $[H^+] = 10^{-7}$, usando a equação de Nernst. Considerando que o oxigênio permanece em seu estado padrão, temos que $P(O_2) = 1$ atm.

$$E = E^\circ - \frac{0{,}0592}{4} \log \frac{1}{[H^+]^4 P(O_2)} = 1{,}229 - 0{,}0148 \log \frac{1}{(10^{-7})^4}$$

$$E = 1{,}229 - 0{,}0148 \times 28 = 0{,}815\,V$$

Logo, é mais difícil reduzir o oxigênio e é mais fácil oxidar a água em soluções neutras do que em soluções ácidas.

Problemas Resolvidos

As unidades elétricas

19.1 Uma lâmpada utiliza uma corrente de 2,0 A. Calcule a carga (em coulombs) consumida por esta lâmpada em 30 s.

$$\text{Carga em coulombs} = (\text{corrente em ampères}) \times (\text{tempo em segundos}) = (20{,}0\,A)(30\,s) = 60\,C$$

19.2 Qual é o tempo necessário para fazer fluir 36.000 C em um banho de galvanização usando uma corrente de 5 A?

$$\text{Tempo em segundos} = \frac{\text{carga em coulombs}}{\text{corrente em ampères (C/s)}} = \frac{36.000\,C}{5\,C/s} = 7200\,s \quad \text{ou} \quad 2\,h$$

19.3 Um gerador produz 15 A a 120 V. (*a*) Calcule a potência em kW fornecida pelo equipamento. (*b*) Que quantidade de energia fornecida pelo gerador, em kW · h, é gerada no período de 2 h? (*c*) Qual é o custo dessa energia, tomando o valor base de 6 centavos por kW · h?

(*a*) $$\text{Potência} = (15\,A)(120\,V) = 1800\,W = 1{,}8\,kW$$

(b) $\qquad$ Energia = (1,8 kW)(2 h) = 3,6 kW · h

(c) $\qquad$ Custo = (3,6 kW · h)(6 centavos/kW · h) = 22 centavos

19.4 Uma resistência elétrica foi enrolada em um cilindro metálico de 50 g. Uma corrente de 0,65 A foi passada na resistência por 24 s. A queda de voltagem medida na resistência foi de 5,4 V. A temperatura inicial do cilindro era 22,5°C. Com a passagem da corrente pela resistência, o valor subiu para 29,8°C. Com base nestes dados, qual é o calor específico do metal do cilindro, em J/g · K?

De acordo com (*19-1*) $\qquad$ Energia fornecida = (0,65 A)(5,4 V)(24 s) = 84 J

Porém, $\qquad$ Energia fornecida = (massa) × (calor específico) × (elevação na temperatura)

Portanto $\qquad$ 84 J = (50 g)(calor específico)[(29,8 − 22,5) K]

Resolvendo a última equação temos que o calor específico é 0,23 J/g · K.

19.5 Quantos elétrons passam por segundo na seção transversal de um cabo de cobre transportando uma corrente de 10^{-16} A?

Uma vez que 1 A = 1 C/s $\qquad$ Taxa = $\dfrac{1 \times 10^{-16} \text{ C/s}}{1,6 \times 10^{-19} \text{ C}/e^-}$ = $600 e^-$/s

As leis de Faraday da eletrólise

19.6 Um fluxo exato de 0,2 mol de elétrons passa por três células eletrolíticas dispostas em série. A primeira contém o íon prata, a segunda o íon zinco e a terceira o íon ferro (III). Supondo que a única reação no cátodo em cada célula é a redução do íon ao metal respectivo, quantos gramas de cada metal serão produzidos?

Um mol de elétrons deposita 1 eq de um elemento. As massas equivalentes de Ag^+, Zn^{2+} e Fe^{3+} são:

$$\dfrac{107,9 \text{ g Ag}}{1 \text{ mol } e^-} = 107,9 \text{ g Ag/mol } e^- \qquad \dfrac{65,39 \text{ g Zn}}{2 \text{ mol } e^-} = 32,70 \text{ g Zn/mol } e^- \qquad \dfrac{55,85 \text{ g Fe}}{3 \text{ mol } e^-} = 18,62 \text{ g Fe/mol } e^-$$

Aplicando as informações dadas no enunciado nas expressões acima, temos:

Ag depositada = (0,2 mol e^-)(107,9 g/mol e^-) = 21,58 g Ag

Zn depositado = (0,2 mol e^-)(32,7 g/mol e^-) = 6,54 g Zn

Fe depositado = (0,2 mol e^-)(18,62 g/mol e^-) = 3,72 g Fe

19.7 Uma corrente de 5,00 A fluindo durante 30 min deposita 3,048 g de Zn no cátodo de uma célula. Calcule a massa equivalente do zinco, com base nessas informações.

Número de coulombs utilizado = (5,00 A)[(30 × 60) s] = $9,00 \times 10^3$ C

$n(e^-)$ utilizado = $\dfrac{9,00 \times 10^3 \text{ C}}{9,65 \times 10^4 \text{ C/mol } e^-}$ = 0,0933 mol e^-

Massa equivalente = massa depositada por mol de e^- = $\dfrac{3,048 \text{ g}}{0,0933 \text{ mol } e^-}$ = 32,7 g/eq

19.8 Uma corrente libera 0,504 g de hidrogênio em 2 h. Quantos gramas de oxigênio e cobre (da solução de Cu^{2+}) podem ser liberados pela mesma corrente, durante o mesmo período?

As massas de diferentes substâncias liberadas por uma mesma carga elétrica (em coulombs) são proporcionais às massas equivalentes destas substâncias. A massa equivalente é 1,008 g para o hidrogênio, 8,00 g para o oxigênio e 31,8 g para o cobre.

Número de eq de hidrogênio em 0,504 g = $\dfrac{0,504 \text{ g}}{1,008 \text{ g/eq}}$ = 0,500 eq

Logo, 0,500 eq de cada um dos elementos é liberado nas mesmas condições.

$$\text{Massa de oxigênio liberado} = 0{,}500 \text{ eq} \times 8{,}00 \text{ g/eq} = 4{,}00 \text{ g}$$
$$\text{Massa de cobre liberado} = 0{,}500 \text{ eq} \times 31{,}8 \text{ g/eq} = 15{,}9 \text{ g}$$

A massa equivalente de qualquer substância produzida em uma eletrólise é determinada pela semirreação balanceada. Para a liberação de oxigênio a partir da água, a semirreação anódica é:

$$2H_2O \rightarrow O_2 + 4H^+ + 4e^-$$

A massa molar do O_2 é 32,00. A massa equivalente é a massa molar dividida pelo número de mols de elétrons que precisam fluir para produzir um mol, ou 32,00 / 4 = 8,00.

19.9 A mesma quantidade de eletricidade que liberou 2,158 g de Ag passou por uma solução de sal de ouro, causando a deposição de 1,314 g de Au. A massa equivalente da prata é 107,9 g. Calcule a massa equivalente do ouro e encontre o estado de oxidação do metal nesse sal.

$$\text{Número de eq da Ag em 2,158 g} = \frac{2{,}158 \text{ g Ag}}{107{,}9 \text{ g Ag/eq}} = 0{,}02000 \text{ eq de Ag}$$

Uma vez que 1,314 g de Au precisam representar 0,02000 eq, temos que

$$\text{Massa equivalente de Au} = \frac{1{,}314 \text{ g}}{0{,}02000 \text{ eq}} = 65{,}70 \text{ g/eq}$$

O estado de oxidação é o número de elétrons necessário para formar um átomo de ouro por redução.

$$\text{Estado de oxidação} = \frac{\text{massa molar do Au}}{\text{massa equivalente do Au}} = \frac{197{,}0}{65{,}7} = 3$$

E, sendo esta uma *redução*, o número de oxidação do ouro é positivo, Au^{3+}.

19.10 Qual é o período de tempo necessário para depositar 100 g de Al de uma célula eletrolítica contendo Al_2O_3 usando uma corrente de 125 A?

A massa equivalente do Al gerado a partir do Al^{3+} é

$$\text{Massa equivalente do Al} = \frac{1}{3} \text{ da massa molar} = \frac{1}{3}(27{,}0) = 9{,}0 \text{ g de Al/mol } e^-$$

Usando esse valor, temos:

$$n(e^-) = \frac{100 \text{ g Al}}{9{,}0 \text{ g Al/mol } e^-} = 11{,}1 \text{ mol } e^-$$

$$\text{Tempo} = \frac{\text{carga}}{\text{corrente}} = \frac{(11{,}1 \text{ mol } e^-)(9{,}65 \times 10^4 \text{ C/mol } e^-)}{125 \text{ A}} = 8{,}65 \times 10^3 \text{ s} \quad \text{ou} \quad 2{,}4 \text{ h}$$

19.11 Uma corrente de 15,0 A é utilizada para niquelar uma superfície a partir de um banho de $NiSO_4$. Tanto Ni quanto H_2 são formados no cátodo. A eficiência da corrente com relação à formação de Ni é 60%. (*a*) Quantos gramas de Ni são depositados no cátodo, por hora? (*b*) Qual é a espessura da camada de níquel formada, considerando que o cátodo é uma placa de metal quadrada com 4 cm de lado e que é coberta nos dois lados? (A densidade do níquel é 8,9 g/cm³.) (*c*) Qual é o volume de H_2 gerado nas CNTP, por hora?

(*a*) $\quad$ Número total de coulombs utilizado $= (15{,}0 \text{ A})(3600 \text{ s}) = 5{,}40 \times 10^4 \text{ C}$

$$n(e^-) \text{ utilizado} = \frac{5{,}40 \times 10^4 \text{ C}}{9{,}65 \times 10^4 \text{ C/mol } e^-} = 0{,}560 \text{ mol } e^-$$

Número de eq de Ni depositados $= (0{,}60)(0{,}560 \text{ mol } e^-)(1 \text{ eq Ni/mol } e^-) = 0{,}336 \text{ eq Ni}$

Massa equivalente de Ni $= \frac{1}{2}$ (massa molar) $= \frac{1}{2}(58{,}69) = 29{,}3 \text{ g/eq}$

Massa de Ni depositada $= (0{,}336 \text{ eq})(29{,}3 \text{ g/eq}) = 9{,}8 \text{ g Ni}$

(b) Os cálculos são baseados na determinação da área dos dois lados da placa de metal e na determinação do volume total de Ni depositado.

$$\text{Área dos dois lados} = 2[(4{,}0\,\text{cm})(4{,}0\,\text{cm})] = 32\,\text{cm}^3$$

$$\text{Volume de 9{,}8 g Ni} = \frac{\text{massa}}{\text{densidade}} = \frac{9{,}8\,\text{g}}{8{,}9\,\text{g/cm}^3} = 1{,}10\,\text{cm}^3$$

$$\text{Espessura da camada de Ni} = \frac{\text{volume}}{\text{área}} = \frac{1{,}10\,\text{cm}^3}{32\,\text{cm}^2} = 0{,}034\,\text{cm}$$

(c) Esta parte do problema é semelhante a problemas resolvidos acima. Para ilustrar uma variação possível no uso de unidades, utilizaremos o Faraday, F, uma unidade que caiu em certo desuso e que corresponde a um mol de elétrons.

$$\text{Número de eq de H}_2\text{ liberados} = (0{,}40)(0{,}560\,\mathsf{F})(1\,\text{eq H}_2/\mathsf{F}) = 0{,}224\,\text{eq de H}_2$$

$$\text{Volume de 1 eq} \left(\frac{1}{2}\,\text{mol}\right) \text{H}_2 = \frac{1}{2}(22{,}4\,\text{L}) = 11{,}2\,\text{L H}_2\text{ de (CNTP)}$$

$$\text{Volume de H}_2\text{ liberado} = (0{,}224\,\text{eq})(11{,}2\,\text{L/eq}) = 2{,}51\,\text{L de H}_2$$

19.12 Quantos coulombs precisam ser fornecidos a uma célula para a produção eletrolítica de 245 g de $NaClO_4$ a partir de $NaClO_3$? Devido a reações secundárias, a eficiência do ânodo é de apenas 60% para essa reação.

Primeiro, é necessário conhecer a massa equivalente do $NaClO_4$ para a reação. A reação balanceada no ânodo é:

$$ClO_3^- + H_2O \rightarrow ClO_4^- + 2H^+ + 2e^-$$

$$\text{Massa equivalente de NaClO}_4 = \frac{\text{massa molar}}{\text{elétrons transferidos}} = \frac{122{,}5}{2} = 61{,}2\,\text{g de NaClO}_4$$

$$\text{Equivalentes de NaClO}_4 = \frac{\text{massa molar}}{\text{Massa equivalente de NaClO}_4} = \frac{245\,\text{g}}{61{,}2\,\text{g/eq}} = 4{,}00\,\text{eq de NaClO}_4$$

$$n(e^-)\text{ necessários} = \frac{4{,}00\,\text{eq}}{0{,}60\,\text{eq produto/mol }e^-} = 6{,}7\,\text{mol }e^-$$

$$\text{Carga em }C\text{ requerida} = (6{,}7\,\text{mol }e^-)(9{,}6 \times 10^4\,\text{C/mol }e^-) = 6{,}4 \times 10^5\,\text{C}$$

As células voltaicas e os processos eletródicos

19.13 Qual é o potencial padrão de uma célula que utiliza os pares ($Zn^{2+}|Zn$) e ($Ag^+|Ag$)? Qual é o par negativo? Escreva a equação para a reação da célula considerando os estados padrão.

Conforme a Tabela 19-1, os potenciais padrão dos pares ($Zn^{2+}|Zn$) e ($Ag^+|Ag$) são $-0{,}763$ V e $0{,}799$ V. O potencial padrão da célula é dado pela diferença entre estes dois números, $0{,}779 - (-0{,}763) = 1{,}542$ V. O potencial da prata é maior, o que significa que o íon prata é o agente oxidante. O par zinco é o agente redutor e está no eletrodo negativo. A equação da célula é

$$Zn + 2Ag^+ \rightarrow Zn^{2+} + 2Ag$$

19.14 O Fe^{3+} consegue oxidar o Br^- a Br_2 nas circunstâncias previstas na Tabela 19-1?

Com base na Tabela 19-1, que fornece os valores de potenciais a 25°C e 1 atm, vemos que o par ($Fe^{3+}|Fe^{2+}$) tem potencial padrão de redução menor (0,771 V) que o par ($Br_2|Br^-$) (1,065 V). Portanto, o Fe^{2+} consegue reduzir o Br_2, mas o Br^- não consegue reduzir o Fe^{3+}. Isso significa que o Fe^{3+} não oxida o Br^-.

19.15 Qual é o potencial padrão de eletrodo do par ($MnO_4^-|MnO_2$) em solução ácida com $[H^+] = 1{,}00$ M?

A semirreação de redução do par é

$$MnO_4^- + 4H^+ + 3e^- \rightarrow MnO_2 + 2H_2O$$

A reação pode ser escrita como a diferença das duas semirreações cujos potenciais de redução são dados na Tabela 19-1. Os valores de $nE°$ podem ser calculados como potenciais padrão de redução, desde que um seja revertido como oxidação. A inversão da reação inverte também o sinal algébrico do potencial.

		n	E^o	nE^o
	$MnO_4^- + 8H^+ + 5e^- \rightarrow Mn^{2+} + 4H_2O$	5	1,51 V	7,55
(Reação invertida como oxidação)	$Mn^{2+} + 2H_2O \rightarrow MnO_2 + 4H^+ + 2e^-$	2	−1,23 V	−2,46 V
Diferença:	$MnO_4^- + 4H^+ + 3e^- \rightarrow MnO_2 + 2H_2O$	3		5,09 V

$$E^o \text{ da reação desejada} = \frac{5,09}{3} = 1,70 \text{ V}$$

19.16 Estime as estabilidades a 25°C de soluções aquosas dos estados de oxidação intermediários não complexados do (*a*) tálio e (*b*) cobre.

(*a*) A questão diz respeito à possibilidade de o estado intermediário, Tl^+, decompor-se espontaneamente no estado de oxidação mais baixo e no mais alto, Tl e Tl^{3+}. A reação é

$$3Tl^+ \rightarrow 2Tl + Tl^{3+}$$

Essa reação pode ser escrita de acordo com o método íon-elétron:

	E^o (redução) para o par (Tabela 19-1)	
$2 \times (Tl^+ + e^- \rightarrow Tl)$	−0,336 V	(*1*)
(Reação inversa) $\quad Tl^+ \rightarrow Tl^{3+} + 2e^-$	−1,25 V	(*2*)

Em (*1*), o par ($Tl^+|Tl$) atua como agente oxidante. Em (*2*), o par ($Tl^{3+}|Tl^+$) atua como agente redutor. A reação ocorreria nas concentrações padrão se E^o para o par redutor fosse menor que E^o para o par oxidante. Uma vez que o potencial de redução de 1,25 V é maior que −0,336 V, a reação não transcorre tal como escrita. Isto permite concluir que Tl^+ não se decompõe espontaneamente em Tl e Tl^{3+}. Na verdade, a reação inversa é a reação espontânea: $2Tl + Tl^{3+} \rightarrow 3Tl^+$.

(*b*) Como em (*a*) acima, podemos assumir que a reação abaixo incorpora as duas possibilidades.

$$2Cu^+ \rightarrow Cu + Cu^{2+}$$

As reações parciais escritas de acordo com o método íon-elétron são:

	E^o (redução) para o par (Tabela 19-1)
$Cu^+ + e^- \rightarrow Cu$	0,520 V
$Cu^+ \rightarrow Cu^{2+} + e^-$	0,160 V (*calculado*)

Este processo poderia ocorrer se E^o do par tido como redutor, ($Cu^{2+}|Cu^+$), fosse menor que E^o do par oxidante, ($Cu^+|Cu$). Se utilizarmos o método adotado no Problema 19.15, obteremos o resultado 0,16 V, menor que 0,50 V. Portanto, Cu^+ é instável em solução. Compostos de Cu^+ existem tão somente como substâncias muito insolúveis ou complexos estáveis, o que torna a concentração do íon muito baixa, em solução.

19.17 (*a*) Qual é o potencial a 25°C da célula composta pelos pares ($Zn^{2+}|Zn$) e ($Cu^{2+}|Cu$), se as concentrações do Zn^{2+} e Cu^{2+} são 0,1 M e 10^{-9} M, respectivamente? (*b*) Qual é a ΔG de redução de 1 mol de Cu^{2+} por Zn nas concentrações dadas e qual é a ΔG^o da reação, a 25° C?

(*a*) A reação que ocorre na célula é $Zn + Cu^{2+} \rightarrow Zn^{2+} + Cu$, que tem $n = 2$.

$$E = E^o - \frac{0{,}0592 \log Q}{n}$$

E^o, o potencial padrão da célula, é igual à diferença entre os potenciais padrão de redução dos eletrodos.

$$0{,}34 - (-0{,}76) = 1{,}10 \text{ V}$$

Q, a função da concentração, não inclui termos relativos a metais sólidos.

$$E = 1{,}10 - \frac{0{,}0592}{2} \log \frac{[Zn^{2+}]}{[Cu^{2+}]} = 1{,}10 - 0{,}0296 \log \frac{10^{-1}}{10^{-9}}$$
$$E = 1{,}10 - (0{,}0296)(8) = 0{,}86 \text{ V}$$

(b) A partir de (*19-3*), temos

$$\Delta G = -n\mathsf{F}E = -(2 \text{ mol } e^-)(9{,}65 \times 10^4 \text{ C/mol } e^-)(0{,}86 \text{ V}) = -166 \times 10^3 \text{ C} \cdot \text{V} = -166 \text{ kJ}$$

$$\Delta G° = -n\mathsf{F}E = -(2 \times 9{,}65 \times 10^4 \times 1{,}10)\text{J} = -212 \text{ kJ}$$

19.18 Calcule a diminuição da capacidade oxidante do par ($MnO_4^-|Mn^{2+}$) quando a concentração do íon H^+ cai de 1 M para 10^{-4} M, a 25°C.

Para essa redução, a reação da semicélula é

$$MnO_4^- + 8H^+ + 5e^- \rightarrow Mn^{2+} + 4H_2O$$

para a qual $n = 5$, porque o Mn reduz de Mn^{7+} no MnO_4^- para Mn^{2+}. Suponha que *apenas* $[H^+]$ se desvie do valor de 1 mol/L.

$$E = E° - \frac{0{,}0592}{n} \log Q$$

Logo,
$$E - E° = -\frac{0{,}0592}{5} \log \frac{[Mn^+]}{[MnO_4^-][H^+]^8} = -0{,}0118 \log \frac{1}{(1)(10^{-4})^8}$$

$$E - E° = -(0{,}0118)(32) = -0{,}38 \text{ V}$$

O par perdeu 0,38 V em termos de capacidade oxidante, relativo ao valor padrão.

19.19 Durante a eletrólise das soluções abaixo, em pH 7,0 e a 25°C, calcule o principal produto em cada eletrodo, considerando que não haja a polarização irreversível do eletrodo: (*a*) $NiSO_4$ 1 M com eletrodos de paládio; (*b*) $NiBr_2$ 1 M com eletrodos inertes; (*c*) Na_2SO_4 1 M com eletrodos de cobre.

(*a*) *Reação catódica*. Os dois processos abaixo são possíveis:

		$E°$
(*1*) $Ni^{2+} + 2e^- \rightarrow Ni$		$-0{,}25$ V
(*2*) $2H^+ + 2e^- \rightarrow H_2$		$0{,}00$ V

De acordo com a regra que diz que o processo catódico mais provável é aquele para o qual o potencial de eletrodo correspondente tem o valor algébrico mais alto, o par de hidrogênio tem a preferência de uso como célula padrão. Contudo, se considerarmos o efeito do tampão pH 7,0, E de (2) é reduzida para $-0{,}41$ V, conforme calculado no Exemplo 2. Com este valor de pH, a redução do níquel é o processo favorecido.

Reação anódica. São três os processos possíveis, correspondentes às reações inversas às dadas abaixo:

		$E°$
(*3*) $O_2 + 4H^+ + 4e^- \rightarrow 2H_2O$		$1{,}23$ V
(*4*) $Pd^{2+} + 2e^- \rightarrow Pd$		$0{,}915$ V
(*5*) $S_2O_8^{2-} + 2e^- \rightarrow 2SO_4^{2-}$		$1{,}96$ V

Os potenciais padrão são valores razoáveis, podendo ser substituídos em (*4*) e (*5*). Embora a concentração inicial de Pd^{2+} e $S_2O_8^{2-}$ seja zero, ela aumenta durante a eletrólise prolongada, caso essas espécies sejam os principais produtos. Porém, em (*3*), o tamponamento da solução impede a acumulação de $[H^+]$, e seria mais apropriado considerar o valor de E, calculado para o pH 7,0, no Exemplo 2, como sendo 0,82 V. Isso permite observar que, aparentemente, (*3*) tem o menor valor de E e, portanto, a reação inversa seria a mais provável entre as reações anódicas possíveis.

Em suma, os processos eletródicos possíveis são:

Ânodo: $2H_2O \rightarrow O_2 + 4H^+ + 4e^-$
Cátodo: $Ni^{2+} + 2e^- \rightarrow Ni$
Global: $2H_2O + 2Ni^{2+} \rightarrow O_2 + 4H^+ + 2Ni$

(*b*) *Reação catódica*. Assim como em (*a*), ocorre a redução do Ni.

Reação anódica. A expressão "eletrodo inerte" é usada com frequência para indicar que podemos desconsiderar a reação ocorrida no próprio eletrodo. Isto pode se dever ao valor elevado de seu potencial de eletrodo ou aos efeitos da polarização associados à preparação da superfície do eletrodo. As outras reações possíveis no ânodo são as reações inversas às dadas abaixo:

$$
\begin{array}{lll}
 & & E^{\text{o}} \\
(6)\ \text{Br}_2 + 2e^- & \rightarrow 2\text{Br}^- & 1{,}065\ \text{V} \\
(3)\ \text{O}_2 + 4\text{H}^+ + 4e^- & \rightarrow 2\text{H}_2\text{O} & 1{,}23\ \text{V}
\end{array}
$$

Quando o valor de E para (3) obtido é 0,82 V para pH 7,0, como em (a) acima, temos que a formação de oxigênio é o processo principal.

(c) *Reação catódica*. Neste caso, o par considerado é o de sódio, descrito pela reação

$$
\begin{array}{ll}
 & E^{\text{o}} \\
(7)\ \text{Na}^+ + e^- \rightarrow \text{Na} & -2{,}71\ \text{V}
\end{array}
$$

Esse valor de E é muito menor que o valor obtido em (2), para a geração de H_2 em pH 7,0 e com $-0{,}41$ V. Logo, a produção de hidrogênio ocorre no cátodo.

Reação anódica. Além de (3) e (5), a reação no ânodo de cobre precisa ser levada em conta, cuja reação inversa é

$$
\begin{array}{ll}
 & E^{\text{o}} \\
(8)\ \text{Cu}^{2+} + 2e^- \rightarrow \text{Cu} & 0{,}34\ \text{V}
\end{array}
$$

O processo (8) é aquele com menor valor de E. A reação inversa, em que o cobre entra em solução, tem precedência sobre a geração de oxigênio.

Neste exemplo, a solução de sulfato de sódio não foi envolvida na reação. Contudo, ela atuou como condutor elétrico. Com o tempo, à medida que Cu^{2+} acumula e o cobre migra para o cátodo, a reação (8) assume o lugar da reação (2) como reação catódica.

19.20 Sabendo que K_{ps} do AgCl é $1{,}8 \times 10^{-10}$, calcule E para um eletrodo de prata-cloreto de prata imerso em KCl 1 M a 25°C.

O processo elétrodico é um caso especial envolvendo o par ($Ag^+|Ag$), exceto pelo fato de que a prata no estado de oxidação +1 precipita como AgCl no próprio eletrodo. Contudo, até mesmo uma solução de AgCl tem uma parcela de Ag^+ em equilíbrio. A $[Ag^+]$ pode ser calculada utilizando K_{ps}, conforme:

$$[\text{Ag}^+] = \frac{K_{ps}}{[\text{Cl}^-]} = \frac{1{,}8 \times 10^{-10}}{1} = 1{,}8 \times 10^{-10}$$

Este valor de $[Ag^+]$ pode ser inserido na equação de Nernst válida para a semirreação do par ($Ag^+|Ag$).

$$\text{Ag}^+ + e^- \rightarrow \text{Ag} \qquad E^{\text{o}} = 0{,}799\ \text{V}$$

$$E = E^{\text{o}} - \frac{0{,}0592}{n} \log Q = -\frac{0{,}0592}{1} \log \frac{1}{[\text{Ag}^+]}$$

$$E = 0{,}779 - 0{,}0592 \log \frac{1}{1{,}8 \times 10^{-10}} = 0{,}799 - 0{,}577 = 0{,}222\ \text{V}$$

19.21 Com base nos dados da Tabela 19-1, calcule a constante global de estabilidade, K_s, do íon complexo $[\text{Ag}(S_2O_3)_2]^{3-}$ a 25°C.

Existem dois valores na tabela para pares com a prata em seus estados de oxidação zero e +1.

$$
\begin{array}{lll}
 & & E^{\text{o}} \\
(1)\ \text{Ag}^+ + e^- & \rightarrow \text{Ag} & 0{,}799\ \text{V} \\
(2)\ [\text{Ag}(S_2O_3)_2]^{3-} + e^- & \rightarrow \text{Ag} + 2S_2O_3^{2-} & 0{,}915\ \text{V}
\end{array}
$$

O processo (1) envolve o par em que Ag^+ está na concentração padrão. A concentração de Ag^+ a que $E°$ se refere ao valor que atende ao equilíbrio do íon complexo quando as outras espécies estão presentes em concentrações padrão. A reação de formação deste complexo é:

$$\text{Ag}^+ + 2S_2O_3^{2-} \rightleftharpoons [\text{Ag}(S_2O_3)_2]^{3-}$$

$$K_s = \frac{\{[\text{Ag}(S_2O_3)_2]^{3-}\}}{[\text{Ag}^+][S_2O_3^{2-}]^2} \qquad \text{ou} \qquad [\text{Ag}^+] = \frac{\{[\text{Ag}(S_2O_3)_2]^{3-}\}}{K_s [S_2O_3^{2-}]^2} = \frac{1}{K_s}$$

Em outras palavras, as condições padrão para o par em (2) podem na verdade ser consideradas como uma condição não padrão, $[Ag^+] = 1/K_s$ para o par em (1). A equação de Nernst para (1) nos dá

$$E = E^\circ - \frac{0{,}0592}{1} \log \frac{1}{[Ag^+]} \quad \text{ou} \quad 0{,}017 = 0{,}799 - 0{,}0592 \log K_s$$

Com isso, temos

$$\log K_s = \frac{0{,}799 - 0{,}017}{0{,}0592} = 13{,}21 \quad \text{e, portanto} \quad K_s = 1{,}6 \times 10^{13}$$

19.22 (a) Com concentrações iguais de Fe^{2+} e Fe^{3+}, qual deve ser $[Ag^+]$ para que a voltagem da célula voltaica composta pelos eletrodos $(Ag^+|Ag)$ e $(Fe^{3+}|Fe^{2+})$ seja igual a zero? (b) Determine a constante de equilíbrio a 25°C para a reação em condições padrão desta célula:

$$Fe^{2+} + Ag^+ \to Fe^{3+} + Ag^+$$

(a) Para a reação escrita, temos

$$E^\circ = E^\circ(Ag^+|Ag) - E^\circ(Fe^{3+}|Fe^{2+}) = 0{,}799 - 0{,}771 = 0{,}028 \text{ V}$$

Então, utilizando a equação de Nernst (apenas 1 e^- está envolvido),

$$E = E^\circ - \frac{0{,}0592}{1} \log \frac{[Fe^{3+}]}{[Fe^{2+}][Ag^+]}$$

$$0 = 0{,}028 - 0{,}0592 \log \frac{1}{[Ag^+]} = 0{,}028 + 0{,}0592 \log [Ag^+]$$

$$\log [Ag^+] = -\frac{0{,}028}{0{,}0592} = -0{,}47$$

Calculando o antilog nos dois lados da equação, descobrimos que $[Ag^+]$ é 0,34 M.

(b) Para calcular a constante de equilíbrio, precisamos combinar a relação entre K e ΔG°, (16-8), com a relação entre ΔG° e E° obtida de (19-3), $\Delta G^\circ = -nFE^\circ$.

$$\log K = -\frac{\Delta G^\circ}{2{,}303RT} = \frac{nFE^\circ}{2{,}303RT} = \frac{nE^\circ}{0{,}0592}$$

Observe que a mesma combinação de constantes (de valor 0,0592 a 25°C) é vista aqui, como na equação de Nernst.

$$\log K = \frac{0{,}028}{0{,}0592} = 0{,}47 \quad \text{logo,} \quad K = \frac{[Fe^{3+}]}{[Fe^{2+}][Ag^+]} = 3{,}0$$

A parte (a) acima poderia ter sido resolvida de modo alternativo, utilizando a constante de equilíbrio, sabendo que $[Fe^{2+}] = [Fe^{3+}]$ e resolvendo para $[Ag^+]$:

$$[Ag^+] = \frac{[Fe^{3+}]}{[Fe^{2+}] \times 3{,}0} = \frac{1}{3{,}0} = 0{,}33 \text{ M}$$

Os dois métodos precisam ser equivalentes, porque a voltagem de uma célula voltaica é zero quando os dois pares estão em equilíbrio um com o outro.

19.23 Um excesso de mercúrio líquido foi adicionado a uma solução ácida de Fe^{3+} 1,00 × 10^{-3} M. No equilíbrio a 25°C, descobriu-se que apenas 5,4% do ferro restou em solução. Calcule E° do par $(Hg_2^{2+}|Hg)$, supondo que a reação seja

$$2Hg + 2Fe^{3+} \rightleftharpoons Hg_2^{2+} + 2Fe^{2+}$$

Primeiro, calculamos a constante de equilíbrio da reação. No equilíbrio, temos:

$$[Fe^{3+}] = (0{,}054)(1 \times 10^{-3}) = 5{,}4 \times 10^{-5} \text{ M}$$

$$[Fe^{2+}] = (1 - 0{,}054)(1 \times 10^{-3}) = 9{,}46 \times 10^{-4} \text{ M}$$

$$[Hg_2^{2+}] = \frac{1}{2}[Fe^{2+}] = 4{,}73 \times 10^{-4} \text{ M}$$

O mercúrio líquido está em seu estado padrão e incluído na expressão de K.

$$K = \frac{[Hg_2^{2+}][Fe^{2+}]^2}{[Fe^{3+}]^2} = \frac{(4{,}73 \times 10^{-4})(9{,}46 \times 10^{-4})^2}{(5{,}4 \times 10^{-5})^2} = 0{,}145$$

O potencial padrão da célula pode ser calculado a partir da relação encontrada no Problema 19.22 (*b*).

$$E^\circ = \frac{0{,}0592}{n} \log K = \frac{(0{,}0592)(-0{,}839)}{2} = -0{,}025 \text{ V}$$

Para a reação escrita acima,

$$E^\circ = E^\circ(Fe^{3+}|Fe^{2+}) - E^\circ(Hg_2^{2+}|Hg)$$

ou $\quad E^\circ = E^\circ(Hg_2^{2+}|Hg) = E^\circ(Fe^{3+}|Fe^{2+}) - E^\circ = 0{,}711 - (-0{,}025) = 0{,}796 \text{ V}$

Problemas Complementares

As unidades elétricas

19.24 Quantos coulombs por hora fluem por um banho de galvanização utilizando uma corrente de 5 A?

Resp. $1{,}8 \times 10^4$ C/h

19.25 A um custo de R$0,49 o kW·h, qual é o custo de um motor elétrico movido por uma corrente de 15 A a 110 V por 8 horas?

Resp. R$6,50

19.26 Um tanque contendo 0,2 m³ de água foi usado como banho de temperatura constante. Quanto tempo é necessário para elevar a temperatura da água de 20°C para 25°C com um aquecedor de imersão com potência de 250 W? Considere que não há perda de energia.

Resp. 4,6 h

19.27 O calor específico de um líquido foi medido colocando 100 g em um calorímetro. O líquido foi aquecido usando uma resistência elétrica em espiral de imersão. A capacidade calorífica do calorímetro e da resistência foi determinada com antecedência, sendo 31,4 J/K. Uma corrente de 0,500 A foi passada através da resistência por 3 min. A voltagem entre os terminais da resistência foi 1,50 V. A temperatura da amostra subiu 0,800°C. Calcule o calor específico do líquido.

Resp. 1,37 kJ/kg · K

19.28 O calor de solução do NH_4NO_3 em água foi determinado por medição do trabalho elétrico necessário para compensar o esfriamento ocorrido quando o sal dissolve. Após a adição do NH_4NO_3 à água, uma resistência em espiral foi utilizada para passar uma corrente elétrica pela solução, até a temperatura retornar ao valor inicial, antes da adição do sal. Em uma experiência laboratorial típica, 4,4 g de NH_4NO_3 foram adicionados a 200 g de H_2O. Uma corrente de 0,75 A foi fornecida à espiral, a uma voltagem de 0,6 V. A corrente foi aplicada por 5,2 min. Calcule ΔH da solução preparada com 1 mol de NH_4NO_3 em água o bastante para gerar a mesma concentração verificada no experimento precedente.

Resp. 25,5 kJ

As leis de Faraday da eletrólise

Observação: A menos que seja informado o contrário, a eficiência de todos os eletrodos é 100%.

19.29 Qual é a corrente necessária para passar 1 mol de elétrons por hora em uma célula de eletrodeposição? Quantos gramas de alumínio são liberados por 1 mol de elétrons? Quantos mols de Cd são liberados por mol de elétrons?

Resp. 26,8 A; 8,99 g de Al; 56,2 g de Cd

19.30 Que massa de alumínio é depositada por uma corrente de 40 A aplicada por 30 min?

Resp. 6,7 g de Al

19.31 Quantos ampères são necessários para depositar 5,00 g de Au por hora, a partir de uma solução de um sal de Au^{3+}?

Resp. 2,04 A

19.32 Quantas horas são necessárias para produzir 100 lb de gás Cl_2 a partir de NaCl em uma célula que opera a 1000 A? A eficiência de semirreação anódica para produzir Cl_2 é 85%.

Resp. 40,4 h

19.33 Uma corrente elétrica flui por duas células eletrolíticas separadas. Uma contém uma solução de $AgNO_3$, a outra contém uma solução de $SnCl_2$. Se 2,00 g de Ag depositam em uma célula, quantos gramas de Sn depositam na outra?

Resp. 1,10 g de Sn

19.34 Uma célula eletrolítica contém uma solução de $CuSO_4$ e um ânodo de cobre impuro. Quantos quilogramas de cobre são refinados (depositados no cátodo) usando uma corrente de 150 A por 12 h? O cobre depositado no cátodo é oriundo da solução; contudo, o cobre retirado da solução é substituído pelo ânodo. Esta técnica é utilizada no refino do cobre no ânodo.

Resp. 2,13 kg de Cu

19.35 Uma célula a combustível projetada para uma espaçonave opera de acordo com a reação global:

$$2H_2 + O_2 \rightarrow 2H_2O$$

A célula gera uma corrente constante de 10,0 A e é alimentada com H_2 gasoso em um tanque a 2000 psi e 31°C. Qual é o tempo de funcionamento da célula? (psi — lb/pol², de acordo com o Problema 1.9.)

Resp. $1,04 \times 10^7$ s (121 dias)

19.36 O peróxido de hidrogênio, H_2O_2, pode ser preparado com base na série de reações abaixo:

$$2NH_4HSO_4 \rightarrow H_2 + (NH_4)_2S_2O_8$$

$$(NH_4)_2S_2O_8 + 2H_2O \rightarrow 2NH_4HSO_4 + H_2O_2$$

A primeira reação é uma reação eletrolítica, a segunda é uma destilação a vapor. Qual é a corrente necessária para que a primeira reação produza $(NH_4)_2S_2O_8$ o suficiente para gerar 100 g de H_2O_2 puro, por hora, na segunda reação? Considere a eficiência no ânodo igual a 50%.

Resp. 315 A

19.37 Uma bateria de chumbo-ácido, do tipo utilizado em automóveis, tem a seguinte reação anódica:

$$Pb(s) + HSO_4^-(aq) \rightarrow PbSO_4(s) + H^+(aq) + 2e^-$$

Suponha que a bateria gere 75 ampère-hora, isto é, ela gera um ampère para 75 horas (ou 75 ampères por uma hora). Qual é a massa de chumbo consumida durante a descarga completa da bateria?

Resp. 290 g Pb

19.38 A reação apresentada neste problema representa a soma de uma reação anódica e de uma reação catódica. Considere a bateria descrita no problema anterior. Qual é a massa de óxido chumbo (IV) utilizada na construção desta bateria?

$$Pb(s) + PbO_2(s) + 2H^+(aq) + 2HSO_4^-(aq) \rightarrow 2PbSO_2(s) + 2H_2O(l)$$

Resp. 290 g de Pb e 335 g de PbO_2

19.39 Uma medida importante da eficiência de uma bateria é a *densidade energética*, a quantidade de energia gerada dividida pela massa dos reagentes consumidos. Para fins de comparação, calcule a densidade energética de (*a*) uma bateria de chumbo de 2,00 V que funciona com base na reação:

$$Pb + PbO_2 + 2H_2SO_4 \rightarrow 2PbSO_4 + 2H_2O$$

(*b*) e calcule a densidade energética de uma bateria de NiCd de 1,30 V (aproximado), com base na reação:

$$Cd + 2NiOOH + 2H_2O \rightarrow Cd(OH)_2 + 2Ni(OH)_2$$

Observe que esses cálculos não levam em consideração alguns fatores práticos, como o custo dos compostos químicos utilizados, a fração dos reagentes não utilizados e os materiais de construção das baterias que não participam das reações. Estes e outros fatores aumentam o custo de produção destes dispositivos.

Resp. (*a*) 601 kJ/kg;   (*b*) 756 kJ/kg

19.40 Um grupo de engenheiros encarregados de desenvolver uma bateria de peso reduzido recorreu ao Li e ao Na, elementos do Grupo IA. Além da massa equivalente reduzida, os dois elementos apresentam um potencial de redução muito negativo. (Uma vez que os eletrólitos não estão no estado aquoso, as voltagens de baterias não podem ser calculadas com precisão apenas com base nos dados listados na Tabela 19-1. As voltagens informadas abaixo são estimativas bastante grosseiras.) Calcule as densidades energéticas (*a*) de uma bateria de lítio-sulfeto de titânio (IV) que gera aproximadamente 3,00 V e (*b*) de uma bateria de sódio-enxofre que gera cerca de 2,60 V. As reações envolvidas são:

$$(a)\ Li + TiS_2 \rightarrow (Li^+)(TiS_2^-) \quad (b)\ 2Na + S_2 \rightarrow (Na^+)_2(S_2^{2-})$$

Resp. (*a*) $2,43 \times 10^3$ kJ/kg;   (*b*) $4,56 \times 10^3$ kJ/kg

19.41 Preveja o principal produto gerado em cada eletrodo na eletrólise contínua a 25°C de: (*a*) $Fe_2(SO_4)_3$ 1 M com eletrodos inertes em H_2SO_4 0,10 M; (*b*) LiCl 1 M com eletrodos de prata; (*c*) $FeSO_4$ 1 M com eletrodos inertes em pH 7,0; (*d*) NaF fundido com eletrodos inertes.

Resp. (*a*) Fe^{2+} e O_2;   (*b*) H_2 e AgCl;   (*c*) H_2 e Fe^{3+};   (*d*) Na e F_2

19.42 Uma célula voltaica foi posta em funcionamento em condições idealmente reversíveis utilizando uma corrente de 10^{-16} A. (*a*) Com esta corrente, quanto tempo foi necessário para gerar 1 mol de e^-? (*b*) Quantos elétrons foram cedidos pela célula a um circuito pulsado, durante 10 ms?

Resp. (*a*) 3×10^{13} anos;   (*b*) $6e^-$

19.43 A quantidade de antimônio presente em solução pode ser determinada convertendo o elemento a seu estado de oxidação +3 e titulando com solução padrão de iodo em bicarbonato:

$$H_2SbO_3^- + 3HCO_3^- + I_2 \rightarrow HSbO_4^{2-} + 2I^- + 3CO_2 + 2H_2O$$

Em uma variante do método, muito útil na análise de amostras pequenas, é adicionado um excesso do íon iodo à solução. O iodo necessário à reação é gerado por eletrólise, de acordo com:

$$2I \rightarrow I_2 + 1e^-$$

Determine a massa de antimônio em solução que exige uma corrente de 23,2 miliampères por 182 s para atingir o ponto final na titulação colorimétrica descrita acima.

Resp. 2,66 mg de Sb

As células voltaicas (galvânicas) e a oxidação-redução

Todos os problemas são dados para 25°C.

19.44 (*a*) Qual é o potencial padrão de uma célula composta pelos pares $(Cd^{2+}|Cd)$ e $(Cu^{2+}|Cu)$? (*b*) Qual é o par catódico?

Resp. (*a*) 0,74 V;   (*b*) $(Cu^{2+}|Cu)$

19.45 Qual é o potencial padrão de uma célula construída com os pares $(Sn^{2+}|Sn)$ e $(Br_2|Br^-)$?

Resp. 1,20 V

19.46 Por que os sais de Co^{3+} são instáveis em água?

Resp. O Co^{+3} consegue oxidar a H_2O, gerando como principais produtos o Co^{2+} e o O_2.

19.47 Se o H_2O_2 é misturado com Fe^{2+}, qual é a reação mais provável: a oxidação do Fe^{2+} a Fe^{3+}, ou a redução do Fe^{2+} a Fe? Escreva a reação de cada alternativa e calcule o potencial padrão da célula eletroquímica correspondente.

Resp. A reação mais provável é: $H_2O_2 + 2H^+ + 2Fe^{2+} \rightarrow 2H_2O + 2Fe^{3+}$; $E° = 0,99$ V
A reação menos provável é: $H_2O_2 + Fe^{2+} \rightarrow Fe + O_2 + 2H^+$. A reação inversa ocorre com um potencial padrão de 1,14 V.

19.48 Que substância pode ser utilizada pra oxidar fluoretos a flúor?

Resp. Os fluoretos podem ser oxidados durante a eletrólise, mas não pela via química, se forem usadas quaisquer substâncias dadas na Tabela 19-1.

19.49 As soluções de Fe^{2+} são estáveis ao ar? Por que essas soluções podem ser preservadas pela presença de limalhas de Fe?

Resp. Não são estáveis porque o O_2 oxida o Fe^{2+} a Fe^{3+}, mas, na presença de Fe, o Fe^{3+} se reduz a Fe^{2+}.

19.50 Qual é o potencial padrão do eletrodo $(Tl^{3+}|Tl)$?

Resp. 0,72 V

19.51 Qual dos estados de oxidação intermediários citados é estável com relação às reações de oxidação possíveis dos elementos em meios livres de oxigênio e não complexantes: germânio (II) ou estanho (II)?

Resp. Estanho (II)

19.52 Com relação aos pares listados, nas concentrações padrão, o H_2O_2 se comporta como oxidante ou redutor? (*a*) $(I_2|I^-)$; (*b*) $(S_2O_8^{2-}|SO_4^{2-})$; (*c*) $(Fe^{3+}|Fe^{2+})$

Resp. (*a*) oxidante;   (*b*) redutor;   (*c*) ambos; na verdade, quantidades muito pequenas de sais de ferro nos estados de oxidação +2 ou +3 catalisam a auto-oxidação-redução do H_2O_2.

19.53 Uma célula é composta por dois eletrodos de hidrogênio. O eletrodo negativo está imerso em solução de H^+ 10^{-8} M; o positivo está imerso em solução de H^+ 0,025 M. Qual é o potencial da célula?

Resp. 0,379 V

19.54 Em certo sentido, a célula descrita no problema anterior é um pHmetro. Suponha que uma semicélula contenha H^+ 1,00 M, o estado padrão. Descreva a relação (a 25°C) entre o pH da outra semicélula e a voltagem observada (ao conectar o terminal positivo do medidor à semicélula padrão).

Resp. V = 0,0592 unidades de pH

19.55 Um voltímetro pode ser um substituto para o indicador tradicionalmente empregado em titulações. Para tal, o frasco de titulação deve ser convertido em uma semicélula (com um eletrodo apropriado) e conectado a uma semicélula de referência por meio de uma ponte salina. O procedimento é adotado para a titulação dada no Problema 18.57. Um eletrodo de prata/cloreto de prata foi imerso na solução de haleto, e a semicélula de referência (um eletrodo de prata/cloreto de prata) em uma solução de KCl 1,00 M. O eletrodo de referência foi conectado ao terminal positivo de um voltímetro. Calcule a voltagem lida em cada um dos cinco pontos especificados na titulação do Problema 18.56.

Resp. (*a*) 0,179 V;   (*b*) $-$ 0,101 V;   (*c*) $-$ 0,195 V;   (*d*) $-$ 0,288 V;   (*e*) $-$ 0,399 V

19.56 A combustão do metanol pode ser usada como reação em uma célula a combustível. A reação anódica é

$$CH_3OH(l) + 6OH^- \rightarrow CO_2(g) + 5H_2O(l) + 6e^-$$

A reação catódica é igual à reação observada na célula a combustível de hidrogênio-oxigênio:

$$O_2(g) + 2H_2O(l) + 4e^- \rightarrow 4OH^-$$

Calcule a voltagem desta célula a combustível (considerando os estados padrão). (*Sugestão*: utilize os dados da Tabela 16-1).

Resp. $E° = 1,213$ V

19.57 (*a*) Calcule o potencial do par $(Ag^+|Ag)$ relativo ao par $(Cu^{2+}|Cu)$ se as concentrações de Ag^+ e de Cu^{2+} são $4,2 \times 10^{-6}$ M e $3,2 \times 10^{-3}$ M, respectivamente. (*a*) Qual é o valor de ΔG da redução de 1 mol de Cu^{2+} por Ag, nas concentrações dadas?

Resp. (*a*) 0,23 V;   (*b*) $-$44 kJ

19.58 O cobre reduz os íons zinco se os íons cobre resultantes são mantidos a uma concentração baixa o bastante pela formação de um sal insolúvel do metal. Qual é a concentração máxima de Cu^{2+} nesta solução? (Considere a concentração de Zn^{2+} 1 M.)

Resp. 7×10^{-38} M de Cu^{2+}

19.59 Calcule a constante de equilíbrio da reação, a 298 K:

$$[Fe(CN)_6]^{4-} + [Co(dip)_3]^{3+} \rightleftharpoons [Fe(CN)_6]^{3-} + [Co(dip)_3]^{2+}$$

Resp. 0,5

19.60 Quando uma barra de chumbo metálico foi imersa em uma solução 0,0100 M em $[Co(en)_3]^{3+}$, descobriu-se que 68% do sal complexo de cobalto foi reduzido a $[Co(en)_3]^{2+}$ pelo chumbo. Calcule o valor de K a 298 K para a reação:

$$Pb + 2[Co(en)_3]^{3+} \rightleftharpoons Pb^{2+} + 2[Co(en)_3]^{2+}$$

Resp. 0,0154

19.61 Um par $(Tl^+|Tl)$ foi preparado saturando uma solução 0,1 M em KBr com TlBr e permitindo que o Tl^+ do brometo relativamente insolúvel atingisse o equilíbrio. O potencial do par medido foi $-0,443$ V, relativo ao par $(Pb^{2+}|Pb)$, em que o Pb^{2+} estava na concentração de 0,1 M. Qual é o produto de solubilidade do TlBr?

Resp. $3,7 \times 10^{-6}$

19.62 A constante K_d para a dissociação do $[Ag(NH_3)_2]^+$ em Ag^+ e NH_3 é $6,0 \times 10^{-8}$. Calcule $E°$ para a semirreação (consulte a Tabela 19-1):

$$[Ag(NH_3)_2]^+ + e^- \rightarrow Ag + 2NH_3$$

Resp. 0,372 V

19.63 Calcule K_d da reação de formação de $[PdI_4]^{2-}$ a partir do Pd^{2+} e do I^-.

Resp. 1×10^{25}

19.64 As tabelas de referência apresentam a seguinte reação:

$$HO_2^- + H_2O + 2e^- \rightarrow 3OH^- \qquad E° = 0,88 \text{ V}$$

Combinando esta informação com as reações adequadas na Tabela 19-1, calcule K_1 da dissociação ácida do H_2O_2.

Resp. 1×10^{-12}

Capítulo 20

As Velocidades das Reações

Você deve ter percebido que, nas discussões apresentadas até agora sobre equilíbrios químicos, direção das reações, espontaneidade e outros tópicos a velocidade das reações não é mencionada. O assunto não foi estudado sequer no capítulo sobre termodinâmica. Na verdade, muitos livros são enfáticos ao afirmar que a *velocidade* de uma reação não está vinculada a qualquer consideração de ordem termodinâmica. O ramo da química dedicado ao estudo das velocidades das reações é a *cinética química*. Este capítulo tem dois objetivos principais. O primeiro é apresentar uma abordagem sistemática para o tratamento de dados sobre a relação de dependência entre as velocidades das reações e variáveis controláveis. O segundo é demonstrar a relação entre velocidade de uma reação e o mecanismo molecular atuante nela.

A CONSTANTE DE VELOCIDADE E A ORDEM DA REAÇÃO

Reações homogêneas são aquelas que transcorrem em uma única fase (estado físico), sobretudo em uma fase líquida ou gasosa. Por sua vez, as *reações heterogêneas* ocorrem, ao menos em parte, na interface entre duas fases, como entre uma fase sólida e uma fase líquida, ou uma fase líquida e uma fase gasosa, por exemplo. A discussão e os problemas apresentados neste capítulo tratam de reações homogêneas, a menos que afirmado o contrário. É importante observar que o termo *velocidade* indica o envolvimento da grandeza tempo, normalmente expresso em segundos (s), minutos (min) ou horas (h).

De acordo com a *lei da ação das massas*, a velocidade de uma reação química a uma temperatura constante (extensão da reação por unidade de tempo) é função unicamente das concentrações das substâncias participantes, sobretudo os reagentes. Contudo, os produtos de uma reação também podem afetar a velocidade que ela ocorre, em casos específicos. Da mesma forma, os catalisadores influenciam as velocidades de reação mesmo sem aparecerem na equação química global balanceada.

A dependência entre velocidade de reação e concentração é expressa como relação de proporção direta, onde as concentrações são elevadas à potência zero, um ou dois. A potência à qual a concentração de uma substância é elevada na expressão da velocidade da reação (fórmula) é chamada de *ordem de reação* relativa a esta substância. A Tabela 20-1 apresenta exemplos de expressões de velocidade.

A ordem de reação não é um resultado da natureza da equação química, mas uma consequência dos dados coletados durante o experimento. Esses dados são utilizados para determinar uma equação matemática válida para a reação em questão, a *equação de velocidade*. A *ordem global* de uma reação é a soma das velocidades relativas a cada uma das substâncias participantes (a soma de seus expoentes). Além disso, a velocidade de uma reação é expressa com respeito a uma dessas substâncias (ver lista acima).

O fator de proporcionalidade, k, chamado de *constante de velocidade* ou *velocidade específica*, é invariável a uma temperatura fixa. A constante de velocidade é função da temperatura. Ela não é adimensional e suas unidades devem ser informadas com os valores de k. A velocidade propriamente dita é definida como a variação na concentração de um reagente ou produto por unidade de tempo. Se A for um reagente e C um produto, a velocidade pode ser expressa como

$$\text{Velocidade} = -\frac{\Delta[A]}{\Delta t} \quad \text{ou como} \quad \text{Velocidade} = \frac{\Delta[C]}{\Delta t}$$

Tabela 20-1

Exemplo	Velocidade	Ordem	Ordem global
(1)	$k_1[A]$	Primeira ordem relativa a A	1
(2)	$k_2[A][B]$	Primeira ordem relativa a A e primeira ordem relativa a B	2
(3)	$k_3[A]^2$	Segunda ordem relativa a A	2
(4)	$k_4[A]^2[B]$	Segunda ordem relativa a A e primeira ordem relativa a B	3
(5)	k_5	Ordem zero	0

*Como nos capítulos anteriores, os colchetes indicam a molaridade (mol/L).

onde $\Delta[X]$ é a *variação* na concentração (em matemática, Δ normalmente indica uma variação) de X e Δt é o intervalo de tempo transcorrido durante a medição da variação (ou do experimento observado). Se a velocidade é alta é porque Δt é baixo. A lei da ação das massas é válida apenas para valores de Δt muito pequenos. Nesse caso, adota-se a notação usada no cálculo diferencial.

$$-\frac{d[A]}{dt} \quad \text{ou} \quad \frac{d[C]}{dt}$$

Essa notação substitui a expressão da velocidade recém-dada. O sinal negativo indica a velocidade em termos da concentração de um reagente, que diminui durante o processo, ao passo que um sinal positivo é usado para a concentração de um produto, que aumenta com o transcorrer da reação. Por essa razão, a velocidade de uma reação é sempre uma grandeza positiva.

Exemplo 1 Para algumas reações, a definição da velocidade não gera dúvidas. Por exemplo:

$$CH_3OH + HCOOH \rightarrow HCOOCH_3 + H_2O$$

A velocidade dessa reação é expressa como

$$-\frac{\Delta[CH_3OH]}{\Delta t} \quad \text{ou} \quad -\frac{\Delta[HCOOH]}{\Delta t} \quad \text{ou} \quad \frac{\Delta[HCOOCH_3]}{\Delta t}$$

já que os três quocientes são idênticos para valores de concentração expressos em molaridade. Além disso, não há reações colaterais ou concorrentes. Contudo, para a reação abaixo,

$$N_2 + 3H_2 \rightarrow 2NH_3$$

os coeficientes das substâncias envolvidas não são iguais. A concentração de H_2 diminui três vezes mais rápido que a concentração de N_2, e a formação da NH_3 é duas vezes mais veloz que o consumo de N_2. Qualquer dos quocientes abaixo pode ser utilizado para calcular a velocidade da reação, mas a escolha deve ser específica considerando o fato de que o valor numérico de k depende desta razão. Observe que a ordem não depende do quociente adotado, apenas o valor de k.

$$-\frac{\Delta[N_2]}{\Delta t} \quad -\frac{\Delta[H_2]}{\Delta t} \quad \frac{\Delta[NH_3]}{\Delta t}$$

As reações de primeira ordem

No caso específico de uma reação de primeira ordem, onde a velocidade é proporcional à concentração do reagente [A], como mostra a Tabela 20-1, o cálculo integral gera a expressão

$$[A] = [A]_0 e^{-kt} \qquad (20\text{-}1)$$

O símbolo e é a base do logaritmo natural, 2,71828. $[A]_0$ é a concentração de [A] no início do experimento (no tempo zero). A forma logarítmica (em base 10) pode ser obtida a partir da expressão anterior,

$$2{,}303 \log \frac{[A]}{[A]_0} = -kt \qquad (20\text{-}2)$$

O tempo transcorrido até a reação de primeira ordem alcançar a marca de 50% de conversão dos produtos em reagentes, $t_{1/2}$, é dado por (*20-2*), como

$$t_{1/2} = -\frac{2{,}303 \log \frac{1}{2}}{k} = \frac{0{,}693}{k} \qquad (20\text{-}3)$$

Esse intervalo de tempo é chamado de *meia-vida da reação* e não depende da concentração inicial de A. Essa independência de $[A]_0$ é típica apenas das reações de primeira ordem. Além disso, observe que $t_{1/2}$ e k são independentes das unidades em que A é expressa (embora a molaridade seja a unidade mais comum).

As outras leis da velocidade de reação

A ordem de uma reação também pode ser expressa por números fracionais, como 1/2 e 3/2, em que a velocidade é função de $[A]^{1/2}$ e $[A]^{3/2}$, respectivamente. Há casos de velocidades de reação que não podem ser expressas como mostrado na Tabela 20-1. Um exemplo é a expressão complexa da velocidade de uma reação, como

$$(6)\ \text{Velocidade} = \frac{k_1 [A]^2}{1 + k_2 [A]}$$

A velocidade de uma reação heterogênea pode ser influenciada pela área interfacial de contato entre duas fases, bem como das concentrações dos reagentes em uma fase específica da mistura, como observado em muitas reações catalisadas em uma superfície.

A ENERGIA DE ATIVAÇÃO

A relação de dependência entre temperatura e velocidade de reação pode ser representada pela *equação de Arrhenius*:

$$k = A e^{-E_a/RT} \qquad (20\text{-}4)$$

O fator pré-exponencial, A, também é chamado de *fator de frequência* e E_a é a *energia de ativação*. As unidades de E_a (e de RT) são J/mol ou cal/mol. Tanto A quanto E_a podem ser considerados constantes dentro de um intervalo estreito de temperatura. A expressão (*20-4*) permite observar que as constantes de velocidade a duas temperaturas diferentes estão relacionadas por

$$\log \frac{k_2}{k_1} = \frac{E_a}{2{,}303 R} \left(\frac{1}{T_1} - \frac{1}{T_2} \right) \qquad (20\text{-}5)$$

O MECANISMO DAS REAÇÕES

Sabemos que uma equação química retrata a natureza dos materiais iniciais e finais em uma reação química com precisão. Porém, a seta separadora dos membros esquerdo e direito nada informa sobre o que acontece no curso da reação. Sobre este assunto, surgem várias questões interessantes. Quantas etapas sucessivas participam do processo global da reação? Quais são as exigências das interações em termos de espaço e energia, em cada etapa? Qual é a velocidade de cada etapa? Embora a mensuração das velocidades de reação normalmente descreva o processo global, a medida de velocidades em condições experimentais diferentes representa uma boa alternativa para obter informações que levem a um entendimento mais profundo dos mecanismos das reações.

A molecularidade

O conceito de molecularidade diz respeito ao número de moléculas interagindo em uma etapa específica de uma reação. Uma reação *unimolecular* é uma etapa em que uma única molécula sofre uma reação. Uma reação *bimolecular* se refere à reação entre duas moléculas. Em uma reação *trimolecular*, três moléculas interagem em uma única etapa. Desconhece-se o envolvimento de mais de três moléculas em reações de uma única etapa.

Uma reação *unimolecular* é de primeira ordem relativa à espécie que sofre rearranjo ou decomposição espontâneos, pois existe a probabilidade intrínseca de que a molécula sofra reação dentro de um intervalo de tempo específico. Além disso, a velocidade global por unidade de volume é o produto desta probabilidade por unidade de tempo, e o número total de moléculas por unidade de volume (que por sua vez é proporcional à concentração).

A velocidade de uma reação *bimolecular* é proporcional à frequência de colisões entre as moléculas das duas espécies que inter-reagem. A teoria cinética diz que a frequência de colisões entre duas moléculas iguais, A, é proporcional a $[A]^2$, e que a frequência das colisões entre duas moléculas diferentes, A e B, guarda proporção com o produto das concentrações destas moléculas, $[A][B]$. Se a espécie cujas moléculas colidem são reagentes limitantes, a reação é de segunda ordem. Esta reação tem uma equação de velocidade do tipo (*3*) ou (*2*), na Tabela 20-1.

Uma velocidade de reação *trimolecular* é proporcional à frequência da colisão de três entidades. Estas reações são proporcionais a $[A]^3$, $[A]^2[B]$, ou $[A][B][C]$, dependendo de as moléculas participantes pertencerem a uma, duas ou três espécies distintas. Se estas espécies são os reagentes, a reação é de terceira ordem; contudo, as reações trimoleculares são raras, por conta da baixa probabilidade de três espécies diferentes se encontrarem.

Embora a ordem de uma única etapa possa ser prevista com base na molecularidade, a molecularidade de uma etapa, ou etapas, não pode ser estimada a partir da ordem da reação global. São muitas as complicações que impossibilitam determinar automaticamente a ordem da reação. Em outras palavras, a afirmação de que uma reação unimolecular é de primeira ordem, que uma reação bimolecular é de segunda e uma reação trimolecular é de terceira ordem *não pode ser feita com precisão*. Em muitos casos, a reação é uma sequência de etapas e a velocidade global é governada pela(s) etapa(s) mais lenta(s). As condições experimentais da reação podem influenciar as velocidades relativas de cada etapa, dando a impressão de que a ordem de reação esteja variando. Outra dificuldade está no fato de que a etapa mais lenta, que limita a velocidade, pode envolver a reação de uma espécie intermediária instável, o que torna necessário expressar a concentração desta espécie em termos dos reagentes antes de chegar a uma conclusão sobre a ordem global da reação. Os problemas resolvidos neste capítulo apresentam exemplos de alguns destes obstáculos.

A energética

A maior parte das colisões moleculares não resulta em uma reação. Mesmo em casos onde moléculas encontram-se reunidas em números apropriados, apenas aquelas contendo energia o suficiente são passíveis de distorções nos comprimentos e ângulos de suas ligações intensas o bastante para dar início a uma reação química. Muitas vezes o nível de energia necessário é muito maior que a energia média destas moléculas. A *energia de ativação*, E_a, é uma medida da energia necessária para fazer com que moléculas passem a reagir. O membro exponencial na equação de Arrhenius, (*20-4*), é da ordem de magnitude da fração de moléculas que apresentam o nível de energia alto o bastante, além da média.

O *estado ativado* é definido como a combinação distorcida de moléculas reagentes com a quantidade mínima de energia em excesso (além da energia média das moléculas) para que a combinação, também chamada de *complexo*, possa facilmente ser rearranjada e formar os produtos ou retornar ao estado inicial dos reagentes. A energia do estado ativado pode ser considerada a energia potencial de uma passagem em uma montanha, por onde um alpinista precisa passar para ir de um lado da elevação para o outro. Para um conjunto de reações reversíveis, a mesma energia de ativação precisa ser transposta para que as reações evoluam nos dois sentidos. Logo, para reações conduzidas a pressão constante:

$$\Delta H = (1 \text{ mol})[E_a(\text{direta}) - E_a(\text{inversa})] \qquad (20\text{-}6)$$

O fator 1 mol foi inserido na expressão acima para que variação na entalpia (ΔH) tenha, como de praxe, unidades de energia. A relação entre a energia dos reagentes, a energia de ativação necessária e a energia dos produtos é ilustrada na Figura 20-1. Quando duas ou mais moléculas velozes colidem, sua energia cinética é convertida em energia que acumula na estrutura do complexo. Quando o complexo se rompe, os fragmentos gerados (produtos ou reagentes, dependendo da direção da reação) se separam velozmente, em um movimento governado pela reconversão em energia cinética da energia acumulada no complexo quando da colisão inicial.

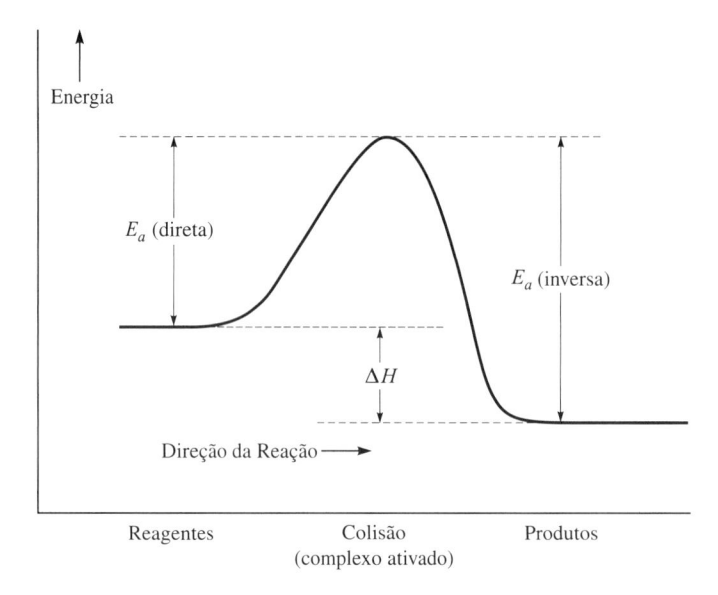

Figura 20-1 As relações de energia em uma reação (a reação direta é exotérmica).

Problemas Resolvidos

As constantes de reação e a ordem de reação

20.1 Em uma experiência com um catalisador utilizando o processo Haber, $N_2 + 3H_2 \rightarrow 2NH_3$, a velocidade de reação foi medida, obtendo-se o valor

$$\frac{\Delta[NH_3]}{\Delta t} = 2{,}0 \times 10^{-4}\,\text{mol} \cdot \text{L}^{-1} \cdot \text{s}^{-1}$$

Considerando que não haja reações paralelas, qual foi a velocidade da reação expressa em termos de (*a*) N_2 e (*b*) H_2?

(*a*) A partir dos coeficientes na equação balanceada, $\Delta n(N_2) = -\frac{1}{2}\Delta n(NH_3)$. Portanto,

$$-\frac{\Delta[N_2]}{\Delta t} = \frac{1}{2}\frac{\Delta[NH_3]}{\Delta t} = 1{,}0 \times 10^{-4}\,\text{mol} \cdot \text{L}^{-1} \cdot \text{s}^{-1}$$

(*b*) De modo semelhante,

$$-\frac{\Delta[H_2]}{\Delta t} = \frac{3}{2}\frac{\Delta[NH_3]}{\Delta t} = 3{,}0 \times 10^{-4}\,\text{mol} \cdot \text{L}^{-1} \cdot \text{s}^{-1}$$

20.2 Utilizando concentrações em molaridade e tempo em segundos, quais são as unidades da constante de reação, k, para (*a*) uma reação de ordem zero; (*b*) uma reação de primeira ordem; (*c*) uma reação de terceira ordem; (*d*) uma reação de ordem um meio?

Em todos os casos, escrevemos a equação completa e encontramos as unidades de k que satisfazem à equação.

(*a*) $\qquad -\dfrac{\Delta[A]}{\Delta t} = k \qquad$ Unidades de k = unidades de $\dfrac{[A]}{t} = \dfrac{\text{mol/L}}{\text{s}} = \text{mol} \cdot \text{L}^{-1} \cdot \text{s}^{-1}$

Observe que as unidades de $\Delta[A]$, a variação na concentração, são as mesmas unidades de $[A]$, o mesmo válido para Δt.

(*b*)
$$-\frac{\Delta[A]}{\Delta t} = k[A] \qquad \text{ou} \qquad k = -\frac{1}{[A]}\frac{\Delta[A]}{\Delta t}$$

$$\text{Unidades de } k = \frac{1}{\text{mol/L}} \times \frac{\text{mol/L}}{\text{s}} = \text{s}^{-1}$$

As reações de primeira ordem são as únicas reações para as quais k tem um mesmo valor numérico, independentemente das unidades utilizadas para expressar as concentrações de reagentes e produtos.

(c)
$$-\frac{\Delta[A]}{\Delta t} = k[A]^2 \quad \text{ou} \quad k = -\frac{1}{[A]^2}\frac{\Delta[A]}{\Delta t}$$

e
$$-\frac{\Delta[A]}{\Delta t} = k[A][B] \quad \text{ou} \quad k = -\frac{1}{[A][B]}\frac{\Delta[A]}{\Delta t}$$

então,
$$\text{Unidades de } k = \frac{1}{(\text{mol/L})^2} \times \frac{\text{mol/L}}{\text{s}} = \text{L} \cdot \text{mol}^{-1} \cdot \text{s}^{-1}$$

Observe que as unidades de k dependem da ordem *total* da reação, não do modo como a ordem total é composta com base nas ordens relativas aos diferentes reagentes.

(d)
$$-\frac{\Delta[A]}{\Delta t} = k[A]^3 \quad \text{ou} \quad k = -\frac{1}{[A]^3}\frac{\Delta[A]}{\Delta t}$$

$$\text{Unidades de } k = \frac{1}{(\text{mol/L})^3} \times \frac{\text{mol/L}}{\text{s}} = \text{L}^2 \cdot \text{mol}^{-2} \cdot \text{s}^{-1}$$

(e)
$$-\frac{\Delta[A]}{\Delta t} = k[A]^{1/2} \quad \text{ou} \quad k = -\frac{1}{[A]^{1/2}}\frac{\Delta[A]}{\Delta t}$$

$$\text{Unidades de } k = \frac{1}{(\text{mol/L})^{1/2}} \times \frac{\text{mol/L}}{\text{s}} = \text{mol}^{1/2} \cdot \text{L}^{-1/2} \cdot \text{s}^{-1}$$

20.3 O ozônio é utilizado como indicador da poluição atmosférica. Suponha que a concentração do ozônio no estado estacionário seja $2,0 \times 10^{-8}$ mol/L e que a produção horária de O_3 por todas as fontes seja da ordem de $7,2 \times 10^{-13}$ mol/L. Suponha também que o único mecanismo de destruição do O_3 é a reação de segunda ordem $2O_3 \rightarrow 3O_2$. Calcule a constante de velocidade da reação de destruição do ozônio, definida pela equação da velocidade, para que $-\Delta[O_3]/\Delta t$ mantenha a concentração no estado estacionário do gás.

No estado estacionário, a velocidade de destruição do O_3 é igual à velocidade de produção do gás, $7,2 \times 10^{-13}$ mol $\cdot$ $\text{L}^{-1} \cdot \text{h}^{-1}$. Pela equação da velocidade de segunda ordem, temos,

$$-\frac{\Delta[O_3]}{\Delta t} = k[O_3]^2$$

$$k = -\frac{1}{[O_3]^2}\frac{\Delta[O_3]}{\Delta t} = \frac{1}{(2,0 \times 10^{-8} \text{ mol/L})^2}\frac{7,2 \times 10^{-13} \text{ mol} \cdot \text{L}^{-1} \cdot \text{h}^{-1}}{3,6 \times 10^3 \text{ s} \cdot \text{h}^{-1}} = 0,5 \text{ L} \cdot \text{mol}^{-1} \cdot \text{s}^{-1}$$

20.4 Uma cultura de um vírus foi inativada por imersão em um banho químico. O processo era de primeira ordem, relativo à concentração viral. No início do experimento verificou-se que a quantidade de vírus inativada era 2,0% por minuto. Calcule k para o processo de inativação, expressando a constante em 1/s.

Com base na equação da velocidade de uma reação de primeira ordem,

$$-\frac{\Delta[A]}{\Delta t} = k[A] \quad \text{ou} \quad k = -\frac{\Delta[A]}{[A]}\frac{1}{\Delta t}$$

Percebe-se que somente a variação *fracionária*, $-\Delta[A]/[A]$ é necessária, isto é, 0,020 quando $\Delta t = 1$ min (60 s). Essa forma de expressar a equação pode ser utilizada para calcular a velocidade inicial quando o valor de [A] não varia de modo apreciável. Essa condição é atendida no primeiro minuto do processo de inativação, quando apenas 2% do vírus é inativado.

$$k = \frac{0,020}{60 \text{ s}} = 3,3 \times 10^{-4} \text{ s}^{-1}$$

20.5 Considere o processo descrito no Problema 20.4. Qual é o tempo transcorrido para atingir (a) 50% e (b) 75% de inativação do vírus?

O método utilizado no Problema 20.4 não pode ser usado aqui, porque as variações em [A] são consideráveis ao longo da reação de inativação. As equações (*20-1*), (*20-2*) e (*20-3*) são indicadas.

(a) O tempo necessário para a inativação de 50% do vírus é a meia-vida da reação. A Equação (*20-3*) dá

$$t_{1/2} = \frac{0,693}{k} = \frac{0,693}{3,3 \times 10^{-4} \text{ s}^{-1}} = 2,1 \times 10^3 \text{ s} \quad \text{ou} \quad 35 \text{ min}$$

(b) A Equação (*20-2*) pode ser utilizada. Se 75% do vírus for inativado, a fração restante, [A]/[A]$_0$ é 0,25.

$$t = -\frac{2{,}303 \log \frac{[A]}{[A]_0}}{k} = -\frac{2{,}303 \log 0{,}25}{3{,}3 \times 10^{-4}\,s^{-1}} = 4{,}2 \times 10^3\,s \quad \text{ou} \quad 70\,\min$$

Uma solução alternativa consiste em aplicar o conceito de meia-vida duas vezes. Logo, se são necessários 35 min para que metade do vírus seja inativada, independentemente da concentração inicial, então o tempo para que a quantidade de vírus ativados caia de 50% para 25% corresponde a mais uma meia-vida. Portanto, o tempo total de redução da quantidade de vírus ativados a 1/4 de da quantidade inicial é igual a duas meias-vidas, ou 70 min.

De modo análogo, o tempo total para que a atividade caia a 1/8 da atividade viral inicial é igual a três meias-vidas, ou 1/16, e assim sucessivamente. Esse método é válido apenas para reações de primeira ordem.

20.6 A fermentação do açúcar em uma solução enzimática está sendo estudada. A concentração inicial do açúcar era 0,12 M. A concentração cai a 0,06 M em 10 h e a 0,03 M em 20 h. Qual é a ordem da reação e qual é a constante da velocidade em 1/h e 1/s?

Este problema é semelhante ao Problema 20.5. Uma vez que a quantidade de açúcar cai pela metade após um intervalo de tempo que é o dobro do intervalo inicial, a reação é de primeira ordem. Por essa razão a redução da concentração de açúcar de 0,06 M para 0,03 M pode ser vista como um experimento novo, com uma concentração inicial de 0,06 M. Uma vez que a meia-vida (10 h) foi observada nos dois experimentos, a reação precisa ser de primeira ordem, já que é somente em uma reação deste tipo que a meia-vida não depende da concentração inicial. A constante de velocidade precisa ser avaliada com base na meia-vida, utilizando a Equação (*20-3*).

$$k = \frac{0{,}693}{t_{1/2}} = \frac{0{,}693}{10\,h} = 6{,}9 \times 10^{-2}\,h^{-1}$$

$$k = \frac{6{,}9 \times 10^{-2}\,h^{-1}}{3{,}6 \times 10^3\,s \cdot h^{-1}} = 1{,}9 \times 10^{-5}\,s^{-1}$$

20.7 Uma substância A reage com uma substância B de acordo com a reação A + B → C. Dados sobre a velocidade desta reação são obtidos com base em três experimentos independentes.

Experimento	Conc. inicial [A]$_0$/M	Conc. inicial [B]$_0$/M	Duração do experimento Δt/h	Conc. final [A]$_f$/M
(1)	0,1000	1,0	0,50	0,0975
(2)	0,1000	2,0	0,50	0,0900
(3)	0,0500	1,0	2,00	0,0450

Qual é a ordem da reação relativa a cada reagente? Qual é o valor da constante de velocidade?

Vamos organizar as informações relativas à velocidade inicial da reação para cada experimento, lembrando que $\Delta[A] = [A]_f - [A]_0$ em cada caso é pequena o bastante para permitir que a velocidade seja expressa em termos das variações ao longo de todo o período do experimento.

Comparando os experimentos (*1*) e (*2*), percebemos que [A] tem o mesmo valor em ambos, mas [B] em (*2*) é o dobro de [B] em (*1*). Uma vez que a velocidade em (*2*) é quatro vezes maior que em (*1*), a reação precisa ser de segunda ordem para B.

Experimento	Conc. inicial [A]$_0$/M	Conc. inicial [B]$_0$/M	Δ[A]/M	Δt/h	Vel. iniciais $-\frac{\Delta[A]}{\Delta t}$/M·h^{-1}
(1)	0,1000	1,0	−0,0025	0,50	0,0050
(2)	0,1000	2,0	−0,0100	0,50	0,0200
(3)	0,0500	1,0	−0,0050	2,00	0,0025

Ao compararmos os experimentos (*1*) e (*3*), percebemos que [B] é igual em ambos, mas [A] em (*1*) é o dobro de [A] em (*3*). Uma vez que a velocidade em (*1*) é o dobro da velocidade em (*3*), esta reação é de primeira ordem para A.

A velocidade da equação pode ser escrita conforme

$$-\frac{\Delta[A]}{\Delta t} = k[A][B]^2$$

e k pode ser calculada a partir de qualquer dos experimentos realizados. Utilizamos (*1*) como exemplo, e valores médios de [A] e [B]. ([B] não varia de modo apreciável durante o experimento, porque está em excesso considerável.)

$$k = \frac{-\frac{\Delta[A]}{\Delta t}}{[A][B]^2} = \frac{0,0050\,\text{M} \cdot \text{h}^{-1}}{(0,099\,\text{M})(1,0\,\text{M})^2} = 0,051\,\text{L}^2 \cdot \text{mol}^{-2} \cdot \text{s}^{-1}$$

ou $5,1 \times 10^{-2}\,\text{L}^2 \cdot \text{mol}^{-2} \cdot \text{s}^{-1}$. Sugerimos que você confirme a obtenção do mesmo resultado utilizando os dados de um dos demais experimentos.

20.8 O anidrido acético e o álcool etílico reagem formando um éster (um sal orgânico) de acordo com a reação:

$$\underset{A}{(CH_3CO)_2O} + \underset{B}{C_2H_5OH} \rightarrow CH_3COOC_2H_5 + CH_3COOH$$

Quando a reação é realizada em solução diluída de hexano, a velocidade pode ser expressa por $k[A][B]$. Quando o álcool etílico é o solvente, a velocidade pode ser representada por $k[A]$. (Os valores de k não são idênticos nos dois casos.) Explique a diferença na suposta ordem da reação.

Uma vez que um solvente também é um reagente, sua concentração é tão alta, comparada à extensão da reação, que pode ser considerada constante. Logo, a dependência entre a velocidade da reação e a concentração do álcool etílico não pode ser determinada, a menos que o álcool etílico seja um soluto para outro solvente. Se outra substância for o solvente, então a concentração do álcool pode variar, permitindo o cálculo. Para a reação em álcool etílico (etanol), $k_{\text{exp}} = k[B]$, com [B] praticamente constante. Essas reações são chamadas de *reações de pseudo-primeira ordem*.

20.9 Em temperaturas elevadas, o cloroetano gasoso se decompõe em eteno e HCl, de acordo com a reação

$$CH_3CH_2Cl \rightarrow CH_2CH_2 + HCl$$

Um experimento foi conduzido a temperatura e volume constantes. Os dados observados foram:

Tempo	0	1	3	5	10	20	30	50	>100
[Eteno]/(mol/L)	0	$8,3 \times 10^{-4}$	$2,3 \times 10^{-3}$	$3,6 \times 10^{-3}$	$6,1 \times 10^{-3}$	$9,0 \times 10^{-3}$	$1,05 \times 10^{-2}$	$1,16 \times 10^{-2}$	$1,19 \times 10^{-2}$

Teste os dados para determinar se a reação é ou não de primeira ordem. Em caso afirmativo, calcule a constante de velocidade.

Uma vez que a reação está praticamente completa após 100 h, a concentração inicial do cloroetano, $[A]_0$, era $1,19 \times 10^{-2}$ M e as concentrações subsequentes, [A], são obtidas subtraindo as concentrações de etano desse valor. Feito isso, substituímos o valor na razão $[A]/[A]_0$ e extraímos o logaritmo. Estas etapas estão resumidas na tabela auxiliar abaixo. (No tempo 50 h corresponde ao valor menos preciso da razão, e é omitido.)

Um gráfico de log $[A]/[A]_0$ *versus t* é mostrado na Figura 20-2. Como os pontos descrevem uma reta com muita precisão, a reação é de primeira ordem. O cálculo da inclinação da reta revela o valor de $-0,0321\,\text{h}^{-1}$ que, de acordo com a Equação (*20-2*), é igual a $-k/2,303$. Com isso, temos que $k = 7,2 \times 10^{-2}\,\text{h}^{-1}$ ($2,0 \times 10^{-5}\,\text{s}^{-1}$). Os cálculos podem ser verificados obtendo o valor de $t_{1/2} = 0,693/k = 9,6$ h. Então, consultando a tabela de dados, temos que, no tempo 10 h, a reação está um pouco mais que 50% completa.

Tempo	0	1	3	5	10	20	30
$[A] \times 10^2$	1,19	1,11	0,96	0,83	0,58	0,29	0,14
$[A]/[A]_0$	1,00	0,933	0,807	0,0697	0,487	0,244	0,118
log $([A]/[A]_0)$	0	−0,030	−0,093	−0,156	−0,312	−0,613	−0,929

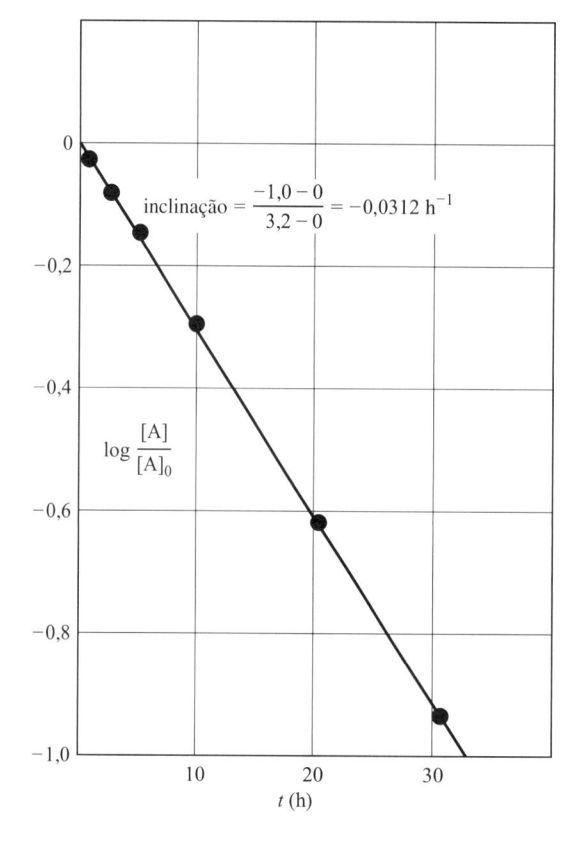

Figura 20-2 Teste de primeira ordem para os dados do Problema 20-9.

20.10 A cinética da complexação do Fe^{2+} com o agente quelante bipiridina (abreviado *dip*) foi estudada nos sentido direto e inverso da reação. A reação é

$$Fe^{2+} + 3\,dip \to [Fe(dip)_3]^{2+}$$

e a velocidade de formação do complexo a 25°C é dada por

$$\text{velocidade} = (1{,}45 \times 10^{13}\,L^3 \cdot mol^{-3} \cdot s^{-1})[Fe^{2+}][dip]^3$$

e, para a reação inversa da reação acima, a velocidade de desaparecimento do complexo é

$$(1{,}22 \times 10^{-4}\,s^{-1})\{[Fe(dip)_3]^{2+}\}$$

Qual é o valor de K_s, a constante de estabilidade, do complexo?

Nem todas as reações podem ser estudadas de modo apropriado nos dois sentidos. Quando é possível sabemos que a velocidade de formação do complexo precisa ser igual à velocidade em que ele se decompõe, no equilíbrio. Isto é verdade sobretudo devido ao fato de que as concentrações das diversas espécies permanecem constantes.

Velocidade da reação direta = velocidade da reação inversa

$$(1{,}45 \times 10^{13}\,L^3 \cdot mol^{-3} \cdot s^{-1})[Fe^{2+}][dip]^3 = (1{,}22 \times 10^{-4}\,s^{-1})\{[Fe(dip)_3]^{2+}\}$$

Resolvendo para K_s, temos
$$K_s = \frac{\{[Fe(dip)_3]^{2+}\}}{[Fe^{2+}][dip]^3} = \frac{1{,}45 \times 10^{13}}{1{,}22 \times 10^{-4}} = 1{,}19 \times 10^{17}$$

(Na equação da constante de equilíbrio, em comparação com a equação da velocidade, K é adimensional e a concentração relativa ao estado padrão é 1 M.)

A energia de ativação e os mecanismos de reação

20.11 A decomposição de N_2O em N_2 e O na presença de argônio gasoso obedece a uma cinética de reação de segunda ordem, como mostrado abaixo. Qual é a energia de ativação da reação?

$$k = (5.0 \times 10^{11}\,\text{L} \cdot \text{mol}^{-1} \cdot \text{s}^{-1})e^{-29.000\,K/T}$$

Comparando a equação para k neste caso com (20-4), percebemos que o expoente de e é $-E_a/RT$.

$$\frac{E_a}{RT} = \frac{29.000\,\text{K}}{T}$$

$$E_a = (29.000\,\text{K})R = (29.000\,\text{K})(8{,}3145\,\text{J}\cdot\text{K}^{-1}\cdot\text{mol}^{-1}) = 241\,\text{kJ}\cdot\text{mol}^{-1}$$

20.12 A constante de velocidade de primeira ordem para a hidrólise do CH_3Cl (cloreto de metila) em H_2O é $3{,}32 \times 10^{-10}\,\text{s}^{-1}$ a 25°C e $3{,}13 \times 10^{-9}\,\text{s}^{-1}$ a 40°C. Qual é o valor da energia de ativação da reação?

Resolvendo a Equação (20-5) para E_a, temos,

$$E_a = 2{,}303R\left(\frac{T_1 T_2}{T_2 - T_1}\right)\left(\log\frac{k_2}{k_1}\right)$$

$$E_a = (2{,}303)(8{,}3145\,\text{J}\cdot\text{mol}^{-1})\left(\frac{298 \times 313}{313 - 298}\,\text{K}\right)\left(\log\frac{3{,}13 \times 10^{-9}}{3{,}32 \times 10^{-10}}\right)$$

$$E_a = (119\,\text{kJ}\cdot\text{mol}^{-1})(\log 9{,}4) = 116\,\text{kJ}\cdot\text{mol}^{-1}$$

20.13 Uma redução de segunda ordem cuja constante de velocidade a 800°C é $5{,}0 \times 10^{-3}\,\text{L}\cdot\text{mol}^{-1}\cdot\text{s}^{-1}$ tem energia de ativação igual a 45 kJ · mol^{-1}. Qual é o valor da constante de velocidade a 875°C?

A Equação (20-5) é resolvida para k_2, a constante da velocidade à temperatura mais alta.

$$\log\frac{k_2}{k_1} = \frac{E_a(T_2 - T_1)}{2{,}303 R T_1 T_2}$$

$$\log\frac{k_2}{k_1} = \frac{(4{,}5 \times 10^4\,\text{J}\cdot\text{mol}^{-1})[(1148 - 1073)\,\text{K}]}{(2{,}303)(8{,}3145\,\text{J}\cdot\text{K}^{-1}\cdot\text{mol}^{-1})(1073\,\text{K})(1148\,\text{K})} = 0{,}143 \quad \text{então,} \quad \frac{k_2}{k_1} = 1{,}39$$

$$k_2 = (1{,}39)(5{,}0 \times 10^{-3}\,\text{L}\cdot\text{mol}^{-1}\cdot\text{s}^{-1}) = 7{,}0 \times 10^{-3}\,\text{L}\cdot\text{mol}^{-1}\cdot\text{s}^{-1}$$

20.14 A energia de ativação da isomerização *trans* → *cis* do 1,2-dicloroetileno é 55,3 kcal · mol^{-1}. O valor do ΔH associado à reação é 1,0 kcal. Qual é o valor de E_a para a ionização inversa, *cis* → *trans*?

A Equação (20-6) nos dá

$$E_a(\text{inversa}) = E_a(\text{direta}) - \frac{\Delta H}{1\,\text{mol}} = 55{,}3 - 1{,}0 = 54{,}3\,\text{kcal}\cdot\text{mol}^{-1}$$

20.15 Ao receber a quantidade necessária de energia, uma molécula gasosa, A, sofre decomposição unimolecular em C. Uma molécula de A energizada, representada por A*, é formada com a colisão entre duas moléculas de A não energizadas. Contudo, a colisão de uma molécula de A* com uma molécula de A comum é uma reação concorrente com a reação de decomposição de A* em C.

(*a*) Escreva a equação balanceada e a equação da velocidade para as etapas acima.

(*b*) Supondo que a velocidade em que A* desaparece é igual à velocidade em que é formado em todos os processos, e que [A*] é muito menor que [A], qual seria a equação da velocidade para a formação de C expressa em [A] e as constantes das etapas individuais?

(*c*) Considerando a formação de C, qual é a maior ordem de reação para A em um meio com pressões de A altas e em meios com pressões de A baixas?

(*a*)
(*1*) Ativação: $\quad A + A \rightarrow A^* + A \quad\quad \dfrac{\Delta[A^*]}{\Delta t} = k_1[A]^2$

(*2*) Desativação: $\quad A^* + A \rightarrow A + A \quad\quad -\dfrac{\Delta[A^*]}{\Delta t} = k_2[A^*][A]$

(*3*) Reação: $\quad A^* \rightarrow C \quad\quad -\dfrac{\Delta[A^*]}{\Delta t} = k_3[A^*]$

(b) Observe que A* aparece nas três etapas. A variação líquida em [A*] pode ser avaliada pela soma das três etapas,

$$\left(\frac{\Delta[A^*]}{\Delta t}\right)_{\text{líquida}} = k_1[A]^2 - k_2[A^*][A] - k_3[A^*]$$

Podemos adotar a *hipótese do estado estacionário*, considerando que a velocidade líquida da variação de [A*] é zero. Logo, o lado direito da equação tem valor zero.

$$k_1[A]^2 - k_2[A^*][A] - k_3[A^*] = 0 \quad \text{ou} \quad [A^*] = \frac{k_1[A]^2}{k_3 + k_2[A]}$$

Inserindo este valor na expressão da velocidade para a etapa (3) e reconhecendo que $-\Delta[A^*] = \Delta[C]$ para esta etapa, temos,

$$(4) \quad \frac{\Delta[C]}{\Delta t} = \frac{k_3 k_1 [A]^2}{k_3 + k_2[A]}$$

Logo, a formação de C obedece a uma cinética complexa e, sem dúvida, não pode ser representada por uma ordem simples.

(c) Com pressões muito baixas (o que indica que [A] é muito baixa), o segundo termo no denominador no lado direito de (4) se torna insignificante, comparado ao denominador no primeiro termo.

$$\text{Limite relativo à pressão baixa: } \frac{\Delta[C]}{\Delta t} = \frac{k_3 k_1 [A]^2}{k_3} = k_1[A]^2$$

Com pressões elevadas, o primeiro termo no denominador se torna insignificante, se comparado ao segundo termo. Após excluí-lo, temos,

$$\text{Limite relativo à pressão alta: } \frac{\Delta[C]}{\Delta t} = \frac{k_3 k_1 [A]^2}{k_2 [A]} = \frac{k_3 k_1}{k_2}[A]$$

Esses resultados indicam que a reação é de primeira ordem e que a constante de velocidade pode ser expressa por $k_3 k_1 / k_2$.

Este problema ilustra o conceito de etapa limitante da ordem da reação. Para ilustrar o conceito, imaginemos um grupo de pessoas tentando apagar um incêndio utilizando baldes d'água. Um balde com água é passado de mão em mão, até a pessoa mais próxima das chamas. A velocidade global de transferência da água é limitada pela velocidade da pessoa mais lenta, neste esforço. Nas reações acima, a etapa de ativação (*1*) é a mais lenta quando [A] é baixa, ao passo que a reação (*3*) é a etapa mais morosa quando [A] é alta. A etapa (*1*), que depende de [A] elevada ao quadrado, é mais sensível à variação de pressão, comparada à etapa (*3*).

20.16 Para a hidrólise do formiato de metila, $HCOOCH_3$, em solução ácida, a reação e a velocidade são

$$HCOOCH_3 + H_2O \rightarrow HCOOH + CH_3OH \quad \text{Velocidade} = k[HCOOCH_3][H^+]$$

[H$^+$] não está na equação da reação, mas aparece na equação da velocidade. Por quê?

[H$^+$] é um catalisador da reação. O íon atua como reagente no começo da etapa intermediária da reação, sendo liberado em solução na etapa posterior.

20.17 A conversão do isômero óptico D da substância gasosa

$$C_2H_5 - \underset{\underset{CH_3}{|}}{\overset{\overset{I}{|}}{CH}}$$

no isômero L na presença de vapor de iodo obedece à equação de velocidade $kP(A)P(I_2)^{1/2}$, em que A representa o isômero D. (As pressões parciais representam uma alternativa plausível para expressar as concentrações de gases nas equações de velocidade.) Apresente um mecanismo capaz de explicar a ordem de reação com número fracionário.

O I_2 sofre ligeira dissociação em iodo atômico, em uma reação que atinge o equilíbrio rapidamente.

$$I_2 \rightleftharpoons 2I \qquad K_P = \frac{P(I)^2}{P(I_2)}$$

A pressão parcial dos átomos de iodo pode ser avaliada em termos deste equilíbrio utilizando

$$P(I) = K_P^{1/2} \times P(I_2)^{1/2}$$

Se uma etapa intermediária da reação envolve a adição de um átomo de iodo a A acompanhada pela perda de um átomo de iodo inicialmente presente na molécula A, e se a adição de I a A é uma reação bimolecular (constante de velocidade k_2) lenta, então esta etapa intermediária determina a velocidade global.

$$\text{Velocidade observada} = \text{velocidade de adição de I}$$

$$\text{Velocidade observada} = k_2 P(A) P(I) = k_2 P(A) \times K_P^{1/2} \times P(I_2)^{1/2} = (k_2 K_P^{1/2}) P(A) P(I_2)^{1/2}$$

O valor numérico de do termo entre parênteses, $(k_2 K_P^{1/2})$ é igual ao valor numérico da constante de velocidade experimental para a reação de ordem global $\left(\frac{3}{2}\right)$.

O mecanismo acima é plausível e consistente com as observações em laboratório. Os dados cinéticos por si só não dão certeza de que não há outro mecanismo consistente com as observações feitas. São necessários outros tipos de experimentos laboratoriais para confirmar um mecanismo apenas com base nestes dados. Contudo, um mecanismo que gera uma equação de velocidade diferente da equação observada pode definitivamente ser excluído de qualquer consideração.

Problemas Complementares

A constante de velocidade e a ordem de reação

20.18 Para a reação

$$3BrO^- \rightarrow BrO_3^- + 2Br^-$$

em solução aquosa alcalina, o valor da constante de velocidade de segunda ordem para BrO^- a 80°C na equação da velocidade para $-\Delta[BrO^-]/\Delta t$ é 0,056 L · mol^{-1} · s^{-1}. Qual é a constante de velocidade quando a equação é escrita para (a) $\Delta[BrO_3^-]/\Delta t$ e (b) $\Delta[Br^-]/\Delta t$?

Resp. (a) 0,0187 L · mol^{-1} · s^{-1};   (b) 0,037 L · mol^{-1} · s^{-1}

20.19 A hidrólise do acetato de metila em solução alcalina é

$$CH_3COOCH_3 + OH^- \rightarrow CH_3COO^- + CH_3OH$$

A reação obedece à equação de velocidade dada por $k[CH_3COOCH_3][OH^-]$, em que $k = 0{,}137$ L · mol^{-1} · s^{-1} a 25°C. Uma mistura de reação foi preparada com concentrações de acetato de metila e íon hidróxido iguais a 0,050 M. Quanto tempo é necessário para que 5,0% do acetato de metila hidrolise, a 25°C?

Resp. 7,7 s

20.20 Uma reação de primeira ordem em solução aquosa era rápida demais para ser detectada por um procedimento que poderia ter sido utilizado para estudar uma reação com meia-vida mínima de 2,0 ns. Qual é o valor mínimo de k para a reação de primeira ordem?

Resp. $3{,}5 \times 10^8$ s^{-1}

20.21 O ciclobuteno gasoso isomeriza em butadieno de acordo com um processo de primeira ordem que tem $k = 3{,}3 \times 10^{-4}$ s^{-1} a 153°C. Quantos minutos são necessários para a reação de isomerização avançar 40% na direção da conversão, nesta temperatura?

Resp. 26 min

20.22 A cinética do equilíbrio abaixo foi estudada nos dois sentidos.

$$[PtCl_4]^{2-} + H_2O \rightleftharpoons [Pt(H_2O)Cl_3]^- + Cl^-$$

A 25°C e força iônica 0,3, temos

$$-\frac{\Delta\{[\text{PtCl}_4]^{2-}\}}{\Delta t} = (3{,}9 \times 10^{-5}\,\text{s}^{-1})\{[\text{PtCl}_4]^{2-}\} - (2{,}1 \times 10^{-3}\,\text{L}\cdot\text{mol}^{-1}\cdot\text{s}^{-1})\{[\text{Pt}(\text{HO}_2)\text{Cl}_3]^-\}[\text{Cl}^-]$$

Qual é o valor de K_4' para a complexação do quarto Cl^- pela Pt (II) (a constante de equilíbrio aparente para a reação inversa escrita acima) com força iônica 0,3?

Resp. 54

20.23 A reação abaixo foi estudada a 25°C em solução de benzeno contendo piridina 0,1 M:

$$\underset{A}{\text{CH}_3\text{OH}} + \underset{B}{(\text{C}_6\text{H}_5)_3\text{CCl}} \rightarrow \underset{C}{(\text{C}_6\text{H}_5)_3\text{COCH}_3} + \text{HCl}$$

Os dados abaixo foram obtidos em três experimentos individuais:

Experimento	Conc. inicial $[A]_0$/M	Conc. inicial $[B]_0$/M	Conc. inicial $[C]_0$/M	Δt/min	Conc. final $[C]_f$/M
(1)	0,1000	0,0500	0,0000	2,5	0,0033
(2)	0,1000	0,1000	0,0000	15,0	0,0390
(3)	0,2000	0,1000	0,0000	7,5	0,0792

Qual é a equação da velocidade consistente com os dados acima e qual é o melhor valor médio para a constante de velocidade expressa em segundos e unidades de concentração molar?

Resp. Velocidade = $k[A]^2[B]$, $k = 4{,}6 \times 10^{-3}\,\text{L}^2\cdot\text{mol}^{-2}\cdot\text{s}^{-1}$

20.24 A decomposição da substância A à temperatura constante foi estudada em detalhe. Os dados obtidos foram tabulados e são mostrados abaixo. A reação é de primeira ou de segunda ordem para A? Sugestões: primeiro, elabore um gráfico $\log([A]/[A]_0)$ versus t, incluindo diversos pontos. Após, calcule a razão $(\Delta[A]/\Delta t)/[A]^2$ e compare os resultados em diversos intervalos curtos.

t/min	0	20	40	60	80	100	120	140	160	180	200	220	240
[A]/(mol/L)	0,462	0,449	0,437	0,426	0,416	0,406	0,396	0,387	0,378	0,370	0,362	0,354	0,347

Resp. A reação é de segunda ordem.

A energia de ativação e os mecanismos de reação

20.25 A constante de velocidade da decomposição de primeira ordem do óxido de etileno em CH_4 e CO pode ser descrita pela equação abaixo

$$\log k(\text{em s}^{-1}) = 14{,}34 - \frac{1{,}25 \times 10^4\,\text{K}}{T}$$

(a) Qual é a energia de ativação da reação? (b) Qual é o valor de k a 670 K?

Resp. (a) 239 kJ $\times$ mol^{-1} (b) $5 \times 10^{-5}\,\text{s}^{-1}$

20.26 A decomposição gasosa de primeira ordem do N_2O_4 em NO_2 tem um valor de k igual a $4{,}5 \times 10^3\,\text{s}^{-1}$ a 1°C e energia de ativação igual a 58 kJ $\times$ mol^{-1}. Qual é a temperatura em que k é $1{,}00 \times 10^4\,\text{s}^{-1}$?

Resp. 10°C

20.27 Muitas vezes, os bioquímicos definem Q_{10} de uma reação como a razão entre constante de velocidade a 37°C e a constante de velocidade a 27°C. Qual é a energia de ativação para uma reação com Q_{10} igual a 2,5?

Resp. 71 kJ $\cdot$ mol^{-1}

20.28 Em reações gasosas importantes no estudo da atmosfera superior, H_2O e O reagem de maneira bimolecular, formando radicais OH. O valor do ΔH desta reação é 72 kJ a 500 K e E_a é 77 kJ · mol^{-1}. Calcule E_a para a recombinação bimolecular de dois radicais OH para formar H_2O e O.

Resp. 5 kJ · mol^{-1}

20.29 O H_2 e o I_2 reagem de maneira bimolecular, formando HI, que se decompõe, também pela via bimolecular, em H_2 e I_2. As energias de ativação dessas duas reações são 163 kJ · mol^{-1} e 184 kJ · mol^{-1}, respectivamente, a 100°C. Com base nesses dados, qual é o valor do ΔH da reação gasosa $H_2 + I_2 \rightleftharpoons 2HI$ a 100°C?

Resp. −21 kJ

20.30 Preveja a forma da equação da velocidade para a reação $2A + B \rightarrow$ produtos, se a primeira etapa é a dimerização reversível de A ($2A \rightleftharpoons A_2$), seguida da reação de A_2 com B, em uma etapa bimolecular. Suponha que a concentração de A_2 no equilíbrio é muito pequena, comparada a [A].

Resp. Velocidade = $k[A]^2[B]$

20.31 A reação abaixo ocorre em solução aquosa:

$$2Cu^{2+} + 6CN^- \rightarrow 2[Cu(CN)_2]^- + (CN)_2$$

e a velocidade é dada pela equação $k[Cu^{2+}]^2[CN^-]^6$. Se a primeira etapa é o desenvolvimento acelerado do equilíbrio de complexação para formar o íon relativamente instável $[Cu(CN)_3]^-$, que etapa limitante da velocidade poderia explicar os dados cinéticos observados? (O íon, $[Cu(CN)_3]^-$, é instável com relação à reação inversa da etapa de complexação.)

Resp. Decomposição bimolecular: $2[Cu(CN)_3]^- \rightarrow 2[Cu(CN)_2]^- + (CN)_2$

20.32 A hidrólise do $(i\text{-}C_3H_7O)_2POF$ foi estudada em diferentes condições de acidez. A constante aparente de velocidade de primeira ordem, k, a dada temperatura depende do pH, mas não da natureza nem da concentração do tampão utilizado para regular o pH. O valor de k é essencialmente invariável na faixa de pH 4 a 7, mas sofre uma elevação em valores de pH abaixo de 4 ou acima de 7. Qual é a causa desse comportamento?

Resp. A reação é catalisada pelo H^+ ou pelo OH^-.

20.33 Sabe-se que as velocidades de reação de uma cetona em solução moderadamente alcalina são idênticas às velocidades de três reações: (*a*) a reação com o Br_2, levando à substituição de um H na cetona por um Br; (*b*) a conversão do isômero D da cetona em uma mistura de concentrações iguais dos isômeros D e L e (*c*) o intercâmbio isotópico de um átomo de hidrogênio no carbono vizinho ao grupo C=O da cetona por um átomo de deutério no solvente. A velocidade de cada uma destas reações é igual a $k[\text{cetona}][OH^-]$ e é independente de $[Br_2]$. Com base nessas observações, qual é a conclusão acerca do mecanismo de reação desta cetona?

Resp. A etapa determinante da velocidade das três reações é a reação preliminar da cetona com OH^-, que provavelmente forma a base conjugada da cetona. Subsequentemente, esta reage com muita rapidez com (*a*) Br_2; (*b*) algum ácido no meio; (*c*) o solvente com deutério.

20.34 Muitas reações envolvendo radicais livres, como polimerizações, entre outras, podem ser iniciadas por uma substância fotossensível, P. As moléculas de P dissociam em dois radicais livres, por meio da absorção de um fóton. As reações que se seguem podem ser de dois tipos: uma *propagação*, em que um radical, R•, é produzido para cada radical consumido, ou uma *terminação*, em que dois radicais se combinam para formar produtos que não são radicais. A etapa da propagação é a mais relevante do ponto de vista das alterações químicas observadas nestas reações. Uma pequena concentração de radicais livres no estado estacionário é conservada em todo o processo. Explique a dependência entre a velocidade e a raiz quadrada da intensidade luminosa, I, neste mecanismo.

Resp. Uma vez que a propagação não influencia a concentração do radical livre, a velocidade de iniciação precisa ser igual a velocidade de terminação. Se a velocidade de iniciação é de primeira ordem para P e proporcional à intensidade luminosa, $k_i[P]I$, e a velocidade da terminação está de acordo com uma reação bimolecular com velocidade descrita pela expressão $k_t[R•]^{1/2}$, então, no estado estacionário, temos

$$[R•] = [(k_i/k_t)[P]I]^{1/2}$$

Se a etapa de propagação é de primeira ordem para [R•], isto é, proporcional a [R•], então, a velocidade observada é idêntica à velocidade descrita acima, proporcional a $I^{1/2}$.

20.35 A adição de um catalisador a uma reação diminui a energia de ativação de uma reação não catalisada em 14,7 kJ/mol. (a) Qual é o fator de multiplicação que indica o aumento na constante de velocidade causado pelo catalisador, a 420 K? (b) Qual é o fator de multiplicação que indica o aumento na constante de velocidade da reação inversa? (Suponha que o fator de frequência não seja afetado pelo catalisador.)

Resp. (a) 67;   (b) O mesmo que a reação direta.

Capítulo 21

Os Processos Nucleares

Nos capítulos precedentes, estudamos processos químicos em que os átomos dos reagentes passam por um processo de reagrupamento, formando moléculas de produtos diferentes daquelas presentes no início da reação. Nele, os núcleos desses átomos permanecem inalterados.

Contudo, existe na natureza uma classe de reações em que os núcleos dos átomos são rompidos e os produtos resultantes não apresentam os mesmos elementos constantes nos reagentes. A química dessas reações é chamada de *química nuclear*. Nessas reações, a desintegração espontânea de núcleos individuais é normalmente acompanhada de emissões de quantidades consideráveis de energia e/ou partículas de alta velocidade. Esses produtos e, algumas vezes, as reações que os formam recebem a denominação genérica de *radioatividade*. Além dessas, ocorrem também reações nucleares causadas pelas interações de um nêutron ou de um fóton de alta energia com um núcleo, ou pelo impacto de uma partícula de alta velocidade com ele. Os resultados desse fenômeno, chamado de bombardeamento nuclear, têm forte dependência da energia envolvida nele.

AS PARTÍCULAS FUNDAMENTAIS

Embora existam partículas que não serão discutidas neste capítulo, as partículas elementares, listadas na Tabela 21-1, podem ser usadas para definir e ilustrar os conceitos apresentados. Observe que o próton e o nêutron são chamados de *núcleons*. As massas na Tabela 21-1 são dadas em unidades de massa atômica (u, Capítulo 2) e suas cargas são expressas em múltiplos da carga elementar ($1,6022 \times 10^{-19}$ C, Capítulo 19). A massa do nêutron é ligeiramente maior que a do próton. Além disso, a massa do elétron é 1/1836 a massa do próton ou, se você preferir, a massa de um próton é 1836 vezes a massa do elétron.

AS ENERGIAS DE LIGAÇÃO

Se imaginarmos uma reação em que prótons, nêutrons e elétrons livres se unem para formar um átomo, descobriremos que a massa desse é um pouco menor que a soma das massas dos prótons, nêutrons e elétrons que o compõem (a exceção é o H^1, pois seu núcleo é formado apenas por um próton). Outro aspecto importante é que uma quantidade admirável de energia é liberada na reação em que esse átomo é produzido. A perda de massa equivale exatamente à energia liberada, de acordo com a célebre equação de Einstein,

$$E = mc^2 \quad \text{Energia} = (\text{variação na massa}) \times (\text{velocidade da luz})^2$$

Tabela 21-1

Partícula	Símbolo	Massa	Carga
Próton (um *nucleon*)	p, p^+	1,0072765 u ($1,673 \times 10^{-24}$ g)	+1
Neutron (um *nucleon*)	n, n^0	1,0086649 u ($1,675 \times 10^{-24}$ g)	0
Elétron	e^-, β^-	0,0005486 u ($9,109 \times 10^{-28}$ g)	−1
Pósitron	e^+, β^+	0,0005486 u ($9,109 \times 10^{-28}$ g)	+1

O ganho de energia equivalente à perda de massa é chamado de *energia de ligação* do átomo (ou núcleo, se esse for considerado separado dos elétrons nas camadas dos orbitais). Quando os cálculos da energia são realizados com *m* em quilogramas e *c* em metros por segundo, o valor de *E* é obtido em joules. Uma unidade mais conveniente de energia para as reações nucleares é o MeV (Capítulo 8). Pela equação de Einstein, temos,

$$\text{Energia} = \frac{(\text{variação na massa em u})(1{,}6605 \times 10^{-27} \text{ kg/u})(2{,}998 \times 10^8 \text{ m/s})^2}{1{,}6022 \times 10^{-13} \text{ J/MeV}}$$

$$\text{Energia} = (931{,}5 \text{ MeV}) \times (\text{variação na massa em u})$$

AS EQUAÇÕES NUCLEARES

A exemplo das equações químicas, as equações nucleares permitem acompanhar as partículas e a energia envolvidas em uma reação. As regras para o balanceamento de equações nucleares são diferentes daquelas utilizadas no balanceamento de equações químicas comuns. Essas regras são:

1. Toda partícula tem um algarismo sobrescrito, indicando o número de massa (número de núcleons), *A*, e um algarismo subscrito, igual ao número atômico ou à carga nuclear, *Z*.
2. Um próton livre é o núcleo do átomo de hidrogênio, representado por ^1_1H.
3. Um nêutron livre tem número atômico zero, porque não tem carga. O número de massa de um nêutron é 1. A notação do nêutron é $^1_0 n$.
4. Um elétron (e^- ou β^-) tem número de massa zero e número atômico −1. Adotaremos $^0_{-1} e$ como notação completa, se o elétron for parte de um átomo. Utilizaremos $^0_{-1}\beta$ ou β^- se o elétron for um elétron emitido (uma partícula beta).
5. Um pósitron (e^+ ou β^+) tem número de massa zero e número atômico +1. A notação completa utilizada é $^0_{+1}\beta$ ou β^+, uma vez que neste livro o pósitron é tratado apenas como partícula emitida (de acordo com o item 4 acima).
6. Uma *partícula alfa* (partícula α) é um núcleo de hélio. A notação adotada para uma partícula α é ^4_2He (ou $^4_2\alpha$).
7. Um *raio gama* (γ) é um fóton de energia muito alta (Capítulo 8). Tem número de massa e carga zero. A notação para o raio gama é $^0_0 \gamma$.
8. Em uma equação balanceada, a soma dos algarismos subscritos (números atômicos), escritos ou implícitos, precisa ser igual nos dois lados da equação. A soma dos sobrescritos (números de massa), escritos ou implícitos, também precisa ser idêntica nos dois lados da equação. Por exemplo a equação da primeira etapa do decaimento radioativo do ^{226}Ra é:

$$^{226}_{88}\text{Ra} \rightarrow ^{222}_{86}\text{Rn} + ^4_2\text{He}$$

Observe que a carga associada ao núcleo de hélio sem elétrons (+2) pode ser ignorada, porque os elétrons são ganhos da vizinhança, para completar o átomo.

Muitos processos nucleares podem ser representados por uma notação simplificada, em que uma partícula bombardeadora incidente leve e uma partícula resultante emitida leve são mostradas. Essas partículas estão localizadas entre o núcleo alvo inicial e o núcleo final produzido. Os símbolos utilizados são $n, p, d, \alpha, \beta^+, \beta^-$ e γ, representando o nêutron, próton, deutério (^2_1H) e os raios alfa, de elétrons, de pósitrons e gama, respectivamente. Os números atômicos normalmente são omitidos nessa notação, porque o símbolo de um elemento deixa implícita essa informação. Exemplos de notação completa e resumida são

$$^{14}_{7}N + ^{1}_{1}H \rightarrow ^{11}_{6}C + ^{4}_{2}He \qquad ^{14}N(p, \alpha)^{11}C$$

$$^{27}_{13}Al + ^{1}_{0}n \rightarrow ^{27}_{12}Mg + ^{1}_{1}H \qquad ^{27}Al(n, p)^{27}Mg$$

$$^{55}_{25}Mn + ^{2}_{1}H \rightarrow ^{55}_{26}Fe + 2^{1}_{0}n \qquad ^{55}Mn(d, 2n)^{55}Fe$$

Assim como a equação química comum é uma versão abreviada da equação termoquímica completa, que expressa o equilíbrio de energia e o equilíbrio de massa, uma equação nuclear tem um termo (escrito ou implícito) que indica o balanço de energia. O símbolo Q é o mais comumente utilizado para designar a energia líquida liberada quando todas as partículas de matéria de reatentes e produtos têm velocidade zero. Q é o equivalente de energia da redução na massa (discutida acima) em uma reação. Na maioria das vezes Q é expressa em MeV.

A RADIOQUÍMICA

As propriedades especiais dos *nuclídeos* radioativos (isótopos de um elemento, Capítulo 2) conferem a eles o status de traçadores úteis em processos complexos. A *radioquímica* é o ramo da química dedicado ao estudo das aplicações da radioatividade em problemas químicos, além do processamento químico de substâncias radioativas.

Um nuclídeo radioativo (*radioisótopo*) é convertido de modo espontâneo em outro nuclídeo por um dos processos abaixo. Cada definição é seguida de um exemplo. Conforme discutido acima, todos os processos são acompanhados por redução na massa e liberação de energia.

1. *Decaimento alfa*: uma partícula alfa ($^{4}_{2}\alpha$ ou $^{4}_{2}He$) é emitida e número atômico do núcleo filho, Z, é menor em duas unidades. O número de massa, A, é menor em quatro unidades, comparado ao núcleo pai.

$$^{226}_{88}Ra \rightarrow ^{222}_{86}Ra + ^{4}_{2}\alpha$$

2. *Decaimento beta*: uma partícula beta ($^{0}_{-1}\beta$), um elétron, é emitida e o átomo filho tem um valor de Z uma unidade menor que o núcleo pai, sem variação em A.

$$^{31}_{14}Si \rightarrow ^{31}_{15}P + ^{0}_{-1}\beta$$

3. *Emissão de pósitrons*: um pósitron ($^{0}_{+1}\beta$) é emitido e o átomo filho tem Z menor em uma unidade, se comparado ao núcleo pai.

$$^{40}_{21}Sc \rightarrow ^{40}_{20}Ca + ^{0}_{+1}\beta$$

4. *Captura de elétrons*: um próton captura um elétron (partícula beta). O resultado é a variação em um nêutron. A captura ocorre na primeira camada do próton, a órbita K, e pode ser chamada de *captura de elétron K*. (*Observação*: este processo é o inverso do decaimento beta.)

$$^{7}_{4}Be + ^{0}_{-1}\beta \rightarrow ^{7}_{3}Li$$

Um núcleo radioativo decai de acordo com um processo de primeira ordem, fazendo valer as equações (*20-1*), (*20-2*) e (*20-3*). A estabilidade do núcleo com relação ao decaimento espontâneo pode ser representada por sua constante de primeira ordem, k, ou pela meia-vida, $t_{1/2}$.

A radioatividade é medida observando as partículas de energia elevada produzidas diretamente ou indiretamente como resultado do processo de desintegração. Uma unidade de radioatividade apropriada é o *curie*, Ci, definido como

$$1 \text{ Ci} = 3,700 \times 10^{10} \text{ desintegrações por segundo}$$

A atividade de uma amostra, expressa em curies, depende do número de átomos do radioisótopo (obtido a partir da massa da amostra) e da meia-vida (constante da velocidade de desintegração). Ver o Problema 21.14. As unidades derivadas são o milicurie (mCi), o microcurie (μCi), entre outras.

Problemas Resolvidos

21.1 Forneça o número de prótons, nêutrons e elétrons em cada um dos seguintes átomos: (a) ^{3}He; (b) ^{12}C; (c) ^{206}Pb.

(a) Vemos na tabela periódica que o número atômico do hélio é 2. Por isso, existem dois prótons. O número de massa é 3, como mostra o enunciado. O número de nêutrons é 1. O número de elétrons é igual ao número de prótons em um átomo, isto é, 2 ($2p$, $1n$ e $2e^-$).

(b) O número atômico do carbono é 6, igual ao número de prótons. O número de massa é 12 e o número atômico indica também o número de nêutrons, $12 - 6 = 6$ nêutrons. O número de elétrons é igual ao número de prótons ($6p$, $6n$ e $6e^-$).

(c) O chumbo tem número atômico 82, o que significa que há 82 prótons e 82 elétrons no átomo. O número de massa é 206, que indica que há 124 nêutrons. ($82p$, $124n$ e $82e^-$)

21.2 Complete as equações nucleares abaixo:

(a) $^{14}_{7}\text{N} + ^{4}_{2}\text{He} \rightarrow ^{17}_{8}\text{O} + ?$ (b) $^{9}_{4}\text{Be} + ^{4}_{2}\text{He} \rightarrow ^{12}_{6}\text{C} + ?$

(c) $^{9}_{4}\text{Be}(p, \alpha)?$ (d) $^{30}_{15}\text{P} \rightarrow ^{30}_{14}\text{S} + ?$

(e) $^{3}_{1}\text{H} \rightarrow ^{3}_{2}\text{He} + ?$ (f) $^{43}_{20}\text{Ca}(\alpha, ?) ^{46}_{21}\text{Sc}$

(a) A soma dos números subscritos à esquerda é $7 + 2 = 9$. O subscrito no primeiro produto à direita é 8. Logo, o segundo produto à direita precisa ter um subscrito igual a 1, para existir o equilíbrio.

A soma dos sobrescritos à esquerda é $14 + 4 = 18$. O sobrescrito no primeiro produto à direita é 17. O segundo produto precisa ter um sobrescrito igual a 1.

A partícula ausente à direita tem carga nuclear igual a 1 e número de massa 1. A partícula é o $^{1}_{1}\text{H}$.

(b) A carga nuclear da partícula do segundo produto é $(4 + 2) - 6 = 0$. O número de massa da partícula é $(9 + 4) - 12 = 1$. A notação da partícula, que só pode ser um nêutron, é $^{1}_{0}n$.

(c) Os reagentes têm uma carga nuclear combinada igual a 5 e número de massa 10. Além da partícula α, é formado um produto com carga $5 - 2 = 3$ e número de massa $10 - 4 = 6$. O elemento com estas características é o lítio, com número atômico 3 e notação $^{6}_{3}\text{Li}$.

(d) A carga nuclear da segunda partícula é $15 - 14 = 1$. O número de massa é $30 - 30 = 0$. A partícula é um pósitron, $^{0}_{+1}\beta$.

(e) A carga nuclear da segunda partícula é $1 - 2 = 1$, enquanto o número de massa é $3 - 3 = 0$. O elétron, $^{0}_{-1}\beta$, é a partícula em questão.

(f) Os reagentes $^{43}_{20}\text{Ca}$ e $^{4}_{2}\text{He}$ têm uma carga nuclear conjunta igual a 22 e número de massa igual a 47. O produto emitido tem carga $22 - 21 = 1$. A partícula é um próton e deve ser representada por um p entre parênteses.

21.3 Qual é a energia de ligação total do ^{12}C e qual é a energia de ligação média por núcleo?

Embora energia de ligação seja um termo que se refere ao núcleo, é mais apropriado utilizar a massa de todo o átomo (nuclídeo) nos cálculos, uma vez que estas são as massas dadas nas tabelas. Se $M(X)$ é a massa atômica do nuclídeo X,

$$M(\text{núcleo}) = M(X) - ZM(e^-) \tag{1}$$

O núcleo de X é formado por Z prótons e $A - Z$ nêutrons. Logo, sua energia de ligação, EL, é dada pela expressão

$$\text{EL} = \{ZM(p) + (A - Z)M(n)\} - M(\text{núcleo}) \tag{2}$$

Aplicando (1) ao núcleo de X e aos prótons, que é um núcleo de $^{1}_{1}\text{H}$, e substituindo em (2),

$$\text{EL} = \{Z[M(^{1}_{1}\text{H}) - M(e^-)] + (A - Z)M(n)\} - [M(X) - ZM(e^-)]$$
$$\text{EL} = \{ZM(^{1}_{1}\text{H}) + (A - Z)M(n)\} - M(X)$$

Logo, as massas nucleares podem ser substituídas por massas atômicas (nuclídicas) no cálculo da energia de ligação. Massas atômicas completas, na verdade, podem ser utilizadas em cálculos de diferença de massa em todos os tipos de reações nucleares apresentados acima, exceto processos β^+, em que a massa correspondente a dois elétrons é excluída (um β^+ e um β^-).

Os dados necessários para ^{12}C são dados nas Tabelas 2-1 e 21-1. Não podemos usar as massas atômicas *médias* dadas na tabela periódica nestes cálculos, pois eles requerem as massas de isótopos únicos (^{1}H, ^{12}C, etc).

$$\text{Massa de 6 átomos de } ^1\text{H} = 6 \times 1{,}00783 \quad = 6{,}04698$$

$$\text{Massa de 6 nêutrons} = 6 \times 1{,}0086649 \quad = \underline{6{,}05196}$$
$$\text{Massa total das partículas componentes} \quad = 12{,}09894 \text{ u}$$

$$\text{Massa de } ^{12}\text{C} \quad = \underline{12{,}00000}$$
$$\text{Massa perdida na formação de } ^{12}\text{C} \quad = 0{,}09894 \text{ u}$$

$$\text{Energia de ligação} = \left(\frac{931{,}5 \text{ MeV}}{\text{u}}\right)(0{,}09894)\text{u} = 92{,}1 \text{ MeV}$$

Uma vez que há 12 núcleons (6 prótons e 6 nêutrons), a energia de ligação média por núcleo é

$$\frac{92{,}1 \text{ MeV}}{12} = 7{,}68 \text{ MeV}$$

21.4 Calcule Q para a reação ^{7}Li$(p, n)^7$Be.

A variação na massa (u) da reação é calculada conforme:

Reagentes		Produtos	
$^7_3$Li	7,01600	^1_0n	1,00866
$^1_1$H	1,00783	$^7_4$Be	7,01693
	8,02383 u		8,02559 u

$$\text{Aumento na massa} = 8{,}02559 - 8{,}02383 = 0{,}00176 \text{ u}$$

Uma quantidade correspondente de energia líquida precisa ser consumida. Essa energia é

$$(931{,}5)(0{,}00176) \text{ MeV} = 1{,}64 \text{ MeV} \quad \text{ou} \quad Q = -1{,}64 \text{ MeV}$$

Observação: a energia é fornecida como energia cinética do próton de bombardeamento e é *parte* da aceleração do próton exigida pela reação, fornecida por um acelerador de partículas.

21.5 O valor de Q para a reação ^{3}He(n, p) é 0,76 MeV. Qual é a massa nuclídica do ^{3}He?

A reação é $^3_2$He $+ \,^0_1n \rightarrow\, ^1_1$H $+ \,^3_1$H. A perda de massa precisa ser $0{,}76/931{,}5 = 0{,}00082$ u. O balanço de massa pode ser realizado com base nos átomos inteiros e partículas envolvidos.

Reagentes		Produtos	
$^3_2$He	x	$^1_1$H	1,00783
n	1,00866	$^3_1$H	3,01605
	$(x + 1{,}00866)$u		4,02388 u

O cálculo é $(x + 1{,}00866) - 4{,}02388 = 0{,}00082$. Resolvendo, temos $x = 3{,}01604$ u.

21.6 Calcule a energia cinética máxima de uma partícula beta emitida no decaimento radioativo do ^{6}He. Suponha que a partícula beta tenha energia máxima quando não há outra emissão envolvida.

O processo nesta emissão é descrito pela reação $^6_2$He $\rightarrow\, ^6_3$Li $+ \,^0_{-1}\beta$. O cálculo da variação na massa requer apenas as massas atômicas totais dos elementos, uma vez que, se adicionarmos dois elétrons em cada lado, teríamos um átomo de hélio completo à esquerda e um átomo de lítio completo à direita.

$$\text{Massa de }^6\text{He} = 6{,}01889$$

$$\text{Massa de }^6\text{Li} = \underline{6{,}01512}$$
$$\text{Perda de massa} = 0{,}00377 \text{ u}$$

Equivalente de energia = (931,5)(0,00377) = 3,51 MeV

A energia cinética máxima da partícula β^- é 3,51 MeV,

21.7 O ^{13}N decai por meio da emissão de pósitrons. A energia cinética máxima de β^+ é 1,20 MeV. Qual é a massa nuclídica do ^{13}N?

A reação envolvida é $^{13}_{7}\text{N} \rightarrow ^{13}_{6}\text{C} + ^{0}_{+1}\beta$. Esse processo é do tipo mencionado no Problema 21.3, em que uma diferença simples nas massas dos átomos completos *não* é a quantidade de que precisamos, porque não é possível adicionar a mesma partícula nos dois lados da equação. O cálculo da diferença de massa é

$$\text{Diferença de massa} = [M(\text{núcleo}) \text{ para } ^{13}\text{N}] - [M(\text{núcleo}) \text{ para } ^{13}\text{C}] - M(e^-)$$

$$= [M(^{13}\text{N}) - 7M(e^-)] - [M(^{13}\text{C}) - 6M(e^-)] - M(e^-)$$

$$= M(^{13}\text{N}) - M(^{13}\text{C}) - 2M(e^-) = M(^{13}\text{N}) - 13,00335 - 2(0,00055)$$

$$= M(^{13}\text{N}) - 13,00445$$

Esta expressão precisa ser igual ao equivalente de massa da energia cinética máxima da partícula β^+.

$$\frac{1,20 \text{ MeV}}{931,5 \text{ MeV/u}} = 0,00129 \text{ u}$$

Logo,

$$0,00129 = M(^{13}\text{N}) - 13,00445 \quad \text{ou} \quad M(^{13}\text{N}) = 13,00574 \text{ u}$$

21.8 Considere os dois nuclídeos de massa 7, ^{7}Li e ^{7}Be. Qual é o mais estável? Como o nuclídeo menos estável decai no mais estável?

A Tabela 2–1 mostra que ^{7}Be tem massa maior que ^{7}Li. Isso nos diz que $^7_4$Be decai de modo espontâneo em $^7_3$Li, mas a reação não é reversível. Existem dois tipos de decaimento em que Z diminui em uma unidade, sem qualquer variação no número de massa, A: a emissão de partículas β^- e a captura de elétrons. Esses dois processos requerem balanços de massa distintos.

Vamos supor que o processo é a emissão de partículas beta:

$$^7_4\text{Be} \rightarrow ^{0}_{+1}\beta + ^7_3\text{Li}$$

No Problema 21.7, foi demonstrado (terceira linha da equação da diferença de massa) que a emissão de um pósitron pode ocorrer (Q é + e a reação é espontânea) apenas se a massa *nuclídica* da espécie pai exceder a massa *nuclídica* da espécie filho em ao menos duas vezes a massa do elétron, $2(0,00055) = 0,00110$ u. Neste problema, a diferença de massa real entre nuclídeos pai e filho é de $7,01693 - 7,01600 = 0,00093$ u. Isso revela que a emissão de pósitron precisa ser descartada, e que o processo sofrido por ^{7}Be é a captura de elétrons.

Observe que nos limitamos a conjecturar que ^{7}Be *provavelmente* decai a ^{7}Li por captura de elétrons. Nada afirmamos sobre a velocidade do processo. Experimentos em laboratório descobriram que a meia-vida do ^{7}Be é de 53 anos.

21.9 O hidreto de lítio, LiH, é composto por dois isótopos, ^{6}Li e ^{2}H, e é considerado um combustível nuclear em potencial. A reação envolvida é

$$^6_3\text{Li} + ^2_1\text{H} \rightarrow 2\,^4_2\text{He}$$

Calcule a produção esperada de energia, em megawatts, associada ao consumo de 1,00 g de ^{6}Li^{2}H por dia. Considere a eficiência do processo igual a 100%.

A variação de massa da reação é o primeiro passo na solução do problema.

Massa de $^6_3$Li	= 6,01512	
Massa de $^2_1$H	= 2,01410	
Massa total dos reagentes	= 8,02922	
Massa dos produtos	= 8,00520	[2(4,00260)]
Perda de massa	= 0,02402 u	[8,02922 − 8,00520]

Energia por evento atômico $= (0{,}02402 \text{ u})(931{,}5 \times 10^6 \text{ eV/u})(1{,}6022 \times 10^{-12} \text{ J/eV})$

$$= 3{,}584 \times 10^{-12} \text{ J}$$

Energia por mol de LiH $= (3{,}584 \times 10^{-12} \text{ J})(6{,}02 \times 10^{23} \text{ mol}^{-1}) = 2{,}16 \times 10^{12} \text{ J/mol}$

$$\text{Produção de energia} = \frac{[(2{,}16 \times 10^{12} \text{ J/mol})/(8{,}03 \text{ g/mol})](1{,}00 \text{ g/d})}{(24\text{h/d})(3{,}6 \times 10^3 \text{ s/h})} = 3{,}11 \times 10^6 \text{ W}$$

$$= 3{,}11 \text{ MW}$$

21.10 Calcule a meia-vida do ^{18}F, sabendo que tem uma taxa de decaimento radioativo igual a 90% em 366 min.

A constante de velocidade deste decaimento pode ser calculada utilizando (*20-2*). Noventa por cento em decaimento corresponde a 10% em isótopo radioativo restante. Nos cálculos de decaimento radioativo, a população total do elemento radioativo é utilizada em lugar de sua concentração. (É importante lembrar que, em reações de primeira ordem, a constante de velocidade e a meia-vida não dependem das unidades de concentração empregadas.) Assim, em vez da razão de concentrações [A]/[A]$_0$, usaremos a razão dos números de átomos N/N_0, ou de mols, ou de massas, do elemento radioativo. A massa do elemento radioativo encontrada no laboratório é muito pequena. Uma amostra típica só pode ser medida utilizando sua atividade. Uma vez que sua atividade é proporcional à população, a razão de atividades observada, A/A_0, pode ser empregada em lugar da razão do número atômico, N/N_0.

$$k = -\frac{2{,}303 \log \frac{N}{N_0}}{t} = -\frac{2{,}303 \log 0{,}10}{366 \text{ min}} = 6{,}29 \times 10^{-3} \text{ min}^{-1}$$

Logo, a meia-vida é calculada a partir de (*20-3*):

$$t_{1/2} = \frac{0{,}693}{k} = \frac{0{,}693}{6{,}29 \times 10^{-3} \text{ min}^{-1}} = 110 \text{ min}$$

21.11 Na análise de uma amostra de faixas de linho utilizadas no antigo Egito para enrolar múmias, descobriu-se que a atividade de ^{14}C no material era 8,1 contagens por minuto (desintegrações), por grama de carbono. Estime a idade da múmia.

A meia-vida do ^{14}C é de 5730 anos. Em regra, neste tipo de análise, estipula-se que o teor de ^{14}C como carbono atmosférico (CO$_2$) permaneceu constante nos últimos 30.000 anos. As plantas vivas, que obtinham o carbono necessário a seus processos vitais do ar, pela via fotossintética, apresentaram uma atividade constante igual a 15,3 contagens por minuto por grama de carbono, no mesmo período.

A absorção do ^{14}C era interrompida com a colheita da planta e a tecelagem do linho. A partir desse ponto, a radioatividade do isótopo caiu a uma velocidade considerada constante. Utilizando (*20-3*) para calcular k e (*20-2*) para encontrar o tempo, t, para o decaimento da atividade aos níveis atuais, temos que

$$k = \frac{0{,}693}{t_{1/2}} = \frac{0{,}693}{5730 \text{ ano}} = 1{,}209 \times 10^{-4} \text{ ano}^{-1}$$

$$t = \frac{-2{,}303}{k} \log\left(\frac{A}{A_0}\right) = \frac{-2{,}303}{1{,}209 \times 10^{-4} \text{ ano}^{-1}} \log\left(\frac{8{,}1}{15{,}3}\right) = \frac{(-2{,}303)(-0{,}276)}{1{,}209 \times 10^{-4} \text{ ano}^{-1}} = 5260 \text{ anos}$$

21.12 Uma amostra de uranita, um mineral de urânio, contém 0,214 g de chumbo para cada grama de urânio. Supondo que todo o chumbo presente seja resultado da desintegração radioativa do urânio desde a formação geológica do mineral e que, exceto pelo ^{238}U, todos os isótopos de urânio, podem ser desprezados, calcule a data de formação da uraninita na crosta terrestre. A meia-vida do ^{238}U é $4{,}5 \times 10^9$ anos.

O decaimento radioativo do ^{238}U gera, após 14 etapas, o isótopo de chumbo estável ^{206}U. A primeira destas etapas é o decaimento α do ^{238}U (meia-vida: $4{,}5 \times 10^9$ anos), mais de 10^4 vezes mais lento (em termos de meia-vida) que qualquer outra etapa subsequente. Em vista disso, o tempo transcorrido na primeira etapa é praticamente igual a todo o tempo necessário para a conclusão do processo total, com 10 etapas.

Em uma amostra contendo 1 g de U, existe

$$\frac{0{,}214 \text{ g Pb}}{206 \text{ g/mol}} = 1{,}04 \times 10^{-3} \text{ mol Pb} \qquad \text{e} \qquad \frac{1{,}000 \text{ g U}}{238 \text{ g/mol}} = 4{,}20 \times 10^{-3} \text{ mol U}$$

Se cada átomo de chumbo no mineral atual é o átomo filho de um átomo de urânio que existiu no momento de formação do mineral, então o número original de mols de urânio na amostra é

$$(1{,}04 + 4{,}20) \times 10^{-3} = 5{,}24 \times 10^{-3}$$

A fração restante é

$$\frac{N}{N_0} = \frac{4{,}20 \times 10^{-3}}{5{,}24 \times 10^{-3}} = 0{,}802$$

Se t é o tempo transcorrido entre a formação do mineral e o presente, temos

$$k = \frac{0{,}693}{t_{1/2}} = \frac{0{,}693}{4{,}5 \times 10^9 \text{ ano}} = 1{,}54 \times 10^{-10} \text{ ano}$$

$$t = -\frac{2{,}303 \log\left(\frac{N}{N_0}\right)}{k} = \frac{-2{,}303 \log(0{,}802)}{1{,}54 \times 10^{-10} \text{ ano}^{-1}} = 1{,}4 \times 10^9 \text{ anos}$$

21.13 Uma amostra de $^{14}CO_2$ foi misturada com CO_2 comum (contendo ^{12}C) em um experimento envolvendo um traçador biológico. Para que 10 cm³ (CNTP) do gás diluído apresentassem 10^4 desintegrações por minuto, quantos microcuries de carbono radioativo seriam necessários para preparar 60 L do gás diluído?

$$\text{Atividade total} = \frac{10^4 \text{ desint/min}}{10 \text{ cm}^3} \times \frac{(60 \text{ L})(10^3 \text{ cm}^3/\text{L})}{60 \text{ s/min}}$$

$$\text{Atividade total} = (10^6 \text{ desint/s})\left(\frac{1 \text{ Ci}}{3{,}7 \times 10^{10} \text{ desint/s}}\right)\left(\frac{10^6 \text{ μCi}}{1 \text{ Ci}}\right) = 27 \text{ μCi}$$

21.14 A meia-vida do ^{40}K é $1{,}25 \times 10^9$ anos. Qual é a massa deste nuclídeo com atividade igual a 1 μCi?

Primeiro, calculamos a constante de velocidade em s^{-1}.

$$k = \frac{0{,}693}{t_{1/2}} = \frac{0{,}693}{(1{,}25 \times 10^9 \text{ anos})(365 \text{ dias/anos})(24 \text{ h/dias})(3{,}6 \times 10^3 \text{ s/h})} = 1{,}76 \times 10^{-17} \text{ s}^{-1}$$

A velocidade de desintegração é uma velocidade instantânea, medida utilizando obrigatoriamente concentrações constantes, isto é, a quantidade de átomos de ^{40}K. A forma da equação de velocidade é a mesma apresentada no Capítulo 20. O valor numérico da velocidade é obtido a partir da definição do curie.

$$\text{Velocidade} = -\frac{\Delta N}{\Delta t} = kN = (3{,}70 \times 10^{10} \text{ desint} \cdot \text{s}^{-1} \cdot \text{Ci}^{-1})(10^{-6} \text{ Ci} \cdot \text{μCi}^{-1})$$
$$= 3{,}70 \times 10^4 \text{ desint} \cdot \text{s}^{-1} \cdot \text{μCi}^{-1}$$

O quociente entre a velocidade desejada e a constante de velocidade gera o número total de átomos necessários para produzir a velocidade desejada.

$$N = \frac{\text{velocidade}}{k} = \frac{3{,}70 \times 10^4 \text{ átomos} \cdot \text{s}^{-1} \cdot \text{μCi}^{-1}}{1{,}76 \times 10^{-17} \text{ s}^{-1}} = 2{,}10 \times 10^{21} \text{ átomos} \cdot \text{μCi}^{-1}$$

e a massa correspondente é

$$\frac{(2{,}10 \times 10^{21} \text{ átomos} \cdot \text{μCi}^{-1})(40 \text{ g } ^{40}K/\text{mol})}{6{,}02 \times 10^{23} \text{ átomos/mol}} = 0{,}140 \text{ g } ^{40}K/\text{μCi}$$

21.15 O radioisótopo ^{237}Ac tem meia-vida de 21,8 anos. O decaimento segue dois percursos paralelos: um gera ^{227}Th, o outro gera ^{223}Fr. Os rendimentos percentuais destes dois nuclídeos filho são 1,4% e 98,6%, respectivamente. Qual é a constante de velocidade, em anos^{-1}, para cada um dos percursos?

A constante de velocidade do decaimento do Ac, k_{Ac}, pode ser calculada a partir da meia-vida do isótopo.

$$k = \frac{0{,}693}{t_{1/2}} = \frac{0{,}693}{21{,}8 \text{ ano}} = 3{,}18 \times 10^{-2} \text{ ano}^{-1}$$

A constante de velocidade global de um conjunto de reações de primeira ordem paralelas precisa ser igual à soma das constantes de velocidade individuais.

$$k_{Ac} = k_{Ac(Th)} + k_{Ac(Fr)}$$

A fração do rendimento de um processo é igual ao quociente entre a constante de velocidade do processo e a constante de velocidade global.

$$k_{Ac(Th)} = \text{(fração do rendimento do Th)} \times k_{Ac} = (0{,}014)(3{,}18 \times 10^{-2} \text{ ano}^{-1}) = 4{,}5 \times 10^{-4} \text{ ano}^{-1}$$

$$k_{Ac(Fr)} = \text{(fração do rendimento do Fr)} \times k_{Ac} = (0{,}986)(3{,}18 \times 10^{-2} \text{ ano}^{-1}) = 3{,}14 \times 10^{-2} \text{ ano}^{-1}$$

Problemas Complementares

21.16 Determine o número de prótons, nêutrons e elétrons nos átomos: (*a*) ^{70}Ge; (*b*) ^{72}Ge; (*c*) ^{9}Be; (*d*) ^{235}U.

Resp. (*a*) 32 *p*, 38 *n*, 32 *e*$^-$;   (*b*) 32 *p*, 40 *n*, 32 *e*$^-$;
(*c*) 4 *p*, 5 *n*, 4 *e*$^-$;   (*d*) 92 *p*, 143 *n*, 92 *e*$^-$

21.17 Escreva os símbolos nucleares completos para o isótopo mais comum (de acordo com o número de massa) do sódio, fósforo e iodo.

Resp. $^{23}_{11}$Na; $^{31}_{15}$P; $^{127}_{53}$I

21.18 Uma partícula alfa é emitida pelo ^{238}U e o núcleo residual pesado é chamado UX$_1$. Por sua vez, UX$_1$, que também é radioativo, emite uma partícula beta, gerando um núcleo residual pesado chamado UX$_2$. Determine os números e massas atômicas de (*a*) UX$_1$ e (*b*) UX$_2$.

Resp. (*a*) 90 e 234;   (*b*) 91 e 234

21.19 O $^{239}_{93}$Np emite uma partícula β^- e o núcleo pesado residual, também radioativo, gera ^{235}U em seu processo radioativo. Que partícula pequena é emitida simultaneamente à formação do ^{235}U?

Resp. A partícula α

21.20 Complete as equações:

(a) $^{23}_{11}$Na + $^{4}_{2}$He → $^{26}_{12}$Mg + ?   (b) $^{64}_{29}$Cu → $^{0}_{+1}\beta$ + ?

(c) ^{106}Ag → ^{106}Cd + ?   (d) $^{10}_{5}$B + $^{4}_{2}$He → $^{13}_{7}$N + ?

Resp. (*a*) $^{1}_{1}$H;   (*b*) $^{64}_{28}$Ni;   (*c*) $^{0}_{-1}\beta$;   (*d*) $^{1}_{0}n$

21.21 Complete as equações:

(*a*) ^{24}Mg(*d*, α)?   (*b*) ^{26}Mg(*d*, *p*)?   (*c*) ^{40}Ar(α, *p*)?   (*d*) ^{12}C(*d*, *n*)?

(*e*) ^{130}Te(*d*, 2*n*)?   (*f*) ^{55}Mn(*n*, γ)?   (*g*) ^{59}Co(*n*, α)?

Resp. (*a*) ^{22}Na;   (*b*) ^{27}Mg;   (*c*) ^{43}K;   (*d*) ^{13}N;   (*e*) ^{130}I;   (*f*) ^{56}Mn;   (*g*) ^{56}Mn

21.22 Se um nuclídeo de um elemento no Grupo IA (metais alcalinos) da tabela periódica sofre decaimento radioativo emitindo pósitrons, qual é a natureza do elemento resultante?

Resp. Um elemento do Grupo VIIA (também chamado de gases nobres ou gases inertes)

21.23 Um elemento alcalino terroso é radioativo. Ele e seus elementos filhos decaem emitindo três partículas alfa, em série. A que grupo o elemento resultante pertence?

Resp. Grupo IVA

21.24 Em uma usina atômica, a energia utilizada no reator provém da fissão induzida por nêutrons (processo em que o átomo é atingido por um nêutron), normalmente ^{235}U. A fissão não é simétrica, pois são formadas diferentes pares de produtos. Determine o produto da fissão dos dois exemplos abaixo:

(*a*) *n* + ^{235}U → 4*n* + ^{139}Cs + ?   (*b*) *n* + ^{235}U → 5*n* + ^{135}I + ?

Resp. (*a*) ^{93}Rb;   (*b*) ^{96}Y

21.25 No problema anterior, observe o aumento expressivo no número de massa, A, do produto da fissão, comparado à massa atômica media do elemento estável. Todos os produtos acima decaem emitindo uma partícula beta (e^-) para atingir uma razão A para Z normal. Escreva as reações do decaimento dos quatro produtos da fissão acima.

Resp. $^{139}\text{Cs} \rightarrow \beta^- + ^{139}\text{Ba}$ $^{93}\text{Rb} \rightarrow \beta^- + ^{93}\text{Sr}$ $^{135}\text{I} \rightarrow \beta^- + ^{135}\text{Xe}$ $^{96}\text{Y} \rightarrow \beta^- + ^{96}\text{Zr}$

21.26 Suponha que um átomo de ^{235}U, após absorver um nêutron lento, sofre fissão, formando um átomo de ^{139}Xe e um átomo de ^{94}Sr. Que outras partículas são produzidas? Quantas dessas partículas são produzidas?

Resp. 2 nêutrons

21.27 Considere os pares de elementos. Qual é o elemento mais instável? (*a*) ^{16}C ou ^{16}N? (*b*) ^{18}F ou ^{18}Ne? Além disso, indique o processo que o núcleo mais instável pode sofrer, ao converter-se no outro núcleo?

Resp. (*a*) ^{16}C, decaimento β^-;   (*b*) ^{18}Ne, decaimento β^+ e captura de elétrons são processos possíveis, considerando os dados no enunciado.

21.28 Um dos núcleos mais estáveis na natureza é o ^{55}Mn. Sua massa nuclídica é 54,938 u. Determine sua energia de ligação total e sua energia de ligação média, por núcleon.

Resp. 483 MeV; 8,78 MeV por núcleon.

21.29 Quanta energia é liberada por cada uma das reações de fusão abaixo?

(*a*) $^1_1\text{H} + ^7_3\text{Li} \rightarrow 2 ^4_2\text{He}$ (*b*) $^3_1\text{H} + ^2_1\text{H} \rightarrow ^4_2\text{He} + ^1_0 n$

Resp. (*a*) 17,4 MeV;   (*b*) 17,6 MeV

21.30 Se a energia liberada na reação (*a*) no problema anterior é dividida igualmente entre as duas partículas alfa, qual é a velocidade destas partículas?

Resp. $2,0 \times 10^7$ m/s

21.31 Acredita-se que o ^{14}C se forma na atmosfera superior quando o ^{14}N passa por um processo (n, p). Qual é o valor de Q para esta reação?

Resp. 0,62 MeV

21.32 Na reação $^{32}\text{S}(n, \gamma)^{33}\text{S}$ com nêutrons lentos, a radiação já emitida tem energia de 8,65 MeV. Qual é a massa nuclídica do ^{33}S?

Resp. 32,97146 u

21.33 Se uma partícula β^+ e uma partícula β^- se anulam e suas massas remanescentes são convertidas em dois raios γ de igual energia, qual é esta energia, em MeV?

Resp. 0,51 MeV

21.34 A ΔE da combustão de um mol de etileno em oxigênio é $-1,4 \times 10^3$ kJ. Qual seria a perda de massa (em u) na oxidação de uma molécula de etileno?

Resp. $1,6 \times 10^{-8}$ u (Este valor é muito pequeno, comparado à massa molecular, e a variação de massa, como em todas as reações químicas, na maioria dos casos pode ser desprezada.)

21.35 Acredita-se que a energia solar seja oriunda de uma série de reações nucleares, cujo resultado global é a transformação de quatro átomos de hidrogênio em um átomo de hélio. Qual é a quantidade de energia liberada na formação de um átomo de hélio? (*Sugestão*: Inclua a energia de aniquilação dos dois pósitrons formados na reação nuclear com dois elétrons.)

Resp. 26,8 MeV

21.36 A reação de fusão nuclear, $2 ^2\text{H} \rightarrow ^3\text{H} + ^1\text{H} + $ energia, foi proposta como meio de obtenção de energia posteriormente convertida em energia elétrica para fins comerciais. Se a eficiência de conversão da energia acima em energia elétrica é de 30%, quantos gramas de deutério combustível são necessários para gerar 50 MW diários para consumo?

Resp. 149 g/dia

21.37 Uma preparação radioquímica pura desintegra a uma velocidade de 4280 contagens por minuto. A medição foi feita à 1:35 da tarde. Às 4:55 do mesmo dia, a velocidade de desintegração da amostra era de apenas 1070 contagens por minuto. A velocidade de desintegração é proporcional ao número de átomos radioativos na amostra. Qual é a meia-vida da substância?

Resp. 100 minutos

21.38 Uma bateria nuclear para relógios de pulso utiliza partículas beta do ^{147}Pm como fonte de energia principal. A meia-vida do ^{147}Pm é 2,62 anos. Quanto tempo transcorre para que a velocidade da emissão beta pela bateria caia a 10% do valor inicial?

Resp. 8,7 anos

21.39 Um conjunto de anéis de pistão pesando 120 g foi irradiado com nêutrons em um reator nuclear. Parte do cobalto presente no aço foi convertido em ^{60}Co, um radioisótopo com uma meia-vida longa o bastante (5,3 anos) para que a perda de massa seja basicamente desprezível, durante a investigação. A irradiação prosseguiu até a atividade total do ^{60}Co atingir a marca de 360 mCi. Após, os anéis foram instalados no motor de um automóvel que foi então mantido em funcionamento por 24 h, em condições normais de operação. Terminado esse período, a atividade do ^{60}Co detectada no filtro de óleo foi 0,27 μCi. Calcule a taxa de fadiga dos anéis de pistão em mg/ano, com base na hipótese de que todo o metal desgastado ficou retido no filtro de óleo.

Resp. 33 mg/ano

21.40 Durante a escavação arqueológica de uma caverna, surgiu a suspeita de que uma amostra de carvão coletada em um buraco tivesse se formado com a queima de madeira para o preparo de alimentos, pelos antigos ocupantes do local. Em uma análise realizada em 1979, foi observado que uma amostra de 100 g de carbono puro presente naquele carvão tinha uma velocidade de desintegração de 0,25 contagens por minuto. Quantos milênios se passaram desde a queima da madeira que produziu o carvão? (Utilize os dados do Problema 21.11.)

Resp. Passaram-se 15 mil anos

21.41 Todos os veios naturais de rubídio contêm ^{87}Sr, resultantes do decaimento beta do ^{87}Rb. No rubídio que ocorre na natureza, de cada 1000 átomos do elemento, 278 são ^{87}Rb. Um mineral contendo 85% de rubídio foi analisado. Os resultados mostraram que ele continha 0,0089% de estrôncio. Supondo que todo o estrôncio seja oriundo do decaimento radioativo do ^{87}Rb, estime a idade do mineral. A meia-vida do ^{87}Rb é 4,9 × 10^{10} anos.

Resp. 2,6 × 10^9 anos

21.42 No passado, acreditava-se que os elementos transurânicos (com número atômico acima de 92) não ocorressem na natureza devido a suas meias-vidas relativamente curtas. Foi então que o ^{234}Pu foi encontrado em um minério natural. A meia vida do ^{234}Pu é 8,0 × 10^7 anos. Se este elemento é mais estável que qualquer de seus predecessores radioativos e não foi gerado neste minério em quantidades significativas desde a formação do veio, qual é a fração do ^{234}Pu original que permaneceu no minério? Suponha que o minério tenha 5 × 10^9 anos de idade.

Resp. 10^{-19}

21.43 Antes do advento das armas nucleares, a atividade específica do ^{14}C nos carbonatos dissolvidos em águas oceânicas era de 16 desintegrações por minuto por grama de C. As estimativas da quantidade de carbono nestes carbonatos são da ordem de 4,5 × 10^{16} kg. Quantos megacuries de ^{14}C estão contidos nos carbonatos nos oceanos?

Resp. 320 Mci

21.44 Consulte os Problemas 21.13. e 21.11. Calcule a massa do ^{14}C puro necessário para produzir 17 μCi de atividade beta. (*Observação*: Consulte o processo descrito no Problema 21.14.)

Resp. 3,1 × 10^{-6} g

21.45 Se o limite de detecção de um sistema é 0,002 desintegrações por segundo para uma amostra de 1 g, qual é a meia-vida máxima que este sistema detectaria em 1 g de um nuclídeo com massa atômica de aproximadamente 200?

Resp. 3 × 10^{16} anos

21.46 A atividade de 30 μg de ^{247}Cm é 1,8 nCi. Calcule a constante da velocidade de desintegração e a meia-vida do ^{247}Cm.

Resp. 9,1 × 10^{-15} s^{-1}; 2,4 × 10^7 anos

21.47 Qual é a quantidade de calor gerada por hora por uma fonte de ^{14}C que emite 1 Ci, considerando a possibilidade de captura do decaimento β^-?

Resp. 3 J/h

21.48 O ^{32}P tem uma meia-vida de 14,3 dias e emite uma partícula β^- energética. Já o ^{31}P é uma ferramenta útil em estudos sobre a nutrição de plantas e animais. Uma amostra de ^{32}P na forma de fosfato solúvel e que emite 0,01 μCi foi adicionada a um banho hidropônico, utilizado na nutrição de uma plântula de tomate. Exatas três semanas após, a planta inteira foi lavada, seca e liquefeita em um triturador específico. Uma alíquota de $\frac{1}{10}$ da preparação amostral inicial foi colocada em um contador de atividade total. No período de 1 min, foram registradas em média 625 contagens. Qual é a eficiência da planta de tomate relativa ao consumo de fósforo?

Resp. 78%

21.49 A Dra. Beaker tinha uma solução contendo diversos sais de sódio. Ela queria determinar o teor total do elemento na mistura. Para isso, adicionou uma quantidade de HCl, que julgou ser em excesso relativo ao íon sódio na mistura. A seguir, ela adicionou 0,4229 g de NaCl puro, que tinha uma atividade total de ^{22}Na de 22.110 contagens por minuto. (O ^{22}Na é um emissor de pósitrons com meia-vida igual a 2,6 anos.) A solução foi misturada com vigor e evaporada até formarem-se cristais de NaCl. Os cristais foram filtrados e recristalizados em série, até uma pequena porção de NaCl puro ser obtida. Essa amostra de NaCl tinha atividade igual a 483 contagens/min por grama. Qual era a massa do íon sódio na solução original da Dra. Beaker?

Resp. 17,8 g

Apêndice A

Expoentes

A. Abaixo, é apresentada uma lista de potências de 10.

$10^0 = 1$

$10^1 = 10$

$10^2 = 10 \times 10 = 100$

$10^3 = 10 \times 10 \times 10 = 1000$

$10^4 = 10 \times 10 \times 10 \times 10 = 10\,000$

$10^5 = 10 \times 10 \times 10 \times 10 \times 10 = 100\,000$

$10^6 = 10 \times 10 \times 10 \times 10 \times 10 \times 10 = 1\,000\,000$

$10^{-1} = \dfrac{1}{10} = 0{,}1$

$10^{-2} = \dfrac{1}{10^2} = \dfrac{1}{100} = 0{,}01$

$10^{-3} = \dfrac{1}{10^3} = \dfrac{1}{1000} = 0{,}001$

$10^{-4} = \dfrac{1}{10^4} = \dfrac{1}{10\,000} = 0{,}000\,1$

Na expressão 10^5, o número 10 é chamado de *base* e o número 5 é o *expoente*.

B. Na multiplicação, somam-se os expoentes de bases iguais.

(1) $a^3 \times a^5 = a^{3+5} = a^8$

(2) $10^2 \times 10^3 = 10^{2+3} = 10^5$

(3) $10 \times 10 = 10^{1+1} = 10^2$

(4) $10^7 \times 10^{-3} = 10^{7-3} = 10^4$

(5) $(4 \times 10^4)(2 \times 10^{-6}) = 8 \times 10^{4-6} = 8 \times 10^{-2}$

(6) $(2 \times 10^5)(3 \times 10^{-2}) = 6 \times 10^{5-2} = 6 \times 10^3$

C. Na divisão, subtraem-se os expoentes de bases iguais.

(1) $\dfrac{a^5}{a^3} = a^{5-3} = a^2$

(2) $\dfrac{10^2}{10^5} = 10^{2-5} = 10^{-3}$

(3) $\dfrac{8 \times 10^2}{2 \times 10^{-6}} = \dfrac{8}{2} \times 10^{2+6} = 4 \times 10^8$

(4) $\dfrac{5{,}6 \times 10^{-2}}{1{,}6 \times 10^4} = \dfrac{5{,}6}{1{,}6} \times 10^{-2-4} = 3{,}5 \times 10^{-6}$

D. Qualquer número pode ser expresso como potência inteira de 10 ou como produto de dois números, um dos quais é uma potência inteira de 10 (por exemplo, $300 = 3 \times 10^2$).

(1) $22\,400 = 2{,}24 \times 10^4$

(2) $7\,200\,000 = 7{,}2 \times 10^6$

(3) $454 = 4{,}54 \times 10^2$

(4) $0{,}454 = 4{,}54 \times 10^{-1}$

(5) $0{,}045\,4 = 4{,}54 \times 10^{-2}$

(6) $0{,}000\,06 = 6 \times 10^{-5}$

(7) $0{,}003\,06 = 3{,}06 \times 10^{-3}$

(8) $0{,}000\,000\,5 = 5 \times 10^{-7}$

Mover a vírgula decimal uma casa para a direita equivale a multiplicar o número por 10. Mover a vírgula decimal duas casas para a direita é o mesmo que multiplicar o número por 100, e assim por diante. Quando se move a vírgula decimal para a direta por n casas, a compensação é feita realizando uma *divisão* por 10^n. O valor do número não é alterado:

$$0{,}032\,5 = \frac{3{,}25}{10^2} = 3{,}25 \times 10^{-2}$$

Mover a vírgula decimal uma casa para a esquerda é o mesmo que dividir por 10. Sempre que a vírgula decimal andar *n* casas para a esquerda, a compensação é feita por meio de uma *multiplicação* por 10^n. O valor não é alterado. Por exemplo,

$$7\,296 = 72{,}96 \times 10^2 = 7{,}296 \times 10^3$$

E. Uma expressão elevada ao expoente zero é igual a 1.
  (1) $a^0 = 1$ **(2)** $10^0 = 1$ **(3)** $(3 \times 10)^0 = 1$ **(4)** $7 \times 10^0 = 7$ **(5)** $8{,}2 \times 10^0 = 8{,}2$

F. Um expoente troca de sinal quando é transferido do numerador para o denominador e vice-versa.
  (1) $10^{-4} = \dfrac{1}{10^4}$ **(2)** $5 \times 10^{-3} = \dfrac{5}{10^3}$ **(3)** $\dfrac{7}{10^{-2}} = 7 \times 10^2$ **(4)** $-5a^{-2} = -\dfrac{5}{a^2}$

G. Em expoentes fracionários, o denominador representa a extração da raiz correspondente da mesma base:
  (1) $10^{2/3} = \sqrt[3]{10^2}$ **(2)** $10^{3/2} = \sqrt{10^3}$ **(3)** $10^{1/2} = \sqrt{10}$ **(4)** $4^{3/2} = \sqrt{4^3} = \sqrt{64} = 8$

H. **(1)** $(10^3)^2 = 10^{3 \times 2} = 10^6$ **(2)** $(10^{-2})^3 = 10^{-2 \times 3} = 10^{-6}$ **(3)** $(a^3)^{-2} = a^{-6}$

I. Para extrair a raiz quadrada de uma potência de 10, divida o expoente por 2. Se o expoente for um número ímpar, você deve aumentá-lo ou diminuí-lo por 1, e o coeficiente deve ser ajustado de modo adequado. Por exemplo, para extrair a raiz cúbica de uma potencia de 10, ajuste o expoente em um algarismo divisível por 3 e efetue a divisão. Os coeficientes são tratados independentemente.

  (1) $\sqrt{90\,000} = \sqrt{9 \times 10^4} = \sqrt{9} \times \sqrt{10^4} = 3 \times 10^2$ ou 300
  (2) $\sqrt{3{,}6 \times 10^3} = \sqrt{36 \times 10^2} = \sqrt{36} \times \sqrt{10^2} = 6 \times 10^1$ ou 60
  (3) $\sqrt{4{,}9 \times 10^{-5}} = \sqrt{49 \times 10^{-6}} = \sqrt{49} \times \sqrt{10^{-6}} = 7 \times 10^{-3}$ ou $0{,}007$
  (4) $\sqrt[3]{8 \times 10^9} = \sqrt[3]{8} \times \sqrt[3]{10^9} = 2 \times 10^3$ ou 2000
  (5) $\sqrt[3]{1{,}25 \times 10^5} = \sqrt[3]{125 \times 10^3} = \sqrt[3]{125} \times \sqrt[3]{10^3} = 5 \times 10$ ou 50

J. A multiplicação e a divisão de potências de dez são exemplificadas abaixo.

  (1) $8\,000 \times 2\,500 = (8 \times 10^3)(2{,}5 \times 10^3) = 20 \times 10^6 = 2 \times 10^7$ ou $20\,000\,000$

  (2) $\dfrac{48\,000\,000}{1\,200} = \dfrac{48 \times 10^6}{12 \times 10^2} = 4 \times 10^{6-2} = 4 \times 10^4$ ou $40\,000$

  (3) $\dfrac{0{,}007\,8}{120} = \dfrac{7{,}8 \times 10^{-3}}{1{,}2 \times 10^2} = 6{,}5 \times 10^{-5}$ ou $0{,}000\,065$

  (4) $(4 \times 10^{-3})(5 \times 10^4)^2 = (4 \times 10^{-3})(5^2 \times 10^8) = 4 \times 5^2 \times 10^{-3+8} = 100 \times 10^5 = 1 \times 10^7$

  (5) $\dfrac{(6\,000\,000)(0{,}000\,04)^4}{(800)^2(0{,}000\,2)^3} = \dfrac{(6 \times 10^6)(4 \times 10^{-5})^4}{(8 \times 10^2)^2(2 \times 10^{-4})^3} = \dfrac{6 \times 4^4}{8^2 \times 2^3} \times \dfrac{10^6 \times 10^{-20}}{10^4 \times 10^{-12}}$

  $\qquad = \dfrac{6 \times 256}{64 \times 8} \times \dfrac{10^{6-20}}{10^{4-12}} = 3 \times \dfrac{10^{-14}}{10^{-8}} = 3 \times 10^{-6}$

  (6) $(\sqrt{4{,}0 \times 10^{-6}})(\sqrt{8{,}1 \times 10^3})(\sqrt{0{,}001\,6}) = (\sqrt{4{,}0 \times 10^{-6}})(\sqrt{81 \times 10^2})(\sqrt{16 \times 10^{-4}})$

  $\qquad = (2 \times 10^{-3})(9 \times 10^1)(4 \times 10^{-2})$

  $\qquad = 72 \times 10^{-4} = 7{,}2 \times 10^{-3}$ ou $0{,}007\,2$

  (7) $(\sqrt[3]{6{,}4 \times 10^{-2}})(\sqrt[3]{27\,000})(\sqrt[3]{2{,}16 \times 10^{-4}}) = (\sqrt[3]{64 \times 10^{-3}})(\sqrt[3]{27 \times 10^3})(\sqrt[3]{216 \times 10^{-6}})$

  $\qquad = (4 \times 10^{-1})(3 \times 10^1)(6 \times 10^{-2})$

  $\qquad = 72 \times 10^{-2}$ ou $0{,}72$

Apêndice B

Algarismos Significativos

INTRODUÇÃO

O valor numérico de toda mensuração científica é uma *aproximação*. As medidas físicas, como massa, comprimento, tempo, volume e velocidade jamais estão absolutamente corretas. A precisão dessas medidas é limitada pela confiabilidade do instrumento de medição e nunca é totalmente garantida.

Considere a situação em que o comprimento de um objeto é medido como 15,7 cm. Por convenção, tem-se que uma medida é feita com uma precisão de um décimo de centímetro, o que significa que valor exato está entre 15,65 e 15,75 cm. Se essa medida fosse exata com uma margem de precisão de um centésimo de centímetro, o valor seria 15,70 cm. O valor 15,7 cm representa *três algarismos significativos* (1, 5, 7), ao passo que 15,70 tem *quatro algarismos significativos* (1, 5, 7, 0). Um algarismo significativo é aquele que podemos considerar razoavelmente confiável.

Da mesma forma, uma massa medida igual a 3,4062 g, determinada utilizando uma balança analítica, significa que a massa do objeto foi mensurada no intervalo de um décimo de miligrama de precisão, com cinco algarismos significativos (3, 4, 0, 6, 2). O último algarismo, (2), está razoavelmente correto e dá certeza da confiabilidade dos algarismos que o precedem.

Em uma bureta de 50 mL dividida em 0,1 mL e em que os centésimos de mililitro são aproximações, um volume medido de 41,83 cm^3 tem quatro algarismos significativos. O último, (3), sendo estimado, pode estar errado em um ou dois dígitos, em uma direção ou outra. Os três algarismos precedentes (4, 1, 8) estão absolutamente certos.

Nas medidas elementares da física e da química, o último algarismo é estimado, mas é considerado significativo.

OS ZEROS

Um volume medido de 28 mL tem dois algarismos significativos (2, 8). Se o mesmo volume fosse escrito como 0,028 L, ele reteria apenas os dois algarismos significativos. Os zeros que constam como primeiros algarismos em um número não são significativos, uma vez que apenas dão a indicação do local da vírgula decimal. Contudo, os valores 0,0280 L e 0,280 L têm três algarismos significativos (2, 8 e o último zero). O valor 1,028 L tem quatro algarismos significativos (1, 0, 2, 8), enquanto o valor 1,0280 L tem cinco (1, 0, 2, 8, 0). Pela mesma razão, 19,00, a massa atômica do flúor, tem quatro algarismos significativos.

A afirmação de que um objeto de ouro pesa 9800 libras não dá indícios da precisão da pesagem. Os dois últimos zeros podem ter sido utilizados meramente para localizar a vírgula decimal. Se o objeto fosse pesado com uma margem de precisão de centésimo de libra, o peso conteria apenas dois algarismos significativos e poderia ser escrito como potência de 10, como $9,8 \times 10^3$ lb. Se fosse pesado com precisão de 10 lb, o valor seria $9,80 \times 10^3$ lb, indicando que o valor tem precisão de três algarismos significativos. Uma vez que o zero neste caso não é necessário para localizar a vírgula decimal, ele é significativo. No caso de a precisão ser de uma libra, o peso poderia ser escrito como $9,800 \times 10^3$ lb (quatro algarismos significativos). Da mesma maneira, ao afirmarmos que a velocidade da luz é 186.000 milhas/s, estamos dizendo que o valor tem precisão de três casas decimais, já que ele é exato na casa do milhar de milha por segundo. O valor pode ser escrito de forma mais clara como $1,86 \times 10^5$ milhas/s. (Normalmente, a vírgula decimal é colocada após o primeiro algarismo significativo.)

NÚMEROS EXATOS

Alguns valores numéricos têm o número de algarismos significativos necessários por definição. Nesta categoria, estão incluídos os equivalentes numéricos dos prefixos empregados na definição de unidades. Por exemplo, 1 cm = 0,01 m por definição e o fator de conversão, $1,0 \times 10^{-2}$ m/cm é exato em um intervalo infinito de algarismos significativos.

Alguns valores numéricos são exatos por definição. Por exemplo, a escala de massa atômica foi definida com base na massa de um átomo de ^{12}C, como sendo 12,0000 u. É possível adicionar qualquer quantidade de zeros. Outros exemplos incluem a definição da polegada (1 pol = 2,5400 cm) e a caloria (1 cal = 4,18400 J).

OS ARREDONDAMENTOS

Um número é arredondado a um valor desejado de algarismos significativos excluindo-se um ou mais dígitos à direita. Quando o primeiro dígito excluído é menor que 5, o último dígito conservado deve permanecer inalterado. Quando ele é maior que 5, o último dígito mantido é aumentado em 1. Quando ele é exatamente igual a 5, o último dígito mantido é aumentado em um, se for ímpar. Por exemplo, 51,75 g pode ser arredondado a 51,8 g; 51,65 g a 51,6 g; 51,85 g a 51,8 g. Quando mais de um dígito é eliminado, o arredondamento considera todos os dígitos como um bloco, não individualmente.

A ADIÇÃO E A SUBTRAÇÃO

Após uma adição ou subtração, uma resposta pode ser arredondada de maneira a conservar apenas os dígitos até a primeira coluna contendo algarismos significativos. (Lembre-se de que o último algarismo significativo é estimado.)

Exemplos Adicione as quantidades abaixo expressas em gramas.

(1)	25,340	(2)	58,0	(3)	4,20	(4)	415,5
	5,465		0,003 8		1,652 3		3,64
	0,322		0,000 01		0,015		0,238
	31,127 g (*Resp.*)		58,003 81		5,867 3		419,378
			= 58,0 g (*Resp.*)		= 5,87 g (*Resp.*)		= 419,4 g (*Resp.*)

Como alternativa, é possível arredondar cada um dos números individualmente antes de efetuar as operações aritméticas, retendo apenas as colunas à direita da vírgula decimal necessárias para que um dígito seja adicionado ou subtraído em cada item. Os exemplos **(2)**, **(3)** e **(4)** acima são conforme abaixo:

(2)	58,0	(3)	4,20	(4)	415,5
	0,0		1,65		3,6
	0,0		0,02		0,2
	58,0 g		5,87 g		419,3 g

Observe que a resposta em **(4)** difere em uma unidade na última casa em relação à resposta anterior. Contudo, de modo geral, a última casa é considerada como contendo certa incerteza intrínseca.

A MULTIPLICAÇÃO E A DIVISÃO

Na multiplicação e na divisão, o arredondamento pode ser feito para conter apenas o mesmo número de algarismos significativos contidos no fator menos exato. Por exemplo, ao multiplicar $7,485 \times 8,61$, ou ao dividir $0,164\ 2 \div 1,52$, a resposta deve ser dada com três algarismos significativos.

Essa regra é uma aproximação, em termos da afirmação mais exata de que o erro fracionário ou percentual em um produto ou quociente não pode ser menor que o erro fracionário ou percentual de qualquer outro fator. Por essa razão, os números cujo primeiro algarismo significativo é 1 (ou 2, às vezes) precisam conter um algarismo significativo extra, para ter um erro fracionário em comparação com um número iniciando com 8 ou 9.

Considere a divisão

$$\frac{9{,}84}{9{,}3} = 1{,}06$$

Segundo a regra de aproximação, a resposta deveria ser 1,1 (com dois algarismos significativos). Contudo, uma diferença de 1 na última casa de 9,3 (9,3 $\pm$ 0,1) resulta em um erro de cerca de 1%, enquanto uma diferença de 1 na última casa de 1,1 (1,1 $\pm$ 0,1) acarreta um erro de aproximadamente 10%. Por isso a resposta 1,1 tem exatidão percentual muito menor que 9,3. Assim, neste caso, a resposta poderia ser 1,06, já que uma diferença de 1 na última casa do fator menos exato usado no cálculo (9,3) gera um erro percentual quase igual (cerca de 1%) ao erro gerado por 1 na última casa de 1,06 (1,06 $\pm$ 0,01). Pela mesma razão, 0,92 $\times$ 1,13 = 1,04.

Em quase todos os cálculos químicos observados na prática, uma precisão de apenas dois a quatro algarismos significativos é necessária. Portanto, o estudante não precisa executar multiplicações e divisões manualmente. Mesmo nos casos em que uma calculadora não está disponível, uma régua de cálculo barata é suficiente, considerando cálculos com três algarismos significativos, e uma tabela de quatro casas logarítmicas bastam para cálculos envolvendo números com quatro algarismos significativos.

Considerando as diferenças entre calculadoras eletrônicas, não podemos apresentar instruções detalhadas sobre o funcionamento desses dispositivos. Essas informações são dadas nos respectivos manuais de instruções. Uma boa calculadora, além das operações $+$, $-$, $\times$ e $\div$, oferece também a possibilidade de trabalhar com notação científica (potências de 10), logaritmos e antilogaritmos naturais e comuns (de base 10) e expoentes (y^x). As calculadoras que disponibilizam essas funções normalmente também oferecem a possibilidade de cálculos envolvendo recíprocas ($1/x$), potência ao quadrado, raiz quadrada e funções trigonométricas.

O uso de funções aritméticas é bastante óbvio, mas você deve empregar potências de 10, exceto nos casos mais triviais. Para inserir "96 500", por exemplo, considere o número como sendo $9{,}65 \times 10^4$ e digite 9,65 EE4 (na maior parte das calculadoras, "EE4" significa $\times\ 10^4$). A calculadora observa a posição da vírgula decimal e fornece uma resposta entre 1 e 10 multiplicada pela potência de 10 correspondente. Ela mostra um número de algarismos maior que o número de algarismos significativos, e você terá de arredondar o resultado final. Se ao menos um dado for inserido como potência de 10, o resultado é mostrado na mesma forma. Você não precisa temer estar trabalhando com seus números fora de escala. Além disso, os algarismos significativos não saem da escala correta.

Índice

As figuras relativas a um tópico são indicadas em **negrito** e as tabelas são indicadas em *itálico*.

Acetileno, 104, 128–129, 134–135
Ácidos
  água como, 272–273
  amino, 35–36, 235–241, 272–273, 297–298, 301–302
  Arrhenius, conceito e, 271–272
  Brönsted-Lowry, 271–272
  carboxílico, 235, 236
  carboxílico de cadeia curta, 235–236
  de Lewis, 272–273
  força, 272–273
  fortes, 103–104, 180–181, 235–236, 271–282, 291, 294
  fracos, 103–104, 236–237, 271–279, 285–286, 293
  graxos inorgânicos, 49 (*ver* Graxos, ácidos)
  massa molar dos, 193–194
  monopróticos, 208
  nucleicos, 237–238
  polipróticos, 276–277, 290–291
  reações com metais, 45
  solubilidade em água, 235–236
  solução (ácida), 9, 31–32, 51, 180–187, 198–199, 211, 273–274, 282–283, 328–329
Ações das células voltaicas, 319–324, 328–333
Actinídeos, *115–116*, 127
Açúcares, 215–216, 237–238
Agente oxidante, 179–180, 182–183, 187–188, 194–195, 200, 319–324, 328–329
Agente redutor, 179–183, 187–188, 193–195, 320–324, 328–329
Água
  calor específico da, 95
  ionização da, 272–274, 286–288
  natureza anfótera da, 272–273
  ponto de congelamento da, 3
  ponto de ebulição da, 3, 99–100, 218–219
Alcalinidade, 273–274
Alcanos, 231–235
Alcoóis, 167–168, 223–224, *234*, **234**, 234–235, **235–236**, 236–237

Aldeídos, 232–233, *234*, **234**, 235–236
Alfa
  partícula, 354–355
  radiação, 354–355
Algarismos significativos, 367–369
Alquenos, *234*, **234**, 234–235
Amidas, *234*, **234**, 235–236, 279–280
Amido, 44, 237–238
Aminas, *234*, **234**, 235–236
Aminoácidos, 35–36, 237–238, 272–273
Ampère (A), 319
Análise dimensional, 3–4, 86–87
Ânions, 115–116
Ânodo, 319–321, **320–321**, 324–328, 330–331
Ar
  características do, 63
  composição do, 63
Área, 3
Arrhenius
  conceito de, 271–272
  equação de, 340–341
Átomo
  covalência do, 128–129
  energia do, 111
Átomos, 16
  cis, 141–142
  grupos funcionais dos, 232–233
  partículas básicas dos, 353, 354
  trans, 141–142
Autoionização, *272–273*, *279–280*

Balanceamento de equações e reações. *Ver* Equações: balanceadas
Base(s), 271–273, 278–281
  de Brönsted-Lowry, 271–272
  de Lewis, 272–273
  dihidróxi, 208
  fortes, 271
  fracas, 180–181, 210, 271–272, 274–278, 293
  inorgânicas, 235–236
  nitrogenadas, 237–238
Baterias, 95–96, 320–321
Beta
  partícula, 354–355, 357–358
  radiação, 354–355

Bioquímica, 231, 237–238
Buracos
  octaédricos, 165–166, 168–172
  tetraédricos, 165–166, 168–170

Cálculos estequiométricos, 208
Calor, 95
  absorção de, 95–96
  capacidade calorífica, 95–97, 99–101
  de formação, 98–99
  de fusão, 97
  de sublimação, 97–99
  de vaporização, 97, 101–103
  troca de, 95–96
Calor específico, 95, 97, 99–101, 325–326
Calorimetria, 95–96, 99–102
Capacidade calorífica molar, 95
Captura do elétron K, 354–355
Carboidratos, 237–238
Carbono carboxílico, 235–236
Carga formal (*CF*), 129–130
Catalisadores, 86–87, 234–235, 237–238, 241, 255–256, 259–260, 338, 348–349
Cátion, 115–116, 127
Cátodo, 319–321, **320–321**, 324–327, 329–331
Células unitárias, 164–165, **165**, 168–171
Células voltaicas (galvânicas), 319–324, 328–333
Celulose, 44, 237–238
Cetonas, *234*, **234**, 235–238, 241
CNTP. *Ver* Condições normais
Coeficientes fracionários, 99–100
Colisões moleculares, 81–82, 340–341
Combustão, 45, 234
Complexos octaédricos, 137–138, 141–142
Composto(s)
  alifáticos, 232, **236–237**
  aromáticos, 145–146, 232, 236–237
  binários, 127
  covalentes, 127–128, 178–179
  diamagnéticos, 117–118, 151–152
  formação, 98–99
  fórmula, 127
  inorgânicos, 231, 235–236

iônicos (*ver* Íons)
  orgânicos, 45, 167–168, 231–238, 281
  unitários, 6–7
Compostos de coordenação, 136–140,
  151–152, 304–306
Comprimento, 3
Conceito de Brönsted-Lowry, 271–273
Concentração
  efeito da variação na, 255–256
  efetiva, 252–253
  em unidades, 193–196, 198
  em unidades físicas, 193, 196–198
  em unidades químicas, 193–195
  escala de, 194–196
Concentração molar (M), 193–196
Condições normais, 63–64
Condução térmica, 82
Constante da velocidade de desintegração
  355–356
Constante de dissociação, K_d, 288–289,
  304–305
Constante de estabilidade, 304–305, 331–
  332, 346–347
Constante de Planck, *111*, 112
Constante de Rydberg, 112, 119–120
Constante molal do ponto de congelamento, *219*, 221–222
Constante molal do ponto de ebulição,
  219–220
Constante universal dos gases, *79*, 252
Corrente elétrica, 319
Coulomb, *319*
Covalência, 128–131, **145–146**
Cristais, 164–167
  covalentes, 166–167
  densidade, 164
  dimensões, 167–172
  empacotamento fechado nos, 165–166
  estrutura, 164, 250
  estrutura em rede, 164
  forças, 165–166, 171–173
  iônicos, 166–167
  moleculares, 165–166
  propriedades, 164
  simetria hexagonal, 164

Dalton, John, 16
de Broglie, 112
  equação, 119–120
Decaimento
  alfa, 354–355
  beta, 354–355
  radioativo, 354, 357–360
Densidade, 3
  eletrônica 122–123, 134–135, 151
  em gases, 70, 74, 78–79
Desordem, 248–249
Difusão, 82, 84
Dimensões de referência, 1

Dímero, 236–237, 255–256
Dipolo
  atração, 167–168
  elétrico, 130–131
  momento, 130–131, 147, 167–168,
    172–173
Distribuição
  coeficiente de, 221–222, 229–230
  razão de, 221–222
Distribuição de Maxwell-Boltzmann, 81

Efusão, 82, 88–89
Eletricidade, 46, 248, 319–322, 326–327
Eletrólise, *319*, 319–320, 324–327,
  329–331
Eletrólitos, 104, *273–274*, 320–321
Elétron
  afinidade, 117–118
  captura, 354–355
  configurações, 114–115
  deslocalização, 128–130
  distribuição da probabilidade, 131–132
  localização e tabela periódica, 115–116
  mar de, 142–143, 153–155, 172–173
  massa, 354
  nuvem, 114–116, 128
  posição, 112
  projétil, 116–117
  símbolo, 134–135
  spin, 113, 117–118, 132–133, 148
  valência, 115–116
  volt (ev), 116–117
Eletronegatividade, *130–131*, 178–179
Empacotamento fechado
  em cristais, 165–166
  estrutura de, 165–169
  hexagonal, 165–166
Empírica, fórmula, 26
Endotérmico(a), 95–97, 103–104, 116–
  117, 128–129, **147**, 253–255, 259–260
Energética, **340–342**, 342
Energia
  átomo de hidrogênio e, 116–117
  calor como forma de, 95
  cinética, 81, 97–98, 111, 116–120, 338,
    340–342, 356–358
  conversão em calor, 95
  de ativação, 340–341, 346–348
  de ligação, 353, 356–357
  entalpia e, 95–96
  quantum de, 110–111
  relações de, 117–118, 342
  tipos, 95
  unidades, 81
Energia de ressonância, 129–130, 146
Energia interna, E, *95–96*
Energia livre, 249, *250–251*, 322–324,
  249–252, 257–258, 322–323
Entalpia (H), 95–98, *97–98*, 98–104, 218,
  340–341

Entalpia padrão de formação, 97–98,
  97–98
Entropia, *248*, 249–251, *250–251*, 256–259
Entropias padrão, 250–251, *250–251*
Enzimas, 237–238
Equação de Einstein, 353, *354*
Equação de Nernst, 323–325, 331–333
Equação de Schrödinger, 112, 114–115,
  132–133
Equações
  balanceadas, 43–44, 49–52, 80, 84–88,
    98–99, 103–104, 180–183, 188,
    208–209, 250–251, 257–258, 260–263,
    304–305, 342, 347–348, 354
  balanceamento, 43
  coeficientes e, 80
  escritas, 43
  oxidação-redução, 180–183
  termoquímicas, 102–104
Equações nucleares, 354–355
Equilíbrio
  constante de, 252–256, 259–267, 271–
    277, 289–290, 292, 304–305, 331–333,
    346–347
  dinâmico, 252
  químico, 252
  reações de, 271
Equivalente (eq), 193–194
Escala de temperatura Celsius, 3, 10
Escala de temperatura Fahrenheit, 3, *9*
Escalas de pH e pOH, 273–274, *273–274*
Espaços vazios (buracos), 165–166
Espectadores, 104, 179–181, 187
Espectrômetro de massa, 27–28, 41–42
Espectros em linha, 110–111
Espectroscopia atômica, 110–111
Estado ativado, 340–341
Estado de energia zero, 111
Estado fundamental, 130–131
Estado padrão, 250, 322–323
Estequiometria, 27–28, 188, 208
Esterificação, 234–235, 255–256
Ésters, 232–233, *234*, **234**, 234–238, **239**,
  241, 262–264, 344–345
Estimativas, 5
Estrutura em rede, 164. *Ver também* Cristais
Éter, 221–222, 232–234, *234*, **234**, 234–
  238, 240
Etileno, 36–37, 70, 102–103, 134–135,
  146
Evaporação, 6–7, 66, 234–235
Expoentes, 365–366

Faraday, Michael, 319–320
Fatores de conversão, 6–7, 9, 12–13,
  26–28, 32–34, 118–119, 198
Fatores não estequiométricos, 27–28
Força, *3*
Força covalente, 128

Força pequena, 167–168
Fórmula molecular, 17–18
Fórmula(s), 17–18, 142–143
   a partir de massa molecular nuclídica precisa, 36–37
   cálculo, 28–31
   empírica, 17–18
   estrutural, 128–129
   geração, 28–31
   número de oxidação, 182–183
Fóton, 110–111. *Ver também* Luz
Funções de estado, 248

Gás
   coleta, 66, 71–72
   estequiometria, 80
   ideal, 64–66, 79
   leis dos gases, 64–67 (*ver também* Lei de Boyle; Lei de Charles, Lei de Gay-Lussac)
   massas molares e, 82–85
   volume, 63, 80, 82–85
Gás nobre, 115–116, 121–122, 127
Gorduras, 235–238
Graxos, ácidos, 6–7, 235–238
Grupo álcool, 234–237
Grupo hidroxila, 236–237, 240–241
Grupo metila, 234–235, 244–245
Grupos alquila, 234–236
Grupos carboxila, 234–235
Grupos funcionais, 232–234, *234*, **234**, 240–241

Haletos, *234*, 234–235
Halogênios, 234–235
Hertz, *110–111*
Híbrido de ressonância, 129–130
Hidrocarbonetos, 28–29, *231*, **234–235**, 235–236
Hidrogênio
   íon, 45, 128, 179–182, 271–273, *273–274*, 275–277, 282–285
   ligações de, 166–168, 172–173, 234–235
   pontes (*ver* Ligações: hidrogênio)
Hidrólise, 35–36, 234–236, 253–254, 274–275, 278–279, 287–292, 294–296, 307–308, 312–313, 346–349
Hipótese de Avogadro, 78–79, 84–85

Indicadores, 208, 210, 275–279, 296–297. *Ver também* Solução tampão; Titulação
Ionização
   da água, 272–274, 286–288
   de ácidos e bases, 281–286
   energia de, (EI), 116–117, 119–121
Íons, 127–128
   complexos, 137–138
   definição, 17–18
   determinação da carga de, 127
   espectadores, 179–180
   poliatômicos, 128, *128*

Isomeria, 139–142, 153–154, 232–233, 239. *Ver também* Isômeros
Isomeria geométrica, 140–142, 232–233
Isômeros
   definição, 139–140
   estruturais, 139–141, 153, 232–233, 240
   geométricos, 140–142, 153–154, 153–154, 232–233
   ópticos, 141–142, **141–142**, 232–233
Isótopos, 16–19, 27–28, 354–356, 358–361
IUPAC, 232–233, 237–239, 241–242

Joule, 95

Kelvin, *3*

Lantanídeos, 115–116, 127
Lei
   das proporções múltiplas, 21–22
   de ação das massas, 338–339
   de conservação da massa, 44
   de conservação da matéria, 43–44, 55, 178, 186–187, 194–195
   de distribuição, 221–222, 225–227
Lei da efusão de Graham, 82
Lei de Boyle, 64–65, 67, 71
Lei de Charles, 64–65, 67, 70
Lei de Dalton das pressões parciais, 66, 70–71, 223–225, 265–266
Lei de Gay-Lussac, 64–65, **68**, 68–69
Lei de Henry, 220–222, 225–226
Lei de Hess, *98–99*
Lei de Raoult, 219, 223–224
Lei dos gases ideais, 79–80, 82, 85–86, 219–220, 263–264
Leis de Faraday da eletrólise, 319–320, 325–328
Lewis
   ácidos de, 272–273
   conceito de, 272–273
   estruturas de, 129–137, 150–152, 279–281
Ligações
   ângulos, 128–129, 131–132, 135–137, 150–151
   comprimentos, 135–136, 165–166, 340–341
   distância, 131–132, 144–145, 149
   duplas, 128–130, 134–136, 140–141, 144–146, 149, 151, 153, 231–234
   em metais, 141–143, 153–155
   energia de, 128–132, 146, 147
   estrutura e, 137–140
   fixas, 166–167
   formação, 128–129
   hibridização, 131–132
   iônicas, 127
   ligações de hidrogênio, 166–168, 171–173, 175–177, 234–237
   quebra, 128–129

   símbolo "pi", 134–136
   tripla, 128–129, 134–136, 143–145, 231, 234
Ligações covalentes, 127–132, *135–136*, 137–140, 166–167
   simples, 128–129, 135–136
Ligantes, 137–142, 151–154, 304–305
Ligas metálicas, *8*, 27–28, 35–36, 100–101, 170, 193
Lipídeos, 237–238
Liquefação, 95
Líquidos
   composição, 167–168
   forças atuantes em, 166–167, 172–173
Logaritmos, 251-252, 258, 324, 339
   naturais e comuns, 387–389
London, forças de, 167–168
Luz
   comprimento de onda, 110–111
   frequência, 110–111
   interações com a matéria, 111–112
   ondas, 110–112
   partículas, 110–112
   velocidade, 110–111

Manômetros, 64, **64**
Massa, *3*
Massa atômica, 16–18
Massa equivalente, 193–194, 200, 208–212, 319–320, 325–328
Massa molecular, 27–28
Massa nuclídica (u), *16–17*, 112, 357–359
Massa nuclídica molecular, 27–28
Massas molares, 17–22, 35–37
Matéria
   orgânica, 231
   propriedades magnéticas da, 117–118
   viva, 59, 231
   volátil, 33–34
Mecânica quântica, 112
Mecanismos das reações, 340–342
Meia-vida, 343–344, 355–356, 358–361
Membrana semipermeável, *219–220*
Metal
   ligações, 141–143, 153–155
   líquido, 167–168
   orbitais, 138–139
   pesados, 154–155, 274–275
   transição, 115–117, 127, 174–175, 304, 307–308
Método da análise dimensional, 3–4
Método do estado de oxidação, 182–183
Micro-ondas, 111
Milicurie (mCi), 355–356
Mol, 16–18
   fração molar, 79, 86–87, 194–196, 199, 201, 219, 223–225, 264–266
   porcentagem molar, 194–195
Molalidade, 193–196, 199–201, 218–225, 283–285
   escala, 194–195

Molaridade, 193–195, 199, 208–209, 219–220, 224–225, 282–283, 304, 339–340, 342
Molecularidade, 340–341
Moléculas
  assimétricas, 232–233
  colisões entre, 81
  diatômicas 132–133, 178–179
  diatômicas homonucleares, 133–134
  forma, 135–137, 149–152, 164
  multifuncionais, 236–237
Momento angular, 111–112, 117–118
Momento magnético, 113, 117–118
Monômeros, 236–238, 241

Não eletrólitos, 218–220, 273–274
Nêutron, 16–17, 353, *354*, 354–357
Nível de energia do orbital molecular, 137–139
Nomenclatura, 231–232, 237–239
Normalidade, 193–196, 200–202, 210–212
Notação iônica para equações, 179–180
Núcleo, 16–17, 355–356
Núcleons, 16, 353–354, 356–357
Nuclídeos, 16–19, 27–28, 354–355, 357–361
Número atômico (Z), 16
Número de Avogadro, 16–18, 168–169, 319–320
Número de coordenação, 165–166
Número quântico, 112–115, 121–122, 132–133, 138–139

Óleos, 236–238
Ondas, 112–114
Órbita de Bohr, n^2a_0, 112–113
Orbital, 112–114
  antiligante, 132–135, 138–139, 148–149
  caráter ondulatório, 112
  d, 114
  de metais, 138–139
  deslocamento de elétrons e, 111
  estável, 111
  híbrido, 130–138
  hidrogenoide, 114–115
  ligante, 132–135, 138–139, 149
  mais externo, 114–115
  molecular, 132–133, 137–139, 141–142, 148, 151–152
  não ligante, 133–135, 138–139
  nível energético, 111
  orbitais σ, 133–135
  orientação, 113
  p, 114
  π, 132–136, 138–139
  processo de preenchimento, 114–115
  s, 114
  sp^2, 131–132, 134–137, 281
Orbital atômico, 132–133
Ordem de magnitude, 5, 340–341
Osmose, 219–220

Oxiânions, 128
Oxidação
  definição, 235–236
  estado de, 137–139, 178–181, 185–187, 201, 234–327, 331–332
  número de, 115–116, 130–131, 178–187, 201, 212, 326–327
  reação, 178, 183–185, 320–321
Ozônio, 44, 129–130, 134–135, 343

Par conjugado ácido-base, 271–272, 275–276, 279–280
Partículas, 112–114
Partículas fundamentais, 353, *354*.
  Ver também Elétron; Nêutron; Pósitron; Próton
Pascal, definição, 63
Pauling, Linus, 131–132
Peptídeo, 235–238, **241**
Permissividade do espaço livre, 111
Peso atômico. *Ver* Massa atômica
Peso molecular. *Ver* Massa molecular
Pirimidinas, 237–238
pK_a, 274–277
Plásticos, 234–235
Poliéster, 36–37, 236–237
Polimerização, 234–235
Polímeros, 44, **234–235**, 236–238
Ponto de congelamento, 218–219
  abaixamento do, ΔT_c, 219, 221–222
Ponto de ebulição, 139–140, 166–168, 172–173, 175–176, 194–195, 218–220, 222–223, 234–236, 258–259
  da água, 3, 99–100, 218–219
  elevação do ΔT_e, 219–220, 222–223
Ponto de equivalência, *276–277*
Ponto final (da titulação, *208*, 212, 277–278, **277–278**, 278–279, 294–297
Pósitron, *354*, 354–359
  emissão, 354–355
Postulados de Bohr, 111–112
Potenciais de redução, *321–322*, 322–323, 328–329
Potenciais elétricos, 319, 322–324, 329–330
Potenciais padrão de redução, *321–322*, 322–323, 328–329
Potenciais padrão de semicélulas, 320–321.
  Ver também Semicélula
Potencial de eletrodo, *321–322*, 322–324, 329–330
Precipitação, 304–306
Pressão, *3*, 63
  causa da, 81
  definição, 63, 66
  medida, 64
  variações na, 254–255
Pressão de vapor, 218, 222–225
  abaixamento da, 218–219

Pressão osmótica, 35–36, 194–195, 218–220, 224–225
Pressão parcial, 70–71, 219
Princípio da construção, 114–116
Princípio da exclusão de Pauli, 114–115, 132–133
Princípio de Le Chatelier, 253–254, 265–266, 323–324
Problemas de composição, 30–36
Problemas de diluição, 196, 201–202
Processo Bayer, 34–35
Produto de solubilidade, 304–311, 313–314
Produto iônico, 304–306, 308–311, 313–314
Proporções múltiplas, 21–23
Propriedades anfipróticas, 272–273, 279–280
Propriedades anfóteras, 272–273
Propriedades atômicas, lei periódica e, 119–123
Propriedades coligativas, 218
Propriedades da ligação, 146–149
Propriedades magnéticas, 117–118, 139–140
Proteínas, 35–36, 237–238
Próton, 16, *354*
  doador, 271–272
Purinas, 237–238

Q (quociente de reação), 252–253, 305–306
Quantum, 110–111
Química nuclear, 353

Radioatividade, *353*, *354–355*, 355–356, 359–360
Radioquímica, 354–355
Raio
  aniônico, 115–116
  atômico, 115–117
  cátion, 115–116
  covalente (c), 115–116, 122–123, 135–136, 168–169
  iônico (i), **115**-117, 166–167, *166-167*, 168-170
Raio X, 164, **170–171**
Razão de massa, 44, 49
Reações
  ácido-base, 45, 48, 235–236
  ácido-metal, 45
  balanceamento, 44, 180–181, 188
  bimoleculares, 340–341
  de combinação, 45, 234
  de condensação, 84, 234–237, **240**–241, 246–247
  de decomposição, 46
  de duplo deslocamento (metátese), 45
  de neutralização, 45, 193–194, 277–279

de oxidação-redução (redox), 178–187, 194–195, 212, 319–321, 323–325
de substituição (deslocamento), 45
eletroquímicas, 99–100
entalpia e, 97
exotérmicas, 95–97, 99–100, 103–104, 117–118, 128–129, 146–147, 253–255, 259–260, 342
força motriz das, 252
gases, 84–88
heterogêneas, 338
homogêneas, 338
irreversíveis, 249
mecanismos das, 340–342
ordem das, 338
quirais, 232–233, 240
reversíveis, 249
soma de, 98–100, 103–104, 181–187, 320–321
termoquímicas, 99–100, 102–104
tipos de, 45
unimoleculares, 340–341
Reações de primeira ordem, *339*
Reagente limitante, 44–45, 52–53, 87–88, 194–195
Regra de Hund, 117–118, 121–122, 132–133, 148
Regra do octeto, 128–129, 134–135, 139–140, 145–146
Relações de massa a partir de equações, 44
Relações moleculares a partir de equações, 43–44
Representação da ligação de valência, 128–133
Representação do orbital molecular, 132–133
Repulsão de pares eletrônicos na camada de valência (VSEPR), 135–137, 150–152
Ressonância, 129–130, 134–136, 143–146, 150–151

Sabão, 197, 234–235
Sal
  hidratado, 29–30
  insolúvel, 45, 180–181
  orgânico, 41–42, 234–235, 344–345
  ponte salina, 319–320
Saponificação, 234–235
Semicélula, 319–321, **320–321**
Semirreação, *178*, 181–188, 212, 320–323, 328–331
Série espectroquímica, 139–140
SI, Unidades. *Ver* Unidades: SI
Símbolos, 17–18
Sistema Internacional (SI) de unidades, 1

Sistemas de medida, 1
Solidificação, 95
Sólidos, 164
Solução tampão, 275–277, 293–297, 308–310
  Ver também Indicadores; Titulação
Soluções, 193
  alcalinidade, 273–274
  composição, 193
  concentração, 193
  de gases em líquidos, 220–222, 225–226
  de precipitados, 305–306
  diluídas, 201, 218–222, 253–254
  estequiometria, 208–209
  ideais, 218–219, 223–224
  não ideais, 218
  não voláteis, 218
  neutras, 273–274
  padrão, 208–209, 212
  padrão volumétrico, 208
Substâncias imiscíveis, 221–222
Substâncias moleculares, 17–18
Substâncias paramagnéticas, 117–118, 137–138, 148, 151–152
Substituição, 79, 120–121, 167–168, 221–222, 234–237, 281–282
Superesfriamento, 249, 256–257

Tabela periódica, 16, 21–22, 44, 49, 78, 114–117, 122–123, 142–143, 151–152, 355–357
Temperatura, 2, 9
  definição, 2
  escala Celsius, 3–4
  escala Fahrenheit, 3–4, 9–10
  escala Kelvin, 3–4, 10
  ponto triplo, 3
  variações na, 253–254
Teoria atômica, 16, 22–23, 29–30, 110–111
Teoria atômica de Dalton, *22–23*, 29–30
Teoria cinética, 80–81, 88–89
Teoria das bandas, 141–143
Teoria de Bohr, 111–112, 119–121
Teoria do orbital molecular (TOM), 141–142. *Ver também* Orbital: molecular
Termodinâmica, 256–259
  primeira lei, 248
  segunda lei, 248–249
  terceira lei, 250
Termoquímica, 97–100
Tetraedro, **131–132**, 136–138, **149**, 151, 168–169
Titulação, 35–36, 208, 276–279, **295**–297
  curva de, 277–278

Titulante, 277–278
Torr, *64*
Trabalho elétrico, 322–324
Transição
  elementos de, 142–143
  metais de, 115–117, 127, 307–308

União Internacional de Química Pura e Aplicada, 1, 232
Unidade de massa atômica (UMA), *3*, 16–17
Unidade térmica inglesa (BTU), 95
Unidades
  compostas, 6–7
  de comprimento, 5–7
  de concentração, 196
  de energia, 81
  de massa, 5–6–7
  multiplicadores, 1–21
  não SI, 2–3
  SI, 2–3
  uso e mau uso, 3–4
Unidades elétricas, 319, 324–326

Valência, 115–116, 128–136, 138–140, 143–145, 178–179
van der Waals
  forças, 167–168
  raios de (símbolo), 115–116, 166–167, 171–172
Vaporização, 97–99, 102–103, 166–167, 256–257
Velocidade
  constante de, 338, 342–349, 355–356, 358–361
  equação, 338, 340–341, 344–345, 360–361
  expressão, 338–339
Velocidade específica (k), 338
Velocidade mais provável, u_{mp}, 81
Velocidade quadrática média, u_{qm}, 81
Volatilidade, 167–168
Volt (V), 319
Volume molar, 79
VSEPR (Repulsão de pares eletrônicos na camada de valência), 135–137, 150–152

Watt (W), 319

Zero absoluto, 3, 69, 95–96, 250

TABELA DE MASSAS ATÔMICAS

Valores relativos à massa atômica A_r do (^{12}C) = 12

Nome	Símbolo	Número atômico	Massa atômica	Nome	Símbolo	Número atômico	Massa atômica
Actínio	Ac	89	(227)	Flúor	F	9	18,998 40
Alumínio	Al	13	26,981 54	Fósforo	P	15	30,973 76
Amerício	Am	95	(243)	Frâncio	Fr	87	(223)
Antimônio	Sb	51	121,760	Gadolínio	Gd	64	157,25
Argônio	Ar	18	39,948	Gálio	Ga	31	69,723
Arsênio	As	33	74,921 60	Germânio	Ge	32	72,61
Astato	At	85	(210)	Háfnio	Hf	72	178,49
Bário	Ba	56	137,327	Hássio	Hs	108	(265)
Berílio	Be	4	9,012 18	Hélio	He	2	4,002 60
Berquélio	Bk	97	(247)	Hidrogênio	H	1	1,007 94
Bismuto	Bi	83	208, 980 38	Hólmio	Ho	67	164,930 32
Bório	Bh	107	(264)	Índio	In	49	114,818
Boro	B	5	10,811	Iodo	I	53	126,904 47
Bromo	Br	35	79,904	Irídio	Ir	77	192,217
Cádmio	Cd	48	112,411	Itérbio	Yb	70	173,04
Cálcio	Ca	20	40,078	Ítrio	Y	39	88,905 85
Califórnio	Cf	98	(251)	Lantânio	La	57	138,905 5
Carbono	C	6	12,010 7	Laurêncio	Lr	103	(262)
Cério	Ce	58	140,116	Lítio	Li	3	6,941
Césio	Cs	55	132,905 45	Lutécio	Lu	71	174,967
Chumbo	Pb	82	207,2	Magnésio	Mg	12	24,305 0
Cloro	Cl	17	35,452 7	Manganês	Mn	25	54,938 05
Cobalto	Co	27	58,933 20	Meitnério	Mt	109	(268)
Cobre	Cu	29	63,546	Mendelévio	Md	101	(258)
Criptônio	Kr	36	83,80	Mercúrio	Hg	80	200,59
Cromo	Cr	24	51,996 1	Molibdênio	Mo	42	95,94
Cúrio	Cm	96	(247)	Neodímio	Nd	60	144,24
Disprósio	Dy	66	162,50	Neônio	Ne	10	20,179 7
Dúbnio	Db	105	(262)	Netúnio	Np	93	(237)
Einsteinio	Es	99	(252)	Nióbio	Nb	41	92,906 38
Enxofre	S	16	32,066	Níquel	Ni	28	58,693 4
Érbio	Er	68	167,26	Nitrogênio	N	7	14,006 74
Escândio	Sc	21	44,955 91	Nobélio	No	102	(259)
Estanho	Sn	50	118,710	Ósmio	Os	76	190,23
Estrôncio	Sr	38	87,62	Ouro	Au	79	196,966 55
Európio	Eu	63	151,964	Oxigênio	O	8	15,999 4
Férmio	Fm	100	(257)	Paládio	Pd	46	106,42
Ferro	Fe	26	55,845	Platina	Pt	78	195,078

Nome	Símbolo	Número atômico	Massa atômica	Nome	Símbolo	Número atômico	Massa atômica
Plutônio	Pu	94	(244)	Silício	Si	14	28,085 5
Polônio	Po	84	(209)	Sódio	Na	11	22,989 77
Potássio	K	19	39,098 3	Tálio	Tl	81	204,383 3
Praseodímio	Pr	59	140,907 65	Tântalo	Ta	73	180,947 9
Prata	Ag	47	107,868 2	Tecnécio	Tc	43	(98)
Promécio	Pm	61	(145)	Telúrio	Te	52	127,60
Protactínio	Pa	91	231,035 88	Térbio	Tb	65	158,925 34
Rádio	Ra	88	(226)	Titânio	Ti	22	47,867
Radônio	Rn	86	(222)	Tório	Th	90	232,038 1
Rênio	Re	75	186,207	Túlio	Tm	69	168,934 21
Ródio	Rh	45	102,905 50	Tungstênio (Wolfrânio)	W	74	183,84
Rubídio	Rb	37	85,467 8				
Rutênio	Ru	44	101,07	Urânio	U	92	238,028 09
Rutherfórdio	Rf	104	(261)	Vanádio	V	23	50,941 5
Samário	Sm	62	150,36	Xenônio	Xe	54	131,29
Seabórgio	Sg	106	(263)	Zinco	Zn	30	65,39
Selênio	Se	34	78,96	Zircônio	Zr	40	91,224

O valor entre parênteses para um elemento sem nenhum nuclídeo estável corresponde à massa atômica do isótopo desse elemento que possui a maior meia-vida.

MASSAS NUCLÍDICAS DE ALGUNS RADIONUCLÍDEOS

Nome	Símbolo	Número atômico	Massa atômica	Nome	Símbolo	Número atômico	Massa atômica
Actínio	Ac	89	227,027 7	Mendelévio	Md	101	258,098 4
Amerício	Am	95	243,061 4	Netúnio	Np	93	237,048 2
Ástato	At	85	209,987 1	Nobélio	No	102	259,101 1
Berquélio	Bk	97	247,070 3	Plutônio	Pu	94	244,064 2
Bório	Bh	107	264,12	Polônio	Po	84	208,982 4
Califórnio	Cf	98	251,079 6	Promécio	Pm	61	144,912 7
Cúrio	Cm	96	247,070 3	Protactínio	Pa	91	231,035 9
Dúbnio	Db	105	262,114 4	Rádio	Ra	88	226,025 4
Einsteinio	Es	99	252,083 0	Radônio	Rn	86	222,017 6
Férmio	Fm	100	257,095 1	Rutherfórdio	Rf	104	261,108 9
Frâncio	Fr	87	223,019 7	Seabórgio	Sg	106	263,118 6
Hássio	Hs	108	265,130 6	Tecnécio	Tc	43	97,907 2
Laurêncio	Lr	103	262,110	Tório	Th	90	232,038 0
Meitnério	Mt	109	---	Urânio	U	92	238,050 8

A massa listada corresponde ao isótopo de maior meia-vida do respectivo elemento.

IMPRESSÃO:

Pallotti

Santa Maria - RS - Fone/Fax: (55) 3220.4500
www.pallotti.com.br